Python
机器学习算法与实战

孙玉林 余本国 / 著

電子工業出版社
Publishing House of Electronics Industry
北京•BEIJING

内容简介

本书基于Python语言，结合实际的数据集，介绍如何使用机器学习与深度学习算法，对数据进行实战分析。本书在内容上循序渐进，先介绍了Python的基础内容，以及如何利用Python中的第三方库对数据进行预处理和探索可视化的相关操作，然后结合实际数据集，分章节介绍了机器学习与深度学习的相关算法应用。

本书为读者提供了源程序和使用的数据集，方便读者在阅读时同步运行程序，在增强学习效果的同时为读者节省了编写程序的时间。源程序使用Notebook的形式进行组织，每个小节注释清晰，讲解透彻。同时为程序配备了相应的视频讲解，辅助读者加强对程序的理解和消化。本书在简明扼要地介绍算法原理的同时，更加注重实战应用和对结果的解读。

本书适合需要掌握机器学习与深度学习基础的读者，学习完本书后，读者将会具备选择合适算法，完成对自有数据集的预处理、建模分析与预测的能力，并且会对机器学习与深度学习算法有更深的理解。

图书在版编目（CIP）数据

Python 机器学习算法与实战 / 孙玉林，余本国著. —北京：电子工业出版社，2021.9
ISBN 978-7-121-41591-3

I. ①P… II. ①孙… ②余… III. ①软件工具—程序设计②机器学习 IV. ①TP311.561②TP181

中国版本图书馆 CIP 数据核字（2021）第 139647 号

责任编辑：刘　伟
印　　刷：三河市龙林印务有限公司
装　　订：三河市龙林印务有限公司
出版发行：电子工业出版社
　　　　　北京市海淀区万寿路 173 信箱　　邮编：100036
开　　本：787×980　1/16　印张：30　字数：864 千字
版　　次：2021 年 9 月第 1 版
印　　次：2021 年 9 月第 1 次印刷
定　　价：109.00 元

凡所购买电子工业出版社图书有缺损问题，请向购买书店调换。若书店售缺，请与本社发行部联系，联系及邮购电话：（010）88254888，88258888。

质量投诉请发邮件至 zlts@phei.com.cn，盗版侵权举报请发邮件至 dbqq@phei.com.cn。

本书咨询联系方式：010-51260888-819，faq@phei.com.cn。

前言

人工智能的浪潮正在席卷全球，机器学习是人工智能领域最能体现智能的一个分支。随着计算机性能的提升，机器学习在各个领域中大放光彩。尤其是自从 2016 年 AlphaGo 战胜人类围棋顶尖高手后，机器学习、深度学习“一夜爆红”，遍布互联网的各个角落，成为民众茶余饭后讨论最多的话题。不过很多人可能苦于不知如何下手，又或者考虑到算法中的数学知识，从而产生了放弃学习的念头。因此本书剔除了枯燥乏味的数学原理及其推导过程，用浅显易懂的代码去实现这些经典和主流的算法，并在实际的场景中对算法进行应用。

Python 语言是全球最热的编程语言，其最大的优点就是自由、开源。随着 Python 的不断发展，其已经在机器学习和深度学习领域受到了众多学者和企业的关注。本书在简要介绍机器学习理论知识的同时，重点研究如何使用 Python 语言来建模分析实际场景中的数据，增强读者的动手能力，促进读者对理论知识的深刻理解。

本书共分为 12 章，前 4 章介绍了 Python 的使用与基于 Python 机器学习的预备知识，后 8 章则分模块介绍了统计分析、机器学习与深度学习的主流算法和经典应用。本书尽可能做到内容全面、循序渐进，案例经典实用，而且代码通过 Jupyter Notebook 来完成，清晰易懂，方便操作，即使没有 Python 基础知识的读者也能看懂本书的内容。

通过阅读第 1 章～第 4 章，你将会学到如下内容。

第 1 章：Python 机器学习入门。先介绍机器学习相关知识，然后介绍如何安装 Anaconda 用于 Python 程序的运行，接着介绍 Python 相关的基础知识，快速入门 Python 编程，最后介绍 NumPy、pandas 与 Matplotlib 等第三方 Python 库的使用。

第 2 章：数据探索与可视化。将介绍如何使用 Python 对数据集的缺失值、异常值等进行预处理，以及如何使用丰富的可视化图像，展示数据之间的潜在关系，增强对数据的全面认识。

第 3 章：特征工程。利用 Python 结合实际数据集，介绍如何对数据进行特征变换、特征构建、特征选择、特征提取与降维，以及对类别不平衡数据进行数据平衡的方法。

第 4 章：模型选择和评估。该章主要介绍如何更好地训练数据，防止模型过拟合，以及针对不同类型的机器学习任务，如何评价模型的性能。

通过阅读第 5 章 ~ 第 12 章，你将会学到如下内容。

第 5 章：假设检验和回归分析。该章主要介绍统计分析的相关内容，如 t 检验、方差分析、多元回归分析、Ridge 回归分析、LASSO 回归分析以及 Logistic 回归分析等内容。

第 6 章：时间序列分析。该章将会介绍如何对时间序列这一类特殊的数据进行建模和预测，结合实际数据集，对比不同类型的预测算法的预测效果。

第 7 章：聚类算法与异常值检测。该章主要介绍机器学习中的数据聚类和异常值检测两种无监督学习任务内容。其中聚类算法将介绍 K-均值聚类、K-中值聚类、层次聚类、密度聚类等经典的聚类算法；异常值检测算法将介绍 LOF、COF、SOD 等经典的无监督检测算法。

第 8 章：决策树和集成学习。该章主要介绍几种基于树的机器学习算法，如决策树、随机森林、AdaBoost、梯度提升树等模型在数据分类与回归中的应用。

第 9 章：贝叶斯算法和 K-近邻算法。该章将介绍如何利用贝叶斯模型进行文本分类及如何构建贝叶斯网络，同时还会介绍 K-近邻算法在数据分类和回归上的应用。

第 10 章：支持向量机和人工神经网络。该章主要介绍支持向量机与全连接神经网络在数据分类和回归上的应用。

第 11 章：关联规则与文本挖掘。该章主要结合具体的数据集，介绍如何利用 Python 进行关联规则分析及对文本数据的分析与挖掘。

第 12 章：深度学习入门。该章主要依托 PyTorch 深度学习框架，介绍相关的深度学习入门知识，如通过卷积神经网络进行图像分类、通过循环神经网络进行文本分类及通过自编码网络进行图像重建等实战案例。

本书在编写时尽可能地使用了目前最新的 Python 库，但是随着计算机技术的迅速发展，以及作者水平有限，编写时间仓促，书中难免存在疏漏，敬请读者不吝赐教，也欢迎加入 QQ 群一起交流，QQ 群号：25844276。

余本国

2021 年 6 月

目录

第 1 章 Python 机器学习入门

从战胜人类围棋高手的 AlphaGo，到说出“毁灭全人类”的机器人 Sophia，计算机的发展给人们的生产和生活带来了巨大的变化，尤其是具有强大算力的计算机和大量的数据集在多种算法的应用下，对各行各业的发展产生了巨大的影响。在信息数据爆炸式增长的大数据时代，谁掌握了机器学习技术，谁就有可能成为大数据时代的弄潮儿。

在众多的机器学习编程语言中，Python 无疑是非常受欢迎的机器学习语言之一，其凭借优雅的语法，众多好用的开源机器学习算法库，以及非常活跃的社区，使得很多新的机器学习算法都会优先提供 Python 的使用接口，尤其是众多深度学习框架，使用 Python 可以非常方便地进行算法应用。因此，利用机器学习算法并结合各种 Python 开源库，每个人都可以快速地对数据进行分析与学习。

1.1 机器学习简介

本章主要涵盖机器学习的概念、算法的类型与 Python 入门知识。针对 Python 入门知识将介绍 Python 的基础语法、NumPy、pandas 与 Matplotlib 等库的基础使用方法。

机器学习是人工智能的一个分支，现已经有很多种机器学习算法被提出，是研究大数据的一把利器。正因为各种各样的机器学习算法的提出和应用，才使得我们的生活变得如此便利。

1.1.1 机器学习是什么

机器学习（Machine Learning，ML）是一门多领域交叉学科，涉及数学、统计学、计算机科学等多门学科。它是人工智能的核心，是使计算机具有智能的途径之一，其应用遍及人工智能的各个领域，它主要使用归纳、综合而不是演绎。

简单地说，机器学习是计算机程序如何随着经验的积累而自动提高性能，使系统自我完善的过程，即可以认为机器学习是一个从大量的已知数据中，学习如何对未知的新数据进行预测，并且可以随着学习内容的增加（如已知训练数据的增加），提高对未来数据预测的准确性的一个过程。

不难发现，数据是决定机器学习能力的一个重要因素，数据量的爆炸式增长是机器学习算法快速发展的原因之一。数据根据其表现形式可以简单地分为结构化数据和非结构化数据。常见的结构化数据有传统的数据库存储的数据表格，非结构化数据有图片、视频、音频、文本等，这些数据都可以作为机器学习算法的学习对象。影响机器学习能力的另一个重要因素就是算法，针对各种形式的数据与不同的分析目标，研究者提出了各种各样的算法对数据进行挖掘。如当使用邮箱时，机器学习算法会自动过滤掉垃圾邮件，防止正常邮件淹没在垃圾邮件的海洋中；在购物时，机器学习算法自动根据浏览历史，推荐用户感兴趣的商品；未来公路上的汽车将会迎来无人驾驶的时代。这些都是机器学习和大数据相互碰撞的结果。

面对不同的问题，可以有多种不同的解决方法，如何使用合适的机器学习算法完美地解决问题，是一个需要经验与技术的过程，而这些都是建立在对机器学习的各种方法有了充分了解的基础上。虽然针对某些问题，可能无法找到最好的算法，但总可以找到合适的算法。

1.1.2 机器学习算法分类

机器学习算法中，根据其学习方式的不同，可以简单归为 3 类：无监督学习（Unsupervised Learning）、有监督学习（Supervised Learning）和半监督学习（Semi-supervised Learning），机器学习分类如图 1-1 所示。

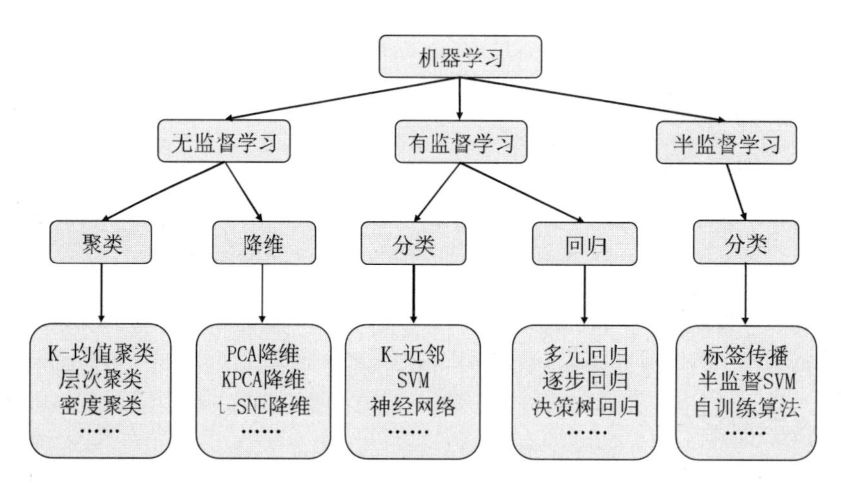

图 1-1　3 种机器学习类型

接下来会详细介绍这 3 种方法之间的区别和相关应用。

1. **无监督学习**

无监督学习和其他两种学习方法的主要区别是：无监督学习不需要提前知道数据集的类别标签。通常无监督学习算法主要应用于数据聚类和数据降维，例如 K-均值聚类、层次聚类（也叫系统聚类）、密度聚类等聚类算法；以及主成分分析、流形学习等降维算法。

（1）利用数据聚类算法发现数据的簇。

“物以类聚，人以群分”，当人门面对很多事物的时候，会不自觉地将其分门别类地看待，对事物的分类也是人们认识世界的一种重要手段。例如，在生物学中，为了研究生物的演变过程和关系，需要将生物根据各种特征归为不同的界、门、纲、目、科、属、种之中；地质学家也会将岩石根据它们的特征进行分类等。早期很多分类方法，多半是凭借经验和专业知识进行定性分类，很少利用数学的方法进行定量分析，致使许多分类都带有主观性和任意性。然而，由于事物的复杂性和信息量的成倍增加，通过特征进行定量分析成为科学发展的必然趋势，其中聚类分析（Cluster Analysis）就是一种针对特征进行定量无监督学习分类的方法。

聚类分析是一类将数据所对应研究对象进行分类的统计方法，它是将若干个个体，按照某种标准分成若干个簇，并且希望簇内的样本尽可能相似，而簇与簇之间要尽可能不相似。由于数据之间的复杂性，所以众多的聚类算法被提出，因此在相同的数据集上，使用不同的聚类算法，可能会产生不同的聚类结果。因为聚类分析在分为不同的簇时，不需要提前知道每个数据的类别标签，所以整个聚类过程是无监督的。

聚类分析已经在许多领域得到了广泛的应用，包括商务智能、图像模式识别、Web 搜索等。尤其是在商务领域中，聚类可以把大量的客户划分为不同的组，其各组内的客户具有相似的特性，这对商务策略的调整、产品的推荐、广告的投放等都是很有利的。

现有的聚类算法有很多种，如基于划分方法的 K-均值聚类、K-中值聚类；基于层次方法的层次聚类、概率层次聚类；基于密度划分方法的高密连通区域算法（DBSCAN 算法）、基于密度分布的聚类等。

图 1-2 展示了在二维空间中，聚类算法下每个样本的簇归属情况。图中的数据点被分成了 3 个簇，分别使用红色、绿色、蓝色进行表示，线表示每个样本与簇中心位置的连接情况。

（2）利用数据降维算法减少数据的维度。

随着数据的积累，数据的维度越来越高，高维的数据在带来更多信息的同时，也带来了信息冗余、计算困难等问题，尤其是维数灾难，所以对数据进行合理的降维，并保留主要信息非常重要。

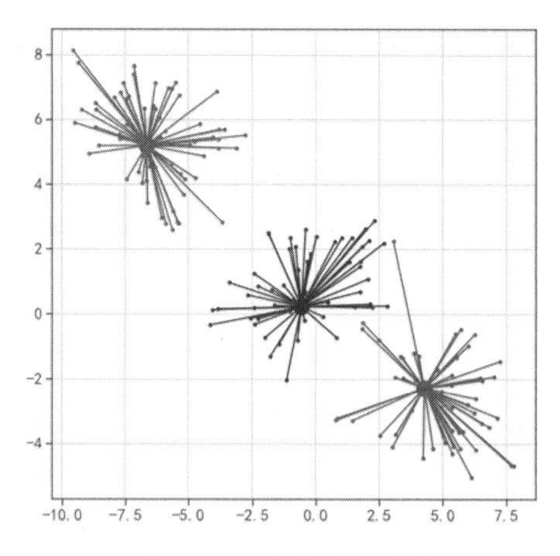

图 1-2　数据聚类示意图

在机器学习中，数据降维是无监督学习中的另一个领域。数据降维是指在某些限定条件下，降低数据集特征的个数，得到一组新特征的过程。在大数据时代，通常数据都是高维的（每一个样例都会有很多特征），高维数据往往会带有冗余信息，而数据降维的一个重要作用就是去除冗余信息，只保留必要的信息；如果数据维度过高，会大大拖慢算法的运行速度，此时就体现出了数据降维的重要性。数据降维的算法有很多，如主成分分析（PCA）是通过正交变换，将原来的特征进行线性组合生成新的特征，并且只保留前几个主要特征的方法；核主成分分析（KPCA）则是基于核技巧的非线性降维的方法；而流形学习则是借鉴拓扑结构的数据降维方式。

数据降维对数据的可视化有很大的帮助，高维数据很难发现数据之间的依赖和变化，通过数据降维可以将数据投影到二维或三维空间中，从而更加方便地观察数据之间的变化趋势。如图 1-3 所示，手写字体图像经过降维到二维空间后，通过图像在空间中的位置分布，可以发现不同类型的图片在空间中的分布是有规律的。通过降维可视化，发现这种规律，会让后续对数据的建模与研究更加方便。

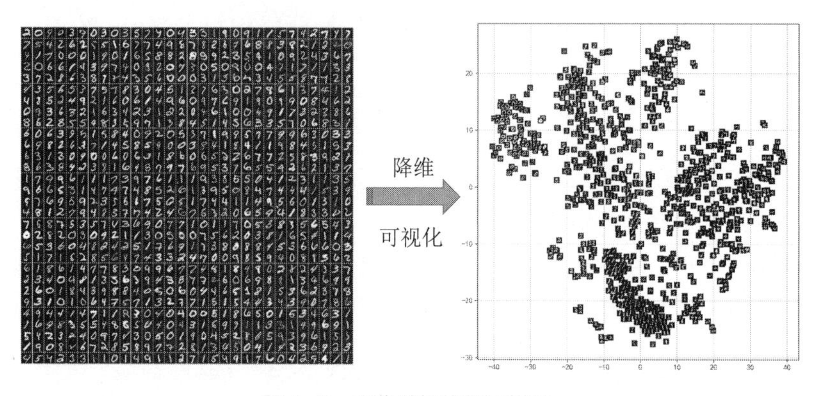

图 1-3　图像数据降维可视化

2. 有监督学习

有监督学习的主要特性是：使用有标签的训练数据建立模型，用来预测新的未知标签的数据。用来指导模型建立的标签可以是类别数据或连续数据。相应地，当标签是可以分类的，如 0~9 手写数字的识别、判断是否为垃圾邮件等，这样的有监督学习称为分类；当标签是连续的数据，如身高、年龄、商品的价格等，这样的有监督学习称为回归。

（1）分类。分类是常见的监督学习方式之一。如果数据的类别只有两类：是或否（0 或 1），则这类问题称为二分类问题。常见的情况有是否存在欺诈、是否为垃圾邮件、是否患病等问题。二分类常用的算法有朴素贝叶斯算法（常用于识别是否为垃圾邮件）、逻辑斯蒂回归算法等。如果数据的标签多于两类，这类情况常常称为多分类问题，如人脸识别、手写字体识别等问题。在多分类中常用的方法有神经网络、K-近邻、随机森林、深度学习等算法。图 1-4 展示的是二维空间中，6 类数据被多个空间曲线分为对应类的示例。如果有新的数据被观测到，可以根据它所在平面中的位置，确定它应属的类别。

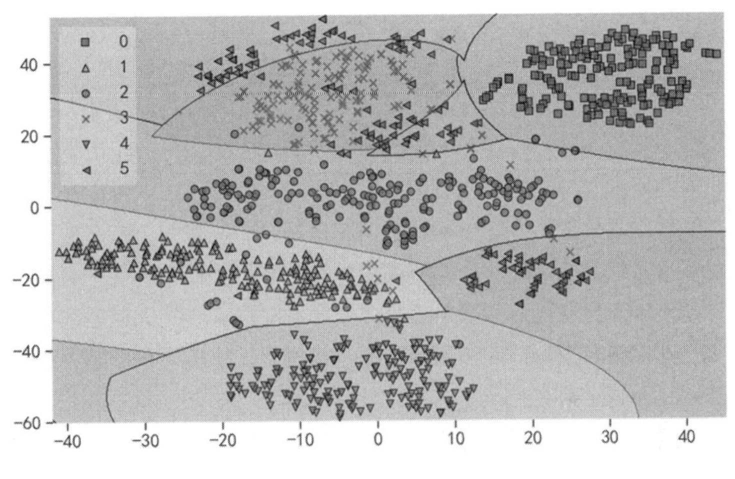

图 1-4　多分类问题的分类区域

（2）回归。回归主要针对连续性标签值的预测，是一种统计学上分析数据的方法，目的在于了解两个或多个变量间是否相关、相关方向与强度，并建立数学模型以便观察特定变量来预测或控制研究者感兴趣的变量，它是一种典型的有监督学习方法。在回归分析中，通常会有多个自变量和一个因变量，回归分析就是通过建立自变量和因变量之间的某种关系，来达到对因变量进行预测的目的。

在大数据分析中，回归分析是一种预测性的建模技术，也是统计理论中非常重要的方法之一，它主要解决目标特征为连续性的预测问题。例如，根据房屋的相关信息，预测房屋的价格；根据销售情况预测销售额；根据运动员的各项指标预测运动员的水平等。在回归分析中，通常将需要预测的变量称为因变量（或被解释变量），如房屋的价格，而用来预测因变量的变量称为自变量（或解释变量），如房子的大小、占地面积等信息。图 1–5 是因变量 *y* 和自变量 *x* 建立的回归模型。

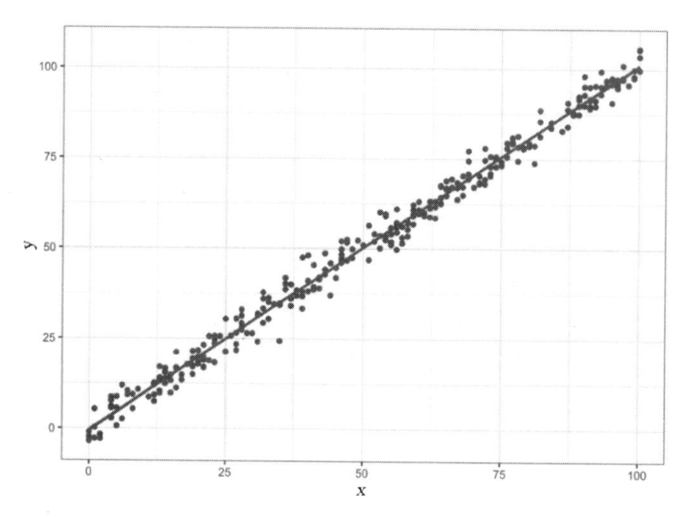

图 1–5　回归模型示意图

3. 半监督学习

半监督学习和前面两种学习方式的主要区别是：学习器能够不依赖外界交互，自动地利用未标记样本来提升学习的性能。也就是说，使用的数据集有些是有标签的，有些是没有标签的，但是算法不会浪费大量无标签数据集的信息，所以利用没标签的数据集和有标签的数据集来共同训练，以得到可用的模型，用于预测新的无标签数据。半监督学习在现实中的需求是很明显的，因为现在可以容易地收集到大量无标签数据，然而对所有数据打标签是一项很耗时、费力的工作，所以可以通过部分带标签的数据及大量无标签的数据来建立可用的模型。本书主要关注 Python 在无监督学习和有监督学习中的应用。

1.2　安装 Anaconda（Python）

在机器学习和人工智能领域，Python 无疑是非常受欢迎的编程语言之一。Python 的设计哲学是“优雅”“明确”“简单”，属于通用型编程语言。它之所以能够深受计算机科学家的喜爱，是因为它有开源的社区和优秀的科学家贡献的开源库，可以满足使用者各种各样的业务需求。本节将会介绍 Python 的安装与使用（本书以 Anaconda 为例）。

（1）用户从 Anaconda 官网选择适合自己计算机设备的版本（可选择 Windows 操作系统、MacOS 操作系统及 Linux 操作系统）进行下载，下载页面如图 1–6 所示。

图 1-6　Anaconda 下载页面

（2）根据下载完成的 Anaconda 文件提示安装即可，安装后打开软件如图 1-7 所示。

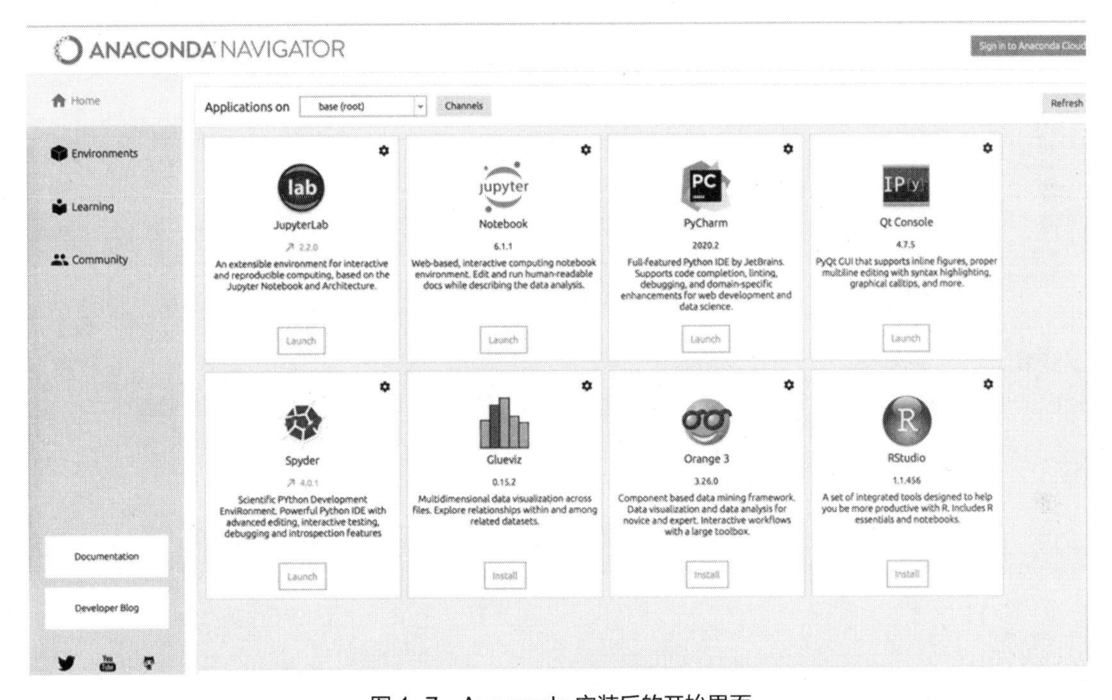

图 1-7　Anaconda 安装后的开始界面

该界面的内容会根据计算机的应用安装情况有一些差异，其中经常被用来编写 Python 程序的应用有 Spyder、Jupyter Notebook 和 JupyterLab。下面将会一一介绍这些应用的基本情况。

1.2.1　Spyder

Spyder 是在 Anaconda 中附带的免费集成开发环境（IDE）。它包括编辑、交互式测试、调试等功能。Spyder 的操作界面类似于 MATLAB，如图 1-8 所示。

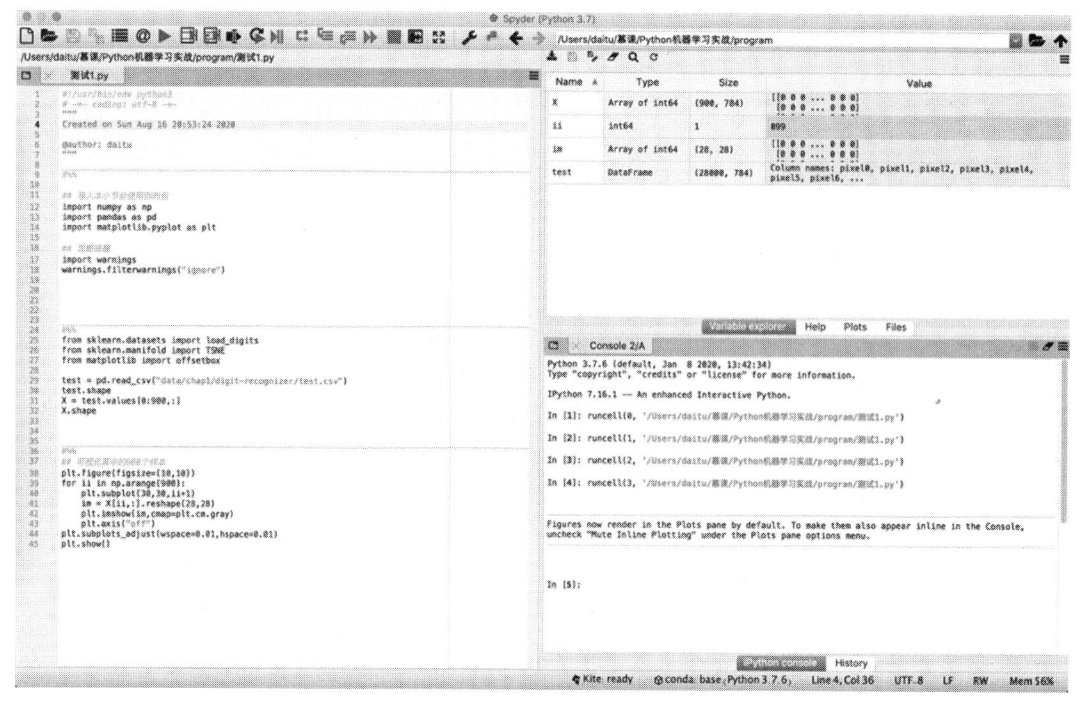

图 1-8　Spyder 的操作界面

图 1-8 中最上方是工具栏区域；左侧是代码编辑区，可以编辑多个 Python 脚本文件；右上方是变量显示、图像显示等区域；右下方是程序运行和相关结果显示区域。当代码运行时，在程序编辑区选中要运行的代码，再在工具栏区域单击 Run cell 按钮或者按 Ctrl+Enter 组合键即可。

1.2.2　Jupyter Notebook

Jupyter Notebook 不同于 Spyder，Jupyter Notebook 是一个交互式笔记本，支持运行 40 多种编程语言，可以使用浏览器打开程序。它的出现使科研人员随时可以把自己的代码和文本生成 PDF 或网页格式与大家交流。启动 Jupyter Notebook 后，选择新建 Python 3 文件，可获得一个新的文件，每个 Notebook 都由许多 cell 组成，可以在 cell 中编写程序。Jupyter Notebook 的使用界面如图 1-9 所示。

1.2.3　JupyterLab

JupyterLab 是 Jupyter Notebook 的升级版，在文件管理、程序查看、程序对比等方面，都比 Jupyter Notebook 的功能更加强大，而且 JupyterLab 和 Jupyter Notebook 的程序文件是通用的。打开 JupyterLab 后，其界面如图 1-10 所示。

图 1-9　Jupyter Notebook 使用界面

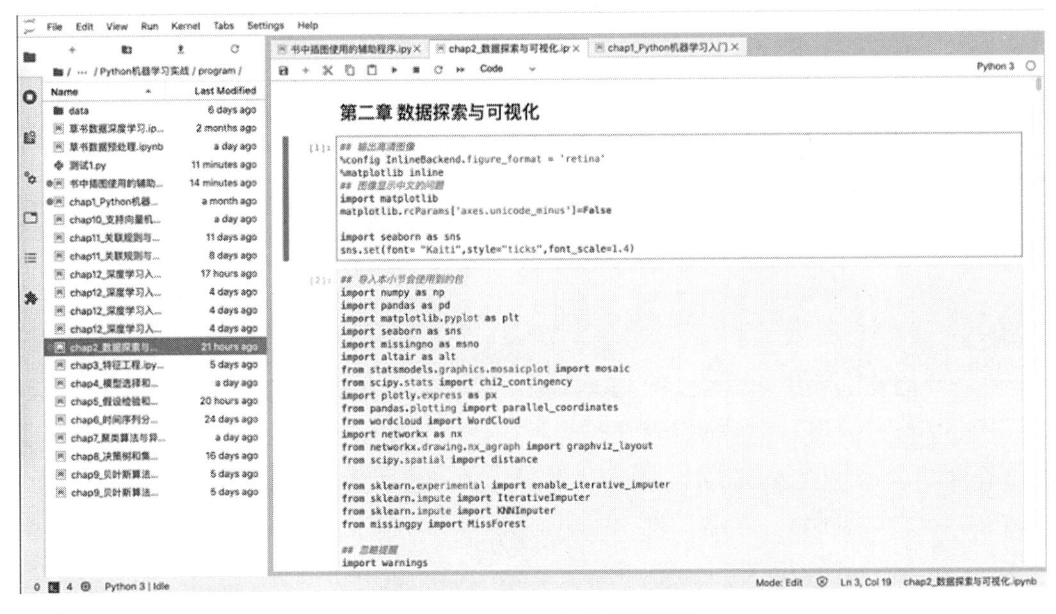

图 1-10　JupyterLab 使用界面

1.3 Python 快速入门

Python 作为一种被广泛使用的解释型、高级编程、通用型编程语言，其设计哲学强调代码的可读性和简洁性，使用空格缩进划分代码块，而非使用大括号或者关键词。相比于 C++或 Java，Python 让开发者能够用更少的代码表达想法。不管是小型程序还是大型程序，Python 都试图让程序的结构清晰明了。

本节简要介绍 Python 的相关基础知识，帮助读者快速了解 Python，如使用 Python 中的列表、元组和字典等数据结构，以及条件判断、循环及函数等内容。

1.3.1 列表、元组和字典

首先介绍 Python 的列表、元组和字典等数据类型，这些是 Python 的基础数据类型，它们可以帮助用户快速进行数据分析、机器学习等任务。

1. 列表

列表是 Python 的基础数据类型之一，列表中的每个元素都会有一个数字作为它的索引，第一个索引是 0，第二个索引是 1，依此类推。列表可以通过索引获取列表中的元素。

Python 生成一个列表可以通过 list()函数或者中括号“[ ]”来完成，例如，生成包含 5 个元素的列表 A 的程序如下：

```
In[1]: ## 生成一个列表
       A=[1,2,3,4,5]
       A
Out[1]: [1, 2, 3, 4, 5]
```

列表的长度可以使用 len()函数进行计算，如下面的程序计算出列表 A 的长度为 5。

```
In[2]: ## 计算列表中元素的数量
       len(A)
Out[2] 5
```

生成一个列表后，用户可以通过索引获取列表中的元素，其中从前往后的索引从 0 开始，而从后往前的索引从-1 开始。例如下面的程序：

```
In[3]: ## 从前往后时，索引从 0 开始
       A[3]
Out[3]: 4
In[4]: ## 从后往前时，索引从-1 开始
       A[-2]
Out[4]: 4
```

如想获取列表中的一个范围内的元素，可以通过切片索引来完成，例如，使用切片“0:3”，表示要获取索引从 0 开始，到达索引位置为 3 的元素结束，并且不包含索引位置为 3 的元素。例如，使用下面的程序可以获取列表中多个元素：

```
In[5]: ## 获取列表中的一段
       print(A[0:3])
       print(A[1:-1])    # 输出的结果中不包含第 3 索引和第-1 索引的元素
Out[5]: [1, 2, 3]
        [2, 3, 4]
```

针对一个已经生成的列表，可以通过 append()方法在其后面添加新的元素，并且元素的数据形式可以多种多样，数字、字符串甚至新的列表都是可以的。例如下面的程序在列表 A 的末尾添加了新的数字和字符串。

```
In[6]: ## 在列表的末尾添加新的元素
       A.append(7)            ## 添加一个元素
       A.append("eight")      ## 再添加一个元素
       A
Out[6]: [1, 2, 3, 4, 5, 7, 'eight']
```

在列表的指定位置插入新的内容可以使用 insert()方法，该方法的第一个参数为要插入内容的位置，第二个参数为要插入的内容。例如，在列表 A 的索引为 5 的位置插入一个字符串的程序如下：

```
In[7]: ## 在列表的指定位置添加新的元素
       A.insert(5,"Name")
       A
Out[7]: [1, 2, 3, 4, 5, 'Name', 7, 'eight']
```

剔除列表中的末尾元素可以通过列表的 pop()方法，该方法会每次剔除列表中的最后一个元素，例如，剔除列表 A 的末尾元素可以使用下面的程序：

```
In[8]: ## 剔除列表末尾的元素
       A.pop()       ## 剔除一个元素
       A.pop()       ## 再次剔除一个元素
       A
Out[8]: [1, 2, 3, 4, 5, 'Name']
```

针对列表，还可以通过 del 命令剔除列表中指定位置的元素，例如剔除 A 中索引位置为 2 的元素：

```
In[9]: ## 通过 del 命令剔除指定的元素
       del A[2]
       A
Out[9]: [1, 2, 4, 5, 'Name']
```

针对列表，其中的元素可以使用 Python 中的任何数据类型，例如下面生成的列表 B 中，包含字符串和列表。

```
In[10]: ## 列表中的元素还可以是列表
        B=["A","B",A,[7,8]]
        B
Out[10]: ['A', 'B', [1, 2, 4, 5, 'Name'], [7, 8]]
In[11]: ## 获取列表中的第三个元素
        B[2]
Out[11]: [1, 2, 4, 5, 'Name']
```

针对列表，可以通过加号“+”将多个列表进行组合，通过乘号“*”将列表的内容进行重复，生成新的列表，程序如下：

```
In[12]: ## 列表组合
        [1,2,3] + [4,5,6]
Out[12]: [1, 2, 3, 4, 5, 6]
In[13]: ## 列表重复
        [1,2,"three"] * 2
Out[13]: [1, 2, 'three', 1, 2, 'three']
```

列表的逆序可以通过列表的 reverse()方法获取；列表的 count()方法可以计算相应元素出现的次数；对列表中的元素进行排序，可以使用列表的 sort()方法；同时可以通过 min()函数和 max()函数，计算出列表中的最小值和最大值。相关程序如下：

```
In[14]: ## 输出列表 A 的内容
        A=[15,2,31,10,12,9,2]
        ## 列表的逆序
        A.reverse()
        A
Out[14]: [2, 9, 12, 10, 31, 2, 15]
In[15]: ## 计算列表中元素出现的次数
        A.count(2)
Out[15]: 2
In[16]: ## 对列表进行排序
        A.sort()
        A
Out[16]: [2, 2, 9, 10, 12, 15, 31]
In[17]:## 获取列表中的最大值和最小值
        print("A 最小值:",min(A))
        print("A 最大值:",max(A))
Out[17]: A 最小值: 2
         A 最大值: 31
```

2. 元组

元组（tuple）和列表非常相似，但是元组一旦初始化就不能修改。其中建立元组可以使用小括号“( )”或者 tuple()函数。并且在使用小括号时，只有 1 个元素的元组在定义时必须在第一个元素后面加一个逗号。

```
## 初始化一个元组
In[18]:C=(1,2,3,4,5)
       C
Out[18]: (1, 2, 3, 4, 5)
In[19]:## 只有 1 个元素的元组定义时必须加一个逗号
       C1=(1,)
       C1
Out[19]: (1,)
```

和列表一样，针对元组中的元素，同样可以使用索引对元素进行获取，通过 len()函数可计算元组的长度，程序如下：

```
In[20]:## 通过索引获取元组中的元素
       print(C[1])
       print(C[-1])
       print(C[1:5])
Out[20]: 2
       5
       (2, 3, 4, 5)
In[21]:## 输出元组中元素的个数
       len(C)
Out[21]:5
```

元组也可以通过加号“+”将多个元组进行拼接，列入拼接元组 C 和("A","B","C")，可获得新元组 D。

```
In[22]:## 将元组进行组合获得新的元组
       D=C + ("A","B","C")
       D
Out[22]: (1, 2, 3, 4, 5, 'A', 'B', 'C')
```

Del 命令可以剔除指定的元组，例如，在剔除元组 C1 后，变量环境中将不再存在 C1，自然也无法输出 C1 的内容。

```
In[23]:## 可以通过 del 命令剔除整个元组
       del C1
       # C1      这时 C1 已经被剔除，无法输出 C1
```

获取重复的元组，可以使用乘号“*”来完成，例如将元组(1,2,"A","B")重复两次，可使用(1,2,"A","B")*2，同时 min()函数和 max()函数可以分别获取元组中的最小值和最大值。相关程序如下：

```
In[24]:## 重复元组
        (1,2,"A","B") * 2
Out[24]: (1, 2, 'A', 'B', 1, 2, 'A', 'B')
In[25]:## 获取元组中的最大值和最小值
        print("C 最小值:",min(C))
        print("C 最大值:",max(C))
Out[25]:C 最小值: 1
         C 最大值: 5
```

3. 字典

字典是 Python 最重要的数据类型之一，其中字典的每个元素的键值（key=>value）对都使用冒号":"分隔，键值对之间用逗号","分隔，整个字典包括在花括号"{}"中。例如，初始化字典 D 可使用下面的方式。

```
In[26]:##  初始化一个字典
        D={"A":1, "B":2,"C":3,"D":4,"E":5}
        D
Out[26]:{'A': 1, 'B': 2, 'C': 3, 'D': 4, 'E': 5}
```

在字典 D 中，可以通过字典的 keys()方法查看字典中的键，通过 values()方法查看字典中的值，并且可以通过字典中的键获取对应的值。

```
In[27]:## 查看字典中的键 key
        D.keys()
Out[27]:dict_keys(['A', 'B', 'C', 'D', 'E'])
In[28]:## 查看字典中的值 value
        D.values()
Out[28]:dict_values([1, 2, 3, 4, 5])
In[29]:## 通过字典中的键获取对应的值
        print('D["B"]:',D["B"])
        print('D["D"]:',D["D"])
Out[29]:D["B"]: 2
         D["D"]: 4
```

获取字典中的内容，还可以使用字典的 get()方法，该方法通过字典中的键获取对应的元素，如果没有对应的键值对则输出 None。

```
In[30]:## 通过 get()方法获取字典中的内容，如果没有对应元素则输出 None
        print('D.get("C"):',D.get("C"))
        print('D.get("F"):',D.get("F"))
Out[30]:D.get("C"): 3
         D.get("F"): None
```

字典的 pop()方法可以利用字典中的键，剔除对应的键值对。并且针对字典中的键值对，可以将相应键赋予新的值。计算字典中键值对的数量可以使用 len()函数。

```
In[31]:## 使用 pop(key)方法剔除对应的键值对
       D.pop("A")
       D
Out[31]:{'B': 2, 'C': 3, 'D': 4, 'E': 5}
In[32]:## 更新字典中的取值
       D["B"]=10
       D
Out[32]:{'B': 10, 'C': 3, 'D': 4, 'E': 5}
In[33]:## 在字典中添加新的内容
       D["F"]=11
       D
Out[33]:{'B': 10, 'C': 3, 'D': 4, 'E': 5, 'F': 11}
In[34]:## 计算字典中元素的数量
       len(D)
Out[34]:5
```

1.3.2 条件判断、循环和函数

Python 中重要且常用的语法结构，主要有条件判断、循环和函数。本小节将会对相关的常用内容进行介绍，帮助读者快速了解 Python 的语法结构。

1. 条件判断

条件判断语句是通过一条或多条语句的执行结果是否为真（True 或 False），来决定执行的代码块，是 Python 的基础内容之一。常用的判断语句是 if 语句，例如判断一个数字 A 是不是偶数，可以使用下面的程序：

```
In[35]:## if 语句
       A=10
       if A % 2 == 0:
           print("A 是偶数")
Out[35]:A 是偶数
```

针对 if else 语句，其常用的结构为：

```
if 判断条件:
    执行语句 1
else:
    执行语句 2
```

即如果满足判断条件，则执行语句 1，否则执行语句 2。如判断 A 是偶数，就输出“A 是偶数”，否则输出“A 是奇数”，程序如下：

```
In[36]:## if  else 语句
       A=9
       if A % 2 == 0:
```

```
            print("A 是偶数")
        else:
            print("A 是奇数")
Out[36]:A 是奇数
```

在 Python 的条件判断中，可以通过 elif 语句，进行多次条件判断，并输出对应的内容，例如，判断一个数能否同时被 2 和 3 整除，可以使用 if 判断能否被 2 整除，使用 elif 判断不能被 2 整除后能否被 3 整除，程序如下：

```
In[37]:## elif 语句
        A=1
        if A % 2 == 0:
          print("A 能被 2 整除")
elif A % 3 == 0 :
    print("A 能被 3 整除")
else:
    print("A 不能被 2、3 整除")
Out[37]:A 不能被 2、3 整除
```

2. 循环

循环语句也是 Python 中常用的语法之一，下面分别介绍利用 for 循环和 while 循环的示例。其中 for 循环是要重复执行语句，while 循环则是在给定的判断条件为真时执行循环，否则退出循环。例如使用 for 循环计算 1～100 的累加和，可以使用下面的程序，在程序中则会依次从 1～100 中取出一个数进行相加。

```
In[38]:## 通过循环计算 1～100 的累加和
        A=range(1,101)   ## 生成 1～100 的向量
        Asum=0
        for ii in A:
            Asum=Asum+ii
        Asum
Out[38]:5050
```

针对计算 1～100 的累加和的问题，还可以使用 while 循环来完成，例如在下面的程序中，从 100 开始相加，当 A 的大小不大于 0 时，则会跳出相加的程序语句。

```
In[39]:## 使用 while 循环计算 1～100 的累加和
        A=100
        Asum=0
        while A > 0:
            Asum=Asum + A
            A=A - 1
        Asum
Out[39]:5050
```

在循环语句中，还可以通过 break 语句跳出当前的循环，例如在下面的累加 while 循环语句中，使用了条件判断，如果累加和大于 2000 则会使用 break 语句，跳出当前的 while 循环。

```
In[40]:## 通过 break 跳出循环
       A=100
       Asum=0
       while A > 0:
           Asum=Asum + A
           ## 如果和大于 2000 跳出循环
           if Asum > 2000:
               break
           A=A - 1
       print("Asum:",Asum)
       print("A:",A)
Out[40]:Asum: 2047
        A: 78
```

Python 中还可以在列表中使用循环和判断等语句，称为列表表达式。例如下面的程序中，生成列表 B 时，第一个列表表达式是通过 for 循环只保留了 A 中的偶数；第二个列表表达式则是获取对应偶数的幂次方。

```
In[41]:## 在列表中使用列表表达式
       A=list(range(10))
       ## 只保留偶数
       B=[ii for ii in A if ii % 2 == 0]
       B
Out[41]: [0, 2, 4, 6, 8]
In[42]:## 计数的次方运算
       B=[ii**ii for ii in A if ii % 2 == 1]
       B
Out[42]: [1, 27, 3125, 823543, 387420489]
```

3. 函数

函数也是在编程过程中经常用到的内容，其是已经组织好的、可重复使用的、实现单一功能的代码段。函数能提高应用程序的模块性，增强代码的重复利用率。Python 提供了许多内建函数，比如 print()、len()等。在 Python 中可以自己定义新的函数，其中定义函数的结构如下：

```
def functionname(parameters):
    "函数_文档字符串，对函数进行功能说明"
    function_suite          # 函数的内容
    return expression       # 函数的输出
```

下面定义一个计算 1～x 的累加和的函数，程序如下：

```
In[43]:## 定义一个计算 1～x 的累加和的函数
```

```
        def sumx(x):
        x=range(1,x+1)   ## 生成 1～x 的向量
        xsum=0
        for ii in x:
            xsum=xsum+ii
        return xsum
    ## 调用上面的函数
    x=200
    sumx(x)
Out[43]:20100
```

上面定义的函数中，sumx 是函数名，x 是使用函数时需要输入的参数，调用函数可使用 sumx(x)来完成。

Python 中的 lambda 函数也叫匿名函数，即没有具体名称的函数，它可以快速定义单行函数，完成一些简单的计算功能。可以使用下面的方式定义 lambda 函数：

```
In[44]:## lambda 函数，一个参数
        f=lambda x: x**2
        f(5)
Out[44]:25
In[45]:## lambda 函数，多个参数
        f=lambda x,y,z: (x+y)*z
        f(5,6,7)
Out[45]:77
```

在 lambda 函数中，冒号前面是参数，可以有多个，用逗号分隔，冒号右边是函数的计算主体，并会返回其计算结果。

1.4 Python 基础库入门实战

对 Python 的基础内容有了一定的认识后，本节将主要介绍 Python 中的常用第三方库。这些库都是实现了各种计算功能的开源库，它们极大地丰富了 Python 的应用场景和计算能力，这里主要介绍 NumPy、pandas 和 Matplotlib 三个库的基础使用。其中 NumPy 是 Python 用来进行矩阵运算、高维度数组运算的数学计算库；pandas 是 Python 用来进行数据预处理、数据操作和数据分析的库；Matplotlib 是简单易用的数据可视化库，包含了丰富的数据可视化功能。接下将会逐个介绍这些库的简单应用。

1.4.1 NumPy 库应用入门

NumPy 库提供了很多高效的数值运算工具，在矩阵运算等方面提供了很多高效的函数，尤其

是 N 维数组，在数据科学等计算方面应用广泛。接下来将简单介绍 NumPy 库的相关使用。

为了使用方便，导入 NumPy 库时可使用别名 np 代替，本书中的 NumPy 库均使用 np 作为别名。

```
In[1]:import numpy as np
```

导入 NumPy 库之后，针对该库的入门使用，将会分为数组生成、数组中的索引与数组中的一些运算函数三个部分进行介绍。

1. 数组生成

利用 NumPy 库生成数组有多种方式，例如，可使用 array()函数生成一个数组。

```
In[2]:## 一个一维数组
      A=np.array([1,2,3,4,5,6,7,8])
      A
Out[2]:array([1, 2, 3, 4, 5, 6, 7, 8])
In[3]:## 通过列表生成二维数组
      A=np.array([[1,2,3,4],[5,6,7,8]])
      A
Out[3]:array([[1, 2, 3, 4],
              [5, 6, 7, 8]])
In[4]:## 查看数组的形状
      A.shape
Out[4]: (2, 4)
In[5]:## 查看数组的维度
      A.ndim
Out[5]:2
```

上面的程序中，使用 np.array()函数将列表生成数组，并且可以利用数组 A 的 shape 属性查看其形状，使用 ndim 属性查看数组的维度。

在 NumPy 库中可以使用 np.zeros()函数生成指定形状的全 0 数组，使用 np.ones()函数生成指定形状的全 1 数组，np.eye()函数生成指定形状的单位矩阵（对角线的元素为 1）。

```
In[6]:## 使用其他函数生成数组
      ## 全零数组
      np.zeros((2,4))
Out[6]:array([[0., 0., 0., 0.],
              [0., 0., 0., 0.]])
In[7]:## 全 1 数组
      np.ones((2,3))
Out[7]:array([[1., 1., 1.],
              [1., 1., 1.]])
In[8]:## 单位矩阵
```

```
       np.eye(3,3)
Out[8]:array([[1., 0., 0.],
              [0., 1., 0.],
              [0., 0., 1.]])
```

使用 np.array()函数生成数组的时候，可以使用 dtype 参数指定其数据类型，例如使用 np.float64 指定数据为 64 位浮点型，使用 np.float32 指定数据为 32 位浮点型，使用 np.int32 指定数据为 32 位整型。同时也可以使用数组的 astype()方法，修改数据类型。相关示例如下：

```
In[9]:## 指定数组的数据类型
       A1=np.array([[1,2,3,4],[5,6,7,8]],dtype=np.float64)
       A2=np.array([[1,2,3,4],[5,6,7,8]],dtype=np.float32)
       A3=np.array([[1,2,3,4],[5,6,7,8]],dtype=np.int32)
       print("A1.dtype:",A1.dtype)
       print("A2.dtype:",A2.dtype)
       print("A3.dtype:",A3.dtype)
Out[9]:A1.dtype: float64
        A2.dtype: float32
        A3.dtype: int32
In[10]:## 变换数据之间的数据类型
        B1=A1.astype(np.int32)
        B2=A2.astype(np.int8)
        B3=A3.astype(np.float32)
        print("B1.dtype:",B1.dtype)
        print("B2.dtype:",B2.dtype)
        print("B3.dtype:",B3.dtype)
Out[10]:B1.dtype: int32
         B2.dtype: int8
         B3.dtype: float32
```

2. 数组中的索引

数组中的元素，可以利用切片索引来获取，其中索引可以是获取一个元素的基本索引，也可以是获取多个元素的切片索引，以及根据布尔值获取元素的布尔索引。使用切片获取元素的相关程序如下：

```
In[11]:## 通过索引获取数组中的元素
        A=np.arange(12).reshape(3,4)
        A
Out[11]:array([[ 0,  1,  2,  3],
               [ 4,  5,  6,  7],
               [ 8,  9, 10, 11]])
In[12]:## 获取数组中的某个元素
        A[1,1]
Out[12]:5
```

```
In[13]:## 对数组中的某个元素重新赋值
       A[1,1]=100
       A
Out[13]:array([[   0,   1,   2,   3],
               [   4, 100,   6,   7],
               [   8,   9,  10,  11]])
In[14]:## 获取数组中的某行
       A[1,:]
Out[14]:array([  4, 100,   6,   7])
In[15]:## 获取数组中的某列
       A[:,1]
Out[15]:array([  1, 100,   9])
In[16]:## 获取数组中的某部分
       A[0:2,1:4:]
Out[16]:array([[  1,   2,   3],
              [100,   6,   7]])
In[17]:## 根据布尔值进行索引
       index=A % 2 == 1
       index
Out[17]:array([[False,  True, False,  True],
               [False, False, False,  True],
               [False,  True, False,  True]])
In[18]:## 根据 index 获取数组中的奇数
       A[index]
Out[18]:array([ 1,  3,  7,  9, 11])
In[19]:## 不使用中间结果的方式
       A[A % 2 == 1]
Out[19]:array([ 1,  3,  7,  9, 11])
```

在 NumPy 库中还可以使用 np.where 找到符合条件的值函数，找到符合条件值的位置，如输出满足条件的行索引和列索引，并且也可以指定满足条件时输出的内容，与不满足条件时输出的内容。相关程序示例如下：

```
In[20]:## 通过 np.where 找到符合条件的值
       a,b=np.where(A % 2 == 1)
       print("行索引:",a)
       print("列索引:",b)
       print("数组中的奇数:",A[a,b])
Out[20]:行索引: [0 0 1 2 2]
        列索引: [1 3 3 1 3]
        数组中的奇数: [ 1  3  7  9 11]
In[21]:## A 中如果是奇数就正常输出，否则就输出对应数值的 10 倍
       np.where(A % 2 == 1, A, 10*A)
       Out[21]:array([[   0,    1,   20,    3],
```

```
                [  40, 1000,    60,     7],
                [  80,    9,   100,    11]])
```

针对获得的数组可以使用*.T 方法获取其转置，同时针对数组的轴可使用 transpose()函数对数组的轴进行变换，如将 3×4×2 的数组转化为 2×4×3 的数组，相关程序如下：

```
In[22]:## 数组的转置
       A.T
Out[22]:array([[  0,   4,   8],
               [  1, 100,   9],
               [  2,   6,  10],
               [  3,   7,  11]])
In[23]:## 数组的轴转换
       B=np.arange(24).reshape(3,4,2)
       print("B.shape:",B.shape)
       C=B.transpose((2,1,0))
       print("C.shape",C.shape)
Out[23]:B.shape: (3, 4, 2)
        C.shape (2, 4, 3)
```

3. 数组中的一些运算函数

在 NumPy 库中已经准备了很多进行数组运算的函数，如计算数组的均值可以使用 mean()函数，计算数组的和可以使用 sum()函数，计算累加和可以使用 cumsum()函数，相关程序如下：

```
In[24]:A=np.arange(12).reshape(3,4)
       A
Out[24]:array([[ 0,  1,  2,  3],
               [ 4,  5,  6,  7],
               [ 8,  9, 10, 11]])
In[25]:## 计算均值
       print("数组的均值:",A.mean())
       print("数组每列的均值:",A.mean(axis=0))
       print("数组每行的均值:",A.mean(axis=1))
Out[25]:数组的均值: 5.5
        数组每列的均值: [4. 5. 6. 7.]
        数组每行的均值: [1.5 5.5 9.5]
In[26]:## 计算和
       print("数组的和:",A.sum())
       print("数组每列的和:",A.sum(axis=0))
       print("数组每行的和:",A.sum(axis=1))
Out[26]:数组的和: 66
        数组每列的和: [12 15 18 21]
        数组每行的和: [ 6 22 38]
In[27]:## 计算累加和
```

```
        print("数组的累加和:\n",A.cumsum())
        print("数组每列的累加和:\n",A.cumsum(axis=0))
        print("数组每行的累加和:\n",A.cumsum(axis=1))
Out[27]:数组的累加和:
         [ 0  1  3  6 10 15 21 28 36 45 55 66]
        数组每列的累加和:
         [[ 0  1  2  3]
         [ 4  6  8 10]
         [12 15 18 21]]
        数组每行的累加和:
         [[ 0  1  3  6]
         [ 4  9 15 22]
         [ 8 17 27 38]]
```

数组的标准差和方差在一定程度上反映了数据的离散程度，可以通过 std()函数计算标准差，使用 var()函数计算方差。同时最大值可以使用 max()函数，最小值可以使用 min()函数进行计算。

```
In[28]:## 计算标准差和方差
        print("数组的标准差:",A.std())
        print("数组每列的标准差:",A.std(axis=0))
        print("数组每行的标准差:",A.std(axis=1))
        print("数组的方差:",A.var())
        print("数组每列的方差:",A.var(axis=0))
        print("数组每行的方差:",A.var(axis=1))
Out[28]:数组的标准差: 3.452052529534663
        数组每列的标准差: [3.26598632 3.26598632 3.26598632 3.26598632]
        数组每行的标准差: [1.11803399 1.11803399 1.11803399]
        数组的方差: 11.916666666666666
        数组每列的方差: [10.66666667 10.66666667 10.66666667 10.66666667]
        数组每行的方差: [1.25 1.25 1.25]
In[29]:## 计算最大值和最小值
        print("数组的最大值:",A.max())
        print("数组每列的最大值:",A.max(axis=0))
        print("数组每行的最大值:",A.max(axis=1))
        print("数组的最小值:",A.min())
        print("数组每列的最小值:",A.min(axis=0))
        print("数组每行的最小值:",A.min(axis=1))
Out[29]:数组的最大值: 11
        数组每列的最大值: [ 8  9 10 11]
        数组每行的最大值: [ 3  7 11]
        数组的最小值: 0
        数组每列的最小值: [0 1 2 3]
        数组每行的最小值: [0 4 8]
```

随机数是机器学习中经常使用的内容，所以 NumPy 库提供了很多生成各类随机数的方法，其中设置随机数种子，可以使用 np.random.seed()函数，它可以保证在使用随机数函数生成随机数时，随机数是可重复出现的。

生成服从正态分布的随机数可以使用 np.random.randn()函数，生成 0 ~ n 整数的随机排序可以使用 np.random.permutation(n)函数，生成服从均匀分布的随机数可以使用 np.random.rand()函数。在指定的范围生成随机整数可以使用 np.random.randint()函数。这些函数的使用示例如下：

```
In[30]:## 生成随机数
       ## 设置随机数种子
       np.random.seed(11)
       ## 生成正态分布的随机数矩阵
       np.random.randn(3,3)
Out[30]:array([[ 1.74945474, -0.286073  , -0.48456513],
               [-2.65331856, -0.00828463, -0.31963136],
               [-0.53662936,  0.31540267,  0.42105072]])
In[31]:## 将 0~10(不包括 10)之间的数进行随机排序
       np.random.seed(11)
       np.random.permutation(10)
Out[31]:array([7, 8, 2, 6, 4, 5, 1, 3, 0, 9])
In[32]:## 生成均匀分布的随机数矩阵
       np.random.seed(11)
       np.random.rand(2,3)
Out[32]:array([[0.18026969, 0.01947524, 0.46321853],
               [0.72493393, 0.4202036 , 0.4854271 ]])
In[33]:## 在范围内生成随机数整数
       np.random.seed(12)
       np.random.randint(low=2, high=10, size=15)
Out[33]:array([5, 5, 8, 7, 3, 4, 5, 5, 6, 2, 8, 3, 6, 7, 7])
```

NumPy 中还提供了保存和导入数据的函数 np.save()和 np.load()，其中 np.save()通常是将一个数组保存为.npy 文件，若要保存多个数组，可以使用 np.savez()函数，并且可以为每个数组指定名称，方便导入数组后对数据的获取，相关程序如下：

```
In[34]:## 数据的存储和导入
       ## 将数组保存为.npy 文件
       np.save("data/chap1/Aarray.npy",A)
       ## 导入数据文件 A
       B=np.load("data/chap1/Aarray.npy")
       B
Out[34]:array([[ 0,  1,  2,  3],
               [ 4,  5,  6,  7],
               [ 8,  9, 10, 11]])
In[35]:## 将多个数组保存为一个压缩文件
       np.savez("data/chap1/ABarray.npz",x=A, y=B)
```

```
       ## 导入保存的数据
       data=np.load("data/chap1/ABarray.npz")
       print('data["y"]:\n',data["y"])
Out[35]:data["y"]:
        [[ 0  1  2  3]
         [ 4  5  6  7]
         [ 8  9 10 11]]
```

1.4.2 pandas库应用入门

pandas 库在数据分析中是非常重要和常用的库，它利用数据框让数据的处理和操作变得简单和快捷，在数据预处理、缺失值填补、时间序列、可视化等方面都有应用。接下来简单介绍pandas的使用方法，包括如何生成序列和数据表格、数据聚合与分组运算及数据可视化功能等。pandas库在导入后经常使用pd来代替。

```
In[36]:import pandas as pd
```

1. 序列和数据表

pandas 库中的序列（Series）是一维标签数组，能够容纳任何类型的数据。可以使用pd.Series(data, index,…)生成序列，其中data指定序列中的数据，通常使用数组或者列表，index通常指定序列中的索引，例如使用下面的程序可以生成序列 s1，并且可以通过 s1.values 和s1.index获取序列的数值和索引。

```
In[37]:## 生成一个序列
       s1=pd.Series(data=[1,2,3,4,5],index=["a","b","c","d","e"],
                    name="var1")
       s1
Out[37]:a    1
        b    2
        c    3
        d    4
        e    5
        Name: var1, dtype: int64
In[38]:## 获取序列的数值和索引
       print("数值:",s1.values)
       print("索引:",s1.index)
Out[38]:数值: [1 2 3 4 5]
        索引: Index(['a', 'b', 'c', 'd', 'e'], dtype='object')
```

针对生成的序列可以通过切片和索引获取序列中的对应值，也可以对获得的数值重新赋值。相关示例如下：

```
In[39]:## 通过索引获取序列中的内容
       s1[["a","c"]]
```

```
Out[39]:a    1
        c    3
        Name: var1, dtype: int64
In[40]:## 通过索引改变数据的取值
       s1[["a","c"]]=[10,12]
       s1
Out[40]:a    10
        b     2
        c    12
        d     4
        e     5
        Name: var1, dtype: int64
```

通过字典也可以生成序列，其中字典的键将会作为序列的索引，字典的值将会作为序列的值，下面的 s2 就是利用字典生成的序列。针对序列可以使用 value_counts()方法，计算序列中每个取值出现的次数。

```
In[41]:## 通过字典生成序列
       s2=pd.Series({"A":100,"B":200,"C":300,"D":200})
       s2
Out[41]:A    100
        B    200
        C    300
        D    200
        dtype: int64
In[42]:## 计算序列中每个取值出现的次数
       s2.value_counts()
Out[42]:200    2
        300    1
        100    1
        dtype: int64
```

数据表是 pandas 库提供的一种二维数据结构，数据按行和列的表格方式排列，是数据分析经常使用的数据展示方式。数据表的生成通常使用 pd.DataFrame(data,index,columns,…)方式。其中 data 可以使用字典、数组等内容，index 用于指定数据表的索引，columns 用于指定数据表的列名。

使用字典生成数据表时，字典的键将会作为数据表格的列名，值将会作为对应列的内容。同时可以使用 df1["列名"]的形式为数据表格 df1 添加新的列，或者获取对应列的内容。df1.columns 属性则可以输出数据表格的列名。

```
In[43]:##将字典生成数据表
       data={"name":["Anan","Adam","Tom","Jara","AqL"],
             "age":[20,15,10,18,25],
```

```
            "sex":["F","M","F","F","M"]}
        df1=pd.DataFrame(data=data)
        print(df1)
Out[43]:    name  age sex
        0  Anan   20   F
        1  Adam   15   M
        2   Tom   10   F
        3  Jara   18   F
        4   AqL   25   M
In[44]:## 为数据表添加新的变量
        df1["high"]=[175,170,165,180,178]
        print(df1)
Out[44]:    name  age sex  high
        0  Anan   20   F   175
        1  Adam   15   M   170
        2   Tom   10   F   165
        3  Jara   18   F   180
        4   AqL   25   M   178
In[45]:## 获取数据表的列名
        df1.columns
        Out[45]:Index(['name', 'age', 'sex', 'high'], dtype='object')
In[46]:## 通过列名获取数据表中的数据
        print(df1[["age","high"]])
Out[46]:    age  high
        0   20   175
        1   15   170
        2   10   165
        3   18   180
        4   25   178
```

针对数据表格 df 可以使用 df.loc 获取指定的数据，使用方式为 df.loc[index_name, col_name]，选择指定位置的数据。相关使用方法如下：

```
In[47]:## 输出某一行
        print(df1.loc[2])
Out[47]:name     Tom
        age       10
        sex        F
        high     165
        Name: 2, dtype: object
In[48]:## 输出多行
        print(df1.loc[1:3])  # 会包括第一行和第三行
Out[48]:    name  age sex  high
        1  Adam   15   M   170
```

```
          2   Tom    10   F   165
          3  Jara    18   F   180
In[49]:## 输出指定的行和列
       print(df1.loc[1:3,["name","sex"]])  # 会包括第一行和第三行
Out[49]:   name sex
          1  Adam   M
          2   Tom   F
          3  Jara   F
In[50]:## 输出性别为 F 的行和列
       print(df1.loc[df1.sex == "F",["name","sex"]])
Out[50]:   name sex
          0  Anan   F
          2   Tom   F
          3  Jara   F
```

数据表格的 df.iloc 方法是基于位置的索引来获取对应的内容，相关使用方法如下：

```
In[51]:## 获取指定的行
       print("指定的行:\n",df1.iloc[0:2])
       ## 获取指定的列
       print("指定的列:\n",df1.iloc[:,0:2])
Out[51]:指定的行:
           name  age sex  high
          0  Anan   20   F   175
          1  Adam   15   M   170
        指定的列:
           name  age
          0  Anan   20
          1  Adam   15
          2   Tom   10
          3  Jara   18
          4   AqL   25
In[52]:##  获取指定位置的数据
       print("指定位置的数据:\n",df1.iloc[0:2,1:4])
Out[52]:指定位置的数据:
           age sex  high
          0   20   F   175
          1   15   M   170
In[53]:## 根据条件索引获取数据需要将索引转化为列表或数组
       print(df1.iloc[list(df1.sex == "F"),0:3])
       print(df1.iloc[np.array(df1.sex == "F"),0:3])
Out[53]:   name  age sex
          0  Anan   20   F
          2   Tom   10   F
          3  Jara   18   F
```

```
        name  age sex
     0  Anan   20   F
     2   Tom   10   F
     3  Jara   18   F
In[54]:list(df1.sex == "F")
Out[54]: [True, False, True, True, False]
In[55]:## 为数据表中的内容重新赋值
       df1.high=[170,175,177,178,180]
       print(df1)
Out[55]:   name  age sex  high
     0  Anan   20   F   170
     1  Adam   15   M   175
     2   Tom   10   F   177
     3  Jara   18   F   178
     4   AqL   25   M   180
In[56]:## 选择指定的区域并重新赋值
       df1.iloc[0:1,0:2]=["Apple",25]
       print(df1)
Out[56]:    name  age sex  high
     0  Applc   25   F   170
     1   Adam   15   M   175
     2    Tom   10   F   177
     3   Jara   18   F   178
     4    AqL   25   M   180
```

2. 数据聚合与分组运算

pandas 库提供了强大的数据聚合和分组运算能力，如可以通过 apply 方法，将指定的函数作用于数据的行或列，而 groupby 方法可以对数据进行分组统计，这些功能对数据表的变换、分析和计算都非常有用。下面使用鸢尾花数据集介绍如何使用 apply 方法将函数应用于数据计算。

```
In[57]:## 读取用于演示的数据
       Iris=pd.read_csv("data/chap1/Iris.csv")
       print(Iris.head())
Out[57]: Id SepalLengthCm SepalWidthCm PetalLengthCm PetalWidthCm Species
       0  1            5.1          3.5           1.4          0.2  setosa
       1  2            4.9          3.0           1.4          0.2  setosa
       2  3            4.7          3.2           1.3          0.2  setosa
       3  4            4.6          3.1           1.5          0.2  setosa
       4  5            5.0          3.6           1.4          0.2  setosa
In[58]:## 使用 apply 方法将函数应用于数据
       ## 计算每列的均值
       Iris.iloc[:,1:5].apply(func=np.mean,axis=0)
Out[58]:SepalLengthCm    5.843333
```

```
       SepalWidthCm      3.054000
       PetalLengthCm     3.758667
       PetalWidthCm      1.198667
       dtype: float64
In[59]:## 计算每列的最小值和最大值
      min_max=Iris.iloc[:,1:5].apply(func=(np.min,np.max),axis=0)
      print(min_max)
Out[59]:       SepalLengthCm  SepalWidthCm  PetalLengthCm  PetalWidthCm
       amin              4.3           2.0            1.0           0.1
       amax              7.9           4.4            6.9           2.5
In[60]:## 计算每列的样本数量
      Iris.iloc[:,1:5].apply(func=np.size,axis=0)
Out[60]:SepalLengthCm    150
       SepalWidthCm     150
       PetalLengthCm    150
       PetalWidthCm     150
       dtype: int64
In[61]:## 根据行进行计算，只演示前 5 个样本
      des=Iris.iloc[0:5,1:5].apply(func=(np.min, np.max, np.mean, np.std,
np.var), axis=1)
      print(des)
Out[61]:   amin  amax   mean       std       var
       0   0.2   5.1  2.550  2.179449  4.750000
       1   0.2   4.9  2.375  2.036950  4.149167
       2   0.2   4.7  2.350  1.997498  3.990000
       3   0.2   4.6  2.350  1.912241  3.656667
       4   0.2   5.0  2.550  2.156386  4.650000
```

通过上面的程序可以发现利用 apply 方法可以使函数的应用变得简单，从而方便对数据进行更多的认识和分析。数据表的 groupby 方法则可进行分组统计，其在应用上比 apply 方法更加广泛，如根据数据的不同类型，计算数据的一些统计性质，获得数据透视表。相关使用示例如下：

```
In[62]:## 利用 groupby 进行分组统计
      ## 分组计算均值
      res=Iris.drop("Id",axis=1).groupby(by="Species").mean()
      print(res)
Out[62]:         SepalLengthCm  SepalWidthCm  PetalLengthCm  PetalWidthCm
       Species
       setosa             5.006         3.418          1.464         0.244
       versicolor         5.936         2.770          4.260         1.326
       virginica          6.588         2.974          5.552         2.026
In[63]:## 分组计算偏度
      res=Iris.drop("Id",axis=1).groupby(by="Species").skew()
      print(res)
```

```
Out[63]:          SepalLengthCm   SepalWidthCm   PetalLengthCm   PetalWidthCm
        Species
        setosa         0.120087       0.107053        0.071846       1.197243
        versicolor     0.105378      -0.362845       -0.606508      -0.031180
        virginica      0.118015       0.365949        0.549445      -0.129477
```

数据表的聚合运算可以通过 agg 方法，并且该方法可以和 groupby 方法结合使用，从而完成更复杂的数据描述和分析工作，如可以计算不同数据特征的不同统计性质等。相关使用示例如下：

```
In[64]:## 数据聚合进行相关计算
       res=Iris.drop("Id",axis=1).agg({"SepalLengthCm":["min","max","
median"],"SepalWidthCm":["min","std","mean",],
"Species":["unique","count"]})
       print(res)
Out[64]: SepalLengthCm  SepalWidthCm                              Species
       count            NaN                NaN                        150
       max              7.9                NaN                        NaN
       mean             NaN           3.054000                        NaN
       5.8                 NaN                    NaN
       min              4.3               2.000000                    NaN
       std              NaN               0.433594                    NaN
       unique             NaN          NaN  [setosa, versicolor, virginica]
In[65]:## 分组后对数据的相关列进行聚合运算
       res=Iris.drop("Id",axis=1).groupby(    by="Species").agg
({"SepalLengthCm":["min","max"],
                  "SepalWidthCm":["std"],
                  "PetalLengthCm":["skew"],
                  "PetalWidthCm":[np.size]})
       print(res)
Out[65]:      SepalLengthCm       SepalWidthCm PetalLengthCm PetalWidthCm
                     min  max              std          skew         size
       Species
       setosa            4.3  5.8     0.381024      0.071846         50.0
       versicolor        4.9  7.0     0.313798     -0.606508         50.0
       virginica         4.9  7.9     0.322497      0.549445         50.0
```

3. 数据可视化函数

pandas 库提供了针对数据表和序列的简单可视化方式，其可视化是基于 Matplotlib 库进行的。对 pandas 的数据表进行数据可视化时，只需要使用数据表的 plot()方法，该方法包含散点图、折线图、箱线图、条形图等。下面使用数据演示一些 pandas 库的数据可视化方法，获得数据可视化图像。

```
In[66]:## 输出高清图像
       %config InlineBackend.figure_format='retina'
```

```
        %matplotlib inline
        ## 可视化分组箱线图
Iris.iloc[:,1:6].boxplot(column=["SepalLengthCm","SepalWidthCm"],
                         by="Species",figsize=(12,6))
```

上面的程序是使用数据表的 boxplot()方法获得箱线图，同时在可视化时，可视化两列数据 SepalLengthCm 和 SepalWidthCm 变量的箱线图，再针对每个变量使用类别特征 Species 进行分组，最终可视化结果如图 1-11 所示。

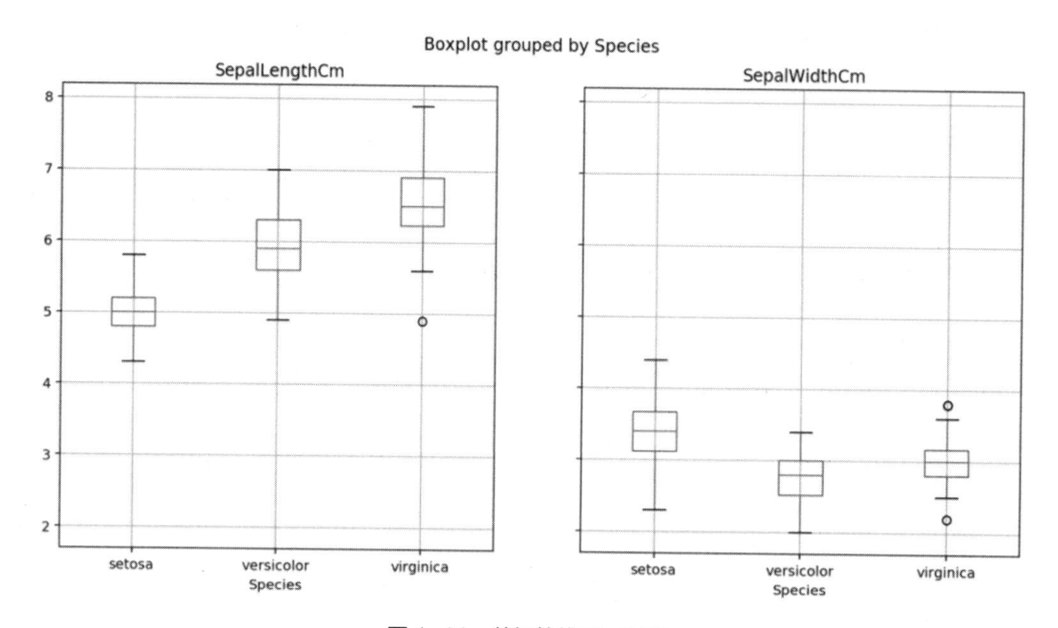

图 1-11　数据箱线图可视化

使用 df.plot()方法对数据表进行可视化时，通常会使用 kind 参数指定数据可视化图像的类型，参数 x 指定横坐标轴使用的变量，参数 y 指定纵坐标轴使用的变量，其他参数调整数据的可视化结果。例如针对散点图，可以使用参数 s 指定点的大小，使用参数 c 指定点的颜色等。利用数据表获得散点图的程序如下，程序运行后的结果如图 1-12 所示。

```
In[67]:## 可视化散点图，设置颜色映射
        col=Iris.Species.map({"setosa":"blue","versicolor":"red",
                              "virginica":"green"})
Iris.plot(kind="scatter",x="SepalLengthCm",y="SepalWidthCm",
          s=30,c=col,figsize=(10,6))
```

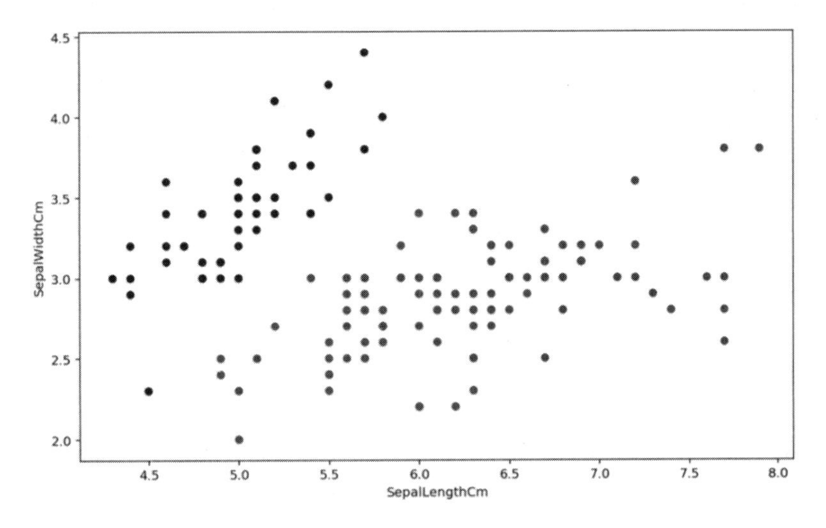

图 1-12 数据散点图可视化

使用 df.plot()方法时，指定参数 kind="hexbin"可以使用六边形热力图，对数据进行可视化，例如针对鸢尾花数据中的 SepalLengthCm 变量和 SepalWidthCm 变量的六边形热力图，可使用下面的程序进行可视化，获得如图 1-13 所示的结果。

```
In[68]:## 可视化六边形热力图
       Iris.plot(kind="hexbin",x="SepalLengthCm",y="SepalWidthCm",
                 gridsize=15,figsize=(10,7),sharex=False)
```

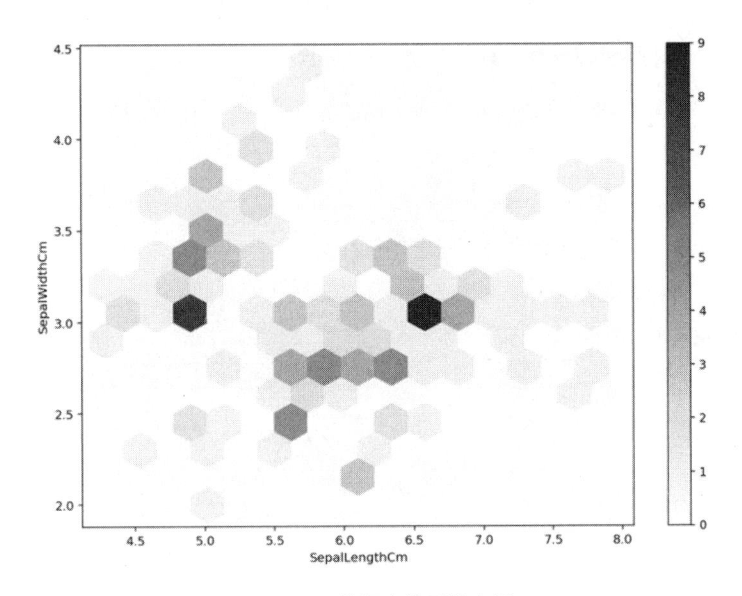

图 1-13 数据六边形热力图

可视化时指定参数 kind="line"，可以使用折线图对数据进行可视化，例如针对鸢尾花数据中的 4 个变量的变化情况，可使用下面的程序进行折线图可视化，程序运行后的结果如图 1-14 所示。

```
In[69]:## 折线图
       Iris.iloc[:,0:5].plot(kind="line",x="Id",figsize=(10,6))
```

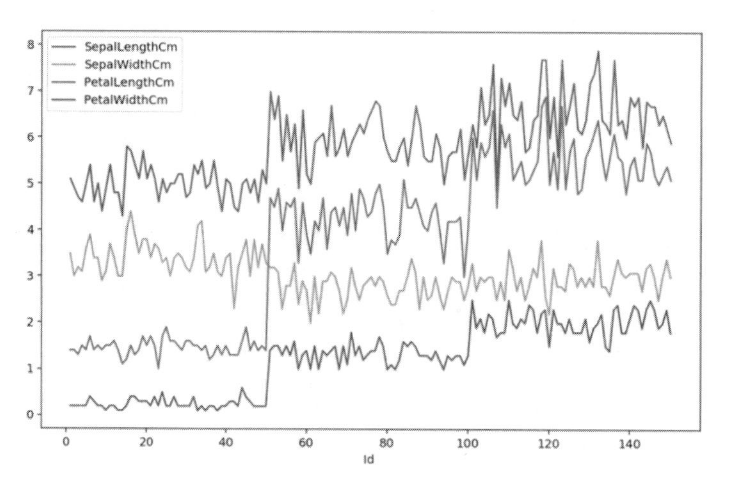

图 1-14　数据折线图可视化

pandas 的入门内容先介绍到这里，更多内容可以参考官方文档进行探索和学习。下面介绍如何使用 Matplotlib。

1.4.3　Matplotlib 库应用入门

Matplotlib 是 Python 的绘图库，其具有丰富的绘图功能，pyplot 是其中的一个模块，它提供了类似 MATLAB 的绘图接口，能够绘制 2D、3D 等丰富图像，是数据可视化的好帮手，接下来简单介绍其使用方法。

首先利用 Matplotlib 库进行绘图的一些准备工作。

```
In[70]:## 导入相关可视化模块
       import matplotlib.pyplot as plt
       from mpl_toolkits.mplot3d import Axes3D
       ## 图像显示中文的问题
       import matplotlib
       matplotlib.rcParams['axes.unicode_minus']=False
       ## 设置图像在可视化时使用的主题
       import seaborn as sns
       sns.set(font="Kaiti",style="ticks",font_scale=1.4)
```

上面的程序中首先导入 Matplotlib 中的 pyplot 模块，并命名为 plt，为了在 Jupyter Notebook

中显示图像，需要使用%matplotlib inline 命令；为了绘制 3D 图像，需要引入三维坐标系 Axes3D。由于 Matplotlib 库默认不支持中文文本在图像中的显示，为解决这个问题，可以使用 matplotlib.rcParams['axes.unicode_minus']=False 语句，同时导入 seaborn 数据可视化库，使用其 set()方法可以设置可视化图像时的基础部分，例如 font="Kaiti"参数指定图中文本使用的字体，参数 style="ticks"设置坐标系的样式，参数 font_scale 设置字体的显示比例等。

1. 二维可视化图像

在介绍 Matplotlib 库的二维数据可视化之前，先展示一个简单的曲线可视化示例，程序如下：

```
In[71]:## 绘制一条曲线
       X=np.linspace(1,15)
       Y=np.sin(X)
       plt.figure(figsize=(10,6))        # 图像的大小(宽: 10, 高: 6)
       plt.plot(X,Y,"r-*")               # 绘制 X, Y,红色、直线、星形
       plt.xlabel("X 轴")                # X 坐标轴的 label
       plt.ylabel("Y 轴")                # Y 坐标轴的 label
       plt.title("y=sin(x)")             # 图像的名字 title
       plt.grid()                        # 图像中添加网格线
       plt.show()                        # 显示图像
```

上面的程序中，首先生成 X、Y 坐标数据，然后使用 plt.figure()定义一个图像窗口，并使用 figsize=(10,6)参数指定图像的宽和高；plt.plot()绘制图像对应的坐标为 X 和 Y，其中第三个参数“r-*”代表绘制红色曲线星形图，plt.xlabel()定义 X 坐标轴的标签名称，plt.ylabel()定义 Y 坐标轴的标签名称，plt.title()指定图像的名称，plt.grid()代表在图像中显示网格线，最后使用 plt.show()查看图像。得到的图像如图 1-15 所示。

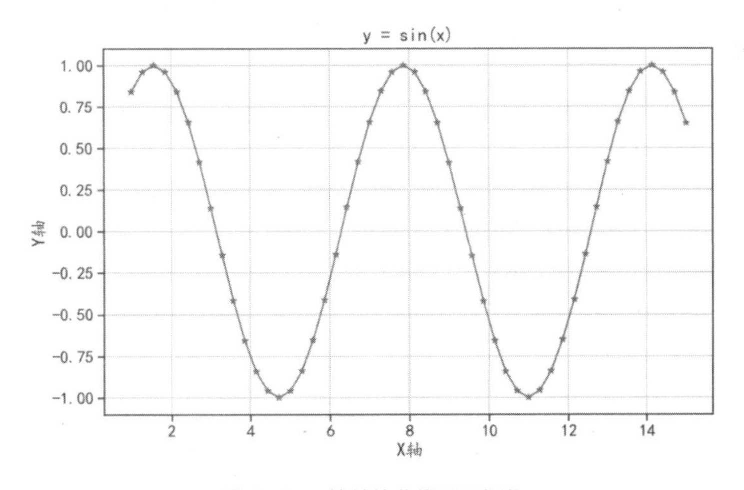

图 1-15　简单的曲线图可视化

Matplotlib 库还可以在一个图像上绘制多个子图，从多方面、多角度对数据进行观察。下面展示如何可视化出一个图像中包含 3 个子图的示例，程序如下：

```
In[72]:## 在可视化时将窗口切分为多个子窗口，分别绘制不同的图像
       plt.figure(figsize=(15,12))         # 图像的大小(宽：15，高：12)
       plt.subplot(2,2,1)                  # 4 个子窗口中的第 1 个子窗口
       plt.plot(X,Y,"b-.s")                # 绘制 X，Y，蓝色、虚线、矩形点
       plt.xlabel(r"$\alpha$")             # X 坐标轴的 label，使用 LaTeX 公式
       plt.ylabel(r"$\beta$")              # Y 坐标轴的 label，使用 LaTeX 公式
       plt.title("$y=\sum sin(x)$")        # 图像的名字 title，使用 LaTeX 公式

       plt.subplot(2,2,2)                  # 4 个子窗口中的第 2 个子窗口
       histdata=np.random.randn(200,1)     # 生成数据
       plt.hist(histdata, 10)              # 可视化直方图
       plt.xlabel("取值")               # X 坐标轴的 label，使用中文
       plt.ylabel("频数")               # Y 坐标轴的 label，使用中文
       plt.title("直方图")              # 图像的名字 title，使用中文

       plt.subplot(2,1,2)      # 4 个子窗口中的第 3、第 4 个子窗口合为一个窗口
       plt.step(X,Y,c="r",label="sin(x)",linewidth=3) #阶梯图，红色，线宽 3，
添加标签
       plt.plot(X,Y,"o--",color="grey",alpha=0.5)      # 添加灰色曲线
       plt.xlabel("X",)     # X 坐标轴的 label
       plt.ylabel("Y",)     # Y 坐标轴的 label
       plt.title("Bar",)    # 图像的名字 title
       plt.legend(loc="lower right",fontsize=16)#图例在右下角，字体大小为 16
       xtick=[0,5,10,15]              # 单独设置 X 轴坐标系取值
       xticklabel=[str(x)+"辆" for x in xtick]
       plt.xticks(xtick,xticklabel,rotation=45)# X 轴的坐标取值，倾斜 45°
       plt.subplots_adjust(hspace=0.35)## 调整子图像之间的水平空间距离
       plt.show()
```

在这个例子中，分别绘制了曲线图、直方图、阶梯图 3 个子图。plt.subplot(2,2,1)表示将当前图形窗口分成 2×2＝4 个区域，并在第 1 个区域上进行绘图。在第一幅子图中指定 X 轴名称时，使用 plt.xlabel(r"α")来显示，其中 "α" 表示 LaTeX 公式。plt.subplot(2,2,2)表示开始在第 2 个区域上绘制图像，plt.hist(histdata, 10)表示将数据 histdata 分成 10 份来绘制直方图。而在可视化第三个子图时，使用 plt.subplot(2,1,2)表示将图形区域重新划分为 2×1=2 个窗口，并且指定在第 2 个窗口上作图，这样原始的 2×2 的 4 个子图的第 3 个和第 4 个子图，组合为一个新的子图窗口。plt.step(X,Y,c="r",label="sin(x)",linewidth=3)为绘制阶梯图，并且指定线的颜色为红色，线宽为 3；plt.legend(loc="lower right",fontsize=16)可以为图像在指定的位置添加图例，字体大小为 16；plt.xticks(xtick,xticklabel,rotation=45)是通过 plt.xticks()来指定坐标轴 X 轴的刻度所显示的内容，并且可通过 rotation=45 将其逆时针旋转 45°；plt.subplots_adjust(hspace=0.35)

为调整子图之间的水平间距，让子图之间没有遮挡，最终的数据可视化结果如图 1-16 所示。

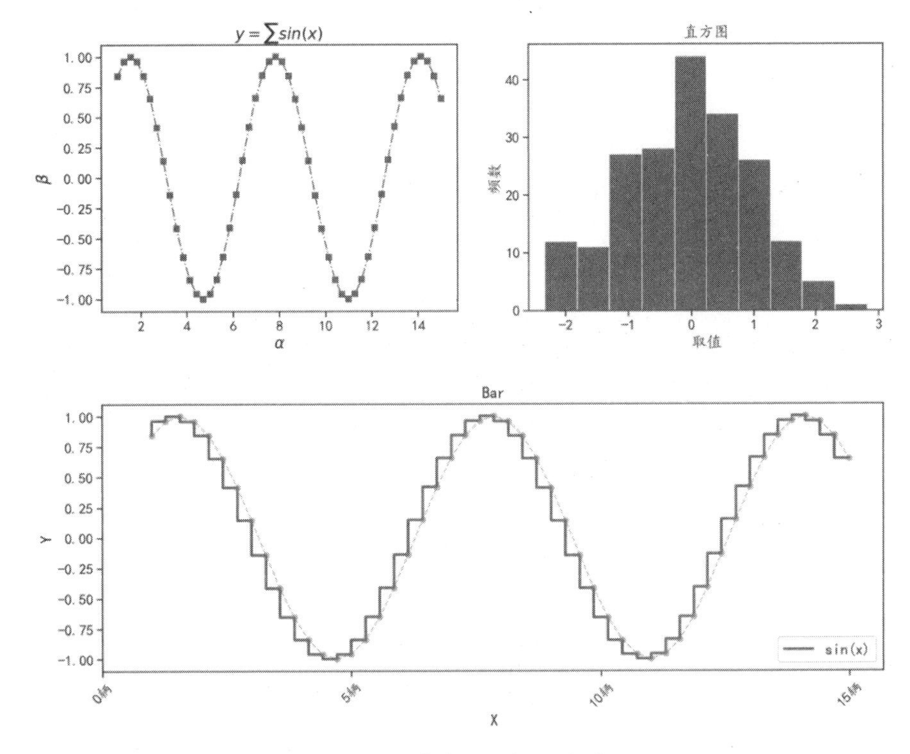

图 1-16　多个子图窗口可视化

2. 三维可视化图像

Matplotlib 库还可以绘制三维图像，下面给出绘制三维图像曲面图和空间散点图的例子，程序如下：

```
In[73]:## 准备要使用的网格数据
        x=np.linspace(-4,4,num=50)
        y=np.linspace(-4,4,num=50)
        X,Y=np.meshgrid(x,y)
        Z=np.sin(np.sqrt(X**2+Y**2))
        ## 可视化三维曲面图
        fig=plt.figure(figsize=(10,6))
        ## 将坐标系设置为 3D 坐标系
        ax1=fig.add_subplot(111, projection= "3d")
        ## 绘制曲面图，rstride：行的跨度，cstride：列的跨度，cmap：颜色，alpha：透
明度
        ax1.plot_surface(X,Y,Z,rstride=1,cstride=1,alpha=0.5,cmap=plt.cm.c
oolwarm)
```

```
## 绘制 z 轴方向的等高线，投影位置在 Z=1 的平面
cset=ax1.contour(X, Y, Z, zdir="z", offset=1,cmap=plt.cm.CMRmap)
ax1.set_xlabel("X")
ax1.set_xlim(-4,4)                  ## 设置 X 轴的绘图范围
ax1.set_ylabel("Y")
ax1.set_ylim(-4,4)                  ## 设置 Y 轴的绘图范围
ax1.set_zlabel("Z")
ax1.set_zlim(-1,1)                  ## 设置 Z 轴的绘图范围
ax1.set_title("曲面图和等高线")
plt.show()
```

上面的可视化程序中，先使用 np.meshgrid()函数准备数据可视化需要的网格数据，然后针对图像窗口使用 fig.add_subplot(111, projection= "3d")初始化一个 3D 坐标系 ax1，接着使用 ax1.plot_surface()函数绘制曲面图，使用 ax1.contour()函数为图像添加等高线，最后设置了各个坐标轴的标签和可视化范围，可视化结果如图 1-17 所示。

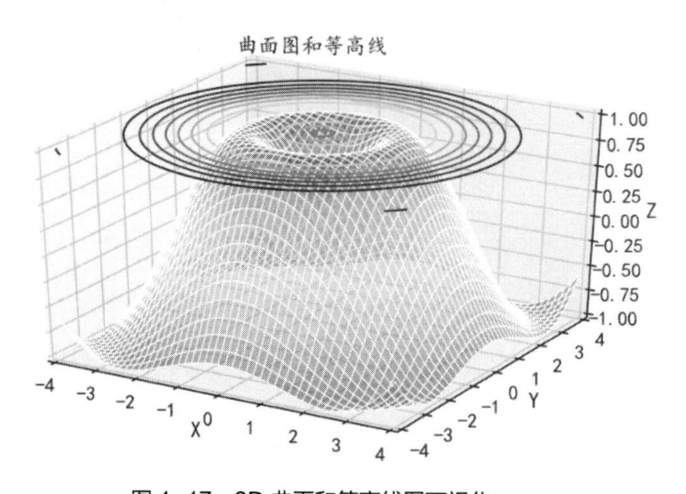

图 1-17　3D 曲面和等高线图可视化

同样在一副图像中可以绘制多个 3D 图像，可视化 3D 曲线图和 3D 散点图的程序如下：

```
In[74]:## 准备数据
       theta=np.linspace(-4 * np.pi, 4 * np.pi, 100) # 角度
       z=np.linspace(-2, 2, 100)                     # z 坐标
       r=z**2+1                                      # 半径
       x=r * np.sin(theta)                           # x 坐标
       y=r * np.cos(theta)                           # y 坐标
       ## 在子图中绘制三维的图像
       fig=plt.figure(figsize=(15,6))
       ## 将坐标系设置为 3D 坐标系
       ax1=fig.add_subplot(121,projection="3d")   #子图 1
```

```
ax1.plot(x, y, z,"b-")                        # 绘制蓝色三维曲线图
ax1.view_init(elev=20,azim=25)                # 设置轴的方位角和高程
ax1.set_title("3D 曲线图")

ax2=plt.subplot(122,projection="3d")  # 子图 2
ax2.scatter3D(x,y,z,c="r",s=20)               # 绘制红色三维散点
ax2.view_init(elev=20,azim=25)                # 设置轴的方位角和高程
ax2.set_title("3D 散点图")
plt.subplots_adjust(wspace=0.1)               ## 调整子图像之间的空间距离
plt.show()
```

上面的程序在可视化 3D 图像时使用的是 3 个一维向量数据，分别指定 x、y 和 z 轴的坐标位置，然后可视化 3D 曲线图和 3D 散点图，程序运行后的结果如图 1-18 所示。

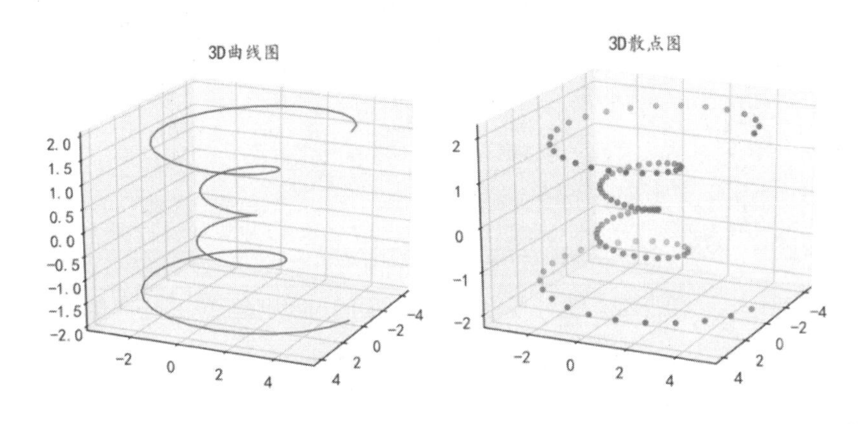

图 1-18　3D 曲面图与 3D 散点图

3. 可视化图片

针对图像数据，可以使用 plt.imshow()函数进行可视化，同时针对灰度图像，可以使用参数 cmap=plt.cm.gray 定义图像的颜色映射，针对一张图片可视化 RGB 图像和灰度图像的程序如下：

```
In[75]:## 数据准备
       from skimage.io import imread   ## 从 skimage 库中引入读取图片的函数
       ## 从 skimage 库中引入将 RGB 图片转化为灰度图像的函数
       from skimage.color import rgb2gray
       im=imread("data/chap1/firstfig.png")
       imgray=rgb2gray(im)
       ## 可视化图片
       plt.figure(figsize=(10,5))
       plt.subplot(1,2,1)   ## RGB 图像
       plt.imshow(im)
       plt.axis("off")       ## 不显示坐标轴
```

```
    plt.title("RGB Image")

    plt.subplot(1,2,2)  ## 灰度图像
    plt.imshow(imgray,cmap=plt.cm.gray)
    plt.axis("off")       ## 不显示坐标轴
    plt.title("Gray Image")
    plt.show()
```

运行上面的程序后结果如图 1–19 所示，分别是 RGB 图像和绘图图像的可视化。

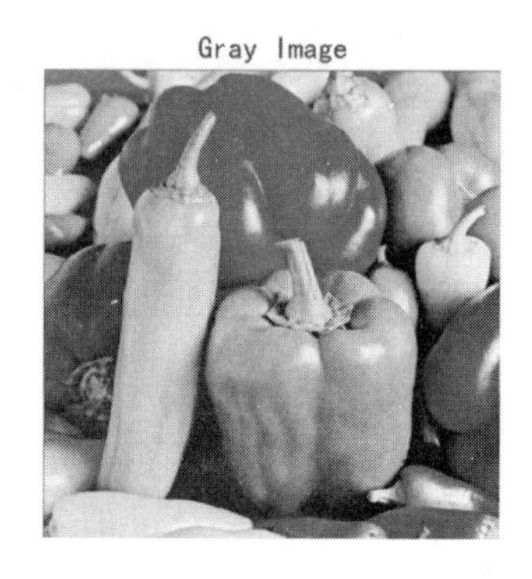

图 1–19　可视化图片数据

Matplotlib 库中，包含很多的数据可视化内容，上面的内容只是其中的一小部分，更多的可视化方法会在后面的章节中介绍，也可以参看官方的帮助文档进行学习。

1.5　机器学习模型初探

针对待分析的数据集，利用机器学习算法进行建模和分析的步骤其实也很固定，下面先来看一个实际的机器学习应用案例。

假设房子的价格只跟面积有关，表 1–1 给出了一些房子的面积和价格之间的数据，请计算出 40 ㎡ 的房屋价格。

表 1-1　面积与价格数据

面积（㎡）	56	32	78	160	240	89	91	69	43
价格（万元）	90	65	125	272	312	147	159	109	78

可以先将数据的分布情况利用散点图进行可视化，分析面积和价格之间的变化关系，如图 1–20 所示，两者之间可以使用一个线性关系进行表示，即 $y=ax+b$。

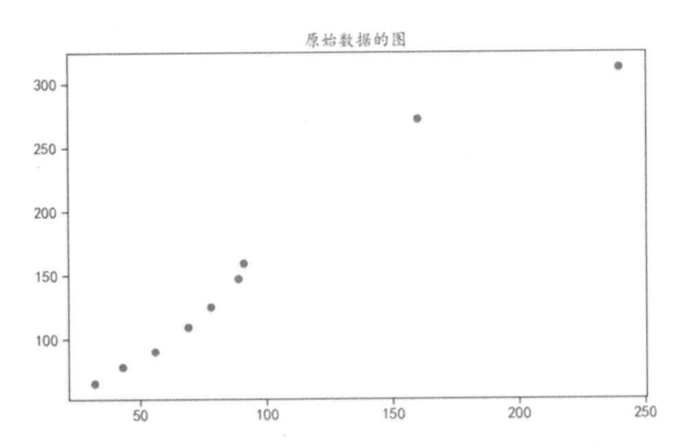

图 1-20　房屋面积和价格关系图

针对该数据分布情况和所提出的问题，可以使用下面的程序进行建模和预测。

```
In[1]:#导入库
      from sklearn.linear_model import LinearRegression
      import matplotlib.pyplot as plt
      import numpy as np

      x=np.array([56,32,78,160,240,89,91,69,43])
      y=np.array([90,65,125,272,312,147,159,109,78])

      #数据导入与处理，并进行数据探索
      X=x.reshape(-1,1)
      Y=y.reshape(-1,1)
      plt.figure(figsize=(10,6)) # 初始化图像窗口
      plt.scatter(X,Y,s=50)  #原始数据的图
      plt.title("原始数据的图")
      plt.show()

      #训练模型和预测
      model=LinearRegression()
      model.fit(X,Y)
      x1=np.array([40,]).reshape(-1,1)    #带预测数据
      x1_pre=model.predict(np.array(x1)) #预测面积为 40m² 时的房价

      #数据可视化,将预测的点也打印在图上
      plt.figure(figsize=(10,8))
      plt.scatter(X,Y) #原始数据的图

      b=model.intercept_ #截距
      a=model.coef_ #斜率
      y=a*X +b    #原始数据按照训练好的模型画出直线
```

```
plt.plot(X,y)

y1=a*x1+b
plt.scatter(x1,y1,color='r')
plt.show()
```

运行程序后，可获得当房子面积为 40m^2 时，模型的预测值为 79.59645966，即价格约为 79.59 万元。预测值在数据中的位置分布如图 1-21 所示。

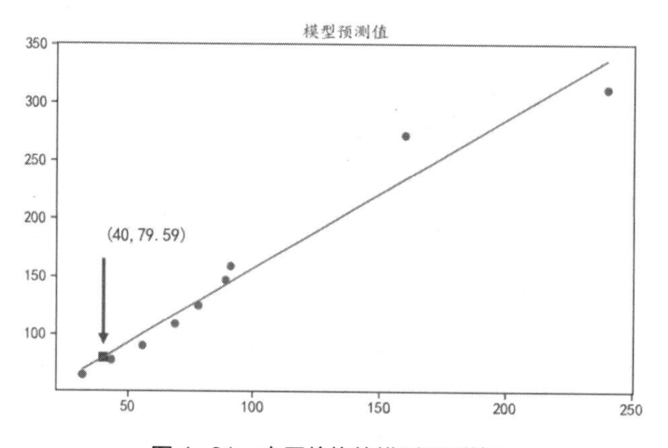

图 1-21　房屋价格的模型预测情况

以上是对一元线性回归的实现方法。但在现实中，房价的影响因素太多，不仅跟面积有关，还跟地理位置有关，跟小区容积率等也有关，这就要用到多元线性回归进行拟合。更复杂的机器学习案例，将会在后面的章节中一一介绍。

在机器学习中，常用的学习方法除了一元线性回归、多元线性回归模型，还有逻辑回归、聚类、决策树、随机向量、支持向量机、朴素贝叶斯等模型，这些模型的使用步骤基本类似，步骤如下：①数据预处理和探索；②数据特征工程；③建立模型；④训练模型；⑤模型预测；⑥评价模型。

如上面针对房屋价格预测的一元线性回归模型，就是经过了 5 个步骤。

（1）数据预处理和探索：即整理数据，将数据处理为适合模型使用的数据格式。

（2）建立模型：利用 model=LinearRegression()建立线性回归模型。

（3）训练模型：model.fit(x,y)。

（4）模型预测：model.predict([[a]])。

（5）评价模型：利用可视化方式直观地评价模型的预测效果。

在实际的机器学习模型应用过程中，数据预处理和探索、数据特征工程这两部分是工作量最大的，所以在机器学习的模型使用过程中，将对数据进行充分理解、将数据整理为合适的数据格式，以及从数据中提取有用的特征，往往消耗大量的时间，最后就是对建立的模型进行有效评估。后面的章节都是围绕这些问题进行展开介绍的。

1.6 本章小结

本章主要介绍了机器学习基础知识，以及 Python 语言的入门内容。其中机器学习算法可以简单地分为无监督学习、有监督学习和半监督学习，不同类型的机器学习算法均有其所使用的数据场景。针对这些机器学习算法的具体使用，后面会使用更详细的实战案例进行介绍。

针对 Python 语言的入门，主要介绍了相关环境的安装和使用，以及 Python 中的列表、元组和字典等基础数据结构，同时还介绍了 Python 中的条件判断、循环与函数等基础语法的使用方法，最后介绍了对机器学习较重要、偏向底层的 3 个 Python 库，分别是高维数组计算库 NumPy、数据表处理和分析库 pandas，以及数据可视化库 Matplotlib。

第 2 章 数据探索与可视化

数据的探索性分析，在机器学习任务中非常重要。在数据分析流程中，数据科学家和数据工程师通常会消耗 80%的精力，用于数据准备、数据预处理与探索，而剩下的精力才是应用具体的机器学习算法，尝试解决相应的问题。由此可见，数据的探索性分析非常重要。数据可视化技术是数据探索的利器，在进行分析数据时，使用合理的数据可视化技术往往能得到事半功倍的效果，尤其是在海量的数据面前。俗话说“一图胜千言”，人类非常善于从图像中获取信息，数据可视化图像借助人眼快速的视觉感知能力与人脑的智慧理解能力，可以起到清晰有效地传达、沟通并辅助数据分析的作用。

在数据探索过程中，面对一组已经读取的数据，首要的问题就是检查数据是否完整，数据中是否含有缺失值。如果数据是不完整的，就需要针对不同的缺失情况，使用合适的缺失值处理方法来填补缺失值。在得到完整的数据后，又需要对数据进行描述统计等操作，进一步全面认识数据的形式和内容。针对数据表上密密麻麻的数值，借助数据可视化技术观察数据，通常能够更方便、更直接地得到更多有用信息，从而能够更加直观、全面地理解和把握数据。在探索数据的时候，也会使用到一些数据的相似性度量方法，用于分析数据样本或者变量之间的关系。

综上所述，本章将会包含数据缺失值处理、数据描述统计、数据异常值发现、数据可视化，以及经常用于分析数据样本距离的相关方法。下面对可视化图像的显示情况进行设置，并导入数据探索性分析与数据可视化中会使用到的相关库和模块。

```
## 输出高清图像
%config InlineBackend.figure_format='retina'
%matplotlib inline
## 图像显示中文的问题
import matplotlib
matplotlib.rcParams['axes.unicode_minus']=False
```

```
import seaborn as sns
sns.set(font= "Kaiti",style="ticks",font_scale=1.4)
## 导入要使用的包
import numpy as np
import pandas as pd
import matplotlib.pyplot as plt
import seaborn as sns
import missingno as msno
import altair as alt
from statsmodels.graphics.mosaicplot import mosaic
from scipy.stats import chi2_contingency
import plotly.express as px
from pandas.plotting import parallel_coordinates
from WordCloud import WordCloud
import networkx as nx
from networkx.drawing.nx_agraph import graphviz_layout
from scipy.spatial import distance
from sklearn.experimental import enable_iterative_imputer
from sklearn.impute import IterativeImputer
from sklearn.impute import KNNImputer
from missingpy import MissForest
## 忽略提醒
import warnings
warnings.filterwarnings("ignore")
```

针对导入的相关库，这里对它们的功能进行简单介绍。使用到的数据可视化库或模块有 pyplot、seaborn、Altair、mosaicplot、Plotly、missingno、SciPy、NetworkX、sklearn、missingpy、pandas.plotting、WordCloud、NetworkX.drawing 等。在导入的库中，missingno 库常用于数据异常值的可视化与处理，SciPy 库是数据科学计算库，WordCloud 库常用于可视化词云，NetworkX 库用于图的分析与可视化，sklearn 则是机器学习常用库，其提供了常用的机器学习算法，missingpy 库则提供了处理缺失值的相关算法。

本章将使用导入的这些库和模块完成以下内容：缺失值处理、数据描述与异常值发现、可视化分析数据关系、数据样本间的距离。

2.1　缺失值处理

数据缺失是指在数据采集、传输和处理等过程中，由于某些原因导致数据不完整的情况。由于待分析数据的获取过程可能存在各种干扰因素，因此，在进行数据分析时数据存在缺失值是很常见的一种现象。针对带有缺失值的数据集，如何使用合适的方法处理缺失值是数据预处理的关键问题之一。

缺失值的处理方法有很多，如剔除缺失值、均值填充、K-近邻缺失值填补等方法。接下来利用具体的数据集，结合 Python 库中的相关函数，介绍如何处理数据中的缺失值。

2.1.1 简单的缺失值处理方法

本节将介绍如何使用 Python 发现数据中的缺失值，以及使用一些简单的方法对缺失值进行处理，如剔除缺失值、均值填充等。

1. 发现数据中的缺失值

对数据进行缺失值处理时，第一步要做的就是分析数据中是否存在缺失值，以及缺失值存在的形式。下面导入一个数据集，介绍从数据中发现缺失值的方法。针对导入的数据表，可以使用 pd.isna()方法判断每个位置是否为缺失值，例如 pd.isna(oceandf).sum()在判断数据 oceandf 中的每个元素是否为缺失值后，使用 sum()方法对每列求和，计算出每个变量缺失值的数量，相关输出如下：

```
In[1]:## 读取用于演示的数据集
      oceandf=pd.read_csv("data/chap2/热带大气海洋数据.csv")
      ## 判断每个变量中是否存在缺失值
      pd.isna(oceandf).sum()
Out[1]:
Year              0
Latitude          0
Longitude         0
SeaSurfaceTemp    3
AirTemp          81
Humidity         93
UWind             0
VWind             0
dtype: int64
```

从上面的输出结果中可以发现，一共有 3 个变量带有缺失值，分别是 SeaSurfaceTemp 变量有 3 个缺失值、AirTemp 变量有 81 个缺失值、Humidity 变量有 93 个缺失值。虽然知道了数据中缺失值的情况，但是还不知道缺失值在数据表中的分布情况，针对这种情况，可以使用 msno.matrix()函数可视化出缺失值在数据中的分布情况，程序如下，运行结果如图 2-1 所示。

```
In[2]:## 使用可视化方法查看缺失值在数据中的分布
      msno.matrix(oceandf,figsize=(14,7),width_ratios=(13,2),color=(0.25,
0.25,0.5))
      plt.show()
```

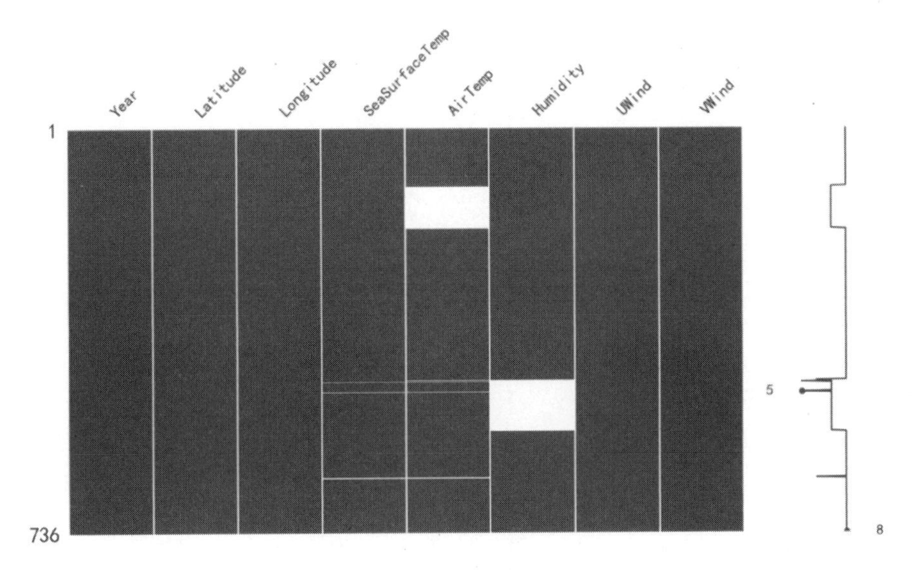

图 2-1　缺失值分布可视化

图 2-1 可以分为两个部分，左边部分表示缺失值在数据中的分布，736 表示数据表中第 736 行数据，在每个变量图像中，空白的部位表示该处存在缺失值，右侧的折线表示每个样本缺失值的情况，8 表示数据中一共有 8 个变量，5 表示对应的样本只有 5 个变量是完整的，存在 3 个缺失值。通过图 2-1 可以对数据表中缺失值的分布情况一目了然。

在发现数据中带有缺失值后，就需要根据缺失值的情况进行预处理，下面介绍几种简单的数据缺失值预处理方法。

2. 剔除带有缺失值的行或列

剔除带有缺失值的行或列是最简单的缺失值处理方法。通常情况下，如果数据中只有较少的样本带有缺失值，则可以剔除带有缺失值的行。如果某列的数据带有大量的缺失值，进行缺失值填充可能会带来更多的负面影响，则可以直接剔除缺失值所在的列。剔除数据中带有缺失值的行或列，可以使用数据的 dropna()方法，指定该方法的参数 axis=0 则会剔除带有缺失值所在的行，指定参数 axis=1 则会剔除带有缺失值的列，相关程序如下：

```
In[3]:## 剔除带有缺失值的行
      oceandf2=oceandf.dropna(axis=0)
      oceandf2.info()
Out[3]:
<class 'pandas.core.frame.DataFrame'>
Int64Index: 565 entries, 0 to 735
Data columns (total 8 columns):
 #   Column           Non-Null Count  Dtype
```

```
---  ------          --------------  -----
 0   Year            565 non-null    int64
 1   Latitude        565 non-null    int64
 2   Longitude       565 non-null    int64
 3   SeaSurfaceTemp  565 non-null    float64
 4   AirTemp         565 non-null    float64
 5   Humidity        565 non-null    float64
 6   UWind           565 non-null    float64
 7   VWind           565 non-null    float64
In[4]:## 剔除带有缺失值的列
oceandf3=oceandf.dropna(axis=1)
oceandf3.info()
Out[4]:
<class 'pandas.core.frame.DataFrame'>
RangeIndex: 736 entries, 0 to 735
Data columns (total 5 columns):
 #   Column     Non-Null Count  Dtype
---  ------     --------------  -----
 0   Year       736 non-null    int64
 1   Latitude   736 non-null    int64
 2   Longitude  736 non-null    int64
 3   UWind      736 non-null    float64
 4   VWind      736 non-null    float64
```

3. 对缺失值进行插补

处理带有缺失值的相关数据的另一种方式，就是使用新的数据进行缺失值插补。下面介绍如何使用缺失值的均值、前面的值等进行缺失值插补。在这之前首先使用散点图，可视化出剔除带有缺失值行后，AirTemp 和 Humidity 变量的数据分布。程序如下，运行后的结果如图 2-2 所示。

```
In[5]:## 可视化出剔除缺失值所在行后 AirTemp 和 Humidity 变量的数据分布散点图
      plt.figure(figsize=(10,6))
      plt.scatter(oceandf.AirTemp,oceandf.Humidity,c="blue")
      plt.grid()
      plt.xlabel("AirTemp")
      plt.ylabel("Humidity")
      plt.title("剔除带有缺失值的行")
      plt.show()
```

注意： 程序可视化出的是数据在剔除缺失值所在的行后的结果，而这里仍然使用原始数据表 oceandf 进行可视化，这是因为在可视化时，使用的 plt.scatter()函数会自动地不显示带有缺失值的点。

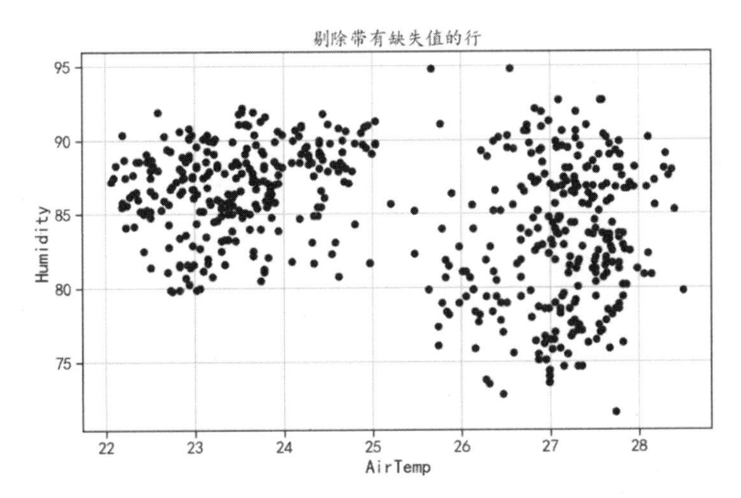

图 2-2 剔除带有缺失值行的散点图

针对数据表数据，pandas 库提供了数据表的 fillna()方法，该方法可以通过参数 method 设置缺失值的填充方式，常用的方式有 method="ffill"，使用缺失值前面的值进行填充；method="bfill"，使用缺失值后面的值进行填充。下面针对 oceandf 数据集分别使用这两种方式填充缺失值，并可视化出填充后缺失值所在的位置。首先使用 method="ffill"的方法，程序如下：

```
In[6]:## 找到缺失值所在的位置
       nanaindex=pd.isna(oceandf.AirTemp) | pd.isna(oceandf.Humidity)
       ## 使用缺失值前面的值进行填充
       oceandf4=oceandf.fillna(axis=0,method="ffill")
       ## 可视化填充后的结果
       plt.figure(figsize=(10,6))
       plt.scatter(oceandf4.AirTemp[~nanaindex],oceandf4.Humidity
[~nanaindex],
                   c="blue",marker="o",label="非缺失值")
       plt.scatter(oceandf4.AirTemp[nanaindex],oceandf4.Humidity
[nanaindex],
                   c="red",marker="s",label="缺失值")
       plt.grid()
       plt.legend(loc="upper right",fontsize=12)
       plt.xlabel("AirTemp")
       plt.ylabel("Humidity")
       plt.title("使用缺失值前面的值填充")
       plt.show()
```

上面的程序为了分别可视化出带有缺失值的数据和非缺失值的数据，先找到缺失值所在位置的索引 nanaindex，然后进行缺失值填充后，使用散点图可视化填充使用的数据。程序运行后的结果如图 2-3 所示。在图中，圆点（蓝色）表示不带缺失值的数据，矩形（红色）表示带有缺失值的数据。从图中可以发现填充的缺失值分布在两条直线上，这是因为每个变量的缺失值比较集中，数据填充值较为单一。

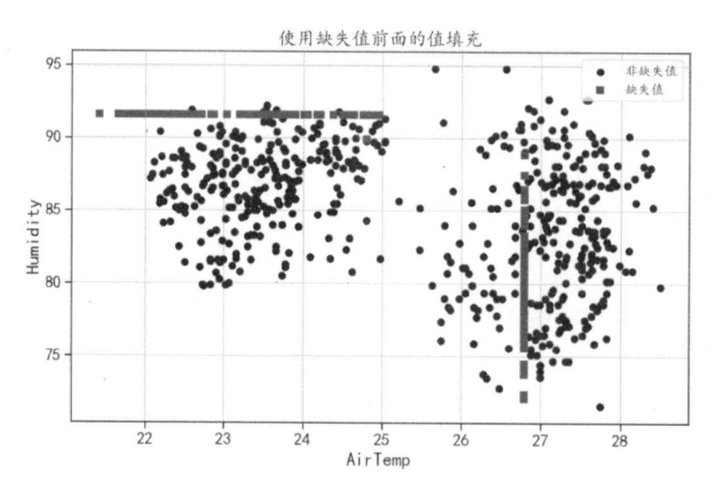

图 2-3　使用缺失值前面的值进行填充

下面针对 oceandf 数据集，使用 method="bfill"方法，利用缺失值后面的值进行填充，并可视化填充后缺失值所在的位置，程序如下：

```
In[7]:## 使用缺失值后面的值进行填充
      oceandf4=oceandf.fillna(axis=0,method="bfill")
      ## 可视化填充后的结果
      plt.figure(figsize=(10,6))
      plt.scatter(oceandf4.AirTemp[~nanaindex],oceandf4.Humidity
[~nanaindex],
                  c="blue",marker="o",label="非缺失值")
      plt.scatter(oceandf4.AirTemp[nanaindex],oceandf4.Humidity
[nanaindex],
                  c="red",marker="s",label="缺失值")
      plt.grid()
      plt.legend(loc="upper right",fontsize=12)
      plt.xlabel("AirTemp")
      plt.ylabel("Humidity")
      plt.title("使用缺失值后面的值填充")
      plt.show()
```

程序运行后的结果如图 2-4 所示，可以发现填充的缺失值位置已经发生了改变，但是分布趋势变化不大。

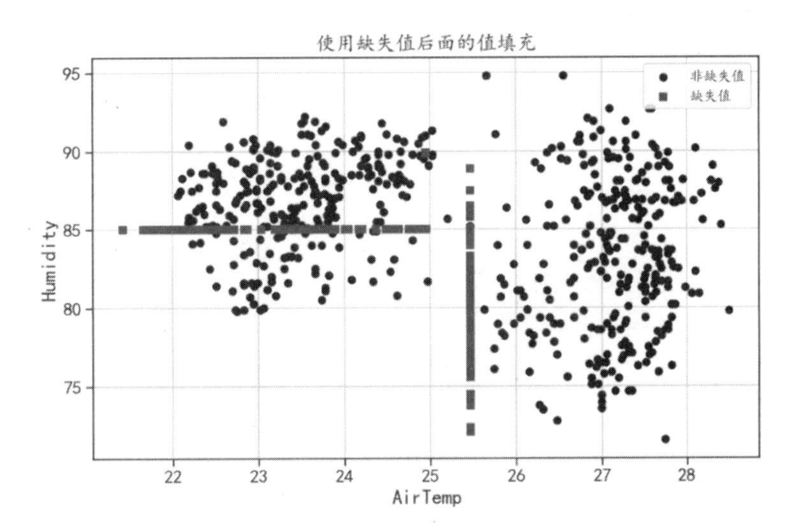

图 2-4 使用缺失值后面的值进行填充

注意：针对该数据集，因为两个变量的缺失值分布的位置较为集中，所以不太适合使用前面或者后面的值进行缺失值填充，当缺失值的分布在每个变量中较为离散时，使用这种方法较为合适。

使用均值对有缺失值的变量进行填充，也是常用的缺失值处理方法之一，下面先使用每个变量的均值对变量进行缺失值填充，然后使用同样的方式可视化缺失值处理结果，程序如下，程序运行后的结果如图 2-5 所示。

```
In[8]:## 找到缺失值所在的位置
      nanaindex=pd.isna(oceandf.AirTemp) | pd.isna(oceandf.Humidity)
      ## 使用变量均值进行填充
      AirTempmean=oceandf.AirTemp.mean()
      Humiditymean=oceandf4.Humidity.mean()
      ## 填充
      AirTemp=oceandf.AirTemp.fillna(value=AirTempmean)
      Humidity=oceandf.Humidity.fillna(value=Humiditymean)
      ## 可视化填充后的结果
      plt.figure(figsize=(10,6))
      plt.scatter(AirTemp[~nanaindex],Humidity[~nanaindex],
                  c="blue",marker="o",label="非缺失值")
      plt.scatter(AirTemp[nanaindex],Humidity[nanaindex],
                  c="red",marker="s",label="缺失值")
      plt.grid()
      plt.legend(loc="upper right",fontsize=12)
      plt.xlabel("AirTemp")
      plt.ylabel("Humidity")
```

```
plt.title("使用变量均值填充")
plt.show()
```

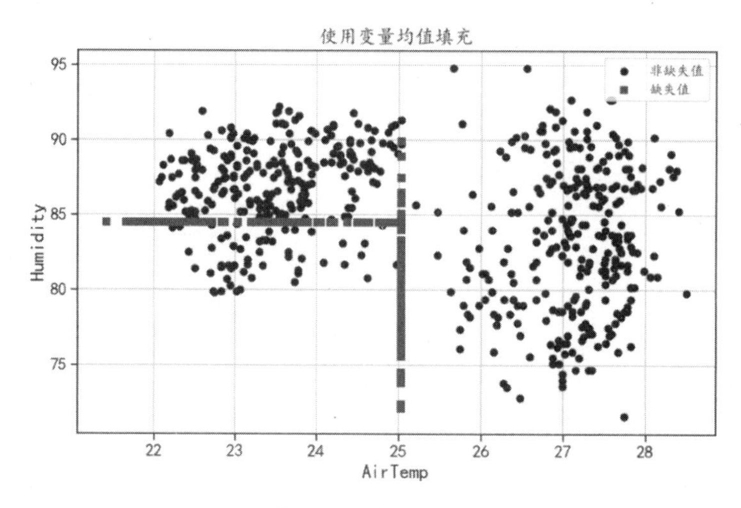

图 2-5　使用变量均值进行缺失值填充

从上面的 3 种缺失值填充结果可以发现，针对该数据使用简单的缺失值填充方法，并不能获得很好的缺失值填充效果，造成这个结果的一个重要原因就是，在缺失值填充时，只单一地分析一个变量，并不能从整体数据出发，不能借助样本的其他信息进行填充。因此下一节将会介绍几种复杂的缺失值填充方法。

2.1.2　复杂的缺失值填充方法

复杂的缺失值填充方法会考虑到数据的整体情况，然后再对有缺失值的数据进行填充，本节将介绍 3 种复杂的缺失值填充方法。

1. IterativeImputer 多变量缺失值填充

IterativeImputer 是 sklearn 库中提供的一种缺失值填充方式，该方法会考虑数据在高维空间中的整体分布情况，然后对有缺失值的样本进行填充。相应的程序如下，将填充的结果可视化后如图 2-6 所示。

```
In[9]:## IterativeImputer 多变量缺失值填充方法
      iterimp=IterativeImputer(random_state=123)
      oceandfiter=iterimp.fit_transform(oceandf)
      ## 获取填充后的变量
      AirTemp=oceandfiter[:,4]
      Humidity=oceandfiter[:,5]
      ## 可视化填充后的结果
      plt.figure(figsize=(10,6))
```

```
plt.scatter(AirTemp[~nanaindex],Humidity[~nanaindex],
            c="blue",marker="o",label="非缺失值")
plt.scatter(AirTemp[nanaindex],Humidity[nanaindex],
            c="red",marker="s",label="缺失值")
plt.grid()
plt.legend(loc="upper right",fontsize=12)
plt.xlabel("AirTemp")
plt.ylabel("Humidity")
plt.title("使用 IterativeImputer 方法填充")
plt.show()
```

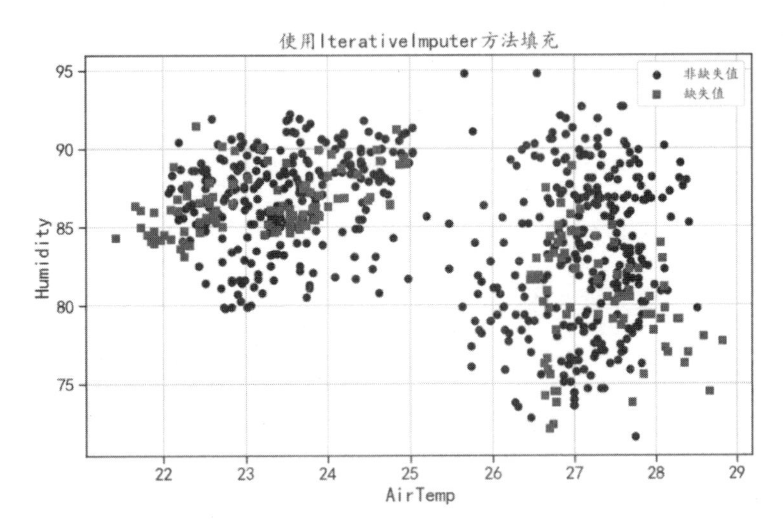

图 2-6 使用 IterativeImputer 方法填充缺失值

从图 2-6 所示的可视化结果中可以发现，相对于简单的缺失值填充方法，该方法填充的结果更符合数据的分布规律。

2. K-近邻缺失值填充

K-近邻缺失值填充方法是复杂的缺失值填充方式之一，该方法会利用带有缺失值样本的多个近邻的综合情况，对缺失值样本进行填充，该方法可以使用 sklearn 库中的 KNNImputer 来完成。程序如下，可视化后的结果如图 2-7 所示。

```
In[10]:## KNNImputer 缺失值填充方法
       knnimp=KNNImputer(n_neighbors=5)
       oceandfknn=knnimp.fit_transform(oceandf)
       ## 获取填充后的变量
       AirTemp=oceandfknn[:,4]
       Humidity=oceandfknn[:,5]
       ## 可视化填充后的结果
```

```
        plt.figure(figsize=(10,6))
        plt.scatter(AirTemp[~nanaindex],Humidity[~nanaindex],
                    c="blue",marker="o",label="非缺失值")
        plt.scatter(AirTemp[nanaindex],Humidity[nanaindex],
                    c="red",marker="s",label="缺失值")
        plt.grid()
        plt.legend(loc="upper right",fontsize=12)
        plt.xlabel("AirTemp")
        plt.ylabel("Humidity")
        plt.title("使用 KNNImputer 方法填充")
        plt.show()
```

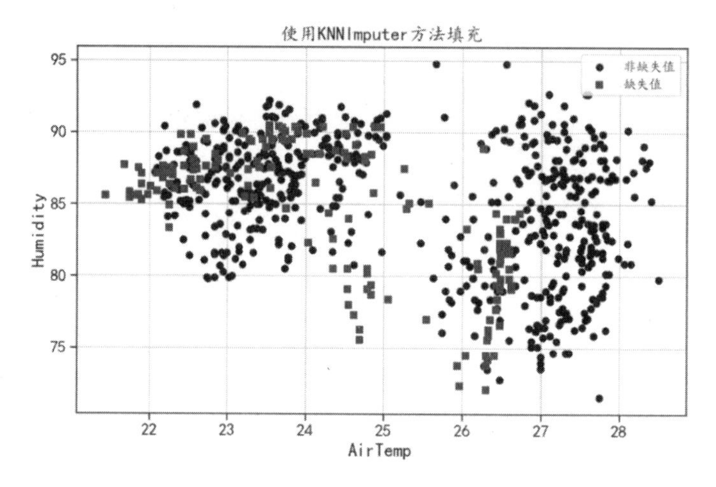

图 2-7　使用 K-近邻缺失值填充（使用 KNNImputer 完成）

从图 2-7 中可以发现，K-近邻缺失值填充结果在数据分布上也较符合原始数据的分布，比简单的缺失值填充效果好。

3. 随机森林缺失值填充

针对带有缺失值的数据，也可以使用随机森林缺失值填充方法。该方法利用随机森林的思想进行缺失值填充，也是一种考虑数据整体情况的缺失值填充方法。该方法可以使用 missingpy 库中的 MissForest 完成。程序如下，程序运行后的结果如图 2-8 所示。

```
In[11]:## MissForest 缺失值填充方法
        forestimp=MissForest(n_estimators=100,random_state=123)
        oceandfforest=forestimp.fit_transform(oceandf)
        ## 获取填充后的变量
        AirTemp=oceandfforest[:,4]
        Humidity=oceandfforest[:,5]
        ## 可视化填充后的结果
```

```
plt.figure(figsize=(10,6))
plt.scatter(AirTemp[~nanaindex],Humidity[~nanaindex],
            c="blue",marker="o",label="非缺失值")
plt.scatter(AirTemp[nanaindex],Humidity[nanaindex],
            c="red",marker="s",label="缺失值")
plt.grid()
plt.legend(loc="upper right",fontsize=12)
plt.xlabel("AirTemp")
plt.ylabel("Humidity")
plt.title("使用 MissForest 方法填充")
plt.show()
```

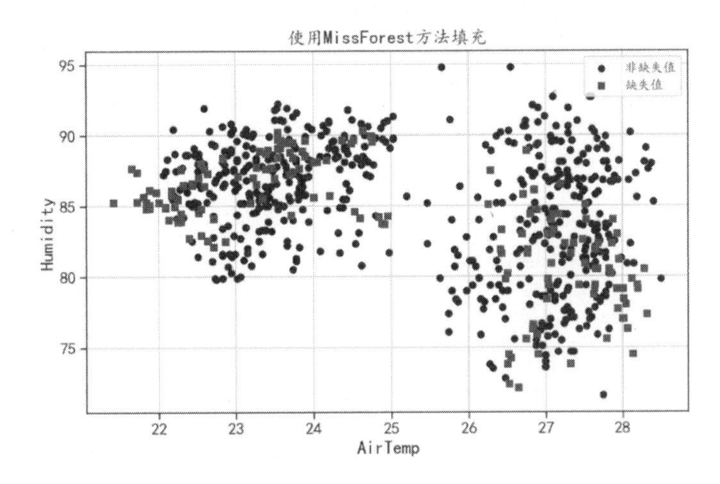

图 2-8 使用 MissForest 填充缺失值

上面介绍的 3 种复杂的数据填充方法，在填充缺失值时，都会考虑数据的整体分布情况，所以会有更好的填充效果。

2.2 数据描述与异常值发现

数据描述是通过分析数据的统计特征，增强对数据的理解，从而利用合适的机器学习方法，对数据进行挖掘、分析。本节在介绍数据描述统计的同时，还会介绍一些简单的发现数据中异常值的方法。

2.2.1 数据描述统计

数据描述统计主要有数据的集中位置、离散程度、偏度和峰度等。该部分用鸢尾花数据集进行演示，并计算相关描述统计量。数据准备程序如下：

```
In[1]:## 读取鸢尾花数据集
      Iris=pd.read_csv("data/chap2/Iris.csv")
      Iris2=Iris.drop(["Id","Species"],axis=1)
      print(Iris2.head())
Out[1]:   SepalLengthCm  SepalWidthCm  PetalLengthCm  PetalWidthCm
       0            5.1           3.5            1.4           0.2
       1            4.9           3.0            1.4           0.2
       2            4.7           3.2            1.3           0.2
       3            4.6           3.1            1.5           0.2
       4            5.0           3.6            1.4           0.2
```

1. 数据集中位置

针对导入的鸢尾花数据集 Iris2，只保留了原始数据的 4 个数值变量。描述数据集中位置的统计量主要有均值、中位数、众数等。在计算数据中 4 个变量的相关统计量时，均值可使用 mean()方法，中位数可使用 median()方法，众数可使用 mode()方法。相关计算程序和结果如下：

```
In[2]:## 均值
      print("均值:\n",Iris2.mean())
      ## 中位数
      print("中位数:\n",Iris2.median())
      ## 众数
      print("众数:\n",Iris2.mode())
Out[2]:均值:
        SepalLengthCm    5.843333
        SepalWidthCm     3.054000
        PetalLengthCm    3.758667
        PetalWidthCm     1.198667
        dtype: float64
        中位数:
        SepalLengthCm    5.80
        SepalWidthCm     3.00
        PetalLengthCm    4.35
        PetalWidthCm     1.30
        dtype: float64
众数:
    SepalLengthCm  SepalWidthCm  PetalLengthCm  PetalWidthCm
0             5.0           3.0            1.5           0.2
```

2. 离散程度

描述数据离散程度的统计量主要有方差、标准差、变异系数、分位数和极差等。其中，方差和标准差取值越大，表明数据离散程度就越大，并且方差是标准差的平方，可以使用 var()方法计算方差，使用 std()方法计算标准差；变异系数是度量观测数据的标准差相对于均值的离中趋势，计算公式为均值除以标准差，变异系数没有量纲，所以针对不同度量方式的变量可以相互比较，变异系数取值越大说明数据越分散；分位数可以使用 quantile()方法进行计算；极差是指数据最大值和最小值之间的差值，极差越小说明数据越集中，可以使用 max()方法减去 min()方法获得。计算鸢尾花数据中相关统计量可以使用下面的程序。

```
In[3]:## 极差
      print("极差:\n",Iris2.max() - Iris2.min())
      ## 分位数
      print("分位数:\n",Iris2.quantile(q=[0,0.25,0.5,0.75,1]))
      ## 方差
      print("方差:\n",Iris2.var())
      ## 标准差
      print("标准差:\n",Iris2.std())
      ## 变异系数
      print("变异系数:\n",Iris2.mean() / Iris2.std())
Out[3]:
极差:
SepalLengthCm     3.6
SepalWidthCm      2.4
PetalLengthCm     5.9
PetalWidthCm      2.4
dtype: float64
分位数:
        SepalLengthCm  SepalWidthCm  PetalLengthCm  PetalWidthCm
0.00             4.3           2.0           1.00           0.1
0.25             5.1           2.8           1.60           0.3
0.50             5.8           3.0           4.35           1.3
0.75             6.4           3.3           5.10           1.8
1.00             7.9           4.4           6.90           2.5
方差:
SepalLengthCm     0.685694
SepalWidthCm      0.188004
PetalLengthCm     3.113179
PetalWidthCm      0.582414
dtype: float64
标准差:
SepalLengthCm     0.828066
SepalWidthCm      0.433594
PetalLengthCm     1.764420
PetalWidthCm      0.763161
dtype: float64
变异系数:
SepalLengthCm     7.056602
```

```
SepalWidthCm      7.043450
PetalLengthCm     2.130256
PetalWidthCm      1.570661
dtype: float64
```

3. 偏度和峰度

偏度和峰度是用来描述数据分布特征统计量的指标。偏度也称偏态系数，是用于衡量分布的不对称程度或偏斜程度的指标，可以通过数据表的 skew()方法进行计算。峰度又称峰态系数，是用来衡量数据尾部分散度的指标，直观看来峰度反映了峰部的尖度，可以通过数据表的 kurtosis()方法计算。计算鸢尾花 4 个变量的偏度和峰度的程序如下：

```
In[4]:## 偏度
      print("偏度:\n",Iris2.skew())
      ## 峰度
      print("峰度:\n",Iris2.kurtosis())
Out[4]:
偏度:
SepalLengthCm     0.314911
SepalWidthCm      0.334053
PetalLengthCm    -0.274464
PetalWidthCm     -0.104997
dtype: float64
峰度:
SepalLengthCm    -0.552064
SepalWidthCm      0.290781
PetalLengthCm    -1.401921
PetalWidthCm     -1.339754
dtype: float64
```

针对多个数据特征（变量），相关系数是度量数据变量之间线性相关性的指标。在二元变量的相关分析中，比较常用的有 Pearson 相关系数，常用于分析连续数值变量之间的关系；Spearman 秩相关系数和判定系数，常用于分析离散数值变量之间的关系。对于数据表的相关系数，可以使用 corr()方法进行计算，通过参数 method 可以指定计算的相关系数类型。对于多变量之间的相关系数，可在计算出其相关系数矩阵后，使用热力图进行可视化。获得鸢尾花 4 个变量的相关系数热力图的程序如下，程序运行后的结果如图 2-9 所示。

```
In[5]:## 相关系数
      iriscorr=Iris2.corr(method="pearson")
      ## 使用热力图可视化
      plt.figure(figsize=(8,6))
      ax=sns.heatmap(iriscorr,fmt=".3f",annot=True,cmap="YlGnBu")
      ## y 轴标签居中
      ax.set_yticklabels(iriscorr.index.values,va="center")
```

```
    plt.title("Iris 相关系数热力图")
    plt.show()
```

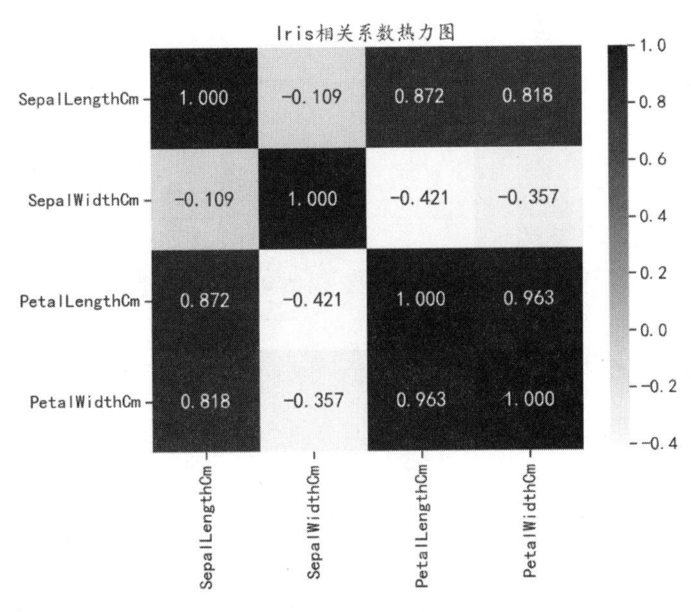

图 2-9 相关系数热力图

相关系数的取值范围在[-1,1]之间，如果小于 0 说明变量间为负相关，越接近-1，负相关性越强；大于 0 说明变量间为正相关，越接近 1，正相关性越强。

4. 单个数据变量的分布情况

对于数据的描述统计，还可以使用可视化的方法进行分析，其中单个连续变量可以使用直方图进行可视化，辅助计算得到的相关统计量对数据进行更详细的理解。针对鸢尾花数据的 PetalLengthCm 变量，通过下面的直方图可视化程序，可获得如图 2-10 所示的直方图。可以发现该数据的分布呈现两个峰的情况，并且每个峰的分布情况也不一样。

```
In[6]:## 数值变量直方图可视化
     plt.figure(figsize=(10,6))
     plt.hist(Iris2.PetalLengthCm,bins=30,color="blue")
     plt.xlabel("PetalLengthCm")
     plt.ylabel("频数")
     plt.title("直方图")
     plt.show()
```

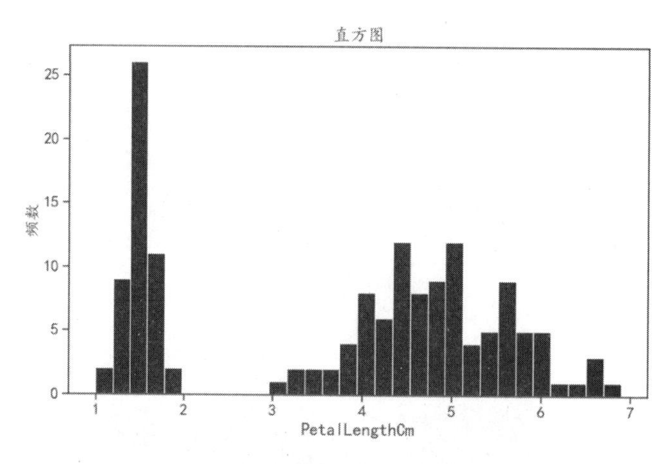

2-10　连续变量的直方图

对于单个变量的离散变量，可以使用条形图进行可视化，对比每种离散值的出现情况。针对鸢尾花数据每类花的样本数据，使用条形图可视化的程序如下，程序运行后的结果如图 2-11 所示。

```
In[7]:## 分类变量条形图可视化
       plotdata=Iris.Species.value_counts()
       plt.figure(figsize=(10,6))
       plt.bar(x=plotdata.index.values,height=plotdata.values ,color
="blue")
       plt.xlabel("数据种类")
       plt.ylabel("频数")
       plt.title("条形图")
       plt.show()
```

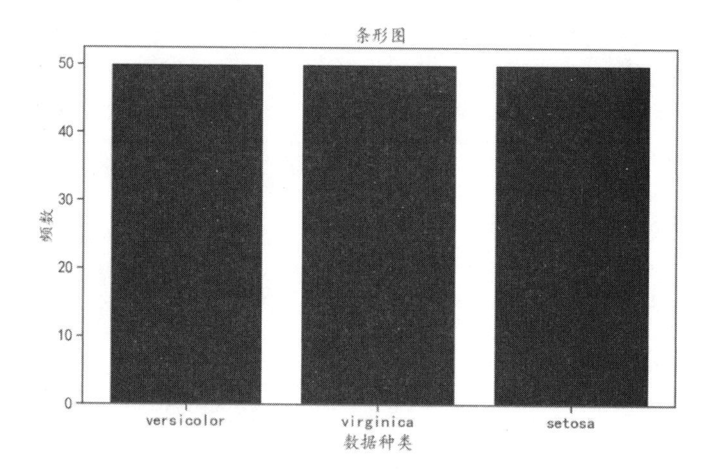

图 2-11　条形图分析离散变量的样本量分布

2.2.2 发现异常值的基本方法

在数据分析过程中，经常会遇到数据中包含异常值的情况，并且异常值的存在经常会影响数据的建模结果。针对单个变量，通常可以使用 3sigma 法则识别异常值，即超出均值 3 倍标准差的数据可被认为是异常值，也可以使用箱线图来发现异常值。这里首先介绍如何使用 Python 发现数据的异常值。

使用前文由 KNN 填充缺失值后的 oceandfknn 数据中的 5 个变量，分析每个变量是否存在异常值，数据准备程序如下：

```
In[8]:## 使用 KNN 填充缺失值后的 oceandfknn 数据中的 5 个变量演示
      oceandfknn5=pd.DataFrame(data=oceandfknn[:,3:8],
                              columns=["SeaSurfaceTemp", "AirTemp",
                                       "Humidity", "UWind", "VWind"])
      print(oceandfknn5.head(2))
Out[8]:   SeaSurfaceTemp  AirTemp  Humidity  UWind  VWind
     0            27.59    27.15      79.6   -6.4    5.4
     1            27.55    27.02      75.8   -5.3    5.3
```

对于 oceandfknn5 中的每个变量使用 3sigma 法则，计算每个变量中是否存在异常值，以及异常值的数量，程序如下：

```
In[9]:## 根据 3sigma 法则，超出均值 3 倍标准差的数据可被认为是异常值
      oceandfknn5mean=oceandfknn5.mean()
      oceandfknn5std=oceandfknn5.std()
      ## 计算对应的样本是否为异常值
      outliers=abs(oceandfknn5 - oceandfknn5mean) > 3 * oceandfknn5std
      ## 计算每个变量有多少异常值
      outliers.sum()
Out[9]:SeaSurfaceTemp    0
       AirTemp           0
       Humidity          0
       UWind             6
       VWind             10
       dtype: int64
```

从输出结果中可以发现，UWind 变量有 6 个异常值，VWind 变量有 10 个异常值。针对该数据也可以使用箱线图进行可视化分析，箱线图在可视化时会使用点输出异常值的位置，因此可以判断数据中是否存在异常值。使用箱线图分析数据中是否存在异常值的程序如下：

```
In[10]:## 使用箱线图分析数据中是否存在异常值
       oceandfknn5.plot(kind="box",figsize=(10,6))
       plt.title("数据集箱线图")
```

```
        plt.grid()
        plt.show()
```

运行程序后的结果如图 2-12 所示。从图中可以发现，Humidity 变量有一个异常值，UWind 和 VWind 变量有多个异常值。

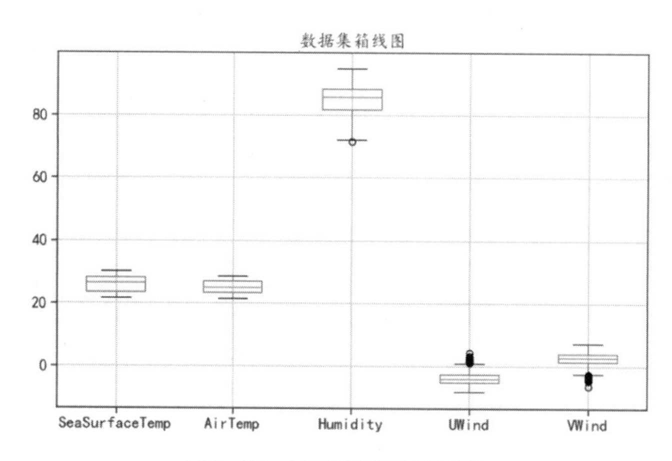

图 2-12　用箱线图分析异常值

前面两种方式是分析单个变量是否有异常值，对于两个变量，也可以使用散点图，直观地分析数据中是否有异常值，程序如下，运行结果如图 2-13 所示。

```
In[11]:## 针对两个变量可以使用散点图分析数据中是否有异常值
        x=[10,8,13,9,11,14,6,4,12,7,5]
        y=[7.46,6.77,12.74,7.11,7.81,8.84,6.08,5.39,8.15,6.42,5.73]
        ## 使用散点图进行可视化
        plt.figure(figsize=(10,6))
        plt.plot(x,y,"ro")
        plt.grid()
        plt.xlabel("X")
        plt.ylabel("Y")
        plt.text(12.5,12,"异常值")
        plt.show()
```

从图 2-13 所示的可视化结果中可以发现，数据中有一个点明显和其他数据点有不同的趋势，因此可以认为该数据点属于异常值。

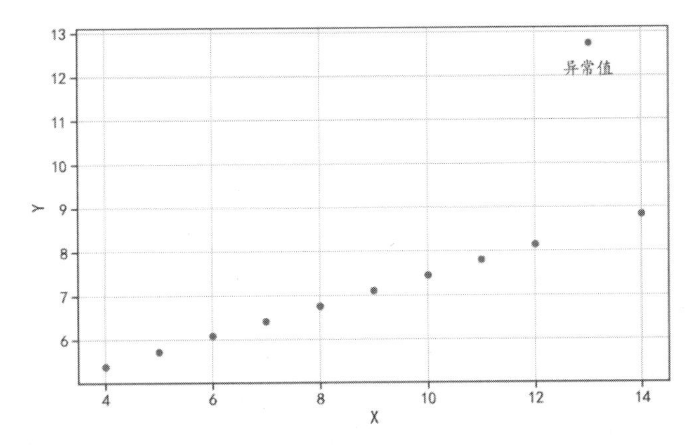

图 2-13 用散点图分析两个变量是否有异常值

2.3 可视化分析数据关系

数据可视化技术是数据探索的利器，在观察数据的时候，有效地利用数据可视化技术往往能够得到事半功倍的效果，尤其是在海量的数据面前。面对密密麻麻的数据集，观察图像通常能得到更多的有用信息，而且能够更加直观全面地把握数据。俗话说“一图胜千言”，相对于文本、数字等内容，人类非常善于从图像中获取信息。

本节将会根据不同的数据类型，使用合适的数据可视化方法，对数据进行分析。针对不同的可视化图像，会尽可能地使用相对简单的可视化方式进行数据可视化。在进行数据可视化时，将会用到 Matplotlib、seaborn、Altair、Plotly、pandas、WordCloud、NetworkX 等 Python 可视化库。在可视化数据时，分为连续变量间关系可视化分析、分类变量间关系可视化、连续变量和分类变量间关系可视化分析，以及其他类型数据可视化分析。

2.3.1 连续变量间关系可视化分析

当待分析的数据均为连续变量时，由于数据变量的数目不同和想要从数据中获取信息的目的不同，可以使用不同的可视化方法。下面以鸢尾花数据集为例，对不同情况下的数据可视化进行介绍，先准备好待使用的数据，程序如下：

```
In[1]:## 读取鸢尾花数据集
      Iris=pd.read_csv("data/chap2/Iris.csv")
      Iris2=Iris.drop(["Id","Species"],axis=1)
      print(Iris2.head(3))
Out[1]:   SepalLengthCm  SepalWidthCm  PetalLengthCm  PetalWidthCm
       0            5.1           3.5            1.4           0.2
```

```
1         4.9         3.0         1.4         0.2
2         4.7         3.2         1.3         0.2
```

1. 两个连续变量之间的可视化

对于两个连续数值变量之间的可视化方式，最直观的就是使用散点图进行可视化分析。对于变量 SepalLengthCm 和变量 SepalWidthCm，可以使用下面的程序得到散点图，程序运行后的结果如图 2-14 所示。

```
In[2]:## 散点图
      plt.figure(figsize=(10,6))
      sns.scatterplot(x="SepalLengthCm",y="SepalWidthCm",data=Iris2, s=50)
      plt.title("散点图")
      plt.grid()
      plt.show()
```

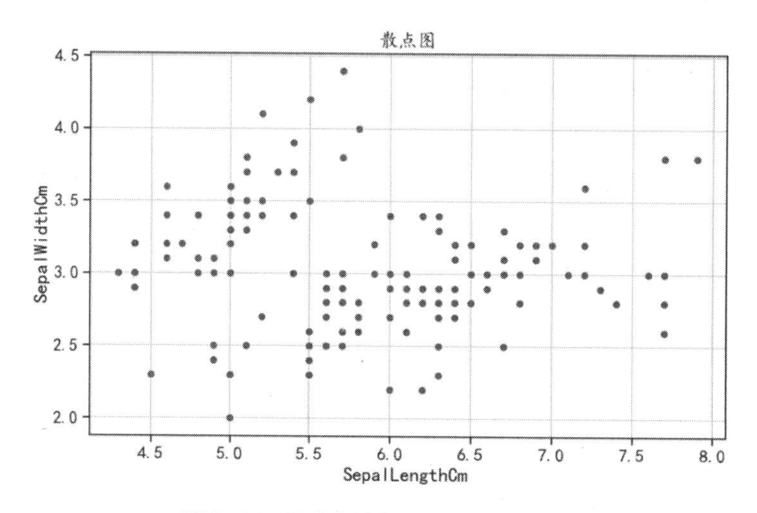

图 2-14 两个连续变量的散点图可视化

从图 2-14 中的 2D 散点图中很容易分析两个变量之间的变化趋势，如果想要分析两个变量在空间中的分布情况，可以使用 2D 密度曲线图进行可视化分析。2D 密度曲线图会在分布较密集的区域使用较深的颜色表示，可视化变量 SepalLengthCm 和变量 SepalWidthCm 的 2D 密度曲线图，可以使用下面的程序，程序运行后的结果如图 2-15 所示。

```
In[3]:## 2D 密度曲线
      sns.jointplot(x="SepalLengthCm",y="SepalWidthCm",data=Iris2,
                    kind="kde",color="blue")
      plt.grid()
plt.show()
```

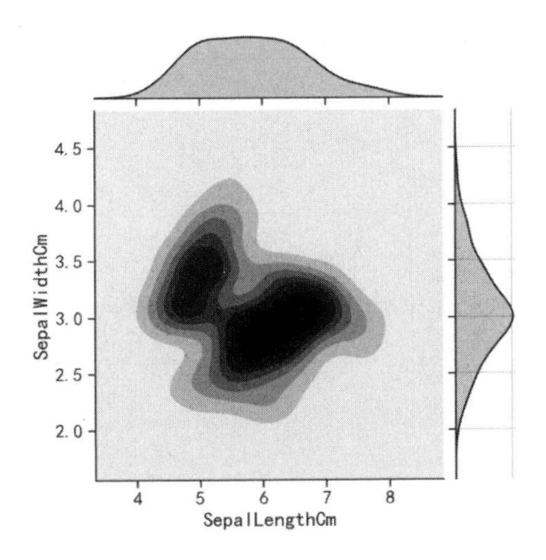

图 2-15 2D 密度曲线图

在图 2-15 的 2D 密度曲线图中不同位置，数据分布的密度是不一样的，该数据有两个样本较多的密集区域，同时在图的上方和右侧，分别可视化出了两个变量的一维密度曲线，用于帮助分析数据的分布情况。

针对两个数值变量，如果想要分析两者在各自的一维空间上分布情况的差异，可以使用分组直方图可视化出两组数据在同一坐标系下的分布情况，例如使用下面的程序，可视化出变量 SepalLengthCm 和变量 SepalWidthCm 的直方图，程序运行后的结果如图 2-16 所示。

```
In[4]:## 直方图
      Iris2.iloc[:,0:2].plot(kind="hist",bins=30,figsize=(10,6))
      plt.title("分组直方图")
      plt.show()
```

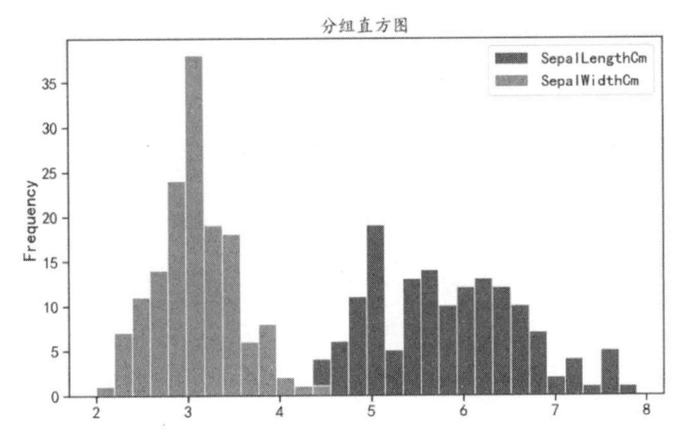

图 2-16 两个连续变量的分组直方图

从图 2-16 中可以发现，两个变量的数据分布位置和范围都很容易比较，而且还可以发现两者数据聚集情况的差异，其中变量 SepalLengthCm 的取值范围比变量 SepalWidthCm 大，位置也更集中，但是变量 SepalWidthCm 的分布更加聚集。

2. 多个连续变量之间的可视化

针对多个连续变量之间的数据可视化，通常会使用气泡图、小提琴图、蒸汽图等对数据进行可视化分析，并且从不同的可视化图像中可以分析出数据传达的不同信息。

气泡图通常用于 3 个变量的可视化，其中两个变量表示点所在的位置，另一个变量使用点的大小反映数据取值的大小，从而可以在二维空间中分析 3 个变量之间的关系，使用下面的程序可以获得如图 2-17 所示的气泡图。

```
In[5]:## 气泡图
        plt.figure(figsize=(10,6))
        sns.scatterplot(x="PetalWidthCm",y="SepalWidthCm",data=Iris2,
                        size="SepalLengthCm",sizes=(20,200),palette
="muted")
        plt.title("气泡图")
        plt.legend(loc="center right",bbox_to_anchor=(1.3, 0.5))
        plt.grid()
        plt.show()
```

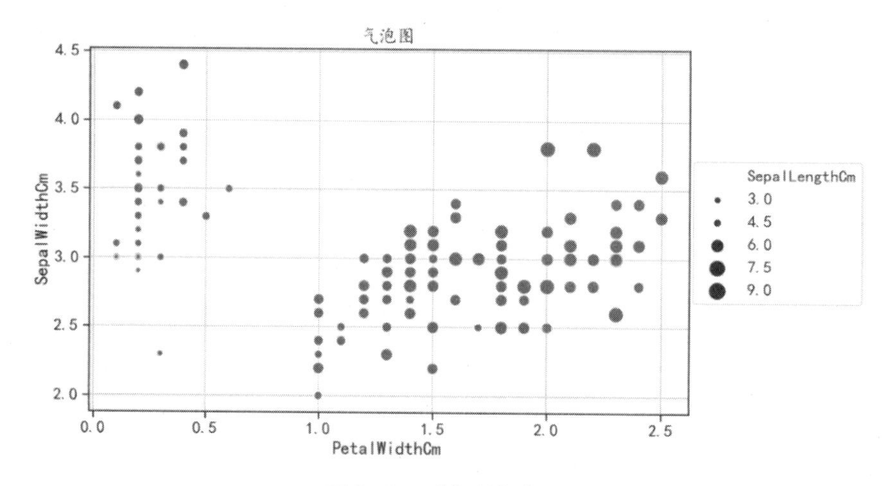

图 2-17　数据的气泡图

在图 2-17 中，变量 PetalWidthCm 和变量 SepalWidthCm 用于指定点在空间中的位置，而气泡的大小使用变量 SepalLengthCm 表示。从图中可以发现，PetalWidthCm 和 SepalWidthCm 的取值越大，所对应的气泡也越大。

如果想要分析多个变量之间数据分布趋势的差异，则可以使用小提琴图进行分析，在小提琴图中可以获取数据的取值范围、集中位置、离散情况等，并且还可以同时将多个变量的小提琴图可视化在一幅图中，用于分析多个变量的分布差异等内容。对于鸢尾花的 4 个连续变量，可以使用下面的程序获得如图 2-18 所示的小提琴图。

```
In[6]:## 使用小提琴图分析数据取值上的差异
      plt.figure(figsize=(10,6))
      sns.violinplot(data=Iris2.iloc[:,0:4], palette="Set3", bw=0.5,)
      plt.title("小提琴图")
      plt.grid()
      plt.show()
```

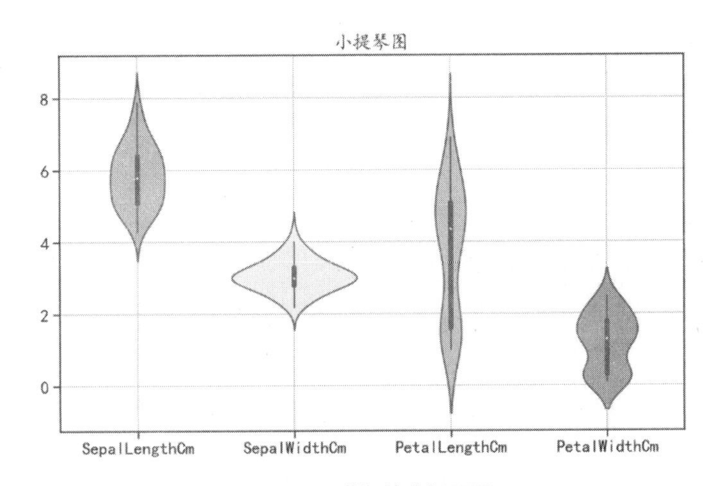

图 2-18　数据的小提琴图

从图 2-18 中可以发现，数据的离散程度从小到大依次是：SpealWidthCm、PetalWidthCm、SpealLengthCm、PetalLengthCm；而且数据中 PetalLengthCm 变量和 PetalWidthCm 变量的分布为双峰分布。

对于多个连续变量，也可以使用蒸汽图分析随着样本量的增加（或者时间的增长），数据取值的变化情况。蒸汽图的可视化可以使用 Python 中的 Altair 库来完成，Altair 库是用来统计可视化的常用库，功能强大。针对鸢尾花数据，可以使用下面的程序获得蒸汽图。

```
In[7]:## 将鸢尾花宽数据转化为长数据
      Irislong=Iris.melt(["Id","Species"],var_name="Measurement_type",
                         value_name="value")
      print(Irislong.head())
      ## 使用蒸汽图可视化
      alt.Chart(Irislong).mark_area().encode(
          alt.X("Id:Q"),                                  ## X 轴
```

```
            alt.Y("value:Q",stack="center",axis=None),   ## Y 轴
            alt.Color('Measurement_type:N'),              ## 设置颜色
        ).properties(width=500,height=300)                # 设置图形大小
Out[7]:    Id Species Measurement_type  value
        0   1  setosa     SepalLengthCm    5.1
        1   2  setosa     SepalLengthCm    4.9
        2   3  setosa     SepalLengthCm    4.7
        3   4  setosa     SepalLengthCm    4.6
        4   5  setosa     SepalLengthCm    5.0
```

在上面的程序中，在使用鸢尾花数据 Iris 之前，先对其使用 melt()方法，将宽数据转化为长数据，因此在获得长数据 Irislong 中，变量 Measurement_type 表明了使用的特征名，value 对应着原始特征的相应取值，因此在可视化蒸汽图时，利用 mark_area()方法可快速获取蒸汽图，程序运行后的结果如图 2-19 所示。

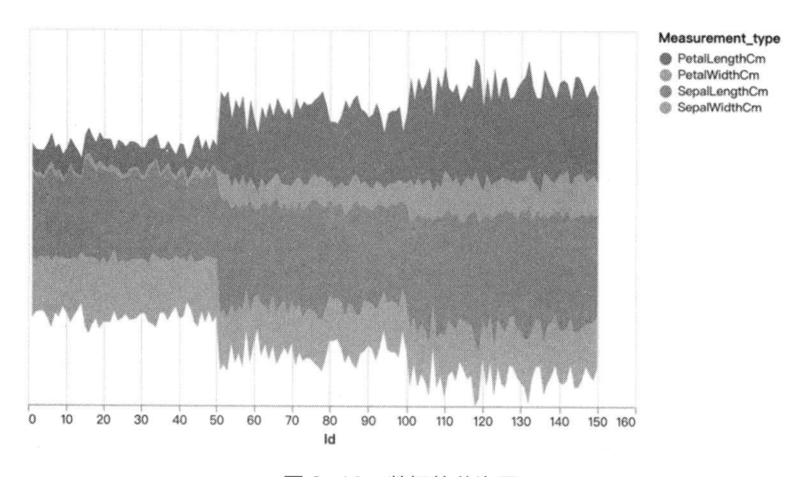

图 2-19　数据的蒸汽图

在蒸汽图中，4 个变量使用了 4 种不同的颜色来表示，其中数据的波动表明了随着 Id 的变化，相应特征的取值变化情况。

2.3.2　分类变量间关系可视化分析

分类变量也是数据分析与挖掘过程中经常用到的数据类型，因此本节将会介绍一些该类数据的可视化分析方法。首先导入待分析的泰坦尼克号数据，程序如下：

```
In[8]:## 读取使用的数据
      Titanic=pd.read_csv("data/chap2/Titanic 数据.csv")
      print(Titanic.head())
Out[8]:
   Pclass   Name     Sex   Age  SibSp  Parch     Fare Embarked  Survived
```

```
0      3    Mr.     male  22.0      1       0   7.2500          S        0
1      1   Mrs.   female  38.0      1       0  71.2833          C        1
2      3  Miss.   female  26.0      0       0   7.9250          S        1
3      1   Mrs.   female  35.0      1       0  53.1000          S        1
4      3    Mr.     male  35.0      0       0   8.0500          S        0
```

导入的数据包含多个分类变量，针对分类变量数量的不同，可以使用不同的可视化方法进行数据分析。

1. 两个分类变量

以 Titanic 数据中的变量 Embarked 和 Survived 为例，可以使用数据列联表查看每种组合下的样本数量，也可以使用卡方检验分析两个变量是否独立，这些分析可以使用下面的 Python 程序进行。

```
In[9]:## 卡方检验
      tab=pd.crosstab(Titanic["Embarked"], Titanic["Survived"])
      print(tab)
      c,p,_,_= chi2_contingency(tab.values)
      print("卡方值 : ", c, ";  P value : ",p)
Out[9]:Survived    0    1
       Embarked
       C          75   93
       Q          47   30
       S         427  219
       卡方值 :  25.964452881874784 ;  P value :  2.3008626481449577e-06
```

从上面的输出结果中可以发现，卡方检验的 P 值远小于 0.05，说明两个变量不是独立的，即有些相关性。针对两个变量之间的相关性情况，可以使用马赛克图进行可视化分析，程序如下，可视化结果如图 2-20 所示。

```
In[10]:## 马赛克图
       mosaic(Titanic,["Embarked","Survived"],gap=0.01,
              title="马赛克图")
       plt.show()
```

从图 2-20 中可以发现，当变量 Embarked 的取值为 S 或者 Q 时，Survived 取值为 1 所占的比例就更低。

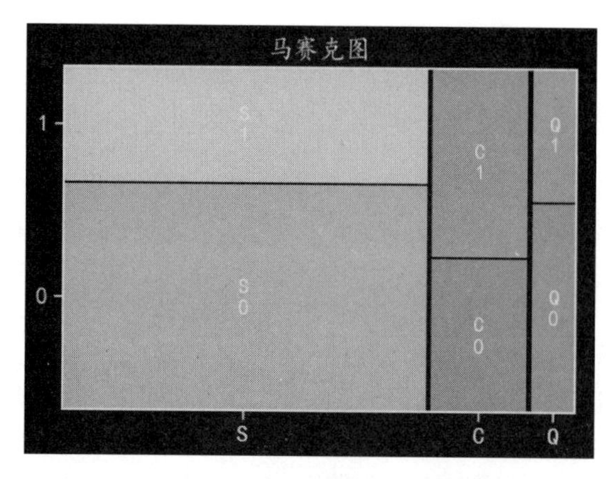

图 2-20　两个分类变量的马赛克图

2. 多个分类变量

针对多个分类变量的关系，可以使用树图进行可视化分析，树图使用矩形来表示数量的多少，用户可以对数据进行逐层分组可视化，使用下面的程序后结果如图 2-21 所示。

```
In[11]:## 树图
        Titanic["Titanic"]="Titanic"     ## 添加一个统一的根
        Titanic["value"]=1               ## 添加一个用于计数的变量
        fig=px.treemap(Titanic, path=["Titanic","Survived", "Sex",
"Embarked"],
                    values="value", color="Fare",
                    color_continuous_scale='RdBu',
                    width=800,height=500,)
        fig.show()
```

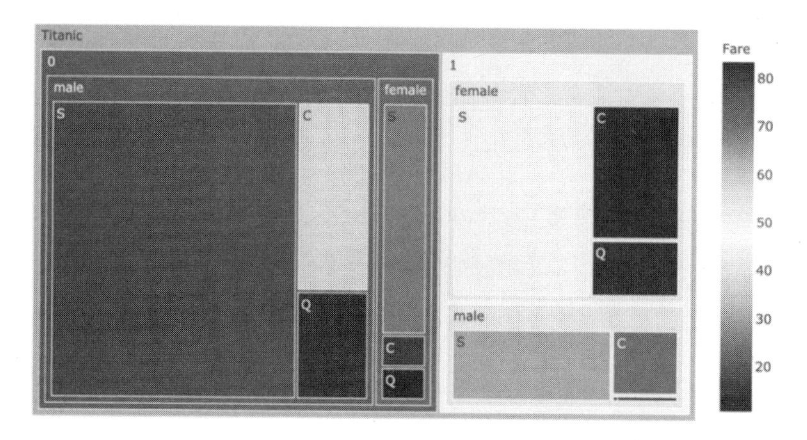

图 2-21　泰坦尼克号数据的树图可视化

从图 2-21 所示的可视化结果中可以发现，遇难者明显多于幸存者；票价（Fare）低的乘客更容易遇难；在遇难的人员中，男性远远多于女性；在幸存的人员中，女性远远多于男性。使用 Plotly 包获得的图像是可交互的图像，用户可以通过单击对图像进行更多查看和对比分析。单击图 2-21 所示的某部分放大局部，如图 2-22 所示。

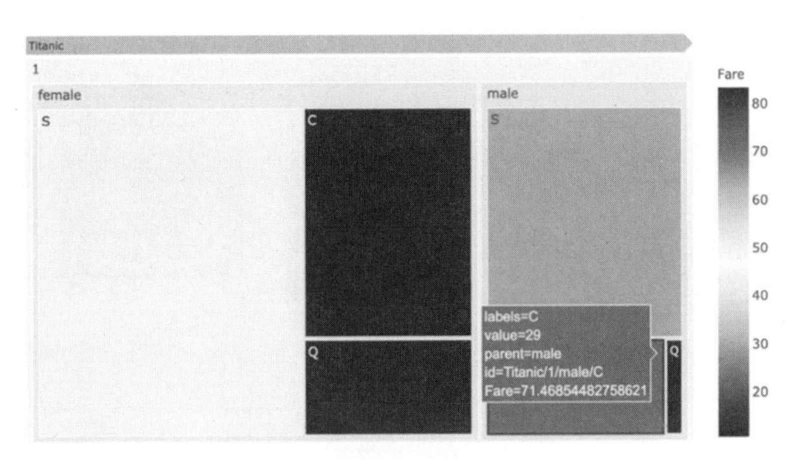

图 2-22 交互后放大局部显示结果

2.3.3 连续变量和分类变量间关系可视化分析

在数据分析过程中，很少会有只包含连续变量或者分类变量的情况，通常待分析的数据会同时包含连续变量和分类变量。前面变换得到的鸢尾花长型数据 Irislong，就包含多个分类变量和连续变量。下面使用该数据集展示如何对数据进行可视化。

```
In[12]:print(Irislong.head())
Out[12]:   Id Species Measurement_type  value
       0   1   setosa    SepalLengthCm    5.1
       1   2   setosa    SepalLengthCm    4.9
       2   3   setosa    SepalLengthCm    4.7
       3   4   setosa    SepalLengthCm    4.6
       4   5   setosa    SepalLengthCm    5.0
```

1. 一个分类变量和一个连续变量

如果要分析长型鸢尾花数据中的一个分类变量和一个连续变量之间的关系，可以使用箱线图。它可以分析在不同分类变量下，连续变量的分布情况。对于 Irislong 数据表，使用箱线图可视化变量 Species 和变量 value 之间关系的程序如下，程序运行后的结果如图 2-23 所示。

```
In[13]:## 分组箱线图
       plt.figure(figsize=(10,6))
       sns.boxplot(data=Irislong,x="Species",y="value")
```

```
        plt.title("箱线图")
        plt.show()
```

从图 2-23 中可以发现，三者的取值极差相近，但是数据的集中位置在逐次升高。

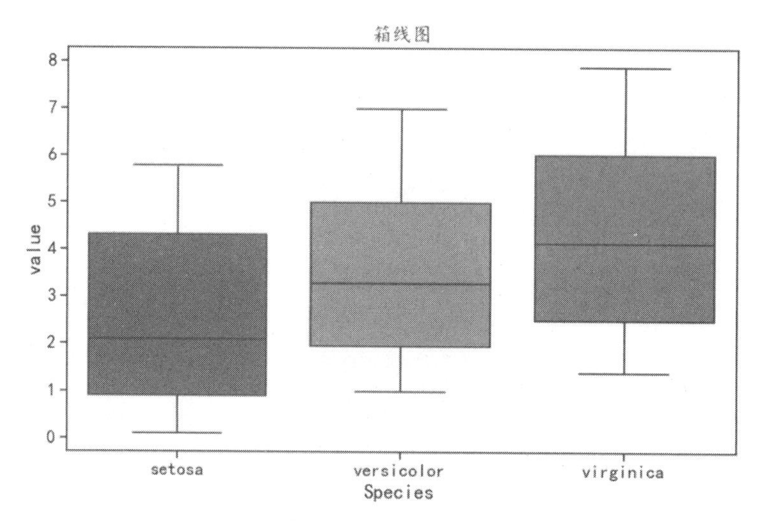

图 2-23　一个分类变量和一个连续变量的箱线图

一个分类变量和一个连续变量，还可以使用分面密度曲线图查看数据的分布。以长型鸢尾花数据为例，可以使用 Measurement_type 变量进行分面，分析 value 变量的数据分布情况。可以使用下面的程序进行可视化，程序运行后的结果如图 2-24 所示。通过图 2-24 可以发现，针对该数据集，在不同的 Measurement_type 分组下，数据的分布情况有很大的差异，而且取值范围也不尽相同。

```
In[14]:## 分面密度曲线查看数据的分布
       alt.Chart(Irislong).transform_density(
           density="value",bandwidth=0.3,
           groupby=["Measurement_type"],extent= [0, 8]
       ).mark_area().encode(
           alt.X("value:Q"),alt.Y("density:Q"),
           alt.Row("Measurement_type:N")
       ).properties(width=500,height=80)     # 设置图形大小
```

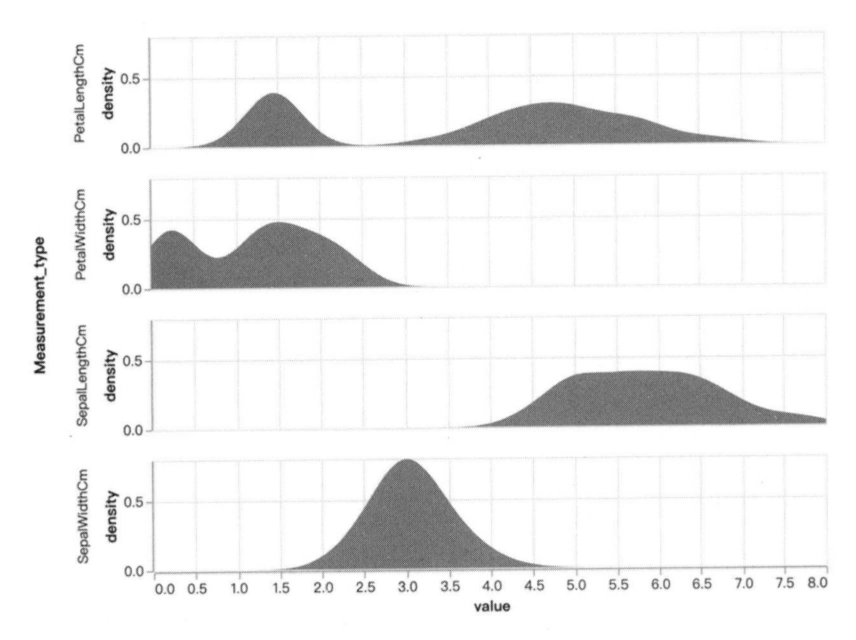

图 2-24 分面密度曲线图

2. 两个分类变量的一个连续变量

对于数据中包含两个分类变量和一个连续变量的情况，可以使用分组箱线图对数据进行可视化，即一个分组变量作为箱线图的横坐标变量，另一个变量作为对应 x 轴坐标的再次分割变量。针对长型鸢尾花数据，可以使用下面的程序获得分组箱线图（见图 2-25）。从图 2-25 中可以发现，value 的分布不仅受 Measurement_type 取值的影响，而且变量 Species 的取值也对数据 value 的分布有较大的影响。

```
In[15]:## 分组箱线图
       plt.figure(figsize=(10,6))
       sns.boxplot(data=Irislong,x="Measurement_type",y="value",hue=
"Species")
       plt.legend(loc=1)
       plt.title("分组箱线图")
       plt.show()
```

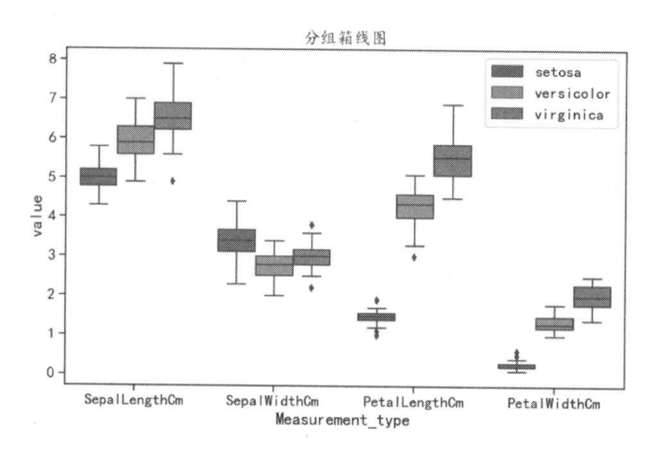

图 2-25　分组箱线图

3. 两个分类变量和两个连续变量

如果想要可视化两个分类变量和两个连续变量之间的关系，可以使用分面散点图，其中两个分类变量将可视化界面切分为网格，然后在对应的网格下面可视化出两个连续变量的散点图，从而对数据进行对比分析。例如，可以使用下面的程序对泰坦尼克号数据中的两个分类变量和两个连续变量进行可视化，程序运行后的结果如图 2-26 所示。

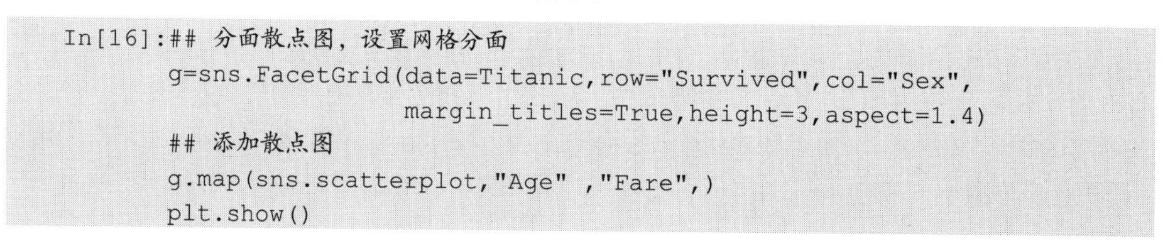

```
In[16]:## 分面散点图，设置网格分面
       g=sns.FacetGrid(data=Titanic,row="Survived",col="Sex",
                       margin_titles=True,height=3,aspect=1.4)
       ## 添加散点图
       g.map(sns.scatterplot,"Age" ,"Fare",)
       plt.show()
```

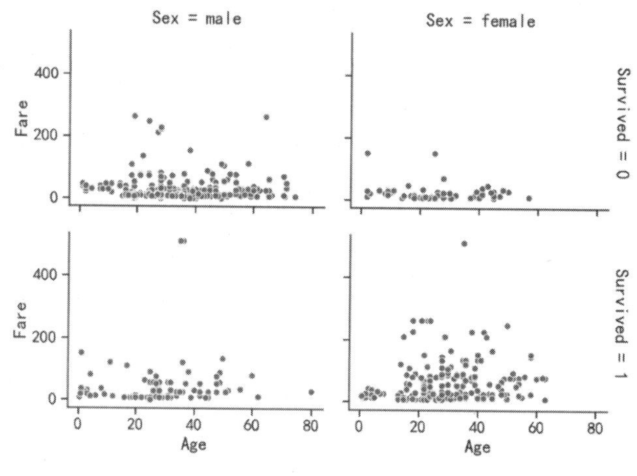

图 2-26　分面散点图

4. 一个分类变量和多个连续变量

对于一个分类变量和多个连续变量的数据可视化方法，最常用的就是使用平行坐标图，其中每个连续变量是横轴中的一个坐标点，其取值大小则标记在对应的竖直线上，可以使用颜色为分组变量中的每条平行线进行分组编码。对于鸢尾花数据集的 4 个连续变量和一个分类变量，使用下面的程序可获得平行坐标图，如图 2-27 所示。从图中可以发现，3 种不同的花在 PetalLengthCm 变量上的差异性最大，而在 SepalWidthCm 变量上的差异性最小。

```
In[17]:## 平行坐标图
       plt.figure(figsize=(10,6))
       parallel_coordinates(Iris.iloc[:,1:6],"Species",alpha=0.8)
       plt.title("平行坐标图")
       plt.show()
```

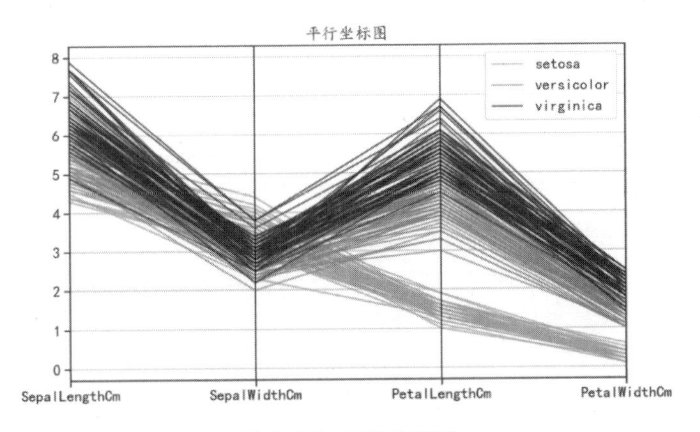

图 2-27 平行坐标图

对于一个分类变量和多个连续变量的数据，如果想要分析不同分类变量下，连续变量之间的关系，可以使用矩阵散点图进行数据可视化。针对鸢尾花数据使用矩阵散点图进行数据可视化的程序如下，程序运行后的结果如图 2-28 所示。在图中可以分析任意两个数值变量之间的关系，以及分类变量对数据之间关系的影响。

```
In[18]:## 矩阵散点图
       sns.pairplot(Iris.iloc[:,1:6],hue="Species",height=2,aspect=1.2,
                    diag_kind="kde",markers=["o", "s", "D"])
       plt.show()
```

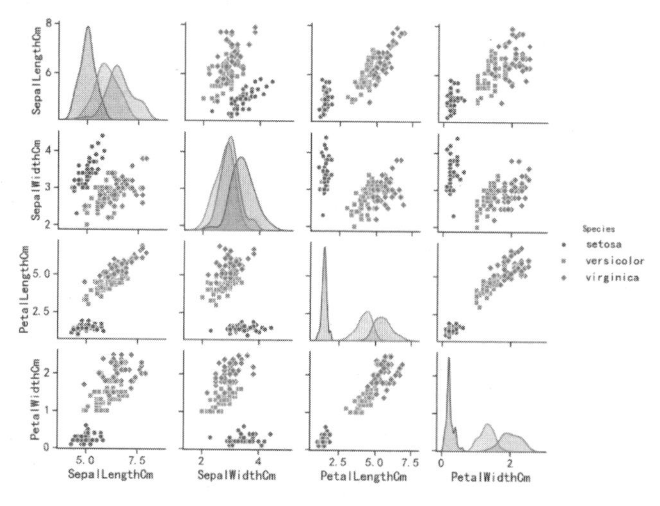

图 2-28 矩阵散点图

气泡图可以可视化 3 个数值变量之间的关系，如果添加一个分类变量，对数据进行可视化，可以获得分组气泡图，也可以用于分析分组数据对其他数值之间关系的影响。使用下面的程序可获得一个分组气泡图，如图 2-29 所示。在该图中，使用了不同的颜色对气泡进行分组，用于发现不同组内的数据关系和组间的数据差异。

```
In[19]:## 分组气泡图
       sns.relplot(data=Iris, x="SepalWidthCm", y="PetalWidthCm",
                   hue="Species", size="SepalLengthCm",sizes=(20,200),
                   palette="muted",height=6,aspect=1.4)
       plt.title("分组气泡图")
       plt.show()
```

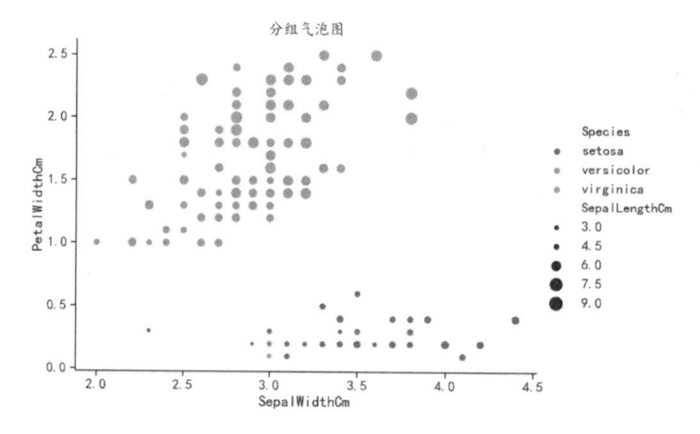

图 2-29 分组气泡图

前面介绍了针对不同的数据情况，常用的数据可视化方法，但是这些可视化方法描述的数据通常是表格数据，对于其他类型的数据也有一些特有的数据可视化方法，下一节将会进行相关介绍。

2.3.4 其他类型数据可视化分析

本节将会介绍对时间序列数据、文本数据、社交网络数据等的可视化方法。

1. 时间序列数据

对于时间序列数据，可以使用散点图和折线图等进行可视化，但是需要注意的是，时间序列数据的可视化图像中，x 轴通常表示时间的变化，而且有顺序，所以位置不能随意变化，否则将不具有其原有的数据含义。

```
In[20]:## 时间序列数据
       opsd=pd.read_csv("data/chap2/OpenPowerSystemData.csv")
       ## 折线图
       opsd.plot(kind="line",x="Date",y="Solar",figsize=(10,6))
       plt.ylabel("Value")
       plt.title("时间序列曲线")
       plt.show()
```

在上面的程序中，在读取时间序列成为数据表 opsd 后，直接使用其 plot()方法绘制折线图，程序运行后的结果如图 2-30 所示。

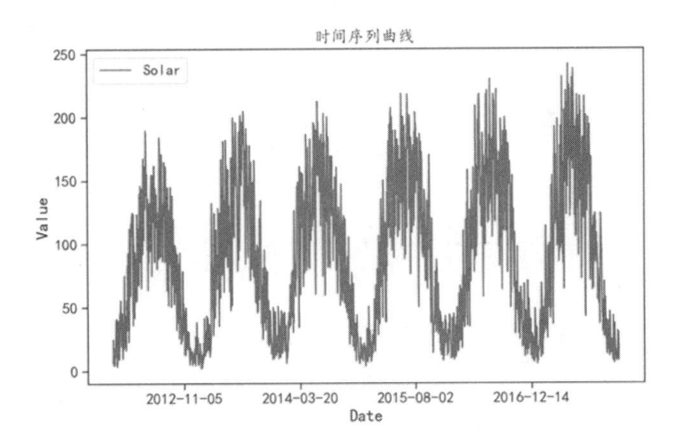

图 2-30 时间序列曲线

2. 文本数据

文本数据是常见的非结构化数据，其常用的数据可视化方法是词云，利用词云来描述词语出现的频繁程度。下面以《三国演义》的文本内容为例，统计出每个词语出现的频次，然后使用词云进行可视化，运行下面的程序即可获得对应的词云图，如图 2-31 所示。

```
In[21]:## 准备数据
        TKing=pd.read_csv("data/chap2/三国演义分词后.csv")
        ## 计算每个词语出现的频次
        TK_fre=TKing.x.value_counts()
        TK_fre=pd.DataFrame({"word":TK_fre.index,
                             "Freq":TK_fre.values})
        ## 去除出现次数较少的词语
        TK_fre=TK_fre[TK_fre.Freq > 100]
        ## 将词和词频组成字典数据准备
        worddict={}
        for key,value in zip(TK_fre.word,TK_fre.Freq):
            worddict[key]=value
        ## 生成词云
        redcold=WordCloud(font_path=
"/Library/Fonts/Microsoft/SimHei.ttf",
                          margin=5,width=1800, height=1000,
                          max_words=400, min_font_size=5,
                          background_color='white',
                          max_font_size=250,)
        redcold.generate_from_frequencies(frequencies=worddict)
        plt.figure(figsize=(10,7))
        plt.imshow(redcold)
        plt.axis("off")
        plt.show()
```

图 2-31 《三国演义》词云图

图 2-31 即为使用 WordCloud 得到的《三国演义》词云图，因图中显示中文，所以需要使用 font_path 参数指定合适的字体，使用 generate_from_frequencies 方法传入准备好的字典。其他参数 width、height 用来指定图像的大小，max_words 指定最多显示多少个词语，max_font_size 指定词语最大的尺寸。通过词云图能够更准确、一目了然地把握文本的主要内容。

3. 社交网络数据

可以使用图可视化社交网络数据。图由边和节点组成，每条边表示其所连接的两个节点之间的联系，针对图数据可以使用 NetworkX 库可视化，下面先导入空手道俱乐部的社交网络数据，程序如下：

```
In[22]:## 读取网络数据
       karate=pd.read_csv("data/chap2/karate.csv")
       print(karate.head())
Out[22]:     From        to  weight
      0  Mr Hi  Actor 2       4
      1  Mr Hi  Actor 3       5
      2  Mr Hi  Actor 4       3
      3  Mr Hi  Actor 5       3
      4  Mr Hi  Actor 6       3
```

在 karate 数据中，From 和 to 两个变量表示两个节点的一条边，weight 变量表示两个节点之间的权重，可以使用下面的程序将数据可视化为图。

```
In[23]:## 网络数据可视化
       plt.figure(figsize=(12,8))
       ## 生成社交网络图
       G=nx.Graph()
       ## 为图像添加边
       for ii in karate.index:
G.add_edge(karate.From[ii],karate.to[ii],weight=karate.weight[ii])
       ## 根据权重大小定义两种边
       elarge=[(u,v) for (u,v,d) in G.edges(data=True) if d['weight'] > 3.5]
       esmall=[(u,v) for (u,v,d) in G.edges(data=True) if d['weight'] < 3.5]
       ## 图的布局方式
       pos=graphviz_layout(G,prog="fdp")
       # 可视化图的节点
       nx.draw_networkx_nodes(G,pos,alpha=0.4,node_size=20)
       # 可视化图的边
       nx.draw_networkx_edges(G,pos,edgelist=elarge,
                              width=2,alpha=0.5,edge_color="red")
       nx.draw_networkx_edges(G,pos,edgelist=esmall,
                              width=2,alpha=0.5,edge_color="blue",style=
'dashed')
       # 为节点添加标签
       nx.draw_networkx_labels(G,pos,font_size=14)
       plt.axis('off')
       plt.title("空手道俱乐部人物关系")
       plt.show()
```

在上面的程序中，先使用 G=nx.Graph()定义一个图，并使用 G.add_edge()增加有关联的成员之间的边，分别指定边的起点、终点和权重；根据权重将成员之间的边分为两种类型（elarge 和 esmall），较大的权重（大于 3.5）用实线显示，较小的权重（小于 3.5）用虚线表示；用 nx.draw_networkx_nodes()函数绘制图的节点，并且指定节点图像的大小等性质；用 nx.draw_networkx_edges()函数绘制图的边，可以指定边的线宽、颜色、线形等属性；用 nx.draw_networkx_labels()函数为节点添加标签。可视化结果如图 2-32 所示。

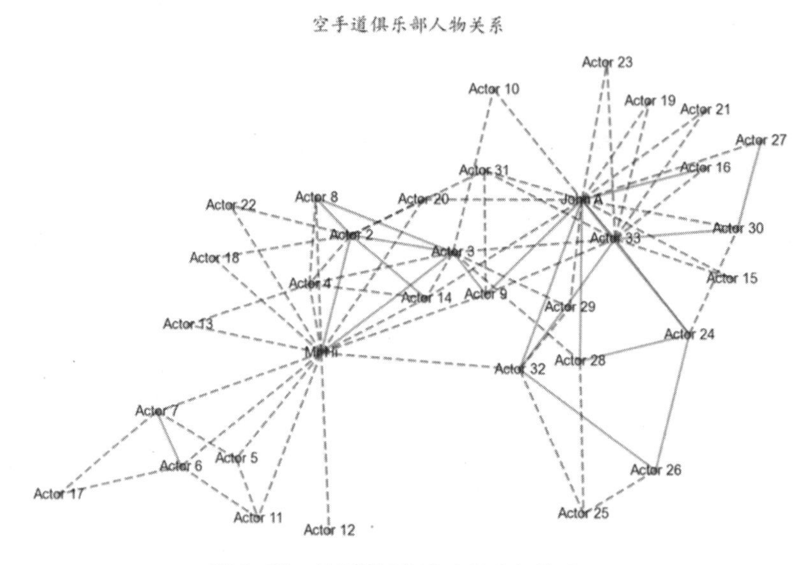

图 2-32　使用图可视化人物之间的联系

2.4　数据样本间的距离

对于给定的数据样本，每个样本都具有多个特征，因此每个样本均是高维空间的一个点，那么在高维空间中如何比较样本之间的距离远近或相似程度呢？距离在聚类分析、分类等多种应用中都有重要的地位，不同的距离度量方式可能会得到不尽相同的分析结果，接下来简单介绍几种常用的距离度量方式。在计算样本间距离时会使用种子数据集，数据的读取程序如下：

```
In[1]:## 使用计算距离的数据
      datadf=pd.read_csv("data/chap2/种子数据.csv")
      datadf2=datadf.iloc[:,0:7]
      print(datadf2.head())
Out[2]:      x1     x2      x3     x4     x5     x6     x7
      0  15.26  14.84  0.8710  5.763  3.312  2.221  5.220
      1  14.88  14.57  0.8811  5.554  3.333  1.018  4.956
```

```
2  14.29  14.09  0.9050  5.291  3.337  2.699  4.825
3  13.84  13.94  0.8955  5.324  3.379  2.259  4.805
4  16.14  14.99  0.9034  5.658  3.562  1.355  5.175
```

种子数据中包含 7 个数值变量，分别表示种子的不同指标特性。对于该数据，可以使用多种距离度量方式，比较每个种子样本之间的关系。首先计算的是欧式距离和曼哈顿距离。

欧式距离用来度量欧几里得空间中两点间的直线距离，即对于n维空间中的两点$X = (x_1, x_2, \cdots, x_n)$，$Y = (y_1, y_2, \cdots, y_n)$，它们之间的欧式距离定义为：

$$\text{dist}(X, Y) = \sqrt{(x_1 - y_1)^2 + (x_2 - y_2)^2 + \cdots + (x_n - y_n)^2}$$

曼哈顿距离用以表明两个点在标准坐标系上的绝对轴距的总和，即对于n维空间中的两点$X = (x_1, x_2, \cdots, x_n)$，$Y = (y_1, y_2, \cdots, y_n)$，它们之间的曼哈顿距离定义为：

$$\text{dist}(X, Y) = |x_1 - y_1| + |x_2 - y_2| + \cdots + |x_n - y_n|$$

对于种子数据的这两种距离，可以使用 distance.cdist()函数进行计算，在下面的程序中，不仅计算出数据中样本的距离，还使用热力图将距离矩阵进行可视化，程序运行后的结果如图 2-33 所示。

```
In[2]:## 计算样本的距离
      from scipy.spatial import distance
      ## 欧式距离
      dist=distance.cdist(datadf2,datadf2,"euclidean")
      ## 使用热力图可视化样本之间的距离
      plt.figure(figsize=(8,6))
      sns.heatmap(dist,cmap="YlGnBu")
      plt.title("样本间欧式距离")
      plt.show()
      ## 曼哈顿距离
      dist=distance.cdist(datadf2,datadf2,"cityblock")
      ## 使用热力图可视化样本之间的距离
      plt.figure(figsize=(8,6))
      sns.heatmap(dist,cmap="YlGnBu")
      plt.title("样本间曼哈顿距离")
      plt.show()
```

从图 2-33 中可以发现，这两种距离在整体分布上是一致的，但是距离大小的取值不尽相同。而且在对角线周围形成了 3 个距离较近的对角块，而每个块和其他块的距离较远，说明针对该数据使用聚类算法，将其分为 3 类较合适。

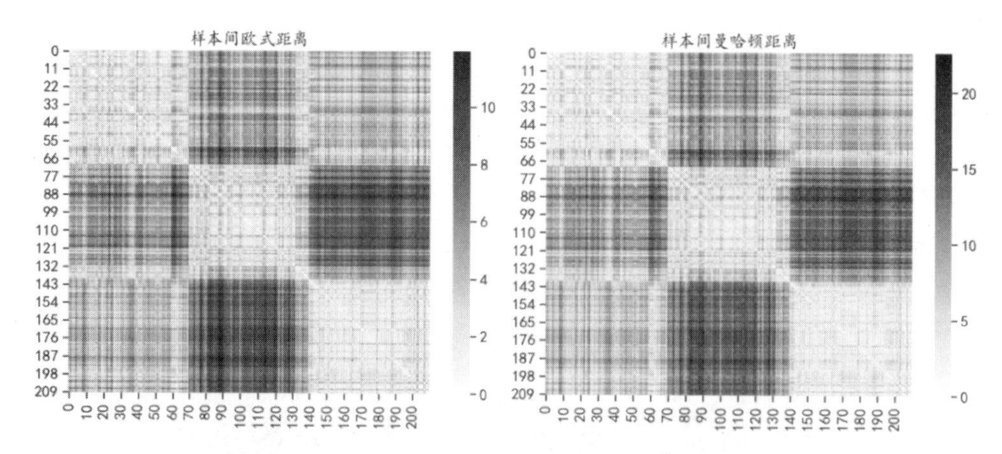

图 2-33 样本间欧式距离（左）和样本间曼哈顿距离（右）

下面同样针对种子数据，计算样本之间切比雪夫距离和余弦距离。

切比雪夫距离即为两个点之间各个坐标数值差的最大值，对于n维空间中的两点$X = (x_1, x_2, \cdots, x_n)$，$Y = (y_1, y_2, \cdots, y_n)$，它们之间的切比雪夫距离定义为：

$$\text{dist}(X, Y) = \max_i |x_i - y_i|$$

余弦相似性是通过测量两个向量夹角的余弦值来度量它们之间的相似性，对于n维空间中的两点$X = (x_1, x_2, \cdots, x_n)$，$Y = (y_1, y_2, \cdots, y_n)$，它们之间的余弦距离可以定义为：

$$\text{dist}(X, Y) = 1 - \frac{X \cdot Y}{\sqrt{\sum x_i^2} \sqrt{\sum y_i^2}}$$

在下面的程序中，不仅计算出了相应的样本距离，还使用热力图将距离矩阵进行可视化，程序运行后的结果如图 2-34 所示。

```
In[3]:## 切比雪夫距离
      dist=distance.cdist(datadf2,datadf2,"chebyshev")
      ## 使用热力图可视化样本之间的距离
      plt.figure(figsize=(8,6))
      sns.heatmap(dist,cmap="YlGnBu")
      plt.title("样本间切比雪夫距离")
      plt.show()
      ## 余弦距离
      dist=distance.cdist(datadf2,datadf2,"cosine")
      ## 使用热力图可视化样本之间的距离
      plt.figure(figsize=(8,6))
      sns.heatmap(dist,cmap="YlGnBu")
      plt.title("样本间余弦距离")
      plt.show()
```

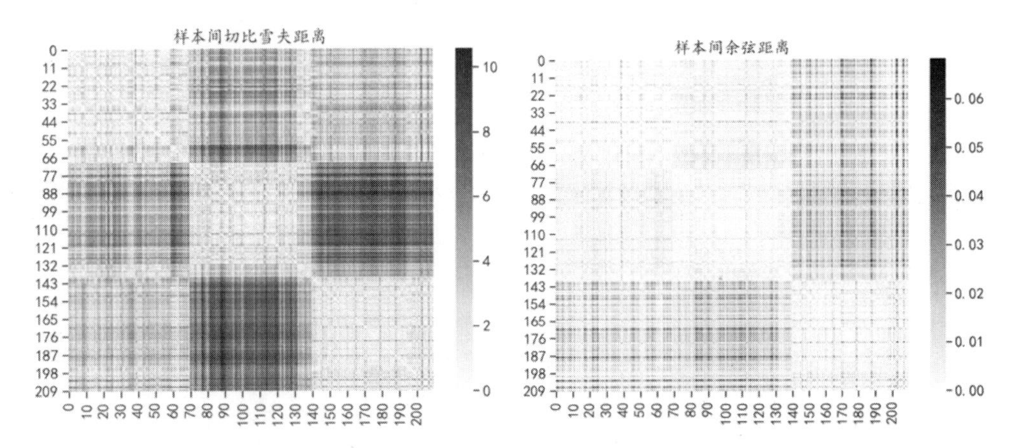

图 2-34 切比雪夫距离和余弦距离

从图 2-34 中可以发现，数据的切比雪夫距离的分布趋势和前面的两种数据分布较为一致，而样本间的余弦距离则有了较大的差异，形成了一大一小的对角矩阵块。

下面同样针对种子数据，计算样本之间相关系数距离和马氏距离。

相关系数距离是根据相关性定义的，数值越大距离越远，对于n维空间中的两点$X = (x_1, x_2, \cdots, x_n)$，$Y = (y_1, y_2, \cdots, y_n)$，它们之间的相关系数距离可以定义为：

$$\mathrm{dist}(X,Y) = 1 - \frac{(X-\bar{X})\cdot(Y-\bar{Y})}{\sqrt{\sum(x_i-\bar{X})}\sqrt{\sum(y_i-\bar{Y})}}$$

马氏距离表示数据的协方差距离。它是一种有效地计算两个未知样本集相似度的方法。对于n维空间中的两点$X = (x_1, x_2, \cdots, x_n)$，$Y = (y_1, y_2, \cdots, y_n)$，它们之间的马氏距离可以定义为：

$$\mathrm{dist}(X,Y) = \sqrt{(X-Y)^T\Sigma^{-1}(X-Y)}$$

使用下面的程序，不仅可以计算出相应的样本距离小，还利用热力图将距离矩阵进行可视化，程序运行后的结果如图 2-35 所示。

```
In[4]:## 相关系数距离
      dist=distance.cdist(datadf2,datadf2,"correlation")
      ## 使用热力图可视化样本之间的距离
      plt.figure(figsize=(8,6))
      sns.heatmap(dist,cmap="YlGnBu")
      plt.title("样本间相关系数距离")
      plt.show()
      ## 马氏距离
      dist=distance.cdist(datadf2,datadf2,"mahalanobis")
      ## 使用热力图可视化样本之间的距离
      plt.figure(figsize=(8,6))
```

```
sns.heatmap(dist,cmap="YlGnBu")
plt.title("样本间马氏距离")
plt.show()
```

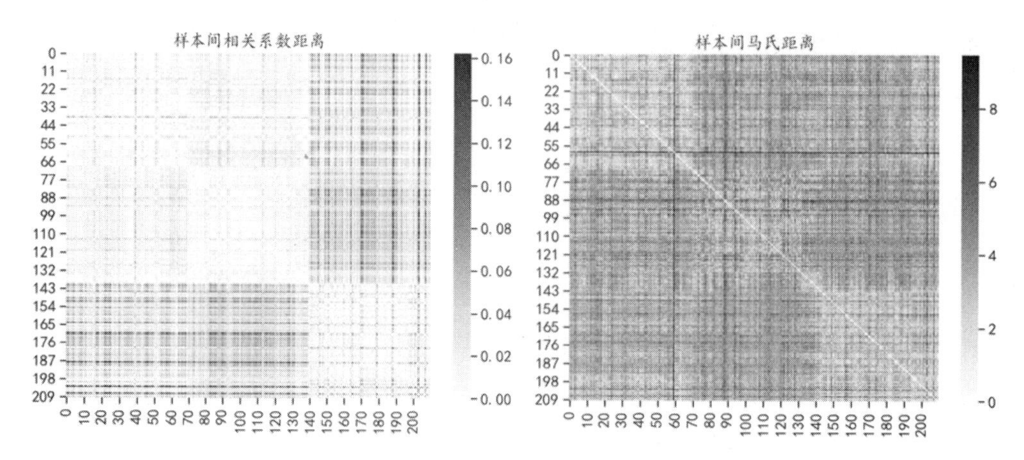

图 2-35　相关系数距离和马氏距离

从图 2-35 中可以发现，数据的相关系数距离的分布趋势和前面的余弦距离的分布较一致，样本间的马氏距离则又呈现出一种新的距离大小分布情况。

2.5 本章小结

本章主要介绍了使用 Python 进行数据探索和可视化的相关应用实例。在数据分析和机器学习中，数据探索分析很重要，而在数据探索分析过程中，使用合适的数据可视化技术，能够更快速、充分地对数据进行理解。本章介绍了在数据探索过程中，可能遇到的一些问题的解决方法，如分析数据中是否存在缺失值或异常值，针对存在缺失值或异常值的数据怎么进行相关处理，如何使用相关指标对数据进行描述统计分析，以及如何使用合适的可视化方法，分析数据间的关系，最后还介绍了几种在机器学习中常用到的距离度量方式。本章使用到的函数如表 2-1 所示。

表 2-1　函数说明

库	模　块	函　数	功　能
missingno		matrix()	可视化数据中的缺失值情况
sklearn	impute	IterativeImputer()	多变量缺失值填充
		KNNImputer()	K-近邻缺失值填充

续表

库	模　块	函　数	功　能
missingpy		MissForest	随机森林缺失值填充
seaborn		heatmap()	热力图可视化
		scatterplot()	散点图可视化
		violinplot	小提琴图可视化
		FacetGrid()	设置网格
		pairplot()	矩阵散点图
SciPy	statsy	chi2_contingenc()	卡方检验
statsmodels	mosaicplot	mosaic()	马赛克图可视化
Plotly	express	treemap()	树图可视化
pandas	plotting	parallel_coordinates()	平行坐标图可视化
WordCloud		WordCloud()	词云可视化
SciPy	spatial	distance()	计算数据之间的距离

第 3 章 特征工程

特征工程是机器学习数据准备过程中的核心任务，主要通过变换数据集的特征空间，从而提高数据集的预测建模性能。特征工程通常由数据科学家根据自己的领域专业知识，反复实验结果以及评估模型效果来进行。针对数据集的不同情况，有多种数据特征工程的方式可以选择，如对数据进行特征变换、特征构建、特征选择、特征提取等，其中数据平衡方式也可以认为是一种针对不同类数据样本量平衡的特征工程方法。本章将会介绍的特征工程相关内容如图 3-1 所示。

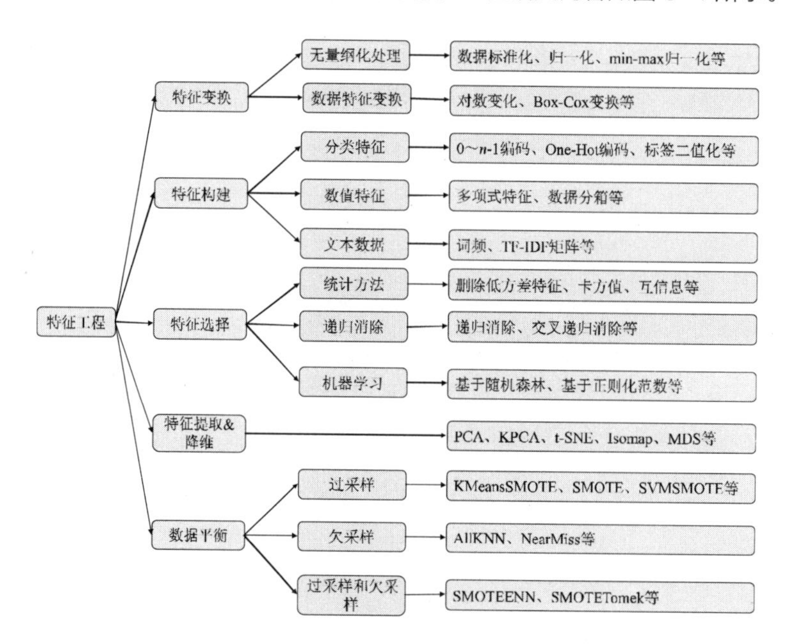

图 3-1 特征工程的相关内容

本章将会针对图 3-1 所展示的内容，介绍如何使用 Python 完成特征工程的相关任务。首先导入相关库和模块，程序如下：

```
## 输出高清图像
%config InlineBackend.figure_format='retina'
%matplotlib inline
## 图像显示中文的问题
import matplotlib
matplotlib.rcParams['axes.unicode_minus']=False
import seaborn as sns
sns.set(font= "Kaiti",style="ticks",font_scale=1.4)
## 导入会使用到的库
import numpy as np
import pandas as pd
import matplotlib.pyplot as plt
from mpl_toolkits.mplot3d import Axes3D
from sklearn import preprocessing
from scipy.stats import boxcox
import re
from sklearn.metrics.pairwise import cosine_similarity
from sklearn.feature_extraction.text import
CountVectorizer,TfidfVectorizer
```

3.1 特征变换

特征变换的主要内容是针对一个特征，使用合适的方法，对数据的分布、尺度等进行变换，以满足建模时对数据的需求。特征变换可以分为数据的无量纲化处理和数据特征变换等。

3.1.1 数据的无量纲化处理

数据的无量纲化处理常用方法有数据标准化、数据缩放、数据归一化等方式。

下面使用鸢尾花数据集的 4 个数值特征为例，介绍如何使用 Python 对其进行数据的无量纲化处理，并将数据处理前后的结果可视化之后进行对比分析，导入数据的程序如下：

```
In[1]:## 使用鸢尾花数据集中的数值特征来演示
      Iris=pd.read_csv("data/chap3/Iris.csv")
      Iris2=Iris.drop(["Id","Species"],axis=1)
      print(Iris2.head(2))
Out[1]:   SepalLengthCm  SepalWidthCm  PetalLengthCm  PetalWidthCm
       0            5.1           3.5            1.4           0.2
       1            4.9           3.0            1.4           0.2
```

数据变量x标准化的公式为$x' = \frac{x-\text{mean}(x)}{\text{std}(x)}$，即每个数值减去变量的均值后除以标准差。可以通过sklearn 库中 preprocessing 模块的 scale()和 StandardScaler()函数来完成，其中会通过with_mean 和 with_std 两个参数来控制是否减去均值和是否除以标准差。下面的程序中，将数据变换后，会使用箱线图将获得的结果进行可视化分析，程序如下：

```
In[2]:## 将 4 个数值变量进行标准化，并可视化标准化前后的数据变化情况
      ## 只减去均值
      data_scale1=preprocessing.scale(Iris2,with_mean=True,with_std
=False)
      ## 减去均值后除以标准差
      data_scale2=preprocessing.scale(Iris2,with_mean=True,with_std
=True)
      ## 另一种减去均值后除以标准差的方式
      data_scale3=preprocessing.StandardScaler(with_mean=True,
with_std=True).fit_transform(Iris2)
      ## 可视化原始数据和变换后的数据分布
      labs=Iris2.columns.values
      plt.figure(figsize=(16,10))
      plt.subplot(2,2,1)
      plt.boxplot(Iris2.values,notch=True,labels=labs)
      plt.grid()
      plt.title("原始数据")
      plt.subplot(2,2,2)
      plt.boxplot(data_scale1,notch=True,labels=labs)
      plt.grid()
      plt.title("with_mean=True,with_std=False")
      plt.subplot(2,2,3)
      plt.boxplot(data_scale2,notch=True,labels=labs)
      plt.grid()
      plt.title("with_mean=True,with_std=True")
      plt.subplot(2,2,4)
      plt.boxplot(data_scale3,notch=True,labels=labs)
      plt.grid()
      plt.title("with_mean=True,with_std=True")
      plt.subplots_adjust(wspace=0.1)
      plt.show()
```

运行上面的程序后结果如图 3-2 所示，图中的 4 幅子图像分别为原始数据、原始数据减去均值、原始数据减去均值后除以标准差和原始数据减去均值后除以标准差。对比分析图 3-2 可以发现，只减去均值的数据分布和原始数据一致，只是取值范围发生了变化；减去均值后除以标准差的数据和原始数据相比，不仅在取值范围上发生了变化，每个数据的分布也发生了变化。因此在实际应用中，可以根据情况选择相应的数据变换操作。

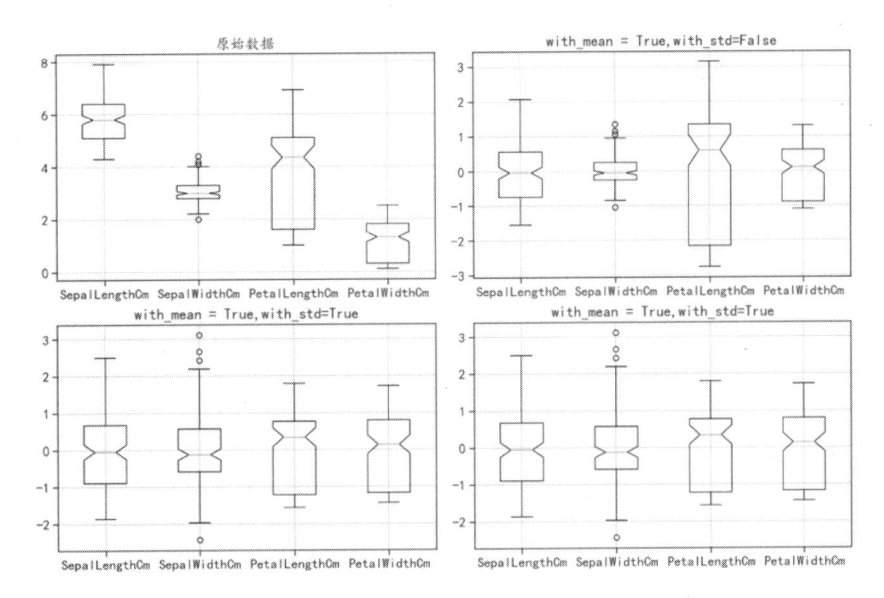

图 3-2 数据标准化变换

常用的数据缩放方式为 min-max 标准化，可以将数据缩放到指定的空间，例如，0～1 标准化时将数据缩放到 0～1，计算公式为：$x'=\frac{x-\min(x)}{\max(x)-\min(x)}$。针对相关变换可以使用 preprocessing 模块下的 MinMaxScale()来完成，并且可以使用 feature_range 参数指定缩放范围。下面的程序以鸢尾花数据的 4 个特征为例，分别将数据缩放到 0～1 和 1～10，并可视化出数据的分布情况。

```
In[3]:## 将数据缩放到指定区间
      data_minmax1=preprocessing.MinMaxScaler(feature_range=(0,
1)).fit_transform(Iris2)
      data_minmax2=preprocessing.MinMaxScaler(feature_range=(1,
10)).fit_transform(Iris2)
      ## 可视化数据缩放后的结果
      labs=Iris2.columns.values
      plt.figure(figsize=(25,6))
      plt.subplot(1,3,1)
      plt.boxplot(Iris2.values,notch=True,labels=labs)
      plt.grid()
      plt.title("原始数据")
      plt.subplot(1,3,2)
      plt.boxplot(data_minmax1,notch=True,labels=labs)
      plt.grid()
      plt.title("MinMaxScaler(feature_range=(0,1))")
      plt.subplot(1,3,3)
      plt.boxplot(data_minmax2,notch=True,labels=labs)
      plt.grid()
```

```
        plt.title("MinMaxScaler(feature_range=(1,10))")
        plt.subplots_adjust(wspace=0.1)
        plt.show()
```

运行上面的程序后，结果如图 3-3 所示，可以发现，和原始数据相比，缩放后的数据分布趋势变化不明显，但是数据的取值范围发生了改变，4 个特征的数据范围保持一致。

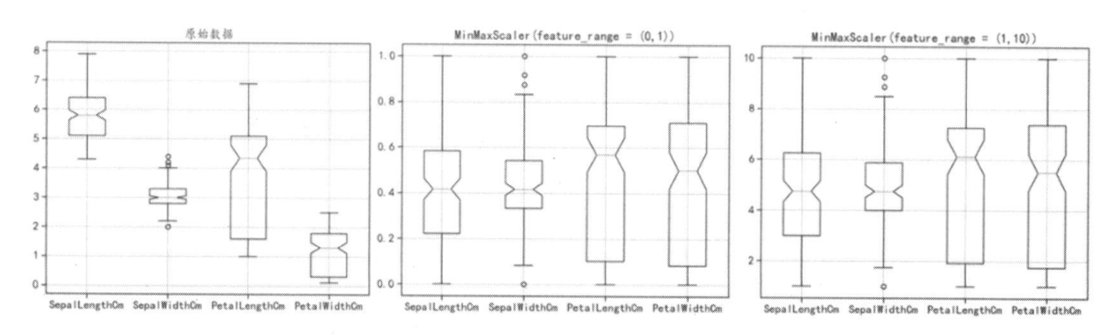

图 3-3　数据 min-max 标准化

preprocessing 模块还提供了 MaxAbsScaler()函数，其通过最大绝对值缩放每个特征，针对该变换可以使用下面的程序来完成。

```
In[4]:## 通过最大绝对值缩放每个特征
        data_maxabs=preprocessing.MaxAbsScaler().fit_transform(Iris2)
        ## 使训练集中每个特征的最大绝对值为 1.0,可视化数据缩放后的结果
        labs=Iris2.columns.values
        plt.figure(figsize=(16,6))
        plt.subplot(1,2,1)
        plt.boxplot(Iris2.values,notch=True,labels=labs)
        plt.grid()
        plt.title("原始数据")
        plt.subplot(1,2,2)
        plt.boxplot(data_maxabs,notch=True,labels=labs)
        plt.grid()
        plt.title("MaxAbsScaler()")
        plt.show()
```

程序运行后的结果如图 3-4 所示,对比变换前后的图像可以发现,变换后数据的取值范围为 0~1，但是 4 个特征的整体取值大小的分布和原始特征的空间分布变化较大。

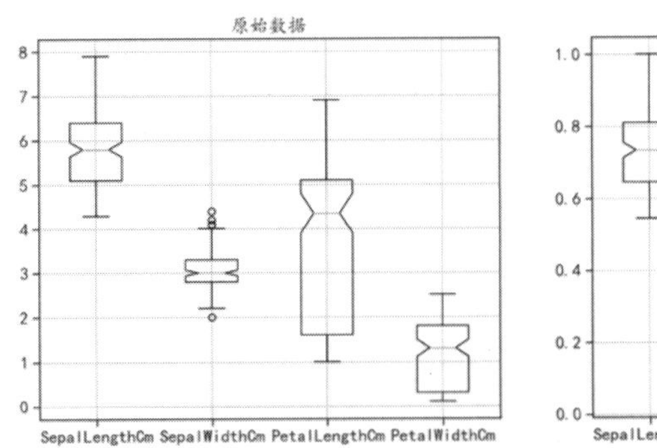

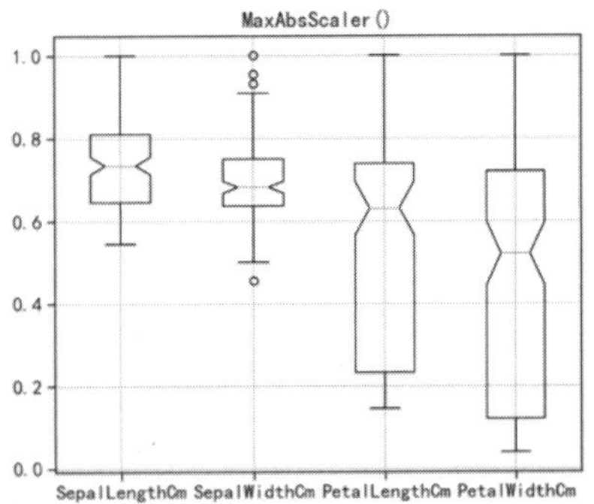

图 3-4　MaxAbsScaler 变换

如果数据中可能存在异常值，对其进行标准化变换时，可以使用 preprocessing 模块的 RobustScaler()方法，使用下面的程序可对鸢尾花的 4 个数据特征进行相应的数据变换。

```
In[5]:## 对带有异常值的数据进行标准化
        data_robs=preprocessing.RobustScaler(with_centering=True,
with_scaling=True).fit_transform(Iris2)
        ## 可视化数据缩放后的结果
        labs=Iris2.columns.values
        plt.figure(figsize=(25,6))
        plt.subplot(1,3,1)
        plt.boxplot(Iris2.values,notch=True,labels=labs)
        plt.grid()
        plt.title("原始数据")
        plt.subplot(1,3,2)
        plt.boxplot(data_scale2,notch=True,labels=labs)
        plt.grid()
        plt.title("StandardScaler()")
        plt.subplot(1,3,3)
        plt.boxplot(data_robs,notch=True,labels=labs)
        plt.grid()
        plt.title("RobustScaler()")
        plt.subplots_adjust(wspace=0.07)
        plt.show()
```

运行上面的程序后，结果如图 3-5 所示，3 幅图分别是原始数据箱线图、数据标准化箱线图、数据鲁棒标准化箱线图。其中数据鲁棒标准化箱线图和数据标准化箱线图的最大差异是：数据鲁棒标准化箱线图的每个特征的取值范围更小一些。

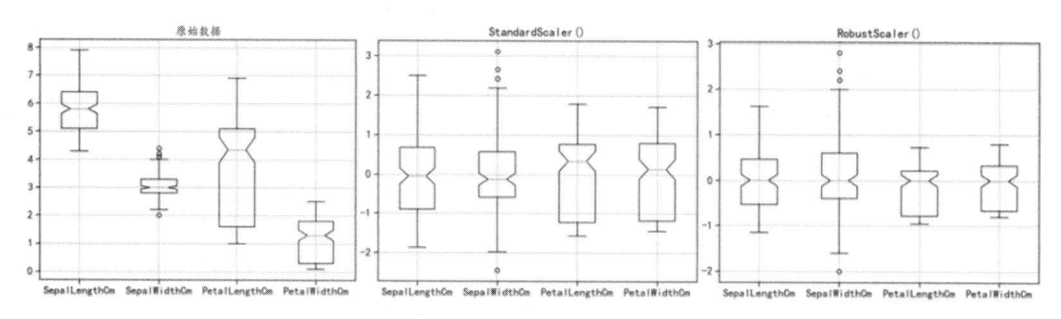

图 3-5　数据变换后的数据分布

preprocessing 模块的 normalize()函数，可以利用正则化参数惩罚，对数据特征进行正则化归一化。下面的程序利用该方法，对鸢尾花数据的特征分别进行 L_1 范数和 L_2 范数约束的正则化归一化。

```
In[6]:## 正则化归一化，axis=0 表示针对特征进行操作
      data_normL1=preprocessing.normalize(Iris2,norm="l1",axis=0)
      data_normL2=preprocessing.normalize(Iris2,norm="l2",axis=0)
      ## 可视化数据缩放后的结果
      labs=Iris2.columns.values
      plt.figure(figsize=(15,6))
      plt.subplot(1,2,1)
      plt.boxplot(data_normL1,notch=True,labels=labs)
      plt.grid()
      plt.title("L1 约束归一化(针对特征)")
      plt.subplot(1,2,2)
      plt.boxplot(data_normL2,notch=True,labels=labs)
      plt.grid()
      plt.title("L2 约束归一化(针对特征)")
      plt.subplots_adjust(wspace=0.15)
      plt.show()
```

程序运行后的结果如图 3-6 所示，从图中可以发现，两种数据变换后整体的取值范围相似，但是在某些特征的取值范围上有较明显的差异，例如在第一幅图中，前两个箱线图的取值范围较小。

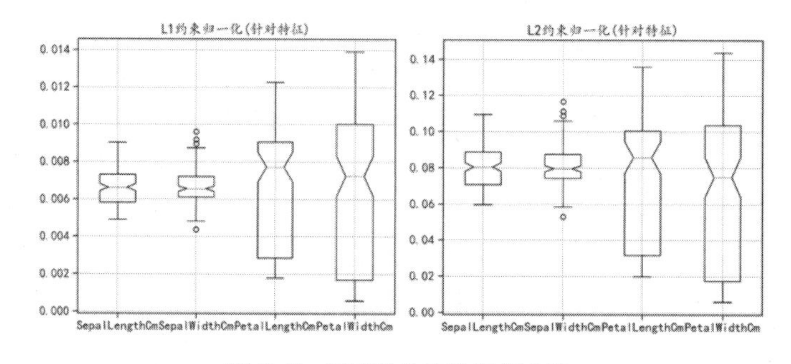

图 3-6　正则化约束的特征变换

针对 normalize()函数进行的数据变换，参数 axis=1 表示针对每个样本进行操作，下面的程序对数据的样本进行了相关范数的约束操作，并可视化出数据变换后的情况。

```
In[7]:## 正则化归一化，axis=1 表示针对每个样本进行操作
      data_normL1=preprocessing.normalize(Iris2,norm="l1",axis=1)
      data_normL2=preprocessing.normalize(Iris2,norm="l2",axis=1)
      ## 可视化数据缩放后的结果
      labs=Iris2.columns.values
      plt.figure(figsize=(15,6))
      plt.subplot(1,2,1)
      plt.boxplot(data_normL1,notch=True,labels=labs)
      plt.grid()
      plt.title("L1 约束归一化(针对样本)")
      plt.subplot(1,2,2)
      plt.boxplot(data_normL2,notch=True,labels=labs)
      plt.grid()
      plt.title("L2 约束归一化(针对样本)")
      plt.subplots_adjust(wspace=0.15)
      plt.show()
```

运行上面程序后，结果如图 3-7 所示。

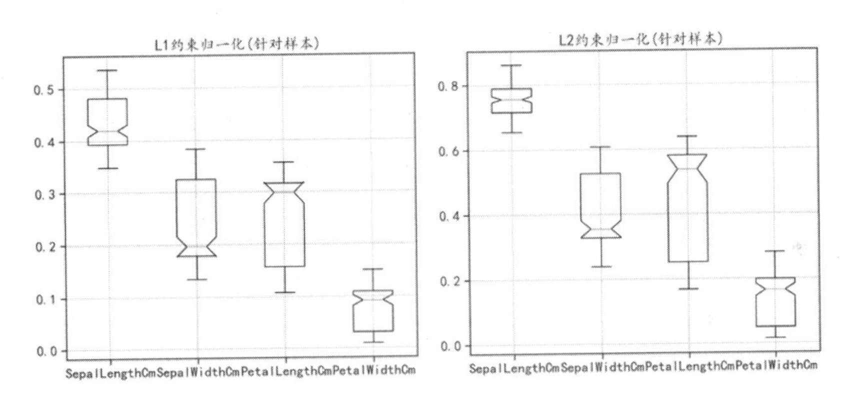

图 3-7 针对样本进行范数约束的数据变换

上面介绍的相关方法，整体上是对数据的取值范围进行缩放，但是对数据的分布情况影响并不大。如果想要改变原始数据的分布情况，可以使用 3.1.2 节介绍的相关方式。

3.1.2 数据特征变换

很多时候单个变量的分布情况，可能并不是人们所期望的那样，例如，很多时候人们希望数据的分布为正态分布，或者接近正态分布。因此，一些数据分布的变换技术也被引入，本节介绍几种改变数据分布的方式，并使用 Python 来完成相关操作。

对数变换是常用的一种变换方式，很多时候数据的分布是拖尾的偏态分布，例如商品的价格，有少量的高价商品会造成其分布是左偏的，此时使用对数变换是一个不错的选择。下面的程序就展示了针对泊松分布的数据，使用对数变换，将其转化为接近正态分布的示例。

```
In[8]:## 对数变换
      np.random.seed(12)
      x=1+np.random.poisson(lam=1.5,size=5000)+np.random.rand(5000)
      ## 对 x 进行对数变换
      lnx=np.log(x)
      ## 可视化变换前后的数据分布
      plt.figure(figsize=(12,5))
      plt.subplot(1,2,1)
      plt.hist(x,bins=50)
      plt.title("原始数据分布")
      plt.subplot(1,2,2)
      plt.hist(lnx,bins=50)
      plt.title("对数变换后数据分布")
      plt.show()
```

运行上面的程序后结果如图 3-8 所示，可以发现数据经过对数变换后，其分布情况更加接近正态分布。

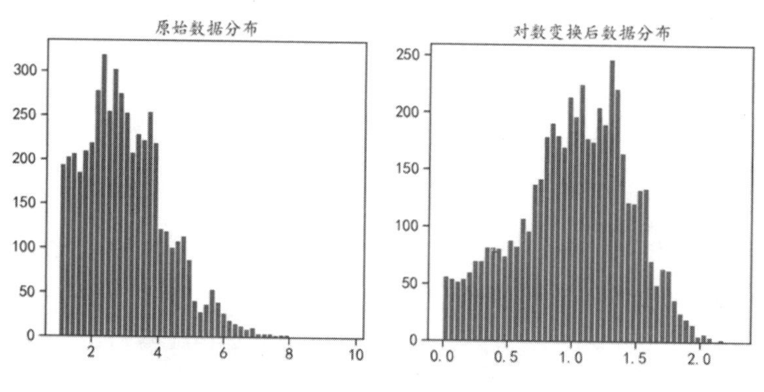

图 3-8 数据的对数变换

Box-Cox 变换是一种自动寻找最佳正态分布变换函数的方法，其数据的计算公式为：

$$y(\lambda)=\begin{cases}\dfrac{y^{\lambda}-1}{\lambda}, & \lambda\neq 0\\ \ln y, & \lambda=0\end{cases}$$

其中在参数 lambda 取不同的值时，有不同的数据变换效果。该方法可以通过 scipy.stats 模块中的 boxcox()函数完成。下面的程序计算在参数 lambda 取不同的数值时，获取对 x 的变换结果，并进行可视化。

```
In[9]:## Box-Cox 变换：自动寻找最佳正态分布变换函数的方法
      from scipy.stats import boxcox
      np.random.seed(12)
      x=1+np.random.poisson(lam=1.5,size=5000)+np.random.rand(5000)
      ## 对 x 进行对数变换
      bcx1=boxcox(x,lmbda=0)
      bcx2=boxcox(x,lmbda=0.5)
      bcx3=boxcox(x,lmbda=2)
      bcx4=boxcox(x,lmbda=-1)
      ## 可视化变换后的数据分布
      plt.figure(figsize=(14,10))
      plt.subplot(2,2,1)
      plt.hist(bcx1,bins=50)
      plt.title("$ln(x)$")
      plt.subplot(2,2,2)
      plt.hist(bcx2,bins=50)
      plt.title("$\sqrt{x}$")
      plt.subplot(2,2,3)
      plt.hist(bcx3,bins=50)
      plt.title("$x^2$")
      plt.subplot(2,2,4)
      plt.hist(bcx4,bins=50)
      plt.title("$ 1/x $")
      plt.subplots_adjust(hspace=0.4)
      plt.show()
```

运行上面的程序后结果如图 3-9 所示，图中分别展示了对原始数据取对数变换、取平方根变换、取平方变换和取倒数变换的可视化效果。

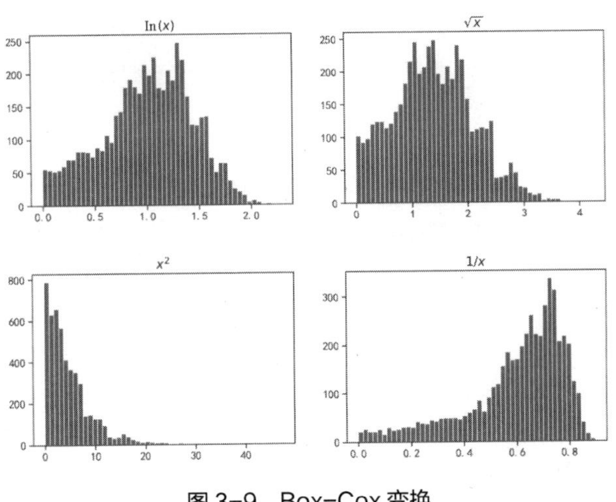

图 3-9　Box-Cox 变换

sklearn 库中的 preprocessing 模块提供了几种将数据变换为指定数据分布的方法，例如 QuantileTransformer 是一种利用数据的分位数信息进行数据特征变换的方法，可以把数据变换为指定的分布。下面的程序是利用该方法，将数据 x 转化为标准正态分布的示例，并可视化出了数据变换前后的直方图，用于对比分析。

```
In[10]:## 定义将数据变换为正态分布的方法
       QTn=preprocessing.QuantileTransformer(output_distribution=
"normal", random_state=0)
       ## 对 x 进行对数变换，x 要转化为二维数组
       QTnx=QTn.fit_transform(x.reshape(5000,1))
       ## 可视化变换前后的数据分布
       plt.figure(figsize=(12,5))
       plt.subplot(1,2,1)
       plt.hist(x,bins=50)
       plt.title("原始数据分布")
       plt.subplot(1,2,2)
       plt.hist(QTnx,bins=50)
       plt.title("变换后数据分布")
       plt.show()
```

运行上面的程序后结果如图 3-10 所示，从变换后数据分布直方图中可以知道，原始的数据已经转化为了标准的正态分布，其数据分布的直方图类似一个钟形曲线。

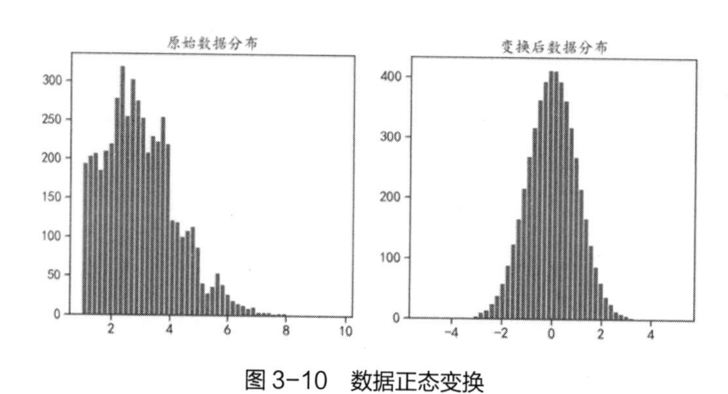

图 3-10　数据正态变换

在进行特征工程时，应该针对实际情况，合理的变换数据，获得有用的特征。

3.2 特征

特征构建的主要目的是生成新的特征，而针对不同类型的特征，有多种方式可以生成新特征。例如，针对分类特征可以利用一些重新编码的方式生成新特征，针对数值特征也有多种方式生成新

特征，针对文本数据通常会使用生成的词频等内容作为新的特征。本节将针对不同类型的数据分别介绍相关的特征构建方法。

3.2.1 分类特征重新编码

针对类别数据的特征编码有多种方式，下面对 sklearn 库中的相关方式进行介绍。针对类别标签数据，常用的方法是将其编码为常数，可以使用 preprocessing 模块中的 OrdinalEncoder()，程序如下：

```
In[11]:## 准备类别标签数据
        np.random.seed(12)
        label=np.random.choice(Iris.Species.values,size=4,replace=False)
        label=label.reshape(-1,1)
        print("label:",label)
        ## 分类特征编码为常数
        OrdE=preprocessing.OrdinalEncoder()
        label_OrdE=OrdE.fit_transform(label)
        print("分类特征编码为常数:\n",label_OrdE)
Out[11]:label: [['Iris-setosa']
         ['Iris-virginica']
         ['Iris-setosa']
         ['Iris-versicolor']]
        分类特征编码为常数:
         [[0.]
         [2.]
         [0.]
         [1.]]
```

从上面程序的输出结果可知，类别 Iris-setosa 被编码为 0，类别 Iris-versicolor 被编码为 1，类别 Iris-setosa 被编码为 2。

离散特征可以通过 preprocessing 模块中的 LabelEncoder()，将其编码为 0 ~ n-1 的整数，或者使用 OneHotEncoder()对特征进行 One-Hot 编码，使用这些方法的程序如下：

```
In[12]:## 分类特征编码为 0~n-1 的整数
        le=preprocessing.LabelEncoder()
        label_le=le.fit_transform([1,2,3,10,10])
        print("编码为 0~n-1 的整数:",label_le)
Out[12]:编码为 0~n-1 的整数: [0 1 2 3 3]
In[13]:## One-Hot 编码
        OneHotE=preprocessing.OneHotEncoder()
        label_OneHotE=OneHotE.fit_transform(label)
        print("One-Hot 编码:\n",label_OneHotE.toarray())
Out[13]:One-Hot 编码:
```

```
        [[1. 0. 0.]
        [0. 0. 1.]
        [1. 0. 0.]
        [0. 1. 0.]]
```

上面的程序对变量[1,2,3,10,10]进行了 LabelEncoder()操作，从输出结果可以发现，数据在重新编码后成了向量[0 1 2 3 3]。对 label 变量进行 One-Hot 编码的输出中，输出为一个 n×3 的矩阵，其中[1. 0. 0.]、[0. 0. 1.]与[0. 1. 0.]分别表示 3 种类别标签。

preprocessing 模块还提供了 LabelBinarizer()，可以对类别标签进行二值化变化，使用方式如下。针对该示例，从输出结果可以发现，其功能和 One-Hot 编码类似。

```
In[14]:## 以one vs all 方式对标签进行二值化
       LB=preprocessing.LabelBinarizer()
       label_LB=OneHotE.fit_transform(label)
       print("one vs all 的方式对标签二值化:\n",label_LB.toarray())
Out[14]:one vs all 的方式对标签二值化:
        [[1. 0. 0.]
        [0. 0. 1.]
        [1. 0. 0.]
        [0. 1. 0.]]
```

针对分类问题中的多标签预测，可以使用 preprocessing 模块中的 MultiLabelBinarizer()。其输出结果可以理解为，先将每一个单独的标签进行 One-Hot 编码，如果一个样本由多个标签表示，那么就把它们对应的 One-Hot 编码相加。程序如下：

```
In[15]:## 对多标签类别进行编码
       mlb=preprocessing.MultiLabelBinarizer()
       label_mlb=mlb.fit_transform([("A", "B"), ("B","C"), ("D")])
       print("多标签类别编码:\n",label_mlb)
Out[15]:多标签类别编码:
        [[1 1 0 0]
        [0 1 1 0]
        [0 0 0 1]]
```

3.2.2 数值特征重新编码

多项式特征经常用来生成数值特征，针对一个变量x的多项式特征，通常对其进行幂运算，获取$[x, x^2, x^3, \cdots]$。多项式特征可以使用 sklearn 库中 preprocessing 模块的 PolynomialFeatures 函数来完成，下面给出一个最多获取 3 次幂多项式特征的计算方式，程序如下：

```
In[16]:## 生成新的特征，针对单个变量多项式特征
       X=np.arange(1,5).reshape(-1,1)
       polyF=preprocessing.PolynomialFeatures(degree=3,include_bias
=False)
```

```
        polyFX=polyF.fit_transform(X)
        polyFX
Out[16]:array([[ 1.,  1.,  1.],
              [ 2.,  4.,  8.],
              [ 3.,  9., 27.],
              [ 4., 16., 64.]])
```

多个变量的多项式特征，可以使用现有的数据特征相互组合生成新的数据特征，如特征之间的相乘组成新特征，特征的平方组成新特征等，同样可以使用 PolynomialFeatures 函数来完成。下面的程序针对两个变量$[a,b]$生成多项式特征，并且指定幂为 2，所以生成的 polyFXm 将会包括$[a,b,a^2,a*b,b^2]$等变量。

```
In[17]:## 生成新的特征，针对多个变量多项式特征
        X2=np.arange(1,11).reshape(-1,2)
        polyFm=preprocessing.PolynomialFeatures(degree=2,
interaction_only=False, include_bias=False)
        polyFXm=polyFm.fit_transform(X2)
        polyFXm
Out[17]:array([[  1.,   2.,   1.,   2.,   4.],
               [  3.,   4.,   9.,  12.,  16.],
               [  5.,   6.,  25.,  30.,  36.],
               [  7.,   8.,  49.,  56.,  64.],
               [  9.,  10.,  81.,  90., 100.]])
```

针对数值特征，在使用以树为基础的模型时（例如决策树等），常常需要将数值特征进行分箱操作，将其切分为一个个小的模块，每个模块使用一个离散值来表示。在对连续的数值编码进行分箱操作时，最常用的方式就是每隔一定的距离对数据进行切分。分箱操作可以使用 preprocessing 模块中的 KBinsDiscretizer()函数，其可以通过控制参数 strategy 的取值，使用不同的分箱方式，例如参数 strategy="quantile"表示利用分位数进行分箱；参数 strategy="kmeans"表示每个变量执行 k–均值聚类过程的分箱策略。下面以鸢尾花的数值变量为例，利用每种分箱策略进行数据分箱，并可视化出分箱结果。

首先使用 strategy="quantile"分箱策略，程序如下。在数据分箱时，使用 Kbins.bin_edges_获取分箱所需的分界线，在可视化时，第一行图像分别使用直方图可视化出 4 个特征的分布情况，并在直方图添加垂直线作为分界线；第二行图像则使用条形图可视化出每个箱所包含的样本数量，程序运行后的结果如图 3-11 所示。

```
In[18]:## 连续变量分箱，使用鸢尾花数据展示
        X=Iris.iloc[:,1:5].values
        n_bin=[2,3,4,5]
Kbins=preprocessing.KBinsDiscretizer(n_bins=n_bin,#变量分别分为 2,3,4,5 份
                                      encode="ordinal",#分箱后的特征编码为整数
                                   strategy="quantile") ##利用分位数的分箱策略
```

```
        X_Kbins=Kbins.fit_transform(X)
        ## 获取划分区间时的分界线
        X_Kbins_edges=Kbins.bin_edges_
        ## 对分箱前后的数据进行可视化
        plt.figure(figsize=(16,8))
        ## 可视化分箱前的特征
        for ii in range(4):
            plt.subplot(2,4,ii+1)
            plt.hist(Iris.iloc[:,ii+1],bins=30)
            plt.title(Iris.columns[ii+1])
            ## 可视化分箱的分界线
            edges=X_Kbins_edges[ii]
            for edge in edges:
                plt.vlines(edge,0,25,colors="r",linewidth=3,
                           linestyle='dashed')
## 可视化分箱后的特征
for ii,binsii in enumerate(n_bin):
            plt.subplot(2,4,ii+5)
            ## 计算每个元素出现的次数
            barx, height=np.unique(X_Kbins[:,ii],return_counts=True)
            plt.bar(barx,height)
plt.show()
```

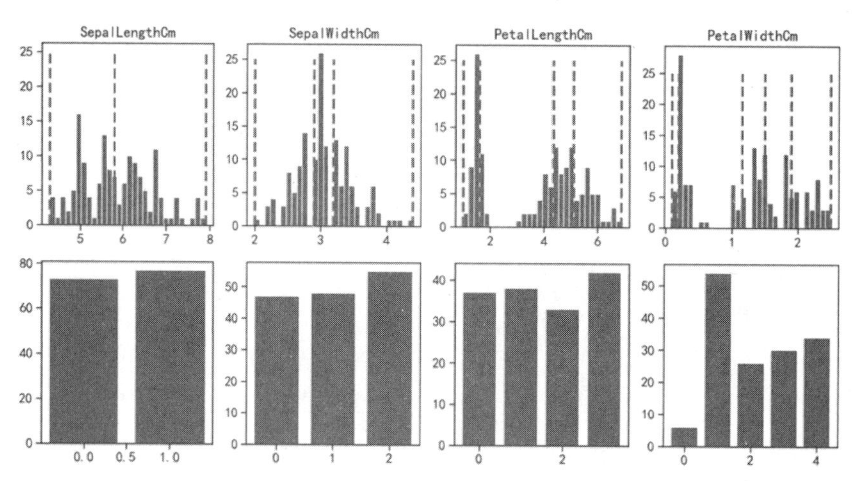

图 3-11 strategy="quantile"分箱策略

使用下面的程序可以获得分箱策略为 strategy="kmeans"的结果。同样为了方便对比分析，将结果可视化展示，程序运行后的结果如图 3-12 所示。

```
In[19]:## 连续变量分箱，使用鸢尾花数据展示
       X=Iris.iloc[:,1:5].values
```

```
        n_bin=[2,3,4,5]
        Kbins=preprocessing.KBinsDiscretizer(n_bins=n_bin, #每个变量分别分为
2, 3, 4, 5份
                                encode="ordinal",#分箱后的特征编码为整数
                                strategy="kmeans")##每个变量执行K-均值聚类过程的分
箱策略
        X_Kbins=Kbins.fit_transform(X)
        ## 获取划分区间时的分界线
        X_Kbins_edges=Kbins.bin_edges_
        ## 对分箱前后的数据进行可视化
        plt.figure(figsize=(16,8))
        ## 可视化分箱前的特征
        for ii in range(4):
            plt.subplot(2,4,ii+1)
            plt.hist(Iris.iloc[:,ii+1],bins=30)
            plt.title(Iris.columns[ii+1])
            ## 可视化分箱的分界线
            edges=X_Kbins_edges[ii]
            for edge in edges:
                plt.vlines(edge,0,25,colors="r",linewidth=3,
                           linestyle='dashed')
        ## 可视化分箱后的特征
        for ii,binsii in enumerate(n_bin):
            plt.subplot(2,4,ii+5)
            ## 计算每个元素出现的次数
            barx, height=np.unique(X_Kbins[:,ii],return_counts=True)
            plt.bar(barx,height)
        plt.show()
```

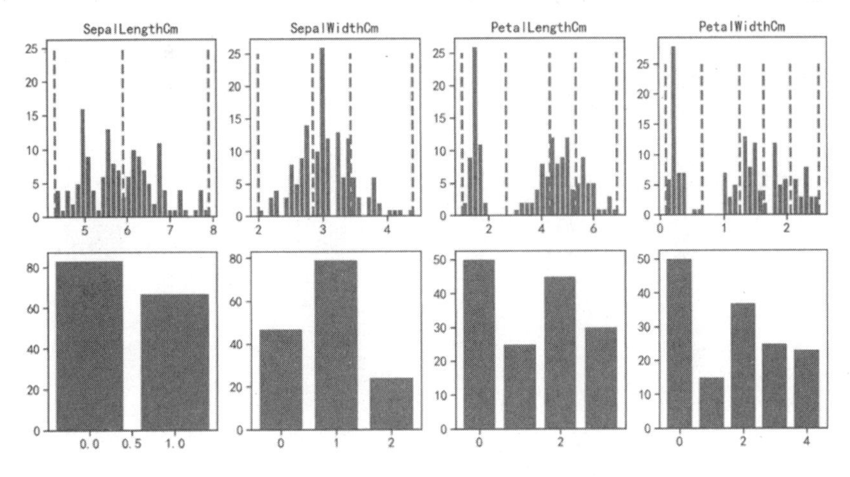

图 3-12 strategy="kmeans"分箱策略

从上面的介绍可以发现，不同的分箱策略可获得不同的分箱结果，所以在进行连续特征离散化时，应该选择合适的方法对数据进行分箱。

3.2.3 文本数据的特征构建

文本数据作为一种非结构化数据也会经常出现在机器学习应用中，例如，对新闻的类型进行分类、判断邮件是否为垃圾邮件，这些都是对文本进行学习的方法。但是算法并不能理解文字的意思，因此需要使用相应的数据特征对文本数据进行表示。文本数据常用的特征是词频特征、TF-ID 矩阵等。

下面使用一个很小的文本数据，介绍如何使用 Python 获取文本特征的方法。

首先读取文本数据，查看所包含的文本内容，程序如下：

```
In[20]:## 读取一个文本文件
       textdf=pd.read_table("data/chap3/文本数据.txt",header=0)
       print(textdf)
Out[20]:                                            text
        0                             I come from China.
        1                             My maijor is math.
        2                  Life is short, I use Python.
        3             Python is a programming language.
        4           Python, R and MATLAB, I love Python.
        5  My maijor is computer. He maijor is computer t...
        6                    I come from Shanghai China.
        7               Life is short and happy in time.
```

获取文本特征之前需要对文本数据进行预处理，保留有用的文本，剔除不必要的内容等，下面对数据进行大写字母转化为小写、剔除多余的空格和标点符号两个预处理操作，程序如下：

```
In[21]:## 将所有大写字母转化为小写
       textdf["text"]=textdf.text.apply(lambda x: x.lower())
       ## 剔除多余的空格和标点符号
       textdf["text"]=textdf.text.apply(lambda x: re.sub('[^\w\s]','',x))
       print(textdf)
Out[21]:                                            text
        0                               i come from china
        1                               my maijor is math
        2                     life is short i use python
        3                python is a programming language
        4               python r and matlab i love python
        5  my maijor is computer he maijor is computer te...
        6                     i come from shanghai china
        7                  life is short and happy in time
```

计算文本数据中的词频特征，即计算每个词语出现的次数，可以使用下面的程序进行计算，在程序中同时还可视化出了词频条形图，程序运行后的结果如图 3-13 所示。

```
In[22]:## 统计词频
       text=" ".join(textdf.text) # 拼接字符串
       text=text.split(" ")       # 分割字符串
       ## 计算每个词出现的次数
       textfre=pd.Series(text).value_counts()
       ## 使用条形图可视化词频
       textfre.plot(kind="bar",figsize=(10,6),rot=90)
       plt.ylabel("频数")
       plt.xlabel("单词")
       plt.title("文本数据的词频条形图")
       plt.show()
```

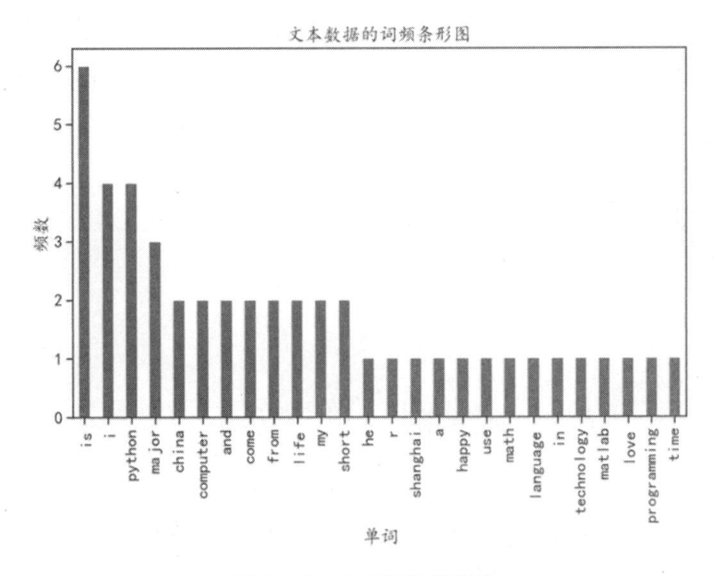

图 3-13　文本词频条形图

针对一条文本数据，使用词袋模型生成一个向量，该向量可以表示文本的特征，因此多个文本内容可以使用一个矩阵来表示。词袋模型是文本表示的常用方法，该模型只关注文档中是否出现给定的单词和单词出现的频率，舍弃了文本的结构、单词出现的顺序和位置等信息。

下面利用词袋模型获取文本数据的文档—词项的词频矩阵，程序如下：

```
In[23]:## 词袋模型（BoW）
       From sklearn.feature_extraction.text import CountVectorizer,
TfidfVectorizer
       cv=CountVectorizer(stop_words="english")  # 处理时会去除停用词
```

```
        cv_matrix=cv.fit_transform(textdf.text)
        ## 为了便于分析，将得到的结果处理为数据表
        cv_matrixdf=pd.DataFrame(data=cv_matrix.toarray(),
                                 columns=cv.get_feature_names())
        print(cv_matrixdf)
Out[23]:
   china  come  computer  happy  language  life  love  major  math  matlab  \
0      1     1         0      0         0     0     0      0     0       0
1      0     0         0      0         0     0     0      1     1       0
…
   programming  python  shanghai  short  technology  time  use
0            0       0         0      0           0     0    0
1            0       0         0      0           0     0    0
2            0       1         0      1           0     0    1
…
```

针对获得的矩阵，可以根据不同的分析目的，使用不同的分析方法，例如，想要知道每个样本之间的相似性，可以利用上面的矩阵，计算文本之间的余弦相似性。相关程序如下，在程序中同时将余弦相似性使用热力图进行可视化，程序运行后的结果如图 3-14 所示。

```
In[24]:## 通过余弦相似性计算文本之间的相关系数
        from sklearn.metrics.pairwise import cosine_similarity
        textcosin=cosine_similarity(cv_matrixdf)
        ## 使用热力图可视化相关性
        plt.figure(figsize=(8,6))
        ax=sns.heatmap(textcosin,fmt=".2f",annot=True,cmap="YlGnBu")
        plt.title("文本 TF 特征余弦相似性热力图")
        plt.show()
```

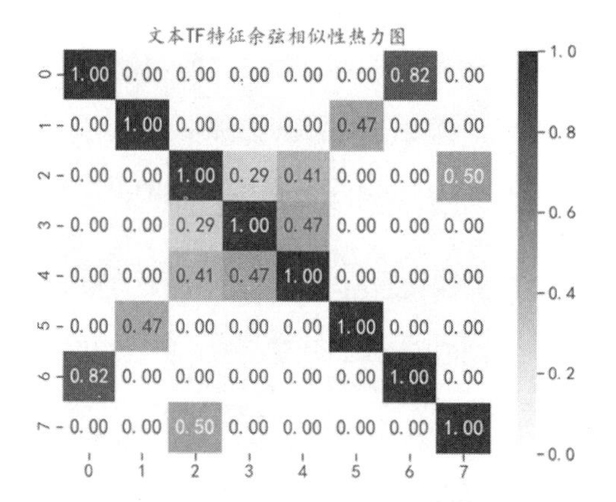

图 3-14　文本词频特征余弦相似性热力图

从图 3-14 中可以发现，文本 0 和文本 6 的相似性最大。

针对该数据还可以计算文本数据的文档—词项 TF-IDF 矩阵，TF-IDF 是一种用于信息检索与数据挖掘的加权技术，经常用于评估一个词项对于一个文件集或一个语料库中的一份文件的重要程度。词的重要性随着它在文件中出现的次数成正比增加，但会随着它在语料库中出现的频率成反比下降。计算文本数据 TF-IDF 矩阵的程序如下，同时还利用该特征计算了每个文本之间的余弦相似性，并使用热力图进行表示，程序运行后的结果如图 3-15 所示。

```
In[25]:## 获取文本的 TF-IDF 特征
       TFIDF=TfidfVectorizer(stop_words="english")
       TFIDF_mat=TFIDF.fit_transform(textdf.text).toarray()
       ## 计算余弦相似性并可视化
       textcosin=cosine_similarity(TFIDF_mat)
       ## 使用热力图可视化相关性
       plt.figure(figsize=(8,6))
       ax=sns.heatmap(textcosin,fmt=".2f",annot=True,cmap="YlGnBu")
       plt.title("文本 TF-IDF 特征余弦相似性热力图")
       plt.show()
```

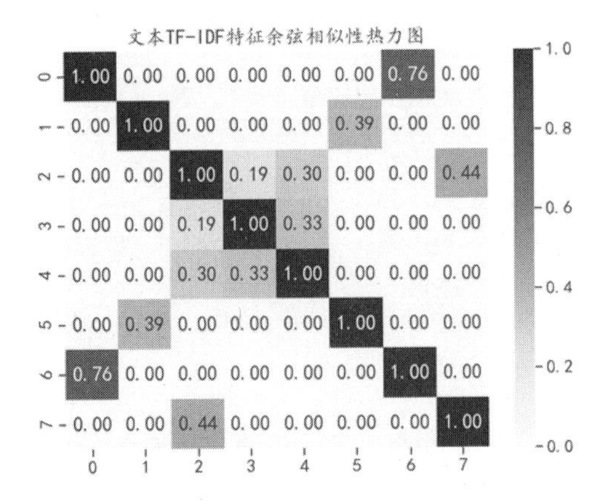

图 3-15　文本 TF-IDF 特征余弦相似性热力图

从图 3-15 中可以发现，文本 0 和文本 6 的相似性依然最大。

文本特征的表示还有很多种方式，例如，对一个句子学习到一个句向量等。这些内容将在后面的章节中应用时进行介绍。

3.3　特征选择

特征选择是使用某些统计方法，从数据中选择出有用的特征，把数据中无用的特征抛弃，该方法不会产生新的特征，常用的方式有基于统计方法的特征选择、利用递归消除法选择有用的特征、利用机器学习算法选择重要的特征等。本节将以一个关于酒的多分类数据集为例，介绍相关特征选择的使用。数据准备的程序如下：

```
In[1]:from sklearn.feature_selection import VarianceThreshold,f_classif
      ## 导入酒的多分类数据集，用于演示
      from sklearn.datasets import load_wine
      wine_x,wine_y=load_wine(return_X_y=True)
      print(wine_x.shape)
      print(np.unique(wine_y,return_counts=True))
Out[1]: (178, 13)
       (array([0, 1, 2]), array([59, 71, 48]))
```

从输出结果可以知道，该数据集有 178 个样本，13 个特征，包含 3 类数据，每类分别包含 59、71 和 48 个样本。

3.3.1 基于统计方法

基于统计方法的特征选择，常用的方法有剔除低方差的特征；使用卡方值、互信息、方差分析等方式选择 *K* 个特征。下面介绍如何使用 Python 完成这些方式的特征选择。

剔除低方差的特征可以通过 sklearn.feature_selection 模块的 VarianceThreshold 来完成，相关程序如下：

```
In[2]:## 剔除低方差的特征
      from sklearn.feature_selection import VarianceThreshold
      VTH=VarianceThreshold(threshold=0.5)
      VTH_wine_x=VTH.fit_transform(wine_x)
      print(VTH_wine_x.shape)
Out[2]: (178, 8)
```

运行程序后，从输出结果可以发现只保留了 8 个方差大于 0.5 的特征，可以通过下面的方式确定哪些特征被保留。在输出结果中 True 表示对应的特征被保留。

```
In[3]:## 保留的变量
VTH.variances_ > 0.5
Out[3]:array([ True,  True, False,  True,  True, False,  True, False, False,
        True, False,  True,  True])
```

sklearn.feature_selection 模块提供了 SelectKBest 方式，其可以通过相关统计信息，从数据集中选择指定数目的特征数量，其中利用方差分析的 F 统计量选择 5 个特征的程序如下：

```
In[4]:## 选择 K 个最高得分的变量，分类可使用 chi2, f_classif, mutual_info_classif
     from sklearn.feature_selection import SelectKBest, chi2, f_classif,
mutual_info_classif
```

```
        ## 通过方差分析的 F 统计量选择 K 个变量
        KbestF=SelectKBest(f_classif, k=5)
        KbestF_wine_x=KbestF.fit_transform(wine_x,wine_y)
        print(KbestF_wine_x.shape)
Out[4]: (178, 5)
```

使用 SelectKBest，利用卡方值选择 5 个特征的程序如下：

```
In[5]:## 通过卡方值选择 K 个变量
        KbestChi2=SelectKBest(chi2,k=5)
        KbestChi2_wine_x=KbestF.fit_transform(wine_x,wine_y)
        print(KbestChi2_wine_x.shape)
Out[5]: (178, 5)
```

使用 SelectKBest，利用互信息选择 5 个特征的程序如下：

```
In[6]:## 通过互信息选择 K 个变量
        KbestMI=SelectKBest(mutual_info_classif, k=5)
        KbestMI_wine_x=KbestMI.fit_transform(wine_x,wine_y)
        print(KbestMI_wine_x.shape)
Out[5]: (178, 5)
```

针对回归问题的 K 个最高得分特征的选择问题，可以使用 f_regression（回归分析的 F 统计量）、mutual_info_regression（回归分析的互信息）等统计量进行特征选择。

3.3.2 基于递归消除特征法

递归消除特征法是使用一个基模型进行多轮训练，每轮训练后，消除若干不重要的特征，再基于新的特征集进行下一轮训练。它使用模型精度来识别哪些属性（或属性组合）对预测目标属性的贡献最大，然后消除无用的特征。sklearn 中提供了两种递归消除特征法，分别是递归消除特征法（RFE）和交叉递归消除特征法（RFECV）。

使用随机森林分类器作为基模型，利用递归消除特征法从数据中选择 9 个最佳特征，程序如下：

```
In[7]:from sklearn.feature_selection import RFE,RFECV
        from sklearn.ensemble import RandomForestClassifier
        model=RandomForestClassifier(random_state=0) #设置基模型为随机森林
        rfe=RFE(estimator=model,n_features_to_select=9)#选择 9 个最佳特征
        rfe_wine_x=rfe.fit_transform(wine_x, wine_y) #进行 RFE 递归
        print("特征是否被选中:\n",rfe.support_)
        print("获取的数据特征尺寸:",rfe_wine_x.shape)
Out[7]:特征是否被选中:
 [ True False False  True  True  True  True False False  True  True  True
  True]
获取的数据特征尺寸: (178, 9)
```

运行上面的程序后获得的数据集 rfe_wine_x 有 9 个特征，并且可以使用 rfe.support_输出被选中的特征，在输出中 True 表示对应的特征被选中。

递归消除特征法还可以使用交叉验证的方式进行特征选择。下面的程序中，仍然使用随机森林作为基模型，然后使用 5 折交叉验证进行递归消除特征法的应用，同时利用参数 min_features_to_select=5 指定要选择的最少特征数量。

```
In[8]:model=RandomForestClassifier(random_state=0) #设置基模型为随机森林
      # 借助 5 折交叉验证最少选择 5 个最佳特征变量
      rfecv=RFECV(estimator=model,min_features_to_select=5, cv=5)
      rfecv_wine_x=rfecv.fit_transform(wine_x, wine_y) #进行 RFE 递归
      print("特征是否被选中:\n",rfecv.support_)
      print("获取的数据特征尺寸:",rfecv_wine_x.shape)
Out[8]:特征是否被选中:
 [ True  True False  True  True  True  True  True  True  True  True  True
  True]
获取的数据特征尺寸: (178, 12)
```

运行程序后，从输出结果可以发现选择了 12 个特征，只剔除了一个特征。

3.3.3 基于机器学习的方法

sklearn.feature_selection 模块的 SelectFromModel 方式，提供了一种通过模型进行特征选择的方法，因此可以使用该方法进行基于机器学习的特征选择。首先使用该方法，利用随机森林分类器进行特征选择，程序如下：

```
In[9]:## 根据特征的重要性权重选择特征
      from sklearn.feature_selection import SelectFromModel
      from sklearn.ensemble import RandomForestClassifier
      ## 利用随机森林模型进行特征选择
      rfc=RandomForestClassifier(n_estimators=100,random_state=0)
      rfc=rfc.fit(wine_x,wine_y) # 使用模型拟合数据
      ## 定义从模型中进行特征选择的选择器
      sfm=SelectFromModel(estimator=rfc, ## 进行特征选择的模型
                          prefit=True, ## 对模型进行预训练
                          max_features=10 ##选择的最大特征数量
                         )
      ## 将模型选择器作用于数据特征
      sfm_wine_x=sfm.transform(wine_x)
print(sfm_wine_x.shape)
Out[9]: (178, 6)
```

运行上面的程序后可以发现，数据中的 6 个特征被选择出来。

SelectFromModel 利用基础模型进行特征选择时，如果基础模型可以使用l_1范数，则可以利用

l_1范数进行选择。利用支持向量机分类器，借助l_1范数进行特征选择的程序如下：

```
In[10]:## 在选择特征时还可以利用 l1 范数进行选择
       from sklearn.feature_selection import SelectFromModel
       from sklearn.svm import LinearSVC
       ## 在构建支持向量机分类时使用 l1 范数约束
       svc=LinearSVC(penalty="l1",dual=False,C=0.05)
       svc=svc.fit(wine_x,wine_y)
       ## 定义从模型中进行特征选择的选择器
       sfm=SelectFromModel(estimator=svc, ## 进行特征选择的模型
                           prefit=True, ## 对模型进行预训练
                           max_features=10,## 选择的最大特征数量
                           )
       ## 将模型选择器作用于数据特征
       sfm_wine_x=sfm.transform(wine_x)
       print(sfm_wine_x.shape)
Out[10]: (178, 8)
```

运行程序后，从输出结果可以发现数据集中的 8 个特征被选择出来。

3.4 特征提取和降维

前面介绍的特征选择方法获得的特征，是从原始的数据中抽取出来的，并没有对数据进行变换。而特征提取和降维，则是对原始的数据特征进行相应的数据变换，并且通常会选择比原始特征数量少的特征，同时达到数据降维的目的。常用的特征提取和降维方法有主成分分析、核主成分分析、流形学习、t-SNE、多维尺度分析等方法。下面将对这几种方法一一进行介绍，首先将前面使用的酒数据集中每个特征进行数据标准化，程序如下：

```
In[1]:from sklearn.decomposition import PCA,KernelPCA
      from sklearn.manifold import Isomap,MDS,TSNE
      from sklearn.preprocessing import StandardScaler
      ## 对酒的特征数据进行标准化
      wine_x,wine_y=load_wine(return_X_y=True)
      wine_x=StandardScaler().fit_transform(wine_x)
```

3.4.1 主成分分析

主成分分析（Principal Component Analysis，PCA）是采用一种数学降维的方法，在损失很少信息的前提下，找出几个综合变量作为主成分，来代替原来众多的变量，使这些主成分能够尽可能地代表原始数据的信息，其中每个主成分都是原始变量的线性组合，而且各个主成分之间不相关（即线性无关）。通过主成分分析，可以从事物错综复杂的关系中找到一些主要成分（通常选择累积

贡献率≥85%的前 m 个主成分），从而能够有效利用大量统计信息进行定性分析，揭示变量之间的内在关系，得到一些对事物特征及其发展规律的深层次信息和启发，推动研究进一步地深入。通常情况下使用的主成分个数远小于原始特征个数，所以可以起到特征提取和降维的目的。

针对准备好的酒数据集 wine_x，可以使用下面的程序对其进行主成分分析，从原始数据中提取特征，在程序中获取了数据的 13 个主成分数据，并且可视化出每个主成分对数据的解释方差大小。程序运行后的结果如图 3-16 所示。

```
In[2]:## 使用主成分分析对酒数据集进行降维
      pca=PCA(n_components=13,random_state=123)
      pca.fit(wine_x)
      ## 可视化主成分分析的解释方差得分
      exvar=pca.explained_variance_
      plt.figure(figsize=(10,6))
      plt.plot(exvar,"r-o")
      plt.hlines(y=1, xmin=0, xmax=12)
      plt.xlabel("特征数量")
      plt.ylabel("解释方差大小")
      plt.title("主成分分析")
      plt.show()
```

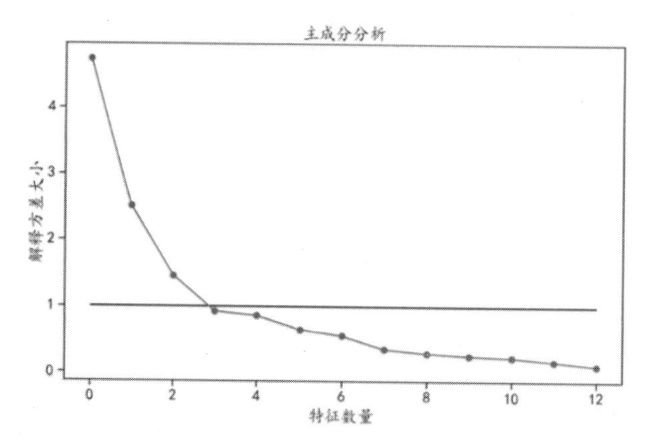

图 3-16　每个主成分的解释方差大小

从图 3-16 中可以发现，主成分分析结果使用数据的前 3 个主成分即可对其进行良好的数据建模。针对获取的数据前 3 个主成分特征，可以在三维（3D）空间中将数据的分布进行可视化，可视化程序如下：

```
In[3]:## 可以发现使用数据的前 3 个主成分较合适
      pca_wine_x=pca.transform(wine_x)[:,0:3]
      print(pca_wine_x.shape)
      ## 在 3D 空间中可视化主成分分析后的数据空间分布
```

```
        colors=["red","blue","green"]
        shapes=["o","s","*"]
        fig=plt.figure(figsize=(10,6))
        ## 将坐标系设置为 3D 坐标系
        ax1=fig.add_subplot(111, projection="3d")
        for ii,y in enumerate(wine_y):
            ax1.scatter(pca_wine_x[ii,0],pca_wine_x[ii,1],pca_wine_x
[ii,2],
                        s=40,c=colors[y],marker=shapes[y])
        ax1.set_xlabel("主成分 1",rotation=20)
        ax1.set_ylabel("主成分 2",rotation=-20)
        ax1.set_zlabel("主成分 3",rotation=90)
        ax1.azim=225
        ax1.set_title("主成分特征空间可视化")
        plt.show()
```

运行上面的程序后结果如图 3-17 所示，图中展示了不同类别的数据分布情况。

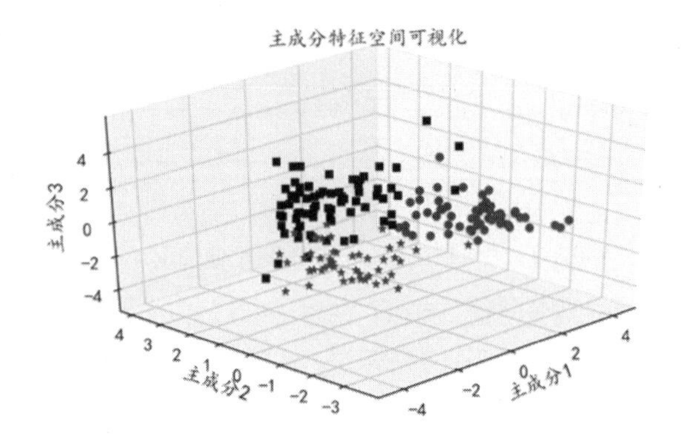

图 3-17 主成分特征空间散点图

3.4.2 核主成分分析

PCA 是线性的数据降维技术，而核主成分分析（KPCA）可以得到数据的非线性表示，进行数据特征提取的同时可以对数据进行降维。下面使用 KernelPCA()函数对数据进行特征提取和降维，指定核函数时使用"rbf"核，程序如下：

```
In[4]:## 使用核主成分分析获取数据的主成分
       kpca=KernelPCA(n_components=13,kernel="rbf", ## 核函数为 rbf 核
                      gamma=0.2,random_state=123)
       kpca.fit(wine_x)
       ## 可视化核主成分分析的中心矩阵特征值
       lambdas=kpca.lambdas_
```

```
        plt.figure(figsize=(10,6))
        plt.plot(lambdas,"r-o")
        plt.hlines(y=4, xmin=0, xmax=12)
        plt.xlabel("特征数量")
        plt.ylabel("中心核矩阵的特征值大小")
        plt.title("核主成分分析")
        plt.show()
```

运行上面的程序后结果如图 3-18 所示，展示了特征值的大小情况。针对该数据同样可以使用数据的前 3 个核主成分作为提取到的特征。

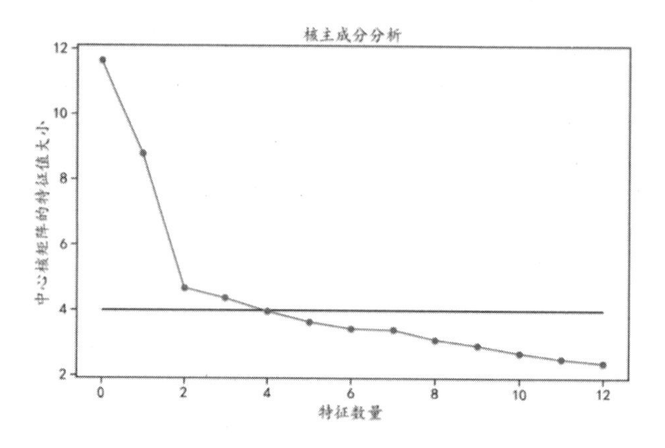

图 3-18　核主成分分析的特征值情况

针对获取的数据前 3 个核主成分特征，可以在三维（3D）空间中将数据的分布进行可视化，可视化程序如下，程序运行后的结果如图 3-19 所示。

```
In[5]:## 获取前 3 个核主成分
        kpca_wine_x=kpca.transform(wine_x)[:,0:3]
        print(kpca_wine_x.shape)
        ## 在 3D 空间中可视化主成分分析后的数据空间分布
        colors=["red","blue","green"]
        shapes=["o","s","*"]
        fig=plt.figure(figsize=(10,6))
        ## 将坐标系设置为 3D 坐标系
        ax1=fig.add_subplot(111, projection="3d")
        for ii,y in enumerate(wine_y):
            ax1.scatter(kpca_wine_x[ii,0],kpca_wine_x[ii,1],kpca_wine_x
[ii,2],
                        s=40,c=colors[y],marker=shapes[y])
        ax1.set_xlabel("核主成分 1",rotation=20)
        ax1.set_ylabel("核主成分 2",rotation=-20)
        ax1.set_zlabel("核主成分 3",rotation=90)
```

```
ax1.azim=225
ax1.set_title("核主成分特征空间可视化")
plt.show()
```

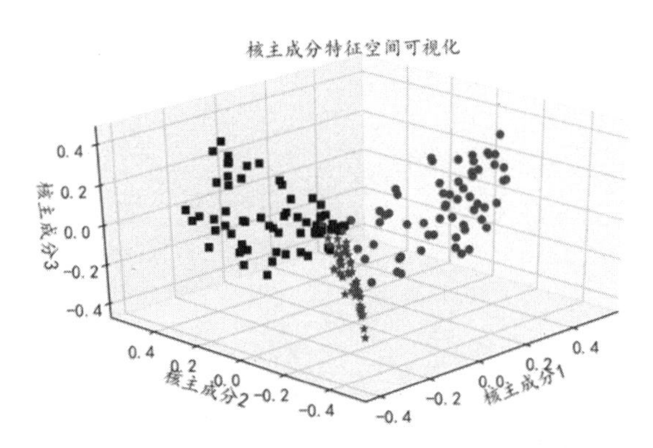

图 3-19 核主成分特征空间散点图

3.4.3 流形学习

流形学习是借鉴了拓扑流形概念的一种降维方法。流形学习可以用于数据降维，当维度降低到二维或者三维时可以对数据进行可视化。因为流形学习使用近邻的距离来计算高维空间中样本点的距离，所以近邻的个数对流形降维得到的结果影响也很大。下面以前面的酒数据 wine_x 为例，使用流形学习对其进行特征提取并降维，获取数据的 3 个主要特征，并通过可视化观察样本在三维（3D）空间的位置。程序如下，程序中使用 7 个近邻计算距离。

```
In[6]:## 流行学习进行数据的非线性降维
      isomap=Isomap(n_neighbors=7,## 每个点考虑的近邻数量
                    n_components=3) ## 降维到三维空间
      ## 获取降维后的数据
      isomap_wine_x=isomap.fit_transform(wine_x)
      ## 在 3D 空间中可视化流行学习降维后的数据空间分布
      colors=["red","blue","green"]
      shapes=["o","s","*"]
      fig=plt.figure(figsize=(10,6))
      ## 将坐标系设置为 3D 坐标系
      ax1=fig.add_subplot(111,projection="3d")
      for ii,y in enumerate(wine_y):
          ax1.scatter(isomap_wine_x[ii,0],isomap_wine_x[ii,1],
      isomap_wine_x[ii,2],
                      s=40,c=colors[y],marker=shapes[y])
      ax1.set_xlabel("特征 1",rotation=20)
      ax1.set_ylabel("特征 2",rotation=-20)
      ax1.set_zlabel("特征 3",rotation=90)
```

```
        ax1.azim=225
        ax1.set_title("Isomap 降维可视化")
        plt.show()
```

程序运行后的结果如图 3-20 所示，从图中可以发现利用 Isomap 方法获得的 3 个特征，3 种数据在三维（3D）空间分布上并不是很容易区分。

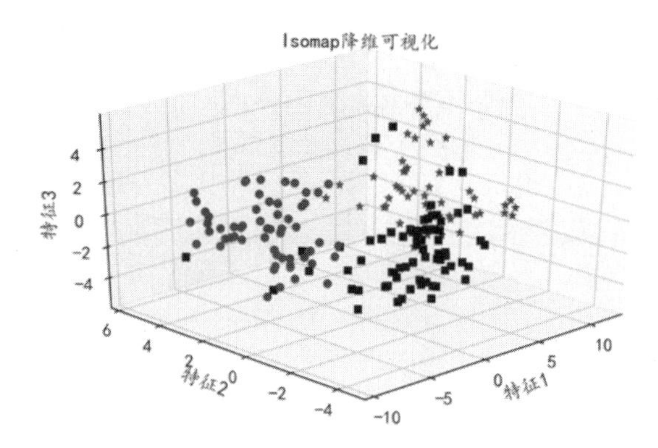

图 3-20　流形学习特征提取和降维

3.4.4　t-SNE

t-SNE 是一种常用的数据降维方法，同时也可以作为一种特征提取方法，针对酒数据集 wine_x，使用 t-SNE 算法将其降维到三维（3D）空间，同时提取数据上的 3 个特征。程序如下，程序运行后的结果如图 3-21 所示。

```
In[7]:## TSNE 进行数据降维,降维到三维（3D）空间
        tsne=TSNE(n_components=3,perplexity =25,
                  early_exaggeration =3,random_state=123)
        ## 获取降维后的数据
        tsne_wine_x=tsne.fit_transform(wine_x)
        ## 在 3D 空间可视化流行降维后的数据空间分布
        colors=["red","blue","green"]
        shapes=["o","s","*"]
        fig=plt.figure(figsize=(10,6))
        ## 将坐标系设置为 3D 坐标系
        ax1=fig.add_subplot(111, projection="3d")
        for ii,y in enumerate(wine_y):
            ax1.scatter(tsne_wine_x[ii,0],tsne_wine_x[ii,1],tsne_wine_x
[ii,2],
                        s=40,c=colors[y],marker=shapes[y])
        ax1.set_xlabel("特征 1",rotation=20)
        ax1.set_ylabel("特征 2",rotation=-20)
```

```
        ax1.set_zlabel("特征 3",rotation=90)
        ax1.azim=225
        ax1.set_title("TSNE 降维可视化")
        plt.show()
```

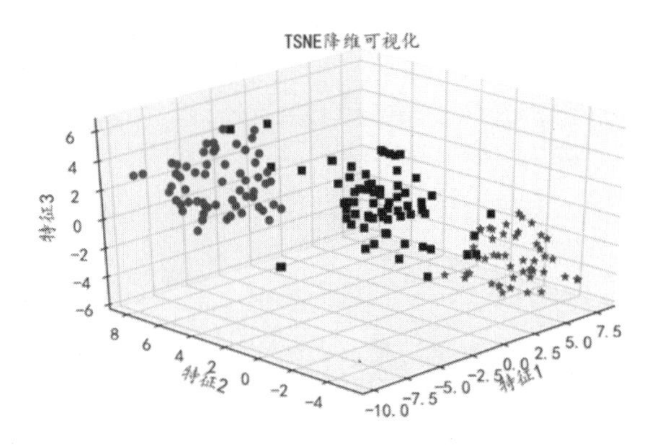

图 3-21　t-SNE 特征提取和降维

观察图 3-21 可以发现，在 t-SNE 算法下三种数据的分布较容易区分，同时也表明利用提取到的特征对数据进行判别分类时会更加容易。

3.4.5　多维尺度分析

多维尺度分析是一种通过数据在低维空间的可视化，从而对高维数据进行可视化展示的方法。多维尺度分析的目标是：在将原始数据降维到一个低维坐标系中，同时保证通过降维所引起的任何形变达到最小。为了方便可视化多维尺度分析后的数据分布情况，通常会将数据降维到二维或者三维。Python 中可以使用 sklearn 库中的 MDS()函数进行数据的多维尺度分析，下面的程序将酒数据集 wine_x 降维到三维（3D）空间，并且将降维的结果可视化，程序运行后的结果如图 3-22 所示。

```
In[8]:## MDS 进行数据的降维,降维到三维（3D）空间
      mds=MDS(n_components=3,dissimilarity="euclidean",random_state=123)
      ## 获取降维后的数据
      mds_wine_x=mds.fit_transform(wine_x)
      print(mds_wine_x.shape)
      ## 在 3D 空间可视化流行降维后的数据空间分布
      colors=["red","blue","green"]
      shapes=["o","s","*"]
      fig=plt.figure(figsize=(10,6))
      ## 将坐标系设置为 3D
      ax1=fig.add_subplot(111, projection="3d")
      for ii,y in enumerate(wine_y):
```

```
            ax1.scatter(mds_wine_x[ii,0],mds_wine_x[ii,1],mds_wine_x
[ii,2],
                        s=40,c=colors[y],marker=shapes[y])
        ax1.set_xlabel("特征 1",rotation=20)
        ax1.set_ylabel("特征 2",rotation=-20)
        ax1.set_zlabel("特征 3",rotation=90)
        ax1.azim=225
        ax1.set_title("MDS 降维可视化")
        plt.show()
```

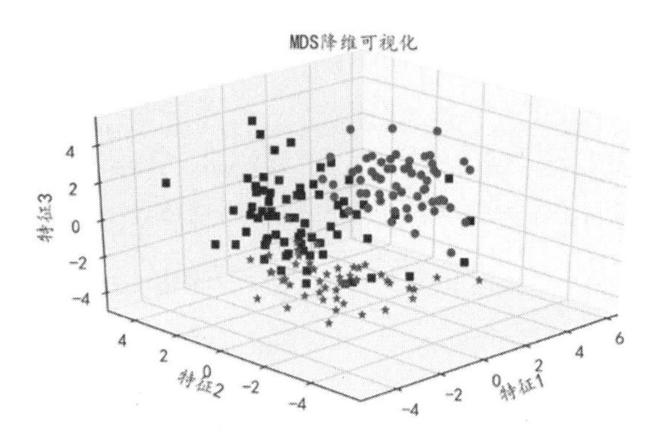

图 3-22　多维尺度分析可视化

3.5　数据平衡方法

大多数情况下，使用的数据集是不完美的，会出现各种各样的问题，尤其针对分类问题时，可能会出现类别不平衡的问题。例如，在垃圾邮件分类时，垃圾邮件数据会有较少的样本量，从而导致两种类型的邮件数据量差别很大；在欺诈监测数据集中，往往包含的欺诈样本并没有那么多。在处理这类数据集的分类时，需要对数据集的类不平衡问题进行处理。解决数据不平衡问题常用的方法如下。

（1）过采样：针对稀有类样本数据进行复制，如原始训练集中包含 100 个正样本，1000 个负样本，可采用某种方式对正样本进行复制，以达到 1000 个正样本。

（2）欠采样：随机剔除数量多的样本，如原始训练集中包含 100 个正样本，1000 个负样本，可采用某种方式对负样本进行随机剔除，只保留 100 个负样本。

（3）欠采样和过采样的综合方法：针对稀有类样本数据进行复制，剔除数量多的样本，最终保持两类数据的样本量基本一致。

（4）阈值移动：该方法不涉及采样，而是根据输出值返回决策分类，如朴素贝叶斯方法，可以通过调整判别正负类的阈值来调整分类结果。如原始结果输出概率>0.5，则分类为 1，可以将阈值从 0.5 提高到 0.6，只有当预测概率>0.6 时，才判定类别为 1。

前面的 4 种数据平衡方法，都不涉及对分类模型的改变，其中过采样和欠采样只改变训练集中数据样本的分布；阈值移动只对新数据分类时模型如何做出决策有影响。使用采样技术平衡数据时，也会存在多种变形，可能会因为增加或者减少数据的不同方式而存在差异。如 SMOTE 算法使用过采样的方式平衡数据，当原始训练集中包含 100 个正样本和 1 000 个负样本，算法会把靠近给定的正元组的部分生成新的数据添加到训练集中。

Python 的 imblearn 库是专门用来处理数据不平衡问题的库。下面通过 imblearn 库使用上述前 3 种方式，处理数据中的不平衡问题。首先准备不平衡的数据，这些数据是前面使用的酒数据的主成分特征，使用 make_imbalance()函数，分别从数据中每类抽取 30、70 和 20 个样本，从而获得一个各类数据较不平衡的新数据。

```
In[1]:from imblearn.datasets import make_imbalance
      from imblearn.over_sampling import KMeansSMOTE,SMOTE,SVMSMOTE
      from imblearn.under_sampling import AllKNN,
CondensedNearestNeighbour, NearMiss
      from imblearn.combine import SMOTEENN,SMOTETomek
      ## 将主成分分析提取的特征处理为类别不平衡数据
      im_x,im_y=make_imbalance(pca_wine_x,wine_y,
                               sampling_strategy={0: 30, 1: 70, 2: 20},
                               random_state=12)
      print(np.unique(im_y,return_counts=True))
Out[1]: (array([0, 1, 2]), array([30, 70, 20]))
```

3.5.1 基于过采样算法

针对数据平衡方法——过采样，主要介绍 KMeansSMOTE、SMOTE 和 SVMSMOTE 这 3 种方式的使用，这些方法都是使用特定的方式增加样本数量较少类别的数据量，从而使 3 种数据的样本比例接近 1:1:1。3 种方法的使用程序如下：

```
In[2]:## 使用过采样算法 KMeansSMOTE 进行数据平衡
      kmeans=KMeansSMOTE(random_state=123, k_neighbors=3)
      kmeans_x,kmeans_y=kmeans.fit_resample(im_x,im_y)
      print("KMeansSMOTE : ",np.unique(kmeans_y,return_counts=True))
      ## 使用过采样算法 SMOTE 进行数据平衡
      smote=SMOTE(random_state=123, k_neighbors=3)
      smote_x,smote_y=smote.fit_resample(im_x,im_y)
      print("SMOTE : ",np.unique(smote_y,return_counts=True))
      ## 使用过采样算法 SVMSMOTE 进行数据平衡
```

```
        svms=SVMSMOTE(random_state=123,k_neighbors=3)
        svms_x,svms_y=svms.fit_resample(im_x,im_y)
        print("SVMSMOTE : ",np.unique(svms_y,return_counts=True))
Out[2]:KMeansSMOTE :  (array([0, 1, 2]), array([71, 70, 70]))
        SMOTE :  (array([0, 1, 2]), array([70, 70, 70]))
        SVMSMOTE :  (array([0, 1, 2]), array([70, 70, 53]))
```

从上面的输出结果可以发现，3 种数据的类别比例接近 1:1:1，但是只有 SMOTE 方式的比例是 1:1:1。下面将 3 种方式获得的数据在二维空间中进行可视化，分析 3 种方式的数据分布和原始数据分布之间的差异，程序如下，程序运行后的结果如图 3-23 所示。

```
In[3]:## 使用二维散点图，可视化不同算法下的数据
        colors=["red","blue","green"]
        shapes=["o","s","*"]
        fig=plt.figure(figsize=(14,10))
        ## 原始数据分布
        plt.subplot(2,2,1)
        for ii,y in enumerate(im_y):
            plt.scatter(im_x[ii,0],im_x[ii,1],s=40,
                        c=colors[y],marker=shapes[y])
            plt.title("不平衡数据")
        ## 过采样算法 KMeansSMOTE
        plt.subplot(2,2,2)
        for ii,y in enumerate(kmeans_y):
            plt.scatter(kmeans_x[ii,0],kmeans_x[ii,1],s=40,
                        c=colors[y],marker=shapes[y])
            plt.title("KMeansSMOTE")
        ## 过采样算法 SMOTE
        plt.subplot(2,2,3)
        for ii,y in enumerate(smote_y):
            plt.scatter(smote_x[ii,0],smote_x[ii,1],s=40,
                        c=colors[y],marker=shapes[y])
            plt.title("SMOTE")
        ## 过采样算法 SVMSMOTE
        plt.subplot(2,2,4)
        for ii,y in enumerate(svms_y):
            plt.scatter(svms_x[ii,0],svms_x[ii,1],s=40,
                        c=colors[y],marker=shapes[y])
            plt.title("SVMSMOTE")
        plt.show()
```

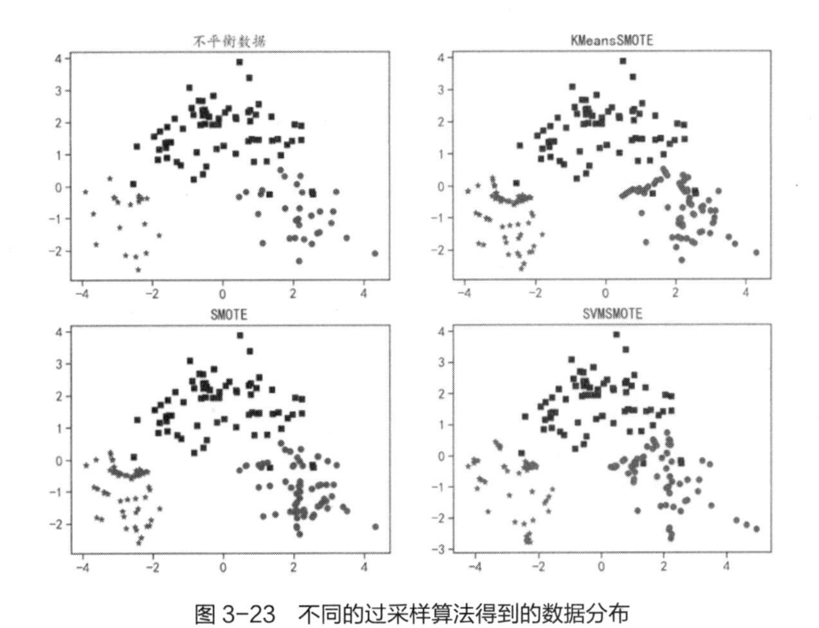

图 3-23 不同的过采样算法得到的数据分布

从图 3-23 中可以发现，3 种过采样算法都是在少样本的数据类周围生成新的样本数量，但是不同的算法生成的样本位置有些差异。

3.5.2 基于欠采样算法

针对数据平衡方法——欠采样，主要介绍 CondensedNearestNeighbour、AllKNN 和 NearMiss 共 3 种方式的使用，这些方式都是使用特定的方法减少样本数量较多类别的样本量，从而使 3 种数据的样本比例接近 1:1:1。3 种方式的使用程序如下：

```
In[4]:## 使用欠采样算法 CondensedNearestNeighbour 进行数据平衡
      cnn=CondensedNearestNeighbour(random_state=123,
n_neighbors=7,n_seeds_S=20)
      cnn_x,cnn_y=cnn.fit_resample(im_x,im_y)
      print("CondensedNearestNeighbour :
",np.unique(cnn_y,return_counts=True))
      ## 使用欠采样算法 AllKNN 进行数据平衡
      allknn=AllKNN(n_neighbors=10)
      allknn_x, allknn_y=allknn.fit_resample(im_x,im_y)
      print("AllKNN : ",np.unique(allknn_y,return_counts=True))
      ## 使用欠采样算法 NearMiss 进行数据平衡
      nmiss=NearMiss(n_neighbors=3)
      nmiss_x, nmiss_y=nmiss.fit_resample(im_x,im_y)
      print("NearMiss : ",np.unique(nmiss_y,return_counts=True))
Out[4]:CondensedNearestNeighbour :  (array([0, 1, 2]), array([20, 23, 20]))
```

```
    AllKNN :  (array([0, 1, 2]), array([21, 54, 20]))
    NearMiss :  (array([0, 1, 2]), array([20, 20, 20]))
```

从上面的输出结果可以发现，3 种数据的样本比例接近 1:1:1，但是只有 NearMiss 方法的比例是 1:1:1。下面将 3 种方式获得的数据在二维空间中进行可视化，分析 3 种方式的数据分布和原始数据分布之间的差异，程序如下，程序运行后的结果如图 3-24 所示。

```
In[5]:## 使用二维散点图，可视化不同算法下的数据
    colors=["red","blue","green"]
    shapes=["o","s","*"]
    fig=plt.figure(figsize=(14,10))
    ## 原始数据分布
    plt.subplot(2,2,1)
    for ii,y in enumerate(im_y):
        plt.scatter(im_x[ii,0],im_x[ii,1],s=40,
                    c=colors[y],marker=shapes[y])
        plt.title("不平衡数据")
    ## 欠采样算法 CondensedNearestNeighbour
    plt.subplot(2,2,2)
    for ii,y in enumerate(cnn_y):
        plt.scatter(cnn_x[ii,0],cnn_x[ii,1],s=40,
                    c=colors[y],marker=shapes[y])
        plt.title("CondensedNearestNeighbour")
    ## 欠采样算法 AllKNN
    plt.subplot(2,2,3)
    for ii,y in enumerate(allknn_y):
        plt.scatter(allknn_x[ii,0],allknn_x[ii,1],s=40,
                    c=colors[y],marker=shapes[y])
        plt.title("AllKNN")
    ## 欠采样算法 NearMiss
    plt.subplot(2,2,4)
    for ii,y in enumerate(nmiss_y):
        plt.scatter(nmiss_x[ii,0],nmiss_x[ii,1],s=40,
                    c=colors[y],marker=shapes[y])
        plt.title("NearMiss")
    plt.show()
```

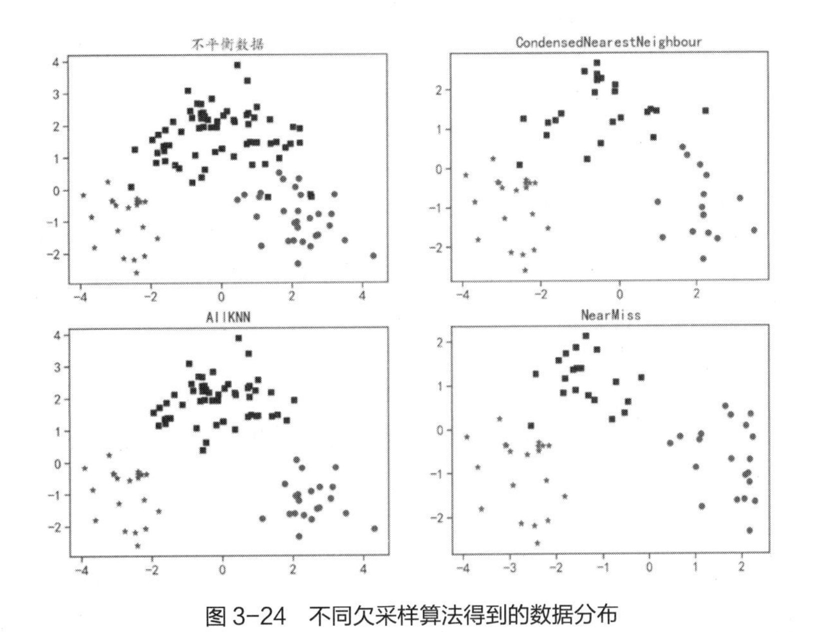

图 3-24 不同欠采样算法得到的数据分布

从图 3-24 中可以发现，3 种欠采样算法都是减少样本量较多的数据样本，但是不同的算法减去的样本位置和数量有差异。

3.5.3 基于过采样和欠采样的综合算法

针对数据平衡方法——过采样和欠采样的综合，这里主要介绍SMOTEENN和SMOTETomek两种方式的使用，这两种方式都是使用特定的方法减少样本数量较多类别的数据量，增加样本数量较少类别的数据量，从而使 3 种数据的类别比例接近 1:1:1。两种方式的使用程序如下：

```
In[6]:## 使用过采样和欠采样的综合算法 SMOTEENN 进行数据平衡
      smoteenn=SMOTEENN(random_state=123)
      smoteenn_x,smoteenn_y=smoteenn.fit_resample(im_x,im_y)
      print("SMOTEENN : ",np.unique(smoteenn_y,return_counts=True))
      ## 使用过采样和欠采样的综合算法 SMOTETomek 进行数据平衡
      smoteet=SMOTETomek(random_state=123)
      smoteet_x,smoteet_y=smoteet.fit_resample(im_x,im_y)
      print("SMOTETomek : ",np.unique(smoteet_y,return_counts=True))
Out[6]:SMOTEENN :  (array([0, 1, 2]), array([70, 62, 68]))
      SMOTETomek :  (array([0, 1, 2]), array([70, 70, 70]))
```

从上面的输出结果可以发现，3 种数据的类别比例接近 1:1:1，但是只有 SMOTETomek 方式的比例是 1:1:1。下面将两种方式获得的数据在二维空间中进行可视化，分析两种方式的数据分布和原始数据分布之间的差异，程序如下，程序运行后的结果如图 3-25 所示。

```
In[7]:## 使用二维散点图，可视化不同算法下的数据
      colors=["red","blue","green"]
      shapes=["o","s","*"]
      fig=plt.figure(figsize=(12,5))
      ## 综合采样算法 SMOTEENN
      plt.subplot(1,2,1)
      for ii,y in enumerate(smoteenn_y):
          plt.scatter(smoteenn_x[ii,0],smoteenn_x[ii,1],s=40,
                      c=colors[y],marker=shapes[y])
          plt.title("SMOTEENN")
      ## 综合采样算法 SMOTETomek
      plt.subplot(1,2,2)
      for ii,y in enumerate(smoteet_y):
          plt.scatter(smoteet_x[ii,0],smoteet_x[ii,1],s=40,
                      c=colors[y],marker=shapes[y])
          plt.title("SMOTETomek")
plt.show()
```

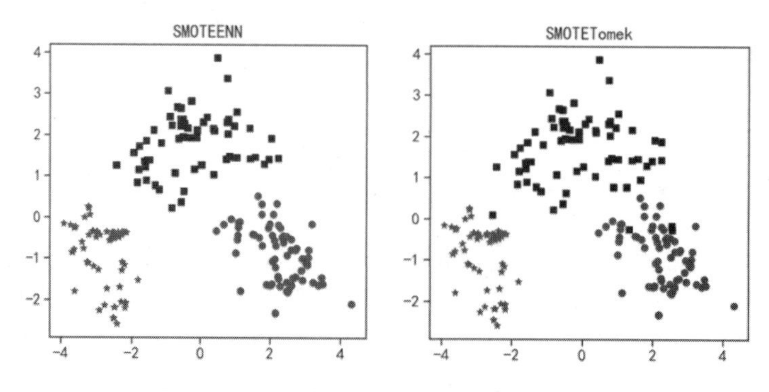

图 3-25　不同综合采样算法得到的数据分布

3.6　本章小结

本章主要介绍了如何使用 Python 对数据进行特征工程，方式有特征变换、特征构建、特征选择、特征提取和降维，以及数据平衡方法等多种方式。针对相应的特征工程方法，均使用了真实的数据案例进行 Python 实战演示。本章用到的相关函数如表 3-1 所示。

表 3-1　相关函数

库	模　块	函　数	功　能
SciPy	stats	boxcox()	数据 Box-Cox 变换
sklearn	preprocessing	scale()	数据标准化

续表

库	模块	函数	功能
		StandardScaler()	数据标准化
		MinMaxScaler()	数据 min-max 标准化
		MaxAbsScaler()	数据最大绝对值缩放
		RobustScaler()	鲁棒数据标准化
		normalize()	数据归一化
		QuantileTransformer()	数据变换为正态分布
		OrdinalEncoder()	分类特征编码为常数
		LabelEncoder()	对分类特征重新编码
		OneHotEncoder()	分类特征 One-Hot 编码
		MultiLabelBinarizer()	对多标签类别进行编码
		PolynomialFeatures()	生成多项式特征
		KBinsDiscretizer()	对连续变量进行分箱
	feature_extraction	CountVectorizer()	构建语料库
		TfidfVectorizer()	计算文本 TF-IDF 特征
	feature_selection	VarianceThreshold()	根据方差进行特征选择
		SelectKBest()	选择 K 个最高得分的特征
		RFE()	递归消除特征法
		RFECV()	交叉验证递归消除特征法
		SelectFromModel()	基于模型的特征选择
	decomposition	PCA()	主成分分析
		KernelPCA()	核主成分分析
	manifold	Isomap	Isomap 数据降维
		MDS	多维尺度分析数据降维
		TSNE	t-SNE 数据降维
imblearn	over_sampling	KMeansSMOTE()	过采样数据平衡算法 KMeansSMOTE
		SMOTE()	过采样数据平衡算法 SMOTE
		SVMSMOTE()	过采样数据平衡算法 SVMSMOTE
	under_sampling	AllKNN()	欠采样数据平衡算法 AllKNN
		CondensedNearestNeighbour()	欠采样数据平衡算法 CondensedNearestNeighbour
		NearMiss()	欠采样数据平衡算法 NearMiss
	combine	SMOTEENN()	欠采样和过采样综合数据平衡算法 SMOTEENN
		SMOTETomek()	欠采样和过采样综合数据平衡算法 SMOTETomek

第 4 章 模型选择和评估

在机器学习系统中，如何训练出更好的模型、如何判断模型的效果，以及模型是否过拟合，对模型的最终使用有重要的意义。本章将介绍模型在选择过程、训练过程与效果评估等方面的技巧，帮助读者更高效方便地使用机器学习模型。

4.1 模型拟合效果

在机器学习模型的训练过程中，可能会出现 3 种情况：模型欠拟合、模型正常拟合与模型过拟合。其中模型欠拟合与模型过拟合都是不好的情况。下面将从不同的角度介绍如何判断模型属于哪种拟合情况。

4.1.1 欠拟合与过拟合表现方式

数据的 3 种拟合情况说明如下。

- **欠拟合：**欠拟合是指不能很好地从训练数据中学到有用的数据模式，从而针对训练数据和待预测的数据，均不能获得很好的预测效果。如果使用的训练样本过少，较容易获得欠拟合的训练模型。
- **正常拟合：**正常拟合是指训练得到的模型可以从训练集上学习，得到泛化能力强、预测误差小的模型，同时该模型还可以针对待测试的数据进行良好的预测，获得令人满意的预测效果。
- **过拟合：**过拟合是指过于精确地匹配了特定数据集，导致获得的模型不能很好地拟合其他数据或预测未来的观察结果。模型如果过拟合，会导致模型的偏差很小，但是方差会很大。

下面分别介绍针对分类问题和回归问题，不同任务下的拟合效果获得的模型对数据训练后的表示形式。

针对二分类问题，可以使用分界面表示所获得的模型与训练数据的表现形式，图 4-1 表示 3 种情况下的数据分界面。

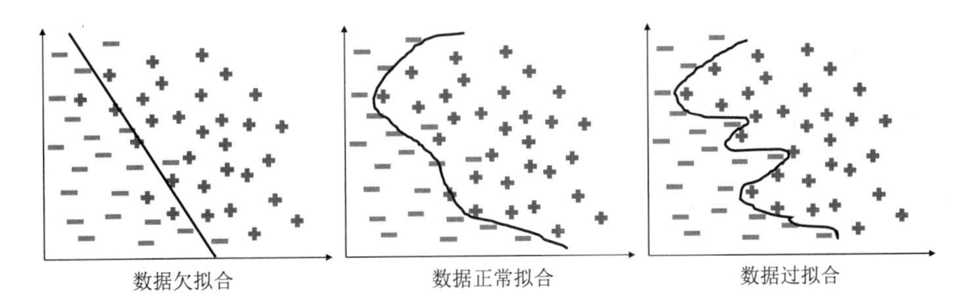

图 4-1　二分类问题的 3 种数据拟合情况

从图 4-1 可以发现，欠拟合的数据模型较为简单，因此获得的预测误差也会较大，而过拟合的模型则正好相反，其分界面完美地将训练数据全部正确分类，获得的模型过于复杂，虽然训练数据能够百分百预测正确，但是当预测新的测试数据时会有较高的错误率。而数据正常拟合的模型，对数据的拟合效果则是介于欠拟合和过拟合之间，训练获得不那么复杂的模型，保证在测试集上的泛化能力。3 种情况在训练集上的预测误差的表现形式为：欠拟合>正常拟合>过拟合；而在测试集上的预测误差形式为：欠拟合>过拟合>正常拟合。

针对回归问题，在对连续变量进行预测时，3 种数据拟合情况如图 4-2 所示，显示了对一组连续变量进行数据拟合时，可能出现的欠拟合、正常拟合与过拟合的三种情形。

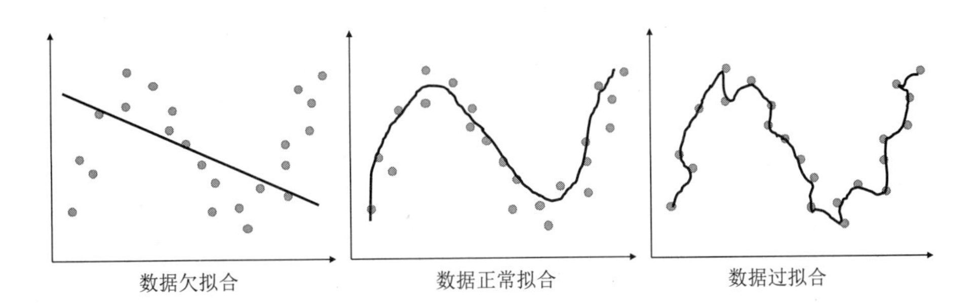

图 4-2　回归问题的 3 种数据拟合情况

很多时候面对高维的数据，很难可视化出分类模型的分界面与回归模型的预测效果，那么如何判断模型的拟合情况呢？针对这种情况，通常可以使用两种判断方案：一是判断在训练集和测试集上的预测误差的差异大小，正常拟合的模型通常在训练集和测试集上的预测误差相差不大，而且预测效果均较好；欠拟合模型在训练集和测试集上的预测效果均较差；过拟合模型则会在训练集上获得很小的预测误差，但是在测试集上会获得较大的预测误差。二是可视化出模型在训练过程中，3种不同的数据拟合在训练数据和测试数据（或验证数据）上的损失函数变化情况，如图 4-3 所示。

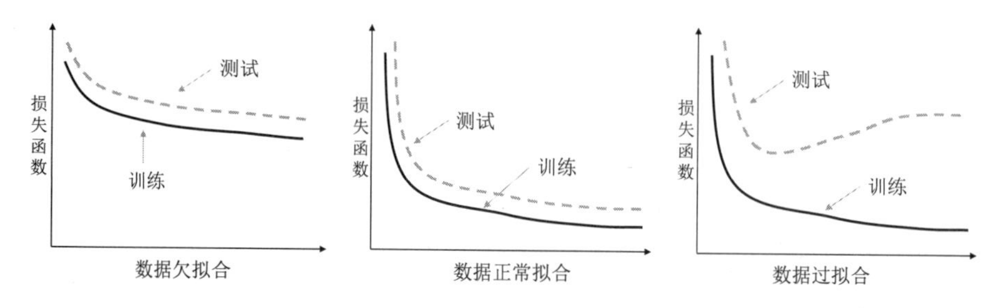

图 4-3　3 种数据拟合的损失函数变化情况

4.1.2　避免欠拟合与过拟合的方法

在实践中，如果发现训练的模型对数据进行了欠拟合或者过拟合，通常要对模型进行调整，解决这些问题是一个复杂的过程，而且经常需要进行多项调整，下面介绍一些可以采用的解决方法。

1. 增加数据量

如果训练数据较少，可能会导致数据欠拟合，偶尔也会发生在训练集上过拟合的问题。因此较多的训练样本通常会使模型更加稳定，所以训练样本的增加不仅可以得到更有效的训练结果，也能在一定程度上调整模型的拟合效果，增强其泛化能力。但是如果训练样本有限，也可以利用数据增强技术对现有的数据集进行扩充。

2. 合理的数据切分

针对现有的数据集，在训练模型时，可以将数据集切分为训练集、验证集和测试集（或者使用交叉验证的方法）。在对数据进行切分后，可以使用训练集来训练模型，通过验证集监督模型的学习过程，也可以在网络过拟合之前提前终止模型的训练。在模型训练结束后，可以利用测试集来测试训练结果的泛化能力。

当然在保证数据尽可能地来自同一分布的情况下，如何有效地对数据集进行切分也很重要，传统的数据切分方法通常按照 60:20:20 的比例拆分，但是数据量不同，数据切分的比例也不尽相同，尤其在大数据时代，如果数据集有几百万甚至上亿级条目时，这种 60:20:20 比例的传统划分已经不再适合，更好的方式是将 98%的数据集用于训练，保证尽可能多的样本接受训练，1%的样本用于验证集，这 1%的数据已经有足够多的样本来监督模型是否过拟合，最后使用 1%的样本测试网络的泛化能力。所以，针对数据量的大小、网络参数的数量，数据的切分比例可以根据实际需要来确定。

3. 正则化方法

正则化方法是解决模型过拟合问题的一种手段，其通常会在损失函数上添加对训练参数的范数惩罚，通过添加的范数惩罚对需要训练的参数进行约束，防止模型过拟合。常用的正则化参数有l_1和l_2范数，l_1范数惩罚的目的是将参数的绝对值最小化，l_2范数惩罚的目的是将参数的平方和最小化。使用正则化防止过拟合非常有效，在经典的线性回归模型中，使用l_1范数正则化的模型叫作 LASSO 回归，使用l_2范数正则化的模型叫作 Ridge 回归，这两种方法会在后面的章节进行介绍。

4.2 模型训练技巧

本节将使用真实的 Python 程序示例，介绍如何使用 Python 进行交叉验证和网络搜索等方法。首先导入本章使用到的相关库和模块。

```
In[1]:## 输出高清图像
      %config InlineBackend.figure_format='retina'
      %matplotlib inline
      ## 图像显示中文的问题
      import matplotlib
      matplotlib.rcParams['axes.unicode_minus']=False
      import seaborn as sns  ## 设置绘图的主题
      sns.set(font="Kaiti",style="ticks",font_scale=1.4)
      import pandas as pd  # 设置数据表每个单元显示内容的最大宽度
      pd.set_option("max_colwidth",100)
      import numpy as np
      import matplotlib.pyplot as plt
      from sklearn import metrics
      from sklearn.model_selection import train_test_split,cross_val_score
      from sklearn.decomposition import PCA
      from sklearn.datasets import load_iris
      from sklearn.model_selection import KFold,StratifiedKFold
      from sklearn.discriminant_analysis import LinearDiscriminantAnalysis
      from mlxtend.plotting import plot_decision_regions
      from sklearn.pipeline import Pipeline
      from sklearn.preprocessing import StandardScaler
      from sklearn.model_selection import GridSearchCV
      from sklearn.neighbors import KNeighborsClassifier
```

在模型训练技巧中，针对模型效果的验证、寻找合适的参数可以使用 K 折交叉验证、参数网格搜索等方法。下面使用鸢尾花数据集结合相关模型，使用 Python 来实现这些方法的应用，为了便于结果的可视化，先使用主成分分析方法将数据降维到二维空间。导入鸢尾花数据集的程序如下，程序运行后的结果如图 4-4 所示。

```
In[2]:## 数据准备，读取鸢尾花数据集
      X,y=load_iris(return_X_y=True)
      ## 为了方便数据的可视化分析，将数据降维到二维空间
      pca=PCA(n_components=2,random_state=3)
      X=pca.fit_transform(X)
      ## 可视化数据降维后在空间中的分布情况
      plt.figure(figsize=(10,6))
      sns.scatterplot(x=X[:,0],y= X[:,1],style=y)
      plt.title("Iris 降维后")
      plt.legend(loc="lower right")
      plt.grid()
      plt.show()
```

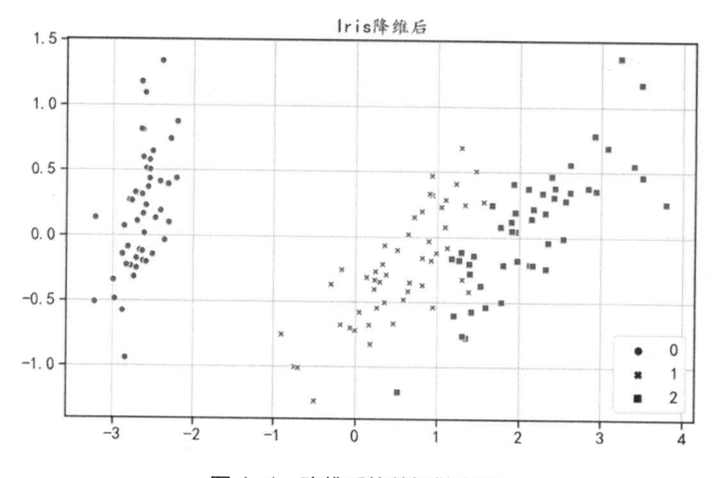

图 4-4　降维后的数据散点图

鸢尾花数据集共有 150 个样本，3 个类数据，每类数据有 50 个样本。

4.2.1　交叉验证

对于交叉验证的方法，本小节主要介绍 K 折交叉验证和分层 K 折交叉验证两种方法的差异和使用方式。

K 折交叉验证是采用某种方式将数据集切分为 K 个子集，每次采用其中的一个子集作为模型的测试集，余下的 $K-1$ 个子集用于模型训练，这个过程重复 K 次，每次选取作为测试集的子集均不相同，直到每个子集都测试过，最终使用 K 次测试集的测试结果的均值作为模型的效果评价。显然交叉验证结果的稳定性和保真性很大程度上取决于 K 的取值，K 常用的取值是 10，此时方法称为 10 折交叉验证。图 4-5 为 10 折交叉验证的示意图。

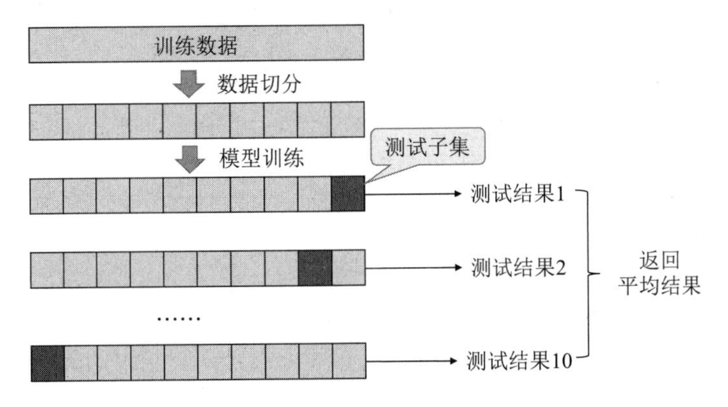

图 4-5 10 折交叉验证

K 折交叉验证在切分数据集时使用随机不放回抽样，即随机地将数据集平均切分为 *K* 份，每份都没有重复的样例。而分层 K 折交叉验证的切分方式是分层抽样，即按照分类数据百分比划分数据集，使每个类别百分比在训练集和测试集中都一样。这两种方式在 Python 中都有相应的应用，接下来结合数据使用这两种交叉验证方法。

1. **K 折交叉验证**（KFold）

Python 中 sklearn 库的 model_selection 模块中的 KFold 方法用来进行随机 K 折交叉验证，参数 n_splits 可以指定数据集的切分子集个数。下面使用鸢尾花数据集，利用线性判别分析分类器进行了 6 折交叉验证，首先使用 KFold()将数据集切分为 6 个子集，然后使用 for 循环计算每次训练的结果，使用 KFold()的 split 方法对数据切分时，将会输出模型每次使用的训练集和测试集的索引。

可以使用下面的程序完成上述任务，并输出 6 次训练后在测试集上的预测精度，最后对精度进行均值计算。

```
In[3]:## 使用 KFold 对 Iris 数据集分类
      kf=KFold(n_splits=6,random_state=1,shuffle=True)
      datakf=kf.split(X,y)       ## 获取 6 折数据
      ## 使用线性判别分类算法进行数据分类
      LDA_clf=LinearDiscriminantAnalysis(n_components=2)
      scores=[]                  ## 用于保存每个测试集上的精度
      plt.figure(figsize=(14,8))
      for ii, (train_index, test_index) in enumerate(datakf):
          ## 使用每个部分的训练数据训练模型
          LDA_clf=LDA_clf.fit(X[train_index],y[train_index])
          ## 计算每次在测试数据上的预测精度
          prey=LDA_clf.predict(X[test_index])
          acc=metrics.accuracy_score(y[test_index],prey)
          ## 可视化每个模型在训练数据上的切分平面
```

```
            plt.subplot(2,3,ii+1)
            plot_decision_regions(X[train_index],y[train_index],LDA_clf)
            plt.title("Test Acc:"+str(np.round(acc,4)))
            scores.append(acc)
        plt.tight_layout()
        plt.show()
        ## 计算精度的平均值
        print("平均 Acc:",np.mean(scores))
Out[3]:平均 Acc: 0.9533333333333333
```

从上面的程序可以看出，为了分析在每一次模型拟合时，使用不同数据得到的模型差异，此处可视化出了在训练集上的模型分类平面，如图 4-6 所示。

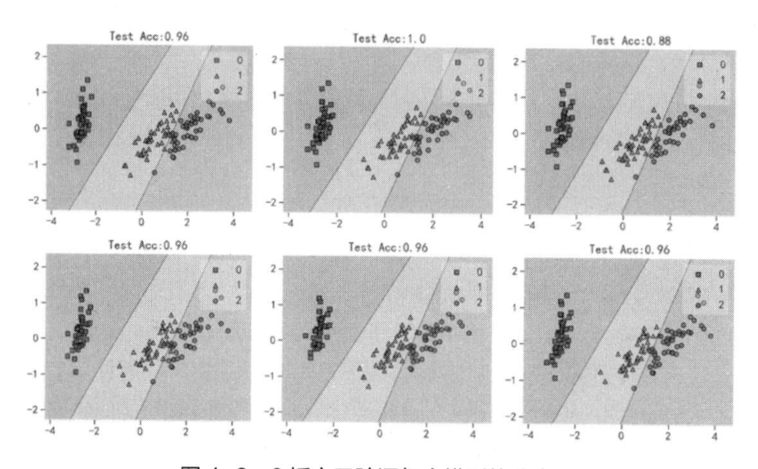

图 4-6　6 折交叉验证每个模型的分类面

可以发现每次训练得到的模型，因为使用的训练数据有些差异，所以获得的分类面也有些细微的差异。

如果不想通过 for 循环完成 K 折交叉验证，还可以使用 sklearn 提供的 cross_val_score 函数直接计算平均得分，示例程序如下：

```
In[4]:## sklearn 还提供了 cross_val_score 函数直接计算平均得分
      scores=cross_val_score(estimator=LDA_clf,cv=6,X=X,y=y,n_jobs=4)
      print("6 折交叉验证的 Acc:\n",scores)
      print("平均 Acc:",np.mean(scores))
Out[4]:6 折交叉验证的 Acc:
        [0.96 1.   0.96 0.92 0.96 1.  ]
       平均 Acc: 0.9666666666666667
```

从输出结果可以发现，每个测试集上获得的精度和前面的不一样，这是因为每个 flod 的数据和前面 K 折交叉验证的数据有差异。

2. 分层 K 折交叉验证

Python 中 sklearn 库的 model_selection 模块中，StratifiedKFold()是分层交叉验证函数，该函数在切分数据集时会根据每类数据的百分比，保证测试集和训练集中每类数据的百分比相同。下面介绍如何使用分层交叉验证进行线性判别模型的建立。为了凸显训练数据中不同类数据的样本数量有差异，下面将鸢尾花数据中的第 1 类和第 2 类归为同一类，两类数据的可视化结果如图 4-7 所示。

```
In[5]:## 将数据中的第 1 类和第 2 类归为同一类
      ynew=np.where(y==0, 0,1)
      plt.figure(figsize=(10,6))
      sns.scatterplot(x=X[:,0],y=X[:,1],style=ynew)
      plt.title("只有两类的 Iris 数据")
      plt.legend(loc="lower right")
      plt.grid()
      plt.show()
```

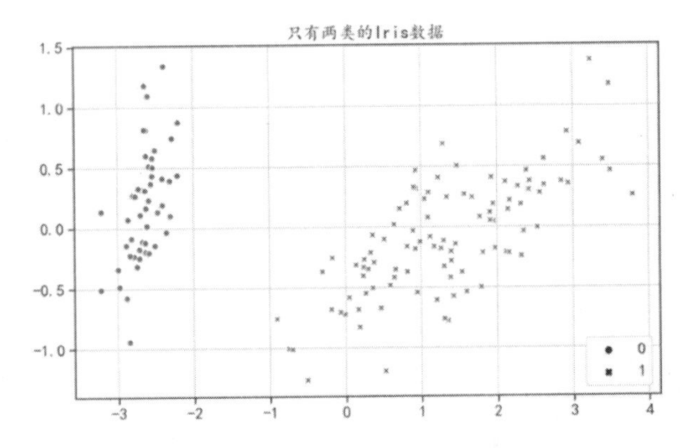

图 4-7 只有两类的鸢尾花数据

针对只有两类的鸢尾花数据集，先使用 K 折交叉验证进行数据切分，并输出每个模块中测试集上每类数据的样本数量，程序如下：

```
In[6]:## KFold 交叉验证
      kf=KFold(n_splits=5,random_state=1,shuffle=True)
      datakf=kf.split(X,ynew)
      for ii,(train_index, test_index) in enumerate(datakf):
          print("每个测试集的类别比例:\n",np.unique(ynew[test_index],
return_counts=True))
Out[6]:每个测试集的类别比例:
       (array([0, 1]), array([11, 19]))
      每个测试集的类别比例:
       (array([0, 1]), array([ 8, 22]))
```

```
        每个测试集的类别比例:
         (array([0, 1]), array([11, 19]))
        每个测试集的类别比例:
         (array([0, 1]), array([10, 20]))
        每个测试集的类别比例:
         (array([0, 1]), array([10, 20]))
```

从输出结果可以发现，并不是每个组的测试集上两类数据比例都完全是 1:2。下面使用相同的方式，进行分层 K 折交叉验证，输出每个测试集上每类数据样本的比例，程序如下：

```
In[7]:Skf=StratifiedKFold(n_splits=5,random_state=2,shuffle=True)
      Skfdata=Skf.split(X,ynew)
      for ii,(train_index, test_index) in enumerate(Skfdata):
          print("每个测试集的类别比例:\n",np.unique(ynew[test_index],
return_counts=True))
Out[7]:每个测试集的类别比例:
        (array([0, 1]), array([10, 20]))
       每个测试集的类别比例:
        (array([0, 1]), array([10, 20]))
       每个测试集的类别比例:
        (array([0, 1]), array([10, 20]))
       每个测试集的类别比例:
        (array([0, 1]), array([10, 20]))
       每个测试集的类别比例:
        (array([0, 1]), array([10, 20]))
```

从输出结果可以发现，每个组的测试集上两类数据比例均为 1:2。

4.2.2 参数网络搜索

模型的训练过程中，除了可以进行交叉验证之外，还可以使用参数网格搜索为模型寻找更优的参数。在参数网格搜索的过程中，主要使用的函数为 GridSearchCV()。下面结合 K-近邻分类介绍如何使用参数网格搜索方法，找到更优的参数，程序如下：

```
In[8]:## 切分数据集为训练集和测试集
      train_x,test_x,train_y,test_y=train_test_split(
          X,y,test_size=0.25,random_state=2)
      ## 定义模型流程
      pipe_KNN=Pipeline([("scale",StandardScaler()), # 数据标准化操作
                         ("pca",PCA()),               # 主成分降维操作
                         ("KNN",KNeighborsClassifier())])# KNN 分类操作
      ## 定义需要搜索的参数
      n_neighbors=np.arange(1,10)
      para_grid=[{"scale__with_mean":[True,False], # 数据标准化搜索的参数
                  "pca__n_components":[2,3],        # 主成分降维操作搜索的参数
```

```
                "KNN__n_neighbors" : n_neighbors}] # KNN 分类操作搜索的参数

        ## 应用到数据上，使用 5 折交叉验证
        gs_KNN_ir=GridSearchCV(estimator=pipe_KNN,param_grid=para_grid,
                               cv=5,n_jobs=4)
        gs_KNN_ir.fit(train_x,train_y)
        ## 输出最优参数
        gs_KNN_ir.best_params_
   Out[8]:{'KNN__n_neighbors': 5, 'pca__n_components': 2, 'scale__with_mean':
True}
```

上面的程序在使用参数网格搜索时可以分为 3 个步骤。

（1）使用 Pipeline()函数定义模型的处理流程，该模型分为 3 个步骤——数据标准化、数据主成分降维与 KNN 分类模型，分别命名为"scale"、"pca"和"KNN"。

（2）定义需要搜索的参数列表，列表中的元素使用字典来表示，字典的 Key 为“模型流程名__参数名”（**注意：连接符号是两个下画线**），字典的值为相应参数可选择的数值，例如，在数据标准化步骤中"scale"的参数 with_mean 可选 True 或 False。

（3）使用 GridSearchCV()函数，其中 estimator 用来指定训练模型的流程；param_grid 定义参数网格搜索；cv 用来指定进行交叉验证的折数，n_jobs 用来指定并行计算时使用的核心数目；最后使用 fit 方法对训练集进行训练。

参数网格搜索训练结束后，可使用 best_params_ 属性输出最优的参数组合，从 gs_KNN_ir.best_params_ 的输出结果可以得到最后的模型参数组合为：数据在标准化时 with_mean=True；在进行主成分降维时将数据降为二维；在进行 K-近邻分类时，n_neighbors 取值为 5。

使用搜索结果的 cv_results_ 方法，可以输出所有参数组和相应的平均精度，下面将其输出结果整理为数据表，并输出效果较好的前几组结果，程序如下：

```
   In[9]:## 将输出的所有搜索结果进行处理
         results=pd.DataFrame(gs_KNN_ir.cv_results_)
         ## 输出感兴趣的结果
         results2=results[["mean_test_score","std_test_score","params"]]
         results2.sort_values("mean_test_score",ascending=False).head()
   Out[9]:
```

	mean_test_score	std_test_score	params
17	0.955336	0.028764	{'KNN__n_neighbors': 5, 'pca__n_components': 2, 'scale__with_mean': False}
16	0.955336	0.028764	{'KNN__n_neighbors': 5, 'pca__n_components': 2, 'scale__with_mean': True}
32	0.946640	0.033305	{'KNN__n_neighbors': 9, 'pca__n_components': 2, 'scale__with_mean': True}
33	0.946640	0.033305	{'KNN__n_neighbors': 9, 'pca__n_components': 2, 'scale__with_mean': False}
12	0.937154	0.036770	{'KNN__n_neighbors': 4, 'pca__n_components': 2, 'scale__with_mean': True}

针对参数网格搜索结果，还可以使用 best_estimator_获取最好的模型并且保存，保存后可以直接用于测试集的预测，不需要重新使用训练集进行模型的训练。

```
In[10]:## 使用最后的模型对测试集进行预测
      Iris_clf=gs_KNN_ir.best_estimator_
      prey=Iris_clf.predict(test_x)
      print("Acc:",metrics.accuracy_score(test_y,prey))
Out[10]:Acc: 1.0
```

从输出结果可以发现，最好的模型在测试集上的预测精度为 1，即所有的样本都预测正确。

4.3 模型的评价指标

分类、回归与聚类算法对数据的预测效果，可以使用不同的评价指标进行评价。本节将介绍如何使用不同的评价指标对不同类型模型预测结果进行评价。

4.3.1 分类效果评价

对于数据分类效果，通常可以使用精度率、混淆矩阵、F1 Score、精确率、召回率等多种方式进行评估，下面对这些指标的计算方式一一进行介绍。

（1）混淆矩阵（Confusion Matrix）。混淆矩阵是一种特定的矩阵，用来呈现有监督学习算法性能的可视化效果。其每一行代表预测值，每一列代表的是实际的类别，在 Python 中可以使用 sklearn.metrics.confusion_matrix()函数来计算。混淆矩阵和其他评价指标之间的关系如图 4-8 所示。

	正例实例数量 P=TP+FN 负例实例数量 N=FP+TN	真实值			
		+	-		
预测值	+	真正例:TP	假负例:FN	精确度 PPV=TP/(TP+FP)	错误发现率 FDR=FP/(FP+TP)
预测值	-	假正例:FP	真负例:TN	错误遗漏率 FOR=FN/(FN+TN)	错误预测值 NPV=TN/(TN+FN)
		灵敏度、Recall TPR=TP/(TP+FN)	假正例率 FPR=FP/N	正似然比 (LR+)=TPR/FPR	精度 ACC=(TP+TN)/(TP+TN+FN+FP)
		假负例率 FNR=FN/P	真负例率 TNR=TN/N	负似然比 (LR-)=FNR/TNR	F1 Score 2*(PPV*TPR)/(PPV+TPR)

图 4-8　混淆矩阵与相关分类度量指标的关系

（2）精度（Accuracy）。精度表示正确分类的样本比例。可以使用 sklearn.metrics 模块中的 accuracy_score()函数进行计算。

（3）精确度（Precision）。精确度也可以称为查准率，它表示的是预测为正的样本中有多少是真正的正样本。可以使用 sklearn.metrics 模块中的 precision_score()函数进行计算。

（4）召回率召回率（Recall）。表示的是样本中的正例有多少被预测正确了。可以使用 sklearn.metrics 模块中的 recall_score()函数进行计算。

（5）F1 Score。F1-Score 是一种综合评价指标，是精确率和召回率两个值的调和平均，用来反映模型的整体情况。可以使用 sklearn.metrics 模块中的 f1_score()函数进行计算。

（6）ROC 和 AUC。很多分类器为了测试样本会产生一个实值或者概率预测值，然后将这个预测值与一个分类阈值进行比较，如果大于阈值则分为正类，否则为反类。例如在朴素贝叶斯分类器中，针对每一个测试样本预测出一个[0,1]之间的概率，然后将这个值与 0.5 比较，如果大于 0.5 则判断为正类，反之为负类。阈值的好坏直接反映了学习算法的泛化能力。根据预测值的概率，可以使用受试者工作特征曲线（ROC）来分析机器学习算法的泛化能力。在 ROC 曲线中，纵轴是真正例率（True Positive Rate），横轴是假正例率（False Positive Rate）。可以使用 metrics.roc_curve()来计算横纵坐标，并绘制图像。ROC 曲线与横轴围成的面积大小称为学习器的 AUC（Area Under roc Curve），该值越接近于 1，说明算法模型越好，AUC 值可通过 metrics.roc_auc_score()计算获得。图 4-9 所示即为一个逻辑回归模型的 ROC 曲线，并且计算出 AUC 值为 0.9942。

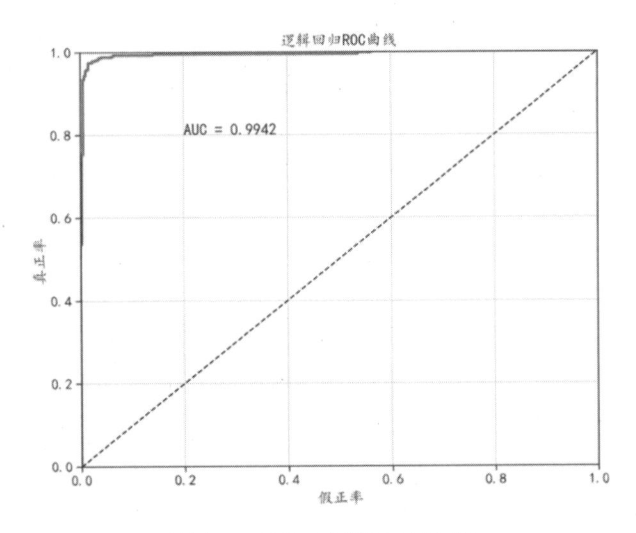

图 4-9　ROC 曲线和 AUC 值

4.3.2　回归效果评价

回归模型通常是根据最小拟合误差训练得到的模型，因此使用预测与真实值的均方根误差大小，就可以很好地对比分析回归模型的预测效果。但想要评价回归模型的稳定性及数据拟合效果，还需要结合其他指标进行综合判断，下面简单介绍这些指标。

1. 模型的显著性检验

建立回归模型后，首先关心的是获得的模型是否成立，这就要进行模型的显著性检验。模型的显著性检验主要是 F 检验。在 statsmodels 等库的回归分析输出结果中，会输出 F–statistic 值（F 值）和 Prob(F–statistic)（P 值），前者是 F 检验的统计量，后者是 F 检验的 P 值。如果 Prob(F–statistic)<0.05，则说明在置信度为 95%时，可以认为回归模型是成立的。如果 Prob(F–statistic)>0.1，则说明回归模型整体上没有通过显著性检验，模型不显著，需要进一步调整。

2. R^2（R–squared）

R–squared 在统计学中又叫决定系数（R^2），用于度量因变量的变异中可由自变量解释部分所占的比例。在多元回归模型中，决定系数的取值范围在［0,1］之间，取值越接近 1，说明回归模型拟合程度越好，模型的解释能力越强。其中 Adjust R–squared 表示调整的决定系数，是对决定系数进行一个修正。在 statsmodels 等库的输出中决定系数为 R–squared，调整的决定系数为 Adj.R–squared。

3. AIC 和 BIC

AIC 又称赤池信息准则，BIC 又称贝叶斯信息度量，两者均是评估统计模型的复杂度，衡量统计模型"拟合"优良性的一种标准，取值越小相对应的模型越好。在具体应用中可以结合两者与具体情况进行模型的选择和模型的评价。

4. 系数显著性检验

前面介绍的几个评价指标都是对模型进行度量，在模型合适的情况下，需要对回归系数进行显著性检验，这里的检验是 t 检验。针对回归模型的每个系数的 t 检验，如果相应的 P 值<0.05（0.1），说明该系数在置信度为 95%（90%）的水平下，系数是显著的。如果系数不显著，说明对应的变量不能添加到模型中，需要对变量进行筛选，重新建立回归模型。

5. Durbin–Watson 检验（D.W 检验）

D.W 统计量是用来检验回归模型的残差是否具有自相关性的统计量，其取值在［0,4］之间，数值越接近 2 说明没有自相关性，越接近 4 越说明残差具有越强的负自相关性，越接近 0 说明残差具有越强的正自相关性。如果模型的残差具有很强的自相关性，则需要对模型进行进一步调整。

6. 条件数（Cond. No.）

条件数是用来度量多元回归模型中，自变量之间是否存在多重共线性的指标。条件数取值是大于 0 的数值，值越小，越能说明自变量之间不存在多重共线性问题。一般情况下，Cond. No.<100，

说明共线性程度小；如果 100< Cond. No.<1000，则存在较多的多重共线性；如果 Cond.No.>1000，则存在严重的多重共线性。如果模型存在严重的多重共线性问题，可以使用逐步回归、主成分回归、LASSO 回归等方式调整模型。

这些评价指标的具体使用案例，将会在数据回归分析的相关实战中具体介绍。

4.3.3 聚类效果评价

聚类效果评价主要是通过估计在数据集上进行聚类的可行性和被聚类方法产生结果的质量。聚类效果评价的工作主要包括下面几个任务。

（1）估计聚类趋势。只有在数据中存在非随机结构，聚类结果才会有意义，所以针对需要聚类分析的数据集，要分析是否具有聚类趋势。虽然随机的数据集也会返回一定的簇，但是这些簇是无意义的，可能会对任务起到误导作用。

（2）确定数据集的簇。有些聚类方法需要指定给定聚类簇的数目，如 K–均值聚类，簇是聚类的重要参数，如在 K–均值聚类中可以使用肘方法确定簇的数量。

（3）测定聚类质量。在数据集使用聚类方法得到簇的结果后，想要得到聚类结果的质量，可以使用很多方法，最常用的度量方法是使用轮廓系数，度量聚类中簇的拟合性，可以计算所有对象轮廓系数的平均值。轮廓系数越接近 1，聚类的效果越好。在 Python 中可以使用 sklearn 库中 metrics 模块中的 metrics.silhouette_score()进行计算。

除上面介绍的几种常用的聚类效果评估方法外，对于使用的数据集是否已经知道真实标签的情况，还可以将聚类的评估方法分为：有真实标签的聚类结果评价和无真实标签的聚类结果评价。下面针对这两种方式分别介绍一些常用的评估方式。

1. 有真实标签的聚类结果评价方法

在聚类的数据集已经知道真实标签的情况下，常用的评价方法有同质性、完整性、V 测度等多种。

- 同质性：用来度量每个簇只包含单个类成员的指标，可以使用 sklearn.metrics 模块中的 homogeneity_score()函数进行计算。
- 完整性：用来度量给定类的所有成员是否都被分配到同一个簇中的指标，可以使用 sklearn.metrics 模块中的 completeness_score()函数进行计算。
- V 测度：用来将同质性和完整性综合考虑的一种综合评价指标，可以使用 sklearn.metrics 模块中的 v_measure_score()函数进行计算，这 3 种指标中 V 测度更常用。

2. 无真实标签的聚类结果评价方法

在无真实标签的情况下，聚类效果评价指标除轮廓系数外，还可以使用 CH 分数、戴维森堡丁指数等指标进行评价。其中 CH 分数（Calinski Harabasz Score）可以使用 sklearn.metrics 模块的 calinski_harabasz_score()函数进行计算，取值越大则聚类效果越好；戴维森堡丁指数（DBI）又称为分类适确性指标，使用 sklearn.metrics 模块的 davies_bouldin_score()函数进行计算，取值越小则表示聚类效果越好。

4.4 本章小结

本章主要对模型的选择和效果评估进行讨论，针对模型在训练过程中可能出现的情况，介绍了过拟合和欠拟合的表现形式；然后针对模型的训练技巧，介绍了交叉验证和参数网格搜索的使用方式；最后针对分类、回归和聚类问题，介绍了如何使用合适的指标对建模结果进行评价。

本章使用到相关函数总结如表 4-1 所示。

表 4-1　相关函数

库	模　块	函　数	功　能
sklearn	model_selection	train_test_split()	数据集切分
		cross_val_score()	模型交叉验证
		KFold()	K 折交叉验证
		StratifiedKFold()	分层 K 折交叉验证
		GridSearchCV()	交叉验证参数网格搜索
	discriminant_analysis	LinearDiscriminantAnalysis()	线性判别分析
	pipeline	Pipeline()	算法流程管道操作
	neighbors	KNeighborsClassifier()	K-近邻分类
	metrics		模型评价模块

第 5 章 假设检验和回归分析

假设检验是统计推断中的一个重要内容，它是利用样本数据对某个事先做出的统计假设，按照某种设计好的方法进行检验，判断此假设是否正确。假设检验的基本思想为概率性质的反证法。为了推断总体，首先对总体的未知参数或分布做出某种假设 H0（原假设），然后在 H0 成立的条件下，若通过抽样分析发现“小概率事件”竟然在一次实验中发生了，则表明 H0 很可能不成立，从而拒绝 H0；相反，若没有导致上述“不合理”现象的发生，则没有理由拒绝 H0，从而接受 H0。

要求“小概率事件”发生的概率小于等于某一给定的临界概率α，称α为检验的显著性水平，通常α的取值为较小的数 0.05、0.01、0.001 等。值得注意的是，即使接受了原假设，也不能确定这个原假设 100%正确。在判断检验结果是否显著上，通常采用计算 P 值的方法来判断。所谓 P 值，就是在假定原假设 H0 为真时，拒绝原假设 H0 所犯错误的可能性。当 P 值$<\alpha$（通常取 0.05）时，表示拒绝原假设 H0 犯错误的可能性很小，即可以认为原假设 H0 是错误的，从而拒绝 H0；否则，应接受原假设 H0。

回归分析是一种针对连续型数据进行预测的方法，目的在于分析两个或多个变量之间是否相关，以及相关方向和强度的关系。可以通过建立数学模型观察特定的变量，或者预测研究者感兴趣的变量。更具体一点来说，回归分析可以帮助人们了解，在只有一个自变量变化时引起的因变量的变化情况。“回归”一词最早是由法兰西斯 · 高尔顿提出的。他曾对亲子间的身高做研究，发现父母的身高虽然会遗传给子女，子女的身高却有逐渐“回归到身高的平均值”的现象。

大数据分析任务中，回归分析是一种预测性的建模技术，也是统计理论中重要的方法之一，它主要解决目标特征为连续性的预测问题。例如，根据房屋的相关信息预测房屋的价格；根据销售情况预测销售额；根据运动员的各项指标预测运动员的水平等。在回归分析中，通常将需要预测的变量称为因变量（或被解释变量），如房屋价格，而用来预测因变量的变量称为自变量（或者解释变量），如房子的大小、占地面积等信息。

回归分析按照涉及变量的多少，分为一元回归分析和多元回归分析；按照因变量的多少，可分为简单回归分析和多重回归分析；按照自变量和因变量之间的关系类型，可分为线性回归分析和非线性回归分析。针对分类变量，可以使用 Logistic 回归，在解决多元回归的多重共线性问题时，提出了逐步回归、LASSO 回归、Ridge 回归、弹性网回归等广义线性回归。

本章会结合实际的数据集，使用 Python 来完成数据进行假设检验和回归分析等任务。首先导入该章节用到的库和相关模块，程序如下：

```
## 输出高清图像
%config InlineBackend.figure_format='retina'
%matplotlib inline
## 图像显示中文的问题
import matplotlib
matplotlib.rcParams['axes.unicode_minus']=False
import seaborn as sns
sns.set(font= "Kaiti",style="ticks",font_scale=1.4)
## 导入会使用到的相关包
import numpy as np
import pandas as pd
import matplotlib.pyplot as plt
from mpl_toolkits.mplot3d import Axes3D
import statsmodels.api as sm
import statsmodels.formula.api as smf
from statsmodels.stats.multicomp import pairwise_tukeyhsd
from scipy import stats
from scipy.optimize import curve_fit
from sklearn.preprocessing import QuantileTransformer,StandardScaler
from sklearn.metrics import mean_squared_error, r2_score,
mean_absolute_error, classification_report
from sklearn import metrics
from sklearn.model_selection import train_test_split
from sklearn.linear_model import  Ridge, LASSO, LassoLars, ElasticNetCV,
LogisticRegression, LogisticRegressionCV
from itertools import combinations
from pyearth import Earth
## 忽略提醒
import warnings
warnings.filterwarnings("ignore")
```

假设检验任务主要由 SciPy 和 statsmodels 库完成，回归分析任务主要由 statsmodels 和 sklearn 库完成。

5.1 假设检验

假设检验贯穿于绝大多数的统计分析方法中，其主要内容包括单个或多个总体参数的假设检验，以及非参数的假设检验（比如总体分布的假设检验）等。针对数据的假设检验，本节主要介绍如何使用 Python 完成数据分布检验、样本 t 检验和数据方差分析。

5.1.1 数据分布检验

数据分布的假设检验是重要的非参数检验，它不是针对具体的参数，而是根据样本值来判断总体是否服从某种指定的分布。即在给定的显著性水平α下，对假设 H0：总体服从某特定分布 $F(x)$；H1：总体不服从某特定分布 $F(x)$作显著性检验，其中 $F(x)$为推测出的具有明确表达式的分布函数。

数据分布检验中最常见的情况是检验数据是否服从正态分布。可以使用多种方法进行数据的正态性检验。本小节主要介绍使用 Python，完成使用 Q-Q 图检验数据是否符合正态分布，以及利用 K-S（Kolmogorov-Smirnov）拟合优度检验来检验数据是否符合正态分布。

首先生成 3 个随机数变量，X1 为标准正态分布数据，X2 为正态分布数据，X3 为非正态分布数据，生成随机数变量并使用直方图对其进行可视化的程序如下，程序运行后的结果如图 5-1 所示。

```
In[1]:## 数据准备
      np.random.seed(123)
      ## 生成标准正态分布随机数 X1
      X1=stats.norm.rvs(loc=0,scale=1,size=500)
      ## 生成正态分布随机数 X2
      X2=stats.norm.rvs(loc=0,scale=5,size=500)
      ## 生成 F 分布随机数 X3
      X3=stats.f.rvs(15,30,size=500)
      ## 利用直方图可视化两组数据的分布情况
      plt.figure(figsize=(15,6))
      plt.subplot(1,3,1)
      plt.hist(X1,bins=50,density=True)
      plt.grid()
      plt.ylabel("频率")
      plt.title("标准正态分布")
      plt.subplot(1,3,2)
      plt.hist(X2,bins=50,density=True)
      plt.grid()
      plt.ylabel("频率")
      plt.title("正态分布")
      plt.subplot(1,3,3)
      plt.hist(X3,bins=50,density=True)
```

```
        plt.grid()
        plt.ylabel("频率")
        plt.title("F 分布")
        plt.tight_layout()
        plt.show()
```

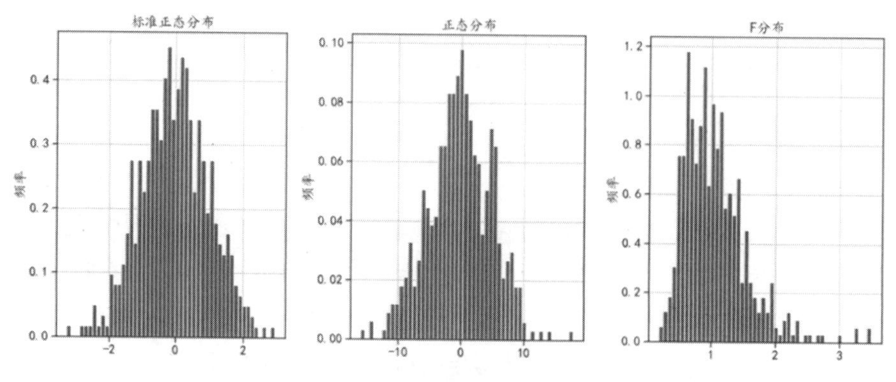

图 5-1　数据分布直方图

利用 Q-Q 图检验数据是否符合正态分布，可以使用 sm.qqplot()函数可视化出结果，并且使用参数 line="45"或 line="q"可视化出倾斜 45° 的参考线，用于判断数据是否符合正态分布。在 Q-Q 图中，若散点图落在该参考线上，或者均匀分布在线的附近，则接受数据来自正态总体的假设，否则拒绝原假设。进行检验的程序如下，运行程序后的结果如图 5-2 所示。

```
In[2]:## 利用 Q-Q 图对两组数据进行正态性检验
       fig=plt.figure(figsize=(15,5))
       ax=fig.add_subplot(1,3,1)
       ## 默认检验标准正态分布, loc=0,scale=1
       sm.qqplot(X1,line="45",ax=ax)
       plt.grid()
       plt.title("X2 正态检验 Q-Q 图")
       ax=fig.add_subplot(1,3,2)
       ## 指定正态分布的均值和标准差
       sm.qqplot(X2,loc=0,scale=5,line="45",ax=ax)
       plt.grid()
       plt.title("X2 正态检验 Q-Q 图")
       ax=fig.add_subplot(1,3,3)
       ## 对 F 分布进行正态性检验
       sm.qqplot(X3,line="q",ax=ax)
       plt.grid()
       plt.title("X3 正态检验 Q-Q 图")
       fig.tight_layout()
       plt.show()
```

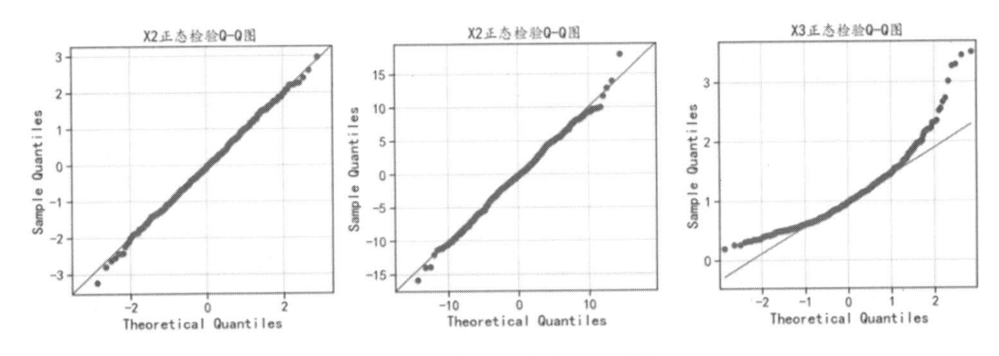

图 5-2　正态性检验 Q-Q 图

从图 5-2 中可以发现，前两个图的散点图在图像的参考线上，表示数据 X1 和 X2 是正态分布，第三个图的散点图不在图像的参考线上，表示数据 X3 不是正态分布。

K-S 检验可以使用 stats.kstest()函数完成，默认情况下会验证数据是否符合标准正态分布，同时还可以指定参数 cdf 所要验证的分布情况，并且还可以利用参数 args 指定符合参数的特定分布。

下面针对前面生成的 3 个随机变量，使用 K-S 检验进行相关的检验操作，程序如下：

```
In[3]:## K-S 检验，可以指定所检验的数据分布类型
      print("X1 标准正态分布检验:\n",stats.kstest(X1,cdf="norm"))
      print("X2 标准正态分布检验:\n",stats.kstest(X2,cdf="norm"))
      print("X2 正态分布检验:\n",stats.kstest(X2,cdf="norm",args=(0,5)))
      print("X3 标准正态分布检验:\n",stats.kstest(X3,cdf="norm"))
      print("X3 F(15,30)分布检验:\n",stats.kstest(X3,cdf="f",args
=(15,30)))
Out[3]:X1 标准正态分布检验:
 KstestResult(statistic=0.030903709790884082, pvalue=0.714038602403839)
X2 标准正态分布检验:
 KstestResult(statistic=0.3266532275656769,
pvalue=5.2306133517677304e-48)
X2 正态分布检验:
 KstestResult(statistic=0.03500755169583336, pvalue=0.5603023447098723)
X3 标准正态分布检验:
 KstestResult(statistic=0.6369433974371657,
pvalue=1.609080928303521e-197)
X3 F(15,30)分布检验:
 KstestResult(statistic=0.028179536785067155, pvalue=0.8112803981442576)
```

从上面程序的输出结果可以知道：（1）在对随机变量 X1 是否为标准正态分布的检验中，P 值大于 0.05，可以接受其是标准正态分布的原假设。（2）在对随机变量 X2 是否为标准正态分布的检验中，P 值小于 0.05，需要拒绝接受其是标准正态分布的原假设。（3）在对随机变量 X2 是否为 $N(0,5)$正态分布的检验中，P 值大于 0.05，可以接受其是 $N(0,5)$的正态分布原假设。（4）在对

随机变量 X3 是否为标准正态分布的检验中，P 值小于 0.05，需要拒绝接受其是标准正态分布的原假设。（5）在对随机变量 X3 是否为 $F(15,30)$的 F 分布的检验中，P 值大于 0.05，可以接受其是 $F(15,30)$的 F 分布原假设。

K-S 检验还可以检验两个随机变量的分布是否相同，因此可以使用下面的程序检验 3 个随机变量中，两两之间是否有相同的数据分布。

```
In[4]:## K-S 检验，检验两个数据之间的分布是否相同
      print("X1 和 X2 分布是否相同的检验:\n",stats.ks_2samp(X1,X2))
      print("X1 和 X3 分布是否相同的检验:\n",stats.ks_2samp(X1,X3))
      print("X2 和 X3 分布是否相同的检验:\n",stats.ks_2samp(X2,X3))
Out[4]:X1 和 X2 分布是否相同的检验:
 KstestResult(statistic=0.328, pvalue=3.3583913478618886e-24)
X1 和 X3 分布是否相同的检验:
 KstestResult(statistic=0.658, pvalue=1.175107982448385e-102)
X2 和 X3 分布是否相同的检验:
 KstestResult(statistic=0.546, pvalue=9.273032713380692e-69)
```

从输出结果可知，3 组检验结果的 P 值均小于 0.05，所以可以认为，在 3 个随机变量中，两两之间具有不同的数据分布。

5.1.2 t 检验

t 检验分为单样本 t 检验和两独立样本 t 检验，前者常用来检验来自正态分布的样本的期望值（均值）是否为某一实数，后者常作为判断两个来自正态分布（方差相同）的独立样本的期望值（均值）之差是否为某一实数。

单样本 t 检验中，H0：样本的均值等于指定值；H1：样本的均值不等于指定值。

两独立样本 t 检验中，H0：两样本的均值差等于指定值；H1：两样本的均值差不等于指定值。

Python 中可以使用 stats.ttest_1samp()完成单样本 t 检验，下面生成 3 组随机变量，然后使用 stats.ttest_1samp()函数完成相应的单样本 t 检验，程序如下：

```
In[5]:## 数据准备
      np.random.seed(123)
      ## 生成标准正态分布随机数 X1
      X1=stats.norm.rvs(loc=0,scale=1,size=500)
      ## 生成正态分布随机数 X2
      X2=stats.norm.rvs(loc=0,scale=5,size=500)
      ## 生成正态分布随机数 X3
      X3=stats.norm.rvs(loc=5,scale=5,size=500)
      ## 检验一个样本的均值是否为指定值
      print("X1 的均值是否等于 0:\n",stats.ttest_1samp(X1,0))
```

```
        print("X2 的均值是否等于 5:\n",stats.ttest_1samp(X2,5))
        print("X3 的均值是否等于 5:\n",stats.ttest_1samp(X3,5))
   Out[5]:X1 的均值是否等于 0:
    Ttest_1sampResult(statistic=-0.8604849693780614,
pvalue=0.3899350058490936)
   X2 的均值是否等于 5:
    Ttest_1sampResult(statistic=-23.28071031299755,
pvalue=1.0390149821456911e-81)
   X3 的均值是否等于 5:
    Ttest_1sampResult(statistic=1.4552229249137607,
pvalue=0.14623633901254982)
```

从 3 组 t 检验的结果中可以发现，X1 的均值是否等于 0 的检验中，P 值大于 0.05，因此不可以拒绝均值等于 0 的原假设，即随机变量 X1 的均值为 0；X2 的均值是否等于 5 的检验中，P 值小于 0.05，因此可以拒绝均值等于 5 的原假设，即随机变量 X2 的均值不等于 5；X3 的均值是否等于 5 的检验中，P 值小于 0.05，不可以拒绝均值等于 5 的原假设，即随机变量 X3 的均值为 5。

针对两独立样本的 t 检验，可以使用 Python 中的 stats.ttest_ind()来完成，下面使用其检验 X1、X2 和 X3 中，两两之间的差值是否等于 0，可以使用下面的程序：

```
   In[6]:## 检验 2 个样本的均值是否为相等
        print("X1 和 X2 的均值是否相等:\n",stats.ttest_ind(X1,X2))
        print("X1 和 X3 的均值是否相等:\n",stats.ttest_ind(X1,X3))
        print("X2 和 X3 的均值是否相等:\n",stats.ttest_ind(X2,X3))
   Out[6]:X1 和 X2 的均值是否相等:
    Ttest_indResult(statistic=0.7185337922699782, pvalue=0.4725964034128529)
   X1 和 X3 的均值是否相等:
    Ttest_indResult(statistic=-25.450068546371313,
pvalue=1.623506730435016e-110)
   X2 和 X3 的均值是否相等:
    Ttest_indResult(statistic=-18.145330653700995,
pvalue=8.23954776165081e-64)
```

从检验结果可以知道，X1 和 X2 的均值相等，X1 和 X3 的均值不相等，X2 和 X3 的均值不相等。

5.1.3 方差分析

方差分析是分析实验数据的一种方法，它是由英国统计学家费希尔在进行实验设计时，为解释实验数据而提出的。对于抽样测得的实验数据，一方面，由于观测条件不同会引起实验结果有所不同，该差异是系统的；另一方面，由于各种随机因素的干扰，实验结果也会有所不同，该差异是偶然的。方差分析的目的在于从实验数据中分析出各个因素的影响，以及各个因素间的交互影响，以确定各个因素作用的大小，从而把由于观测条件不同引起实验结果的不同与由于随机因素引起实验结果的差异用数量形式区别开来，以确定在实验中有没有系统的因素在起作用。方差分析根据所感兴趣的因素数量，可分为单因素方差分析、双因素方差分析等内容。

比较因素A的r个水平的差异，归结为比较这r个总体X_i的均值是否相等，即检验假设 H0：$\mu_1=\mu_2=\cdots=\mu_r$；H1：$\mu_1,\mu_2,\cdots,\mu_r$至少有两个不等，若 H0 被拒绝，则说明因素A的各水平的效应之间有显著差异。

Python 中可以使用 sm.stats.anova_lm()函数完成方差分析，并利用 pairwise_tukeyhsd()函数，对数据方差分析结果进行多重检验。下面在介绍方差分析时，以鸢尾花数据为例，用来演示单因素方差分析，查看数据的程序如下：

```
In[7]:## 单因素方差分析，使用鸢尾花数据来演示
      Iris=pd.read_csv("data/chap3/Iris.csv")
      print(Iris.head(2))
Out[7]:
    Id  SepalLengthCm  SepalWidthCm  PetalLengthCm  PetalWidthCm    Species
0   1            5.1           3.5            1.4           0.2  Iris-setosa
1   2            4.9           3.0            1.4           0.2  Iris-setosa
```

针对鸢尾花数据，若比较不同种类的花下 SepalLengthCm 特征的均值是否相等，可使用以下程序：

```
In[8]:## 比较不同种类的花下 SepalLengthCm 特征的均值是否相等
      model=smf.ols("SepalLengthCm ~ Species", data=Iris).fit()
      aov_table=sm.stats.anova_lm(model, typ=2)
      print(aov_table)
Out[8]:            sum_sq     df           F        PR(>F)
        Species   63.212133    2.0  119.264502  1.669669e-31
        Residual  38.956200  147.0         NaN           NaN
```

从程序的输出结果可以发现，P 值远小于 0.05，说明不同种类花的 SepalLengthCm 特征均值不完全相等，可以使用多重比较对比哪些花之间的均值不同，程序如下：

```
In[9]:iris_hsd=pairwise_tukeyhsd(endog=Iris.SepalLengthCm,  #数据
                               groups=Iris.Species,        #分组
                               alpha=0.05)                 #显著性水平
      print(iris_hsd)
Out[9]:
       Multiple Comparison of Means - Tukey HSD, FWER=0.05
=============================================================
     group1          group2      meandiff p-adj  lower  upper  reject
-------------------------------------------------------------------------
    Iris-setosa Iris-versicolor     0.93 0.001 0.6862 1.1738   True
    Iris-setosa  Iris-virginica    1.582 0.001 1.3382 1.8258   True
Iris-versicolor  Iris-virginica    0.652 0.001 0.4082 0.8958   True
-------------------------------------------------------------------------
```

从输出结果可以发现，3 种花对应特征的均值，两两之间均是不相等的，针对 pairwise_tukeyhsd()函数获得的多重比较结果，可以使用其 plot_simultaneous()方法，可视化出多重比较的图像，运行下面的程序后，结果如图 5-3 所示。

```
In[10]:## 可视化出对比图像
       iris_hsd.plot_simultaneous()
       plt.grid()
       plt.show()
```

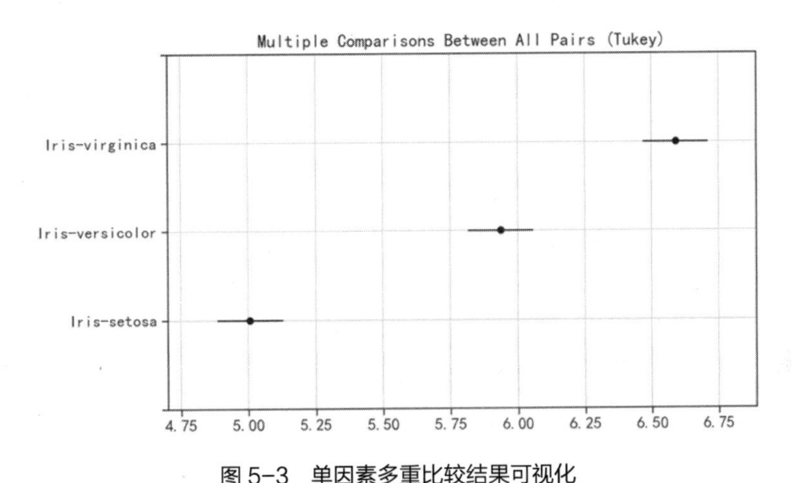

图 5-3 单因素多重比较结果可视化

从图 5-3 中可以发现，3 种花之间的均值不仅不相同，而且 setosa 的均值最小，virginica 的均值最大。

双因素方差分析就是考虑两个因素对结果的影响，其基本思想是通过分析不同来源的变异对总变异的贡献大小，确定可控因素对研究结果影响的大小。双因素方差分析分两种情况：一种是不考虑交互作用，即假定因素 A 和因素 B 的效应之间是相互独立的；另一种是考虑交互作用，即假定因素 A 和因素 B 的结合会产生一种新的效应。

针对双因素方差分析结果可以使用下面的程序来完成。在程序中，首先利用随机数对鸢尾花数据生成新的分类因素 Group，在进行双因素方差分析的检验表达式中，使用"SepalLengthCm ~ Species * Group"，表示不仅要考虑两个因素的单独作用，还要考虑两个因素的交互作用。

```
In[11]:## 多因素方差分析（双因素方差分析）
       ## 为鸢尾花生成一个新的随机分组变量
       np.random.seed(123)
       Iris["Group"]=np.random.choice(["A","B"],size=150)
       ## 比较不同种类的花下 SepalLengthCm 特征的均值是否相等
       model=smf.ols("SepalLengthCm ~ Species * Group", data=Iris).fit()
       aov_table=sm.stats.anova_lm(model, typ=2)
```

```
        print(aov_table)
Out[11]:
                    sum_sq     df           F        PR(>F)
Species          60.182055    2.0  113.784895  2.286604e-30
Group             0.687846    1.0    2.600992  1.089863e-01
Species:Group     0.186779    2.0    0.353139  7.030862e-01
Residual         38.081575  144.0         NaN           NaN
```

运行程序后，从结果中可以发现，Species 因素下差异是显著的；Group 因素和 Species:Group（Species 和 Group 的交互作用）因素下差异是不显著的。

针对双因素影响的数据，可以使用 sns.catplot()函数，对比不同分组之间的均值差异，程序如下，程序运行后的结果如图 5-4 所示。

```
In[12]:## 使用 catplot 可视化不同分组数据之间均值的差异
       sns.catplot(x="Species", y="SepalLengthCm",hue="Group",
                   markers=["s", "o"], linestyles=["-", "--"],
                   kind="point", data=Iris,
                   height=5,aspect=1.4)   # 调整图像大小
       plt.grid()
       plt.title("多因素方差分析")
       plt.show()
```

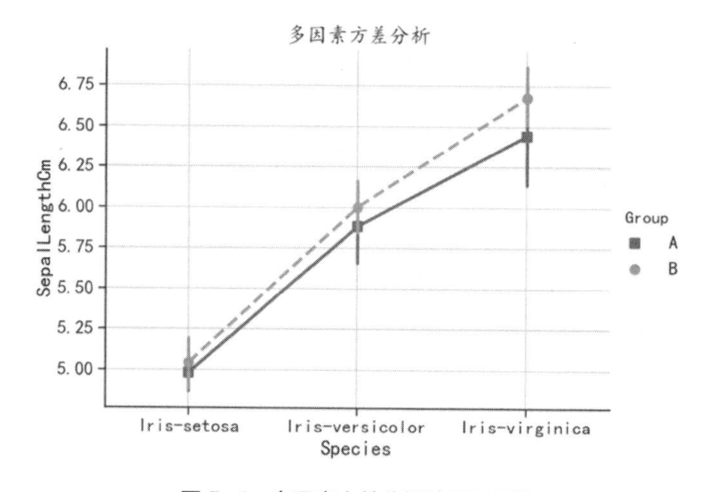

图 5-4　多因素方差分析结果可视化

可以发现花的类别变量对数据的均值有明显的影响，但是 Group 变量对均值的影响没有表现出明显的差异。

5.2 一元回归

一元回归主要研究一个自变量和一个因变量之间的关系，其中一元线性回归分析两个变量之间的线性关系，一元非线性回归分析因变量和自变量的非线性关系，如指数关系、对数关系等。本节将使用实际的数据介绍如何使用 Python，完成数据的一元线性回归分析和一元非线性回归分析。

5.2.1 一元线性回归

针对一元线性回归，可以使用 smf.ols()来完成，下面使用鸢尾花数据中的 PetalWidthCm 和 PetalLengthCm 两个变量，建立一元线性回归模型，程序如下，在程序中使用"PetalWidthCm ~ PetalLengthCm"定义了回归模型的形式，并使用 smf.ols()建立了回归模型，用 fit 方法拟合了数据集 Iris，最后使用 print(lm1.summary())输出模型的结果，只使用很简单的两行代码就完成了模型的建立和求解。

```
In[13]:## 读取数据
       Iris=pd.read_csv("data/chap3/Iris.csv")
       ## 建立一元线性回归模型
       lm1=smf.ols("PetalWidthCm ~ PetalLengthCm",data=Iris).fit()
       print(lm1.summary())
Out[13]:
```

```
                            OLS Regression Results
==============================================================================
Dep. Variable:           PetalWidthCm   R-squared:                       0.927
Model:                            OLS   Adj. R-squared:                  0.926
Method:                 Least Squares   F-statistic:                     1877.
Date:                Thu, 13 Aug 2020   Prob (F-statistic):           5.78e-86
Time:                        15:21:35   Log-Likelihood:                 24.400
No. Observations:                 150   AIC:                            -44.80
Df Residuals:                     148   BIC:                            -38.78
Df Model:                           1
Covariance Type:            nonrobust
=================================================================================
                    coef    std err          t      P>|t|      [0.025      0.975]
---------------------------------------------------------------------------------
Intercept        -0.3665      0.040     -9.188      0.000      -0.445      -0.288
PetalLengthCm     0.4164      0.010     43.320      0.000       0.397       0.435
==============================================================================
Omnibus:                        5.498   Durbin-Watson:                   1.461
Prob(Omnibus):                  0.064   Jarque-Bera (JB):                5.217
Skew:                           0.353   Prob(JB):                       0.0736
Kurtosis:                       3.579   Cond. No.                         10.3
==============================================================================

Warnings:
[1] Standard Errors assume that the covariance matrix of the errors is correctly specified.
```

针对输出的结果分析如下：

（1）从回归模型输出的结果可以发现，回归模型中 R-squared=0.927，非常接近于 1，说明该模型对原始数据拟合得很好。并且 F 检验的 P 值 Prob(F-statistic)远小于 0.05，说明该模型是显著的，可以使用。

（2）分析回归模型中各个系数的显著性可以发现，其 P 值小于 0.05，说明变量是显著的。

综上所述，获得的回归模型为：PetalWidthCm=−0.3665+0.4164×PetalLengthCm。

针对回归模型的残差，可以使用 Q−Q 图检验其是否服从正态分布，运行下面的程序后，结果如图 5−5 所示。

```
In[14]:## 可视化获取拟合模型的残差分布
       fig=plt.figure(figsize=(14,6))
       plt.subplot(1,2,1)
       plt.hist(lm1.resid,bins=30)
       plt.grid()
       plt.title("回归残差分布直方图")
       ax=fig.add_subplot(1,2,2)
       sm.qqplot(lm1.resid,line="q",ax=ax)
       plt.grid()
       plt.title("回归残差 Q-Q 图")
       plt.show()
```

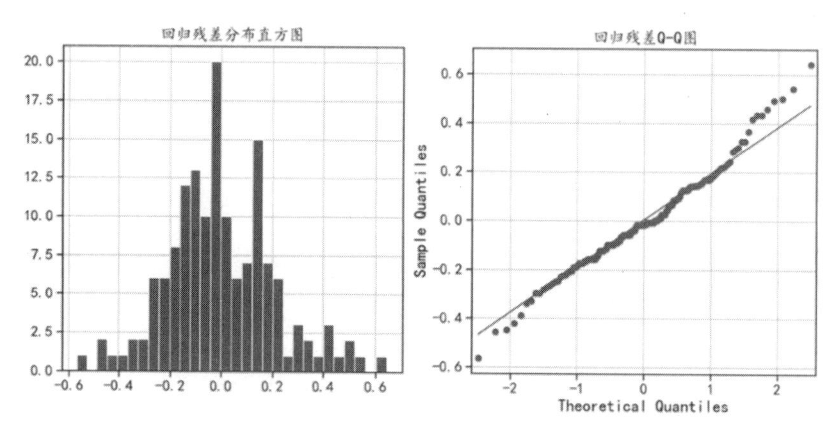

图 5−5　回归残差正态性检验

从图 5−5 所示的可视化结果中可知，回归模型的拟合残差值符合正态分布。模型已经充分提取了数据中的有用信息。

针对获得的回归模型，可以使用 predict()方法对新的数据进行预测。下面将获得的回归线与原始数据的散点图进行可视化，程序如下，程序运行后的结果如图 5−6 所示。

```
In[15]:## 对数据取值进行预测
       X=pd.DataFrame(data=np.arange(0.5,8,step=0.1),
                      columns= ["PetalLengthCm"])
       Y=lm1.predict(X)   # 使用一元回归模型获取预测值
       ## 可视化两个变量之间的关系和获得的回归模型曲线
```

```
Iris.plot(kind="scatter",x="PetalLengthCm",y="PetalWidthCm",
          c="blue",figsize=(10,6))
plt.plot(X,Y,"r-",linewidth=3)
plt.grid()
plt.title("一元线性回归模型拟合曲线")
plt.show()
```

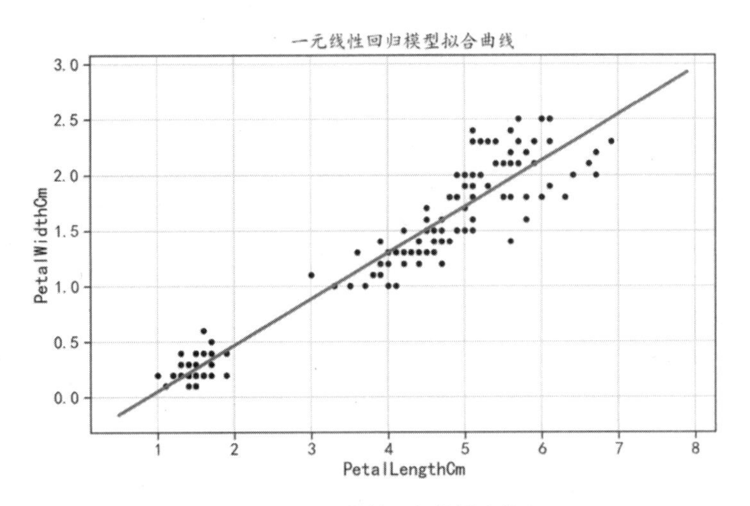

图 5-6　一元线性回归的拟合结果

5.2.2　一元非线性回归

某些时候，两个变量之间的关系可能并不是线性的，不能使用线性回归表示，因此一元非线性回归方法被提出。下面读取一组非线性数据，介绍如何使用 Python 进行非线性回归。首先使用下面的程序读取数据并可视化，程序运行后的结果如图 5-7 所示。

```
In[16]:## 读取数据
       xydf=pd.read_csv("data/chap5/xydata.csv")
       ## 对数据进行可视化
       plt.figure(figsize=(10,6))
       plt.plot(xydf.x,xydf.y,"ro")
       plt.grid()
       plt.show()
```

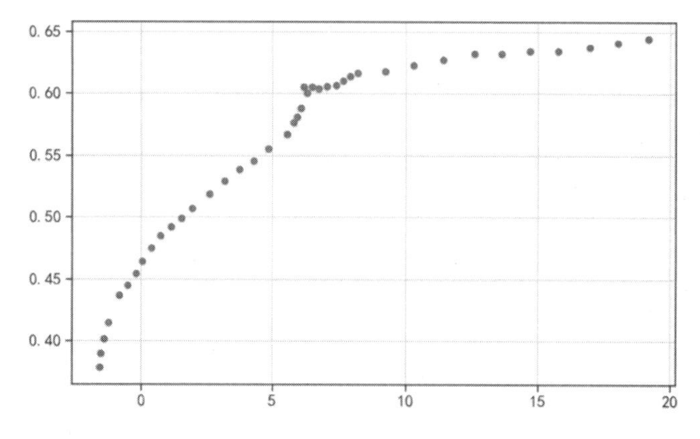

图 5-7　两变量之间的关系

观察图 5-7 可以发现，该数据的变化趋势更像一个指数函数。在进行非线性回归时，可以使用 curve_fit()函数对指定的函数进行参数估计。例如在下面的程序中，先定义一个带估计参数的指数函数 $a\times e^{-bx}+c$，然后通过 curve_fit()函数利用数据对其进行参数估计，运行程序后可输出 a,b,c 的估计值。

```
In[17]:## 定义一个非线性方程
       def func1(x, a, b, c):
           return a * np.exp(-b * x) + c
       ## 使用 curve_fit 函数进行方程的拟合
       popt, pcov=curve_fit(func1,xydf.x,xydf.y)
       print("a,b,c 的估计值为:",popt)
Out[17]:a,b,c 的估计值为: [-0.19472165  0.17792023  0.65242412]
```

运行程序后可以发现，获得的曲线回归方程为 $y=-0.1947\times e^{-0.1779x}+0.6524$。针对获得的非线性回归方程，可以使用下面的程序将其可视化，分析拟合曲线和原始数据之间的关系，程序运行后的结果如图 5-8 所示。

```
In[18]:## 计算模型对原始数据的拟合结果
       a=popt[0]
       b=popt[1]
       c=popt[2]
       fit_y=func1(xydf.x,a,b,c)
       ## 计算拟合残差
       res1=fit_y - xydf.y
       ## 同时可视化原始数据和方程的拟合值
       plt.figure(figsize=(14,6))
       plt.subplot(1,2,1)
       plt.plot(xydf.x,xydf.y,"ro",label="原始数据")
       plt.plot(xydf.x,fit_y,"b-",linewidth=3,label="指数函数")
       plt.grid()
```

```
        plt.legend()
        plt.title("拟合效果")
        ## 可视化拟合残差大小
        plt.subplot(1,2,2)
        plt.plot(res1,"ro")
        plt.hlines(y=0,xmin=-1,xmax=41,linewidth=2)
        plt.grid()
        plt.title("拟合残差大小")
        plt.show()
```

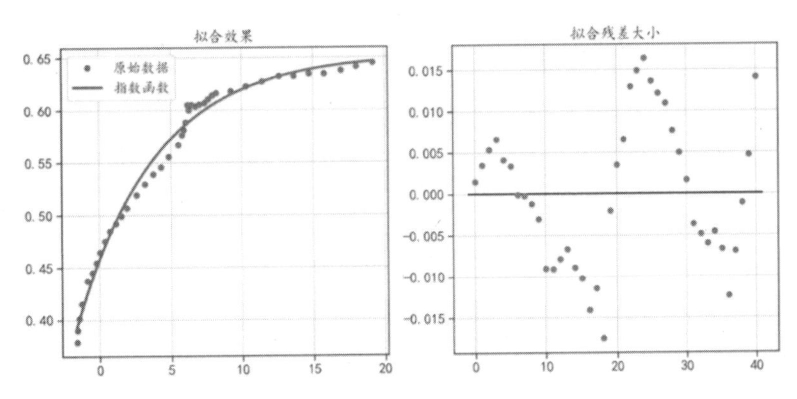

图 5-8　指数函数数据拟合效果

在图 5-8 中，左图展示的是非线性方程对数据的拟合效果，右图展示的是拟合残差的分布情况。从图中可以发现，使用指数函数很好地拟合了原始数据的变化情况。

针对该数据，下面使用一个二次指数函数对其进行拟合，程序如下：

```
In[19]:## 使用二次函数进行拟合
       def func2(x, a, b, c):
           return a * x**2 + b * x + c
       ## 使用 curve_fit 函数进行方程的拟合
       popt, pcov=curve_fit(func2,xydf.x,xydf.y)
       print("a,b,c 的估计值为:",popt)
Out[18]:a,b,c 的估计值为: [-0.00097756   0.02748129   0.45395542]
```

运行程序后可以发现，获得的曲线回归方程为 $y=-0.000978\times x^2+0.02748\times x+0.45396$。针对获得的非线性回归方程，同样使用下面的程序对结果进行可视化，分析拟合曲线和原始数据之间的关系，程序运行后的结果如图 5-9 所示。

```
In[20]:## 计算模型对原始数据的拟合结果
       a=popt[0]
       b=popt[1]
       c=popt[2]
```

```
fit_y=func2(xydf.x,a,b,c)
## 计算拟合残差
res1=fit_y - xydf.y
## 同时可视化原始数据和方程的拟合值
plt.figure(figsize=(14,6))
plt.subplot(1,2,1)
plt.plot(xydf.x,xydf.y,"ro",label="原始数据")
plt.plot(xydf.x,fit_y,"b-",linewidth=3,label="二次函数")
plt.grid()
plt.legend()
plt.title("拟合效果")
## 可视化拟合残差大小
plt.subplot(1,2,2)
plt.plot(res1,"ro")
plt.hlines(y=0,xmin=-1,xmax=41,linewidth=2)
plt.grid()
plt.title("拟合残差大小")
plt.show()
```

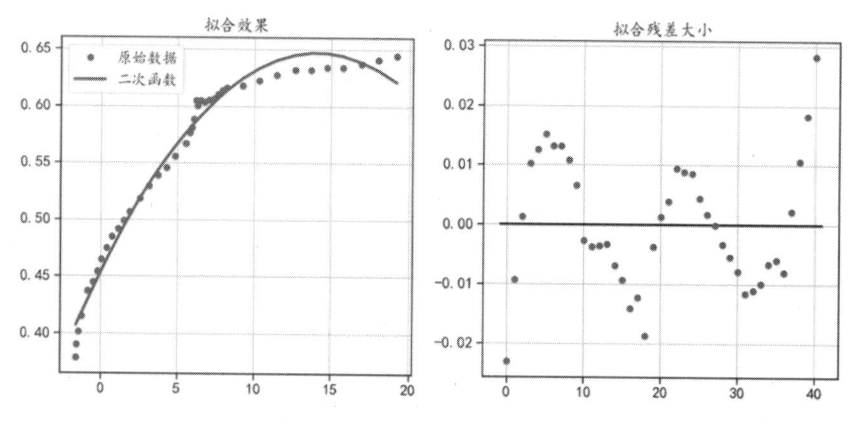

图 5-9　二次函数数据拟合效果

在图 5-9 中，左图展示的是非线性方程对数据的拟合效果，右图展示的是拟合残差的分布情况。从图中可以发现，使用二次函数的拟合效果没有使用指数函数的拟合效果好。

5.3 多元回归

常用的多元回归模型包括多元线性回归、逐步回归和多元自迫应回归样条 3 种，下面分别说明这 3 种回归方法的 Python 实战。

5.3.1 多元线性回归

多元线性回归使用回归方程来刻画一个因变量和多个自变量之间的关系，然后建立线性模型，得到一个回归方程。多元线性回归分析主要解决以下 3 个方面的问题。

（1）确定几个自变量和因变量之间是否存在相关关系，若存在，则找到它们之间合适的数学表达式，得到线性回归方程。

（2）根据一个或几个变量的值，预测或控制另一个变量的取值，并且可以知道这种预测或控制能达到什么样的精确度。

（3）进行因素分析。例如，在对于共同影响因变量的多个自变量之间，找出哪些是重要因素，哪些是次要因素，影响是积极的还是消极的，这些因素之间又有什么关系，通常可以简单地认为系数大的影响较大，正系数为积极影响，负系数为消极影响。

在本节中，使用的数据集来自 UIC 数据集中的能效数据集（ENB2012.xlsx），该数据集已经预处理过，只使用其中的 8 个自变量和 1 个因变量。在进行回归分析之前，先读取数据并对每个变量进行标准化处理，程序如下：

```
In[1]:## 读取用于多元回归的数据
      enbdf=pd.read_excel("data/chap5/ENB2012.xlsx")
      ## 对每个变量的取值进行标准化
      enbdf_n=(enbdf-enbdf.mean())/enbdf.std()
      enbdf_n.head()
Out[1]
```

	X1	X2	X3	X4	X5	X6	X7	X8	Y1
0	2.040447	-1.784712	-0.561586	-1.469119	0.999349	-1.340767	-1.7593	-1.813393	-0.669679
1	2.040447	-1.784712	-0.561586	-1.469119	0.999349	-0.446922	-1.7593	-1.813393	-0.669679
2	2.040447	-1.784712	-0.561586	-1.469119	0.999349	0.446922	-1.7593	-1.813393	-0.669679
3	2.040447	-1.784712	-0.561586	-1.469119	0.999349	1.340767	-1.7593	-1.813393	-0.669679
4	1.284142	-1.228438	0.000000	-1.197897	0.999349	-1.340767	-1.7593	-1.813393	-0.145408

进行回归分析之前，可以分析数据变量之间的相关性，使用下面的程序可以获得数据的相关系数热力图，如图 5-10 所示。

```
In[2]:## 使用相关系数热力图可视化特征之间的相关性
      datacor=enbdf_n.corr()  ## 计算相关系数
      ## 热力图可视化相关系数
      plt.figure(figsize=(8,8))
      ax=sns.heatmap(datacor,square=True,annot=True,fmt=".2f",
                     linewidths=.5,cmap="YlGnBu",
                     cbar_kws={"fraction":0.046,"pad":0.03})
```

```
        ax.set_title("数据变量相关性")
        plt.show()
```

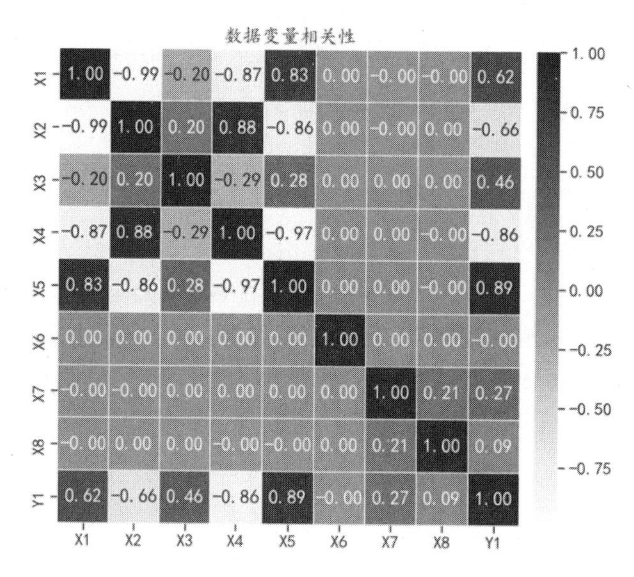

图 5-10 数据相关系数热力图

从图 5-10 中可以发现，X1～X5 和 Y1 之间有很大的相关性，且 X1～X5 还有很强的线性相关性。但由于 X6～X8 的取值较为离散，所以与 Y1 的相关性很小，且 X6～X8 没有线性相关性。

进行回归分析之前，先分析因变量 Y1 的数据分布情况，查看其是否为正态分析，可以使用下面的程序，程序运行后的结果如图 5-11 所示。

```
In[3]:## 可视化因变量 Y1 的数据分布
      fig=plt.figure(figsize=(14,6))
      plt.subplot(1,2,1)
      plt.hist(enbdf_n.Y1,bins=50)
      plt.grid()
      plt.title("数据分布直方图")
      ax=fig.add_subplot(1,2,2)
      sm.qqplot(enbdf_n.Y1,line="45",ax=ax)
      plt.grid()
      plt.title("数据正态检验 Q-Q 图")
      plt.show()
```

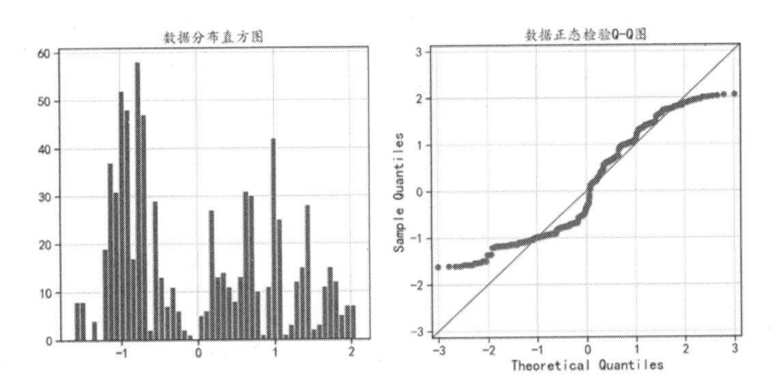

图 5-11 因变量 Y1 的数据分布情况

从图 5-11 中可以发现，因变量 Y1 不是正态分布的。下面利用特征变换方法，将其转化为正态分布，可以使用 QuantileTransformer 方法进行正态性变换，运行下面的程序可获得数据变换后的可视化结果，如图 5-12 所示。

```
In[4]:## 数据变换方法为 QuantileTransformer
        QT=QuantileTransformer(n_quantiles=500,output_distribution=
"normal",random_state=12)
        enbdf_n["Y"]=QT.fit_transform(enbdf_n.Y1.values.reshape(-1,1))
        ## 可视化变换后的因变量
        fig=plt.figure(figsize=(14,6))
        plt.subplot(1,2,1)
        plt.hist(enbdf_n.Y,bins=50)
        plt.grid()
        plt.title("数据分布直方图")
        ax=fig.add_subplot(1,2,2)
        sm.qqplot(enbdf_n.Y,line="45",ax=ax)
        plt.grid()
        plt.title("数据正态检验 Q-Q 图")
        plt.show()
```

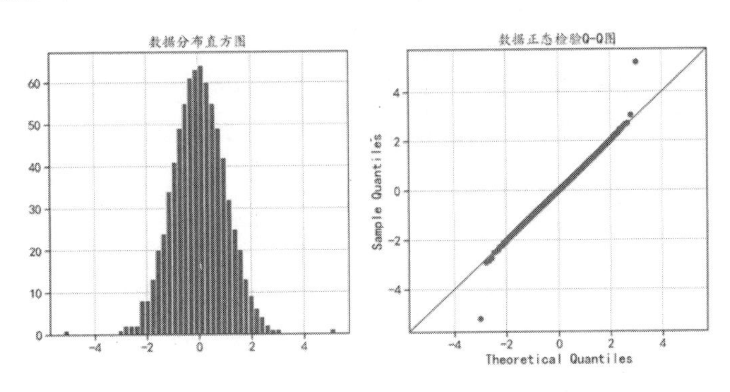

图 5-12 因变量 Y1 的数据分布情况

从图 5-12 中可以发现，变换后数据因变量 Y 属于标准正态分布（同时也可以注意到有两个样本的取值离参考线较远）。下面利用数据变换后的 Y 作为因变量，使用 smf.ols()函数进行多元线性回归，程序如下：

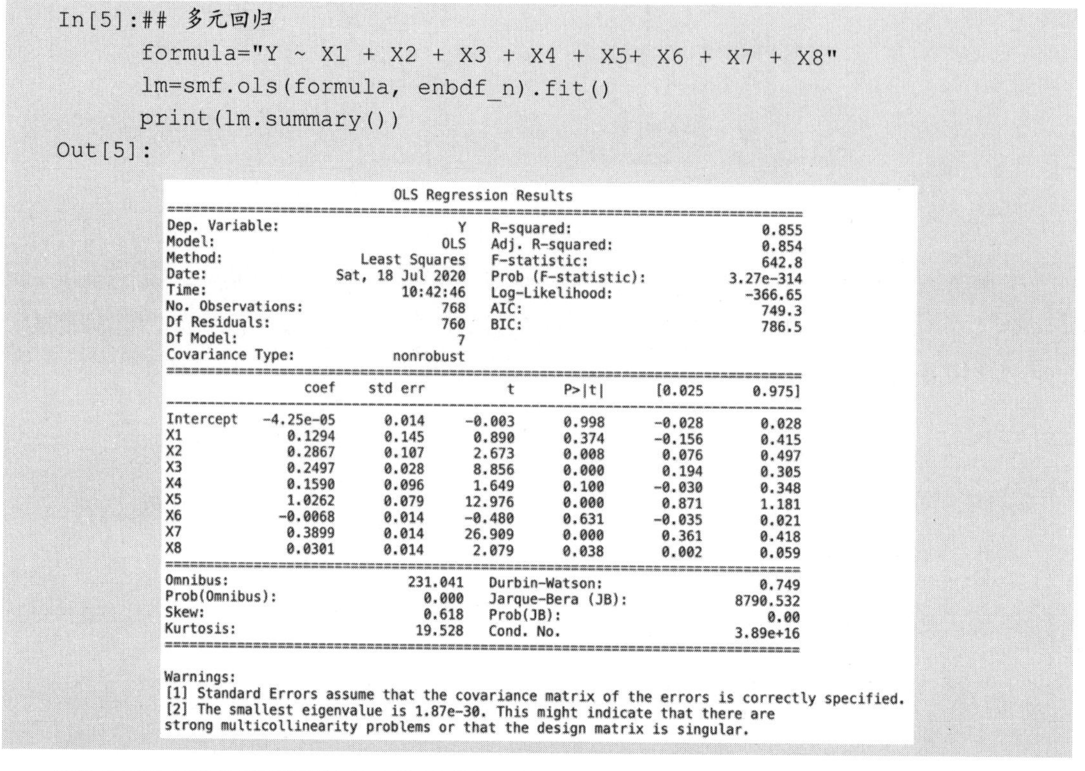

```
In[5]:## 多元回归
      formula="Y ~ X1 + X2 + X3 + X4 + X5+ X6 + X7 + X8"
      lm=smf.ols(formula, enbdf_n).fit()
      print(lm.summary())
Out[5]:
                            OLS Regression Results
==============================================================================
Dep. Variable:                      Y   R-squared:                       0.855
Model:                            OLS   Adj. R-squared:                  0.854
Method:                 Least Squares   F-statistic:                     642.8
Date:                Sat, 18 Jul 2020   Prob (F-statistic):         3.27e-314
Time:                        10:42:46   Log-Likelihood:                -366.65
No. Observations:                 768   AIC:                             749.3
Df Residuals:                     760   BIC:                             786.5
Df Model:                           7
Covariance Type:            nonrobust
==============================================================================
                 coef    std err          t      P>|t|      [0.025      0.975]
------------------------------------------------------------------------------
Intercept   -4.25e-05      0.014     -0.003      0.998      -0.028       0.028
X1             0.1294      0.145      0.890      0.374      -0.156       0.415
X2             0.2867      0.107      2.673      0.008       0.076       0.497
X3             0.2497      0.028      8.856      0.000       0.194       0.305
X4             0.1590      0.096      1.649      0.100      -0.030       0.348
X5             1.0262      0.079     12.976      0.000       0.871       1.181
X6            -0.0068      0.014     -0.480      0.631      -0.035       0.021
X7             0.3899      0.014     26.909      0.000       0.361       0.418
X8             0.0301      0.014      2.079      0.038       0.002       0.059
==============================================================================
Omnibus:                      231.041   Durbin-Watson:                   0.749
Prob(Omnibus):                  0.000   Jarque-Bera (JB):             8790.532
Skew:                           0.618   Prob(JB):                         0.00
Kurtosis:                      19.528   Cond. No.                     3.89e+16
==============================================================================

Warnings:
[1] Standard Errors assume that the covariance matrix of the errors is correctly specified.
[2] The smallest eigenvalue is 1.87e-30. This might indicate that there are
strong multicollinearity problems or that the design matrix is singular.
```

下面对多元线性回归模型的输出结果进行分析。

（1）从回归模型的输出结果可以发现，回归模型中 R-squared=0.855，非常接近于 1，说明该模型对原始数据拟合得很好。并且 F 检验的 P 值 prob(F-statistic)远小于 0.05，说明模型是显著的。

（2）分析回归模型中各个系数的显著性时，可以发现变量 X1、X4 和 X6 系数的 P 值均大于 0.05，说明模型中这 3 个自变量是不显著的，模型需要进一步优化。

（3）模型的条件数 Cond. No.输出的结果为 3.89e + 16，数值非常大，说明模型可能存在自变量之间的多重共线性问题，可以使用逐步回归等方法进行解决。

综上所述，虽然该模型的拟合程度较好，但还有一些不完善的地方，需要对该多元回归模型进行改进，可以使用逐步回归方法，筛选特征建立更合适的模型。利用逐步回归模型对数据建模会在下一节进行介绍。

在进行逐步回归之前，先可视化出因变量的原始数据与使用多元回归模型获得的预测效果之间的差异，程序如下。在绘制图像时，先根据原有的因变量 Y 进行排序，预测值则需要根据 np.argsort() 函数输出的排序顺序来处理，程序运行后的结果如图 5-13 所示。

```
In[6]:## 绘制回归的预测结果和原始数据的差异
      Y_pre=lm.predict(enbdf_n)
      rmse=round(mean_squared_error(enbdf_n.Y,Y_pre),4)
      index=np.argsort(enbdf_n.Y)
      plt.figure(figsize=(12,6))
      plt.plot(np.arange(enbdf_n.shape[0]),enbdf_n.Y[index],"r",
               linewidth=2, label="原始数据")
      plt.plot(np.arange(enbdf_n.shape[0]),Y_pre[index],"bo",
               markersize=3,label="预测值")
      plt.text(200,4,s="均方根误差:"+str(rmse))
      plt.legend()
      plt.grid()
      plt.xlabel("Index")
      plt.ylabel("Y")
      plt.title("多元回归后预测结果")
      plt.show()
```

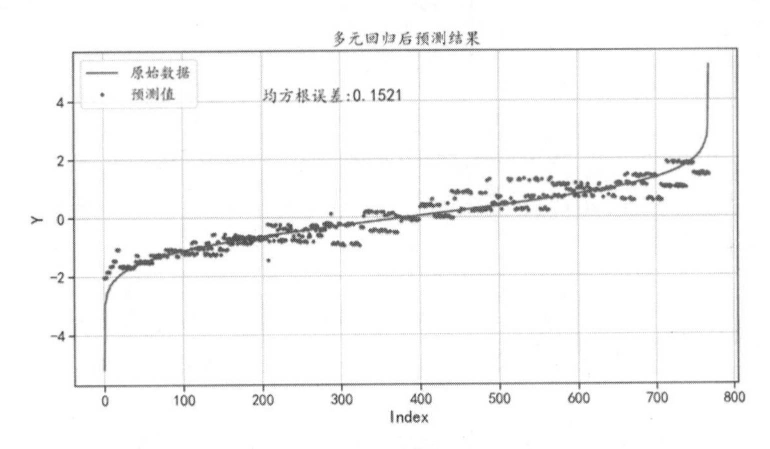

图 5-13　多元回归对因变量 Y 的预测效果

图 5-13 中，红色实线为排序后的原始值，点为多元回归模型的预测值，可以发现使用多元回归模型很好地预测了原始数据的趋势，并且拟合效果非常接近原始数据。

前面数据变换后的 Q-Q 图中，可以发现有两个点明显脱离了参考线，因此这里将数据中的这两个样本视为异常值，将其剔除后再建立多元回归模型，运行下面的程序后可获得新的多元回归模型的预测效果。

```
In[7]:## 剔除 abs(Y) > 4 的异常值样本，进行回归分析
      ## 多元回归
      formula="Y ~ X1 + X2 + X3 + X4 + X5+ X6 + X7 + X8"
      enbdf_new=enbdf_n[enbdf_n.Y.abs() < 4]
      enbdf_new=enbdf_new.reset_index(drop=True)
      lm2=smf.ols(formula, enbdf_new).fit()
      print(lm2.summary())
Out[7]:
```

```
                            OLS Regression Results
==============================================================================
Dep. Variable:                      Y   R-squared:                       0.878
Model:                            OLS   Adj. R-squared:                  0.876
Method:                 Least Squares   F-statistic:                     776.3
Date:                Sat, 18 Jul 2020   Prob (F-statistic):               0.00
Time:                        10:42:46   Log-Likelihood:                -276.67
No. Observations:                 766   AIC:                             569.3
Df Residuals:                     758   BIC:                             606.5
Df Model:                           7
Covariance Type:            nonrobust
==============================================================================
                 coef    std err          t      P>|t|      [0.025      0.975]
------------------------------------------------------------------------------
Intercept     -0.0008      0.013     -0.060      0.952      -0.026      0.024
X1             0.0895      0.130      0.691      0.490      -0.165      0.344
X2             0.2422      0.096      2.534      0.011       0.055      0.430
X3             0.2432      0.025      9.670      0.000       0.194      0.293
X4             0.1188      0.086      1.383      0.167      -0.050      0.287
X5             0.9747      0.071     13.825      0.000       0.836      1.113
X6            -0.0027      0.013     -0.214      0.830      -0.027      0.022
X7             0.3768      0.013     29.137      0.000       0.351      0.402
X8             0.0279      0.013      2.155      0.031       0.002      0.053
==============================================================================
Omnibus:                       39.796   Durbin-Watson:                   0.662
Prob(Omnibus):                  0.000   Jarque-Bera (JB):               80.128
Skew:                           0.327   Prob(JB):                     3.99e-18
Kurtosis:                       4.443   Cond. No.                     1.76e+16
==============================================================================

Warnings:
[1] Standard Errors assume that the covariance matrix of the errors is correctly specified.
[2] The smallest eigenvalue is 9.13e-30. This might indicate that there are
strong multicollinearity problems or that the design matrix is singular.
```

针对该回归模型，可视化出预测结果和原始的因变量之间的关系，运行下面的程序后预测结果如图 5-14 所示。

```
In[8]:## 绘制回归的预测结果和原始数据的差异
      Y_pre=lm2.predict(enbdf_new)
      rmse=round(mean_squared_error(enbdf_new.Y,Y_pre),4)
      index=np.argsort(enbdf_new.Y)
      plt.figure(figsize=(12,6))
      plt.plot(np.arange(enbdf_new.shape[0]),enbdf_new.Y[index],"r",
               linewidth=2, label="原始数据")
      plt.plot(np.arange(enbdf_new.shape[0]),Y_pre[index],"bo",
               markersize=3,label="预测值")
      plt.text(200,2.5,s="均方根误差:"+str(rmse))
      plt.legend()
      plt.grid()
      plt.xlabel("Index")
      plt.ylabel("Y")
```

```
plt.title("多元回归后预测结果(剔除异常值)")
plt.show()
```

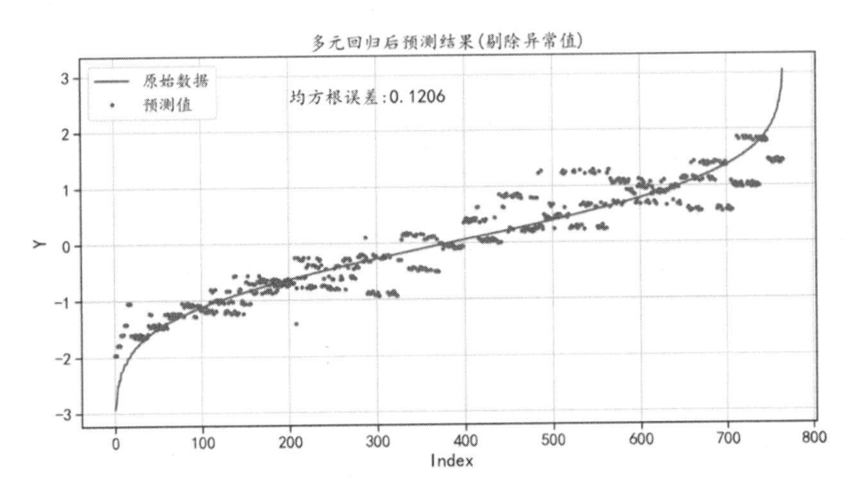

图 5-14 剔除异常值后的预测结果可视化

可以发现，剔除两个异常值后，数据的拟合效果变得更好，均方根误差减小。

5.3.2 逐步回归

如果在一个回归方程中，忽略了对因变量有显著影响的自变量，那么所建立的方程必然与实际有较大的偏离，但所使用的自变量越多，可能因为误差平方和的自由度的减小而使方差的估计增大，从而影响回归方程预测的精度。因此，适当地选择变量以建立一个“最优”的回归方程是十分重要的。“最优”的回归模型一般满足两个条件：①模型能够反映自变量和因变量之间的真实关系；②模型所使用自变量数量要尽可能少。

建立多元回归模型时，可以从可能影响因变量的众多影响因素中，挑选部分作为自变量建立“最优”的回归模型，这时可以通过逐步回归的方法，挑选出合适的自变量。逐步回归是一种线性回归模型自变量选择方法，其基本思想是将变量一个一个引入，引入的条件是其回归平方和经检验是显著的。同时，每引入一个新变量后，对已入选回归模型的旧变量逐个进行检验，将经检验认为不显著的变量剔除，以保证所得自变量子集中每一个变量都是显著的。此过程经过若干步直到不能再引入新变量为止，这时回归模型中所有变量对因变量都是显著的。

Python 中还没有现成的逐步回归方法，下面使用一种近似逐步回归的方法，该方法就是针对所有的自变量组合进行回归分析，输出 bic 值、aic 值、条件数 Cond. No 值和 R-squared，然后再选择合适的模型。要得到 8 个自变量的所有组合，需要使用 itertools 库中的 combinations 函数，该函数能够获取一个数组中的所有元素的组合。进行逐步回归的程序如下：

```
In[9]:## 利用逐步回归对多元回归方程中的不显著变量进行挑选
      Enb=enbdf_new.drop(labels=["Y1"],axis=1)    ## 剔除数据中的 Y1 变量
      ## 根据 bic 和 Cond. No.（条件数）参与回归的自变量个数来找到合适的回归模型
      variable=[]
      aic=[]
      bic=[]
      Cond=[]
      R_squared=[]
      ## 第一次循环获取所有的变量组合
      for ii in range(1,len(Enb.columns.values[0:-1])):
          var=list(combinations(Enb.columns.values[0:-2],ii))
          ## 第二次循环为每个变量组合进行回归分析
          for v in var:
              formulav="Y"+"~"+"+".join(v)
              lm=smf.ols(formulav, Enb).fit()
              bic.append(lm.bic)
              aic.append(lm.aic)
              variable.append(v)
              Cond.append(lm.condition_number)
              R_squared.append(lm.rsquared)
      ## 将输出的结果整理为数据表格
      df=pd.DataFrame()
      df["variable"]=variable
      df["bic"]=bic
      df["aic"]=aic
      df["Cond"]=Cond
      df["R_squared"]=R_squared
      ## 将输出的参数根据 bic 排序,并且将条件数较小的变量组合
      df.sort_values("bic",ascending=True)[df.Cond<300].head(8)
out[9]:
```

	variable	bic	aic	Cond	R_squared
87	(X2, X3, X5, X7)	591.736520	568.530609	8.609240	0.876750
90	(X2, X4, X5, X7)	591.736520	568.530609	10.359686	0.876750
94	(X3, X4, X5, X7)	591.736520	568.530609	8.791213	0.876750
77	(X1, X3, X5, X7)	595.252439	572.046529	6.147315	0.876183
105	(X1, X2, X4, X5, X7)	597.905762	570.058669	29.946591	0.876826
109	(X1, X3, X4, X5, X7)	597.905762	570.058669	31.624429	0.876826
102	(X1, X2, X3, X5, X7)	597.905762	570.058669	30.103320	0.876826
118	(X3, X4, X5, X6, X7)	598.332071	570.484978	8.791224	0.876758

上面的程序使用两重 for 循环来完成所有模型的拟合并输出需要的数值。第一重 for 循环为循环模型中自变量的个数，第二重 for 循环为 8 个自变量在指定变量个数的所有组合，然后计算出回归

模型的 4 个指定结果。针对输出的结果，可以发现 bic 最小的回归方程只用到了(X2, X3, X5, X7)4 个自变量，并且 R_squared = 0.87675，而且此时的条件数较小，缓解了多重共线性问题，增强了模型的稳定性。接下来使用这 4 个自变量进行多元回归分析，程序如下：

```
In[10]:## 使用 4 个自变量进行回归分析
       formula="Y ~ X2 + X3 + X5 + X7"
       lmstep=smf.ols(formula, Enb).fit()
       print(lmstep.summary())
Out[10]:
```

```
                            OLS Regression Results
==============================================================================
Dep. Variable:                      Y   R-squared:                       0.877
Model:                            OLS   Adj. R-squared:                  0.876
Method:                 Least Squares   F-statistic:                     1353.
Date:                Sat, 18 Jul 2020   Prob (F-statistic):               0.00
Time:                        10:42:48   Log-Likelihood:                -279.27
No. Observations:                 766   AIC:                             568.5
Df Residuals:                     761   BIC:                             591.7
Df Model:                           4
Covariance Type:            nonrobust
==============================================================================
                 coef    std err          t      P>|t|      [0.025      0.975]
------------------------------------------------------------------------------
Intercept     -0.0007      0.013     -0.053      0.958      -0.025       0.024
X2             0.2400      0.053      4.519      0.000       0.136       0.344
X3             0.1993      0.028      7.014      0.000       0.143       0.255
X5             0.9437      0.054     17.379      0.000       0.837       1.050
X7             0.3827      0.013     30.226      0.000       0.358       0.408
==============================================================================
Omnibus:                       38.659   Durbin-Watson:                   0.662
Prob(Omnibus):                  0.000   Jarque-Bera (JB):               85.129
Skew:                           0.284   Prob(JB):                     3.27e-19
Kurtosis:                       4.531   Cond. No.                         8.61
==============================================================================
```

从输出的回归结果中可以发现，每个自变量都是显著的。最后，可以确定该多元回归模型为 Y=−0.0007+0.24×X2+0.1993×X3+0.9437×X5+0.3827×X7。下面利用该回归模型可视化出其真实值和预测值之间的差异，程序如下，可视化结果如图 5-15 所示。

```
In[11]:## 绘制回归的预测结果和原始数据的差异
       Y_pre=lmstep.predict(Enb)
       rmse=round(mean_squared_error(Enb.Y,Y_pre),4)
       index=np.argsort(Enb.Y)
       plt.figure(figsize=(12,6))
       plt.plot(np.arange(Enb.shape[0]),Enb.Y[index],"r",
                linewidth=2, label="原始数据")
       plt.plot(np.arange(Enb.shape[0]),Y_pre[index],"bo",
                markersize=3,label="预测值")
       plt.text(200,2.5,s="均方根误差:"+str(rmse))
       plt.legend()
       plt.grid()
       plt.xlabel("Index")
       plt.ylabel("Y")
       plt.title("逐步回归后预测结果")
       plt.show()
```

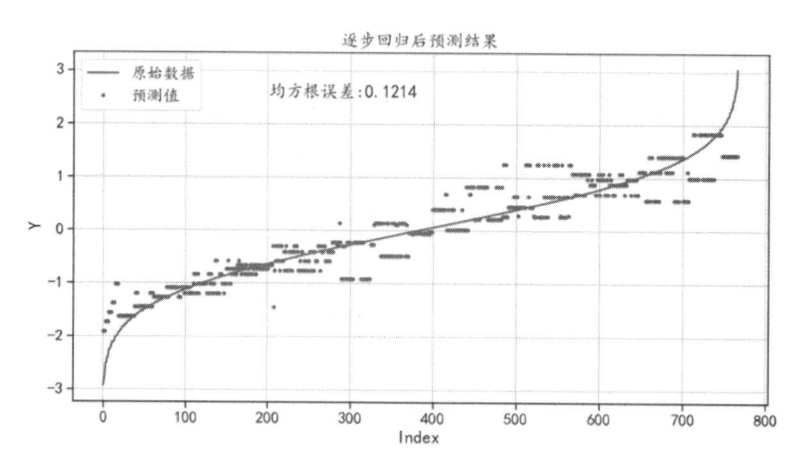

图 5-15　逐步回归的预测效果

5.3.3　多元自适应回归样条

多元自适应回归样条以样条函数的张量积作为基函数，分为前向过程、后向剪枝过程与模型选取三个步骤。其优势在于能够处理数据量大、维度高的数据，而且计算快捷、模型精确。它可以看成逐步线性回归的推广，也可以看成为了提高 CARTClassification And Regression Tree，一种决策树算法）在回归中的效果而进行的改进。下面使用 Earth()函数，对房屋能耗数据集进行多元自适应回归样条模型，程序如下：

```
In[12]:##准备数据
        X=np.array(Enb.iloc[:,0:-1])
        y=np.array(Enb.Y)
        ## 拟合模型
        model=Earth(max_terms=20,max_degree=3,feature_importance_type
="gcv")
        marsfit=model.fit(X,y)
        ## 输出模型的结果
        print(marsfit.summary())
Out[12]:
Earth Model
--------------------------------------
Basis Function  Pruned  Coefficient
--------------------------------------
(Intercept)     No      -35.5528
x4              No      52.2683
x6              No      0.27777
x2              No      -16.5909
x7*x6           No      -0.0519826
x6*x4           No      -0.0509712
```

```
x2*x6*x4          No       0.0852813
x6*x6*x4          No       0.0661183
x1                No       69.3403
x7*x7*x6          No       0.0534038
x2*x2             No       9.4173
x2*x2*x2          No       -2.08044
x4*x2*x2          No       0.974688
x1*x2*x2          No       1.74892
x1*x4             No       -35.0025
x0*x1*x4          No       -14.167
x0*x2             No       21.5804
x0                No       3.04558
x1*x7*x6          No       -0.0220651
-------------------------------------
MSE: 0.0207, GCV: 0.0234, RSQ: 0.9790, GRSQ: 0.9763
```

可以发现其自动地对数据进行了多项式特征的使用，对数据中原来的 X1 ~ X8 变量，使用了 X0 ~ X7 重新表示，选择出了对模型效果最好的组合，而且输出结果显示模型的均方根误差为 0.0207。该模型可以计算出每个变量在模型中的重要性，下面的程序利用条形图将每个自变量的重要性进行了可视化，程序运行后的结果如图 5-16 所示。

```
In[13]:## 使用条形图可视化每个变量的重要性
       plt.figure(figsize=(10,6))
       plt.barh(y=["X"+str(i) for i in range(8)],
                width=marsfit.feature_importances_)
       plt.xlabel("变量重要性")
       plt.title("多变量自适应回归样条")
       plt.show()
```

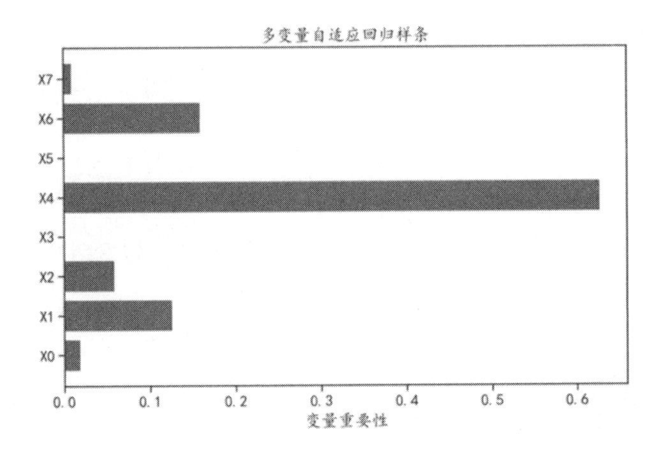

图 5-16 每个自变量的重要性

从图 5-16 中可以发现，数据中的自变量 X4（对应于原始数据中的自变量 X5）的重要性最大。针对该模型同样可以将其预测结果和模型的原始数据进行可视化，对比分析模型对数据的拟合效果，程序如下，程序运行后的结果如图 5-17 所示。

```
In[14]:## 绘制回归的预测结果和原始数据的差异
       Y_pre=marsfit.predict(X)
       rmse=round(mean_squared_error(y,Y_pre),4)
       index=np.argsort(y)
       plt.figure(figsize=(12,6))
       plt.plot(np.arange(len(y)),y[index],"r",
                linewidth=2, label="原始数据")
       plt.plot(np.arange(len(y)),Y_pre[index],"bo",
                markersize=3,label="预测值")
       plt.text(200,2.5,s="均方根误差:"+str(rmse))
       plt.legend()
       plt.grid()
       plt.xlabel("Index")
       plt.ylabel("Y")
       plt.title("多变量自适应回归样条")
       plt.show()
```

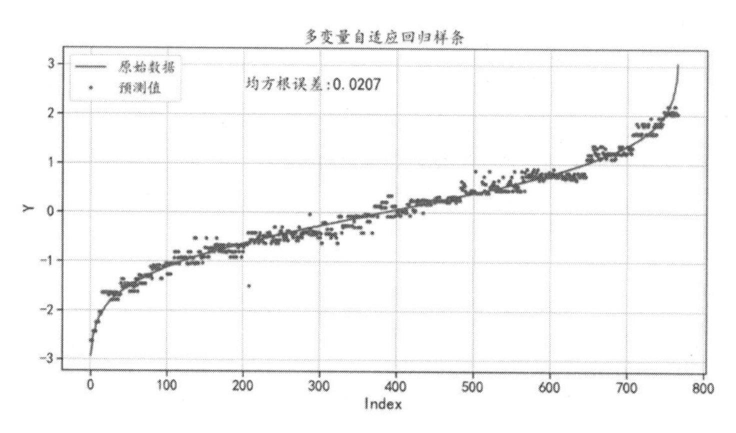

图 5-17　预测值和真实值之间的差异

从图 5-17 中可以发现，使用多元自适应回归样条获得的数据拟合结果，比多元回归和多元自适应回归的拟合效果都要好。

5.4　正则化回归分析

正则化回归分析是在多元线性回归的基础上，对其目标函数添加惩罚范数。常用的方法有 Ridge

回归、LASSO 回归和弹性网络回归。其中，Ridge 回归添加了一个l_2范数作为惩罚范数，LASSO 回归添加了一个l_1范数作为惩罚范数，弹性网络回归同时添加l_2范数和l_1范数作为惩罚范数。在多元回归中添加惩罚范数，相对于多元线性回归具有很多优点，例如 LASSO 回归相对于多元回归有以下两种优点。

（1）可以进行变量筛选，主要是把不必要进入模型的变量剔除。虽然回归模型中自变量越多，得到的回归效果越好，决定系数R^2越接近 1，但这时往往会有过拟合的风险。通常使用 LASSO 回归筛选出有效的变量，能够避免模型的过拟合问题。在针对具有很多自变量的回归预测问题时，可以使用 LASSO 回归，挑选出有用的自变量，增强模型的健壮性。

（2）LASSO 回归可以通过改变惩罚范数的系数大小，来调整惩罚的作用强度，从而调整模型的复杂度，合理地使用惩罚系数的大小，能够得到更合适的模型。

下面以奥迪汽车的销售价格数据为例，介绍如何使用正则化回归方法，对数据中的价格变量建立回归模型。读取数据并运行程序，输出结果如下：

```
In[1]:## 数据准备，使用奥迪汽车的价格数据集
      Audi=pd.read_csv("data/chap5/audi car price.csv")
      print(Audi.head())
Out[1]:
  model  year  price transmission  mileage fuelType  tax   mpg  engineSize
0    A1  2017  12500       Manual    15735   Petrol  150  55.4         1.4
1    A6  2016  16500    Automatic    36203   Diesel   20  64.2         2.0
2    A1  2016  11000       Manual    29946   Petrol   30  55.4         1.4
3    A4  2017  16800    Automatic    25952   Diesel  145  67.3         2.0
4    A3  2019  17300       Manual     1998   Petrol  145  49.6         1.0
```

从输出结果可以知道，数据中除了价格变量 price 外，还包含几个数值变量和离散分类变量，针对分类变量可以下面的程序对其进行 one-hot 编码，程序和输出结果如下：

```
In[2]:## 将几个类别特征进行 one-hot 编码
      Audi=pd.get_dummies(Audi,["model","transmission","fuelType"])
      Audi.head()
Out[2]:
```

	year	price	mileage	tax	mpg	engineSize	model_A1	model_A2	model_A3	model_A4	...	model_S8	model_SQ5	model_SQ7	model_TT	transmi
0	2017	12500	15735	150	55.4	1.4	1	0	0	0	...	0	0	0	0	
1	2016	16500	36203	20	64.2	2.0	0	0	0	0	...	0	0	0	0	
2	2016	11000	29946	30	55.4	1.4	1	0	0	0	...	0	0	0	0	
3	2017	16800	25952	145	67.3	2.0	0	0	0	1	...	0	0	0	0	
4	2019	17300	1998	145	49.6	1.0	0	0	1	0	...	0	0	0	0	

5 rows × 38 columns

数据准备好之后，查看因变量 price 的数据分布情况，并且可以使用下面的程序检验其是否为正态分布，运行程序后可视化结果如图 5-18 所示。

```
In[3]:## 对因变量price的取值分布进行可视化，查看其是否为正态分布
      fig=plt.figure(figsize=(14,6))
      plt.subplot(1,2,1)
      plt.hist(Audi.price,bins=80)
      plt.grid()
      plt.title("汽车价格分布直方图")
      ax=fig.add_subplot(1,2,2)
      sm.qqplot(Audi.price,line="q",ax=ax)
      plt.grid()
      plt.title("汽车价格正态检验Q-Q图")
      plt.tight_layout()
      plt.show()
```

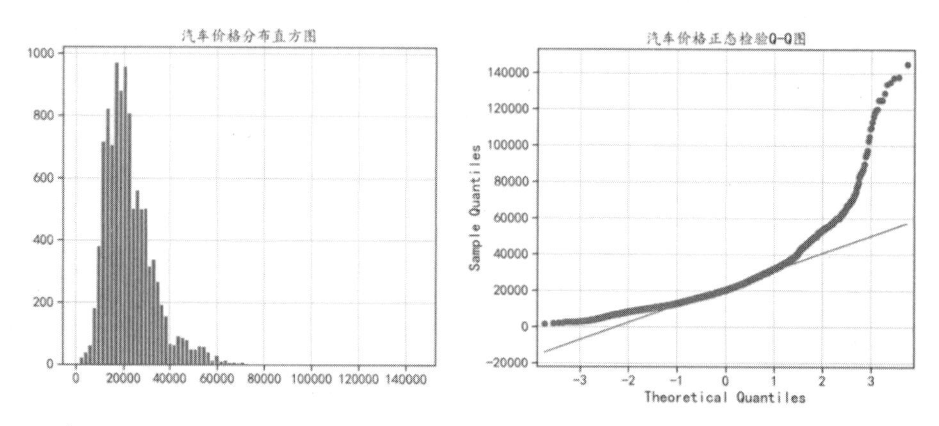

图 5-18　价格分布可视化分析

从图 5-18 中可以发现，因汽车价格的分布不是正态分布的，下面通过对数变换将其转化为正态分布，程序如下，程序运行后的结果如图 5-19 所示。

```
In[4]:## 计算log(x)
      Price=np.log1p(Audi.price)
      ## 可视化价格变换后的数据分布
      fig=plt.figure(figsize=(14,6))
      plt.subplot(1,2,1)
      plt.hist(Price,bins=80)
      plt.grid()
      plt.title("汽车价格直方图(取对数后)")
      ax=fig.add_subplot(1,2,2)
      sm.qqplot(Price,line="q",ax=ax)
      plt.grid()
```

```
        plt.title("汽车价格正态检验 Q-Q 图(取对数后)")
        plt.tight_layout()
        plt.show()
```

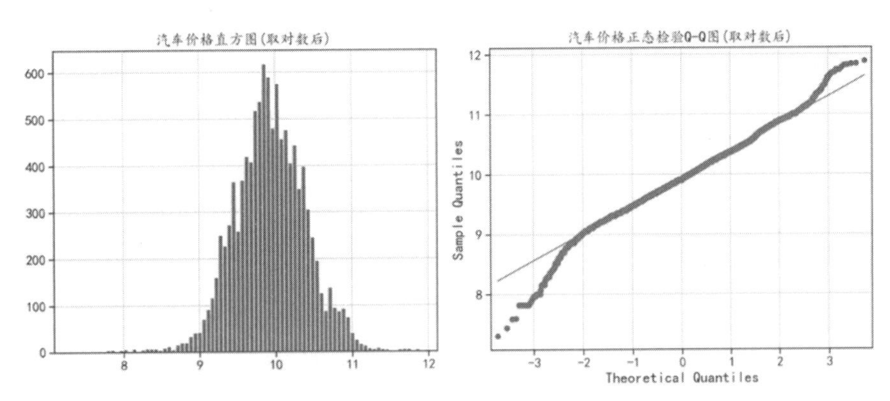

图 5-19 价格对数变换后的分布可视化分析

从图 5-19 中可以发现，汽车价格取对数后，相对于原始的价格更接近于正态分布。

进行正则化回归分析之前，先准备数据，程序如下，程序中先将数据集切分为训练集和测试集，然后对自变量数据进行标准化处理。最终训练集有 8001 个样本，测试集有 2667 个样本。

```
    In[5]:## 获取数据的自变量
          Audi_X=Audi.drop(labels=["price"],axis=1)
          feature_name=Audi_X.columns
          Audi_X=np.array(Audi_X)
          ## 将数据切分为训练集和测试集
          X_train, X_test, y_train, y_test=train_test_split(Audi_X,
Price.values,
              test_size=0.25, random_state=42)
          ## 对数据的特征进行标准化预处理
          stdscale=StandardScaler().fit(X_train)
          X_train_s= stdscale.transform(X_train)
          X_test_s= stdscale.transform(X_test)
          print("训练数据:",X_train_s.shape)
          print("测试数据:",X_test_s.shape)
   Out[5]:训练数据: (8001,37)
           测试数据: (2667,37)
```

5.4.1 Ridge 回归分析

下面的程序定义了一个利用训练集和测试集进行 Ridge 回归的函数，该函数会利用输入的训练集进行回归模型的训练，然后对测试集进行预测，在输出中会包含回归的R^2得分、绝对值误差和对应变量的回归系数。定义了 ridge_regression()函数后，可根据不同惩罚范数的系数 alpha，建立回归模型，并将对应的结果输出为数据表，程序如下：

```
In[6]:## 定义回归函数
      def ridge_regression(X_train, y_train, X_test, y_test, alpha):
          ## X_train, X_test, y_train, y_test:输入的训练数据和测试数据
          # Ridge 回归模型
          model=Ridge(alpha=alpha, max_iter=1e5)
          model.fit(X_train,y_train)        # 拟合模型
          y_pred=model.predict(X_test)   # 预测
          ## 输出模型的测试结果
          ret=[alpha]                          # 惩罚参数 alpha
          ret.append(r2_score(y_test,y_pred)) # R^2
          ret.append(mean_absolute_error(y_test,y_pred)) # 绝对值误差
          ret.extend(model.coef_)       # Ridge 回归模型的系数
          return ret
      ## 使用 ridge_regression 函数，利用不同的参数 alpha 进行回归分析
      # 定义 alpha 的取值范围
      alpha_ridge=[0.00001,0.00005,0.0001,0.0005,0.001,0.005,0.01,0.05,
                   0.1,0.5,1,5,10,50,100,500,1000,5000]
      # 初始化数据表用来保存系数和得分
      col=[["alpha","r2_score","mae"],list(feature_name.values)]
      col=[val for sublist in col for val in sublist]   # 数据表列名
      ind=['alpha_%.g'%alp for alp in alpha_ridge]      # 数据表索引
      coef_matrix_ridge=pd.DataFrame(index=ind, columns=col)
      #根据 alpha 的值进行 Ridge 回归
      for ii,alpha in enumerate(alpha_ridge):
          coef_matrix_ridge.iloc[ii,]=ridge_regression(X_train_s,
y_train,
                                                        X_test_s,
y_test,alpha)
      coef_matrix_ridge.sample(5)
Out[6]:
```

	alpha	r2_score	mae	year	mileage	tax	mpg	engineSize	model_ A1	model_ A2	...	model_ S8
alpha_0.001	0.001	0.93566	0.0926323	0.217421	-0.115223	-0.00767718	-0.0508405	0.106363	-0.074139	-0.0011728	...	0.00287004
alpha_1e+02	100	0.935734	0.0924619	0.212925	-0.116459	-0.00706462	-0.053124	0.103934	-0.0730729	-0.00143024	...	0.00288224
alpha_0.0001	0.0001	0.93566	0.0926323	0.217421	-0.115223	-0.00767718	-0.0508405	0.106363	-0.074139	-0.0011728	...	0.00287004
alpha_1e+01	10	0.935674	0.092612	0.21695	-0.115359	-0.00762182	-0.0510944	0.106104	-0.0740298	-0.00120005	...	0.00287219
alpha_0.05	0.05	0.93566	0.0926322	0.217419	-0.115224	-0.00767691	-0.0508418	0.106362	-0.0741385	-0.00117294	...	0.00287005

5 rows × 40 columns

从输出结果中可以发现，不同 alpha 下的模型结果会以数据表的形式保存，针对输出结果可以使用下面的程序，根据模型在绝对值上的误差进行排序。

```
In[7]:## 将回归结果根据绝对值误差的大小进行排序
      ridge_result=coef_matrix_ridge.iloc[:,0:3]
      print(ridge_result.sort_values("mae",ascending=True).head())
Out[7]:             alpha  r2_score       mae
      alpha_1e+02   100  0.935734  0.0924619
      alpha_5e+01    50  0.935715  0.0925373
      alpha_5e+02   500  0.934902  0.0925817
      alpha_1e+01    10  0.935674   0.092612
      alpha_5         5  0.935667  0.0926221
```

从输出结果可以发现，当 alpha=100 时，回归模型的预测效果最好，在测试集上的误差最小。使用下面的程序可以可视化不同 alpha 取值下每个自变量系数的变化情况，即自变量的轨迹线，程序运行后的结果如图 5-20 所示。

```
In[8]:## 可视化不同 alpha 取值下每个自变量的轨迹线
      feature_number=len(feature_name)   ## 特征的数量
      x=range(len(alpha_ridge))
      plt.figure(figsize=(15,6))
      plt.subplot(1,2,1)
      for ii in np.arange(feature_number):
          plt.plot(x,coef_matrix_ridge[feature_name[ii]],
                   color=plt.cm.Set1(ii / feature_number),label=ii)
      ## 设置 X 坐标轴的标签
      plt.xticks(x,alpha_ridge,rotation=45)
      # plt.legend()   ## 因为变量太多就不显示图例了
      plt.xlabel("Alpha")
      plt.ylabel("标准化系数")
      plt.title("Ridge 回归轨迹线")
      plt.grid()
      ## 在测试集上绝对值误差的变化情况
      plt.subplot(1,2,2)
      plt.plot(x,coef_matrix_ridge["mae"],"r-o",linewidth=2)
      ## 设置 X 坐标轴的标签
      plt.xticks(x,alpha_ridge,rotation=45)
      plt.xlabel("Alpha")
      plt.ylabel("绝对值误差")
      plt.title("Ridge 回归在测试集上的误差")
      plt.grid()
      plt.show()
```

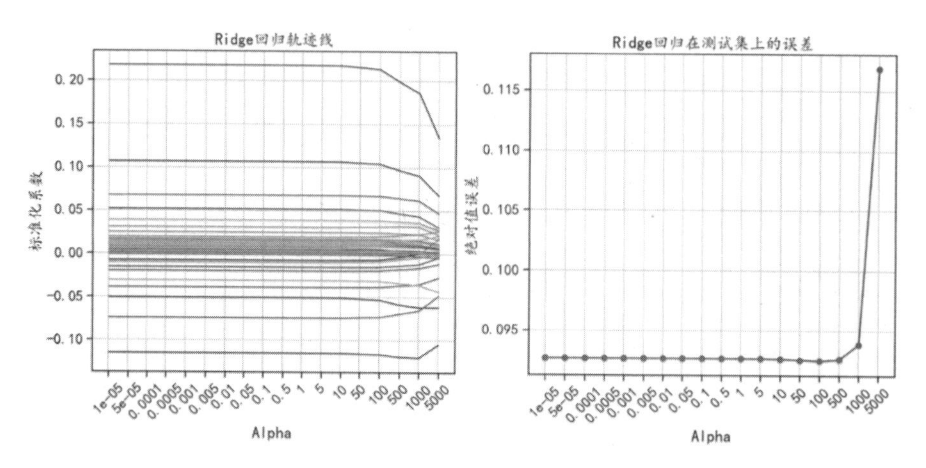

图 5-20　Ridge 回归轨迹线和测试误差

图 5-20 中，左图是 Ridge 回归的轨迹线，右边的图像为随着 alpha 的变化，Ridge 回归在测试集上的预测误差情况。

5.4.2　LASSO 回归分析

使用 LASSO 回归时，为了分析随着惩罚范数系数的变化，模型对数据的拟合情况，可以定义一个利用训练集和测试集，进行 LASSO 回归的函数 lasso_regression()，该函数会利用输入的训练集进行回归模型的训练，然后对测试集进行预测，在输出中会包含回归的R^2得分、绝对值误差和对应变量的回归系数。该函数可使用以下程序进行定义。

```
In[9]:## 定义回归函数
      def lasso_regression(X_train, y_train, X_test, y_test, alpha):
          ## X_train, X_test, y_train, y_test:输入的训练数据和测试数据
          # LASSO 回归模型
          model=Lasso(alpha=alpha, max_iter=1e5)
          model.fit(X_train,y_train)        # 拟合模型
          y_pred=model.predict(X_test)   # 预测
          ## 输出模型的测试结果
          ret=[alpha]                        # 惩罚参数 alpha
          ret.append(r2_score(y_test,y_pred)) # R^2
          ret.append(mean_absolute_error(y_test,y_pred)) # 绝对值误差
          ret.extend(model.coef_)        # LASSO 回归模型的系数
          return ret
```

定义了 lasso_regression()函数后，根据不同的惩罚范数的系数 alpha，建立回归模型，并将对应的结果输出为数据表，程序如下：

```
In[10]:## 使用 lasso_regression 函数，利用不同的参数 alpha 进行回归分析
       # 定义 alpha 的取值范围
```

```
        alpha_lasso=[0.00001,0.00005,0.0001,0.0005,0.001,0.005,0.01,0.05,
                     0.1,0.5,1,5,10,50,100,500,1000,5000]
        # 初始化数据表用来保存系数和得分
        col=[["alpha","r2_score","mae"],list(feature_name.values)]
        col=[val for sublist in col for val in sublist]   # 数据表列名
        ind=['alpha_%.g'%alp for alp in alpha_lasso]     # 数据表索引
        coef_matrix_lasso=pd.DataFrame(index=ind, columns=col)
        #根据 alpha 值进行 LASSO 回归
        for ii,alpha in enumerate(alpha_lasso):
            coef_matrix_lasso.iloc[ii,]=lasso_regression(X_train_s,
y_train,
                                                         X_test_s,
y_test,alpha)
        coef_matrix_lasso.sample(5)
   Out[11]:
```

	alpha	r2_score	mae	year	mileage	tax	mpg	engineSize	model_ A1	model_ A2	...	model_
alpha_5	5	-3.12193e-05	0.372899	0	-0	0	-0	0	-0	-0	...	
alpha_0.05	0.05	0.870596	0.128771	0.206069	-0.0855	0	-0.0573362	0.148632	-0.0122501	-0	...	
alpha_0.0005	0.0005	0.935729	0.0926053	0.217716	-0.114808	-0.00542947	-0.050059	0.108049	-0.0838433	-0.00101234	...	0.001368
alpha_0.005	0.005	0.932931	0.0944798	0.21624	-0.11203	0	-0.0549895	0.120213	-0.0685508	-0	...	
alpha_0.0001	0.0001	0.935727	0.0926101	0.217482	-0.115142	-0.00722162	-0.050667	0.106706	-0.0853477	-0.00145132	...	0.00194

5 rows × 40 columns

针对在不同 alpha 取值下的输出结果，可以将其根据绝对值误差的大小进行排序，程序如下：

```
   In[12]:## 将回归结果根据绝对值误差的大小进行排序
        lasso_result=coef_matrix_lasso.iloc[:,0:3]
        ## 计算不同 alpha 取值下有多少个自变量的系数为 0
        lasso_result["var_zreo_num"]=(coef_matrix_lasso.iloc[:,3:40] ==
0).astype(int).sum(axis=1)
        print(lasso_result.sort_values("mae",ascending=True).head(8))
   Out[12]:                alpha  r2_score        mae  var_zreo_num
        alpha_0.0005  0.0005  0.935729  0.0926053             5
        alpha_0.0001  0.0001  0.935727  0.0926101             4
        alpha_5e-05    5e-05  0.935721  0.0926145             4
        alpha_1e-05    1e-05  0.935716  0.0926183             4
        alpha_0.001    0.001  0.935635  0.0926867             5
        alpha_0.005    0.005  0.932931  0.0944798            12
        alpha_0.01      0.01  0.926967  0.0978147            19
        alpha_0.05      0.05  0.870596   0.128771            30
```

从输出结果可以发现，当 alpha=0.0005 时，回归模型的预测效果最好，并且有 5 个自变量的回归系数等于 0。利用下面的程序可视化出每个自变量系数变化情况的轨迹线，以及随着 alpha 变化在测试集上绝对值误差的变化情况，程序运行后的结果如图 5-21 所示。

```
In[13]:## 可视化不同 alpha 取值下每个自变量的轨迹线
       feature_number=len(feature_name)  ## 特征的数量
       x=range(len(alpha_lasso))
       plt.figure(figsize=(15,6))
       plt.subplot(1,2,1)
       for ii in np.arange(feature_number):
           plt.plot(x,coef_matrix_lasso[feature_name[ii]],
                    color=plt.cm.Set1(ii / feature_number),label=ii)
       ## 设置 X 坐标轴的标签
       plt.xticks(x,alpha_ridge,rotation=45)
       plt.xlabel("alpha")
       plt.ylabel("标准化系数")
       plt.title("LASSO 回归轨迹线")
       plt.grid()
       ## 在测试集上绝对值误差的变化情况
       plt.subplot(1,2,2)
       plt.plot(x,coef_matrix_lasso["mae"],"r-o",linewidth=2)
       ## 设置 X 坐标轴的标签
       plt.xticks(x,alpha_ridge,rotation=45)
       plt.xlabel("alpha")
       plt.ylabel("绝对值误差")
       plt.title("LASSO 回归在测试集上的误差")
       plt.grid()
       plt.show()
```

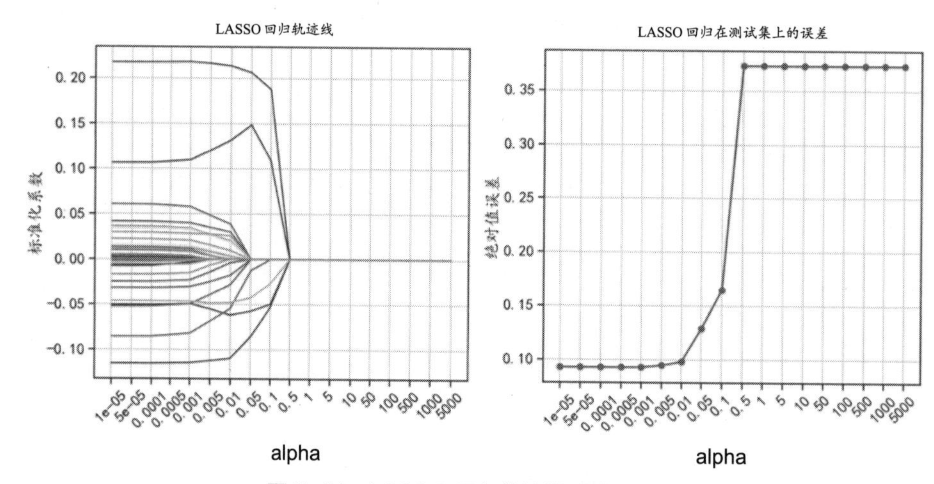

图 5-21　LASSO 回归轨迹线和测试误差

图 5-21 中，左图是 LASSO 回归的轨迹线，右图为随着 alpha 的变化，LASSO 回归在测试

集上的预测误差情况。可以发现，随着 alpha 的增大，逐渐有自变量的系数变化到 0，说明这些自变量对模型的影响并不是很大，因此 LASSO 回归还有对数据进行特征选择的作用。

下面针对最好的 LASSO 回归模型，将测试集上的预测值和真实值之间的差异可视化，程序如下，程序运行后的结果如图 5-22 所示。

```
In[14]:## 可视化LASSO回归模型对测试集的预测效果
       lassoreg=Lasso(alpha=0.0005,max_iter=1e5)
       lassoreg.fit(X_train_s,y_train)
       Y_pre=lassoreg.predict(X_test_s)
       ## 计算在测试集上的预测误差
       mae=round(mean_absolute_error(y_test,Y_pre),4)
       index=np.argsort(y_test)
       plt.figure(figsize=(12,6))
       plt.plot(np.arange(len(y_test)),y_test[index],"r",
                linewidth=2, label="原始数据")
       plt.plot(np.arange(len(y_test)),Y_pre[index],"bo",
                markersize=3,alpha=0.5,label="预测值")
       plt.text(700,11.5,s="绝对值误差:"+str(mae))
       plt.legend()
       plt.grid()
       plt.xlabel("Index")
       plt.ylabel("Y")
       plt.title("LASSO回归分析")
       plt.show()
```

图 5-22 中，实线是测试集上的真实值，点为 LASSO 模型的预测值。可以发现，模型对数据的变化趋势等内容进行了很好的拟合。

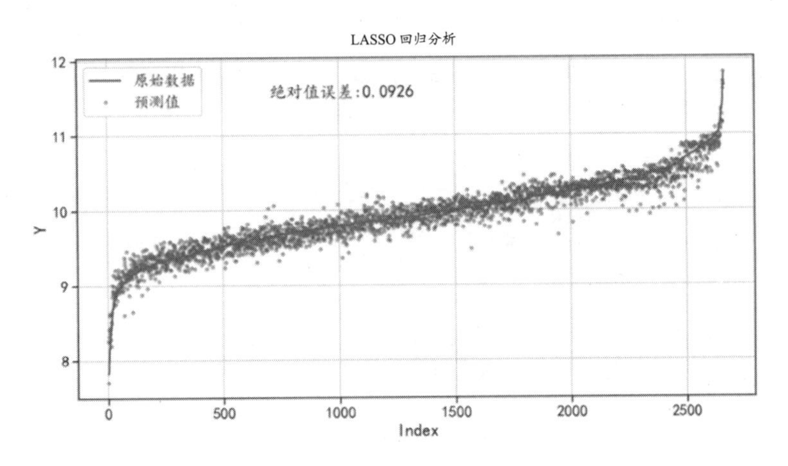

图 5-22　LASSO 回归预测结果

5.4.3 弹性网络回归

针对弹性网络回归（Elastic Net），下面使用 Python 中的 ElasticNetCV()函数对数据集进行交叉验证，因为该模型同时利用了两种惩罚范数，所以可以设置两个惩罚范数的大小。下面的程序可以利用参数网格搜索的方式，分别获得两种范数不同组合下的模型。

```
In[15]:## 使用交叉验证的方式进行参数 alpha 选择
       l1_ratio=[0.05,0.1,0.2,0.3,0.4,0.5, 0.7, 0.9, 0.95, 0.99, 1]
       alphas=[0.00001,0.00005,0.0001,0.0005,0.001,0.005,0.01,0.05,
               0.1,0.5,1,5,10,50,100,500,1000,5000]
       model=ElasticNetCV(l1_ratio=l1_ratio,  # 调整 l1 和 l2 惩罚范数的比例
                          alphas=alphas, cv=5,
                          random_state=12).fit(X_train_s, y_train)
       print("效果最好的参数 alpha:",model.alpha_)
       print("效果最好的参数 l1_ratio:",model.l1_ratio_)
       print("特征的系数为:\n",model.coef_)
       Out[15]:效果最好的参数 alpha: 1e-05
效果最好的参数 l1_ratio: 0.05
特征的系数为:
 [ 2.17418576e-01 -1.15223941e-01 -7.67438562e-03 -5.08382571e-02
  1.06363416e-01 -1.00382963e-01 -2.05286583e-03 -6.93050964e-02
 -4.63619852e-02 -1.78645309e-02 -5.64932377e-03  3.68748090e-04
  8.33378995e-03 -3.64006255e-02 -1.50314009e-02  2.93969346e-02
  5.23687356e-02  3.11824825e-02  3.42728429e-02  1.14553054e-02
  1.99992480e-02  1.43544414e-02  3.22113371e-02  0.00000000e+00
  2.75161355e-03  1.52020693e-03 -6.36796523e-05  1.10879894e-03
  8.51805786e-03  1.00449342e-02 -1.06672104e-02  9.93704101e-03
 -3.49605448e-02  1.53033206e-02 -1.73606433e-02  2.95963645e-02
 -5.69779094e-04]
```

从上面模型的输出结果可以发现，当l_1范数的系数为 0.05，l_2范数的系数为 0.00005 时，所获得的模型在训练上的预测误差最小。针对不同参数组合下的模型均方根误差的变化情况，可以使用 3D 曲面图进行可视化，程序如下，程序运行后的结果如图 5-23 所示。

```
In[16]:## 使用 3D 曲面图可视化交叉验证的均方根误差
       mean_mse=model.mse_path_.mean(axis=2)
       alp=model.alphas_
       l1_r=model.l1_ratio
       ## 数据准备
       x, y=np.meshgrid(range(len(alp)),range(len(l1_r)))
       ## 可视化
       fig=plt.figure(figsize=(15,9))
       ax1=fig.add_subplot(111, projection="3d")
       surf=ax1.plot_surface(x,y,mean_mse,cmap=plt.cm.coolwarm,
```

```
                    linewidth=0.1)
    plt.xticks(range(len(alp)),alp,rotation=45)
    plt.yticks(range(len(l1_r)),l1_r,rotation=125)
    ax1.set_zlabel("均方根误差",labelpad=10)
    ax1.set_xlabel("alpha",labelpad=20)
    ax1.set_ylabel("l1_ratio",labelpad=20)
    ax1.set_title("ElasticNetCV 的交叉验证结果")
    plt.tight_layout()
    plt.show()
```

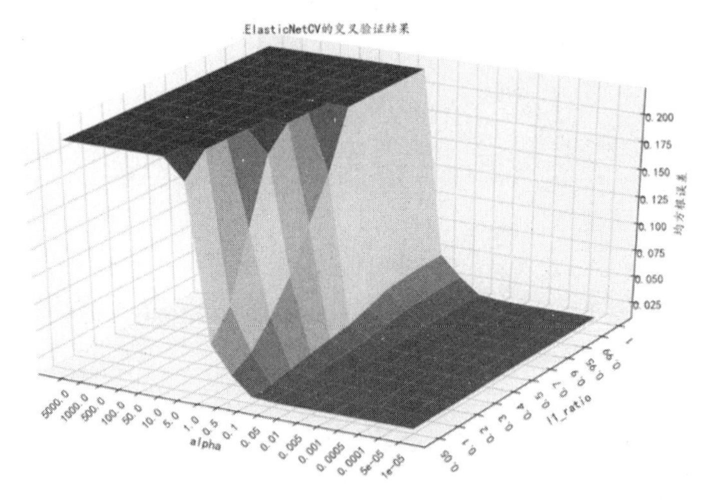

图 5-23　弹性网交叉验证结果

针对交叉验证获得的最好模型，可以使用下面的程序对测试集进行预测，然后可视化出预测值和原始真实值之间的差距，程序运行后的结果如图 5-24 所示。

```
In[17]:## 使用交叉验证训练得到的模型对测试集进行预测
       Y_pre=model.predict(X_test_s)
       ## 计算在测试集上的预测误差
       mae=round(mean_absolute_error(y_test,Y_pre),4)
       index=np.argsort(y_test)
       plt.figure(figsize=(12,6))
       plt.plot(np.arange(len(y_test)),y_test[index],"r",
                linewidth=2, label="原始数据")
       plt.plot(np.arange(len(y_test)),Y_pre[index],"bo",
                markersize=3,alpha=0.5,label="预测值")
       plt.text(700,11.5,s="绝对值误差:"+str(mae))
       plt.legend()
       plt.grid()
       plt.xlabel("Index")
```

```
        plt.ylabel("Y")
        plt.title("Elastic Net 回归分析")
        plt.show()
```

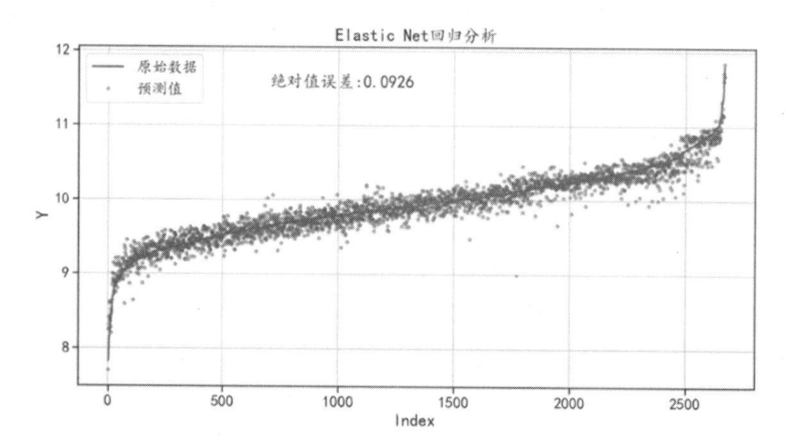

图 5-24　弹性网回归预测结果

图 5-24 中，实线是测试集上的真实值，点为弹性网回归模型的预测值。可以发现，模型对数据的变化趋势等内容进行了很好的拟合，而且绝对值误差较小。

综合上面介绍的 3 种利用正则化约束获得的回归模型，对数据集的预测效果相差不多。

5.5　Logistic 回归分析

多元线性回归模型用来处理因变量是连续值的情况，如果因变量是分类变量，则需要使用广义线性回归模型进行建模分析。在广义线性回归模型中，Logistic 回归模型是其中重要的模型之一。

Logistic 回归（简称逻辑回归）主要研究两元分类响应变量（“成功”和“失败”，分别用 1 和 0 表示）与诸多自变量间的相互关系，建立相应的模型并进行预测等。简单地说，Logistic 回归就是将多元线性回归分析的结果映射到 logit 函数 $z=1/(1+\exp(y))$上，然后根据阈值对数据进行二值化，来预测二分类变量。

例如，在图 5-25 所示的 logistic 函数上，可以将变换后值小于 0.5 的样本都预测为 0，大于 0.5 的样本都预测为 1，因此 Logistic 回归通常建立二分类模型。

在 Python 中，可以使用 sklearn.linear_model 模块中的 LogisticRegression 函数对数据进行逻辑回归的建模。本节将介绍如何使用 Logistic 回归模型，针对 Kaggle 网站上不同性别声音的数据集（voice.csv）建立分类器，判断声音样本的性别。

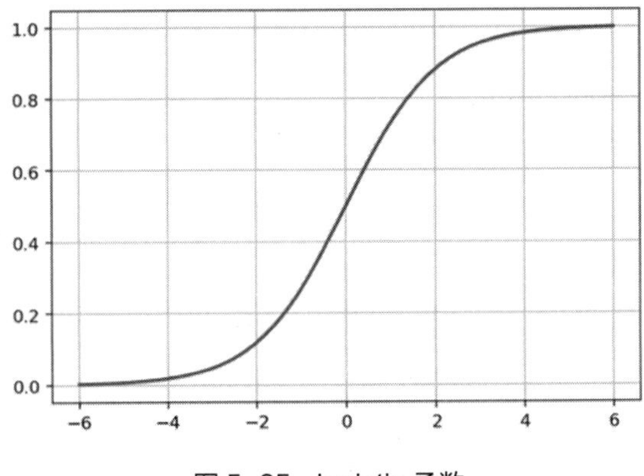

图 5-25 logistic 函数

5.5.1 数据准备与可视化

建立 Logistic 回归模型之前，先读取数据并对数据进行探索性分析，读取数据的程序如下：

```
In[1]:## 读取声音特征数据
      voice=pd.read_csv("data/chap5/voice.csv")
      voice.head()
Out[1]:
```

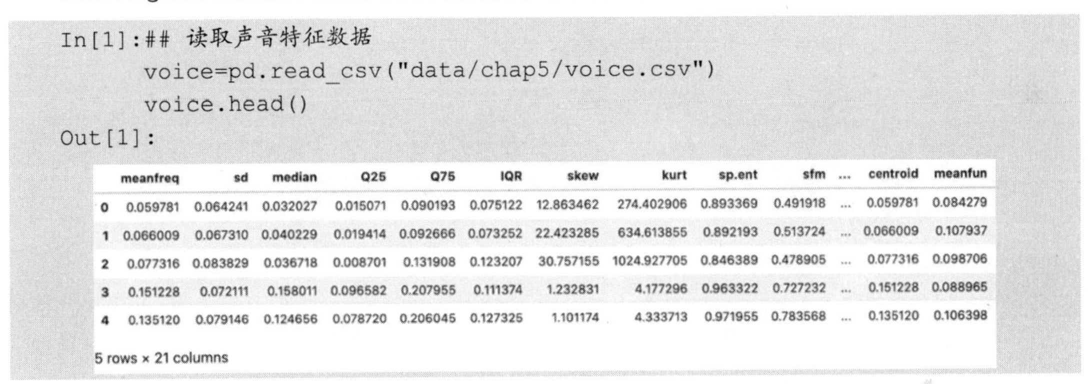

	meanfreq	sd	median	Q25	Q75	IQR	skew	kurt	sp.ent	sfm	...	centroid	meanfun
0	0.059781	0.064241	0.032027	0.015071	0.090193	0.075122	12.863462	274.402906	0.893369	0.491918	...	0.059781	0.084279
1	0.066009	0.067310	0.040229	0.019414	0.092666	0.073252	22.423285	634.613855	0.892193	0.513724	...	0.066009	0.107937
2	0.077316	0.083829	0.036718	0.008701	0.131908	0.123207	30.757155	1024.927705	0.846389	0.478905	...	0.077316	0.098706
3	0.151228	0.072111	0.158011	0.096582	0.207955	0.111374	1.232831	4.177296	0.963322	0.727232	...	0.151228	0.088965
4	0.135120	0.079146	0.124656	0.078720	0.206045	0.127325	1.101174	4.333713	0.971955	0.783568	...	0.135120	0.106398

5 rows × 21 columns

读取数据后可以计算每种性别下的样本数量，程序如下，程序运行后可以发现，男女样本各有 1 584 个。

```
In[2]:## 计算每类数据的样本数量
       voice.label.value_counts()
Out[2]:male      1584
       female    1584
       Name: label, dtype: int64
```

为了更好地使用所分析数据的特点，并建立 Logistic 回归模型，使用下面的程序对数据进行预处理，操作有：对自变量进行标准化预处理、将类别标签使用 0 和 1 进行编码。

```
In[3]:## 数据探索和可视化
      varname=voice.columns.values[0:-1]  # 数据的特征名称
      voice_X=voice.drop(["label"],axis=1).values
      voice_Y=voice.label.values
```

```
        ## 对每个变量进行标准化处理
        stds=StandardScaler().fit(voice_X)
        voice_X_s= stds.transform(voice_X)
        ## 将类别标签使用 0 和 1 进行编码
        voice_Y01=np.where(voice_Y == "female",0,1)
        print(voice_X_s.shape)
        print(np.unique(voice_Y01,return_counts=True))
Out[3]: (3168, 20)
          (array([0, 1]), array([1584, 1584]))
```

针对不同种类的数据特征，可以使用密度曲线可视化数据的分布情况。使用下面的程序可以分析在不同性别下，不同特征的密度曲线，程序运行后的结果如图 5-26 所示。

```
In[4]:## 可视化不同类别下每个特征的数据分布
        plt.figure(figsize=(20,12))
        for ii,name in enumerate(varname):
            plt.subplot(4,5,ii+1)
            plotdata=voice_X_s[:,ii]  ## 对应的特征
            sns.distplot(plotdata[voice_Y == "female"],hist=False,
                         kde_kws={"color": "b", "lw": 3,"bw":0.4})
            sns.distplot(plotdata[voice_Y == "male"],hist=False,
                         kde_kws={"color": "r", "lw": 3,"bw":0.4,"ls":"--"})
            plt.title(name)
        plt.tight_layout()
        plt.show()
```

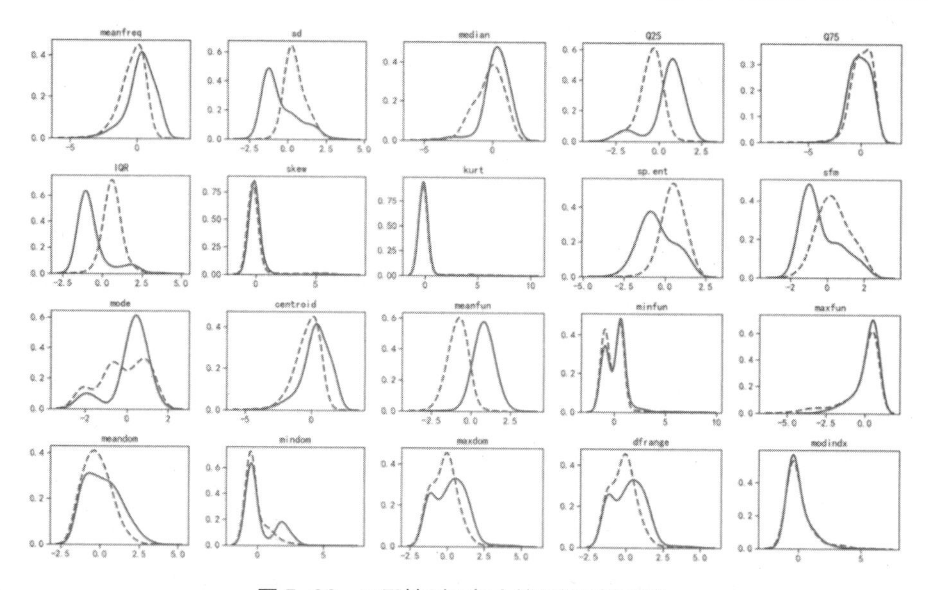

图 5-26　不同性别下每个特征的密度曲线

从图 5-26 中可以发现，有些特征对数据类别的区分比较有利，例如 sd、Q25、IQR 等特征。使用逻辑回归进行预测和分类之前，先将数据切分为训练集和测试集，使用 25%的样本作为测试集的程序如下：

```
In[5]:## 数据切分为训练集和测试集
      X_train, X_test, y_train, y_test=train_test_split(voice_X_s,
voice_Y01,
          test_size=0.25, random_state=42)
      print("训练数据:",X_train.shape)
      print("测试数据:",X_test.shape)
Out[5]:训练数据: (2376, 20)
       测试数据: (792, 20)
```

5.5.2 逻辑回归分类

下面进行逻辑回归分类测试，程序如下：

```
In[6]:## 使用交叉验证的逻辑回归模型进行参数选择
      cs=[0.00001,0.00005,0.0001,0.0005,0.001,0.005,0.01,0.05,
          0.1,0.5,1,5,10,50,100,500,1000,5000]
      logrcv=LogisticRegressionCV(Cs=cs,         # 正则强度的倒数
                                  penalty="l1",  # 利用 l1 范数进行约束
                                  cv=3,solver="liblinear",random_state
=0)
      logrcv.fit(X_train,y_train)
      print("最好的参数 Cs 取值为:",logrcv.C_)
      print("每个特征的系数为:\n",logrcv.coef_)
Out[6]:最好的参数 Cs 取值为: [0.5]
每个特征的系数为:
     [[ 0.          0.         -0.06625907  0.          0.05690998  2.11073422
      -0.15755316 -0.35569364  1.00686467 -1.19837523  0.18534718  0.
      -5.1142233   0.65209797  0.          0.         -0.01235897 -0.034038
       0.         -0.27899298]]
```

上面的程序是对不同的参数 Cs 的取值下，利用交叉验证的方式建立逻辑回归模型的示例。从输出结果可以发现，当参数 Cs 的取值为 0.5 时，模型的效果最好，并且可以发现此时有些特征的系数为 0，说明对应的特征对数据类别的区分没有起到相应的作用。

针对交叉验证的结果，可以使用下面的程序进行可视化，程序运行后的结果如图 5-27 所示。

```
In[7]:## 分析交叉验证的结果
      mean_scores=logrcv.scores_[1].mean(axis=0) # 平均精度
      logcs=logrcv.Cs_
      ## 可视化不同的参数 CS 下预测精度的大小
      plt.figure(figsize=(10,6))
```

```
    plt.plot(mean_scores,"r-o")
    plt.xticks(range(len(logcs)),logcs,rotation=45)
    plt.xlabel("正则化强度的倒数")
    plt.ylabel("精度")
    plt.title("逻辑回归交叉验证")
    plt.grid()
    plt.show()
```

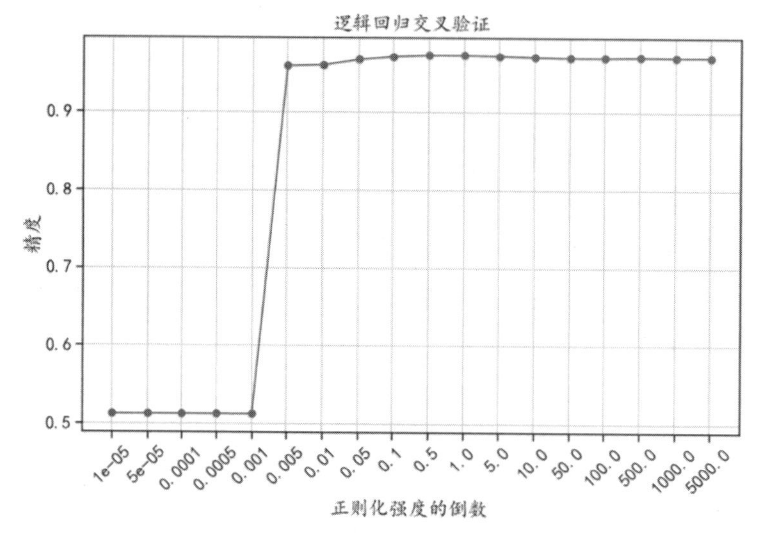

图 5-27　正则化强度对模型精度的影响

针对获得的结果，同样可以可视化出每个自变量的回归系数在不同 Cs 取值下的变化情况，程序运行后的结果如图 5-28 所示。

```
In[8]:## 计算交叉验证的平均系数大小
      mean_coefs_paths=logrcv.coefs_paths_[1].mean(axis=0)
      ## 可视化每个特征的轨迹线
      plt.figure(figsize=(10,6))
      plt.plot(range(len(logcs)),mean_coefs_paths,"-")
      plt.xticks(range(len(logcs)),logcs,rotation=45)
      plt.xlabel("正则化强度的倒数")
      plt.ylabel("系数大小")
      plt.title("逻辑回归特征轨迹线")
      plt.grid()
      plt.show()
```

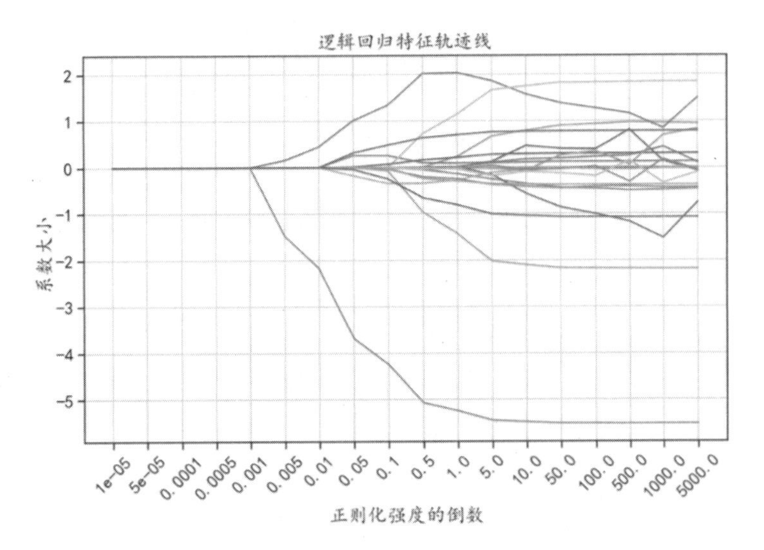

图 5-28 正则化强度对自变量系数的影响

下面使用最好的正则化强度系数，利用训练集训练新的逻辑回归模型，程序如下：

```
In[9]:## 使用最好的参数 C，利用训练集建立逻辑回归，并对测试集进行预测
      logr=LogisticRegression(C=0.5,          # 正则强度的倒数
                              penalty="l1",  # 利用 l1 范数进行约束
                              solver="liblinear",random_state=0)
      logr.fit(X_train,y_train)
      print("每个特征的系数为:\n",logr.coef_)
      ## 输出使用的特征
      print("剔除的特征:\n",varname[logr.coef_.flatten() == 0])
      print("保留的特征:\n",varname[logr.coef_.flatten() != 0])
Out[9]:每个特征的系数为:
 [[ 0.          0.         -0.06625907  0.          0.05690998  2.11073422
  -0.15755316 -0.35569364  1.00686467 -1.19837523  0.18534718  0.
  -5.1142233   0.65209797  0.          0.         -0.01235897 -0.034038
   0.         -0.27899298]]
剔除的特征:
 ['meanfreq' 'sd' 'Q25' 'centroid' 'maxfun' 'meandom' 'dfrange']
保留的特征:
 ['median' 'Q75' 'IQR' 'skew' 'kurt' 'sp.ent' 'sfm' 'mode' 'meanfun'
 'minfun' 'mindom' 'maxdom' 'modindx']
```

从输出结果可以发现，有 7 个自变量的系数为 0，说明这些变量被模型剔除。下面使用训练好的模型，对测试集进行预测，并输出预测精度，程序如下：

```
In[10]:## 对测试集进行预测
       y_pre=logr.predict(X_test)
```

```
        print(classification_report(y_test,y_pre))
Out[10]:                  precision    recall  f1-score   support
                     0       0.98      0.97      0.97       367
                     1       0.98      0.98      0.98       425
              accuracy                           0.98       792
```

从输出结果可以发现，逻辑回归模型的预测精度高达 98%。模型的预测效果还可以使用下面的程序获得 ROC 曲线，程序运行后的结果如图 5-29 所示。

```
In[11]:## 可视化测试集上的 ROC 曲线
        pre_y=logr.predict_proba(X_test)[:, 1]
        fpr_Nb, tpr_Nb, _=metrics.roc_curve(y_test, pre_y)
        auc=metrics.auc(fpr_Nb, tpr_Nb)
        plt.figure(figsize=(10,8))
        plt.plot([0, 1], [0, 1], 'k--')
        plt.plot(fpr_Nb, tpr_Nb,"r",linewidth=3)
        plt.grid()
        plt.xlabel("假正率")
        plt.ylabel("真正率")
        plt.xlim(0, 1)
        plt.ylim(0, 1)
        plt.title("逻辑回归 ROC 曲线")
        plt.text(0.2,0.8,"AUC="+str(round(auc,4)))
        plt.show()
```

从图 5-29 中可以发现，模型的 AUC 值高达 0.9942，说明使用逻辑回归获得的模型对声音数据的预测效果很好。

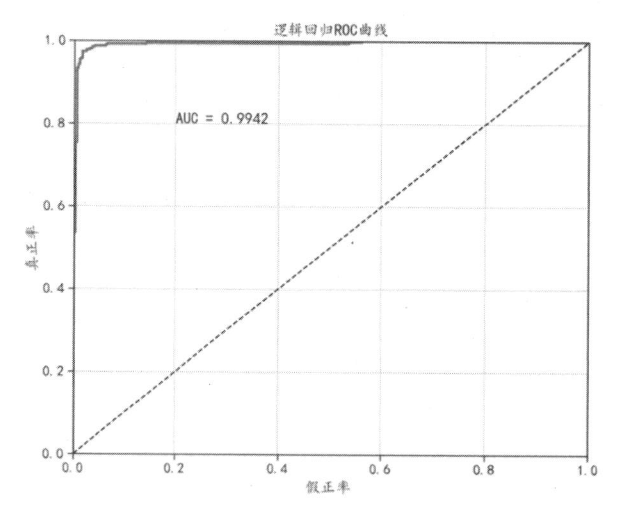

图 5-29　逻辑回归 ROC 曲线

5.6 本章小结

本章主要介绍了使用 Python 对数据进行假设检验和回归分析的相关应用实例。针对假设检验的内容，介绍了利用 Python 对数据进行数据分布的检验、数据 t 检验、数据的方差分析。针对回归分析的内容，介绍了利用 Python 对数据进行一元线性和非线性回归、多元线性回归、逐步回归、多元自适应样条回归、Ridge 回归、LASSO 回归、弹性网回归以及逻辑回归分类等。这些分析方法在实战中使用到的 Python 函数可以总结如表 5-2 所示。

表 5-2 相关函数

库	模 块	函 数	功 能
SciPy	stats	kstest()	数据分布 K-S 检验
		ks_2samp()	K-S 检验两样本是否分布相同
		ttest_1samp()	单样本 t 检验
		ttest_ind()	两样本 t 检验
	optimize	curve_fit()	数据曲线拟合
statsmodels	api	qqplot()	Q-Q 图可视化
		anova_lm()	方差分析
		pairwise_tukeyhsd()	数据多重比较
		ols()	线性回归分析
sklearn	linear_model	Ridge()	Ridge 回归分析
		LASSO()	LASSO 回归分析
		ElasticNetCV()	弹性网回归分析
		LogisticRegression()	逻辑回归分析

第 6 章 时间序列分析

时间序列数据是常见的数据类型之一，时间序列分析基于随机过程理论和数理统计学方法，研究时间序列数据所遵从的统计规律，常用于系统描述、系统分析、预测未来等。

时间序列数据主要是根据时间先后，对同样的对象按照等时间间隔收集的数据，比如每日的平均气温、每天的销售额、每月的降水量等。虽然有些序列所描述的内容取值是连续的，比如气温的变化可能是连续的，但是由于观察的时间段并不是连续的，所以可以认为是离散的时间序列数据。一般地，对任何变量做定期记录就能构成一个时间序列。根据所研究序列数量的不同，可以将时间序列数据分为一元时间序列数据和多元时间序列数据。

时间序列的变化可能受一个或多个因素的影响，导致它在不同时间的取值有差异，这些影响因素分别是长期趋势、季节变动、循环波动（周期波动）和不规则波动（随机波动）。时间序列分析主要有确定性变化分析和随机性变化分析。确定性变化分析包括趋势变化分析、周期变化分析、循环变化分析。随机性变化分析主要有 AR、MA、ARMA、ARIMA 模型等。

本章主要介绍与时间序列相关的一些假设检验方法，并介绍如何利用 Python 完成移动平均算法、ARMA、ARIMA、SARIMA、ARIMAX 等几种传统的时间序列模型，对需要预测的时间序列数据进行建模和预测，以及使用 Facebook 提出的 prophet 方法对时间序列进行预测和异常值检测等。

首先导入本章会使用到的库和模块，程序如下：

```
## 输出高清图像
%config InlineBackend.figure_format='retina'
%matplotlib inline
## 图像显示中文的问题
import matplotlib
```

```
matplotlib.rcParams['axes.unicode_minus']=False
import seaborn as sns
sns.set(font= "Kaiti",style="ticks",font_scale=1.4)
## 导入会使用到的相关包
import numpy as np
import pandas as pd
import matplotlib.pyplot as plt
from statsmodels.tsa.stattools import *
import statsmodels.api as sm
import statsmodels.formula.api as smf
from statsmodels.tsa.api import SimpleExpSmoothing, Holt,
ExponentialSmoothing, AR, ARIMA, ARMA
from statsmodels.graphics.tsaplots import plot_acf, plot_pacf
import pmdarima as pm
from sklearn.metrics import mean_absolute_error
import pyflux as pf
from fbprophet import Prophet
## 忽略提醒
import warnings
warnings.filterwarnings("ignore")
```

时间序列模型的预测主要可以通过 statsmodels 库的 tsa 模块来完成。针对时间序列数据，常用的分析流程如下：

（1）根据时间序列的散点图、自相关函数和偏自相关函数图等识别序列是否是非随机序列，如果是非随机序列，则观察其平稳性。

（2）对非平稳的时间序列数据采用差分进行平稳化处理，直到处理后序列是平稳的非随机序列。

（3）根据所识别出来的特征建立相应的时间序列模型。

（4）参数估计，检验是否具有统计意义。

（5）假设检验，判断模型的残差序列是否为白噪声序列。

（6）利用已通过检验的模型进行预测。

6.1 时间序列数据的相关检验

对于时间序列数据，最重要的检验就是时间序列数据是否为白噪声数据、时间序列数据是否平稳，以及对时间序列数据的自相关系数和偏自相关系数进行分析。如果时间序列数据是白噪声数据，说明其没有任何有用的信息。针对时间序列数据的很多分析方法，都要求所研究的时间序列数据是平稳的，所以判断时间序列数据是否平稳，以及如何将非平稳的时间序列数据转化为平稳序列数据，对时间序列数据的建模研究是非常重要的。

6.1.1 白噪声检验

本节将会利用两个时间序列数据进行相关的检验分析，首先读取数据并使用折线图将两组时间序列进行可视化，运行下面的程序后，结果如图 6-1 所示。

```
In[1]:## 读取时间序列数据,该数据包含的 X1 为飞机乘客数据，X2 为一组随机数据
      df=pd.read_csv("data/chap6/timeserise.csv")
      ## 查看数据的变化趋势
      df.plot(kind="line",figsize=(10,6))
      plt.grid()
      plt.title("时序数据")
      plt.show()
```

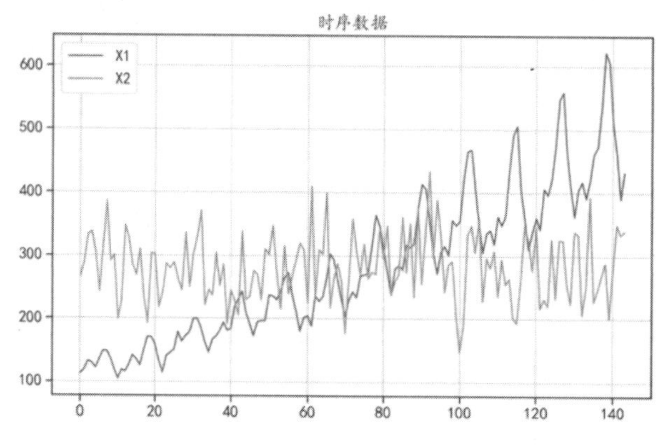

图 6-1　序列的波动情况

如果一个序列是白噪声（即独立同分布的随机数据），那么就无须再对其建立时间序列模型来预测，因为预测随机数是无意义的。因此在建立时间序列分析之前，需要先对其进行白噪声检验。常用的白噪声检验方法是 Ljung-Box 检验（简称 LB 检验），其原假设和备择假设分别为 H0：延迟期数小于或等于 m 期的序列之间相互独立（序列是白噪声）；H1：延迟期数小于或等于 m 期的序列之间有相关性（序列不是白噪声）。Ljung-Box 检验可以使用 sm.stats.diagnostic.acorr_ljungbox()函数，对两个序列进行白噪声检验，程序如下：

```
In[2]:## Ljung-Box 检验
      lags=[4,8,16,32]
    LB=sm.stats.diagnostic.acorr_ljungbox(df["X1"],lags=lags,return_df=True)
      print("序列 X1 的检验结果:\n",LB)
      LB=sm.stats.diagnostic.acorr_ljungbox(df["X2"],lags=lags,return_df
=True)
      print("序列 X2 的检验结果:\n",LB)
```

```
Out[2]:序列 X1 的检验结果:
        lb_stat      lb_pvalue
4     427.738684   2.817731e-91
8     709.484498  6.496271e-148
16   1289.037076  1.137910e-264
32   1792.523003   0.000000e+00
序列 X2 的检验结果:
       lb_stat  lb_pvalue
4     1.822771   0.768314
8     8.452830   0.390531
16   15.508599   0.487750
32   28.717743   0.633459
```

从上面的结果中可以看出，在延迟阶数为[4,8,16,32]的情况下，序列 X1 的 LB 检验 P 值均小于 0.05，说明可以拒绝序列为白噪声的原假设，认为该数据不是随机数据，即该数据不是随机的，是有规律可循的，有分析价值。而序列 X2 的 LB 检验 P 值均大于 0.05，说明该序列为白噪声，没有分析价值。

6.1.2 平稳性检验

时间序列是否是平稳的，对选择预测的数学模型非常关键。如果一组时间序列数据是平稳的，就可以直接使用自回归移动平均模型（ARMA）进行预测，如果数据是不平稳的，就需要尝试建立差分移动自回归平均模型（ARIMA）等进行预测。

判断序列是否平稳有两种检验方法：一种是根据时序图和自相关图显示的特征做出判断，另一种是构造检验统计量进行假设检验，如单位根检验。第一种判断方法比较主观，第二种方法则是客观的判断方法。

常用的单位根检验方法是 ADF 检验，它能够检验时间序列中单位根的存在性，其检验的原假设和备择假设分别为 H0：序列是非平稳的（序列有单位根）；H1：序列是平稳的（序列没有单位根）。

Python 中 sm.tsa 模块的 adfuller()函数可以进行单位根检验，针对序列 X1 和 X2 可以使用下面的程序进行单位根检验。

```
In[3]:## 序列的单位根检验，即检验序列的平稳性
      dftest=adfuller(df["X2"],autolag='BIC')
      dfoutput=pd.Series(dftest[0:4], index=['adf','p-value', 'usedlag',
'Number of Observations Used'])
      print("X2 单位根检验结果:\n",dfoutput)
      dftest=adfuller(df["X1"],autolag='BIC')
      dfoutput=pd.Series(dftest[0:4], index=['adf','p-value', 'usedlag',
'Number of Observations Used'])
      print("X1 单位根检验结果:\n",dfoutput)
```

```
        ## 对 X1 一阶差分后的序列进行检验
        X1diff=df["X1"].diff().dropna()
        dftest=adfuller(X1diff,autolag='BIC')
        dfoutput=pd.Series(dftest[0:4], index=['adf','p-value', 'usedlag',
'Number of Observations Used'])
   print("X1 一阶差分单位根检验结果:\n",dfoutput)
   Out[3]:X2 单位根检验结果:
    adf                              -1.124298e+01
   p-value                            1.788000e-20
   usedlag                            0.000000e+00
   Number of Observations Used        1.430000e+02
   dtype: float64
   X1 单位根检验结果:
    adf                                  0.815369
   p-value                               0.991880
   usedlag                              13.000000
   Number of Observations Used         130.000000
   dtype: float64
   X1 一阶差分单位根检验结果:
    adf                                 -2.829267
   p-value                               0.054213
   usedlag                              12.000000
   Number of Observations Used         130.000000
   dtype: float64
```

从上面的单位根检验的输出结果中可以发现，序列 X2 的检验 P 值小于 0.05，说明 X2 是一个平稳时间序列（注意该序列属于白噪声，白噪声序列是平稳序列）。针对序列 X1 的单位根检验，可发现其 P 值远大于 0.05，说明其实不平稳，而针对其一阶差分后的结果可以发现，一阶差分后 P 值大于 0.05，但是小于 0.1, 可以认为其是平稳序列。

针对数据的平稳性检验，还可以使用 KPSS 检验，其原假设为检测的序列是平稳的。该检验可以使用 kpss()函数来完成，使用该函数对序列进行检验的程序如下：

```
  In[4]:## 对序列 X2 使用 KPSS 检验平稳性
        dfkpss=kpss(df["X2"])
        dfoutput =pd.Series(dfkpss[0:3],index=["kpss_stat"," p-value","
usedlag"])
        print("X2 KPSS 检验结果:\n",dfoutput)
        ## 对序列 X1 使用 KPSS 检验平稳性
        dfkpss=kpss(df["X1"])
        dfoutput =pd.Series(dfkpss[0:3],index=["kpss_stat"," p-value","
usedlag"])
        print("X1 KPSS 检验结果:\n",dfoutput)
        ## 对序列 X1 使用 KPSS 检验平稳性
```

```
        dfkpss=kpss(X1diff)
        dfoutput =pd.Series(dfkpss[0:3],index=["kpss_stat"," p-value","
usedlag"])
        print("X1 一阶差分 KPSS 检验结果:\n",dfoutput)
   Out[4]:X2 KPSS 检验结果:
    kpss_stat      0.087559
    p-value        0.100000
    usedlag       14.000000
   dtype: float64
   X1 KPSS 检验结果:
    kpss_stat      1.052175
    p-value        0.010000
    usedlag       14.000000
   dtype: float64
   X1 一阶差分 KPSS 检验结果:
    kpss_stat      0.05301
    p-value        0.10000
    usedlag       14.00000
   dtype: float64
```

从输出的检验结果中可以知道，序列 X2 是平稳序列，序列 X1 是不平稳序列，X1 一阶差分后的序列是平稳序列。

针对时间序列 ARIMA(p,d,q)模型，参数 d 可以通过差分次数来确定，也可以利用 pm.arima 模块的 ndiffs()函数进行相应的检验来确定。如果对序列建立 ARIMA 模型可以使用下面的程序确定参数 d 的取值：

```
In[5]:## 检验 ARIMA 模型的参数 d
      X1d=pm.arima.ndiffs(df["X1"], alpha=0.05, test="kpss", max_d=3)
      print("使用 KPSS 检验对序列 X1 的参数 d 取值进行预测,d=",X1d)

      X1diffd=pm.arima.ndiffs(X1diff, alpha=0.05, test="kpss", max_d=3)
      print("使用 KPSS 检验对序列 X1 一阶差分后的参数 d 取值进行预测,d=",X1diffd)

      X2d=pm.arima.ndiffs(df["X2"], alpha=0.05, test="kpss", max_d=3)
      print("使用 KPSS 检验对序列 X2 的参数 d 取值进行预测,d=",X2d)

Out[5]:使用 KPSS 检验对序列 X1 的参数 d 取值进行预测,d=1
使用 KPSS 检验对序列 X1 一阶差分后的参数 d 取值进行预测,d=0
使用 KPSS 检验对序列 X2 的参数 d 取值进行预测,d=0
```

从输出的结果中可以发现，针对平稳序列获得的参数 d 取值为 0，而针对不平稳的时间序列 X1，其参数 d 的预测结果为 1。

针对时间序列 SARIMA 模型，还有一个季节周期平稳性参数 D 需要确定，同时也可以利用 pm.arima 模块中的 nsdiffs()函数进行相应的检验来确定，使用该函数的程序示例如下：

```
In[6]:## 检验 SARIMA 模型的参数季节阶数 D
      X1d=pm.arima.nsdiffs(df["X1"], 12, max_D=2)
      print("对序列 X1 的季节阶数 D 取值进行预测,D=",X1d)

      X1diffd=pm.arima.nsdiffs(X1diff, 12, max_D=2)
      print("序列 X1 一阶差分后的季节阶数 D 取值进行预测,D=",X1diffd)
Out[6]:对序列 X1 的季节阶数 D 取值进行预测,D=1
       序列 X1 一阶差分后的季节阶数 D 取值进行预测,D=1
```

从程序的输出结果中可以发现，序列 X1 和序列 X1 一阶差分后的序列，检验结果都为 D=1。

6.1.3 自相关分析和偏自相关分析

自相关分析和偏自相关分析，是用来确定 ARMA(p,q)模型中两个参数 p 和 q 的一种方法，在确定序列为平稳的非白噪声序列后，可以通过序列的自相关系数和偏自相关系数取值的大小来分析序列的截尾情况。

对于一个时间序列$\{x_t\}_{t=1}^{T}$，如果样本的自相关系数 ACF 不等于 0，直到滞后期 $s=q$，而滞后期 $s > q$时 ACF 几乎为 0，那么可以认为真实的数据生成过程是 MA(q)。如果样本的偏自相关系数 PACF 不等于 0，直到滞后期 $s=p$，而滞后期 $s>p$ 时 PACF 几乎为 0，那么可以认为真实的数据生成过程是 AR(p)。更一般的情况是，根据样本的 ACF 和 PACF 的表现，可拟合出一个较合适的 ARMA(p,q)模型。表 6-1 展示了如何确定模型中的参数 p 和 q。

表 6-1　ARMA(p,q)中 p 和 q 的确定方法

模　型	自相关系数	偏自相关系数
AR(p)	拖尾	p 阶截尾
MA(q)	q 阶截尾	拖尾
ARMA(p,q)	前 q 个无规律，其后拖尾	前 p 个无规律，其后拖尾

针对时间序列的自相关系数和偏自相关系数的情况，可以使用 plot_acf()函数和 plot_pacf()函数进行可视化，运行下面的程序可获得时间序列 X2 的自相关系数和偏自相关系数的情况，得到的结果如图 6-2 所示。

```
In[7]:## 对随机序列 X2 进行自相关和偏自相关分析可视化
      fig=plt.figure(figsize=(16,5))
      plt.subplot(1,3,1)
      plt.plot(df["X2"],"r-")
      plt.grid()
      plt.title("X2 序列波动")
```

```
    ax=fig.add_subplot(1,3,2)
    plot_acf(df["X2"], lags=60,ax=ax)
    plt.grid()
    ax=fig.add_subplot(1,3,3)
    plot_pacf(df["X2"], lags=60,ax=ax)
    plt.grid()
    plt.tight_layout()
    plt.show()
```

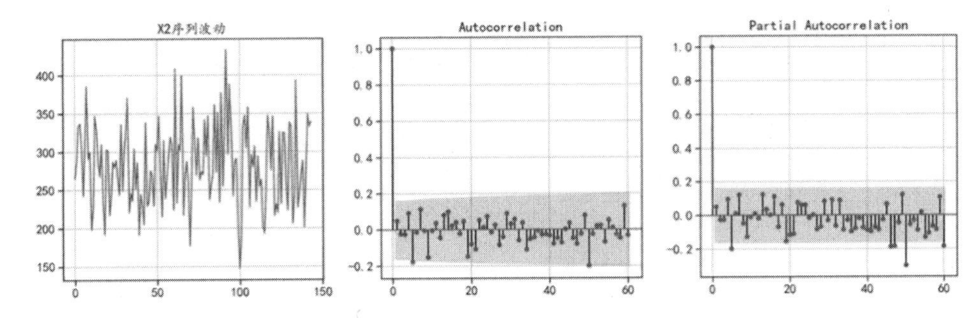

图 6-2 X2 的自相关系数和偏自相关系数

从图 6-2 中可以发现，针对白噪声的平稳序列，参数 p 和 q 的取值均可以为 0。

使用下面的程序可以将序列 X1 进行自相关和偏自相关分析可视化，结果如图 6-3 所示。

```
In[8]:## 对非随机序列 X1 进行自相关和偏自相关分析可视化
    fig=plt.figure(figsize=(16,5))
    plt.subplot(1,3,1)
    plt.plot(df["X1"],"r-")
    plt.grid()
    plt.title("X1 序列波动")
    ax=fig.add_subplot(1,3,2)
    plot_acf(df["X1"], lags=60,ax=ax)
    plt.grid()
    ax=fig.add_subplot(1,3,3)
    plot_pacf(df["X1"], lags=60,ax=ax)
    plt.ylim([-1,1])
    plt.grid()
    plt.tight_layout()
    plt.show()
```

从图 6-3 中可以发现，序列 X1 具有一定的周期性。

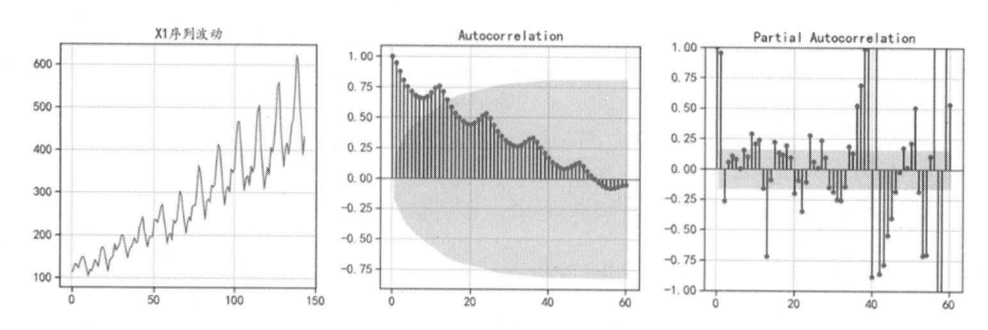

图 6-3　X1 的自相关系数和偏自相关系数

针对序列 X1 一阶差分后的序列，其自相关和偏自相关分析可视化可以使用下面的程序，程序运行后的结果如图 6-4 所示。

```
In[9]:## 对非随机序列 X1 一阶差分后的序列进行自相关和偏相关分析可视化
      fig=plt.figure(figsize=(16,5))
      plt.subplot(1,3,1)
      plt.plot(X1diff,"r-")
      plt.grid()
      plt.title("X1 序列一阶差分后波动")
      ax=fig.add_subplot(1,3,2)
      plot_acf(X1diff, lags=60,ax=ax)
      plt.grid()
      ax=fig.add_subplot(1,3,3)
      plot_pacf(X1diff, lags=60,ax=ax)
      plt.grid()
      plt.tight_layout()
      plt.show()
```

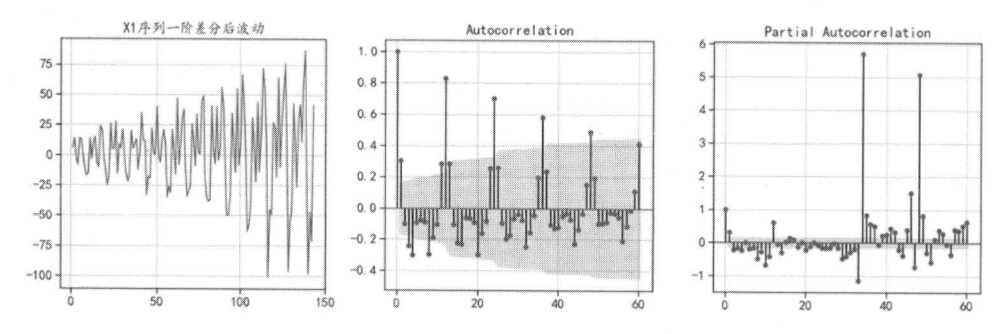

图 6-4　X1 一阶差分后的自相关系数和偏自相关系数

从图 6-4 中可以发现，序列 X1 一阶差分后同样具有一定的周期性。

pm.arima 模块的 decompose()函数可以对时间序列数据进行分解，使用参数 multiplicative

可以获得乘法模型的分解结果，使用参数 additive 可以获得加法模型的分解结果。运行下面的程序，可获得对序列 X1 乘法模型分解的结果，可视化结果如图 6-5 所示。

```
In[10]:## 使用乘法模型分解的结果(通常适用于有增长趋势的序列)
        X1decomp=pm.arima.decompose(df["X1"].values,"multiplicative",
m=12)
        ## 可视化出分解的结果
        ax=pm.utils.decomposed_plot(X1decomp,figure_kwargs={"figsize":(10,
6)},show=False)
        ax[0].set_title("乘法模型分解结果")
        plt.show()
```

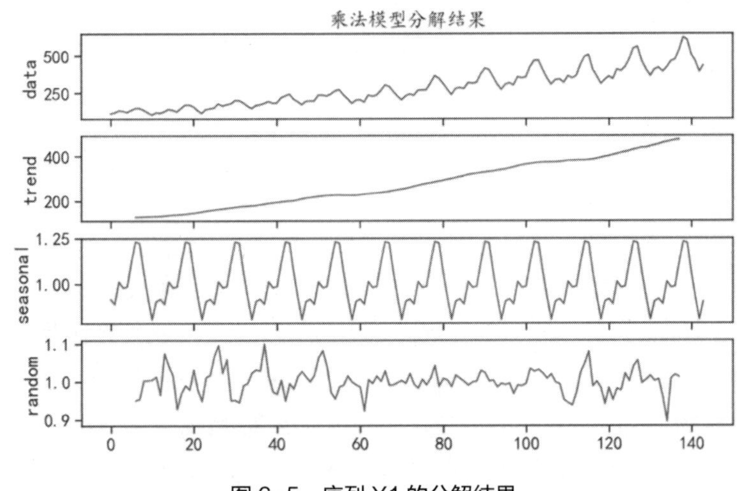

图 6-5　序列 X1 的分解结果

通过观察序列 X1 的分解结果，可以发现其既有上升趋势，也有周期性的变化趋势。

使用下面的程序可以对序列 X1 一阶差分后的序列使用加法模型进行分解，程序运行后的结果如图 6-6 所示。

```
In[11]:## 使用加法模型分解结果(通常适用于平稳趋势的序列)
        X1decomp=pm.arima.decompose(X1diff.values,"additive", m=12)
        ## 可视化出分解的结果
        ax=pm.utils.decomposed_plot(X1decomp,figure_kwargs={"figsize":(10,
6)},show=False)
        ax[0].set_title("加法模型分解结果")
        plt.show()
```

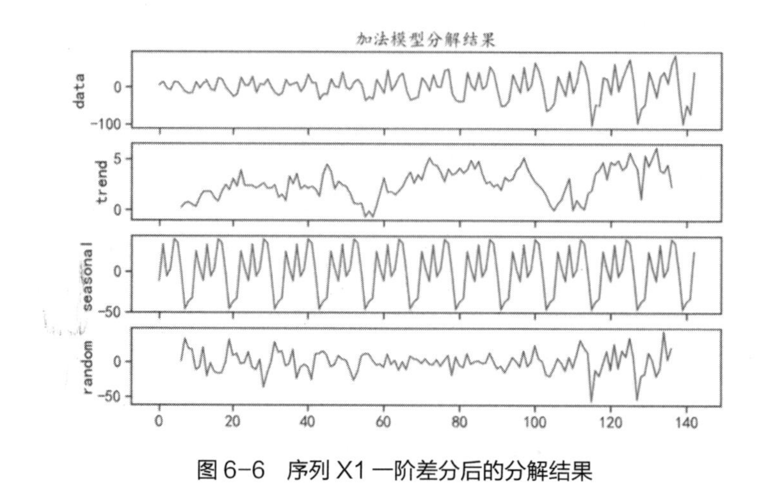

图 6-6　序列 X1 一阶差分后的分解结果

6.2　移动平均算法

移动平均算法是一种简单有效的时间序列的预测方法，它的基本思想是：根据时间序列逐项推移，依次计算包含一定项数的序时平均值，以反映长期趋势。该预测方法中最简单的是简单移动平均法和简单指数平滑法，较复杂的有霍尔特线性趋势法和 Holt-Winters 季节性预测模型方法。

本节将使用前面导入的时间序列 X1，结合多种移动平均算法对其进行建模与预测，建模时会将数据后面的 24 个样本作为测试集，将前面的样本作为训练集，数据切分程序如下，程序运行后的结果如图 6-7 所示。训练集中包含 120 个样本，测试集中包含 24 个样本。

```
In[1]:## 数据准备，对序列 X1 进行切分，后面的 24 个数据用于测试集
      train=pd.DataFrame(df["X1"][0:120])
      test=pd.DataFrame(df["X1"][120:])
      ## 可视化切分后的数据
      train["X1"].plot(figsize=(14,7),title="乘客数量数据",label="X1 
train")
      test["X1"].plot(label="X1 test")
      plt.legend()
      plt.grid()
      plt.show()
      print(train.shape)
      print(test.shape)
      df["X1"].shape
Out[1]: (120, 1)
        (24, 1)
        (144,)
```

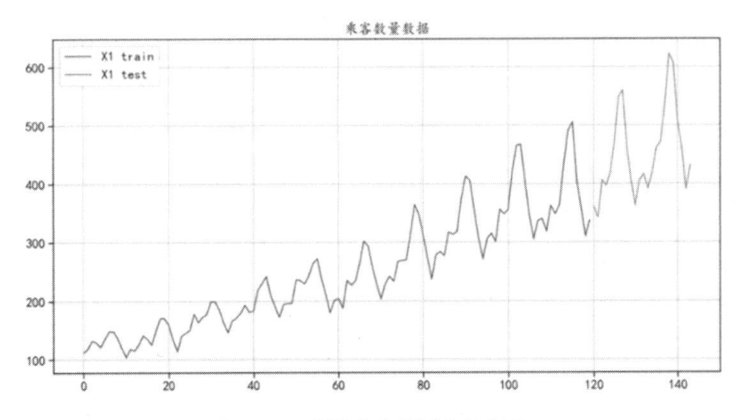

图 6-7 训练集和测试集的划分

6.2.1 简单移动平均法

简单移动平均法中各元素的权重都相等。Python 中可以使用时间序列的 rolling()和 mean()方法进行计算和预测，对切分后的序列进行预测的程序如下，程序中同时将训练集、测试集和预测数据进行了可视化对比分析，rolling(24).mean()表示计算最近的 24 个数据的均值，作为待预测数据的结果，程序运行后的结果如图 6-8 所示。

```
    In[2]:## 用简单移动平均法进行预测
           y_hat_avg=test.copy(deep=False)
           y_hat_avg["moving_avg_forecast"]
=train["X1"].rolling(24).mean().iloc[-1]
           ## 可视化出预测结果
           plt.figure(figsize=(14,7))
           train["X1"].plot(figsize=(14,7),label="X1 train")
           test["X1"].plot(label="X1 test")
           y_hat_avg["moving_avg_forecast"].plot(style="g--o", lw=2,
                                                 label="移动平均预测")
           plt.legend()
           plt.grid()
           plt.title("简单移动平均预测")
           plt.show()
```

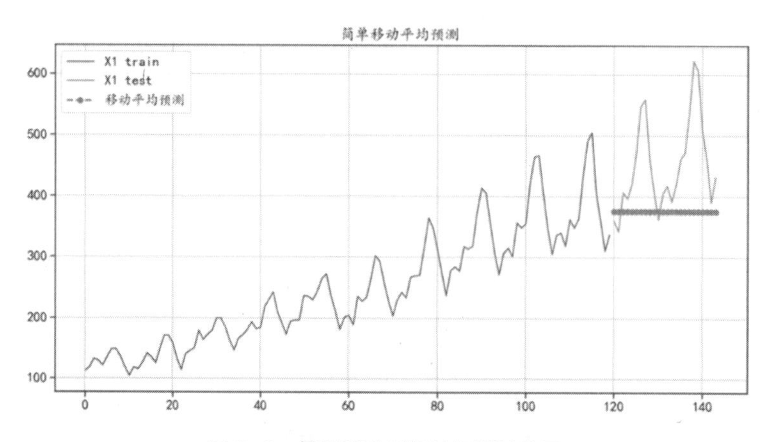

图 6-8 简单移动平均法预测的结果

从图 6-8 中可以发现，使用简单移动平均法对数据进行预测的效果并不好，使用下面的程序可以计算在测试集上的平均绝对值误差，可知平均绝对值误差为 82.55。

```
In[3]:## 计算预测结果和真实值的误差
        print("预测绝对值误差:",mean_absolute_error(test["X1"],
y_hat_avg["moving_avg_forecast"]))
Out[3]:预测绝对值误差: 82.55208333333336
```

6.2.2 简单指数平滑法

简单指数平滑又称指数移动平均值，是以指数式递减加权的移动平均。各数据的权重随时间呈指数式递减，越近期的数据权重越大，但较旧的数据也给予一定的权重。在 Python 中可以使用 SimpleExpSmoothing()函数对时间序列数据进行简单指数平滑法的建模和预测，对切分后的序列进行预测的程序如下。在下面的程序中，通过训练获得了两个指数平滑模型，分别对应着参数 smoothing_level=0.15 和 smoothing_level=0.5。同时将训练集、测试集和预测数据进行了对比可视化，程序运行后的结果如图 6-9 所示。

```
In[4]:## 准备数据
        y_hat_avg=test.copy(deep=False)
        ## 构建模型
        model1=SimpleExpSmoothing(train["X1"].values).
fit(smoothing_level=0.15)
        y_hat_avg["exp_smooth_forecast1"]=model1.forecast(len(test))

        model2=SimpleExpSmoothing(train["X1"].values).fit(smoothing_level
=0.5)
        y_hat_avg["exp_smooth_forecast2"]=model2.forecast(len(test))

        ## 可视化出预测结果
```

```
        plt.figure(figsize=(14,7))
        train["X1"].plot(figsize=(14,7),label="X1 train")
        test["X1"].plot(label="X1 test")
        y_hat_avg["exp_smooth_forecast1"].plot(style="g--o", lw=2,
                                               label="smoothing_level=
0.15")
        y_hat_avg["exp_smooth_forecast2"].plot(style="g--s", lw=2,
                                              label="smoothing_level=0.5")
        plt.legend()
        plt.grid()
        plt.title("简单指数平滑预测")
        plt.show()
        ## 计算预测结果和真实值的误差
        print("smoothing_level=0.15,预测绝对值误差:",
   mean_absolute_error(test["X1"],y_hat_avg["exp_smooth_forecast1"]))
        print("smoothing_level=0.5,预测绝对值误差:",
   mean_absolute_error(test["X1"],y_hat_avg["exp_smooth_forecast2"]))
        smoothing_level=0.15,预测绝对值误差: 81.10115706423566
   Out[4]:smoothing_level=0.5,预测绝对值误差: 106.813228720506
```

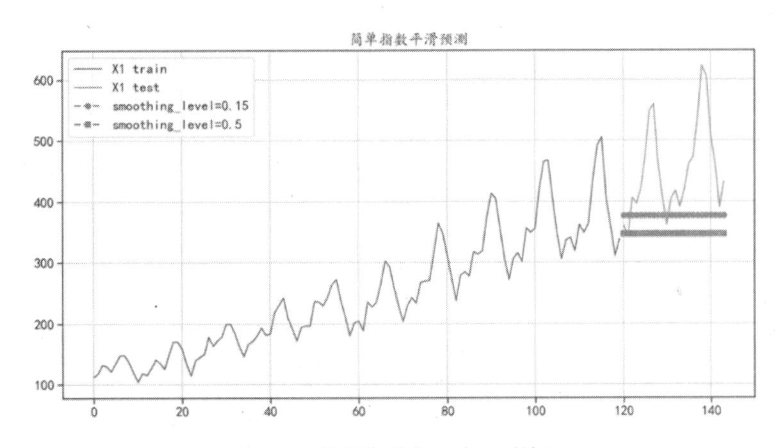

图 6-9　简单指数平滑法预测结果

从输出结果和图 6-9 中可以发现，参数 smoothing_level=0.15 获得的模型预测效果，比参数 smoothing_level=0.5 获得的模型预测效果更好。但是使用指数平滑法获得的模型，预测效果仍然较差。

6.2.3　霍尔特线性趋势法

霍尔特（Holt）线性趋势法是扩展了的简单指数平滑法，其允许有趋势变化的数据预测，所以对于有趋势变化的序列可能会获得更好的预测结果。Python 中可以使用 Holt()函数对时间序列进行霍尔特（Holt）线性趋势法的建模和预测，并且可以使用 smoothing_level 和 smoothing_slope 两个参数控制模型的拟合情况。对切分后的序列进行预测的程序如下，程序中分别训练获得了两个霍尔特（Holt）线性趋势法模型，对应的参数有 smoothing_level=0.15、smoothing_slope=0.05 和 smoothing_level=0.15、smoothing_slope=0.25。程序中还将训练集、测试集和预测数据进行了可视化，程序运行后的结果如图 6-10 所示。

```
In[5]:## 准备数据
      y_hat_avg=test.copy(deep=False)
      ## 构建模型
      model1=Holt(train["X1"].values).fit(smoothing_level=0.1,
                                          smoothing_slope=0.05)
      y_hat_avg["holt_forecast1"]=model1.forecast(len(test))

      model2=Holt(train["X1"].values).fit(smoothing_level=0.1,
                                          smoothing_slope=0.25)
      y_hat_avg["holt_forecast2"]=model2.forecast(len(test))
      ## 可视化出预测结果
      plt.figure(figsize=(14,7))
      train["X1"].plot(figsize=(14,7),label="X1 train")
      test["X1"].plot(label="X1 test")
      y_hat_avg["holt_forecast1"].plot(style="g--o", lw=2,
                                   label="Holt 线性趋势法(1)")
      y_hat_avg["holt_forecast2"].plot(style="g--s", lw=2,
                                   label="Holt 线性趋势法(2)")
      plt.legend()
      plt.grid()
      plt.title("Holt 线性趋势法预测")
      plt.show()
      ## 计算预测结果和真实值的误差
      print("smoothing_slope=0.05,预测绝对值误差:",
      mean_absolute_error(test["X1"],y_hat_avg["holt_forecast1"]))
      print("smoothing_slope=0.25,预测绝对值误差:",
            mean_absolute_error(test["X1"],y_hat_avg["holt_forecast2"]))
Out[5]:smoothing_slope=0.05,预测绝对值误差: 54.727467142360275
      smoothing_slope=0.25,预测绝对值误差: 69.79052992788556
```

从输出结果和图 6-10 中可以发现，使用参数 smoothing_level=0.15、smoothing_slope=0.05 获得的模型预测效果更好，而且两个霍尔特线性趋势法模型的预测效果均比移动平均法的效果更好。

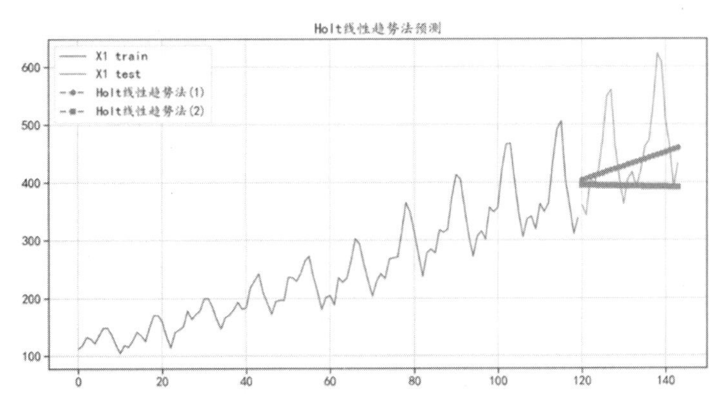

图 6-10　霍尔特线性趋势法预测结果

6.2.4　Holt-Winters 季节性预测模型

Holt-Winters 季节性预测模型又称为三次指数平滑法，其可以对带有季节周期性和线性趋势的数据进行更好的预测和建模，是对霍尔特（Holt）线性趋势法的进一步扩展。Python 中可以使用 ExponentialSmoothing()函数对时间序列进行建模和预测，并且可以使用 seasonal_periods 参数指定数据的季节周期性，从而控制模型的拟合情况。对切分后的序列进行预测的程序如下，程序中训练获得了 Holt-Winters 季节性预测模型，同时在程序中将训练集、测试集和预测数据进行了对比可视化，程序运行后的结果如图 6-11 所示。

```
In[6]:## 准备数据
      y_hat_avg=test.copy(deep=False)
      ## 构建模型
      model1=ExponentialSmoothing(train["X1"].values,
                                  seasonal_periods=12, # 周期性为 12
                                  trend="add", seasonal="add").fit()
      y_hat_avg["holt_winter_forecast1"]=model1.forecast(len(test))

      ## 可视化出预测结果
      plt.figure(figsize=(14,7))
      train["X1"].plot(figsize=(14,7),label="X1 train")
      test["X1"].plot(label="X1 test")
      y_hat_avg["holt_winter_forecast1"].plot(style="g--o", lw=2,
                              label="Holt-Winters")
      plt.legend()
      plt.grid()
      plt.title("Holt-Winters 季节性预测模型")
      plt.show()
      ## 计算预测结果和真实值的误差
      print("Holt-Winters 季节性预测模型,预测绝对值误差:",
```

```
mean_absolute_error(test["X1"],y_hat_avg["holt_winter_forecast1"]))
    Out[6]:Holt-Winters 季节性预测模型,预测绝对值误差: 30.06821059070873
```

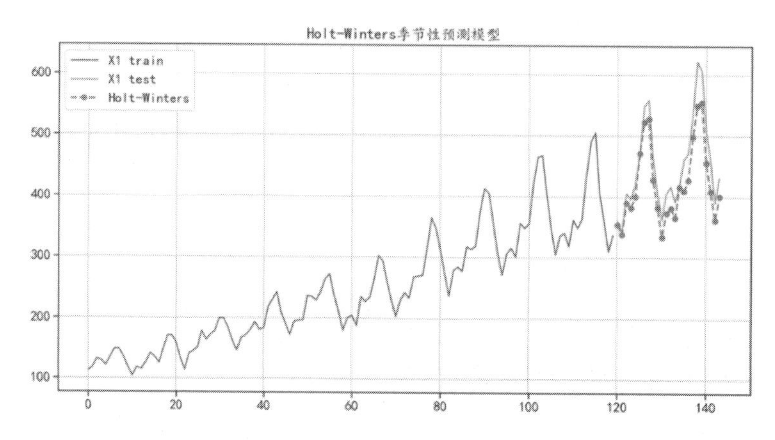

图 6-11 Holt-Winters 季节性预测模型预测结果

从输出结果和图 6-11 中可以发现，Holt-Winters 季节性预测模型的预测效果很好地预测了序列的周期性趋势和线性增长趋势，在测试集上的平均绝对值误差为 30.068，是介绍的几个模型中预测效果最好的模型。

6.3 ARIMA 模型

差分自回归移动平均模型（Auto-Regressive Integrated Moving Average，ARIMA）是差分运算与 ARMA 模型的组合，即任何非平稳序列如果能够通过适当阶数的差分实现平稳，就可以对差分后的序列拟合 ARMA 模型。ARMA 模型主要针对的是平稳的一元时间序列。本节将分别介绍使用 AR 模型、ARMA 模型和 ARIMA 模型对前面的时间序列 X1 进行拟合时的情况，对比分析不同模型所获得的拟合效果。

6.3.1 AR 模型

使用 AR 模型对时间序列 X1 进行预测时，经过前面序列的偏自相关系数的可视化结果，使用 AR(2)模型可对序列进行建模，使用 ARMA()函数进行建模的程序如下。注意在该函数中参数 order=(2,0)，表示使用 AR(2)模型对数据进行训练。

```
In[1]:##准备数据
      y_hat=test.copy(deep=False)
      ##构建模型
      ar_model=ARMA(train["X1"].values,order=(2,0)).fit()
```

```
        ## 输出拟合模型的结果
        print(ar_model.summary())
   Out[1]:
```

```
                              ARMA Model Results
==============================================================================
Dep. Variable:                      y   No. Observations:                  120
Model:                     ARMA(2, 0)   Log Likelihood                -566.994
Method:                       css-mle   S.D. of innovations             26.976
Date:                Thu, 23 Jul 2020   AIC                           1141.989
Time:                        16:05:02   BIC                           1153.138
Sample:                             0   HQIC                          1146.517

==============================================================================
                 coef    std err          z      P>|z|      [0.025      0.975]
------------------------------------------------------------------------------
const        243.4434     39.119      6.223      0.000     166.771     320.116
ar.L1.y        1.2573      0.086     14.568      0.000       1.088       1.426
ar.L2.y       -0.3152      0.087     -3.623      0.000      -0.486      -0.145
                                    Roots
=============================================================================
                  Real          Imaginary           Modulus         Frequency
-----------------------------------------------------------------------------
AR.1            1.0973           +0.0000j            1.0973            0.0000
AR.2            2.8911           +0.0000j            2.8911            0.0000
-----------------------------------------------------------------------------
```

从模型的输出结果中可以发现，AR(2)模型的 AIC=1141.989、BIC=1153.138，并且两个系数均是显著的。针对 AR(2)模型使用训练集的训练结果，可以对其拟合残差的情况进行可视化分析。下面的程序可视化出了拟合残差的变化情况和残差正态性检验 Q-Q 图，程序运行后的结果如图 6-12 所示。

```
   In[2]:## 查看模型的拟合残差分布
         fig=plt.figure(figsize=(12,5))
         ax=fig.add_subplot(1,2,1)
         plt.plot(ar_model.resid)
         plt.title("AR(2)残差曲线")
         ## 检查残差是否符合正态分布
         ax=fig.add_subplot(1,2,2)
         sm.qqplot(ar_model.resid, line='q', ax=ax)
         plt.title("AR(2)残差 Q-Q 图")
         plt.tight_layout()
         plt.show()
```

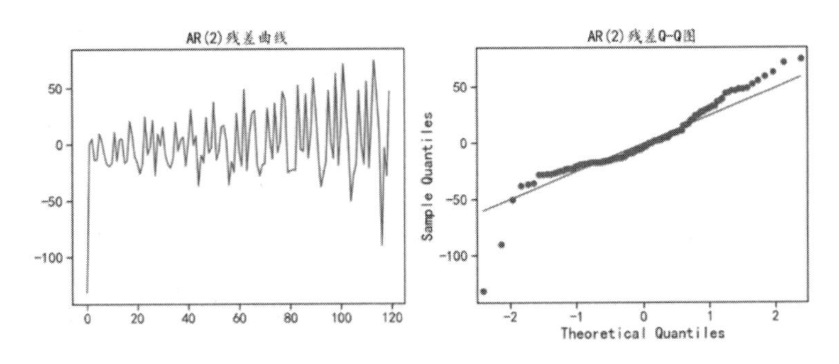

图 6-12 残差的分布情况

从图 6-12 中可以发现，拟合残差的分布不是正态分布，说明并没有将数据中的有效信息充分发掘。针对该 AR(2)模型对测试集的预测情况，可以使用下面的程序进行可视化，程序运行后的结果如图 6-13 所示。

```
In[3]:## 预测未来 24 个数据，并输出 95%置信区间
      pre, se, conf=ar_model.forecast(24, alpha=0.05)
      ## 整理数据
      y_hat["ar2_pre"]=pre
      y_hat["ar2_pre_lower"]=conf[:,0]
      y_hat["ar2_pre_upper"]=conf[:,1]
      ## 可视化出预测结果
      plt.figure(figsize=(14,7))
      train["X1"].plot(figsize=(14,7),label="X1 train")
      test["X1"].plot(label="X1 test")
      y_hat["ar2_pre"].plot(style="g--o", lw=2,label="AR(2)")
      ## 可视化出置信区间
      plt.fill_between(y_hat.index, y_hat["ar2_pre_lower"],
                       y_hat["ar2_pre_upper"],color='k',alpha=.15,
                       label="95%置信区间")
      plt.legend()
      plt.grid()
      plt.title("AR(2)模型")
      plt.show()
      # 计算预测结果和真实值的误差
      print("AR(2)模型预测的绝对值误差:",
            mean_absolute_error(test["X1"],y_hat["ar2_pre"]))
Out[3]:AR(2)模型预测的绝对值误差: 165.79608244918572
```

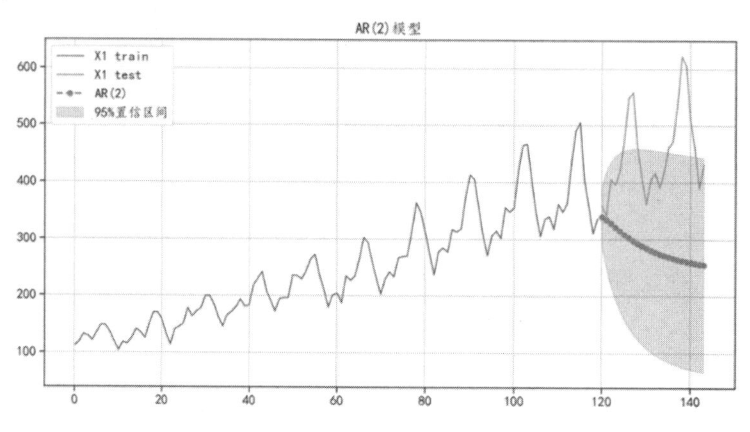

图 6-13　AR(2)预测结果可视化

从图 6-13 中可以发现，AR(2)模型对测试集的预测，完全没有获取数据的趋势，受到了数据中部分数据值下降的影响，同时从预测误差中，也可以发现模型对数据的预测效果不好。

6.3.2 ARMA 模型

前面使用的 AR(2)模型并没有很好地拟合数据的变化趋势，因此这里尝试使用 ARMA 模型对其进行建模预测，根据前面的自相关系数和偏自相关系数分析，为了降低模型的复杂度，可以建立 ARMA(2,1)模型。使用训练集拟合模型的程序如下：

```
In[4]: ##准备数据
       y_hat=test.copy(deep=False)
       ## 构建模型
       arma_model=ARMA(train["X1"].values,order=(2,1)).fit()
       ## 输出拟合模型的结果
       print(arma_model.summary())
Out[4]:
```

```
                              ARMA Model Results
==============================================================================
Dep. Variable:                      y   No. Observations:                  120
Model:                     ARMA(2, 1)   Log Likelihood                -564.185
Method:                       css-mle   S.D. of innovations             26.294
Date:                Thu, 23 Jul 2020   AIC                           1138.371
Time:                        16:05:03   BIC                           1152.308
Sample:                             0   HQIC                          1144.031

==============================================================================
                 coef    std err          z      P>|z|      [0.025      0.975]
------------------------------------------------------------------------------
const        243.7449     46.844      5.203      0.000     151.933     335.557
ar.L1.y        0.4617      0.156      2.966      0.003       0.157       0.767
ar.L2.y        0.4539      0.155      2.933      0.003       0.151       0.757
ma.L1.y        0.8607      0.112      7.714      0.000       0.642       1.079
                                    Roots
=============================================================================
                  Real          Imaginary           Modulus         Frequency
-----------------------------------------------------------------------------
AR.1            1.0604           +0.0000j            1.0604            0.0000
AR.2           -2.0777           +0.0000j            2.0777            0.5000
MA.1           -1.1618           +0.0000j            1.1618            0.5000
-----------------------------------------------------------------------------
```

从模型的输出结果中可以发现，ARMA(2,1)模型的 AIC=1138.371、BIC= 1152.308，和 AR(2)相比拟合效果有所提升，并且 3 个系数均是显著的。针对 ARMA(2,1)模型使用训练集训练出的结果，可以对其拟合残差的情况进行可视化分析。在下面的程序中，可视化出了拟合残差的变化情况，以及残差正态性检验 Q-Q 图，程序运行后的结果如图 6-14 所示。

```
In[5]:## 查看模型的拟合残差分布
      fig=plt.figure(figsize=(12,5))
      ax=fig.add_subplot(1,2,1)
      plt.plot(arma_model.resid)
      plt.title("ARMA(2,1)残差曲线")
      ## 检查残差是否符合正态分布
      ax=fig.add_subplot(1,2,2)
```

```
sm.qqplot(arma_model.resid, line='q', ax=ax)
plt.title("ARMA(2,1)残差 Q-Q 图")
plt.tight_layout()
plt.show()
```

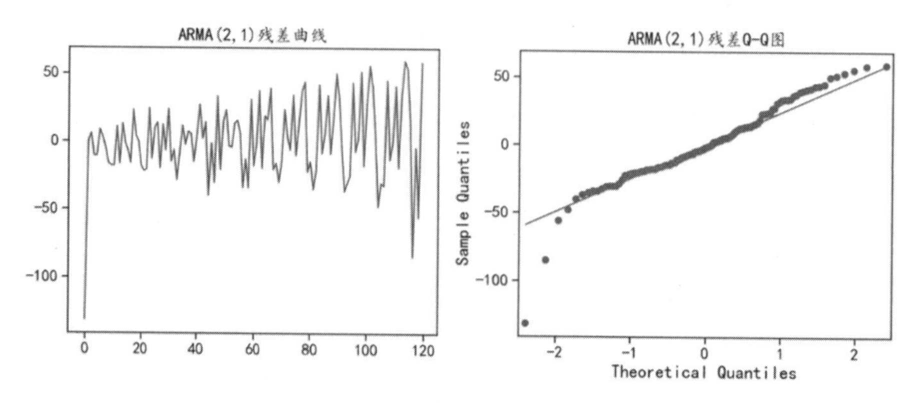

图 6-14　ARM 模型的残差分布情况

从图 6-14 中可以发现，拟合残差的分布不是正态分布，说明使用 ARMA(2,1)并没有很好地进行数据拟合。针对该 ARMA(2,1)模型对测试集的预测情况，可以使用下面的程序进行可视化，程序运行后的结果如图 6-15 所示。

```
In[6]:## 预测未来 24 个数据，并输出 95%置信区间
      pre, se, conf=arma_model.forecast(24, alpha=0.05)
      ## 整理数据
      y_hat["arma_pre"]=pre
      y_hat["arma_pre_lower"]=conf[:,0]
      y_hat["arma_pre_upper"]=conf[:,1]
      ## 可视化出预测结果
      plt.figure(figsize=(14,7))
      train["X1"].plot(figsize=(14,7),label="X1 train")
      test["X1"].plot(label="X1 test")
      y_hat["arma_pre"].plot(style="g--o",lw=2,label="ARMA(2,1)")
      ## 可视化出置信区间
      plt.fill_between(y_hat.index,y_hat["arma_pre_lower"],
                       y_hat["arma_pre_upper"],color='k',alpha=.15,
                       label="95%置信区间")
      plt.legend()
      plt.grid()
      plt.title("ARMA(2,1)模型")
      plt.show()
      # 计算预测结果和真实值的误差
      print("ARMA 模型预测的绝对值误差:",
```

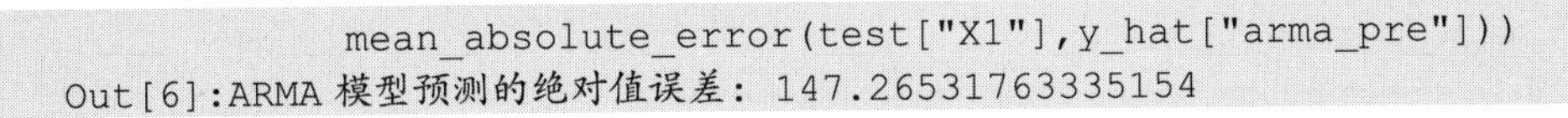

```
                mean_absolute_error(test["X1"],y_hat["arma_pre"]))
Out[6]:ARMA 模型预测的绝对值误差: 147.26531763335154
```

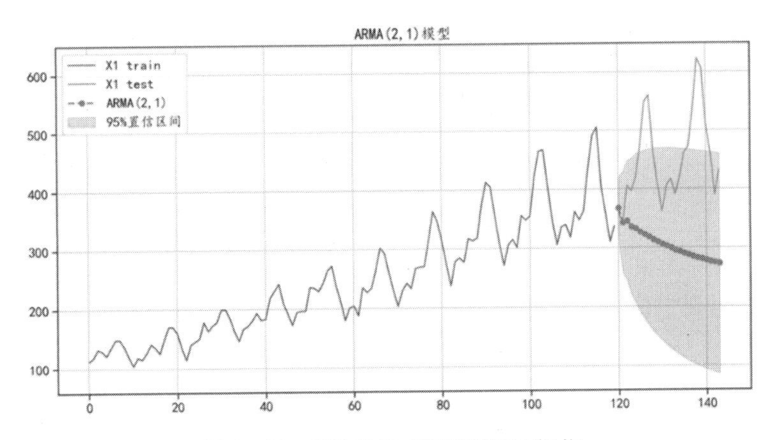

图 6-15 ARMA(2,1)预测结果可视化

从图 6-15 中可以发现，ARMA(2,1)对测试集的预测结果同样完全没有获取数据的变化趋势，受到了数据中部分数据值下降的影响，同时从预测误差中也可以发现模型对数据的预测效果不好。

不能获得较好预测效果的原因有多个，比如：①原始数据为有周期性变化的不平稳数据，不适合 ARMA 模型（注意：这里使用 ARIMA 系列模型对数据进行建模和预测，主要是为了和后面使用较合适模型的预测结果做对比，在实际处理问题时可以没有这样的过程）；②模型可能没有选择合适的参数进行拟合。

这里介绍如何使用 Python 中的 pm.auto_arima()函数自动搜索合适的模型参数，针对 ARMA 模型进行参数自动搜索的程序如下，程序运行后可以发现获得的最优模型为 ARMA(3,2)。

```
In[7]:## 自动搜索合适的参数
      model=pm.auto_arima(train["X1"].values,
                          start_p=1, start_q=1, # p、q 的开始值
                          max_p=12, max_q=12, # 最大的 p 和 q
                          d=0,               # 寻找 ARMA 模型参数
                          m=1,               # 序列的周期
                          seasonal=False,    # 没有季节性趋势
                          trace=True,error_action='ignore',
                          suppress_warnings=True, stepwise=True)
      print(model.summary())
Out[7]:
```

```
Total fit time: 1.282 seconds
                               SARIMAX Results
==============================================================================
Dep. Variable:                      y   No. Observations:                  120
Model:               SARIMAX(3, 0, 2)   Log Likelihood                -561.733
Date:                Thu, 23 Jul 2020   AIC                           1137.467
Time:                        16:05:05   BIC                           1156.979
Sample:                             0   HQIC                          1145.391
                                - 120
Covariance Type:                  opg
==============================================================================
                 coef    std err          z      P>|z|      [0.025      0.975]
------------------------------------------------------------------------------
intercept     32.9054     20.908      1.574      0.116      -8.073      73.884
ar.L1         -0.0413      0.074     -0.561      0.575      -0.186       0.103
ar.L2          0.2036      0.072      2.819      0.005       0.062       0.345
ar.L3          0.7013      0.079      8.889      0.000       0.547       0.856
ma.L1          1.3215    227.530      0.006      0.995    -444.629     447.272
ma.L2          1.0000    344.340      0.003      0.998    -673.893     675.893
sigma2       637.8502    2.2e+05      0.003      0.998     -4.3e+05    4.31e+05
===================================================================================
Ljung-Box (Q):                      241.15   Jarque-Bera (JB):                 3.53
Prob(Q):                              0.00   Prob(JB):                         0.17
Heteroskedasticity (H):               6.36   Skew:                            -0.14
Prob(H) (two-sided):                  0.00   Kurtosis:                         3.79
===================================================================================

Warnings:
[1] Covariance matrix calculated using the outer product of gradients (complex-step).
```

针对获取的 ARMA(3,2)模型，可以使用下面的程序对测试集进行预测，并对结果进行可视化分析，程序运行后的结果如图 6-16 所示。

```
In[8]:## 使用 ARMA(3,2)对测试集进行预测
      pre, conf=model.predict(n_periods=24, alpha=0.05,
                              return_conf_int=True)
      ## 可视化 ARMA(3,2)的预测结果，整理数据
      y_hat["arma_pre"]=pre
      y_hat["arma_pre_lower"]=conf[:,0]
      y_hat["arma_pre_upper"]=conf[:,1]
      ## 可视化出预测结果
      plt.figure(figsize=(14,7))
      train["X1"].plot(figsize=(14,7),label="X1 train")
      test["X1"].plot(label="X1 test")
      y_hat["arma_pre"].plot(style="g--o", lw=2,label="ARMA(3,2)")
      ## 可视化出置信区间
      plt.fill_between(y_hat.index, y_hat["arma_pre_lower"],
                       y_hat["arma_pre_upper"],color='k',alpha=.15,
                       label="95%置信区间")
      plt.legend()
      plt.grid()
      plt.title("ARMA(3,2)模型")
      plt.show()
      # 计算预测结果和真实值的误差
      print("ARMA 模型预测的绝对值误差:",
            mean_absolute_error(test["X1"],y_hat["arma_pre"]))
Out[8]:ARMA 模型预测的绝对值误差: 158.11464180972925
```

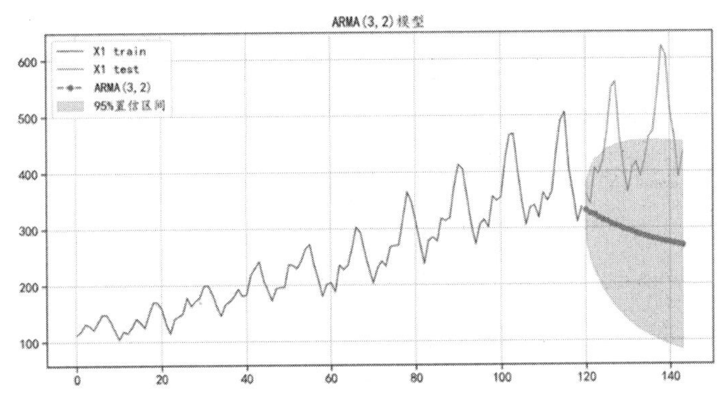

图 6-16　ARMA(3,2)预测结果可视化

从图 6-16 中可以发现，ARMA(3,2)模型对测试集的预测结果同样完全没有获取数据的变化趋势，预测效果相对于 ARMA(2,1)模型并没有改善。最终发现真实原因为数据本身就不适合使用 ARMA 模型进行建模和预测。

6.3.3　ARIMA 模型

从前面的分析中已经知道带预测的序列是不平稳的，前面使用的 AR 模型、ARMA 模型都没有很好地拟合数据的变化趋势，因此这里尝试使用 ARIMA 模型对其进行建模预测，来应对模型的不平稳变化趋势，根据前面的自相关系数、偏自相关系数及单位根检验结果，为了降低模型的复杂度，可以建立 ARIMA(2,1,1)模型。使用训练集拟合模型的程序如下：

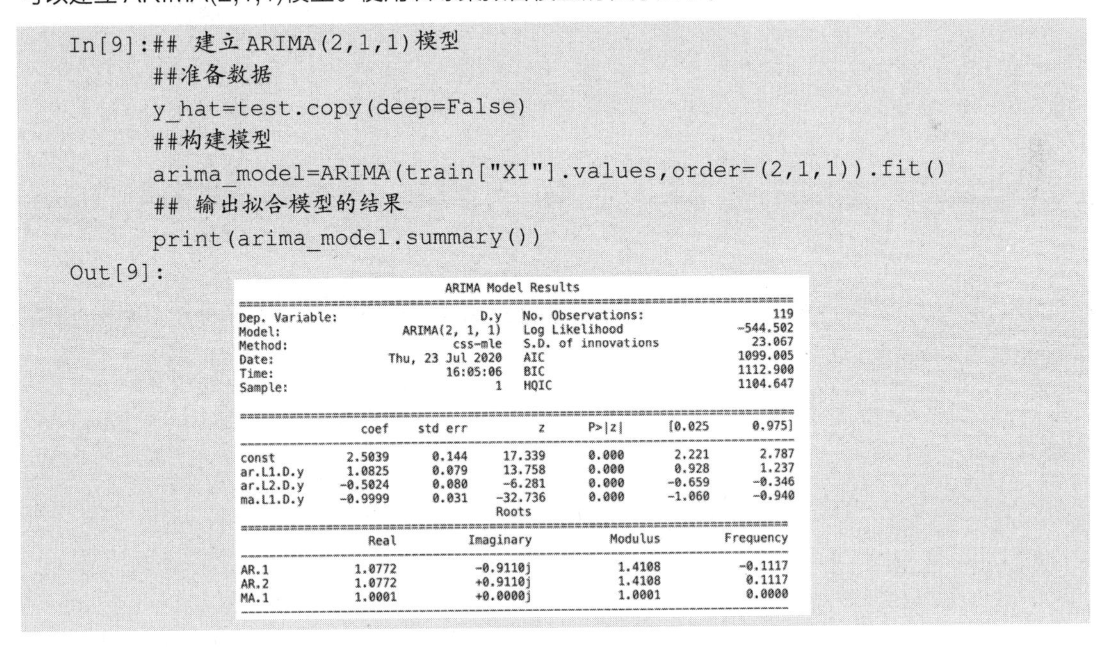

```
In[9]:## 建立ARIMA(2,1,1)模型
      ##准备数据
      y_hat=test.copy(deep=False)
      ##构建模型
      arima_model=ARIMA(train["X1"].values,order=(2,1,1)).fit()
      ## 输出拟合模型的结果
      print(arima_model.summary())
Out[9]:
```

```
                             ARIMA Model Results
==============================================================================
Dep. Variable:                    D.y   No. Observations:                  119
Model:                 ARIMA(2, 1, 1)   Log Likelihood                -544.502
Method:                       css-mle   S.D. of innovations             23.067
Date:                Thu, 23 Jul 2020   AIC                           1099.005
Time:                        16:05:06   BIC                           1112.900
Sample:                             1   HQIC                          1104.647

==============================================================================
                 coef    std err          z      P>|z|      [0.025      0.975]
------------------------------------------------------------------------------
const          2.5039      0.144     17.339      0.000       2.221       2.787
ar.L1.D.y      1.0825      0.079     13.758      0.000       0.928       1.237
ar.L2.D.y     -0.5024      0.080     -6.281      0.000      -0.659      -0.346
ma.L1.D.y     -0.9999      0.031    -32.736      0.000      -1.060      -0.940
                                    Roots
=============================================================================
                  Real          Imaginary           Modulus         Frequency
-----------------------------------------------------------------------------
AR.1            1.0772           -0.9110j            1.4108           -0.1117
AR.2            1.0772           +0.9110j            1.4108            0.1117
MA.1            1.0001           +0.0000j            1.0001            0.0000
-----------------------------------------------------------------------------
```

从 ARIMA 模型的输出结果中可以发现，AIC=1099.005、BIC=1112.900，相对于前面的ARMA 模型下降了很多，而且模型中的系数是显著的。

1. 训练 ARIMA 模型

使用训练集训练出的 ARIMA 模型，可以对其拟合残差的情况进行可视化分析。在下面的程序中，可视化出了拟合残差的变化情况，和残差正态性检验 Q-Q 图，程序运行后的结果如图 6-17 所示。

```
In[10]:## 查看模型的拟合残差分布
       fig=plt.figure(figsize=(12,5))
       ax=fig.add_subplot(1,2,1)
       plt.plot(arima_model.resid)
       plt.title("ARIMA(2,1,1)残差曲线")
       ## 检查残差是否符合正态分布
       ax=fig.add_subplot(1,2,2)
       sm.qqplot(arima_model.resid, line='q', ax=ax)
       plt.title("ARIMA(2,1,1)残差 Q-Q 图")
       plt.tight_layout()
       plt.show()
```

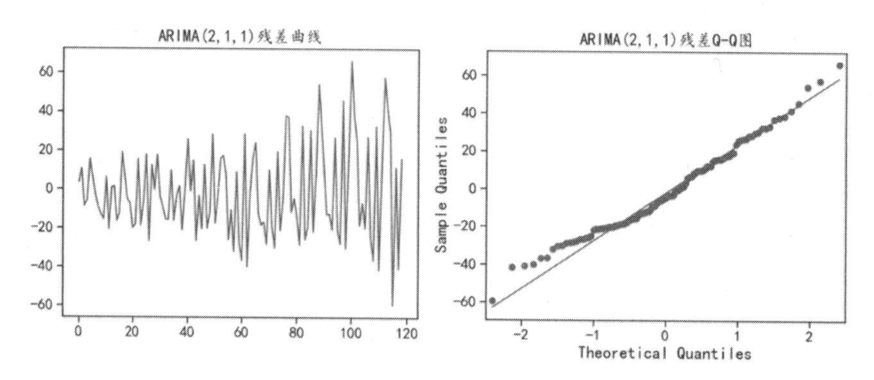

图 6-17 ARIMA 模型的拟合残差分布情况

从图 6-17 的可视化结果中可以发现，此时的残差更符合正态分布，说明模型从训练数据中获取了更多的有用信息。

ARIMA(2,1,1)模型对测试集的预测情况，可以使用下面的程序对其进行可视化，程序运行后的结果如图 6-18 所示。

```
In[11]:## 可视化模型对测试集的预测结果
       ## 预测未来 24 个数据，并输出 95%置信区间
       pre, se, conf=arima_model.forecast(24, alpha=0.05)
       ## 整理数据
```

```
        y_hat["arima_pre"]=pre
        y_hat["arima_pre_lower"]=conf[:,0]
        y_hat["arima_pre_upper"]=conf[:,1]
        ## 可视化出预测结果
        plt.figure(figsize=(14,7))
        train["X1"].plot(figsize=(14,7),label="X1 train")
        test["X1"].plot(label="X1 test")
        y_hat["arima_pre"].plot(style="g--o", lw=2,label="ARIMA(2,1,1)")
        ## 可视化出置信区间
        plt.fill_between(y_hat.index, y_hat["arima_pre_lower"],
                         y_hat["arima_pre_upper"],color='k',alpha=.15,
                         label="95%置信区间")
        plt.legend()
        plt.grid()
        plt.title("ARIMA(2,1,1)模型")
        plt.show()
        # 计算预测结果和真实值的误差
        print("ARIMA 模型预测的绝对值误差:",
              mean_absolute_error(test["X1"],y_hat["arima_pre"]))
Out[11]:ARIMA 模型预测的绝对值误差: 55.38767065734245
```

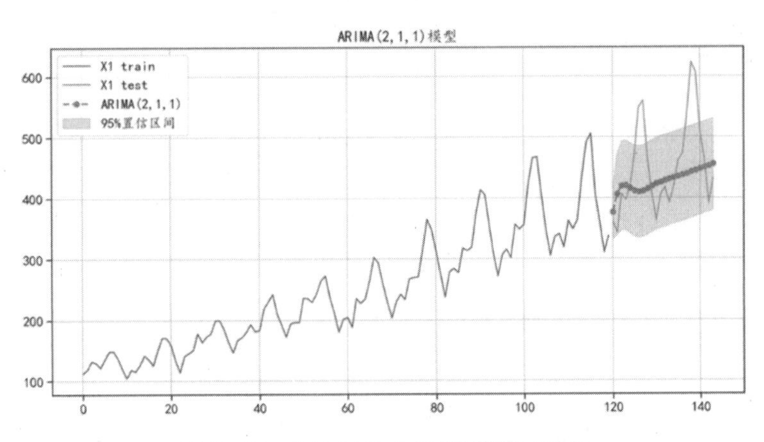

图 6-18 ARIMA(2,1,1)预测结果可视化

从图 6-18 中可以发现，ARIMA(2,1,1)对测试集的预测结果，很好地拟合了数据的增长趋势，但是并没有获取到数据中的周期性变化趋势。同时从预测误差中，也可以发现该模型对数据的预测效果相对于 AR 模型、ARMA 模型已经有了很大的提升。

2. 自动搜索 ARIMA 模型的参数

为了获得更好的数据预测效果，同样可以使用自动参数搜索方法，使用训练数据寻找合适的模型参数，程序如下：

```
In[12]:## 自动搜索合适参数的ARIMA 模型
       model=pm.auto_arima(train["X1"].values,
                           start_p=1, start_q=1, # p、q 的开始值
                           max_p=12, max_q=12, # 最大的 p 和 q
                           test="kpss",        # 使用 KPSS 检验确定 d
                           m=1,                # 序列的周期
                           seasonal=False,     # 没有季节性趋势
                           trace=True,error_action='ignore',
                           suppress_warnings=True, stepwise=True)
       print(model.summary())
Out[12]:
```

```
Total fit time: 2.340 seconds
                           SARIMAX Results
==============================================================================
Dep. Variable:                      y   No. Observations:                  120
Model:               SARIMAX(3, 1, 3)   Log Likelihood                -534.164
Date:                Thu, 23 Jul 2020   AIC                           1084.327
Time:                        16:05:09   BIC                           1106.560
Sample:                             0   HQIC                          1093.355
                                - 120
Covariance Type:                  opg
==============================================================================
                 coef    std err          z      P>|z|      [0.025      0.975]
------------------------------------------------------------------------------
intercept      1.0449      0.389      2.687      0.007       0.283       1.807
ar.L1          0.8257      0.097      8.512      0.000       0.636       1.016
ar.L2          0.4215      0.141      2.999      0.003       0.146       0.697
ar.L3         -0.7177      0.085     -8.452      0.000      -0.884      -0.551
ma.L1         -0.8924     50.140     -0.018      0.986     -99.166      97.381
ma.L2         -0.9055     94.875     -0.010      0.992    -186.858     185.047
ma.L3          0.9869     49.471      0.020      0.984     -95.974      97.948
sigma2       428.8015   2.15e+04      0.020      0.984   -4.17e+04    4.25e+04
===================================================================================
Ljung-Box (Q):                      225.53   Jarque-Bera (JB):                 0.07
Prob(Q):                              0.00   Prob(JB):                         0.97
Heteroskedasticity (H):               6.00   Skew:                             0.06
Prob(H) (two-sided):                  0.00   Kurtosis:                         2.96
===================================================================================

Warnings:
[1] Covariance matrix calculated using the outer product of gradients (complex-step).
```

运行程序后可以发现，找到的最好的 ARIMA 模型为 ARIMA(3,1,3)，该模型对测试集的预测情况可以使用下面的程序进行可视化，程序运行后的结果如图 6-19 所示。

```
In[13]:## 可视化自动搜索参数获得的ARIMA(3,1,3)对测试集进行预测
       pre, conf=model.predict(n_periods=24, alpha=0.05,
                               return_conf_int=True)
       ## 可视化ARIMA(3,1,3)的预测结果，整理数据
       y_hat=test.copy(deep=False)
       y_hat["arma_pre"]=pre
       y_hat["arma_pre_lower"]=conf[:,0]
       y_hat["arma_pre_upper"]=conf[:,1]
       ## 可视化出预测结果
       plt.figure(figsize=(14,7))
       train["X1"].plot(figsize=(14,7),label="X1 train")
       test["X1"].plot(label="X1 test")
       y_hat["arma_pre"].plot(style="g--o", lw=2,label="ARIMA(3,1,3)")
       ## 可视化出置信区间
```

```
        plt.fill_between(y_hat.index, y_hat["arma_pre_lower"],
                         y_hat["arma_pre_upper"],color='k',alpha=.15,
                         label="95%置信区间")
        plt.legend()
        plt.grid()
        plt.title("ARIMA(3,1,3)模型")
        plt.show()
        # 计算预测结果和真实值的误差
        print("ARMA 模型预测的绝对值误差:",
              mean_absolute_error(test["X1"],y_hat["arma_pre"]))
Out[13]:ARMA 模型预测的绝对值误差: 45.31232180929982
```

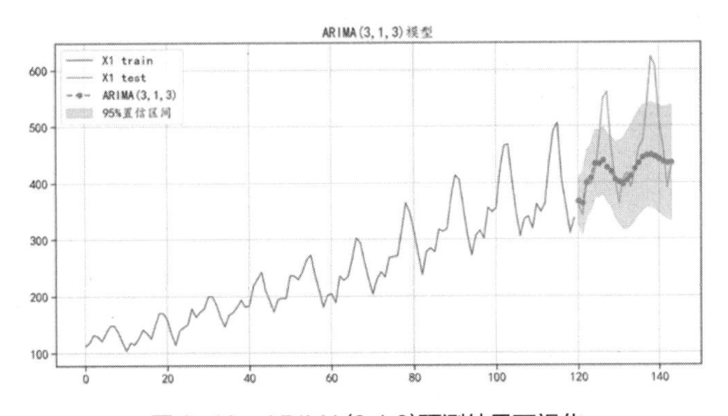

图 6-19　ARIMA(3,1,3)预测结果可视化

从图 6-19 中可以发现，与 ARIMA(2,1,1)的测试结果相比，ARIMA(3,1,3)更好地对测试集进行了预测，不仅获取了数据中的增长趋势，还获取了一些数据中的周期性变化信息，同时从预测误差中也可以发现，该模型对数据的预测效果相对于 AR 模型、ARMA 模型有了更大的提升。

但是从上面的分析中还可以发现，ARIMA 模型还是不能很好地对序列 X1 进行建模和预测，需要使用 SARIMA 模型对其进行预测分析。

6.4　SARIMA 模型

SARIMA 模型也称为季节 ARIMA 模型，本质是把一个时间序列模型通过 ARIMA(p,d,q)中的 3 个参数来决定，其中 p 代表自相关（AR）的阶数，d 代表差分的阶数，q 代表滑动平均（MA）的阶数，然后加上季节性的调整。根据季节效应的相关特性，SARIMA 模型可以分为简单 SARIMA 模型和乘积 SARIMA 模型。本节将借助 SARIMA 模型对时间序列 X1 进行建模和预测。

下面的程序可以自动搜索合适的参数，使用训练集拟合 SARIMA 模型。运行程序后可以发现，获得的最优拟合模型为 SARIMA(2,0,0)×(0,1,0,12)，其中 12 表示模型的周期性。

```
In[1]:## 针对模型自动寻找合适的参数
      model=pm.auto_arima(train["X1"].values,
                          start_p=1, start_q=1, # p、q 的开始值
                          max_p=12, max_q=12, # 最大的 p 和 q
                          test="kpss",        # 使用 KPSS 检验确定 d
                          d=None,            # 自动选择合适的 d
                          m=12,                # 序列的周期
                          seasonal=True,         # 有季节性趋势
                          start_P=0,start_Q=0, # P、Q 的开始值
                          max_P=5, max_Q=5,      # 最大的 P 和 Q
                          D=None,               # 自动选择合适的 D
                          trace=True,error_action='ignore',
                          suppress_warnings=True, stepwise=True)
      print(model.summary())
Out[1]:
Total fit time: 4.639 seconds
                                      SARIMAX Results
==========================================================================================
Dep. Variable:                                  y   No. Observations:                  120
Model:             SARIMAX(2, 0, 0)x(0, 1, 0, 12)   Log Likelihood                -400.431
Date:                            Thu, 23 Jul 2020   AIC                            808.863
Time:                                    16:05:14   BIC                            819.592
Sample:                                         0   HQIC                           813.213
                                            - 120
Covariance Type:                              opg
==============================================================================
                 coef    std err          z      P>|z|      [0.025      0.975]
------------------------------------------------------------------------------
intercept      4.2859      2.035      2.106      0.035       0.297       8.275
ar.L1          0.6783      0.100      6.816      0.000       0.483       0.873
ar.L2          0.1550      0.096      1.609      0.108      -0.034       0.344
sigma2        96.2826     11.855      8.121      0.000      73.046     119.519
===================================================================================
Ljung-Box (Q):                       41.99   Jarque-Bera (JB):                  1.64
Prob(Q):                              0.38   Prob(JB):                          0.44
Heteroskedasticity (H):               1.41   Skew:                              0.02
Prob(H) (two-sided):                  0.31   Kurtosis:                          3.60
===================================================================================

Warnings:
[1] Covariance matrix calculated using the outer product of gradients (complex-step).
```

使用训练数据获得的最优模型 SARIMA(3,0,1)×(0,1,0,12)，对测试集进行预测，预测情况可以使用下面的程序进行可视化，程序运行后的结果如图 6-20 所示。

```
In[2]:## 可视化自动搜索参数获得的 SARIMA(2,0,0)x(0,1,0,12)对测试集进行预测
     pre, conf=model.predict(n_periods=24, alpha=0.05,
                             return_conf_int=True)
     ## 可视化 SARIMAX(2, 0, 0) × (0, 1, 0, 12)的预测结果，整理数据
     y_hat=test.copy(deep=False)
     y_hat["sarima_pre"]=pre
     y_hat["sarima_pre_lower"]=conf[:,0]
     y_hat["sarima_pre_upper"]=conf[:,1]
     ## 可视化出预测结果
     plt.figure(figsize=(14,7))
     train["X1"].plot(figsize=(14,7),label="X1 train")
```

```
    test["X1"].plot(label="X1 test")
    y_hat["sarima_pre"].plot(style="g--o",lw=2,label="SARIMA")
    ## 可视化出置信区间
    plt.fill_between(y_hat.index, y_hat["sarima_pre_lower"],
                     y_hat["sarima_pre_upper"],color='k',alpha=.15,
                     label="95%置信区间")
    plt.legend()
    plt.grid()
    plt.title("SARIMA(2,0,0)x(0,1,0,12)模型")
    plt.show()
    # 计算预测结果和真实值的误差
    print("SARIMA 模型预测的绝对值误差:",
          mean_absolute_error(test["X1"],y_hat["sarima_pre"]))
Out[2]:SARIMA 模型预测的绝对值误差: 43.464894357672186
```

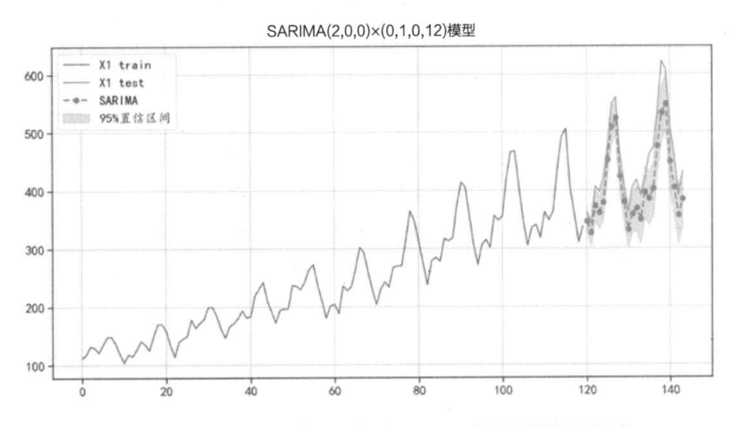

图 6-20　SARIMA(3,0,1)×(0,1,0,12)预测结果可视化

从图 6-20 中可以发现，SARIMA(3,0,1)×(0,1,0,12)的预测结果与 ARIMA 模型的预测结果相比，预测精度有了很大的提升。SARIMA 模型不仅获取了数据中的增长趋势，还准确地获取了数据中的周期性变化信息，同时从预测的平均绝对值误差中也可以发现，该模型对数据的预测效果相对于 AR 模型、ARMA 模型、ARIMA 模型有了更大的提升。其预测平均绝对值误差为 43.46，预测效果很好。

6.5　Prophet 模型预测时间序列

Prophet 模型是 Facebook 发布的一款开源时序预测工具，它提供了基于 Python 调用的 prophet 库，该包提供的基本模型为：

$$y = g(t) + s(t) + h(t) + \varepsilon$$

该公式将时间序列分为 4 个部分：$g(t)$为增长函数，用来表示线性或非线性的增长趋势；$s(t)$表示周期性变化，变化的周期可以是年、季度、月、每天等；$h(t)$表示时间序列中那些潜在的具有非固定周期的节假日对预测值造成的影响；最后的ε为噪声项，表示随机的无法预测的波动。在 Prophet 模型中，预测流程分为 4 个部分：模型建立、模型评估、呈现问题、可视化分析预测效果。

下面将会使用一个时间序列数据介绍如何使用 Prophet 模型对时间序列进行建模和预测。

6.5.1 数据准备

Prophet 模型对时间序列进行预测时，需要的数据格式为数据表，并且包含时间变量 ds 和数值变量 y。下面使用 Prophet 模型进行时间序列的预测，使用的数据为飞机场乘客数量数据，该序列和前面使用的序列 X1 相同。数据准备程序如下：

```
In[1]:## 读取数据
      df=pd.read_csv("data/chap6/AirPassengers.csv")
      df.columns=["ds","y"]
      ## 定义时间数据的数据类型
      df["ds"]=pd.to_datetime(df["ds"])
      print(df.head())
Out[1]:           ds     y
      0 1949-01-01  112
      1 1949-02-01  118
      2 1949-03-01  132
      3 1949-04-01  129
      4 1949-05-01  121
```

6.5.2 模型建立与数据预测

在数据准备好后，使用前面的 120 个样本作为训练集，使用后面的 24 个样本作为测试集。可以使用下面的程序，利用 Prophet()函数建立时序数据的拟合模型 model。在建模时，参数 growth="linear"指定序列的增长趋势为线性趋势；参数 yearly.seasonality=TRUE 表示序列包含以年为周期的季节趋势；参数 weekly.seasonality=FALSE 和 daily.seasonality=FALSE 表示序列不包含以周和天为周期的季节趋势；参数 seasonality.mode="multiplicative"表示时序季节趋势的模式为乘法模式，如果该参数取值为 additive，则表示为加法模式。

```
In[2]:## 数据切分为训练集和测试集
      train=df[0:120]
      test=df[120:]
      ## 构建模型
      model=Prophet(growth="linear",    # 线性增长趋势
                    yearly_seasonality=True, # 年周期的趋势
                    weekly_seasonality=False,# 以周为周期的趋势
```

```
                    daily_seasonality=False,  # 以天为周期的趋势
                    seasonality_mode="multiplicative", # 季节周期性模式
                    seasonality_prior_scale=12, # 季节周期性长度
                   )
        model.fit(train)
        ## 使用模型对测试集进行预测
        forecast=model.predict(test)
        ## 输出部分预测结果
        print(forecast[['ds', 'yhat', 'yhat_lower', 'yhat_upper']].head())
        print("在测试集上绝对值预测误差为:",mean_absolute_error(test.y,
forecast.yhat))
   Out[2]:         ds        yhat  yhat_lower  yhat_upper
          0 1959-01-01  368.531583  357.244831  380.397638
          1 1959-02-01  358.244592  346.363849  370.114073
          2 1959-03-01  406.422694  394.751948  418.189310
          3 1959-04-01  395.278682  383.076704  407.277614
          4 1959-05-01  404.085661  392.825646  416.846292
          在测试集上绝对值预测误差为: 25.35557262760577
```

从上面程序的输出结果中可以发现，模型在测试集上的绝对值预测误差为 25.3556，是所有介绍过的模型中针对该数据预测效果最好的模型。

针对该模型的预测结果，可以使用下面的程序将其可视化，对比分析预测数据和原始数据之间的差异。程序运行后的结果如图 6-21 所示。

```
   In[3]:## 可视化原始数据和预测数据进行对比
        fig, ax=plt.subplots()
        train.plot(x="ds",y="y",figsize=(14,7),label="训练数据",ax=ax)
        test.plot(x="ds",y="y",figsize=(14,7),label="测试数据",ax=ax)
        forecast.plot(x="ds",y="yhat",style="g--o",label="预测数据",ax=ax)
        ## 可视化出置信区间
        ax.fill_between(test["ds"].values, forecast["yhat_lower"],
                        forecast["yhat_upper"],color='k',alpha=.2,
                        label="95%置信区间")
        plt.grid()
        plt.xlabel("时间")
        plt.ylabel("数值")
        plt.title("Prophet 模型")
        plt.legend(loc=2)
        plt.show()
```

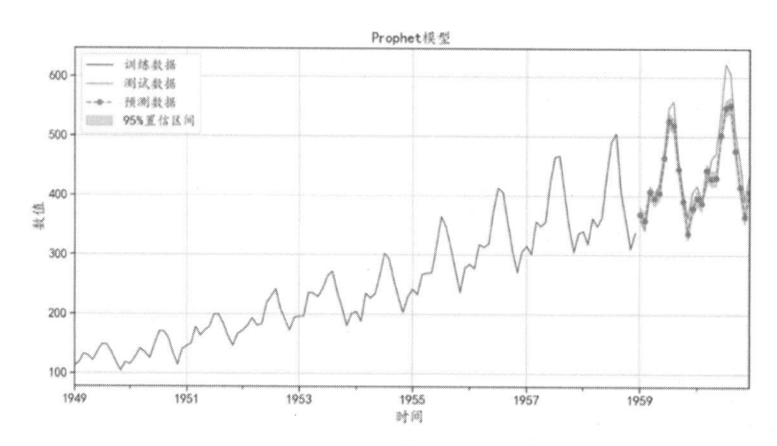

图 6-21 Prophet 模型预测效果

从可视化结果中可以发现，模型的预测效果很好，把序列的增长趋势、周期趋势和小的波动都预测出来了。

Prophet()函数获得的模型也可以使用 model.plot()方式可视化预测结果与真实值之间的差异，运行下面的程序，结果如图 6-22 所示。

```
In[4]:## 通过 model.make_future_dataframe 获取对训练数据和未来数据进行预测的时间
      future=model.make_future_dataframe(periods=36,freq="MS")
      forecast=model.predict(future)
      ## 可视化预测结果
      model.plot(forecast,figsize=(12,6),xlabel="时间",
                 ylabel="数值")
      plt.title("预测未来的 36 个数据")
      plt.show()
```

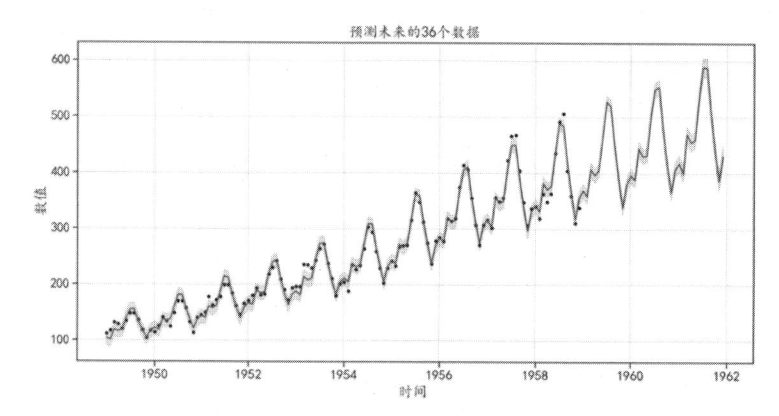

图 6-22 预测结果可视化

图 6-22 中的散点是训练数据中的真实数据，曲线是模型的拟合数据和预测数据，阴影则表示预测值的置信区间。

prophet 库中，还包含一个 prophet_plot_components()函数，该函数可以可视化模型的组成部分，运行下面的程序，结果如图 6-23 所示。

```
In[5]:## 使用model.plot_components 可视化出模型中的主要成分
      model.plot_components(forecast)
      plt.show()
```

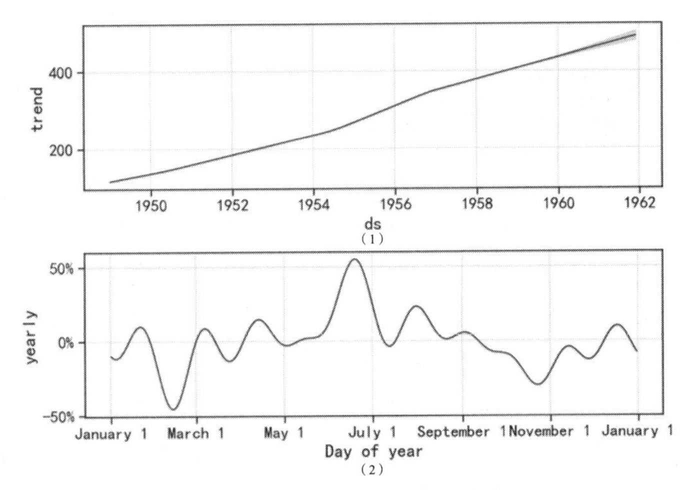

图 6-23 模型的主要部分可视化

图 6-23（1）表示模型中的线性变化趋势，图（6-23（2））表示在一年的时间内乘客数量的增加或减少的变化情况，即周期趋势。线性趋势表明乘客的数量是逐年增加的，周期趋势表明一年中每个时间段数量的波动情况，发现 3 月份左右有一个最低点，7 月份前后会出现高点。

经过前面 3 节对序列 X1 使用的多种预测算法的建模分析，下面将多种时序模型的预测效果和误差进行总结，如表 6-2 所示。

表 6-2 多种时序算法的建模预测效果

模　　型	在测试集上的平均绝对值误差
简单移动平均	82.55
简单指数平滑 1	81.10
简单指数平滑 2	106.81
Holt 线性趋势法 1	54.727
Holt 线性趋势法 2	69.79
Holt-Winters 季节性预测	30.068
AR(2)	165.796

续表

模　　型	在测试集上的平均绝对值误差
ARMA(2,1)	147.265
ARMA(3,2)	158.114
ARIMA(2,1,1)	55.387
ARIMA(3,1,3)	45.312
SARIMA(3,0,1)×(0,1,0,12)	43.63
Prophet 模型	25.355

6.6 多元时间序列 ARIMAX 模型

前面讨论的是一元时间序列，但在实际情况中，很多序列的变化规律会受到其他序列的影响，往往需要建立多元时间序列 ARIMAX 模型。ARIMAX 模型是指带回归项的 ARIMA 模型，又称扩展的 ARIMA 模型，回归项的引入有利于提高模型的预测效果。引入的回归项一般是与预测对象（即被解释变量）相关程度较高的变量。比如，分析居民的消费支出序列时，消费会受到收入的影响，如果将收入也纳入研究范围，就能得到更精确的消费预测。

本节将以一个简单的二维时间序列为例，介绍如何使用 Python 完成 ARIMAX 模型的建立和使用。

6.6.1 数据准备与可视化

在建立 ARIMAX 模型时，本节会使用燃气炉数据集（gas furnace data.xlsx），该数据中包含天然气的输入速率和 CO_2 的输出浓度随时间变化的情况，读取数据的程序如下：

```
In[1]:## 读取数据
      datadf=pd.read_csv("data/chap6/gas furnace data.txt",sep="\s+")
      datadf.columns=["GasRate","C02"]
      ## GasRate:输入天然气速率, C02: 输出二氧化碳浓度
      print(datadf.head())
Out[1]:    GasRate   CO2
        0   -0.109  53.8
        1    0.000  53.6
        2    0.178  53.5
        3    0.339  53.5
        4    0.373  53.4
```

读取的数据中 GasRate 表示输入的天然气速率，CO_2 表示输出的二氧化碳浓度。针对数据中两个变量的波动情况，可使用下面的程序进行可视化，程序运行后的结果如图 6-24 所示。

```
In[2]:## 可视化出两个序列的波动情况
      plt.figure(figsize=(14,6))
      plt.subplot(1,2,1)
      datadf.GasRate.plot(c="r")
      plt.grid()
      plt.xlabel("Observation")
      plt.ylabel("Gas Rate")
      plt.subplot(1,2,2)
      datadf.C02.plot(c="r")
      plt.grid()
      plt.xlabel("Observation")
      plt.ylabel("C02")
      plt.show()
```

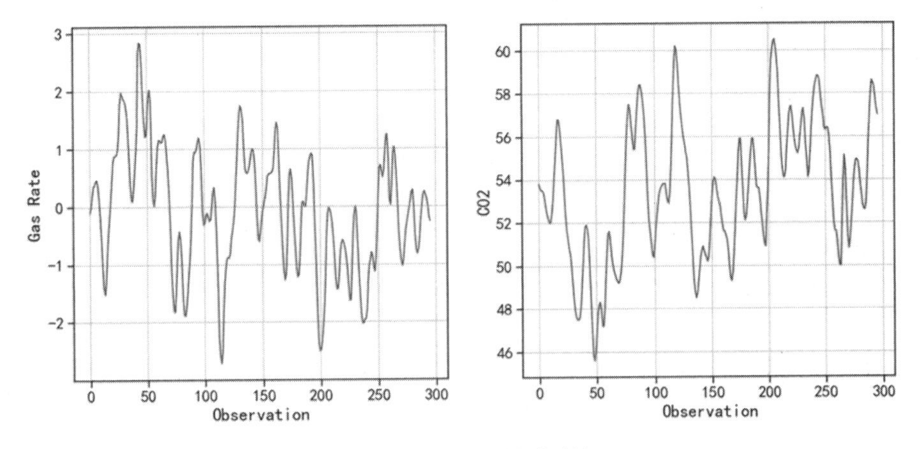

图 6-24　两个序列的波动情况

对数据建立 ARIMAX 模型之前，先将数据切分为训练集和测试集，将前面 75%的样本作为训练集，将剩下的作为测试集，程序如下，从输出结果中可见，训练集包含 222 个样本组，测试集包含 74 个样本组。

```
In[3]:## 前面的75%做训练集，后面的25%做测试集
      trainnum=np.int(datadf.shape[0]*0.75)
      traidata=datadf.iloc[0:trainnum,:]
      testdata=datadf.iloc[trainnum:datadf.shape[0],:]
      print(traidata.shape)
      print(testdata.shape)
Out[3]: (222, 2)
        (74, 2)
```

建模之前可以使用单位根检验，分析两个序列是否为平稳序列，程序如下，从输出结果中可以发现，两个序列的 p-value 均小于 0.05，说明在置信度为 95%的水平下，两序列均为平稳序列，可以利用 ARIMAX 模型进行预测。

```
In[4]:## 单位根检验序列的平稳性，ADF 检验
      dftest=adfuller(datadf.GasRate,autolag='BIC')
      dfoutput=pd.Series(dftest[0:4],
          index=['adf','p-value','usedlag','Number of Observations Used'])
      print("GasRate 检验结果:\n",dfoutput)

      dftest=adfuller(datadf.C02,autolag='BIC')
      dfoutput=pd.Series(dftest[0:4],
          index=['adf','p-value','usedlag','Number of Observations Used'])
      print("C02 检验结果:\n",dfoutput)
Out[4]:GasRate 检验结果:
adf                             -4.878952
p-value                          0.000038
usedlag                          2.000000
Number of Observations Used    293.000000
dtype: float64
C02 检验结果:
adf                             -2.947057
p-value                          0.040143
usedlag                          3.000000
Number of Observations Used    292.000000
dtype: float64
```

针对待预测序列的因变量，可以使用自相关图和偏自相关图对序列进行分析，运行下面的程序，结果如图 6-25 所示。

```
In[5]:### 可视化序列的自相关和偏自相关图
      fig=plt.figure(figsize=(10,5))
      ax1=fig.add_subplot(211)
      fig=sm.graphics.tsa.plot_acf(traidata.C02, lags=30, ax=ax1)
      ax2=fig.add_subplot(212)
      fig=sm.graphics.tsa.plot_pacf(traidata.C02, lags=30, ax=ax2)
      plt.ylim([-1,1])
      plt.tight_layout()
      plt.show()
```

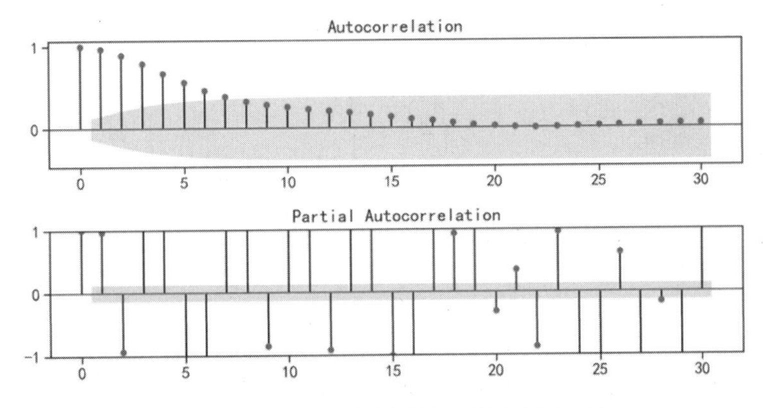

图 6-25　CO_2序列的自相关图和偏自相关图

6.6.2 ARIMAX 模型建立与预测

通过前面的分析，首先使用 pf.ARIMAX()函数对数据建立 ARIMAX(1,0,2)模型，程序如下：

```
In[6]:### 建立 ARIMAX（1,0,2）模型
      model=pf.ARIMAX(data=traidata,formula="C02~GasRate",ar=1,ma=2,
integ=0)
      model_1=model.fit("MLE")
      model_1.summary()
Out[6]:
```

```
Normal ARIMAX(1,0,2)
=======================================================  ==================================================
Dependent Variable: C02                                  Method: MLE
Start Date: 2                                            Log Likelihood: -71.9362
End Date: 221                                            AIC: 155.8725
Number of observations: 220                              BIC: 176.2343
===========================================================================================================
Latent Variable                          Estimate   Std Error  z        P>|z|    95% C.I.
======================================== ========== ========== ======== ======== =========================
AR(1)                                    0.9086     0.0191     47.5425  0.0      (0.8712 | 0.9461)
MA(1)                                    1.0231     0.0552     18.5272  0.0      (0.9149 | 1.1314)
MA(2)                                    0.6231     0.0442     14.1127  0.0      (0.5365 | 0.7096)
Beta 1                                   4.8793     1.0166     4.7996   0.0      (2.8868 | 6.8719)
Beta GasRate                             -0.4057    0.0533     -7.613   0.0      (-0.5102 | -0.3013)
Normal Scale                             0.3356
===========================================================================================================
```

从上面的输出结果中可以发现模型的 AIC=155.8725，并且每个系数的显著性检验结果表明自己是显著的。针对拟合的模型可以使用 plot_fit()方法可视化数据在训练集上的拟合情况，运行下面的程序后，拟合结果如图 6-26 所示。

```
In[7]:## 可视化数据在训练集上的拟合情况
      model.plot_fit(figsize=(10,5))
```

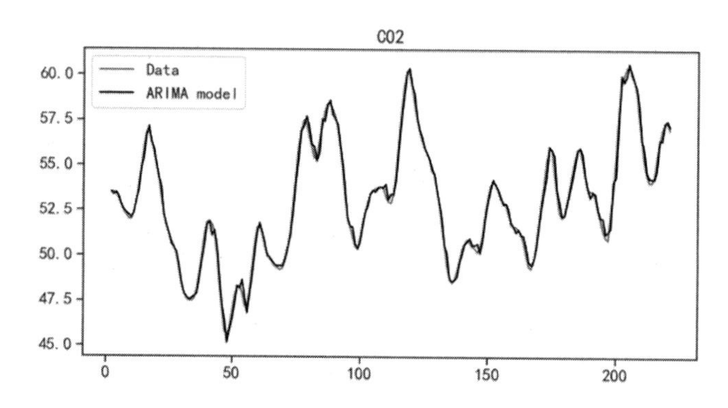

图 6-26　在训练集上的拟合结果

从图 6-26 中可以发现，在训练集上的拟合效果很好。通过拟合模型的 plot_predict()方法，可以可视化模型在测试集上的预测效果，运行下面的程序后，结果如图 6-27 所示。

```
In[8]:## 可视化模型在测试集上的预测结果
      model.plot_predict(h=testdata.shape[0], ## 往后预测的数目
                         oos_data=testdata,  ## 测试集
                         past_values=traidata.shape[0],#图像显示训练集数据
                         figsize=(14,7))
      plt.show()
```

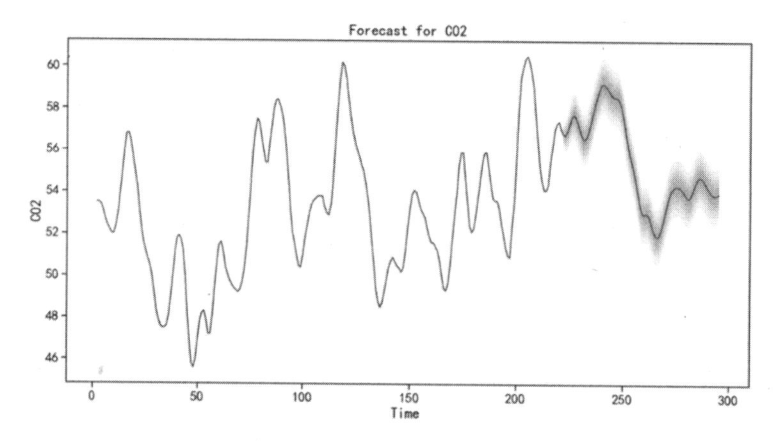

图 6-27　对测试集的预测结果

在图 6-27 中并没有同时可视化出测试集与测试集的预测值，因此使用下面的程序对预测结果进行可视化对比，程序运行后的结果如图 6-28 所示。

```
In[9]:## 预测新的数据
      CO2pre=model.predict(h=testdata.shape[0], ## 往后预测多少步
                           oos_data=testdata,  ## 测试集
                           intervals=True, ## 同时预测置信区间
```

```
                        )
        print("在测试集上绝对值预测误差为:", mean_absolute_error(testdata.C02,
C02pre.C02))
        ## 可视化原始数据和预测数据进行对比
        traidata.C02.plot(figsize=(14,7),label="训练数据")
        testdata.C02.plot(figsize=(14,7),label="测试数据")
        C02pre.C02.plot(style="g--o",label="预测数据")
        ## 可视化出置信区间
        plt.fill_between(C02pre.index, C02pre["5% Prediction Interval"],
                         C02pre["95% Prediction Interval"],color='k',
alpha=.15,
                         label="95%置信区间")
        plt.grid()
        plt.xlabel("Time")
        plt.ylabel("C02")
        plt.title("ARIMAX(1,0,2)模型")
        plt.legend(loc=2)
        plt.show()
  Out[9]:在测试集上绝对值预测误差为: 1.5731456243696424
```

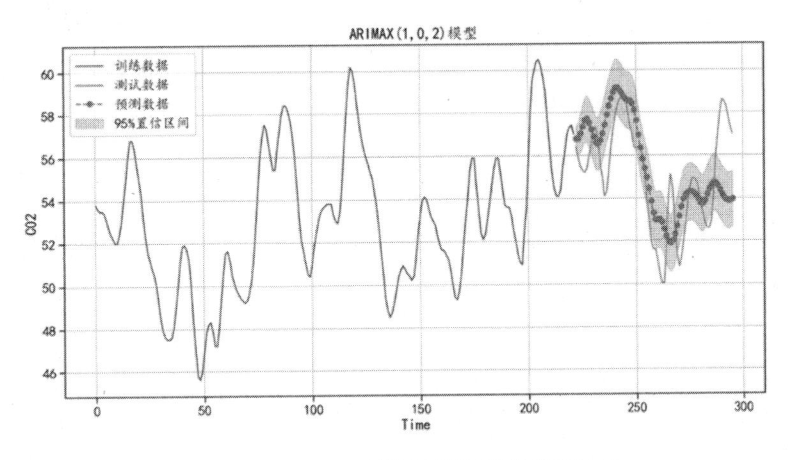

图 6-28　ARIMAX 模型对测试集的预测结果

从输出的结果中可以发现，预测值在开始部分很好地拟合了真实数据的变化趋势，但是后面的预测结果就变得不准确了。这说明时间序列预测的相关算法在短期内还是非常有效的，所以在实际应用中，尽可能在短期预测中应用。

针对 ARIMAX 模型，可以使用循环建模的方式，对参数 p 和 q 进行搜索，获得拟合效果更好的模型，可以使用下面的程序计算每种 p 和 q 的组合下拟合模型的 BIC 值和在测试集上的预测绝对值误差。

```
In[10]:## 参数搜索寻找合适的 p、q
       p=np.arange(6)
       q=np.arange(6)
       pp,qq=np.meshgrid(p,q)
       resultdf=pd.DataFrame(data={"arp":pp.flatten(),"mrq":qq.
flatten()})
       resultdf["bic"]=np.double(pp.flatten())
       resultdf["mae"]=np.double(qq.flatten())
       ## 迭代循环建立多个模型
       for ii in resultdf.index:
           model_i=pf.ARIMAX(data=traidata, formula="C02~GasRate",
ar=resultdf.arp[ii], ma=resultdf.mrq[ii], integ=0)
           try:
               modeli_fit=model_i.fit("MLE")
               bic=modeli_fit.bic
               C02_pre=model.predict(h=testdata.shape[0],oos_data=
testdata)
               mae=mean_absolute_error(testdata.C02,C02_pre.C02)
           except:
               bic=np.nan
           resultdf.bic[ii]=bic
           resultdf.mae[ii]=mae
       print("模型迭代结束")
Out[10]:模型迭代结束
```

在模型迭代结束后，可以根据 BIC 取值的大小进行排序，输出预测效果较好的模型，运行下面的程序可以发现，在参数 p=3、q=2 时，获得的模型效果较好，在测试集上的绝对值误差较小。

```
In[11]:## 按照 BIC 寻找合适的模型
       print(resultdf.sort_values(by="bic").head())
Out[11]:    arp  mrq        bic       mae
       15    3    2   0.820429  1.573146
       17    5    2  21.192451  1.573146
       11    5    1  29.406913  1.573146
       28    4    4  31.267202  1.573146
       27    3    4  44.280754  1.573146
```

使用获得的最好参数可以重新利用数据拟合新的 ARIMAX(3,2)模型，程序如下，程序中还对测试集进行了预测，并将预测的结果进行可视化，还和原始的测试值进行对比分析，程序运行后的结果如图 6-29 所示。

```
In[12]:## 重新建立效果较好的模型
       model=pf.ARIMAX(data=traidata,formula="C02~GasRate",ar=3,ma=2,
integ=0)
       model_1=model.fit("MLE")
```

```
        ## 预测新的数据
        C02pre=model.predict(h=testdata.shape[0], ## 往后预测多少步
                              oos_data=testdata,  ## 测试集
                              intervals=True)
        print("在测试集上绝对值预测误差为:", mean_absolute_error(testdata.C02,
C02pre.C02))
        ## 可视化原始数据和预测数据进行对比
        traidata.C02.plot(figsize=(14,7),label="训练数据")
        testdata.C02.plot(figsize=(14,7),label="测试数据")
        C02pre.C02.plot(style="g--o",label="预测数据")
        ## 可视化出置信区间
        plt.fill_between(C02pre.index, C02pre["5% Prediction Interval"],
                         C02pre["95%Prediction
Interval"],color='k',alpha=.15,label="95%置信区间")
        plt.grid()
        plt.xlabel("Time")
        plt.ylabel("C02")
        plt.title("ARIMAX(3,0,2)模型")
        plt.legend(loc=2)
        plt.show()
        Out[12]:在测试集上绝对值预测误差为: 1.1115309949695789
```

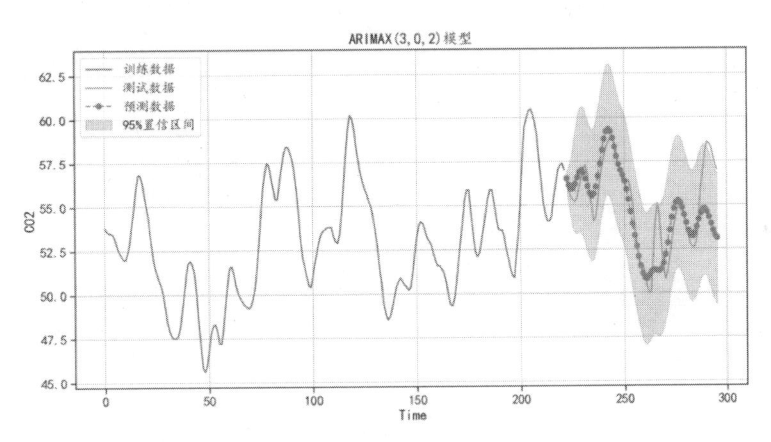

图 6-29　ARIMAX(3,2)模型的预测结果

可以发现，使用 ARIMAX(3,2)模型对测试集的预测误差更小，对测试集的预测效果更好。

6.7　时序数据的异常值检测

分析时间序列的波动情况时，可以将突然增大或者突然减小的数据无规律看作异常值。判断一

个数据是否为异常值，可以使用 Facebook 发布的 Prophet 模型进行检测。最直接的方式是将数据波动情况拟合值的置信区间，作为判断是否为异常值的上下界。下面使用一个时间序列数据，检测其是否存在异常值。

6.7.1 数据准备与可视化

使用的时间序列数据（简称时序数据）为从 1991 年 2 月到 2005 年 5 月，每周提供美国成品汽车汽油产品的时间序列（每天数千桶）。使用下面的程序可以对数据进行读取并可视化，结果如图 6-30 所示。

```
In[1]:## 数据准备
       data=pm.datasets.load_gasoline()
       datadf=pd.DataFrame({"y":data})
       datadf["ds"]=pd.date_range(start="1991-2",periods=len(data),freq
="W")
       ## 可视化时间序列的变化情况
       datadf.plot(x="ds",y="y",style="b-o",figsize=(14,7))
       plt.grid()
       plt.title("时间序列数据的波动情况")
       plt.show()
```

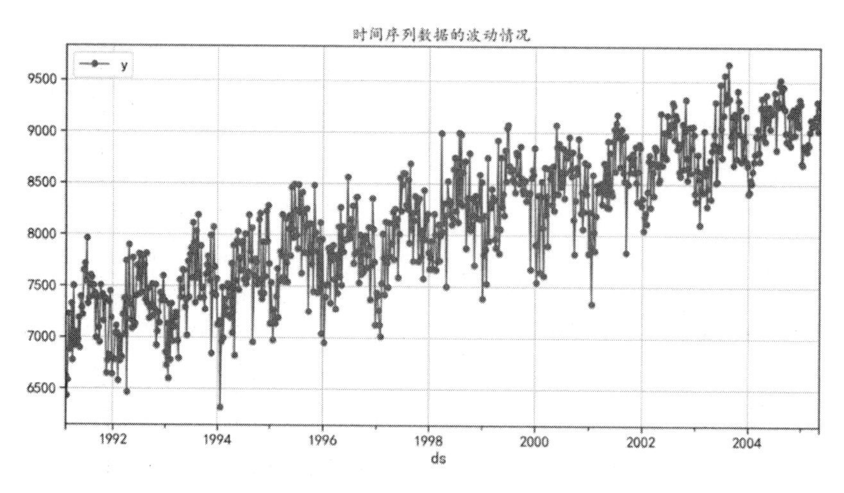

图 6-30　时间序列数据的波动情况

6.7.2 时序数据异常值检测

针对前面的时序数据，可以使用下面的程序建立时序数据拟合模型，对数据变化趋势和波动情况进行拟合，并且在模型的预测结果中包含预测值的上界和下界（默认为置信度 95%的上下界）。

```
In[2]:## 对该数据建立一个时间序列模型
```

```
        np.random.seed(1234)  ## 设置随机数种子
        model=Prophet(growth="linear",daily_seasonality=False,
                      weekly_seasonality=False,
                      seasonality_mode='multiplicative',
                      interval_width=0.95,   ## 获取 95%的置信区间
                      )
        model=model.fit(datadf)     # 使用数据拟合模型
        forecast=model.predict(datadf)  # 使用模型对数据进行预测
        forecast["y"]=datadf["y"].reset_index(drop=True)
        forecast[["ds","y","yhat","yhat_lower","yhat_upper"]].head()
Out[2]:
```

	ds	y	yhat	yhat_lower	yhat_upper
0	1991-02-03	6621.0	6767.051491	6294.125979	7303.352309
1	1991-02-10	6433.0	6794.736479	6299.430616	7305.414252
2	1991-02-17	6582.0	6855.096282	6352.579489	7379.717614
3	1991-02-24	7224.0	6936.976642	6415.157617	7445.523000
4	1991-03-03	6875.0	6990.511503	6489.781400	7488.240435

下面定义一个函数 outlier_detection()，该函数会使用模型预测值的置信区间的上下界，来判断样本是否为异常值。判断序列是否为异常值的程序如下，从输出结果中可以发现，序列中一共发现了 38 个异常值。

```
In[3]:## 根据模型预测值的置信区间"yhat_lower"和"yhat_upper"判断样本是否为异常值
        def outlier_detection(forecast):
            index=np.where((forecast["y"] <= forecast["yhat_lower"])|
                           (forecast["y"] >=
forecast["yhat_upper"]),True,False)
            return index
        outlier_index=outlier_detection(forecast)
        outlier_df=datadf[outlier_index]
        print("异常值的数量为:",np.sum(outlier_index))
Out[3]:异常值的数量为: 38
```

使用下面的程序可以将异常值的位置等数据信息可视化，程序运行后的结果如图 6-31 所示。

```
In[4]:## 可视化异常值的结果
        fig, ax=plt.subplots()
        ## 可视化预测值
        forecast.plot(x="ds",y="yhat",style="b-",figsize=(14,7),
                label="预测值",ax=ax)
        ## 可视化出置信区间
        ax.fill_between(forecast["ds"].values, forecast["yhat_lower"],
                      forecast["yhat_upper"],color='b',alpha=.2,
```

```
                label="95%置信区间")
forecast.plot(kind="scatter",x="ds",y="y",c="k",
              s=20,label="原始数据",ax=ax)
## 可视化出异常值的点
outlier_df.plot(x="ds",y="y",style="rs",ax=ax,
                label="异常值")
plt.legend(loc=2)
plt.grid()
plt.title("时间序列异常值检测结果")
plt.show()
```

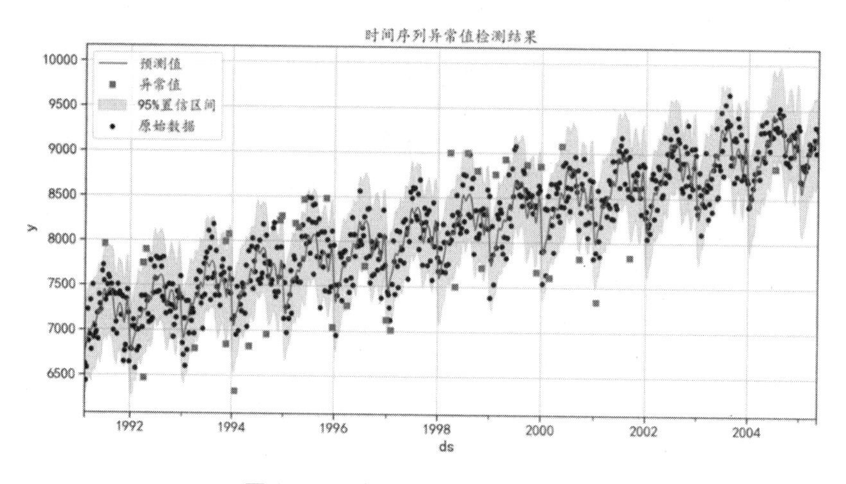

图 6-31　时间序列异常值检验结果

从图 6-31 中可以发现，异常值大部分在置信区间之外，有些异常值是因为取值较大，有部分异常值是因为取值较小。

6.8　本章小结

本章主要介绍了使用 Python 对时间序列数据建立时序预测模型的方法，以及对时间序列预测和分析的相关应用实例。针对时序数据的检验分析，介绍了白噪声检验、平稳性检验及自相关和偏自相关检验。针对一元时间序列的预测，介绍了移动平均系列算法与 ARIMA 模型；针对具有季节趋势的数据，介绍了如何使用 SARIMA 模型与 Prophet 模型进行建模分析；针对多元时间序列数据介绍了 ARIMAX 模型的应用。

本章出现的一些重要函数如表 6-3 所示。

表 6-3 函数及相应功能

库	模块	函数	功能
statsmodels	graphics.tsaplots	plot_acf()	序列自相关可视化
		plot_pacf()	序列偏自相关可视化
	stats.diagnostic	acorr_ljungbox()	白噪声检验
	tsa.stattools	adfuller()	数据平稳性单位根检验
		kpss()	数据平稳性 KPSS 检验
	tsa.api	SimpleExpSmoothing()	简单指数平滑法
		Holt()	霍尔特（Holt）线性趋势法
		ExponentialSmoothing()	Holt-Winters 季节性预测模型
		AR	AR 模型
		ARIMA()	ARIMA 模型
		ARMA()	ARMA 模型
pmdarima	arima	ndiffs()	数据平稳性检验
		decompose()	时间序列分解
		auto_arima()	ARIMA 模型参数自动搜索
PyFLux		ARIMAX()	ARIMAX 模型
fbprophet		Prophet()	时序模型 Prophet 算法

第 7 章

聚类算法与异常值检测

“物以类聚，人以群分”，所谓聚类分析，就是将数据所对应的研究对象进行分类的统计方法，它是将若干个个体集合，按照某种标准分成若干个簇，并且希望簇内的样本尽可能地相似，而簇和簇之间要尽可能地不相似。

异常值检测又叫异常值识别或离群点识别，是对不匹配预期模式或数据集中其他的项目、事件或观测值的识别。如对银行欺诈的识别、网络攻击的识别等，这些欺诈和攻击事件都不常出现，所以所呈现的模式往往会和众多正常的数据模式差别很大，从而成为事件集合中的异常值、孤立点。

本章会根据实际的数据集，介绍聚类分析和异常值检测的相关算法，以及如何利用 Python 进行相应的分析。

7.1 模型简介

本节将介绍一些常用聚类算法和异常值检测算法的基本思想，帮助读者对相关算法有进一步的理解。

7.1.1 常用的聚类算法

聚类分析可以认为是一种针对特征进行定量无监督学习分类的方法，当不知道数据中每个样本的真实类别，但是又想将数据样本去分开时，可以考虑使用聚类算法。常用的聚类算法有 K-means（K-均值）聚类、K-medians（中位数、中值）聚类、系统聚类、谱聚类、模糊聚类和密度聚类等。

（1）K-means 聚类是一种快速聚类算法，它把样本空间中的 n 个点划分到 K 个簇，需要的计算量较少，且更容易理解。K-means 聚类算法思想：假设数据中有 p 个变量参与聚类，并且要聚

类为 K 个簇，则需要在 p 个变量组成的 p 维空间中，首先选取 K 个不同的样本作为聚类种子，然后根据每个样本到达 K 个点距离的远近，将所有样本分为 K 个簇，在每一个簇中，重新计算出簇的中心（每个特征的均值）作为新的种子，再把所有的样本分为 K 类。如此下去，直到种子的位置几乎不发生改变为止。在 K-means 聚类中，如何寻找合适的 K 值对聚类的结果很重要，一种常用的方法是，通过观察 K 个簇的组内平方和与组间平方和的变化情况，来确定合适的聚类数目。该方法通过绘制类内部的同质性或类间的差异性随 K 值变化的曲线（形状类似于人的手肘），来确定出最佳的 K 值，而该 K 值点恰好处在手肘曲线的肘部点，因此称这种确定最佳 K 值的方法为肘方法。根据 K-means 聚类应用在不同类型数据的特点，衍生出很多 K-means 变种算法，比如二分 K-means 聚类、K-medians（中值）聚类、K-medoids（中心点）聚类等。它们可能在初始 K 个平均值的选择、相异度的计算和聚类平均值的策略上有所不同。

（2）**系统聚类**又叫层次聚类（hierarchical cluster），是一种常见的聚类方法，它是在不同层级上对样本进行聚类，逐步形成树状的结构。根据层次分解是自底向上（合并）还是自顶向下（分裂）可将其分为两种方式，即凝聚与分裂。凝聚的层次聚类方法使用自底向上的策略，即开始令每一个对象形成自己的簇，并且迭代会把簇合并成越来越大的簇（每次合并最相似的两个簇），直到所有对象都在一个簇中，或者满足某个终止条件。在合并的过程中，根据指定的距离度量方式，首先找到两个最接近的簇，然后合并形成一个簇，这样的过程重复多次，直到聚类结束。分裂的层次聚类算法使用自顶向下的策略，即开始将所有的对象看作为一个簇，然后将簇划分为多个较小的簇（在每次划分时，将一个簇划分为差异最大的两个簇），并且迭代把这些簇划分为更小的簇，在划分过程中，直到最底层的簇都足够凝聚或者仅包含一个对象，或者簇内对象彼此足够相似。

（3）**谱聚类**是从图论中演化出来的，由于其表现出的优秀性能被广泛应用于聚类中，其过程的第一步是构图，将采样点数据构造成一张网图；第二步则是切图，即按照一定的切边准则，将第一步的构图切分成不同的子图，这些子图就是对应的聚类结果。由于谱聚类是对图进行切割，因此不会存在像 K-均值聚类一样将离散的小簇聚合在一起。

（4）**模糊聚类**不同于 K-均值聚类这种非此即彼的硬划分方法，模糊聚类会计算每个样本属于各个类别的隶属度，常用的模糊聚类算法是模糊 C 均值聚类，即 FCM。

（5）**密度聚类**又称为基于密度的聚类，其基本出发点是假设聚类结果可以通过样本分布的稠密程度来确定，主要目标是寻找被低密度区域（噪声）分离的高密度区域。与基于距离的聚类算法不同的是，基于距离的聚类算法的聚类结果是球状的簇，而基于密度的聚类算法可以发现任意形状的簇，所以对于带有噪声数据的处理比较好。DBSCAN（Density-Based Spatial Clustering of Applications with Noise）是一种典型的基于密度的聚类算法，也是科学文章中常常引用的算法。这类密度聚类算法一般假定类别可以通过样本分布的紧密程度来决定，同一类别的样本，它们之间是紧密相连的，也就是说，在该类别任意样本周围不远处一定有同类别的样本存在。通过将紧密相连的样本划为一类，就得到了一个聚类类别。将所有各组紧密相连的样本划为各个不同的类别，这就得到了最终的所有聚类类别结果。那些没有划分为某一簇的数据点，则可看作数据中的噪声数据。

（6）**高斯混合模型聚类**算法可以看作 K-means 模型的一个优化模型，是一种生成式模型。高斯混合模型试图找到多维高斯模型概率分布的混合表示，从而拟合出任意形状的数据分布。

（7）**亲和力传播聚类**算法的基本思想是将全部数据点当作潜在的聚类中心，然后数据点两两之间连线构成一个网络（或称为相似度矩阵），再通过网络中各条边的信息传递，找到每个样本的聚类中心。

（8）**BIRCH 聚类**（利用层次方法的平衡迭代规约和聚类）是一种利用树结构来帮助快速聚类的算法，比较适合较大数据集的聚类，并且能够识别出数据集中数据分布的不均衡性，将分布在稠密区域中的点聚类，将分布在稀疏区域中的点视作异常点移除。

7.1.2 常用的异常值检测算法

异常值检测算法又称为离群点检测，一维数据常用箱线图识别异常值，但在实际中高维数据往往更常见，所以 Python 中的 PyOD 库提供了多种对高维数据的异常值检测算法，下面对本章会使用到的异常值检测算法进行简单介绍。

（1）**LOF 和 COF 异常值检测算法**。LOF（Local Outlier Factor，局部离群值因子）算法，会通过估计每个样本和它的局部领域的分离程度来获得样本的离群值得分。如果样本的局部密度低，LOF 得分会很大，那么可能会被看作离群值，但该算法不能给出是否为异常值的确切判断（注意：PyOD 库中的 LOF 算法给出了是否为异常值的准确判断）。COF（Connectivity-based Outilier Factor，基于连通性的离群因子）异常值检测算法和 LOF 的思想类似，也会给出异常值可能性的一个得分，得分越大，对应的样本是异常值的可能性就越大。

（2）**基于 PCA 的异常值检测算法**。该算法的异常值识别思想是，先将高维的数据使用主成分分析进行降维（或者进行特征变换），然后从变换后的数据空间中识别异常值的分布模式，进而将异常值从数据中检测出来。

（3）**基于子空间的异常值检测算法 SOD**。通过将数据集映射到低维子空间，根据子空间中映射数据的稀疏程度来确定异常数据是否存在，在某个低维子空间中，如果一个点存在于一个密度非常低的局部区域，则称该点为一个离群点（异常值）。

（4）**孤立森林异常值检测算法**。孤立森林和随机森林在思想上相似，都是通过很多决策树来组合成森林，不同的是，孤立森林是一种无监督识别异常值的方法，而随机森林是一种有监督的学习方法。

（5）**基于支持向量机的异常值检测算法**。该算法可以认为是利用支持向量机将高密度区域的数据和低密度区域的数据分开，其中切分的方式就是使用支持向量机学习得到的超平面。

本章将会使用笔者整理的真实数据集，介绍如何使用 Python 对数据进行数据聚类和异常值识别。这里先导入本章会使用到和库和模块。

```
## 输出高清图像
%config InlineBackend.figure_format='retina'
%matplotlib inline
## 图像显示中文的问题
import matplotlib
matplotlib.rcParams['axes.unicode_minus']=False
import seaborn as sns
sns.set(font="Kaiti",style="ticks",font_scale=1.4)
## 忽略提醒
import warnings
warnings.filterwarnings("ignore")
## 导入会使用到的相关包
import numpy as np
import pandas as pd
import matplotlib.pyplot as plt
from mpl_toolkits.mplot3d import Axes3D
import seaborn as sns
from sklearn.manifold import TSNE
from sklearn.preprocessing import StandardScaler
from sklearn.datasets import load_wine
from sklearn.cluster import *
from sklearn.metrics.cluster import v_measure_score
from sklearn.metrics import *
from sklearn.mixture import GaussianMixture,BayesianGaussianMixture
from sklearn.neighbors import LocalOutlierFactor
from sklearn.model_selection import train_test_split,GridSearchCV
from sklearn.svm import OneClassSVM
from pyclustering.cluster.kmedians import kmedians
from pyclustering.cluster.fcm import fcm
from pyclustering.cluster import cluster_visualizer
from scipy.cluster import hierarchy
import networkx as nx
from networkx.drawing.nx_agraph import graphviz_layout
import pyod.models as pym
from pyod.models.cof import COF
from pyod.models.pca import PCA
from pyod.models.sod import SOD
from pyod.models.iforest import IForest
from pyod.models.xgbod import XGBOD
```

本章在介绍这些算法时，会以实际的数据集为例，不仅介绍如何使用相关的函数获得算法结果，还从多个角度对算法的效果进行分析，帮助读者加深对算法的理解和认识。

7.2 数据聚类分析

本节会介绍多种聚类算法在相同数据上的聚类效果，所以会继续使用酒数据集，同时为了方便可视化聚类效果，会使用 t-SNE 算法将数据降维到三维，然后再对降维后的数据进行聚类分析。对数据进行降维的程序如下：

```
In[1]:## 对酒的特征数据进行标准化
      wine_x,wine_y=load_wine(return_X_y=True)
      wine_x=StandardScaler().fit_transform(wine_x)
      print("每类样本数量:",np.unique(wine_y,return_counts=True))
      ## TSNE 进行数据的降维,降维到三维空间中
      tsne=TSNE(n_components=3,perplexity =25,
                early_exaggeration =3,random_state=123)
      ## 获取降维后的数据
      tsne_wine_x=tsne.fit_transform(wine_x)
      print(tsne_wine_x.shape)
Out[1]:每类样本数量: (array([0, 1, 2]), array([59, 71, 48]))
        (178, 3)
```

在上面的程序中导入数据后，使用 StandardScaler()对数据进行标准化分析，利用 TSNE()对数据进行降维，会发现数据降维后包含 178 个样本，3 个特征。

7.2.1 K-均值与 K-中值聚类算法

K-均值聚类算法的关键在于聚类数量 K 的取值，肘方法是通过计算出不同 K 值下聚类结果类内误差平方和，然后根据其变化曲线合理分析 K 的取值，即利用肘方法确定 K 的合适值。下面的程序将基于不同的聚类数目，使用 KMeans()函数进行聚类分析，获取对应的类内误差平方和后，对其进行可视化，程序运行后的结果如图 7-1 所示。

```
In[2]:## 使用肘方法搜索合适的聚类数目
      kmax=10
      K=np.arange(1,kmax)
      iner=[] ## 类内误差平方和
      for ii in K:
          kmean=KMeans(n_clusters=ii,random_state=1)
          kmean.fit(tsne_wine_x)
          ## 计算类内误差平方和
          iner.append(kmean.inertia_)
```

```
## 可视化类内误差平方和的变化情况
plt.figure(figsize=(10,6))
plt.plot(K,iner,"r-o")
plt.xlabel("聚类数目")
plt.ylabel("类内误差平方和")
plt.title("K-means 聚类")
## 在图中添加一个箭头
plt.annotate("转折点",xy=(3,iner[2]),xytext=(4,iner[2]+2000),
             arrowprops=dict(facecolor='blue',shrink=0.1))
plt.grid()
plt.show()
```

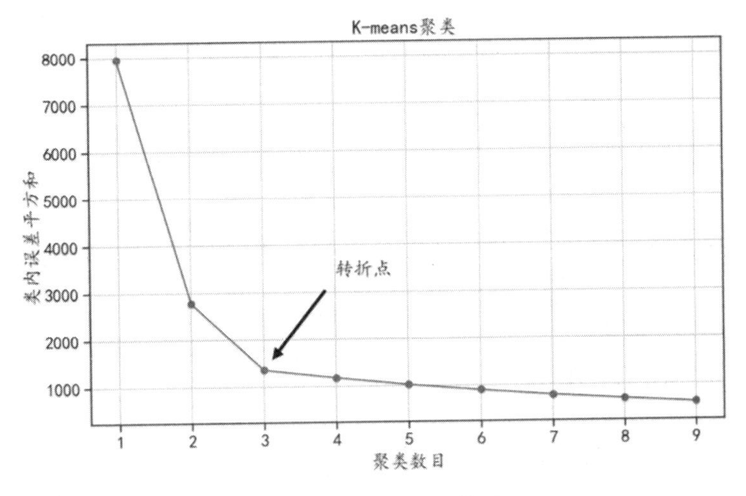

图 7-1 肘方法可视化结果

从图 7-1 中可以发现，当簇的数量为 3 之后，类内误差平方和的变化非常平缓，说明 $K=3$ 为较合理的取值（该点可以作为类内误差平方和的转折点）。接下来将数据聚类为 3 类，因为该数据已经知道了每个样本的类别标签，所以可以使用 V 测度的取值大小，分析聚类的效果，该得分是聚类同质性和完整性的调和平均数，越接近于 1，说明聚类的效果越好。利用 K-均值将数据聚类为 3 类的程序如下：

```
In[3]:## 使用 KMeans 将数据聚类为 3 类
      kmean=KMeans(n_clusters=3,random_state=1)
      k_pre=kmean.fit_predict(tsne_wine_x)
      print("每簇包含的样本数量:",np.unique(k_pre,return_counts=True))
      print("每个簇的聚类中心为:\n",kmean.cluster_centers_)
      print("聚类效果 V 测度: %.4f"%v_measure_score(wine_y,k_pre))
Out[3]:每簇包含的样本数量: (array([0, 1, 2],dtype=int32),array([55, 66, 57]))
每个簇的聚类中心为:
```

```
 [[ 4.863987    -2.6453774  -2.828165  ]
 [-6.2741613   5.3542557   2.44556    ]
 [-0.36793578  0.8936551   1.3267051 ]]
聚类效果 V 测度: 0.7728
```

运行上面的程序后可以发现，在聚类结果中，每个簇分别包含 55、56 和 57 个样本，聚类效果 V 测度为 0.7728，聚类效果相对较好，聚类结果中的 cluster_centers_属性包含每个簇的聚类中心。

K-中值聚类算法和 K-均值聚类算法非常相似，sklearn 库中没有提供 K-中值聚类算法的使用方式，可以使用 pyclustering 库中的 kmedians()函数来完成 K-中值聚类。下面的程序中，先使用 3 个样本作为算法的初始化聚类中心，然后利用 kmedians()函数建立一个聚类算法，通过 process()方法利用数据对算法进行训练，利用 get_clusters()方法获取每个样本的聚类结果，并通过一个循环处理将聚类结果处理为类别标签。

```
In[4]:## 使用 kmedians 将数据聚类为 3 类
      initial_centers=tsne_wine_x[[1,51,100],:]
      np.random.seed(10)
      kmed=kmedians(data=tsne_wine_x,initial_medians=initial_centers)
      kmed.process()    # 算法训练数据
      kmed_pre=kmed.get_clusters() # 聚类结果
      kmed_center=np.array(kmed.get_medians())
      ## 将聚类结果处理为类别标签
      kmed_pre_label=np.arange(len(tsne_wine_x))
      for ii,li in enumerate(kmed_pre):
          kmed_pre_label[li]=ii
      print("每簇包含的样本数
量:",np.unique(kmed_pre_label,return_counts=True))
      print("每个簇的聚类中心为:\n",kmed_center)
      print("聚类效果 V 测度: %.4f"%v_measure_score(wine_y,kmed_pre_label))
Out[4]:每簇包含的样本数量: (array([0, 1, 2]), array([64, 63, 51]))
每个簇的聚类中心为:
 [[-0.50812994  0.41691253  3.0729903 ]
 [-6.3453598   4.53739357  5.49312544]
 [ 5.36085081 -3.59926462 -0.22226299]]
聚类效果 V 测度: 0.8609
```

运行程序后可以发现，每个簇分别包含 64、63、51 个样本，并且 V 测度得 0.8609，比 K-均值聚类算法的 V 测度高，说明在某种程度上 K-中值聚类算法对数据的聚类效果更好。

可以通过下面的程序在三维（3D）空间中可视化聚类散点图，用于对比分析两种聚类算法的聚类效果，程序运行后的结果如图 7-2 所示。

```
In[5]:## 在 3D 空间中可视化聚类后的数据空间分布
      colors=["red","blue","green"]
      shapes=["o","s","*"]
      fig=plt.figure(figsize=(15,6))
      ## 将坐标系设置为 3D 坐标系，K-均值聚类结果
      ax1=fig.add_subplot(121, projection="3d")
      for ii,y in enumerate(k_pre):
ax1.scatter(tsne_wine_x[ii,0],tsne_wine_x[ii,1],tsne_wine_x[ii,2],
                          s=40,c=colors[y],marker=shapes[y],alpha=0.5)
      ## 可视化聚类中心
      for ii in range(len(np.unique(k_pre))):
          x=kmean.cluster_centers_[ii,0]
          y=kmean.cluster_centers_[ii,1]
          z=kmean.cluster_centers_[ii,2]
          ax1.scatter(x,y,z,c="gray",marker="o",s=150,edgecolor='k')
          ax1.text(x,y,z,"簇"+str(ii+1))
      ax1.set_xlabel("特征 1",rotation=20)
      ax1.set_ylabel("特征 2",rotation=-20)
      ax1.set_zlabel("特征 3",rotation=90)
      ax1.azim=225
      ax1.set_title("K-means 聚为 3 个簇")
      ## K 中位数聚类结果
      ax2=fig.add_subplot(122, projection="3d")
      for ii,y in enumerate(kmed_pre_label):
          ax2.scatter(tsne_wine_x[ii,0],tsne_wine_x[ii,1],
tsne_wine_x[ii,2],
                          s=40,c=colors[y],marker=shapes[y],alpha=0.5)
      for ii in range(len(np.unique(kmed_pre_label))):
          x=kmed_center[ii,0]
          y=kmed_center[ii,1]
          z=kmed_center[ii,2]
          ax2.scatter(x,y,z,c="gray",marker="o",s=150,edgecolor='k')
          ax2.text(x,y,z,"簇"+str(ii+1))
      ax2.set_xlabel("特征 1",rotation=20)
      ax2.set_ylabel("特征 2",rotation=-20)
      ax2.set_zlabel("特征 3",rotation=90)
      ax2.azim=225
      ax2.set_title("K-medians 聚为 3 个簇")
      plt.tight_layout()
      plt.show()
```

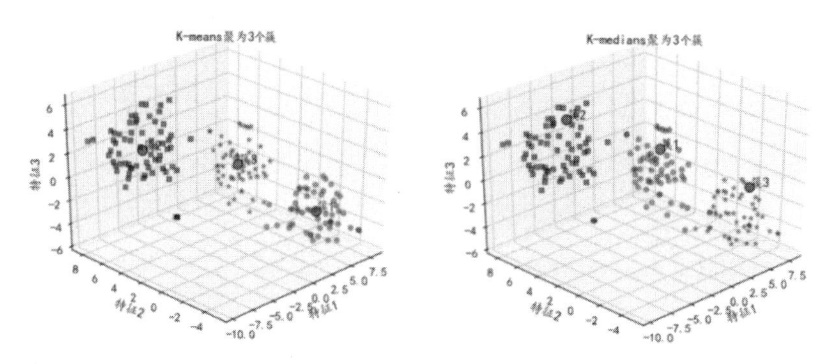

图 7-2　聚类结果可视化

图 7-2 使用不同的颜色和形状可视化出不同簇的样本，并可视化出数据的聚类中心，从视觉上可以发现 K-均值聚类算法的聚类中心，在空间上更接近于数据的中心位置。

如果提前不知道每个样本的所属类别，可以使用轮廓系数等判断聚类效果的好坏。通过 sklearn.metrics 模块下的 silhouette_score()和 silhouette_samples()函数，计算整个数据集的轮廓得分和每个样例的轮廓得分，并且可以将得分可视化获得轮廓图。使用下面的程序可将 K-均值聚类结果轮廓图可视化，程序运行后的结果如图 7-3 所示。

```
    In[6]:## 计算整体的平均轮廓系数，K-均值
        sil_score=silhouette_score(tsne_wine_x,k_pre)
        ## 计算每个样本的 silhouette 值，K-均值
        sil_samp_val=silhouette_samples(tsne_wine_x,k_pre)
        ## 可视化聚类分析轮廓图，K-均值
        plt.figure(figsize=(10,6))
        y_lower=10
        n_clu=len(np.unique(k_pre))
        for ii in np.arange(n_clu):  ## 聚类为 3 类
            ## 将第 ii 类样本的 silhouette 值放在一块排序
            iiclu_sil_samp_sort=np.sort(sil_samp_val[k_pre==ii])
            ## 计算第 ii 类的数量
            iisize=len(iiclu_sil_samp_sort)
            y_upper=y_lower + iisize
            ## 设置 ii 类图像的颜色
            color=plt.cm.Spectral(ii / n_clu)
            plt.fill_betweenx(np.arange(y_lower,y_upper),0,
iiclu_sil_samp_sort,
                              facecolor=color,alpha=0.7)
            # 在簇对应的 y 轴中间添加标签
            plt.text(-0.08,y_lower+0.5*iisize,"簇"+str(ii+1))
            ## 更新 y_lower
            y_lower=y_upper+5
```

```
        ## 添加平均轮廓系数得分直线
        plt.axvline(x=sil_score,color="red",label=
"mean:"+str(np.round(sil_score,3)))
        plt.xlim([-0.1,1])
        plt.yticks([])
        plt.legend(loc=1)
        plt.xlabel("轮廓系数得分")
        plt.ylabel("聚类标签")
        plt.title("K-means 聚类轮廓图")
        plt.show()
```

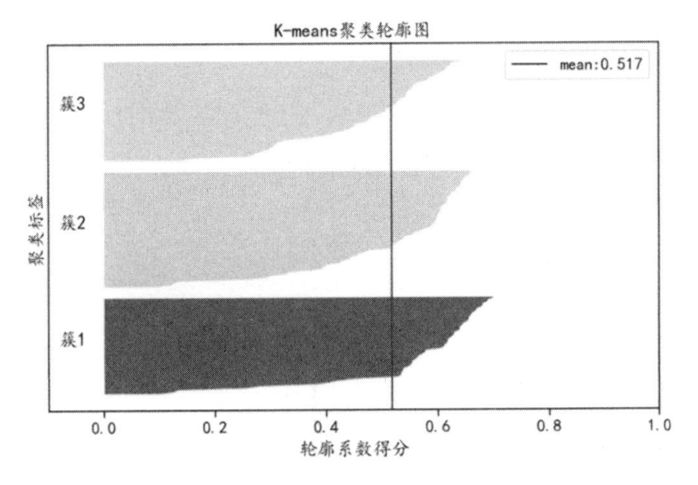

图 7-3 K-均值轮廓图

从图 7-3 中可以发现，平均轮廓值为 0.517，各簇中每个样本的轮廓值均大于 0，可以说明该数据聚为 3 个簇的效果很好。

针对 K-中值的聚类结果，可以使用同样的方式可视化出聚类轮廓图，运行下面的程序后，结果如图 7-4 所示。

```
In[7]:## 计算整体的平均轮廓系数，K-中值
      sil_score=silhouette_score(tsne_wine_x,kmed_pre_label)
      ## 计算每个样本的 silhouette 值，K-中值
      sil_samp_val=silhouette_samples(tsne_wine_x,kmed_pre_label)
      ## 可视化聚类分析轮廓图，K-中值
      plt.figure(figsize=(10,6))
      y_lower=10
      n_clu=len(np.unique(kmed_pre_label))
      for ii in np.arange(n_clu):  ## 聚类为 3 类
          ## 将第 ii 类样本的 silhouette 值放在一块排序
          iiclu_sil_samp_sort=np.sort(sil_samp_val[kmed_pre_label==ii])
```

```
            ## 计算第 ii 类的数量
            iisize=len(iiclu_sil_samp_sort)
            y_upper=y_lower + iisize
            ## 设置 ii 类图像的颜色
            color=plt.cm.Spectral(ii/n_clu)
            plt.fill_betweenx(np.arange(y_lower,y_upper),0,
iiclu_sil_samp_sort,
                              facecolor=color,alpha=0.7)
            # 在簇对应的 y 轴中间添加标签
            plt.text(-0.08,y_lower+0.5*iisize,"簇"+str(ii+1))
            ## 更新 y_lower
            y_lower=y_upper+5
        ## 添加平均轮廓系数得分直线
        plt.axvline(x=sil_score,color="red",label=
"mean:"+str(np.round(sil_score, 3)))
        plt.xlim([-0.1,1])
        plt.yticks([])
        plt.legend(loc=1)
        plt.xlabel("轮廓系数得分")
        plt.ylabel("聚类标签")
        plt.title("K-medians 聚类轮廓图")
        plt.show()
```

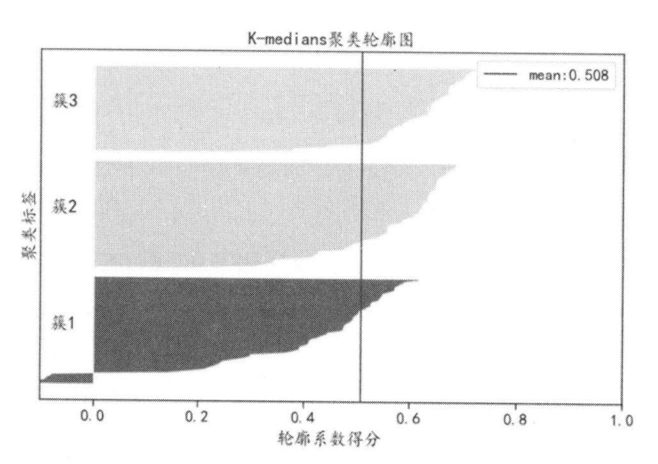

图 7-4　K-中值轮廓图

从图 7-4 中可以发现，平均轮廓值为 0.508，但是在第一个簇中有几个样本的轮廓值小于 0，说明有些不属于该簇的样本被归到了这个簇。

经过上面的分析可以发现，使用 V 测度的评价方式，K-中值的聚类效果较好，但使用轮廓值进行分析，则是 K-均值的聚类效果较好。

7.2.2　层次聚类

层次聚类可以使用 scipy.cluster 模块下的 hierarchy 进行。下面的程序中，使用 hierarchy.linkage()函数利用计算聚类结果，基于欧几里得距离（metric='euclidean'）和类间方差的度量方式（method='ward'）得到聚类结果 Z，使用 hierarchy.dendrogram()函数获得层次聚类树，程序运行后的结果如图 7–5 所示。

```
In[8]:## 对数据进行系统聚类并绘制树
      Z=hierarchy.linkage(tsne_wine_x,method="ward",metric="euclidean")
      fig=plt.figure(figsize=(12,6))
      Irisdn=hierarchy.dendrogram(Z,truncate_mode="lastp")
      plt.axhline(y=40,color="k",linestyle="solid",label="three class")
      plt.axhline(y=80,color="g",linestyle="dashdot",label="two class")
      plt.title("层次聚类树")
      plt.xlabel("Sample number")
      plt.ylabel("距离")
      plt.legend(loc=1)
      plt.show()
```

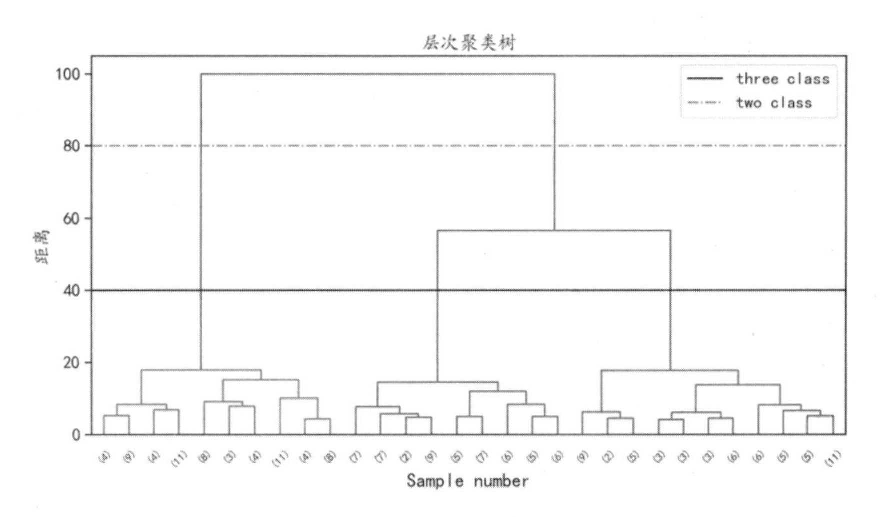

图 7–5　层次聚类树

从图 7–5 中可以发现，使用不同的阈值，可以获得不同的聚类结果。例如，分为 3 类，以黑色实线为阈值；分为 2 类，使用绿色虚线为阈值。下面分别计算将数据分为不同数量簇时的 V 测度取值大小，获得聚类标签时使用 hierarchy.fcluster()函数，程序如下：

```
In[9]:## 计算系统聚类后每个簇的信息，最多聚类为 2 类
      hie2=hierarchy.fcluster(Z,t=2,criterion="maxclust")
      print("聚为 2 个簇,每簇包含的样本数量:\n",np.unique(hie2,
return_counts=True))
```

```
        print("聚为 2 个簇,聚类效果 V 测度: %.4f"%v_measure_score(wine_y,hie2))
        ## 最多聚类为 3 类
        hie3=hierarchy.fcluster(Z,t=3,criterion="maxclust")
        print("聚为 3 个簇,每簇包含的样本数量:\n",np.unique(hie3,
return_counts=True))
        print("聚为 3 个簇,聚类效果 V 测度: %.4f"%v_measure_score(wine_y,hie3))
    Out[9]:聚为 2 个簇,每簇包含的样本数量:
     (array([1, 2], dtype=int32), array([ 66, 112]))
    聚为 2 个簇,聚类效果 V 测度: 0.6084
    聚为 3 个簇,每簇包含的样本数量:
     (array([1, 2, 3], dtype=int32), array([66, 54, 58]))
    聚为 3 个簇,聚类效果 V 测度: 0.7838
```

可以发现，数据聚为 2 个簇时，V 测度为 0.6084；数据聚为 3 个簇时，V 测度为 0.7838，效果更好。针对聚类为不同簇的聚类结果，可以使用下面的程序在三维（3D）空间中使用散点图可视化，程序运行后的结果如图 7-6 所示。

```
    In[10]:## 将聚类为 2 类和 3 类的结果在空间中可视化出来
        colors=["red","blue","green"]
        shapes=["o","s","*"]
        fig=plt.figure(figsize=(15,6))
        ## 将坐标系设置为 3D 坐标系，层次聚类结果
        ax1=fig.add_subplot(121,projection="3d")
        for ii,y in enumerate(hie2-1):
            ax1.scatter(tsne_wine_x[ii,0],tsne_wine_x[ii,1],
tsne_wine_x[ii,2],
                        s=40,c=colors[y],marker=shapes[y],alpha=0.5)
        ax1.set_xlabel("特征 1",rotation=20)
        ax1.set_ylabel("特征 2",rotation=-20)
        ax1.set_zlabel("特征 3",rotation=90)
        ax1.azim=225
        ax1.set_title("层次聚类为 2 类")
        ax2=fig.add_subplot(122,projection="3d")
        for ii,y in enumerate(hie3-1):
            ax2.scatter(tsne_wine_x[ii,0],tsne_wine_x[ii,1],
tsne_wine_x[ii,2],
                        s=40,c=colors[y],marker=shapes[y],alpha=0.5)
        ax2.set_xlabel("特征 1",rotation=20)
        ax2.set_ylabel("特征 2",rotation=-20)
        ax2.set_zlabel("特征 3",rotation=90)
        ax2.azim=225
        ax2.set_title("层次聚类为 3 类")
        plt.tight_layout()
        plt.show()
```

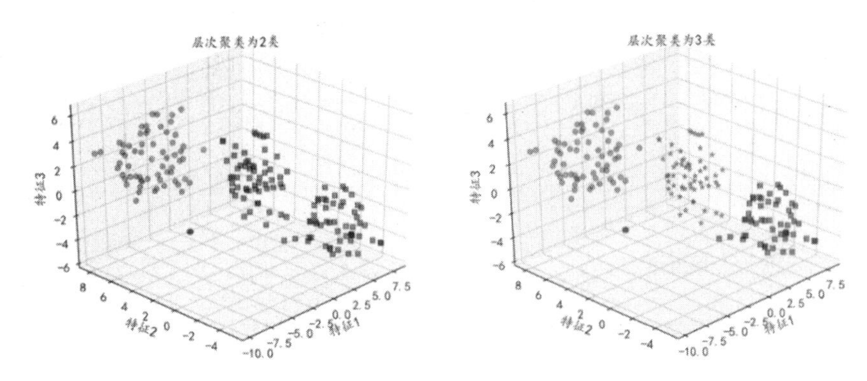

图 7-6　层次聚类效果

7.2.3　谱聚类与模糊聚类

1. 谱聚类

谱聚类的第一步是建立一个图，并且建立图可以使用不同的方法。下面介绍使用 K-近邻算法和 rbf 算法构建相似矩阵和网络所获得的聚类效果的差异，程序如下：

```
In[11]:## 使用 K-近邻算法相似矩阵的建立方式
        speclu_nei=SpectralClustering(n_clusters=3,  # 投影到子空间的维度
                                      #相似矩阵的建立方式
                                      affinity="nearest_neighbors",
                                      #相似矩阵建立时使用的近邻数
                                      n_neighbors=5,
                                      random_state=123)
        speclu_nei.fit(tsne_wine_x)
        ## 计算聚类的效果
        nei_pre=speclu_nei.labels_
        print("聚为 3 个簇,每簇包含的样本数量:\n",np.unique(nei_pre,
return_counts=True))
        print("聚为 3 个簇,聚类效果 V 测度: %.4f"%v_measure_score(wine_y,
nei_pre))
        ## 使用 rbf 算法相似矩阵的建立方式
        speclu_rbf=SpectralClustering(n_clusters=3,  # 投影到子空间的维度
                                      affinity="rbf", # 相似矩阵的建立方式
                                      gamma=0.005,
                                      # 相似矩阵建立时使用的参数
                                      random_state=123)
        speclu_rbf.fit(tsne_wine_x)
        ## 计算聚类的效果
        rbf_pre=speclu_rbf.labels_
```

```
        print("聚为 3 个簇,每簇包含的样本数量:\n",np.unique(rbf_pre,
return_counts=True))
        print("聚为 3 个簇,聚类效果 V 测度: %.4f"%v_measure_score(wine_y,
rbf_pre))
    Out[11]:聚为 3 个簇,每簇包含的样本数量:
     (array([0, 1, 2],dtype=int32),array([55, 65, 58]))
    聚为 3 个簇,聚类效果 V 测度: 0.7844
    聚为 3 个簇,每簇包含的样本数量:
     (array([0, 1, 2], dtype=int32), array([66, 63, 49]))
    聚为 3 个簇,聚类效果 V 测度: 0.8958
```

从输出结果中可以发现，使用 K-近邻构建相似矩阵和网络的算法，获得的 V 测度分较低，针对获得的聚类结果，可以通过其 affinity_matrix_属性获得相似矩阵，针对相似矩阵可以使用热力图进行可视化，运行下面的程序后，结果如图 7-7 所示。

```
    In[12]:## 可视化不同的聚类结果构建的相似矩阵
        plt.figure(figsize=(14,6))
        plt.subplot(1,2,1)
        sns.heatmap(speclu_nei.affinity_matrix_.toarray(),cmap="YlGnBu")
        plt.title("K-近邻算法构建的相似矩阵")
        plt.subplot(1,2,2)
        sns.heatmap(speclu_rbf.affinity_matrix_,cmap="YlGnBu")
        plt.title("RBF 构建的相似矩阵")
        plt.tight_layout()
        plt.show()
```

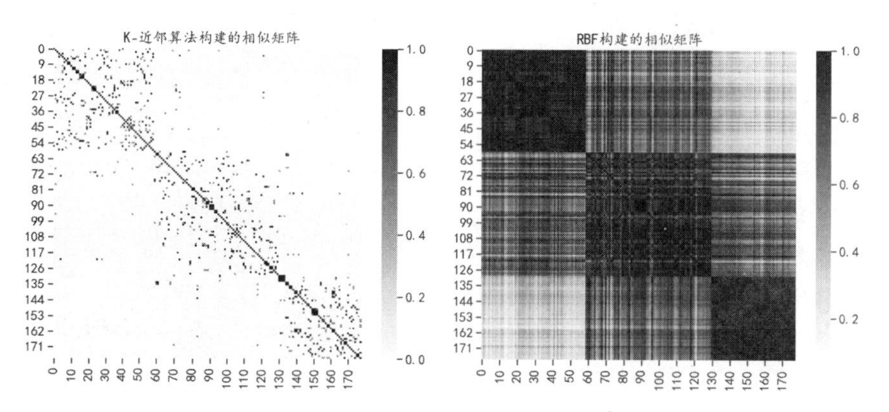

图 7-7　谱聚类相似矩阵热力图

从图 7-7 中可以发现，K-近邻算法构建的相似矩阵更加稀疏，说明 K-近邻算法构建的用于谱聚类网络有更少的边，为了证实这一点，可以使用 NetworkX 库将构建的图可视化，运行下面的程序，结果如图 7-8 所示。

```
    In[13]:## 在二维空间中可视化两种不同的算法构建的节点网络
```

```
        colors=["red","blue","green"]
        shapes=["o","s","*"]
        nei_mat=speclu_nei.affinity_matrix_.toarray()
        rbf_mat=speclu_rbf.affinity_matrix_
        ## 可视化网络图
        plt.figure(figsize=(14,6))
        ## 使用K-近邻算法获得的网图
        plt.subplot(1,2,1)
        G1=nx.Graph(nei_mat)  ## 生成无项图
        pos1=graphviz_layout(G1,prog="fdp")
        for ii in range(3):    # 为每种类型的点设置颜色和形状
            nodelist=np.arange(len(wine_y))[wine_y==ii]
            nx.draw_networkx_nodes(G1,pos1,nodelist=nodelist,alpha=0.8,
                                   node_size=50,node_color=colors[ii],
                                   node_shape=shapes[ii])
        nx.draw_networkx_edges(G1,pos1,width=1,edge_color="k")
        plt.title("K-近邻算法构建网络")
        ## 使用RBF算法获得的网络图
        plt.subplot(1,2,2)
        G2-nx.Graph(rbf_mat)  ## 生成无项图
        pos2=graphviz_layout(G2,prog="fdp")
        for ii in range(3):    # 为每种类型的点设置颜色和形状
            nodelist=np.arange(len(wine_y))[wine_y==ii]
            nx.draw_networkx_nodes(G2,pos2,nodelist=nodelist,alpha=0.8,
                                   node_size=50,node_color=colors[ii],
                                   node_shape=shapes[ii])
        nx.draw_networkx_edges(G2,pos2,width=1,alpha=0.1,edge_color
="gray")
        plt.title("RBF算法构建网络")
        plt.tight_layout()
        plt.show()
```

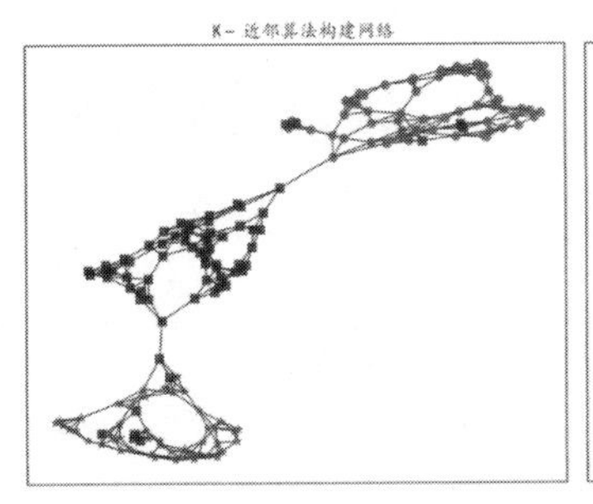

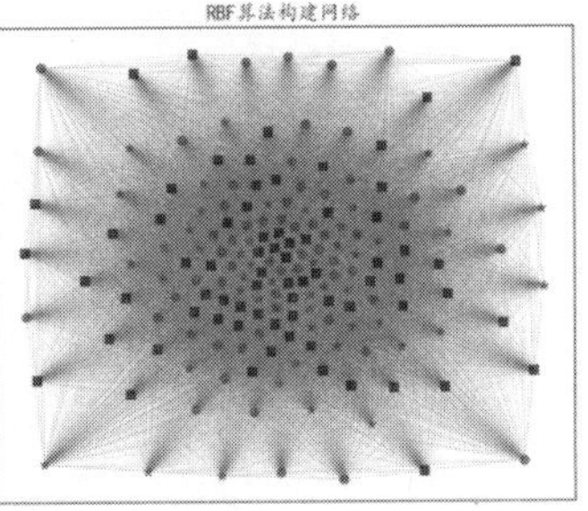

图 7-8 谱聚类构建的网络图

从图 7-8 中可以发现，在二维空间中 K-近邻算法构建的图使用了较少的边，而基于 RBF 算法构建的图使用了更多的边。

2. 模糊聚类

模糊聚类中最常用的算法是模糊 C 均值聚类，针对该算法可以使用 pyclustering 库中的 fcm() 函数完成。下面的程序中，对降维后的酒数据进行模糊聚类，并输出聚类结果，从输出的聚类结果中可以发现，获取的每个样本的隶属度 membership 是一个概率值，在每行的输出中所对应的列值越大，说明属于对应簇的可能性越大。通过计算获得的类别标签得到的 V 测度为 0.7728。

```
In[14]:## 模糊聚类
        initial_centers=tsne_wine_x[[1,51,100],:]
        fcmcluster=fcm(data=tsne_wine_x,initial_centers=initial_centers)
        fcmcluster.process()    # 算法训练数据
        fcmcluster_pre=fcmcluster.get_clusters() # 聚类结果
        ## 将聚类结果处理为类别标签
        fcmcluster_label=np.arange(len(tsne_wine_x))
        for ii,li in enumerate(fcmcluster_pre):
            fcmcluster_label[li]=ii
        ## 获取每个样本预测的隶属度
        membership=fcmcluster.get_membership()
        membership=np.array(membership)
        print("每簇包含的样本数量:",np.unique(fcmcluster_label,
return_counts=True))
        print("聚类效果V测度: %.4f"%v_measure_score(wine_y,
fcmcluster_label))
        print("前几个样本属于每个类的隶属度:\n",np.round(membership[0:4,:],4))
Out[14]:每簇包含的样本数量: (array([0, 1, 2]),array([57, 66, 55]))
聚类效果V测度: 0.7728
前几个样本属于每个类的隶属度:
 [[1.050e-02 9.883e-01 1.200e-03]
 [5.500e-02 9.425e-01 2.600e-03]
 [2.700e-03 9.971e-01 2.000e-04]
 [1.070e-02 9.880e-01 1.300e-03]]
```

为了更好地理解模糊聚类对应的隶属度，在下面的程序中使用堆积条形图，可视化每个样本的隶属度取值情况，程序运行后的结果如图 7-9 所示。

```
In[15]:## 使用堆积条形图可视化每个样本的隶属度
        plt.figure(figsize=(14,6))
        x=np.arange(membership.shape[0])
        plt.bar(x,membership[:,0],color="red",edgecolor='red',width=1,
                label="class 1",alpha=0.5)
        plt.bar(x,membership[:,1],bottom=membership[:,0],color="blue",
                edgecolor='blue',width=1,label="class 2",alpha=0.5)
```

```
        plt.bar(x, membership[:,2], bottom=membership[:,0] +
membership[:,1],
                color="green",edgecolor='green',width=1,label="class
3",alpha=0.5)
        plt.xlim([-0.5,len(x)])
        plt.title("每个样本的隶属度取值")
        plt.legend()
        plt.show()
```

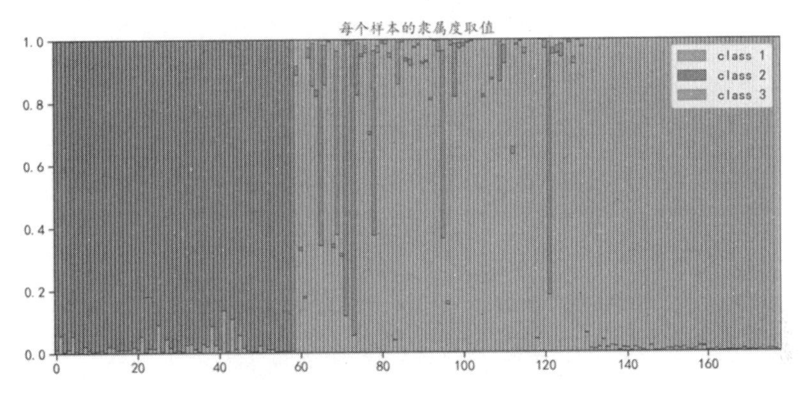

图 7-9 模糊聚类所获得的隶属度

从图 7-9 中可以发现，每个样本的隶属度之和为 1，并且前面的样本属于第二个簇的可能性更大，中间的样本属于第一个簇的可能性更大，但是有几个样本属于另外两个簇的可能性也很大，最后的一些样本属于第三个簇的可能性很大。

7.2.4 密度聚类（DBSCAN）

为了更好地说明密度聚类算法的聚类特点，本节将使用双月数据集进行演示，使用下面的程序读取数据并对数据进行可视化，程序运行后的结果如图 7-10 所示。

```
In[16]:## 密度聚类使用双月数据集进行演示
       moons=pd.read_csv("data/chap7/moonsdatas.csv")
       print(moons.head())
       ## 可视化数据的分布情况
       index0=np.where(moons.Y==0)[0]
       index1=np.where(moons.Y==1)[0]
       plt.figure(figsize=(10,6))
       plt.plot(moons.X1[index0],moons.X2[index0],"ro")
       plt.plot(moons.X1[index1],moons.X2[index1],"bs")
       plt.grid()
       plt.title("数据分布情况")
       plt.show()
```

```
Out[16]:           X1        X2  Y
         0  0.742420  0.585567  0
         1  1.744439  0.039096  1
         2  1.693479 -0.190619  1
         3  0.739570  0.639275  0
         4 -0.378025  0.974814  0
```

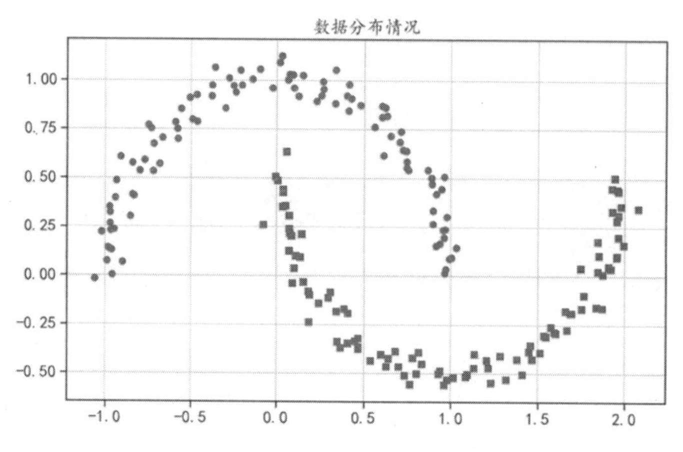

图 7-10　双月数据集的分布

双月数据集包含两个特征，共有两类数据，从图 7-10 中可以发现，每类数据的分布情况像一个月牙，所以叫作双月数据，该数据经常用于数据聚类效果的演示。

进行密度聚类时可以使用 sklearn 库中的 DBSCAN()建立聚类模型，DBSCAN()中使用不同的参数 eps 和 min_samples 会获得不同的聚类效果。在下面的程序中分别使用 4 组参数 eps 和 min_samples 的取值，获得 4 种不同的聚类效果，并且将聚类结果进行可视化。

```
In[17]:## 对数据进行密度聚类，并可视化出聚类后的结果
       epsdata=[0.2,0.2,0.13,1]  ## 定义不同的 eps 参数的取值
       min_sample=[5,10,5,10]    ## 定义不同的 min_samples 参数的取值
       plt.figure(figsize=(14,10))
       for ii,eps in enumerate(epsdata):
           db=DBSCAN(eps=eps,min_samples=min_sample[ii])
           db.fit(moons[["X1","X2"]].values)
           ## 获取聚类后的类别标签
           db_pre_lab=db.labels_
           print("参数 eps 取值为:",eps,"参数 min_samples 取值为:",
min_sample[ii])
           print("每簇包含的样本数量:",np.unique(db_pre_lab,
return_counts=True))
           print("聚类效果 V 测度: %.4f"%v_measure_score(moons["Y"],
db_pre_lab))
```

```
            print("==============================")
            ## 可视化出聚类后的结果
            plt.subplot(2,2,ii+1)
            sns.scatterplot(x=moons["X1"],y=moons["X2"],
                            style=db_pre_lab,s=100)
            plt.legend(loc=1)
            plt.grid()
            plt.title("密度聚类:eps="+str(eps)+", min_samples="+
str(min_sample[ii]))
        plt.tight_layout()
        plt.show()
   Out[17]:参数 eps 取值为: 0.2 参数 min_samples 取值为: 5
   每簇包含的样本数量: (array([0, 1]),array([100, 100]))
   聚类效果 V 测度: 1.0000
   ==============================
   参数 eps 取值为: 0.2 参数 min_samples 取值为: 10
   每簇包含的样本数量: (array([-1,  0,  1]),array([  1, 100,  99]))
   聚类效果 V 测度: 0.9802
   ==============================
   参数 eps 取值为: 0.13 参数 min_samples 取值为:5
   每簇包含的样本数量: (array([-1,  0,  1,  2,  3]), array([  2, 100,  52,  26,
20]))
   聚类效果 V 测度: 0.7177
   ==============================
   参数 eps 取值为: 1 参数 min_samples 取值为: 10
   每簇包含的样本数量: (array([0]),array([200]))
   聚类效果 V 测度: 0.0000
   ==============================
```

从上面的程序输出中可以发现，当参数 eps=0.2 和 min_samples=5 时获得的聚类效果最好，将数据切分为两个簇，每个簇各有 100 个样本，聚类效果 V 测度为 1。而当参数 eps=0.2 和 min_samples=10 时，获得的聚类结果中两个簇分别有 99 和 100 个样本，其中还有一个样本被认为是噪声。剩余的两组参数获得的聚类效果较差，一个将数据聚为 4 个簇，一个将数据聚为 1 个簇。程序输出的聚类效果如图 7-11 所示。

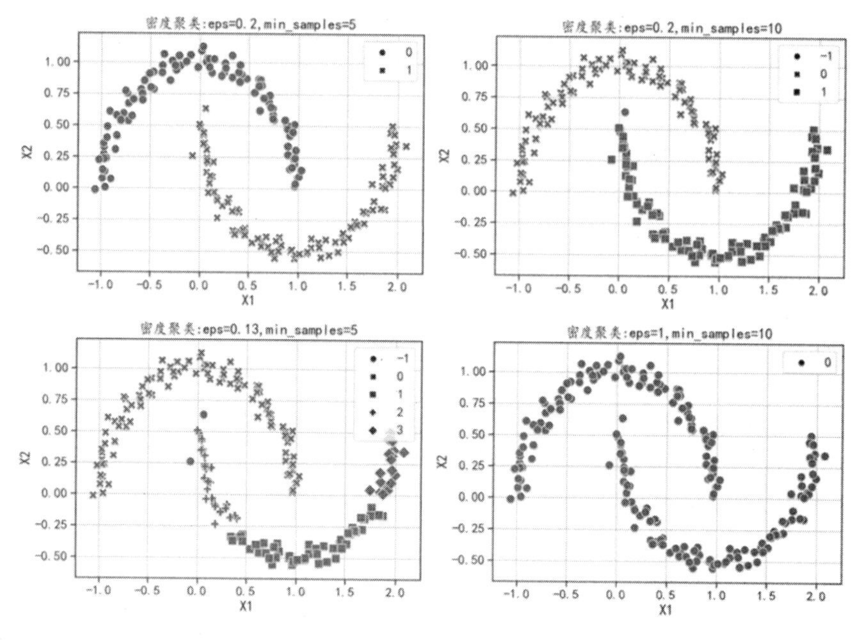

图 7-11 密度聚类效果可视化

下面的程序将对密度聚类和 K-均值聚类的效果进行可视化对比分析，程序运行后的结果如图 7-12 所示。

```
In[18]:## 将密度聚类和Kmeans 聚类的结果进行对比
       ## 密度聚类
       db=DBSCAN(eps=0.2,min_samples=5)
       db.fit(moons[["X1","X2"]].values)
       db_pre_lab=db.labels_
       ## K-均值聚类
       km=KMeans(n_clusters=2,random_state=1)
       k_pre=km.fit_predict(moons[["X1","X2"]].values)
       ## 可视化两种算法的聚类效果
       plt.figure(figsize=(14,6))
       plt.subplot(1,2,1)
       sns.scatterplot(x=moons["X1"],y=moons["X2"],
                       style=db_pre_lab,s=100)
       plt.legend(loc=1)
       plt.grid()
       plt.title("密度聚类")
       plt.subplot(1,2,2)
       sns.scatterplot(x=moons["X1"],y=moons["X2"],
                       style=k_pre,s=100)
       plt.legend(loc=1)
```

```
        plt.grid()
        plt.title("K-means 聚类")
        plt.tight_layout()
        plt.show()
```

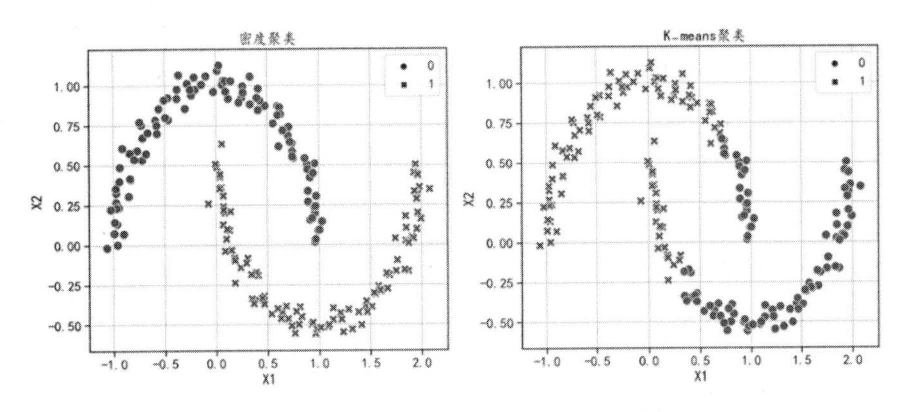

图 7-12 密度聚类和 K-均值聚类效果对比

从图 7-12 中可以发现，针对非球形分布的数据，使用密度聚类能够获得比 K-均值聚类更符合期望的聚类效果。

7.2.5 高斯混合模型聚类

sklearn 中提供了两种基于高斯混合模型的聚类算法，分别可以使用 GaussianMixture()和 BayesianGaussianMixture()获得数据的聚类结果。在下面的程序中，分别使用这两个函数对酒数据进行聚类分析，从输出的结果中可以发现，使用 GaussianMixture()获得的聚类效果 V 测度为 0.7728，比使用 BayesianGaussianMixture()获得的聚类效果更好一些。

```
In[19]:## 使用高斯混合模型对酒数据进行聚类分析
        gmm=GaussianMixture(n_components=3,covariance_type="full",
                            random_state=1)
        gmm.fit(tsne_wine_x)
        ## 获取对数据的聚类标签
        gmm_pre=gmm.predict(tsne_wine_x)
        print("高斯混合模型,每簇包含的样本数量:",np.unique(gmm_pre,
return_counts=True))
        print("每个簇的聚类中心为:\n",gmm.means_)
        print("聚类效果 V 测度: %.4f"%v_measure_score(wine_y,gmm_pre))

        ## 使用变分贝叶斯高斯混合模型对酒数据进行聚类分析
        bgmm=BayesianGaussianMixture(n_components=3,
covariance_type="full",random_state=1)
        bgmm.fit(tsne_wine_x)
```

```
        ## 获取对数据的聚类标签
        bgmm_pre=bgmm.predict(tsne_wine_x)
        print("变分贝叶斯高斯混合模型,每簇包含的样本数量:", np.unique(bgmm_pre,
return_counts=True))
        print("每个簇的聚类中心为:\n",bgmm.means_)
        print("聚类效果V测度: %.4f"%v_measure_score(wine_y,bgmm_pre))
Out[19]:高斯混合模型,每簇包含的样本数量: (array([0, 1, 2]), array([55, 66, 57]))
每个簇的聚类中心为:
 [[ 4.84977731 -2.63793829 -2.81198864]
 [-6.2588341   5.34343062  2.44775938]
 [-0.36481966  0.89253648  1.31541624]]
聚类效果V测度: 0.7728
变分贝叶斯高斯混合模型,每簇包含的样本数量: (array([0, 1, 2]), array([56, 66, 56]))
每个簇的聚类中心为:
 [[ 4.65006538 -2.49005997 -2.69596208]
 [-6.15419162  5.26613082  2.41588723]
 [-0.41473845  0.91926835  1.35032215]]
聚类效果V测度: 0.7624
```

针对两种模型的聚类效果，可以使用 3D 散点图进行可视化对比分析，可视化程序如下，程序运行后的数据聚类效果如图 7-13 所示。

```
In[20]:## 可视化
        colors=["red","blue","green"]
        shapes=["o","s","*"]
        fig=plt.figure(figsize=(14,6))
        ## 将坐标系设置为3D坐标系，高斯混合模型聚类结果
        ax1=fig.add_subplot(121,projection="3d")
        for ii,y in enumerate(gmm_pre):
            ax1.scatter(tsne_wine_x[ii,0],tsne_wine_x[ii,1],
tsne_wine_x[ii,2],
                        s=40,c=colors[y],marker=shapes[y],alpha=0.5)
        ## 可视化聚类中心
        for ii in range(len(np.unique(gmm_pre))):
            x=gmm.means_[ii,0]
            y=gmm.means_[ii,1]
            z=gmm.means_[ii,2]
            ax1.scatter(x,y,z,c="gray",marker="o",s=150,edgecolor='k')
        ax1.set_xlabel("特征1",rotation=20)
        ax1.set_ylabel("特征2",rotation=-20)
        ax1.set_zlabel("特征3",rotation=90)
        ax1.azim=225
        ax1.set_title("高斯混合模型聚为3个簇")
        ## 变分贝叶斯高斯混合模型聚类结果
```

```
        ax2=fig.add_subplot(122,projection="3d")
        for ii,y in enumerate(bgmm_pre):
            ax2.scatter(tsne_wine_x[ii,0],tsne_wine_x[ii,1],
tsne_wine_x[ii,2],
                        s=40,c=colors[y],marker=shapes[y],alpha=0.5)
        ## 可视化聚类中心
        for ii in range(len(np.unique(bgmm_pre))):
            x=bgmm.means_[ii,0]
            y=bgmm.means_[ii,1]
            z=bgmm.means_[ii,2]
            ax2.scatter(x,y,z,c="gray",marker="o",s=150,edgecolor='k')
        ax2.set_xlabel("特征 1",rotation=20)
        ax2.set_ylabel("特征 2",rotation=-20)
        ax2.set_zlabel("特征 3",rotation=90)
        ax2.azim=225
        ax2.set_title("变分贝叶斯高斯混合模型聚为 3 个簇")
        plt.tight_layout()
        plt.show()
```

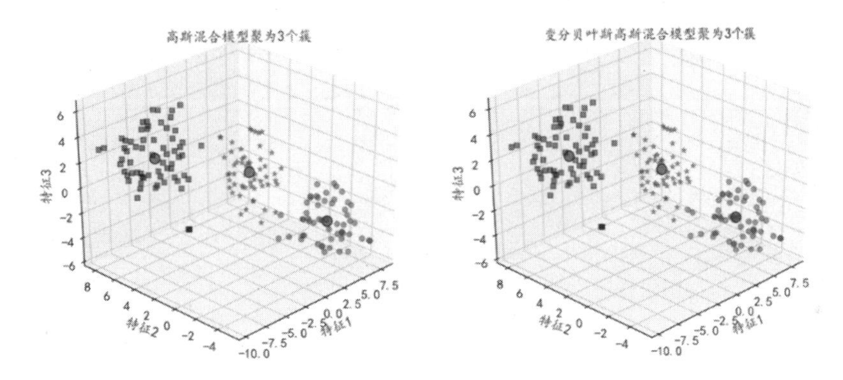

图 7-13 高斯混合模型聚类效果可视化

7.2.6 亲和力传播聚类

亲和力传播聚类算法可以使用 sklearn 库中的 AffinityPropagation()函数来完成，该函数可以使用 damping 参数设置算法的阻尼因子，使用参数 preference 设置使用的示例样本数量。下面针对酒数据，分别使用相同的 damping 参数和不同的 preference 参数，获得两个亲和力传播聚类模型，并对比分析两个模型的聚类效果，程序如下：

```
In[21]:## 对酒数据进行亲和力传播聚类
        # preference=-200 时
        af1=AffinityPropagation(damping=0.6, ## 阻尼因子
                                preference=-200, ## 使用的示例样本数量
```

```
                              )
        af1.fit(tsne_wine_x)
        ## 输出聚类分析的结果
        af1.labels_
        print("亲和力传播聚类 1:\n 每个簇包含的样本数量:",np.unique(af1.labels_,
return_counts=True))
        print("每个簇的聚类中心为:\n",af1.cluster_centers_)
        print("聚类效果 V 测度: %.4f"%v_measure_score(wine_y,af1.labels_))
        # preference=-300 时
        af2=AffinityPropagation(damping=0.6, ## 阻尼因子
                              preference=-300, ## 使用的示例样本数量
                              )
        af2.fit(tsne_wine_x)
        ## 输出聚类分析的结果
        af2.labels_
        print("亲和力传播聚类 2:\n 每簇包含的样本数量:",np.unique(af2.labels_,
return_counts=True))
        print("每个簇的聚类中心为:\n",af2.cluster_centers_)
        print("聚类效果 V 测度: %.4f"%v_measure_score(wine_y,af2.labels_))
   Out[21]:亲和力传播聚类 1:
   每个簇包含的样本数量: (array([0, 1, 2, 3, 4]),array([20, 45, 27, 37, 49]))
   每个簇的聚类中心为:
    [[-6.13429      5.4438906   0.03349963]
    [-6.6762805   5.193717    2.846032  ]
    [ 1.7402011   0.68320787 -0.16615717]
    [-1.64581     0.26387346  2.4150665 ]
    [ 5.983463   -2.8015192  -3.3218582 ]]
   聚类效果 V 测度: 0.7172
   亲和力传播聚类 2:
   每簇包含的样本数量: (array([0, 1, 2]), array([66, 56, 56]))
   每个簇的聚类中心为:
    [[-6.6762805   5.193717    2.846032  ]
    [-0.5640356   0.22405082  1.4364102 ]
    [ 4.275578   -2.2846434  -2.6362162 ]]
   聚类效果 V 测度: 0.7624
```

从上面程序的输出结果中可以发现，第一个亲和力传播模型将数据聚类为 5 个簇，每个簇各有 20、45、27、37、49 个样本，第二个亲和力传播模型将数据聚为 3 个簇，每个簇各有 66、56、56 个样本，而且第二个亲和力传播模型的 V 测度更高。

针对两个亲和力传播模型，利用簇中心和对应样本的连线方法将聚类结果进行可视化分析，在三维空间中可视化程序如下所示，程序运行后的结果如图 7-14 所示。

```
   In[22]:## 在三维空间中可视化模型的聚类效果
```

```
        colors=["red","blue","green","c","m"]
        X=tsne_wine_x[:,0]
        Y=tsne_wine_x[:,1]
        Z=tsne_wine_x[:,2]
        fig=plt.figure(figsize=(14,7))
        ax=fig.add_subplot(121,projection="3d")
        n_clusters=len(af1.cluster_centers_indices_) # 聚类数目
        af_label=af1.labels_          # 每个样本的聚类标签
        af_centers=af1.cluster_centers_  # 每个簇的聚类中心
        for ii in range(n_clusters):
            index=np.where(af_label==ii)
            ax.scatter(X[index],Y[index],Z[index],
marker=".",c=colors[ii])
            ## 添加聚类中心的点
            ax.scatter(af_centers[ii][0],af_centers[ii][1],
af_centers[ii][2],
                       marker="o",c=colors[ii],s=100)
            ## 添加样本到聚类中心的连线
            for xx,yy,zz in zip(X[index],Y[index],Z[index]):
                ax.plot3D([af_centers[ii][0],xx],[af_centers[ii][1],yy],
                          [af_centers[ii][2],zz],"-",c=colors[ii])
        plt.title("亲和力传播聚为 5 个簇")
        ax.azim=225

        ax=fig.add_subplot(122, projection="3d")
        n_clusters=len(af2.cluster_centers_indices_) # 聚类数目
        af_label=af2.labels_          # 每个样本的聚类标签
        af_centers=af2.cluster_centers_  # 每个簇的聚类中心
        for ii in range(n_clusters):
            index=np.where(af_label == ii)
            ax.scatter(X[index],Y[index],Z[index],marker=".",
c=colors[ii])
            ## 添加聚类中心的点
            ax.scatter(af_centers[ii][0],af_centers[ii][1],
af_centers[ii][2],
                       marker="o",c=colors[ii],s=100)
            ## 添加样本到聚类中心的连线
            for xx,yy,zz in zip(X[index],Y[index],Z[index]):
                ax.plot3D([af_centers[ii][0],xx],[af_centers[ii][1],yy],
                          [af_centers[ii][2],zz],"-",c=colors[ii])
        plt.title("亲和力传播聚为 3 个簇")
        ax.azim=225
        plt.tight_layout()
        plt.show()
```

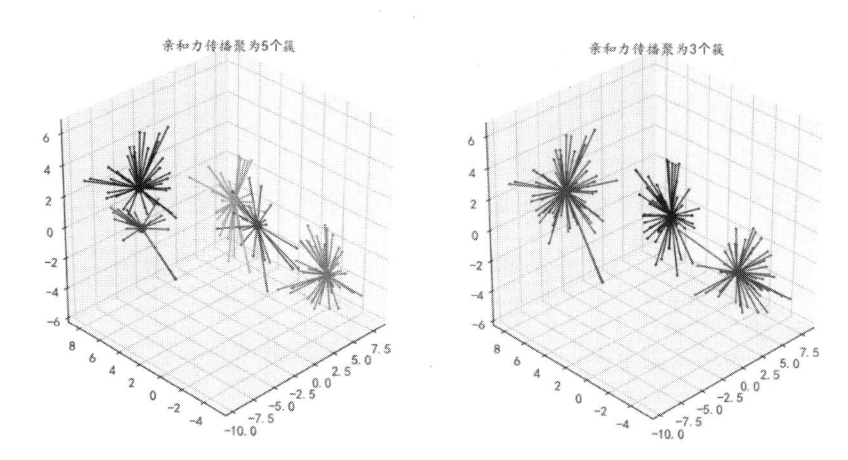

图 7-14　二维空间中的亲和力传播聚类效果

对于将数据聚类为 5 个簇或者 3 个簇的亲和力传播模型，观察图像可以发现，它们的聚类结果都是在同簇之间更加聚集，不同簇之间更加远离。

7.2.7　BIRCH 聚类

在使用 BIRCH 聚类算法对酒数据进行聚类时，可以使用 sklearn 库中的 Birch()函数来完成，为了获得较好的聚类效果，先将数据聚类为不同数目的簇，然后计算每种聚类算法的 V 测度分，根据得分高低确定合适的聚类数目，程序如下，程序运行后的结果如图 7-15 所示。

```
In[23]:## 计算聚为不同簇的 V 测度高低
       vm=[]
       n_cluster=10
       for cluster in range(1,n_cluster):
           birch=Birch(threshold=0.5,         ## 合并样本的半径阈值
                       branching_factor=20, ##每个节点中 CF 子集群的最大数量
                       n_clusters=cluster)
           birch.fit(tsne_wine_x)  # 拟合模型
           vm.append(v_measure_score(wine_y,birch.labels_))
       ## 可视化 V 测度的变化情况
       plt.figure(figsize=(10,6))
       plt.plot(range(1,n_cluster),vm,"r-o")
       plt.xlabel("聚类数目")
       plt.ylabel("V 测度")
       plt.title("BIRCH 聚类")
       ## 在图中添加一个箭头
       plt.annotate("V 测度最高", xy=(3,vm[2]),xytext=(4,0.5),
                    arrowprops=dict(facecolor='blue', shrink=0.1))
       plt.grid()
```

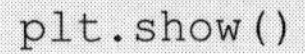

```
plt.show()
```

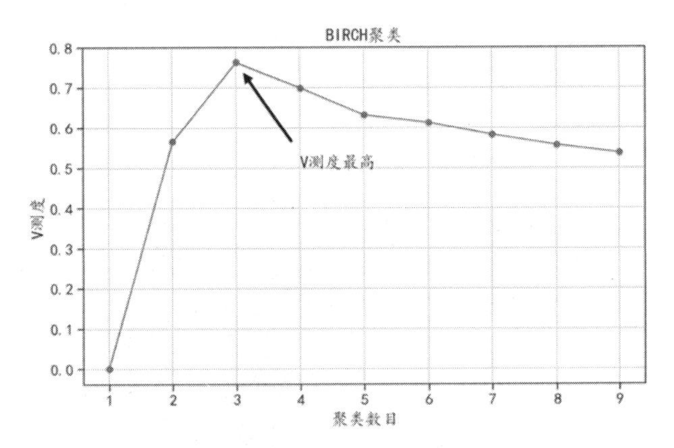

图 7-15 BIRCH 聚类的簇数量确定

从图 7-15 输出的结果可以发现，将数据聚类为 3 个簇的 V 测度分最高。下面使用参数网格搜索的方式，针对 Birch()聚类中的 threshold 和 branching_factor 参数，寻找聚类效果较好的参数组合，并且针对每组参数组合下的 V 测度分，使用 3D 曲面图进行可视化，程序如下，程序运行后的结果如图 7-16 所示。

```
In[24]:## 使用参数网格搜索的方法寻找最合适的 threshold 和 branching_factor 参数
       thre=[0.1,0.2,0.3,0.4,0.5, 0.75, 1,1.5,2,3,5]
       ranch=np.arange(5,50,5)
       threx, ranchy=np.meshgrid(thre,ranch)
       vm=np.ones_like(threx)
       ## 计算不同参数组合下的 V 测度
       for i,t in enumerate(thre):
           for j,r in enumerate(ranch):
               birch=Birch(threshold=t,branching_factor=r,
                           n_clusters=3)
               birch.fit(tsne_wine_x)  # 拟合模型
               vm[j,i]=(v_measure_score(wine_y,birch.labels_))
       ## 使用 3D 曲面图进行可视化
       x, y=np.meshgrid(range(len(thre)),range(len(ranch)))
       ## 可视化
       fig=plt.figure(figsize=(10,6))
       ax1=fig.add_subplot(111, projection="3d")
       surf=ax1.plot_surface(x,y,vm,cmap=plt.cm.coolwarm,
                             linewidth=0.1)
       plt.xticks(range(len(thre)),thre,rotation=45)
       plt.yticks(range(len(ranch)),ranch,rotation=125)
       ax1.set_xlabel("threshold",labelpad=25)
```

```
        ax1.set_ylabel("ranching_factor",labelpad=15)
        ax1.set_zlabel("V 测度",rotation=90,labelpad=10)
        plt.title("BIRCH 参数搜索")
        plt.tight_layout()
        plt.show()
```

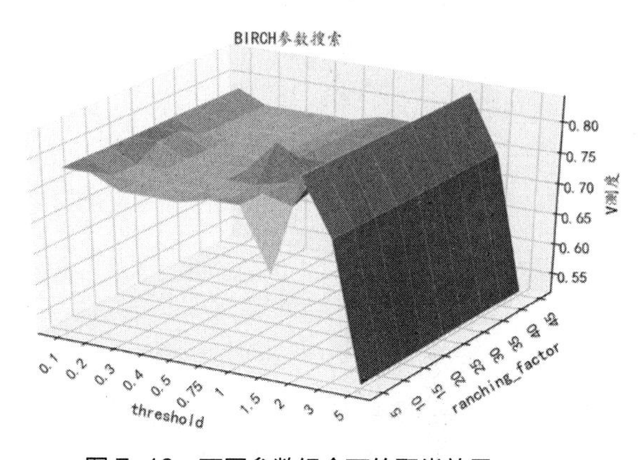

图 7-16　不同参数组合下的聚类效果

从图 7-16 中可以发现，当 threshold=2 时，聚类效果较好。使用参数 threshold=2 将数据聚类为 3 个簇的程序如下，将聚类的结果在三维空间中使用散点图进行可视化，可获得图 7-17 所示的聚类图像。

```
   In[25]:## 使用合适的参数聚类为 3 类
        birch=Birch(threshold=2,         ## 合并样本的半径阈值
                    branching_factor=20, ## 每个节点中 CF 子集群的最大数量
                    n_clusters=3)
        birch.fit(tsne_wine_x)   # 拟合模型
        print("BIRCH 聚类,每簇包含的样本数量:",np.unique(birch.labels_,
return_counts=True))
        print("聚类效果 V 测度: %.4f"%v_measure_score(wine_y,birch.labels_))
        ## 在三维空间中可视化聚类的效果
        colors=["red","blue","green"]
        shapes=["o","s","*"]
        birch_pre=birch.labels_
        fig=plt.figure(figsize=(10,6))
        ## 将坐标系设置为 3D 坐标系, BIRCH 模型聚类结果
        ax1=fig.add_subplot(111, projection="3d")
        for ii,y in enumerate(birch_pre):
            ax1.scatter(tsne_wine_x[ii,0],tsne_wine_x[ii,1],
tsne_wine_x[ii,2],
                        s=40,c=colors[y],marker=shapes[y],alpha=0.5)
        ax1.set_xlabel("特征 1",rotation=20)
```

```
        ax1.set_ylabel("特征2",rotation=-20)
        ax1.set_zlabel("特征3",rotation=90)
        ax1.azim=225
        ax1.set_title("BIRCH 模型聚为 3 个簇")
        plt.tight_layout()
        plt.show()
Out[25]:BIRCH 聚类,每簇包含的样本数量: (array([0, 1, 2]), array([65, 62, 51]))
聚类效果 V 测度: 0.8347
```

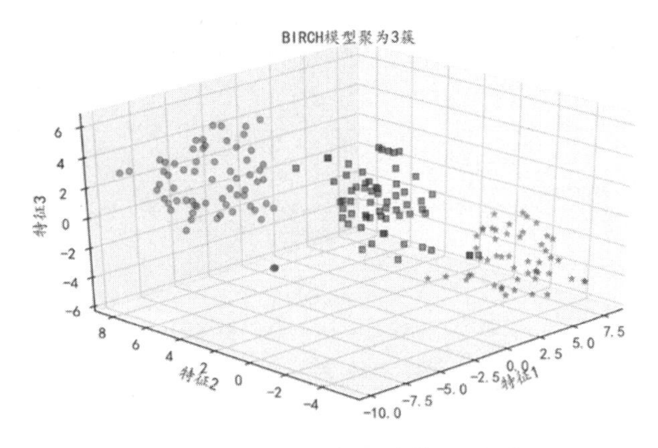

图 7-17 BIRCH 聚类效果可视化

从输出的结果可以发现，此时的聚类效果较好，每个簇分别包含 65、62、51 个样本，并且 V 测度为 0.8347。

通过上面的分析可以发现，针对相同的数据，不同的聚类算法会获得不一样的聚类效果，因此在实际应用中要使用正确的方法并选择合适的算法，从而获得更好的聚类效果。

7.3 数据异常值检测分析

机器学习的预测问题中，模型通常是对整体样本数据结构的一种表达方式，这种表达方式通常抓住的是整体样本通用的性质，而那些在这些性质上表现出完全与整体样本不一致的点，就可以称其为异常，异常值检测就是发现数据中这些性质的一类算法。通过一些检测方法可以找到异常值，但是所得结果并不是绝对正确的，具体情况还需自己根据业务的理解加以判断。同样，对于异常值的处理，一般情况下是将其剔除或修正，要结合具体的情况进行分析，没有固定的方式。针对一些类别很不平衡的二分类数据，也可以将较少的类别数据使用异常值检测的方法进行建模分析，本节介绍几种识别异常值的无监督方法。

7.3.1 LOF 和 COF 算法

LOF 和 COF 算法是最常用的异常值识别方法，它们都是通过相应的计算，获得每个样本是否为异常值的得分。下面使用鸢尾花中的 SepalWidthCm 和 PetalWidthCm 两个变量，分析 LOF 和 COF 算法如何发现数据中的异常值，首先查看数据，然后使用散点图可视化出数据的分布，程序运行后的结果如图 7-18 所示。

```
In[1]:## 分析鸢尾花数据
      iris=pd.read_csv("data/chap7/Iris.csv")
      ## 只分析其中的 SepalWidthCm 和 PetalWidthCm 两个变量
      iris=iris[["SepalWidthCm","PetalWidthCm"]]
      ## 可视化 SepalWidthCm 和 PetalWidthCm 两个变量
      iris.plot(kind="scatter",x= "SepalWidthCm",y="PetalWidthCm",
                c="r",figsize=(10,6))
      ## 圈出可能是异常值的点
      plt.plot(2.3,0.3,"ko",markersize=40,markerfacecolor="none")
      plt.annotate("可能是异常值", xy=(2.3,0.48),xytext=(2,0.75),
                   arrowprops=dict(facecolor="black"))
      plt.plot(3.8,2.1,"ko",markersize=60,markerfacecolor="none")
      plt.annotate("可能是异常值", xy=(3.9,1.9),xytext=(4,1.5),
                       arrowprops=dict(facecolor="black"))
      plt.plot(4.4,0.4,"ko",markersize=40,markerfacecolor="none")
      plt.annotate("可能是异常值", xy=(4.3,0.5),xytext=(3.5,1),
                       arrowprops=dict(facecolor="black"))
      plt.title("数据分布中可能是异常值的数据")
      plt.grid()
      plt.show()
```

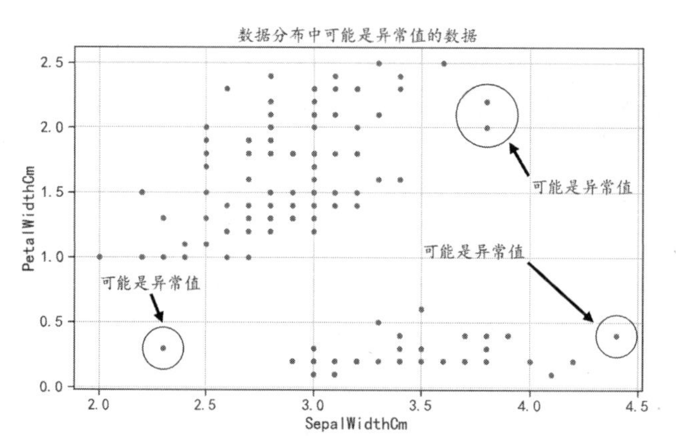

图 7-18　数据点的分布情况

根据数据周围的点越少就越有可能是异常值的原则，在图 7-18 中圈出了可能是异常值的一些数据点，下面使用 LOF 算法对数据进行分析，查看数据中异常值的数量，程序如下：

```
In[2]:## 局部离群值因子
      lof=LocalOutlierFactor(n_neighbors=10, ## 使用的近邻数量
                             metric="minkowski",## 使用的计算距离方法
                             )
      ## 将 lof 作用于数据集
      outlier_pre=lof.fit_predict(iris.values)
      print("检测出的异常值数量为:",np.sum(outlier_pre == -1))
Out[2]:检测出的异常值数量为: 10
```

上面的程序中使用 LocalOutlierFactor()进行异常值检测，从预测结果可以发现该算法认为数据中有 10 个离群值。为了可视化分析每个离群值所处的位置，使用下面的程序可视化每个样本点的异常值得分，在可视化得分时使用 min-max 标准化方法，将异常值的得分进行标准化处理，方便可视化 LOF 的得分高低，程序运行后的结果如图 7-19 所示。

```
In[3]:## 计算每个样本相反的异常值得分，越接近-1，LOF 得分越高
      outfactor=lof.negative_outlier_factor_
      ## 将得分标准化
      radius=(outfactor.max()-outfactor)/
(outfactor.max()-outfactor.min())
      iris.plot(kind="scatter",x= "SepalWidthCm",y="PetalWidthCm",
                c="r",figsize=(10,6),label="data")
      plt.scatter(iris["SepalWidthCm"],iris["PetalWidthCm"],
s=800*radius,edgecolors="k",facecolors="none", label="LOF 得分")
      plt.legend()
      plt.grid()
      plt.title("异常值得分可视化")
      plt.show()
```

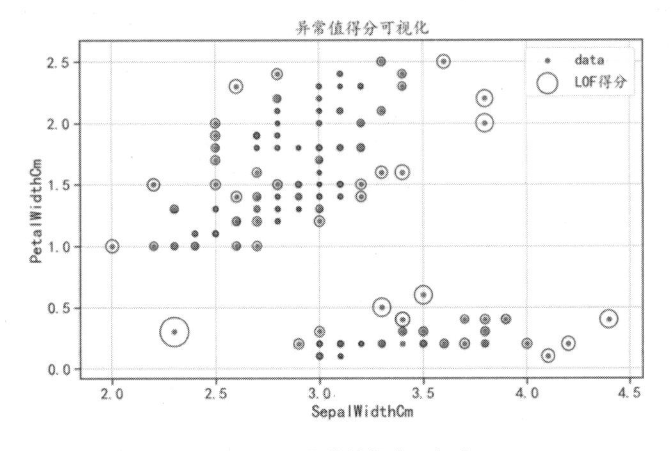

图 7-19 异常值得分可视化

图 7-19 中使用圆圈表示异常值得分的高低，圆圈越大说明对应样本的异常值得分越高，越可能为异常值。

因为在计算 LOF 得分时使用的是近邻方式计算，所以可以使用 Kneighbors_graph()方法输出数据之间的近邻网络，针对近邻网络可以使用网络图进行可视化分析，运行下面的程序后，结果如图 7-20 所示。

```
In[4]:## 计算近邻网络
      kgraph=lof.kneighbors_graph(iris.values).toarray()
      ## 在二维空间中可视化该网络
      ## 可视化网络图
      plt.figure(figsize=(10,6))
      ax=plt.subplot(111)
      G=nx.Graph(kgraph)  ## 生成无向图
      pos=iris.values        ## 每个节点在空间中的位置
      nx.draw_networkx_nodes(G,pos,alpha=1,node_size=60,
node_color="r",ax=ax)
      nx.draw_networkx_edges(G,pos,width=1,edge_color="k",alpha=0.7)
      ##  显示坐标系
      ax.tick_params(left=True,bottom=True,labelleft=True,
labelbottom=True)
      ## 计算出异常值的点并可视化在网络上
      outlier=iris.values[outlier_pre == -1,:]
      plt.scatter(outlier[:,0],outlier[:,1],marker="o",c="k",s=300)
      plt.title("计算 LOF 得分使用的近邻网络")
      plt.grid()
      plt.show()
```

在图 7-20 中使用黑色的圆圈将异常值样本圈了出来，从网络中可以发现，异常值通常处于数据的边缘位置，并且近邻的样本较少。

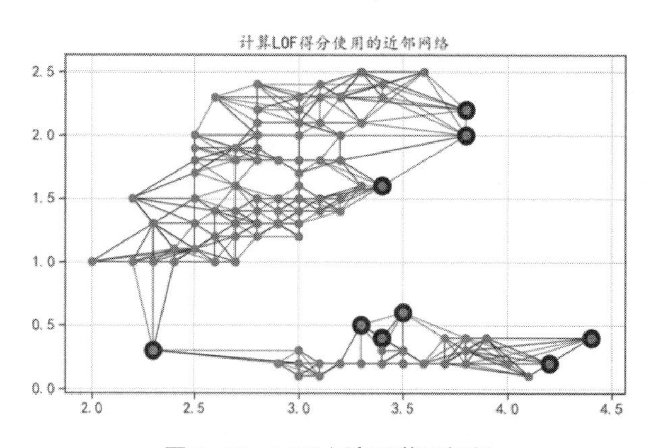

图 7-20　LOF 近邻网络可视化

使用LocalOutlierFactor()函数进行异常值检测时，可以通过参数n_neighbors控制使用的近邻数量，因此可以获得不同的检测结果。在下面的程序中，分别计算当近邻数为5、10、15、20、30、50时异常值的识别情况，同时还使用散点图将检测结果可视化结果如图7-21所示。

```
In[5]:## 使用不同的近邻数量，可以获得不同的异常值数量
      nn=[5,10,15,20,30,50]
      plt.figure(figsize=(16,10))
      for ii,neighbor in enumerate(nn):
          lof=LocalOutlierFactor(n_neighbors=neighbor)
          outlier_pre=lof.fit_predict(iris.values)
          ## 可视化不同n_neighbors取值下的异常值位置
          plt.subplot(2,3,ii+1)
          plt.scatter(iris["SepalWidthCm"], iris["PetalWidthCm"],
                      marker="o",c="r",s=50,label="数据")
          outlier=iris.values[outlier_pre == -1,:]
          plt.scatter(outlier[:,0],outlier[:,1],marker="o",c="k",
                      s=200,label="异常值")
          plt.title("LOF:n_neighbors="+str(neighbor)+",异常值数量:"+
str(len(outlier)))
          plt.legend()
          plt.grid()
      plt.tight_layout()
      plt.show()
```

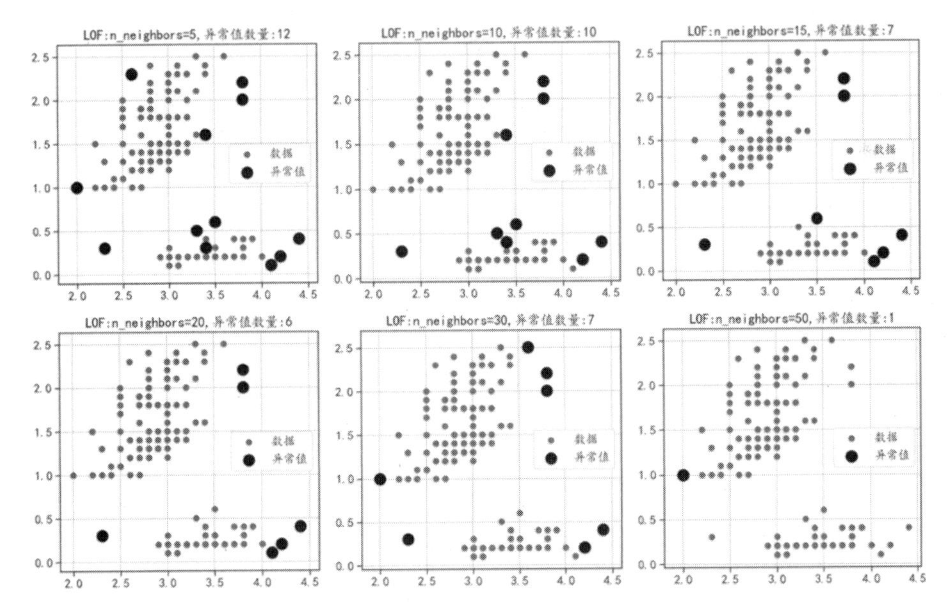

图7-21 LOF异常值识别情况

图 7-21 中，使用不同的近邻数量，可获得不同的异常值检测结果，并且异常值的数量会随着近邻数的增加而减少。

COF 算法的使用和 LOF 相似，可以使用 COF()函数来完成，使用时可以使用 contamination 参数指定数据中异常值所占的比例。在下面的程序中同样使用鸢尾花中的两个变量来演示，检测数据中的异常值数量，从输出结果可以发现，当 contamination=0.06 时识别出了 9 个异常值样本。

```
In[6]:## 基于连通性的离群因子（COF）算法
      cof=COF(contamination=0.06,  ## 异常值所占的比例
              n_neighbors=20,      ## 近邻数量
             )
      cof_label=cof.fit_predict(iris.values)
      print("检测出的异常值数量为:",np.sum(cof_label == 1))
Out[6]:检测出的异常值数量为: 9
```

下面分析使用 COF 算法识别异常值时，在不同的 contamination 参数下，所获得的检测结果。下面的程序分别将不同的检测结果进行了可视化，程序运行后，检测结果如图 7-22 所示。

```
In[7]:## 可视化数据中随着异常值比例的变化，被确认为异常值的样本情况
      cont=[0.01,0.03,0.05,0.07,0.09,0.1]
      plt.figure(figsize=(16,10))
      for ii,c in enumerate(cont):
          ## 基于连通性的离群因子算法
          cof=COF(contamination=c,n_neighbors=30)
          cof_label=cof.fit_predict(iris.values)
          ## 可视化不同异常值比例下的异常值位置
          plt.subplot(2,3,ii+1)
          plt.scatter(iris["SepalWidthCm"], iris["PetalWidthCm"],
                      marker="o",c="r",s=50,label="数据")
          outlier=iris.values[cof_label == 1,:]
          plt.scatter(outlier[:,0],outlier[:,1],marker="o",c="k",
                      s=200,label="异常值")
          plt.title("COF:异常值比例"+str(c)+",异常值数量:"+
str(len(outlier)))
          plt.legend()
          plt.grid()
      plt.tight_layout()
      plt.show()
```

从图 7-22 中可以发现，随着异常值所占比例的增加，所识别出的异常值数量也会增加。

本小节通过一个二维数据介绍了异常值检测的基本思想，在后面的异常值识别算法介绍中，会使用一个高维数据演示不同算法异常值识别的情况。

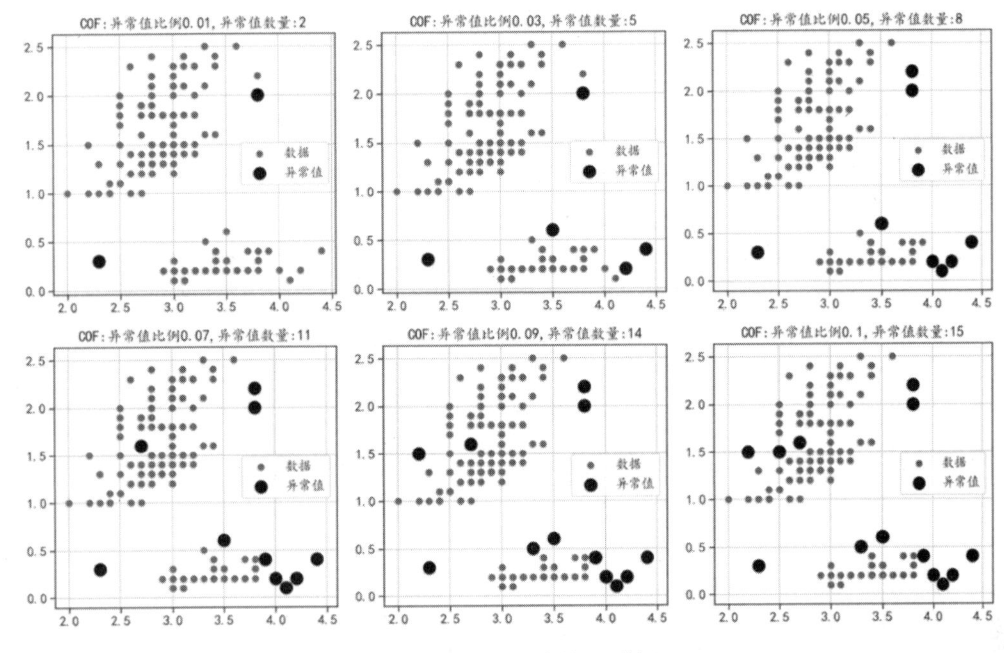

图 7-22　COF 异常值识别情况

7.3.2　带有异常值的高维数据探索

在对高维数据中的异常值进行探索性分析时，通过下面的程序读取数据后，发现数据有 10 个特征，以及 1 个 outlier 标签，指定样本是否为异常值。

```
In[8]:## 读取定义好是否为异常值的数据
      outlierdf=pd.read_csv("data/chap7/synthetic.csv")
      print(outlierdf.head())
Out[8]:
         X0        X1        X2        X3        X4        X5        X6  \
0  0.435518  0.038492  0.551343  0.140049  0.899545  0.588684  0.299706
1  0.633197  0.034490  0.319406  0.879141  0.163079  0.184356  0.160583
2  0.421558  0.299824  0.602220  0.521654  0.954621  0.547448  0.882898
3  0.817491  0.647528  0.046214  0.487270  0.053872  0.817499  0.390589
4  0.291513  0.474018  0.065267  0.410573  0.903696  0.466520  0.196878
         X7        X8        X9 outlier
0  0.245713  0.367375  0.452970      no
1  0.104973  0.294980  0.429709      no
2  0.586641  0.840204  0.212529      no
3  0.394750  0.736854  0.442689     yes
4  0.165370  0.297764  0.467911      no
```

使用数据表的 value_counts()方法可计算异常值的数量，从计算结果中可以发现异常值有 100

个样本，非异常值有 900 个样本。

```
In[9]:## 查看异常值和非异常值的比例
      outlierdf["outlier"].value_counts()
Out[9]:no      900
       yes     100
       Name: outlier, dtype: int64
```

针对异常值数据和非异常值数据时每个特征的分布情况，可使用箱线图进行可视化分析，运行下面的程序后，结果如图 7-23 所示。

```
In[10]:## 使用箱线图可视化是否为异常值时每个特征的分布情况
       varname=outlierdf.columns[:-1]
       plt.figure(figsize=(20,12))
       for ii,name in enumerate(varname):
           plt.subplot(3,4,ii+1)
           plotdata=outlierdf.iloc[:,ii]  ## 对应的特征
           sns.boxplot(x="outlier", y =name,data=outlierdf)
           sns.swarmplot(x="outlier", y =name,data=outlierdf,color="k")
           plt.title("特征"+name)
       plt.tight_layout()
       plt.show()
```

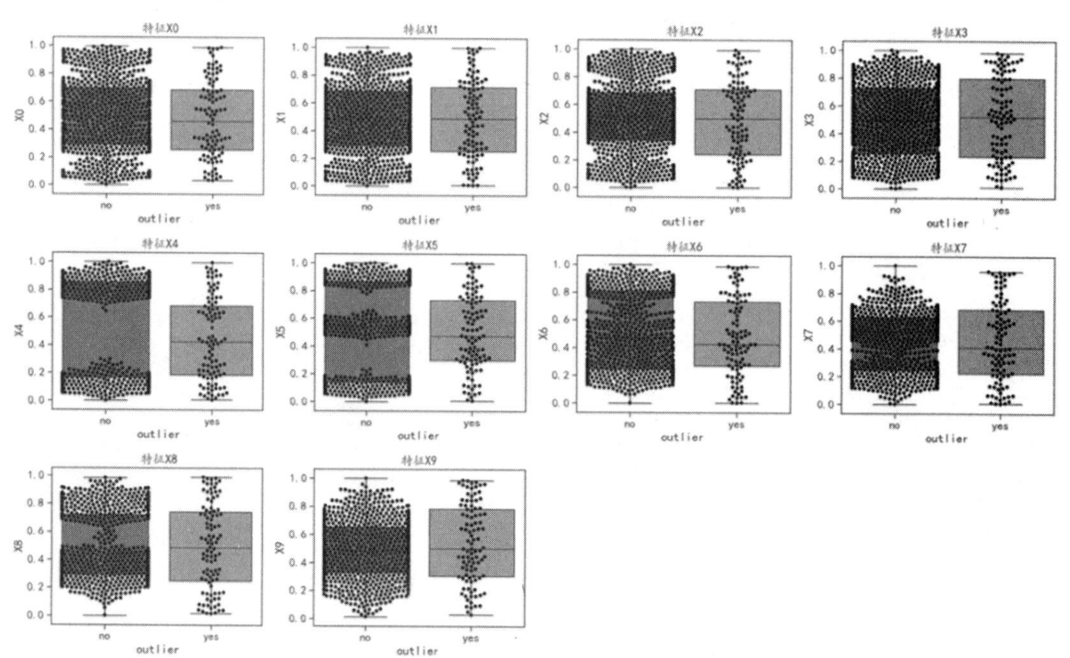

图 7-23　数据特征分布情况

针对该高维数据在空间中的分布情况，可以使用 t-SNE 算法将数据降维到二维空间中，然后使用散点图进行可视化，运行下面的程序后，结果如图 7-24 所示。

```
In[11]:## 使用 TSNE 降维可视化数据的分布
       ## TSNE 进行数据的降维，降维到二维空间中
       tsne=TSNE(n_components=2,perplexity =30,
                 early_exaggeration =3,random_state=123)
       ## 获取降维后的数据
       tsne_outlier=tsne.fit_transform(outlierdf.iloc[:,0:10].values)
       print(tsne_outlier .shape)
       ## 可视化在二维空间中的分布
       plt.figure(figsize=(10,6))
       sns.scatterplot(x=tsne_outlier[:,0], y=tsne_outlier[:,1],
                       style=outlierdf.outlier,s=80)
       plt.legend(loc=1)
       plt.grid()
       plt.title("TSNE 降维后数据的分布")
       plt.show()
```

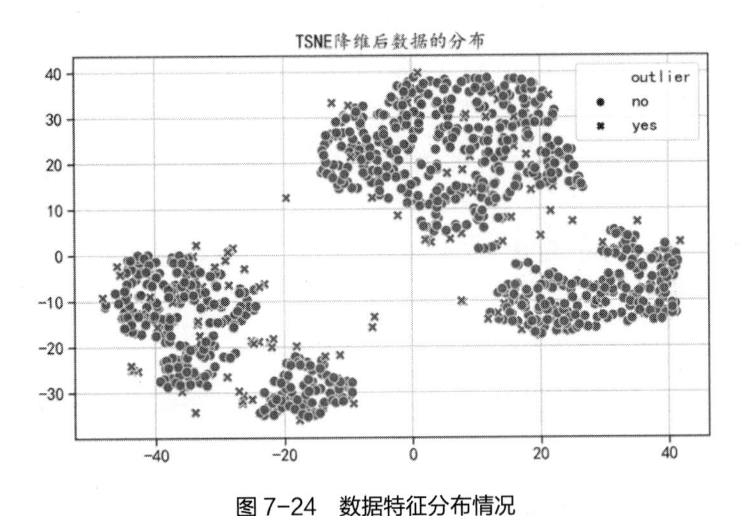

图 7-24　数据特征分布情况

从图 7-24 中可以发现，降维后的可视化结果中，也很难把异常值和正常值进行有效的区分，较多的异常值混在正常数据内部。

使用算法识别数据样本是否为异常值之前，先使用 0 和 1 对类别标签进行编码，1 代表异常值，0 代表正常数据，然后将数据切分为训练集和测试集，其中 70%作为训练集，剩下的作为测试集，程序如下：

```
In[12]:## 对是否为异常值进行重新编码
       X=outlierdf.iloc[:,0:10].values
```

```
        Y=np.where(outlierdf.outlier == "yes",1,0)
        ## 将数据切分为训练集和测试集
        X_train, X_test, y_train, y_test=train_test_split(X, Y,
test_size=0.3, random_state=2)
        print("训练数据:",X_train.shape)
        print("训练数据中异常值数量:",np.unique(y_train,return_counts=True))
        print("测试数据:",X_test.shape)
        print("测试数据中异常值数量:",np.unique(y_test,return_counts=True))
Out[12]:训练数据: (700, 10)
训练数据中异常值数量: (array([0, 1]), array([629,  71]))
测试数据: (300, 10)
测试数据中异常值数量: (array([0, 1]), array([271,  29]))
```

从输出结果可以发现，训练集中异常值有 71 个，测试集中异常值有 29 个。

7.3.3 基于 PCA 与 SOD 的异常值检测方法

基于 PCA 方法的异常值识别和子空间异常值检测方法 SOD，都是借助一种数据变换的方式，将数据投影到其他空间，然后再进行异常值检测的方法。

基于 PCA 方法的异常值识别算法，可以使用 PyOD 库中的 PCA()函数来完成，运行下面的程序可以使用训练集训练获得一个异常值识别模型。

> **注意**：在使用 fit()方法时没有提供数据的类别标签数据，因此基于 PCA 方法的异常值识别算法是一种无监督的方法。

因为已经知道样本是否为异常值，因此可以使用 classification_report()函数获取预测结果和真实标签之间的准确率报告。

```
In[13]:## 使用基于 PCA 方法的异常值识别
        pcaod=PCA(n_components="mle",   #自动猜测保留的主成分数量
                  n_selected_components=4,#计算异常值得分时使用的主成分数量
                  contamination=0.1,     # 异常值所占比例
                  random_state=123)
        pcaod.fit(X_train)    ## 对训练数据进行拟合
        pcaod_lab=pcaod.labels_
        print("在训练集上是否为异常值判断正确的精度为:\n",
classification_report(y_train, pcaod_lab))
Out[13]:在训练集上是否为异常值判断正确的精度为:
                   precision    recall  f1-score   support
                0       0.92      0.93      0.92       629
                1       0.33      0.32      0.33        71
         accuracy                           0.86       700
        macro avg       0.63      0.62      0.63       700
```

```
weighted avg       0.86      0.86      0.86      700
```

从输出结果中可以发现，预测的精度只有 0.86，而且针对训练集中的异常值预测精确率只有 33%（即 0.33）。

利用 PCA()进行主成分异常值识别时，使用了自动猜测保留主成分数量的方法，并且识别异常值时利用前 4 个主成分，针对获得的 pcaod，可以利用 explained_variance_属性获取主成分的解释方差，使用 decision_scores_获取每个样本的异常值得分，针对这些值的大小可以使用可视化的方式进行展示，运行下面的程序后，结果如图 7-25 所示。

```
In[14]:## 可视化解释方差的取值情况和样本的异常值得分
       expvar=pcaod.explained_variance_  ## 主成分的解释方差
       descore=pcaod.decision_scores_   ## 样本的异常值得分
       plt.figure(figsize=(14,6))
       plt.subplot(1,2,1)
       plt.plot(expvar,"r-o")
       plt.grid()
       plt.xlabel("特征数量")
       plt.ylabel("解释方差大小")
       plt.title("主成分异常值检测")
       plt.subplot(1,2,2)
       plt.plot(descore,"r--o")
       plt.grid()
       plt.xlabel("样本索引")
       plt.ylabel("异常值得分")
       plt.title("主成分异常值检测")
       plt.tight_layout()
       plt.show()
```

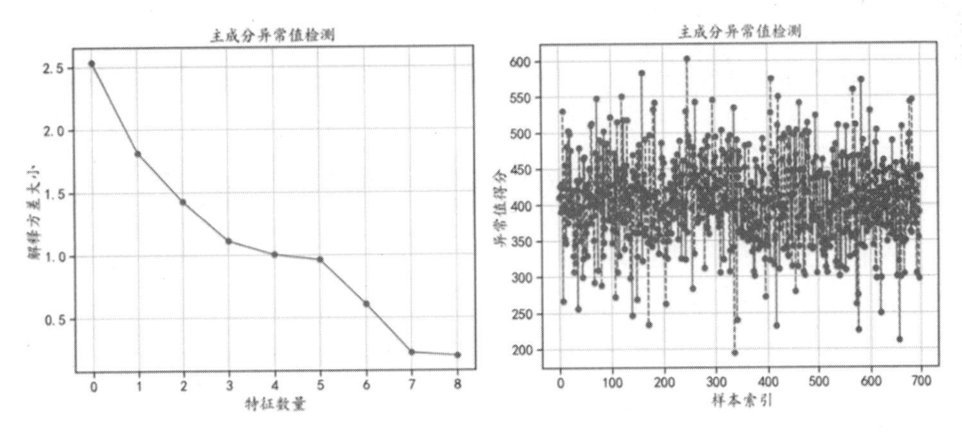

图 7-25　基于 PCA 的异常值识别算法

从图 7-25 左中可以发现，算法自动保留了数据的 9 个主成分，并且从可视化出的异常值得分（见图 7-25 右）中可以发现，使用该算法不能很好地区分出是否为异常值。

下面将训练获得的 pcaod 对测试集进行预测，并计算在测试集上异常值识别的精度，程序如下：

```
In[15]:## 对测试集进行预测，并计算预测的精度
       pcaod_pre=pcaod.predict(X_test)
       print("在测试集上是否为异常值判断正确的精度为:\n",
classification_report(y_test, pcaod_pre))
Out[15]:在测试集上是否为异常值判断正确的精度为:
                        precision    recall  f1-score   support
                   0       0.93      0.87      0.90       271
                   1       0.22      0.34      0.27        29
            accuracy                           0.82       300
           macro avg       0.57      0.61      0.58       300
        weighted avg       0.86      0.82      0.84       300
```

从输出结果中可以发现，针对测试集每个样本是否为异常值识别的精度只有 0.82。

子空间异常值检测方法 SOD 同样可以利用 PyOD 库中的 SOD()函数来实现，该函数中可以使用多个参数控制异常值的识别效果。下面的程序可以利用训练集训练出一个子空间异常值检测模型 SOD，该模型在训练集上的识别精确率为 97%（即 0.91），并且对异常样本的识别精确率达到 84%（即 0.84），这个异常值识别效果比前面的基于 PCA 的异常值识别效果更好。

```
In[16]:sod=SOD(n_neighbors=20,  ## 使用K-近邻查询近邻数量
          ref_set=10, ## 创建参考集的共享最近邻居的数量
          alpha=0.85, ## 选择指定子空间的下限
          contamination =0.1)
  sod.fit(X_train)
  sod_lab=sod.labels_
  print("在训练集上是否为异常值判断正确的精度为:\n",
classification_report(y_train, sod_lab))
  Out[16]:在训练集上是否为异常值判断正确的精度为:
                 precision    recall  f1-score   support
            0       0.98      0.98      0.98       629
            1       0.84      0.83      0.84        71
     accuracy                           0.97       700
    macro avg       0.91      0.91      0.91       700
 weighted avg       0.97      0.97      0.97       700
```

针对 SOD 算法获得的模型，同样使用 decision_scores_属性获取每个样本的异常值得分，该得分可以通过散点图进行可视化分析，运行下面的程序后结果如图 7-26 所示。

```
In[17]:## 输出模型对每个样本的异常值得分
       descore=sod.decision_scores_   ## 样本的异常值得分
```

```
plt.figure(figsize=(14,6))
plt.subplot(1,2,1)
sns.scatterplot(x=range(len(descore)), y=descore,
                style=y_train,s=80)
plt.grid()
plt.xlabel("样本索引")
plt.ylabel("异常值得分")
plt.title("是否为异常值的真实标签")
plt.hlines(0.15,xmin=-20,xmax=720,colors="k")
plt.subplot(1,2,2)
sns.scatterplot(x=range(len(descore)), y=descore,
                style=sod_lab,s=80)
plt.hlines(0.15,xmin=-20,xmax=720,colors="k")
plt.grid()
plt.xlabel("样本索引")
plt.ylabel("异常值得分")
plt.title("子空间异常值检测")
plt.tight_layout()
plt.show()
```

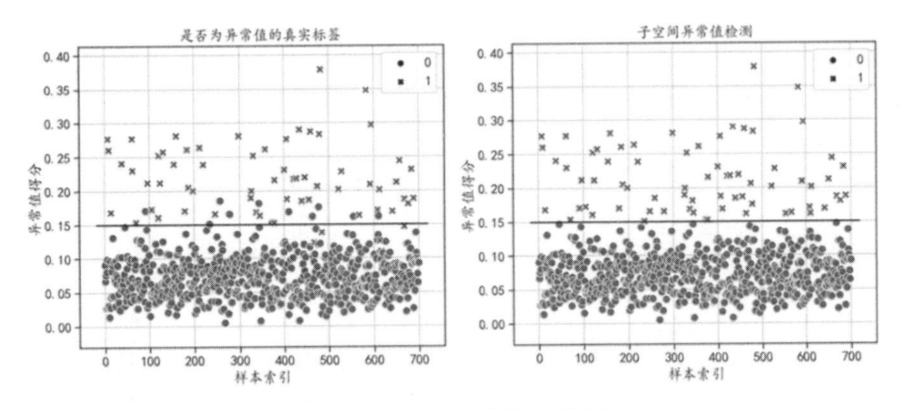

图 7-26 SOD 异常值检测得分

图 7-26 中，左图为使用“是否为异常值的真实标签”时，每个样本的异常值得分情况；右图为使用 SOD 算法获得的异常值标签时，每个样本的异常值得分情况。可以发现，在真实标签的数据可视化中，大部分异常值得分大于 0.15，只有少量的非异常值得分大于 0.15。所以在判断是否为异常值时，可以根据异常值得分是否大于 0.15 做出判断，此时算法的异常值识别准确率较高。

注意：前面使用的 0.15 是根据示意图目测获得的近似数值大小，实际的区分是否为异常值的阈值得分，可以使用 sod.threshold_ 属性获得。

下面使用获得的 SOD 对测试集进行预测，并计算在测试集上的异常值识别精度，程序如下：

```
In[18]:## 对测试集进行预测,并计算预测精度
        sod_pre=sod.predict(X_test)
        print("在测试集上是否为异常值判断正确的精度为:\n",
classification_report(y_test, sod_pre))
Out[18]:在测试集上是否为异常值判断正确的精度为:
                 precision    recall  f1-score   support
              0       0.98      0.95      0.96       271
              1       0.62      0.79      0.70        29
       accuracy                           0.93       300
      macro avg       0.80      0.87      0.83       300
   weighted avg       0.94      0.93      0.94       300
```

从输出结果可以发现，在测试集上的预测精度为 0.93，并且针对异常值的识别精确率达到了62%。

7.3.4 孤立森林异常值检测

使用 PyOD 库中的 IForest()函数，可以很方便地利用孤立森林算法建立异常值检测模型，在下面的程序中，参数 contamination=0.1 表示在数据中异常值所占比例为 10%，针对获得的模型 ifod，使用 labels_属性可以获得针对每个训练集的识别标签，可以利用该标签和训练集的真实标签，计算算法的识别精度等情况。

```
In[19]:## 建立孤立森林异常值检测模型
        ifod=IForest(n_estimators=100,  #基础估计器的数量
                     contamination=0.1,
                     max_features=10, # 每个估计器最多可使用全部的特征
                     random_state=12 )
        ifod.fit(X_train)
        ifod_lab=ifod.labels_
        print("在训练集上是否为异常值判断正确的精度为:\n",
classification_report(y_train, ifod_lab))
Out[19]:在训练集上是否为异常值判断正确的精度为:
                 precision    recall  f1-score   support
              0       0.96      0.96      0.96       629
              1       0.61      0.61      0.61        71
       accuracy                           0.92       700
      macro avg       0.78      0.78      0.78       700
   weighted avg       0.92      0.92      0.92       700
```

从输出的结果可以发现，孤立森林异常值识别算法的整体精度达到了 0.92，并且在异常值的识别精确率上有 61%。

下面可视化出孤立森林的异常值得分情况，程序运行后的结果如图 7-27 所示。

```
In[20]:## 输出模型对每个样本的异常值得分
```

```
        descore=ifod.decision_scores_   ## 样本的异常值得分
        plt.figure(figsize=(12,6))
        sns.scatterplot(x=range(len(descore)), y=descore,
                        style=y_train,s=80)
        plt.grid()
        plt.xlabel("样本索引")
        plt.ylabel("异常值得分")
        plt.title("是否为异常值的真实标签")
        plt.show()
```

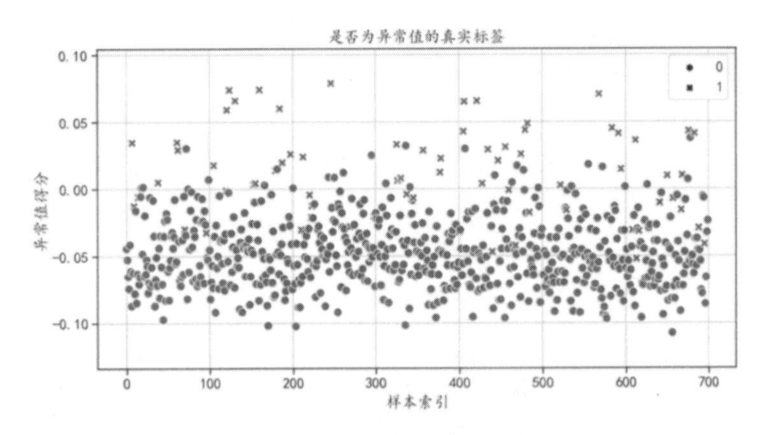

图 7-27 孤立森林异常值检测得分

图 7-27 中使用的样本标签为是否为异常值的真实标签。从每个样本的异常值得分情况可以发现，大部分异常值得分大于 0，但是还有很多异常值得分小于 0，还有一些非异常值得分大于 0，说明使用孤立森林算法，异常值识别的准确率并不高。

下面使用获得的 ifod 对测试集进行预测，并计算测试集上的异常值识别精度，程序如下：

```
   In[21]:## 对测试集进行预测，并计算预测精度
          ifod_pre=ifod.predict(X_test)
          print("在测试集上是否为异常值判断正确的精度为:\n",
classification_report(y_test, ifod_pre))
   Out[21]:在测试集上是否为异常值判断正确的精度为:
                 precision    recall  f1-score   support
             0       0.96      0.92      0.94       271
             1       0.46      0.66      0.54        29
      accuracy                           0.89       300
     macro avg       0.71      0.79      0.74       300
  weighted avg       0.91      0.89      0.90       300
```

可以发现孤立森林算法在测试集上的预测精度只用 0.89，并且针对异常值的识别精确率只有 46%，即只正确识别出了测试集中不到一半的异常值。

7.3.5 支持向量机异常值检测

基于支持向量机的异常值识别算法可以使用 sklearn 库中的 OneClassSVM()函数，即单分类支持向量机模型，支持向量机异常值识别可以看作一类数据识别情况，将异常值当作不需要的数据，为待分类识别出数据之外的数据。下面的程序利用一个线性核的支持向量机，使用训练集训练得到一个支持向量机检测异常值的模型 osvm，再使用其 predict()方法进行预测时，会将异常值预测为-1（因为是不需要的数据，所以异常值识别出来使用-1 表示），程序中输出了对训练集和测试的异常值识别精度。

```
In[22]:## sklearn 库的支持向量机检测异常值的使用
        osvm=OneClassSVM(kernel="linear",  #使用线性核
                         nu=0.005)
        osvm.fit(X_train)
        osvm_lab=osvm.predict(X_train) # 预测结果中-1 代表离群值
        osvm_lab=np.where(osvm_lab== -1,1,0)
        print("在训练集上是否为异常值判断正确的精度为:\n",
classification_report(y_train, osvm_lab))
        ## 对测试集进行预测，并计算预测精度
        osvm_pre=osvm.predict(X_test)
        osvm_pre=np.where(osvm_pre== -1,1,0)
        print("在测试集上是否为异常值判断正确的精度为:\n",
classification_report(y_test,osvm_pre))
Out[22]:在训练集上是否为异常值判断正确的精度为:
                precision    recall  f1-score   support
           0       0.90      0.99      0.94       629
           1       0.20      0.01      0.03        71
    accuracy                           0.89       700
   macro avg       0.55      0.50      0.49       700
weighted avg       0.83      0.89      0.85       700
在测试集上是否为异常值判断正确的精度为:
                precision    recall  f1-score   support
           0       0.90      1.00      0.95       271
           1       0.00      0.00      0.00        29
    accuracy                           0.90       300
   macro avg       0.45      0.50      0.47       300
weighted avg       0.82      0.90      0.86       300
```

从输出的结果中可以发现，使用线性核在训练集上的异常值预测精确率为 20%，而在测试集上异常值的预测精确率为 0，说明该模型的异常值识别效果不好。针对这种情况，下面使用参数搜索方式，获得一组较合适的异常值识别参数，程序如下：

```
In[23]:## 使用参数网格搜索找到效果最好的一组参数
        recall=[]
        precision=[]
```

```
        f1=[]
        ## 定义网格搜索的参数
        kernel=["linear", "poly", "rbf", "sigmoid"]
        degrees=[2,3]
        gammas=[0.005,0.05,0.5,5]
        coef0=[0.005,0.05,0.5,1]
        nu=[0.005,0.05,0.1,0.5]
        para_grid={"kernel":kernel,"gamma": gammas,"degree":degrees,
                   "coef0":coef0,"nu":nu}
        ## 生成网格数据
        k,d,g,c,n=np.meshgrid(kernel,degrees,gammas,coef0,nu)
        ## 生成数据表
        paradf=pd.DataFrame(data={"kernel":k.flatten(),
"degrees":d.flatten(),
                                  "gammas":g.flatten(),
"coef0":c.flatten(),
                                  "nu":n.flatten()})
        ## 由 for 循环计算测试集上异常值的预测精度
        for ii in paradf.index:
            ## 定义模型
            osvm=OneClassSVM(kernel=paradf.kernel[ii],
degree=paradf.degrees[ii],
   gamma=paradf.gammas[ii],coef0=paradf.coef0[ii],
                             nu=paradf.nu[ii],tol=1e-6)
            osvm.fit(X_train)
            osvm_pre=osvm.predict(X_test)
            osvm_pre=np.where(osvm_pre== -1,1,0)
            ## 计算测试集上的 recall 和 precision
            outlier_recall=recall_score(y_test,osvm_pre)
            outlier_precision=precision_score(y_test,osvm_pre)
            outlier_f1=f1_score(y_test,osvm_pre)
            recall.append(outlier_recall)
            precision.append(outlier_precision)
            f1.append(outlier_f1)
        ## 输出较好的结果
        paradf["recall"]=recall
        paradf["precision"]= precision
        paradf["f1"]= f1
        print(paradf.sort_values("f1",ascending=False).head(8))
   Out[23]:
      kernel  degrees  gammas  coef0     nu    recall  precision        f1
   436   rbf        3     5.0   0.05  0.005  0.965517    0.20438  0.337349
   184   rbf        2     5.0   0.50  0.005  0.965517    0.20438  0.337349
   440   rbf        3     5.0   0.50  0.005  0.965517    0.20438  0.337349
```

```
441     rbf        3      5.0    0.50   0.050   0.965517      0.20438   0.337349
442     rbf        3      5.0    0.50   0.100   0.965517      0.20438   0.337349
444     rbf        3      5.0    1.00   0.005   0.965517      0.20438   0.337349
445     rbf        3      5.0    1.00   0.050   0.965517      0.20438   0.337349
446     rbf        3      5.0    1.00   0.100   0.965517      0.20438   0.337349
```

上面的程序中，分别针对不同的核函数、参数 degrees、参数 gammas、参数 coef0 和参数 nu 进行了模型的训练和拟合，并且输出测试集上的预测精度 precision 和 f1-score。可以发现根据 f1-score 排序，precision 较高的只用 0.20438，可见基于支持向量机的异常值识别算法，并不能很好地将该数据集中的异常值正确识别。下面使用较好的一组参数获取异常值识别模型。

```
In[24]:## 改变 SVM 异常值识别时使用的核函数
        osvm=OneClassSVM(kernel="rbf",  #使用线性核
                         degree=3,gamma=5,coef0=0.05,
                         nu=0.005,tol=1e-6)
        osvm.fit(X_train)
        osvm_lab=osvm.predict(X_train) # 预测结果中-1 代表离群值
        osvm_lab=np.where(osvm_lab== -1,1,0)
        print("在训练集上是否为异常值判断正确的精度为:\n",
classification_report(y_train, osvm_lab))
        ## 对测试集进行预测,并计算预测精度
        osvm_pre=osvm.predict(X_test)
        osvm_pre=np.where(osvm_pre== -1,1,0)
        print("在测试集上是否为异常值判断正确的精度为:\n",
classification_report(y_test, osvm_pre))
        print("预测结果中非异常值和异常值的数量分别为:", np.unique(osvm_pre,
return_counts=True))
Out[24]:在训练集上是否为异常值判断正确的精度为:
                 precision    recall  f1-score   support
           0          0.94      0.81      0.87       629
           1          0.25      0.56      0.35        71
    accuracy                              0.79       700
在测试集上是否为异常值判断正确的精度为:
                 precision    recall  f1-score   support
           0          0.99      0.60      0.75       271
           1          0.20      0.97      0.34        29
    accuracy                              0.63       300
预测结果中非异常值和异常值的数量分别为: (array([0, 1]), array([163, 137]))
```

可以发现，使用 rbf 核在训练集上的所有异常值预测精度为 0.79，而在测试集上所有异常值的预测精度为 0.63，并且对异常值识别的精确率只有 20%。

综上所述，在介绍的几种异常值识别算法中，针对使用的高维数据集，识别效果最好的算法为 SOD。

7.4 本章小结

本章主要介绍了使用 Python 进行数据的无监督学习，主要包含聚类算法和异常值检测算法的使用，并且在介绍这些算法时，均使用了实际的数据集对多个算法进行对比分析。下面将用到的相关函数进行总结，如表 7-3 所示。

表 7-3 相关函数

库	模 块	函 数	功 能
sklearn	cluster	KMeans	K-均值聚类
		hierarchy	层次聚类
		SpectralClustering	谱聚类
		DBSCAN	密度聚类
		AffinityPropagation	亲和力传播聚类
		Birch	BIRCH 聚类
sklearn	mixture	GaussianMixture	高斯混合聚类
		BayesianGaussianMixture	变分贝叶斯高斯混合聚类
pyclustering	cluster	kmedians	K-中值聚类
		fcm	模糊聚类
sklearn	neighbors	LocalOutlierFactor	LOF 异常值识别
PyOD	models.cof	COF	COF 异常值识别
	models.pca	PCA	COF 异常值识别
	models.sod	SOD	SOD 异常值识别
	models.iforest	IForest	孤立森林异常值识别
sklearn	svm	OneClassSVM	SVM 异常值识别

第 8 章 决策树和集成学习

众多机器学习算法中，决策树算法是一种基于规则的常用分类算法，并且在决策树的基础上发展出了效果更好的集成学习算法，常用的有随机森林算法、AdaBoost 算法和梯度提升机算法等。例如，随机森林算法可以看作将多个独立的决策树组成的一个分类器集合（森林），通过森林里的多数表决来做出判断，通常情况下根据多数投票表决做出的决策，往往会比其中任意一个人做出的决定要好。AdaBoost 算法也是一种集成学习，其在训练分类器时会加强学习前一个分类器识别错误的样本，这样每一轮的训练获得一个新的弱分类器，直到达到某个预定的足够小的错误率。梯度提升树（GBDT）的基础分类器也是决策树 CART 算法，在训练过程中使用了前向分布算法，期望能够获得更准确的预测。所以，准确地掌握决策树算法，也是研究集成学习的基础。

本章先简单介绍决策树和集成学习模型的相关基础内容，接着利用泰坦尼克号数据集，介绍如何使用不同的分类算法对其分类，同时使用一些用于回归的数据集，展示相应算法在回归问题中的应用情况。

8.1 模型简介与数据准备

下面先简单介绍相关机器学习算法的学习思想，然后对待使用的数据集进行预处理操作。

8.1.1 决策树与集成学习算法思想

决策树是应用广泛的归纳推理算法之一，是一种逼近离散函数值的方法，对噪声数据有很好的健壮性，且能够学习析取表达式，该方法学习得到的函数被表示为一棵决策树。

决策树通常把实例从根节点排列到某个叶子节点来分类事例，叶子节点即为实例所属的分类。

树上的每一个节点指定了实例的某个属性测试，并且该节点的每一个后继分支对应于该属性的一个可能值。通常情况下，决策树学习适合具有以下特征的问题。

（1）实例是由“属性 – 值”对来表示的，当然拓展的算法也能够处理值域为实数的属性。

（2）目标函数具有离散的输出值，主要应用于分类问题（一些扩展性的方法也用于实数域的预测，如决策树回归）。

（3）训练数据可以包含错误，决策树算法具有很好的健壮性，无论样例上是属性值错误还是类别错误，都可以处理。

（4）训练数据可以包含缺少属性值的实例。

决策树的形式通常如图 8-1 所示。

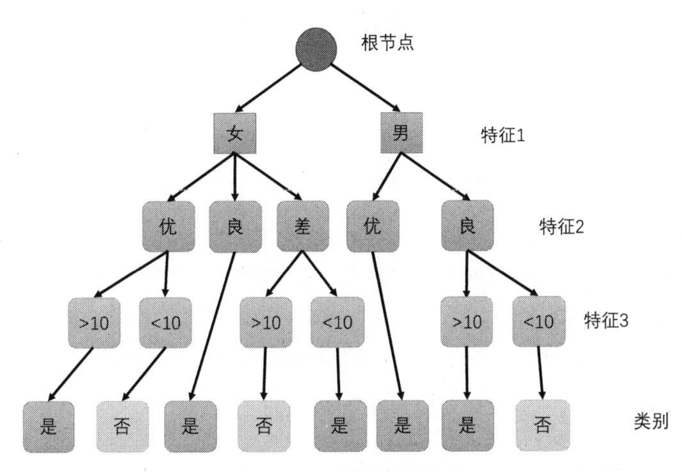

图 8-1　决策树的形式

图 8-1 是决策树的一个简单示意图，图中每个特征下的相应取值，都可以作为树的一个中间节点，最后的类别（“是”和“否”）称为叶子节点。图中的决策树一共有 8 条规则，如第一条规则为：特征 1=女，特征 2=优，特征 3>10，则可以判定样本的类别为“是”。信息增益用来衡量给定的属性（特征）在区分训练样例时的能力，很多决策树算法在树增长时都会使用信息增益来选择属性，信息增益越大，说明相应属性对数据的分类效果越好。

在学习决策树时会遇到一些实际问题，其中最大的问题是怎样确定决策树的生长深度。过深的决策树会导致数据过拟合，只有在训练集上才有好的预测效果，如在测试集上预测则结果会很差，从而使模型没有泛化能力。但如果决策树生长不充分，就会没有判别能力，有一种解决方案是先让决策树充分生长，然后给决策树剪枝来避免过拟合问题。本书在后面的实例中将针对泰坦尼克号数据集，先让决策树尽可能地生长，然后探索使用剪枝控制树的深度，来分析深度对模型准确率的影响。

集成学习是通过构建并结合多个分类学习器来完成学习任务，有时也被称为多分类器学习系统。图 8–2 展示了集成学习示意图，可以发现集成学习的一般结构是将多个个体学习器结合起来，让它们共同发挥作用。个体学习器通常是通过现有的学习算法从训练数据中产生的，如 C4.5 决策树算法。根据个体学习器的生成方式，集成学习方法大致可分为两种，一种是个体学习器之间存在强依赖关系，必须串行生成的序列化方法，如 Boosting 方法，其中 AdaBoost 算法、GBDT 算法是常用算法；另一种是个体学习器之间不存在强依赖关系，可以同时生成的并行方法，如随机森林算法。

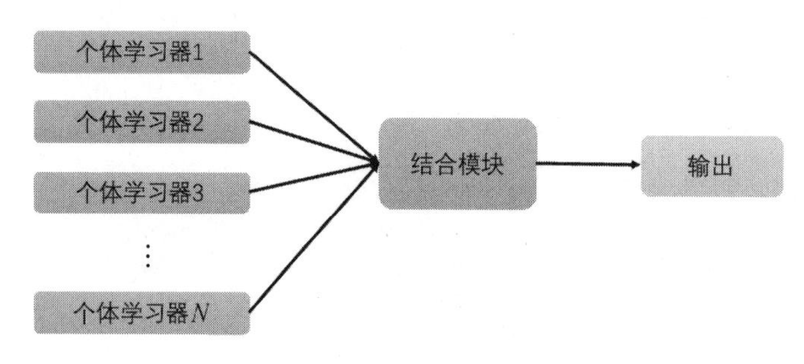

图 8–2　集成学习示意图

随机森林是一个包含多个决策树的分类器，并且其输出的类别由所有树输出的类别的众数而定（即通过所有单一的决策树模型投票来决定）。随机森林在选择划分属性时引入了随机因素，具体来说，就是传统决策树算法在选择划分属性时，从当前节点属性集合中选择一个最优属性；而在随机森林中，对决策树的每个节点，先从该节点的属性集合中随机选择一个包含 k 个属性的子集，然后再从这个子集中选择一个最优属性用于划分。随机森林算法具有如下优点。

（1）对于很多种数据，它可以产生高准确度的分类器。

（2）它可以处理大量的输入变量。

（3）它可以在决定类别时，评估变量的重要性。

（4）在建造森林时，它可以在内部对于一般化后的误差产生不偏差的估计。

（5）它包含一个可以估计含有缺失值数据的方法，即当有很大一部分数据缺失时，仍可以维持其一定的准确度。

（6）对于不平衡的分类数据集来说，它可以平衡误差。

随机森林还有很多优点，而且随机森林算法简单、容易实现、计算开销小。在下面的实战中将会使用随机森林对数据进行建模预测。

AdaBoost 算法一般使用决策树分类器作为基分类器，常常应用于分类问题或回归问题。AdaBoost 算法中使用的分类器可能很弱（比如出现很大错误率），但只要它的分类效果比随机好一点（比如两类问题分类错误率略小于 50%），就能够改善最终得到的模型。错误率高于随机分类器的弱分类器也有用途，因为在最终得到的多个分类器的线性组合中，可以给它们赋予负系数，同样也能提升分类效果。

GBDT 算法在应用时可以灵活地应用在各种类型的数据上，如连续值、离散值等。并且可以利用相对较少的调参时间，获得较高的准确率，因其可以利用一些健壮的损失函数，从而对异常数据的健壮性非常强。

决策树模型可以使用 sklearn 中的 tree 模块，随机森林、AdaBoost 分类器与 GBDT 可以使用 sklearn 中的 ensemble 模块实现。针对获得的决策树模型，可以使用 Graphviz、Pydotplus 等库对其进行可视化。先使用下面的程序加载所需要的模块和库，为后面的分析做准备。

```
In[1]:## 输出高清图像
      %config InlineBackend.figure_format='retina'
      %matplotlib inline
      ## 图像显示中文的问题
      import matplotlib
      matplotlib.rcParams['axes.unicode_minus']=False
      import pandas as pd
      pd.set_option("max_colwidth", 100)
      import seaborn as sns
      sns.set(font= "Kaiti",style="ticks",font_scale=1.4)
      import numpy as np
      import pandas as pd
      import matplotlib.pyplot as plt
      from mpl_toolkits.mplot3d import Axes3D
      import missingno as msno
      from sklearn.impute import KNNImputer
      from sklearn.preprocessing import LabelEncoder
      from sklearn.model_selection import  train_test_split
      from sklearn.ensemble import *
      from sklearn.tree import *
      from sklearn.metrics import *
      from io import StringIO
      from sklearn.model_selection import GridSearchCV
      import graphviz
      import pydotplus
      from IPython.display import Image
      ## 忽略提醒
      import warnings
      warnings.filterwarnings("ignore")
```

8.1.2 数据准备和探索

在后面的 Python 算法案例中，会使用泰坦尼克号训练数据介绍如何使用相关模型进行数据分类，因此先将待使用的数据集预处理好，并同时对数据进行探索性可视化分析。这里读取数据并剔除能精确表达样本的相关变量，程序如下：

```
In[2]:## 读取泰坦尼克号训练数据
      train=pd.read_csv("data/chap8/Titanic train.csv")
      ## 剔除具有精确表示能力的数据列
      train=train.drop(["PassengerId","Ticket"],axis=1)
      ## 读取待预测的数据集
      test=pd.read_csv("data/chap8/Titanic test.csv")
      ## 剔除具有精确表示能力的数据列
      test=test.drop(["PassengerId","Ticket"],axis=1)
      train.head(5)
Out[2]:
```

	Survived	Pclass	Name	Sex	Age	SibSp	Parch	Fare	Cabin	Embarked
0	0	3	Braund, Mr. Owen Harris	male	22.0	1	0	7.2500	NaN	S
1	1	1	Cumings, Mrs. John Bradley (Florence Briggs Th...	female	38.0	1	0	71.2833	C85	C
2	1	3	Heikkinen, Miss. Laina	female	26.0	0	0	7.9250	NaN	S
3	1	1	Futrelle, Mrs. Jacques Heath (Lily May Peel)	female	35.0	1	0	53.1000	C123	S
4	0	3	Allen, Mr. William Henry	male	35.0	0	0	8.0500	NaN	S

数据在剔除 PassengerId 和 Ticket 两个特征后，除处理待预测的特征 Survived 外，还有其他 9 个特征可以使用，这些特征分别为乘客分类（Pclass）、姓名（Name）、性别（Sex）、年龄（Age）、有多少兄弟姐妹/配偶同船（SibSp）、有多少父母/子女同船（Parch）、票价（Fare）、客舱号（Cabin）、出发港口（Embarked）。下面对训练数据和测试数据中的缺失值情况进行可视化分析，程序如下：

```
In[3]:## 可视化训练数据和待预测数据的缺失值情况
      fig=plt.figure(figsize=(16,8))
      ax=fig.add_subplot(1,2,1)
      msno.matrix(train,color=(0.25, 0.25, 0.5),ax=ax,sparkline=False)
      ax=fig.add_subplot(1,2,2)
      msno.matrix(test,color=(0.25, 0.25, 0.5),ax=ax,sparkline=False)
      plt.tight_layout()
      plt.show()
```

程序运行后的结果如图 8-3 所示。

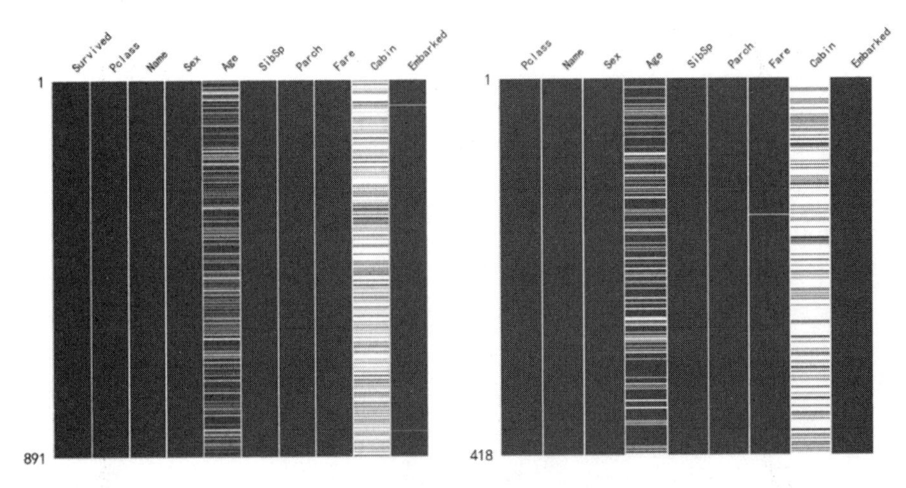

图 8-3 训练数据和测试数据的缺失值分布情况

从图 8-3 中可以发现，Cabin 变量的缺失值太多，不具有数据填充的意义，可以直接将其剔除，其他特征的缺失值则需要使用相关算法进行填充。

因为要使用训练集对数据进行训练，以及使用测试集对数据进行测试，所以在进行相应的数据填充等预处理操作时，需要将训练集和测试集进行相同的预处理，可以将两个数据集组成一个列表，方便对训练数据和待预测数据做相同的预处理操作。数据的预处理操作可以使用下面的程序。

```
In[4]:## 数据预处理
      train_pro=train.copy(deep=True)    # 复制数据
      test_pro=test.copy(deep=True)      # 复制数据
      data_pro=[train_pro,test_pro]
      ## 数据中的缺失值填补预处理
      for dataset in data_pro:
          # 剔除有大量缺失值的变量 Cabin
          dataset.drop("Cabin", axis=1, inplace=True)

          # 将性别编码为分类变量
          label=LabelEncoder()
          dataset["Sex"]=label.fit_transform(dataset["Sex"])

          #使用中位数来填补乘客的票价
          dataset["Fare"].fillna(dataset["Fare"].median(),inplace=True)

          # 对带有缺失值的数值型变量 Age，利用多个特征进行最近邻填充
          dataset_imp=dataset[["Pclass","Sex","Age","SibSp","Fare"]]
          # KNNImputer 缺失值填补方法
          knnimp=KNNImputer(n_neighbors=5)
          datasetknn=knnimp.fit_transform(dataset_imp)
```

```
            dataset["Age"]=datasetknn[:,2]

            #使用众数来填补登上船的港口
            dataset["Embarked"].fillna(dataset["Embarked"].mode()[0],
inplace=True)
        print(train_pro.isnull().sum())
        print("-"*20)
        print(test_pro.isnull().sum())
    Out[4]:
    Survived    0
    Pclass      0
    Name        0
    Sex         0
    Age         0
    SibSp       0
    Parch       0
    Fare        0
    Embarked    0
    dtype: int64
    --------------------
    Pclass      0
    Name        0
    Sex         0
    Age         0
    SibSp       0
    Parch       0
    Fare        0
    Embarked    0
    dtype: int64
```

在上面的程序中，分别对训练数据和测试数据进行了以下几个预处理操作。

（1）剔除有大量缺失值的变量 Cabin。

（2）将性别编码为分类变量。

（3）使用中位数来填补乘客的票价。

（4）对带有缺失值的数值型变量 Age，利用多个特征信息进行 KNN 最近邻填充。

（5）使用众数来填补登上船的港口 Embarked 变量。

运行程序后，从输出的结果中可以发现训练集和测试集中都已经没有缺失值。针对利用 KNN 最近邻填充的 Age 变量，可以可视化出其填充前后的数据分布曲线，用于观察数据的分布，运行下面的程序后，结果如图 8-4 所示。

```
In[5]:## 可视化年龄变量在进行缺失值预处理前后的分布情况
        plt.figure(figsize=(10,6))
        sns.distplot(train.Age[~train.Age.isna()],hist=False,label="缺失值填
补前",kde_kws={"color": "r","lw": 3,"bw":3,"ls":"--"})
        sns.distplot(train_pro.Age,hist=False,label="缺失值填补后",
                     kde_kws={"color": "b", "lw": 3,"bw":3})
        plt.title("使用 K-近邻进行缺失值填补")
        plt.grid()
        plt.show()
```

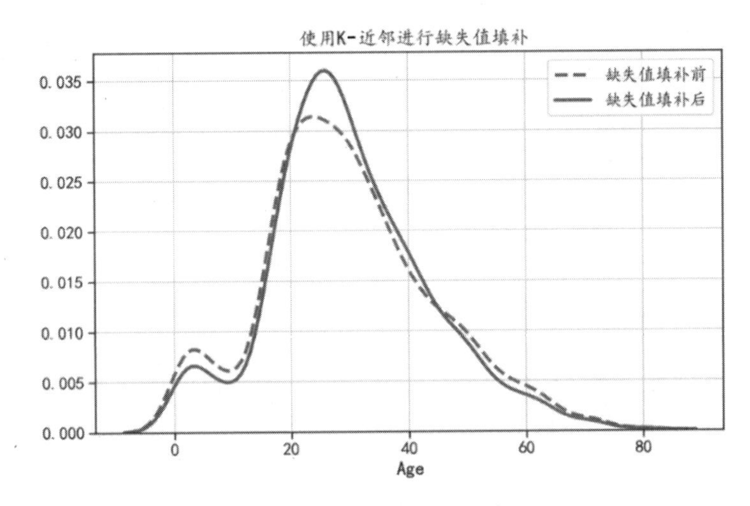

图 8-4 使用 K-近邻进行缺失值填补的效果

从图 8-4 中可以发现，缺失值填补并没有明显地改变数据分布情况。

针对预处理好的数据，下面进行相关特征工程预处理，主要有以下几种。

（1）利用计算得到的家庭人口在船上的数量，添加“是否独自一人”的新变量。

（2）提取每个乘客的称谓，如先生、女士等。

```
In[6]:## 对数据集进行特征工程预处理
        for dataset in data_pro:
            # 计算家庭人口在船上的数量
            FamilySize=dataset["SibSp"] + dataset["Parch"] + 1
            ## 添加新的变量，是否独自一人
            dataset["IsAlone"]=1
            dataset["IsAlone"].loc[FamilySize > 1]=0
            # 提取每个乘客的称谓，如先生、女士等
            Tittle=dataset["Name"].str.split(",",
expand=True)[1].str.split(".",expand=True)[0]
            dataset["Name"]=Tittle
```

```
        ## 查看称呼的数量
        print(train_pro["Name"].value_counts())
        ## 查看称呼的数量
        print(test_pro["Name"].value_counts())
Out[6]:
Mr              517
Miss            182
Mrs             125
Master           40
Dr                7
Rev               6
Mlle              2
Col               2
Major             2
Ms                1
the Countess      1
Mme               1
Capt              1
Don               1
Lady              1
Sir               1
Jonkheer          1
Name: Name, dtype: int64
Mr        240
Miss       78
Mrs        72
Master     21
Col         2
Rev         2
Ms          1
Dr          1
Dona        1
Name: Name, dtype: int64
```

从上面程序的输出结果中可以发现，两个数据集上的称呼数量不仅不一致，而且称呼方式也不统一，针对这种情况，可以使用 Other 代替 Mr、Miss、Mrs、Master 4 种之外的其他称呼，程序如下：

```
In[7]:# 整理称呼,除 Mr、Miss、Mrs、Master 外使用 Other 代替
      for dataset in data_pro:
          names=dataset["Name"].isin(["Mr","Miss","Mrs","Master"])
          dataset["Name"][~names]= "Other"
      print(train_pro["Name"].value_counts())
      print("-"*20)
```

```
      print(test_pro["Name"].value_counts())
      print("-"*20)
Out[7]:
Mr        517
Miss      182
Mrs       125
Master     40
Other      27
Name: Name, dtype: int64
--------------------
Mr        240
Miss       78
Mrs        72
Master     21
Other       7
Name: Name, dtype: int64
```

接下来对数据中的字符串类型的分类变量重新进行编码，在编码时可以使用 LabelEncoder()，程序如下：

```
In[8]:# 对字符串类型的分类变量重新进行编码
      label=LabelEncoder()
      for dataset in data_pro:
          dataset["Name"]=label.fit_transform(dataset["Name"])
          dataset["Embarked"]=label.fit_transform(dataset["Embarked"])
      train_pro.head()
Out[8]:
```

	Survived	Pclass	Name	Sex	Age	SibSp	Parch	Fare	Embarked	IsAlone
0	0	3	2	1	22.0	1	0	7.2500	2	0
1	1	1	3	0	38.0	1	0	71.2833	0	0
2	1	3	1	0	26.0	0	0	7.9250	2	1
3	1	1	3	0	35.0	1	0	53.1000	2	0
4	0	3	2	1	35.0	0	0	8.0500	2	1

从上面的输出结果中可以发现，数据的预处理和特征工程任务已经处理完毕。针对预处理好的训练集和测试集，可以将训练集切分为两个部分，一个部分用于训练模型，另一个部分用于验证模型的泛化能力，程序如下：

```
In[9]: # 定义预测目标变量名
       Target=["Survived"]
       ## 定义模型的自变量名
       train_x=["Pclass","Name","Sex","Age","SibSp","Parch",
                "Fare","Embarked", "IsAlone"]
```

```
        ##将训练集切分为训练集和验证集
        # 定义预测目标变量名
        Target=["Survived"]
        ## 定义模型的自变量名
        train_x=["Pclass","Name","Sex","Age","SibSp","Parch",
                 "Fare","Embarked", "IsAlone"]
        ##将训练集切分为训练集和验证集
        X_train, X_val, y_train, y_val=train_test_split(
            train_pro[train_x], train_pro[Target],
            test_size=0.25,random_state=1)
        print("X_train.shape :",X_train.shape)
        print("X_val.shape :",X_val.shape)
        print(X_train.head())
Out[9]:
X_train.shape : (668, 9)
X_val.shape : (223, 9)
     Pclass  Name  Sex   Age  SibSp  Parch     Fare  Embarked  IsAlone
35        1     2    1  42.0      1      0  52.0000         2        0
46        3     2    1  31.2      1      0  15.5000         1        0
453       1     2    1  49.0      1      0  89.1042         0        0
291       1     3    0  19.0      1      0  91.0792         0        0
748       1     2    1  19.0      1      0  53.1000         2        0
```

对训练集切分后可发现，训练集中有 668 个样本将进行模型训练，剩下的样本将进行模型的泛化能力验证。

8.2 决策树模型

常见的决策树算法有 ID3（Iterative Dichotomiser 3）、C4.5 和 CART 算法。ID3 算法是由澳大利亚计算机科学家 Quinlan 在 1986 年提出的，它是经典的决策树算法之一。ID3 算法在选择划分节点的属性时，使用信息增益来选择。由于 ID3 算法不能处理非离散型特征，而且由于没有考虑每个节点的样本大小，所以可能导致叶子节点的样本数量过小，往往会带来过拟合的问题。C4.5 算法是对 ID3 算法的改进，它能够处理不连续的特征，在选择划分节点的属性时，使用信息增益率来选择。因为信息增益率考虑了节点分裂信息，所以不会过分偏向取值数量较多的离散特征。ID3 算法和 C4.5 算法主要用来解决分类问题，不能用来解决回归问题，而 CART 算法则能同时处理分类和回归问题。CART 算法在解决分类问题时，使用 Gini 系数（基尼系数）的下降值，选择划分节点属性的度量指标；在解决回归问题时，根据节点数据目标特征值的方差下降值，作为节点分类的度量标准。

表 8-1 对上述 3 种决策树算法的使用场景和划分节点选择情况进行了总结。

表 8-1 常见决策树算法的对比

算　法	数据集特征	预测值类型	划分节点指标	适用场景
ID3	离散值	离散值	信息增益	分类
C4.5	离散值、连续值	离散值	信息增益率	分类
CART	离散值、连续值	离散值、连续值	Gini 系数、方差	分类、回归

本节介绍如何使用 Python 中的 sklearn 库，完成决策树的分类和回归任务。

8.2.1 决策树模型数据分类

下面使用在 8.1 节预处理好的泰坦尼克号数据集，建立决策数据分类模型。首先使用 DecisionTreeClassifier()函数中的默认参数建立一个决策树模型，然后计算在训练集和验证集上的预测精度，程序如下：

```
In[1]:## 先使用默认的参数建立一个决策树模型
      dtc1=DecisionTreeClassifier(random_state=1)
      ## 使用训练数据进行训练
      dtc1=dtc1.fit(X_train, y_train)
      ## 输出其在训练集和验证集上的预测精度
      dtc1_lab=dtc1.predict(X_train)
      dtc1_pre=dtc1.predict(X_val)
      print("训练集上的精度:",accuracy_score(y_train,dtc1_lab))
      print("验证集上的精度:",accuracy_score(y_val,dtc1_pre))
Out[1]:训练集上的精度: 0.9910179640718563
      验证集上的精度: 0.726457399103139
```

从程序的输出结果中可以发现，建立的模型在训练集上的精度为 0.99，而在验证集上的精度只有 0.73，这是很明显的模型过拟合信号。为了更直观地展示过拟合决策树的情况，可以对其结果进行可视化分析，使用下面的程序获得图 8-5 所示的过拟合决策树的结构图。

```
In[2]:## 将获得的决策树结构可视化
      dot_data=StringIO()
      export_graphviz(dtc1, out_file=dot_data,
                      feature_names=X_train.columns,
                      filled=True,rounded=True,special_characters=True)
      graph=pydotplus.graph_from_dot_data(dot_data.getvalue())
      Image(graph.create_png())
```

图 8-5　过拟合的决策树模型

观察图 8-5 所示的模型结构可以发现，该模型是非常复杂的决策树模型，而且决策树的层数远远超过了 10 层，因而使用该决策树获得的规则会非常复杂。通过模型的可视化进一步证明了获得的决策树模型具有严重的过拟合问题，需要对模型进行剪枝，即精简模型。

现在使用决策树剪枝缓解过拟合问题。

决策树模型的剪枝操作主要用到 DecisionTreeClassifier() 函数中的 max_depth 和 max_leaf_nodes 两个参数，其中 max_depth 指定了决策树的最大深度，max_leaf_nodes 指定了模型的叶子节点的最大数目，这里使用参数网格搜索的方式，对该模型中的两个参数进行搜索，并以验证集上的预测精度为准则，获取较合适的模型参数组合，程序如下：

```
In[3]:## 借助参数网格搜索获取合适的决策树模型参数
      depths=np.arange(3,20,1)
      leafnodes=np.arange(10,30,2)
      tree_depth=[]
      tree_leafnode=[]
      val_acc=[]
      for depth in depths:
          for leaf in leafnodes:
              dtc2=DecisionTreeClassifier(max_depth=depth, ## 最大深度
                                          max_leaf_nodes=leaf,##最大叶节点数
                                          min_samples_leaf=5,
                                          min_samples_split=2,
                                          random_state=1)
              dtc2=dtc2.fit(X_train,y_train)
              ## 计算在测试集上的预测精度
              dtc2_pre=dtc2.predict(X_val)
              val_acc.append(accuracy_score(y_val,dtc2_pre))
              tree_depth.append(depth)
```

```
            tree_leafnode.append(leaf)
        ## 将结果组成数据表并输出较好的参数组合
        DTCdf=pd.DataFrame(data={"tree_depth":tree_depth,
                                 "tree_leafnode":tree_leafnode,
                                 "val_acc":val_acc})
        ## 根据在验证集上的精度进行排序
        print(DTCdf.sort_values("val_acc",ascending=False).head(15))
   Out[3]:
      tree_depth  tree_leafnode   val_acc
   0           3             10  0.811659
   1           3             12  0.811659
   2           3             14  0.811659
   3           3             16  0.811659
   4           3             18  0.811659
   5           3             20  0.811659
   6           3             22  0.811659
   7           3             24  0.811659
   8           3             26  0.811659
   9           3             28  0.811659
   99         12             28  0.807175
   98         12             26  0.807175
   89         11             28  0.807175
   88         11             26  0.807175
   68          9             26  0.807175
```

从上面程序的输出结果中可以发现，针对泰坦尼克号数据在相同的树深度下，树叶节点数量的影响并不是很大。下面使用一组较合适的参数训练一个决策树模型，程序如下：

```
   In[4]:## 使用较合适的参数训练一个决策树模型
        dtc2=DecisionTreeClassifier(max_depth=3, ## 最大深度
                                    max_leaf_nodes=10, ## 最大叶节点数量
                                    min_samples_leaf=5,
min_samples_split=2,
                                    random_state=1)
        dtc2=dtc2.fit(X_train,y_train)
        ## 输出其在训练数据和验证数据集上的预测精度
        dtc2_lab=dtc2.predict(X_train)
        dtc2_pre=dtc2.predict(X_val)
        print("训练集上的精度:",accuracy_score(y_train,dtc2_lab))
        print("验证集上的精度:",accuracy_score(y_val,dtc2_pre))
   Out[4]:训练集上的精度: 0.842814371257485
          验证集上的精度: 0.8116591928251121
```

运行上面的程序，从输出结果可以发现，此时在训练集上的精度为 0.84，其小于 0.99，在验

证集上的精度为 0.81，其大于 0.72，说明决策树的过拟合问题已经得到了一定程度的缓解，并且获得的模型泛化能力更强。

下面的程序可以获得剪枝后的决策树模型结构，程序运行后的结果如图 8-6 所示。

```
In[5]:## 可视化决策树经过剪枝后的树结构
      dot_data=StringIO()
      export_graphviz(dtc2, out_file=dot_data,
                      feature_names=X_train.columns,
                      filled=True, rounded=True,special_characters=True)
      graph=pydotplus.graph_from_dot_data(dot_data.getvalue())
      Image(graph.create_png())
```

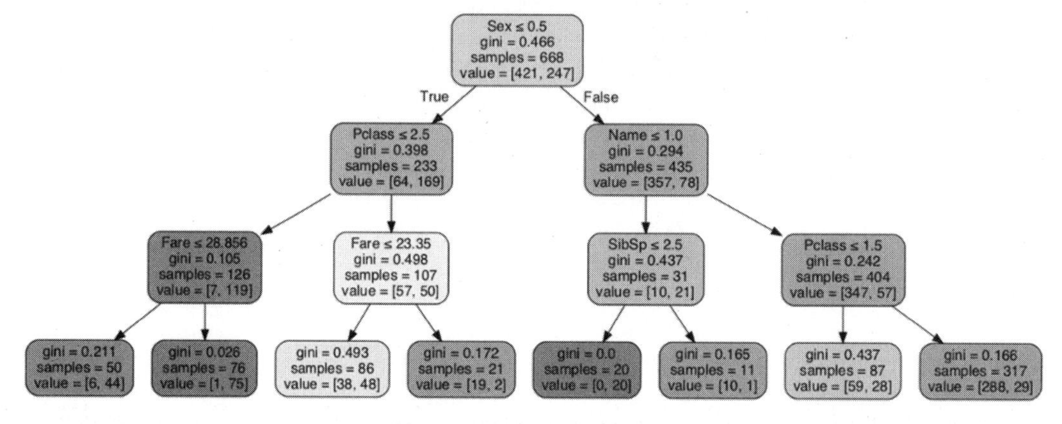

图 8-6　剪枝后的决策树模型

从图 8-6 所示的剪枝后的决策树模型中可以发现，该模型和未剪枝的模型相比已经大大地简化了，根节点为 Sex（性别）特征，即如果 Sex_Code<=0.5，则到左边的分支查看 Pclass（船票的等级）特征，否则查看右边的分支 Name（称呼标签，先生、女士……）特征。剪枝后的决策树模型比未剪枝的模型更加直观，更容易分析和解释。

针对剪枝前后的决策树模型，可以使用条形图可视化每个特征在模型中的重要程度，运行下面的程序后，结果如图 8-7 所示。

```
In[6]:## 可视化决策树在剪枝前后变量重要性的情况
      ## 使用条形图可视化每个变量的重要性
      plt.figure(figsize=(14,6))
      plt.subplot(1,2,1)
      plt.bar(x=train_x,height=dtc1.feature_importances_)
      plt.ylabel("重要性得分")
      plt.xticks(rotation=45)
      plt.title("剪枝前的决策树分类器")
      plt.grid()
```

```
        plt.subplot(1,2,2)
        plt.bar(x=train_x,height=dtc2.feature_importances_)
        plt.ylabel("重要性得分")
        plt.xticks(rotation=45)
        plt.title("剪枝后的决策树分类器")
        plt.grid()
        plt.tight_layout()
        plt.show()
```

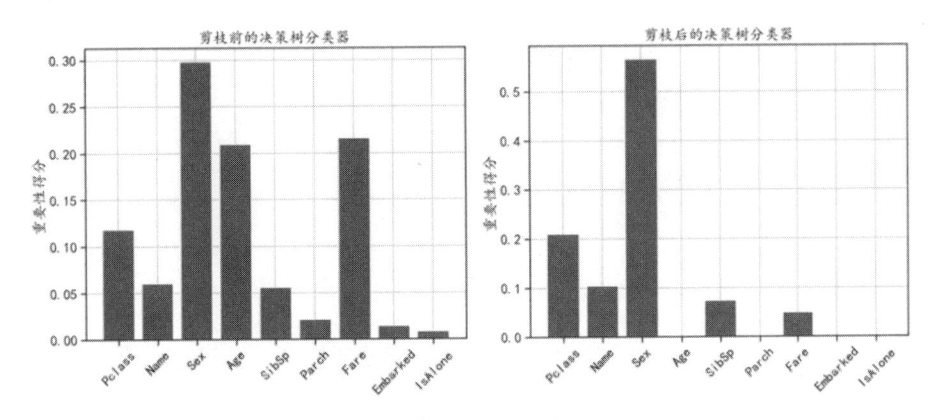

图 8-7　决策树模型中的特征重要性对比

从图 8-7 中可以发现，在剪枝前的模型中，重要性较高的特征为 Sex、Fare、Age 等，而在剪枝后的模型中，具有较高重要性的特征为 Sex、Pclass 等特征。

8.2.2　决策树模型数据回归

决策树模型不仅可以用于分类，还可以用于回归，本节将会展示如何使用决策树模型预测连续数据。使用前面已经提到过的 ENB2012 数据集进行决策树回归分析，对因变量 Y1 进行预测，读取数据的程序如下：

```
In[7]:## 读取用于多元回归的数据
      enbdf=pd.read_excel("data/chap8/ENB2012.xlsx")
      print(enbdf.head())
Out[7]:     X1     X2     X3      X4   X5  X6   X7  X8     Y1
      0  0.98  514.5  294.0  110.25  7.0   2  0.0   0  15.55
      1  0.98  514.5  294.0  110.25  7.0   3  0.0   0  15.55
      2  0.98  514.5  294.0  110.25  7.0   4  0.0   0  15.55
      3  0.98  514.5  294.0  110.25  7.0   5  0.0   0  15.55
      4  0.90  563.5  318.5  122.50  7.0   2  0.0   0  20.84
```

针对该数据在进行决策树回归模型时， X1～X8 作为自变量，Y1 作为因变量，使用矩阵散点图进行可视化分析，程序运行后的结果如图 8-8 所示。

```
## 使用矩阵散点图对数据进行可视化分析
sns.pairplot(enbdf,height=2,aspect=1.2,diag_kind="hist")
plt.show()
```

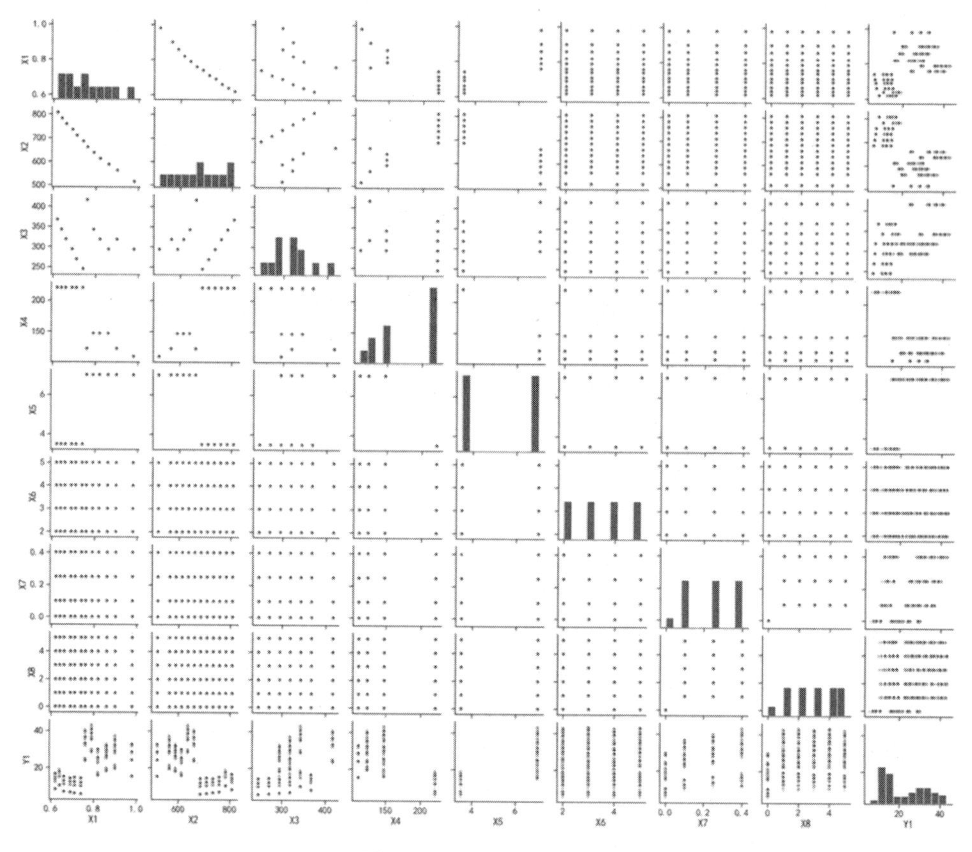

图 8-8　数据矩阵散点图

在使用决策树回归模型之前，先使用 train_test_split()函数将数据集切分为训练集和测试集，程序如下。切分后训练集有 537 个样本，测试集有个 231 个样本。

```
In[8]:## 将数据切分为训练集和测试集
      X_trainenb,X_testenb,y_trainenb,y_testenb=train_test_split(
          enbdf.iloc[:,0:8], enbdf["Y1"],test_size=0.3,random_state=1)
      print("X_trainenb.shape :",X_trainenb.shape)
      print("X_testenb.shape :",X_testenb.shape)
      X_trainenb.shape : (537,8)
Out[8]:X_testenb.shape : (231,8)
```

在数据切分后使用 DecisionTreeRegressor()函数建立一个决策树回归模型，使用该函数的默认参数对训练数据进行拟合，然后计算出获得的决策树回归模型在训练集和测试集上的均方根误差。

从输出结果中可以发现，在训练集上的均方根误差约等于 0，而在测试集上均方根误差等于 0.393，取值远远大于 0，说明模型可能有一定程度的过拟合。

```
In[9]:## 建立决策树回归模型对数据进行预测，使用默认参数
      dtr1=DecisionTreeRegressor(random_state=1)
      dtr1=dtr1.fit(X_trainenb,y_trainenb)
      ## 计算在训练集和测试集上的预测均方根误差
      dtr1_lab=dtr1.predict(X_trainenb)
      dtr1_pre=dtr1.predict(X_testenb)
      print("训练集上的均方根误差:",mean_squared_error(y_trainenb,
dtr1_lab))
      print("测试集上的均方根误差:",mean_squared_error(y_testenb, dtr1_pre))
Out[9]:训练集上的均方根误差: 4.407044163245876e-33
       测试集上的均方根误差: 0.3930614718614718
```

为了确定模型是否真的过拟合，可视化出在训练集和测试集上真实值和预测值之间的差异，运行下面的程序后，结果如图 8-9 所示。

```
In[10]:## 可视化出在训练集和测试集上的预测效果
       plt.figure(figsize=(16,7))
       plt.subplot(1,2,1) ## 训练数据结果可视化
       rmse=round(mean_squared_error(y_trainenb,dtr1_lab),4)
       index=np.argsort(y_trainenb)
       plt.plot(np.arange(len(index)),y_trainenb.values[index],"r",
                linewidth=2,label="原始数据")
       plt.plot(np.arange(len(index)),dtr1_lab[index],"bo",
                markersize=3,label="预测值")
       plt.text(200,35,s="均方根误差:"+str(rmse))
       plt.legend()
       plt.grid()
       plt.xlabel("Index")
       plt.ylabel("Y")
       plt.title("决策树回归(训练集)")
       plt.subplot(1,2,2)   ## 测试数据结果可视化
       rmse=round(mean_squared_error(y_testenb,dtr1_pre),4)
       index=np.argsort(y_testenb)
       plt.plot(np.arange(len(index)),y_testenb.values[index],"r",
                linewidth=2,label="原始数据")
       plt.plot(np.arange(len(index)),dtr1_pre[index],"bo",
                markersize=3,label="预测值")
       plt.text(50,35,s="均方根误差:"+str(rmse))
       plt.legend()
       plt.grid()
       plt.xlabel("Index")
```

```
        plt.ylabel("Y")
        plt.title("决策树回归(测试集)")
        plt.tight_layout()
        plt.show()
```

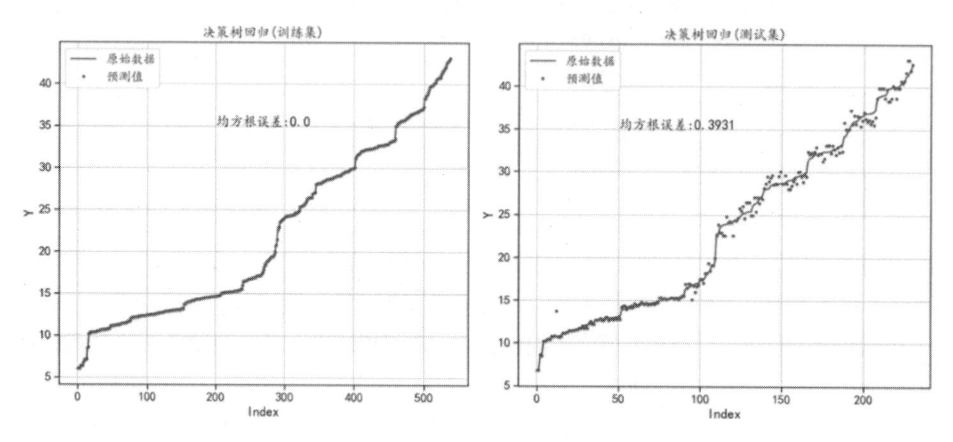

图 8-9 决策树模型在训练集和测试集上的预测效果

观察图 8-9 可以发现，训练集上能够完全拟合数据，在测试集上却有较大的预测误差，说明模型发生了一定程度的过拟合。

针对决策树回归模型，使用下面的程序将其结构进行可视化，结果如图 8-10 所示。

```
In[11]:## 可视化此时的决策树结构
       dot_data=StringIO()
       export_graphviz(dtr1,out_file=dot_data,
                       feature_names=X_trainenb.columns,
                       filled=True,rounded=True,special_characters=True)
       graph=pydotplus.graph_from_dot_data(dot_data.getvalue())
       Image(graph.create_png())
```

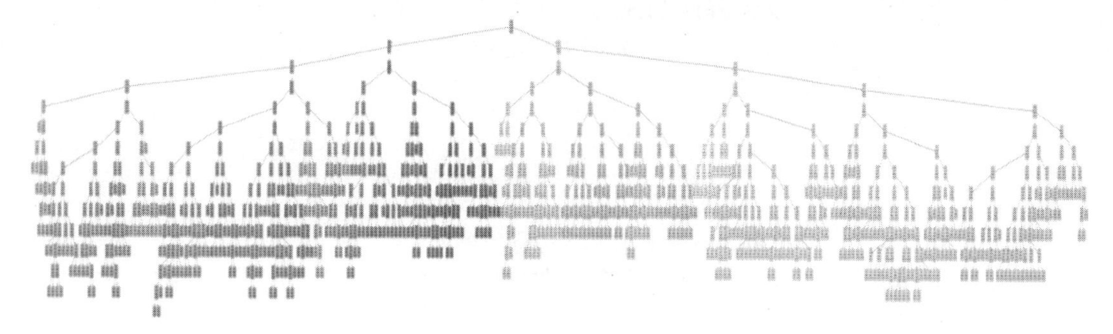

图 8-10 决策树回归模型的树结构

观察图 8-10 可以发现，决策树回归模型的树结构非常复杂，该树不利于对模型和数据的理解与分析。

可以利用最小代价复杂度（Cost-Complexity）的方式对获得的回归模型树结构剪枝，下面的程序可以利用训练数据集分析模型的复杂程度和参数 alpha 的关系，获得的结果如图 8-11 所示。

```
In[12]:## 利用最小代价复杂度（Cost-Complexity）剪枝
        dtr1path=dtr1.cost_complexity_pruning_path(X_trainenb,y_trainenb)
        ## ccp_alphas:修剪树时的 alpha,impurities:子树叶代价复杂度总和
        ccp_alphas,impurities=dtr1path.ccp_alphas,dtr1path.impurities
        ccp_alphas=ccp_alphas[:-1]    ## 最后 alpha 对应着只用一个根节点的树
        impurities=impurities[:-1]
        ## 可视化出相应的图像
        plt.figure(figsize=(10,6))
        plt.plot(ccp_alphas, impurities, marker="o",
drawstyle="steps-post")
        plt.xlabel("alpha")
        plt.ylabel("子树叶代价复杂度总和")
        plt.title("训练集的杂质总和 vs alpha")
        plt.grid()
        plt.show()
```

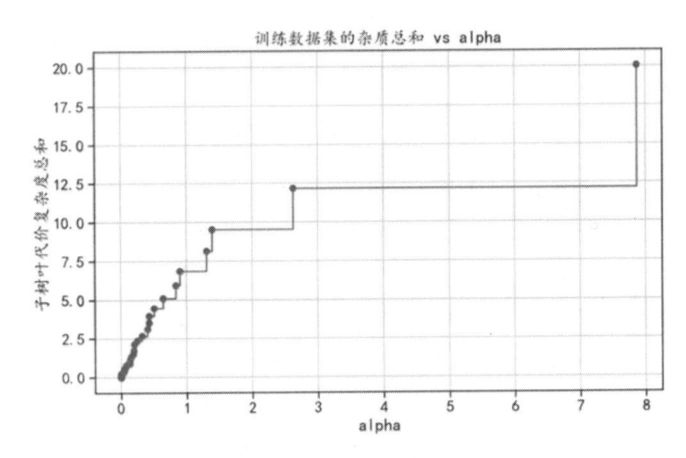

图 8-11 参数 alpha 对模型复杂度的影响

下面分析在不同的模型复杂度参数 alpha 约束下的决策树回归模型，在训练集上所获得的模型节点数量和深度的变化情况，运行下面的程序后，结果如图 8-12 所示。

```
In[12]:## 使用不同 alpha 在训练集上训练决策树回归模型
       dtrs=[]
       for ccp_alpha in ccp_alphas:
           dtr=DecisionTreeRegressor(random_state=1, ccp_alpha=ccp_alpha)
```

```
            dtr.fit(X_trainenb, y_trainenb)
            dtrs.append(dtr)
        ## 计算在每个不同alpha下决策树对应的节点数量和深度
        node_counts=[dtr.tree_.node_count for dtr in dtrs]
        depth=[dtr.tree_.max_depth for dtr in dtrs]
        plt.figure(figsize=(10,8))
        plt.subplot(2,1,1)
        plt.plot(ccp_alphas, node_counts, marker="o",
drawstyle="steps-post")
        plt.xlabel("alpha")
        plt.ylabel("节点数量")
        plt.grid()
        plt.title("决策树剪枝")
        plt.subplot(2,1,2)
        plt.plot(ccp_alphas, depth, marker="o", drawstyle="steps-post")
        plt.xlabel("alpha")
        plt.ylabel("树的深度")
        plt.grid()
        plt.tight_layout()
        plt.show()
```

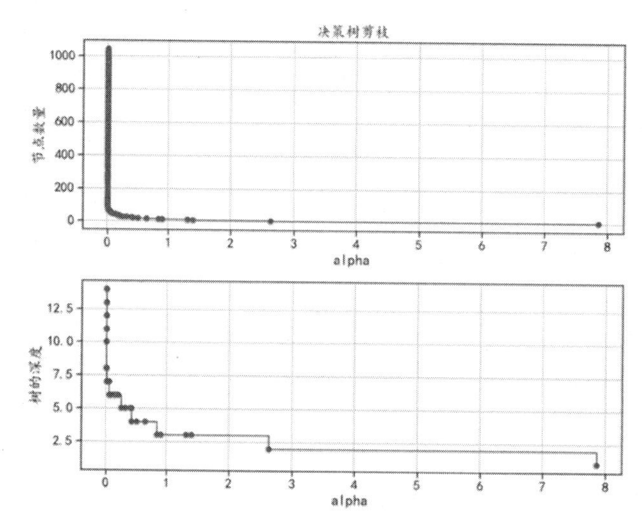

图 8-12　参数 alpha 对模型节点数量和深度的影响

从图 8-12 中可以发现，随着参数 alpha 的增大，模型中节点的数量在迅速地降低，同时模型的深度也在降低，说明决策树回归模型的结构变得越来越简单。

下面分析在不同的模型复杂度参数 alpha 约束下的决策树回归模型，在训练集和测试集上预测结果的均方根误差的变化情况，运行下面的程序后，结果如图 8-13 所示。

```
In[13]:## 计算不同 alpha 下在训练集和测试集上的均方根误差
        train_mse=[mean_squared_error(y_trainenb,dtr.predict(X_trainenb))
for dtr in dtrs]
        test_mse=[mean_squared_error(y_testenb,dtr.predict(X_testenb)) for
dtr in dtrs]
        plt.figure(figsize=(10,6))
        plt.plot(ccp_alphas, train_mse, marker="o", drawstyle="steps-post",
                 label="训练集")
        plt.plot(ccp_alphas, test_mse, marker="o", drawstyle="steps-post",
                 label="测试集")
        plt.xlabel("alpha")
        plt.ylabel("均方根误差")
        plt.grid()
        plt.legend()
        plt.title("决策树剪枝")
        plt.xlim([0,0.06]) ## 调整可视化区域
        plt.ylim([0,0.6])
        plt.show()
```

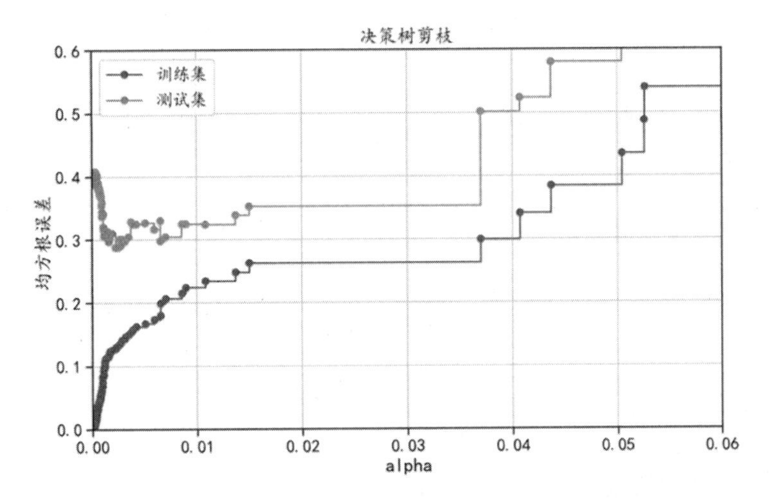

图 8-13　参数 alpha 对模型预测误差的影响

从图 8-13 中可以发现，在 alpha 增加的初期，训练集上的均方根误差一直在增大，测试集上的均方根误差有一个减小的趋势，两者的误差在持续增大，说明存在一个在测试集上预测误差最小的值，此时的决策树回归模型是较好的模型。

下面使用最合适的 alpha 取值来约束决策树回归模型，获得剪枝后的决策树回归模型，运行下面的程序可以发现，最好的模型在训练集上的均方根误差为 0.128，在测试集上的均方根误差为 0.289，程序同时可视化出了此时的决策树结构，如图 8-14 所示。

```
In[14]:## 找到最合适的alpha取值，并拟合决策树回归模型
       index=np.argmin(test_mse)
       print("在训练集上的预测误差为:",train_mse[index])
       print("在测试集上的预测误差为:",test_mse[index])
Out[14]: 在训练集上的预测误差为: 0.1281863479763169
         在测试集上的预测误差为: 0.28889418120686344
In[15]:## 可视化此时的决策树回归模型结构
       dot_data=StringIO()
       export_graphviz(dtrs[index], out_file=dot_data,
                       feature_names=X_trainenb.columns,
                       filled=True, rounded=True,special_characters=True)
       graph=pydotplus.graph_from_dot_data(dot_data.getvalue())
       Image(graph.create_png())
```

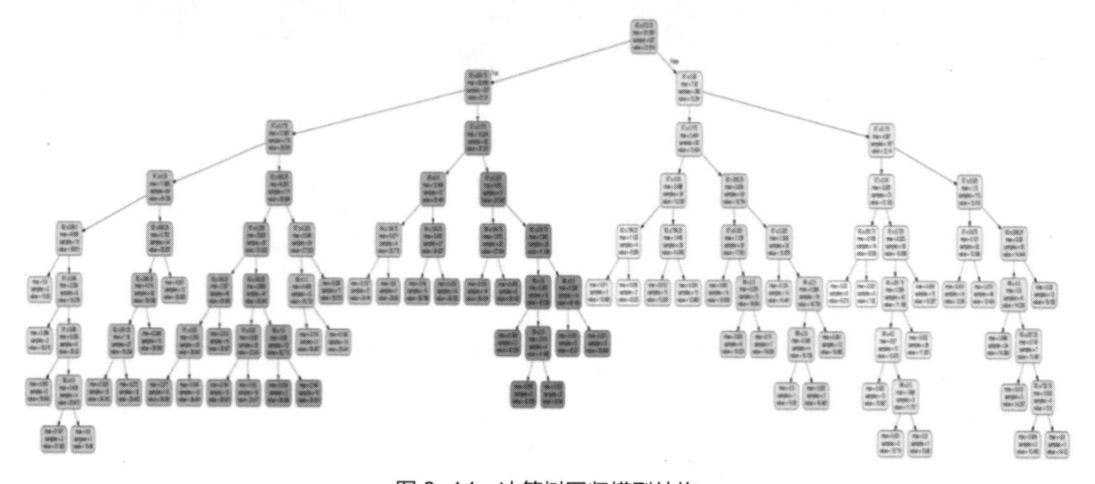

图 8-14　决策树回归模型结构

此时树的结构复杂度大大降低，而且获得的模型泛化能力更强。

8.3　随机森林模型

随机森林模型，在针对回归问题中的预测值，可以使用所有树的平均值；而在针对分类问题中的预测值，可以使用所有决策树的投票来决定。在 Python 中，使用 sklearn 库就可以完成随机森林模型的分类问题和回归问题，以及相关的可视化分析。

8.3.1　随机森林模型数据分类

本节仍然使用泰坦尼克号数据，介绍如何使用随机森林算法建立分类模型。下面的程序中使用

RandomForestClassifier()函数建立了包含 100 个决策树，最大深度为 5 的随机森林模型，针对训练好的模型并计算出其他训练集和验证集上的预测精度。运行程序后可发现，在训练集上的预测集精度为 0.8623，在验证集上的预测精度是 0.8117。相对于前面介绍的剪枝前的决策树模型，随机森林算法更不容易出现过拟合问题。

```
In[1]:## 使用随机森林算法对泰坦尼克号数据进行分类
      rfc1=RandomForestClassifier(n_estimators=100, # 树的数量
                                  max_depth= 5,      # 子树最大深度
          oob_score=True, class_weight="balanced",random_state=1)
      rfc1.fit(X_train,y_train)
      ## 输出其在训练集和验证集上的预测精度
      rfc1_lab=rfc1.predict(X_train)
      rfc1_pre=rfc1.predict(X_val)
      print("随机森林的 OOB score:",rfc1.oob_score_)
      print("训练集上的精度:",accuracy_score(y_train,rfc1_lab))
      print("验证集上的精度:",accuracy_score(y_val,rfc1_pre))
Out[1]:随机森林的 OOB score: 0.8308383233532934
       训练集上的精度: 0.8622754491017964
       验证集上的精度: 0.8116591928251121
```

上面的程序中同时还输出了 OOB 得分，即包外（Out-Of-Bag，OOB）错误率，其是对测试集合错误的一个无偏估计，表示对随机森林模型未来性能的一个合理估计。OOB 是在随机森林模型构建后计算的，因为随机森林模型中每棵树并没有使用全部的样本，所以任何在某棵树上的自助抽样中没有选择的样本，都可以用来预测模型对未来未知数据的性能。随机森林中构建结束时，每个样本的每次预测值都会被记录，通过投票来决定该样本的最终预测值，这种预测的总错误率就构成了 OOB 包外错误率。

随机森林模型还可以通过 feature_importances_属性获取每个特征在模型中的重要性，运行下面的程序可获得每个特征重要性的条形图，如图 8-15 所示。可以发现性别（Sex）对分类的重要性得分最高，然后是 Name、Fare 等特征。

```
In[2]:## 使用条形图可视化每个变量的重要性
      importances=pd.DataFrame({"feature":train_x,
                                "importance":rfc1.feature_importances_})
      importances=importances.sort_values("importance",ascending=True)
      importances.plot(kind="barh",figsize=(10,6),x="feature",
y="importance",legend=False)
      plt.xlabel("重要性得分")
      plt.ylabel("")
      plt.title("随机森林模型分类器")
      plt.grid()
      plt.show()
```

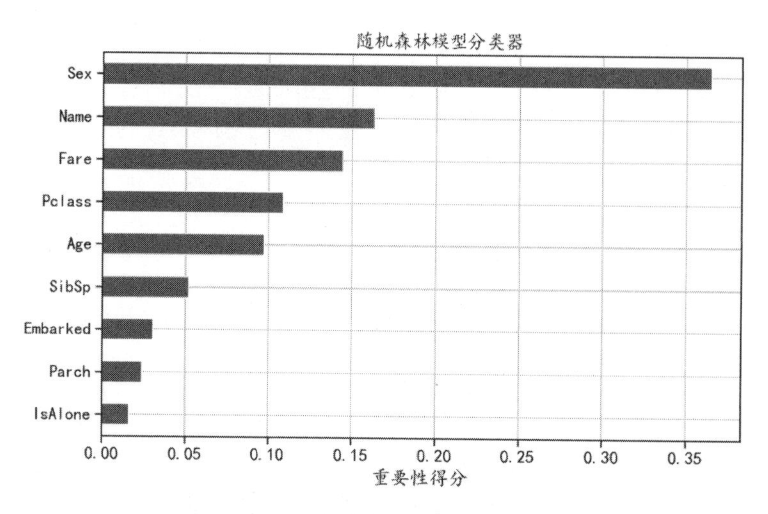

图 8-15　每个特征的重要性得分

为了分析使用多少个决策树就可以获得预测精度较高的随机森林模型，在下面的程序中指定不同数量的树，分别计算在训练集上的 OOB 得分和在验证集上的预测误差，并使用折线图进行可视化，程序运行后的结果如图 8-16 所示。

```
In[2]:## 可视化不同的决策树数量所对应的OOB score 和在验证集上的精度变化情况
       oobscore=[]
       test_acc=[]
       numbers=np.arange(50,301,5)
       for n in numbers:
           rfc1.set_params(n_estimators=n)
           rfc1.fit(X_train,y_train)
           oobscore.append(rfc1.oob_score_)
           ##  计算在验证集上的精度
           rfc1_pre=rfc1.predict(X_val)
           test_acc.append(accuracy_score(y_val,rfc1_pre))
       ## 可视化
       plt.figure(figsize=(12,6))
       plt.plot(numbers,oobscore,"r-o",label="OOB score")
       plt.plot(numbers,test_acc,"r--s",label="验证集精度")
       plt.grid()
       plt.xlabel("树的数量")
       plt.ylabel("OOB score")
       plt.title("随机森林分类器")
       plt.legend()
       plt.show()
```

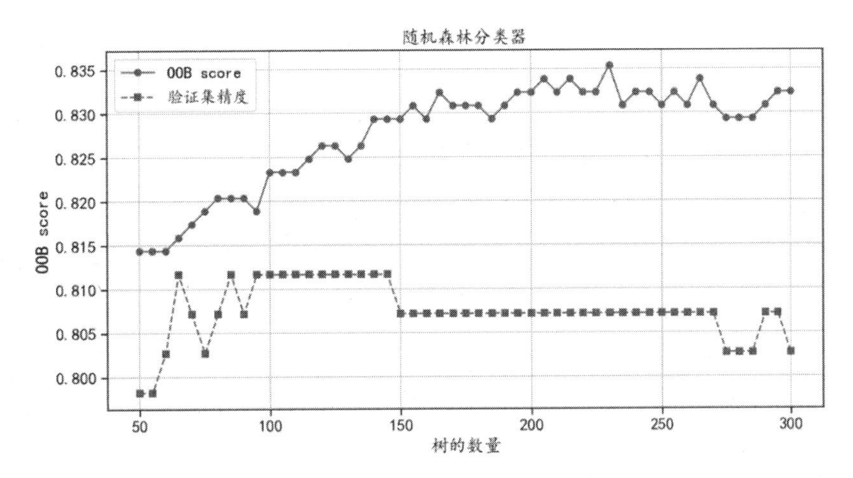

图 8-16　树的数量对预测效果的影响

从图 8-16 中可以发现，当树的数量变化时，OOB score 的波动性较强，随着树的增加在验证集上精度的变化较稳定。

为了获得较好预测效果的随机森林模型，可以使用参数网格搜索的方式进行模型训练，下面的程序中利用 5 折交叉验证，对训练集中树的数量、树的最大深度、类别权重等 5 个参数进行参数搜索，并且在训练时使用了全部训练集。

```
In[3]:## 使用网格搜索寻找合适的参数
      ## 定义模型
      rfgs=RandomForestClassifier(oob_score=True, random_state=1)
      ## 定义需要搜索的参数
      n_estimators=[100,200,500,800]
      max_depth=[3,5,8,10,15]
      class_weight=["balanced","balanced_subsample"]
      criterion=["gini","entropy"]
      max_features=["sqrt","log2"]
      para_grid=[{"n_estimators":n_estimators,"max_depth" : max_depth,
                  "class_weight":class_weight,"criterion":criterion,
                  "max_features":max_features}]
      ## 使用 5 折交叉验证进行参数搜索
      gs_rf=GridSearchCV(estimator=rfgs,param_grid=para_grid,cv=5,
n_jobs=4)
      gs_rf.fit(train_pro[train_x], train_pro[Target])# 使用训练集的全部数据
      ## 输出模型最好的参数组合和得分
      print(gs_rf.best_params_)
      print(gs_rf.best_score_)
```

```
Out[3]:{'class_weight': 'balanced','criterion': 'gini','max_depth': 10,
'max_features': 'sqrt','n_estimators': 800}
 0.8327663046889713
```

从输出的结果中可以发现，在最好的参数组合下，平均预测精度为 0.8316。针对参数搜索获得的结果，可以使用下面的程序整理为数据表，并根据精度进行排序，获得精度较高的结果。

```
In[4]:## 将输出的所有搜索结果进行处理
      results=pd.DataFrame(gs_rf.cv_results_)
      ## 输出感兴趣的结果
      results2=results[["mean_test_score","std_test_score","params"]]
      results2.sort_values("mean_test_score",ascending=False).head()
Out[4]:
```

	mean_test_score	std_test_score	params
31	0.832766	0.022900	{'class_weight': 'balanced', 'criterion': 'gini', 'max_depth': 10, 'max_features': 'log2', 'n_estimators': 800}
27	0.832766	0.022900	{'class_weight': 'balanced', 'criterion': 'gini', 'max_depth': 10, 'max_features': 'sqrt', 'n_estimators': 800}
30	0.832766	0.024499	{'class_weight': 'balanced', 'criterion': 'gini', 'max_depth': 10, 'max_features': 'log2', 'n_estimators': 500}
26	0.832766	0.024499	{'class_weight': 'balanced', 'criterion': 'gini', 'max_depth': 10, 'max_features': 'sqrt', 'n_estimators': 500}
149	0.831636	0.024442	{'class_weight': 'balanced_subsample', 'criterion': 'entropy', 'max_depth': 10, 'max_features': 'log2', 'n_estimators': 200}

可以使用参数搜索的最好模型对测试集进行预测，运行下面的程序就可以获得对测试集的预测结果。

```
In[5]:## 使用参数搜索的最好模型对测试集进行预测
      bestrf=gs_rf.best_estimator_
      test_pre=bestrf.predict(test_pro[train_x])
      test_pre
Out[5]:array([0, 0, 0, 0, 1, 0, 0, 0, 1, 0, 0, 0, 1, 0, 1, 1, 0, 0, 0, 0,
0, 1,
      …
       0, 1, 0, 0, 1, 0, 1, 0, 0, 0, 0, 0, 1, 1, 1, 1, 0, 0, 1, 0, 0, 1])
```

8.3.2 随机森林模型数据回归

随机森林回归模型可以使用 RandomForestRegressor()函数建立，针对第 8.2.2 节使用的数据集，建立包含 600 棵树的随机森林模型，运行如下程序后可以发现，其在训练数据上预测值的均方根误差为 0.0393，在测试集上的误差为 0.2732，两者之间有较大的差异。

```
In[4]:## 使用随机森林算法进行回归模型的建立
      rfr1=RandomForestRegressor(n_estimators=600,random_state=1)
      rfr1=rfr1.fit(X_trainenb,y_trainenb)
      ## 计算在训练集和测试集上的预测均方根误差
      rfr1_lab=rfr1.predict(X_trainenb)
      rfr1_pre=rfr1.predict(X_testenb)
```

```
        print("训练集上的均方根误差:",mean_squared_error(y_trainenb,
rfr1_lab))
        print("测试集上的均方根误差:",mean_squared_error(y_testenb, rfr1_pre))
    Out[6]:训练集上的均方根误差: 0.03931814098863973
    测试数据集上的均方根误差: 0.2732304439548806
```

针对训练集和测试集上的预测效果，可以使用下面的程序进行可视化，结果如图 8-17 所示。

```
    In[5]:## 可视化出在训练集和测试集上的预测效果
        plt.figure(figsize=(16,7))
        plt.subplot(1,2,1) ## 训练数据结果可视化
        rmse=round(mean_squared_error(y_trainenb,rfr1_lab),4)
        index=np.argsort(y_trainenb)
        plt.plot(np.arange(len(index)),y_trainenb.values[index],"r",
                 linewidth=2,label="原始数据")
        plt.plot(np.arange(len(index)),rfr1_lab[index],"bo",
                 markersize=3,label="预测值")
        plt.text(100,35,s="均方根误差:"+str(rmse))
        plt.legend()
        plt.grid()
        plt.xlabel("Index")
        plt.ylabel("Y")
        plt.title("随机森林回归(训练集)")
        plt.subplot(1,2,2)   ## 测试数据结果可视化
        rmse=round(mean_squared_error(y_testenb,rfr1_pre),4)
        index=np.argsort(y_testenb)
        plt.plot(np.arange(len(index)),y_testenb.values[index],"r",
                 linewidth=2,label="原始数据")
        plt.plot(np.arange(len(index)),rfr1_pre[index],"bo",
                 markersize=3,label="预测值")
        plt.text(50,35,s="均方根误差:"+str(rmse))
        plt.legend()
        plt.grid()
        plt.xlabel("Index")
        plt.ylabel("Y")
        plt.title("随机森林回归(测试集)")
        plt.tight_layout()
        plt.show()
```

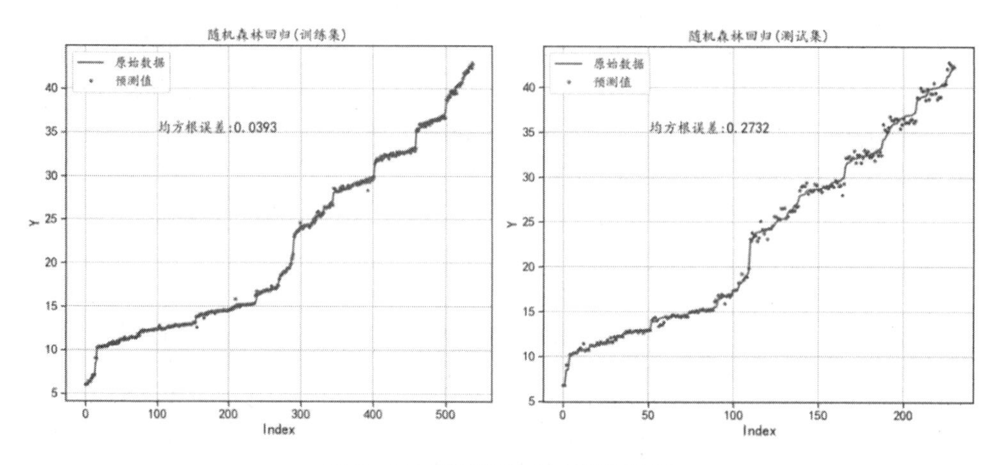

图 8-17 随机森林回归的预测效果

可以发现随机森林回归模型在训练集和测试集上均有较好的预测效果。针对随机森林回归模型计算得到的每个特征的重要性情况，可以使用下面的程序进行可视化，结果如图 8-18 所示。

```
In[6]:## 使用条形图可视化每个变量的重要性
        importances=pd.DataFrame({"feature":X_trainenb.columns,
                                  "importance": rfr1.feature_importances_})
        importances=importances.sort_values("importance",ascending=True)
        importances.plot(kind="barh",figsize=(10,6),x="feature",
y="importance",legend=False)
        plt.xlabel("重要性得分")
        plt.ylabel("")
        plt.title("随机森林回归")
        plt.grid()
        plt.show()
```

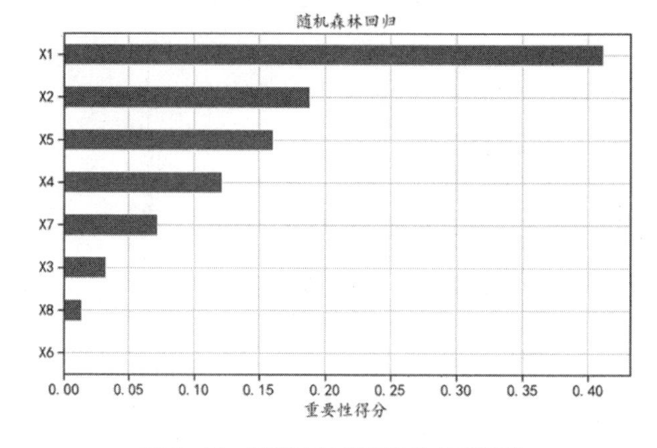

图 8-18 随机森林回归的特征重要性

从图 8-18 中可以发现，重要性最大的特征为 X1，特征 X6 的重要性基本为 0，说明该特征对数据的预测没有帮助。

下面分析随机森林回归模型中随着树的数量的变化，所获得的模型在训练集和测试集上预测效果的变化情况，运行下面的程序后，结果如图 8-19 所示。

```
In[7]:## 分析随着树的数量的变化，在测试集和训练集上的预测效果
      n_estimator=np.arange(50,1000,50)
      train_mse=[]
      test_mse=[]
      for n in n_estimator:
          rfr1.set_params(n_estimators=n)   #设置参数
          rfr1.fit(X_trainenb,y_trainenb)     #训练模型
          rfr1_lab=rfr1.predict(X_trainenb)
          rfr1_pre=rfr1.predict(X_testenb)
          train_mse.append(mean_squared_error(y_trainenb,rfr1_lab))
          test_mse.append(mean_squared_error(y_testenb,rfr1_pre))
      ## 在可视化不同数量的树的情况下，训练集和测试集上的均方根误差
      plt.figure(figsize=(12,9))
      plt.subplot(2,1,1)
      plt.plot(n_estimator, train_mse, "r-o",
               label="训练集 MSE")
      plt.xlabel("树的数量")
      plt.ylabel("均方根误差")
      plt.title("随机森林回归")
      plt.grid()
      plt.legend()
      plt.subplot(2,1,2)
      plt.plot(n_estimator,test_mse,"r-o",label="测试集 MSE")
      index=np.argmin(test_mse)
      plt.annotate("MSE:"+str(round(test_mse[index],4)),
                   xy=(n_estimator[index],test_mse[index]),
                   xytext=(n_estimator[index]-50,test_mse[index]+0.01),
                   arrowprops=dict(facecolor='blue', shrink=0.1))
      plt.xlabel("树的数量")
      plt.ylabel("均方根误差")
      plt.grid()
      plt.legend()
      plt.tight_layout()
      plt.show()
```

从图 8-19 中可以发现，在树的数量等于 600 的时候预测效果最好，小于 0.275。

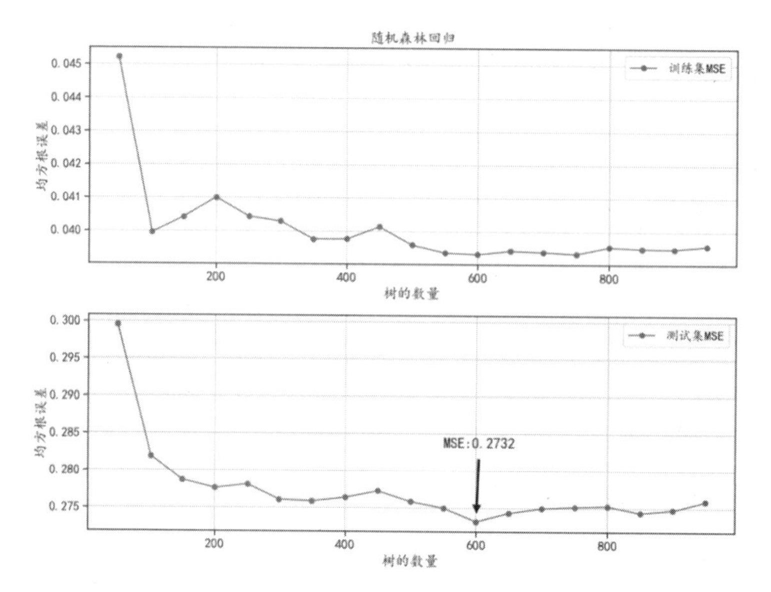

图 8-19　树的数量对预测结果的影响

8.4　AdaBoost 模型

AdaBoost 模型和随机森林模型有相同之处，即单个学习器可以是决策树模型；也有不同之处，即它们在结合模型时的使用方法是不一样的，AdaBoost 模型使用的方法是用个体学习器输出的线性组合来表示的。本节介绍如何使用 sklearn 库中的相关函数，进行 AdaBoost 分类和回归模型的应用。

8.4.1　AdaBoost 模型数据分类

建立 AdaBoost 分类模型时，同样使用在前面小节中已经准备好的泰坦尼克号数据，在使用 AdaBoostClassifier()函数时，基础学习器使用 DecisionTreeClassifier()建立的决策树模型，然后在训练集上进行训练，并输出训练好的模型计算在训练集和验证集上的精度。

```
In[1]:## 使用 AdaBoost 分类模型
      ## 使用决策树作为基础的学习器
      dtc=DecisionTreeClassifier(max_depth=1,random_state=1)
      abc=AdaBoostClassifier(base_estimator=dtc, # 使用的基础学习器
                             n_estimators=50, ## 学习器的数量
                             learning_rate=0.5, ## 学习速率
                             random_state=1)
      abc=abc.fit(X_train,y_train)
      ## 计算在训练集和验证集上的预测精度
```

```
        abc_lab=abc.predict(X_train)
        abc_pre=abc.predict(X_val)
        print("训练集上的精度:",accuracy_score(y_train,abc_lab))
        print("验证集上的精度:",accuracy_score(y_val,abc_pre))
Out[1]:训练集上的精度: 0.844311377245509
        验证集上的精度: 0.8071748878923767
```

从结果中可以发现，在训练集上的精度为 0.8443，在验证集上的精度为 0.8072，针对预测的情况和真实值之间的差异，可以使用混淆矩阵来表示，运行下面的程序后，混淆矩阵热力图如图 8-20 所示。

```
In[2]:## 可视化在训练数据和验证数据上的混淆矩阵
        train_confm=confusion_matrix(y_train,abc_lab)
        val_confm=confusion_matrix(y_val,abc_pre)
        plt.figure(figsize=(12,5))
        plt.subplot(1,2,1)
        sns.heatmap(train_confm, square=True, annot=True, fmt='d',
                    cbar=False,cmap="YlGnBu")
        plt.xlabel("预测的标签")
        plt.ylabel("真实的标签")
        plt.title("混淆矩阵(训练集)")
        plt.subplot(1,2,2)
        sns.heatmap(val_confm, square=True, annot=True, fmt='d',
                    cbar=False,cmap="YlGnBu")
        plt.xlabel("预测的标签")
        plt.ylabel("真实的标签")
        plt.title("混淆矩阵(验证集)")
        plt.tight_layout()
        plt.show()
```

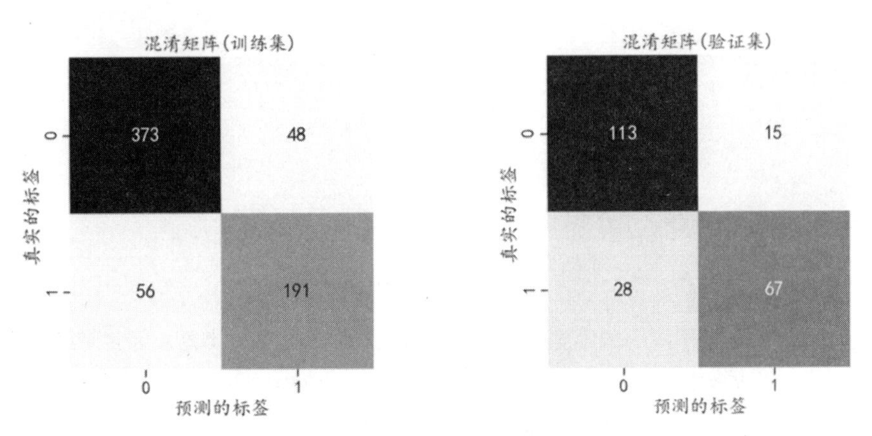

图 8-20 混淆矩阵热力图

通过图 8-20 可以清楚地查看两类数据在训练集和验证集上的预测情况，发现真实标签为 1 的样本更容易预测错误。同时，针对获得的分类模型，可以使用下面的程序可视化出其在验证集上的 ROC 曲线，结果如图 8-21 所示。

```
In[3]:## 可视化在验证集上的 Roc 曲线
      pre_y=abc.predict_proba(X_val)[:, 1]
      fpr_Nb, tpr_Nb, _=roc_curve(y_val, pre_y)
      aucval=auc(fpr_Nb, tpr_Nb)     # 计算 auc 的取值
      plt.figure(figsize=(10,8))
      plt.plot([0, 1], [0, 1], 'k--')
      plt.plot(fpr_Nb, tpr_Nb,"r",linewidth=3)
      plt.grid()
      plt.xlabel("假正率")
      plt.ylabel("真正率")
      plt.xlim(0, 1)
      plt.ylim(0, 1)
      plt.title("AdaBoostClassifier ROC 曲线")
      plt.text(0.15,0.9,"AUC="+str(round(aucval,4)))
      plt.show()
```

通过图 8-21 可以看出 AdaBoost 分类器在验证集上的预测情况，并且 AUC 的取值为 0.8514。

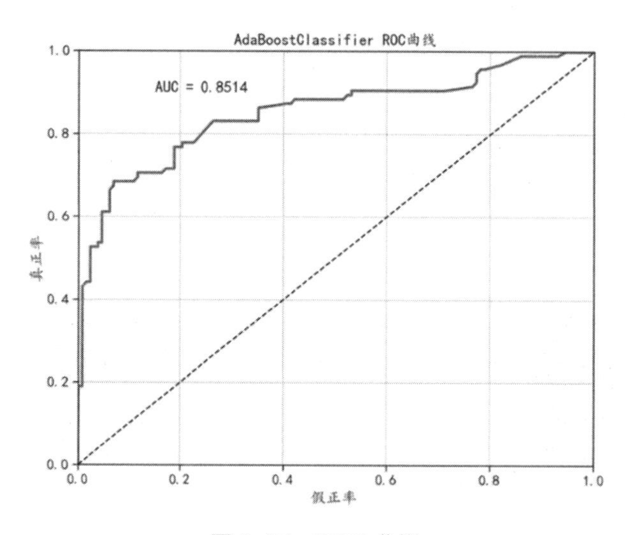

图 8-21　ROC 曲线

基础的决策树模型有不同的树深度参数，可以获取不同精度的分类器。因此使用下面的程序可以分析以下问题：决策树模型的最大深度从 1 变到 20 时，对 AdaBoost 分类器会有怎样的影响。同时可视化出了不同深度下，在训练集和测试集上的预测精度的变化情况，程序运行后的结果如图 8-22 所示。

```
In[4]:## 分析基础学习器的 max_depth 对训练集和测试集精度的影响
      maxdepth=np.arange(1,21)
      train_acc=[]
      val_acc=[]
      for depth in maxdepth:
          dtc=DecisionTreeClassifier(max_depth=depth,random_state=1)
          abc=AdaBoostClassifier(base_estimator=dtc, # 使用的基础学习器
                                 n_estimators= 50,   # 学习器的数量
                                 learning_rate= 0.5, # 学习速率
                                 random_state=1)
          abc=abc.fit(X_train,y_train)
          ## 计算在训练集和验证集上的预测精度
          abc_lab=abc.predict(X_train)
          abc_pre=abc.predict(X_val)
          train_acc.append(accuracy_score(y_train,abc_lab))
          val_acc.append(accuracy_score(y_val,abc_pre))
      ## 可视化 max_depth 对训练集和验证集精度的影响
      plt.figure(figsize=(10,6))
      plt.plot(maxdepth,train_acc,"r-o",label="训练集")
      plt.plot(maxdepth,val_acc,"b-s",label="验证集")
      plt.xticks(maxdepth,maxdepth)
      plt.legend()
      plt.grid()
      plt.xlabel("max depth")
      plt.ylabel("精度")
      plt.title("AdaBoostClassifier")
      plt.show()
```

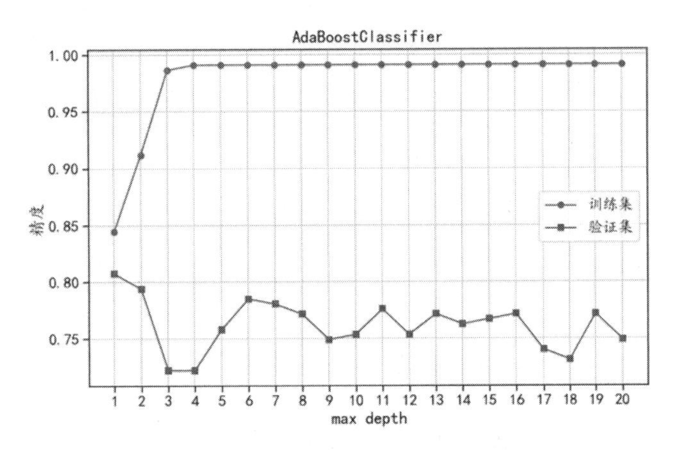

图 8-22 决策树深度对预测效果的影响

通过图 8-22 可以发现，随着深度的增加，训练集上的精度逐渐接近 1，但是在验证集上的精

度是下降的，说明更深的决策树会造成模型的过拟合。

8.4.2 AdaBoost 模型数据回归

本小节将会使用前面使用过的回归分析数据，借助 AdaBoostRegressor()函数建立 AdaBoost 回归模型，因为是回归问题，所以基础学习器使用决策树回归函数 DecisionTreeRegressor()。运行下面的程序可获得在训练集和测试集上的均方根误差。

```
In[5]:## 使用AdaBoostRegressor 对数据建立回归模型
      dtr=DecisionTreeRegressor(max_depth=3,random_state=1)
      adr=AdaBoostRegressor(base_estimator=dtr,
                            n_estimators=50,
                            learning_rate=0.8,
                            random_state=1)
      adr=adr.fit(X_trainenb,y_trainenb)
      ## 计算在训练集和测试集上的预测均方根误差
      adr_lab=adr.predict(X_trainenb)
      adr_pre=adr.predict(X_testenb)
      print("训练集上的均方根误差:",mean_squared_error(y_trainenb, adr_lab))
      print("测试集上的均方根误差:",mean_squared_error(y_testenb, adr_pre))
Out[5]:训练集上的均方根误差: 2.8879098492240614
       测试集上的均方根误差: 3.4014054826488924
```

从上面的输出结果中可以发现，使用随意指定的参数获得的模型，在训练集和测试集上的均方根误差都很大，因此下面介绍如何获取合适的参数对模型进行优化，从而获得预测误差更小的模型。

这里分析基础学习器的 max_depth 对训练集和测试集误差的影响，使用下面的程序可以获得在不同的决策树最大深度情况下，AdaBoost 回归模型在训练集和测试集上的预测误差，程序运行后的结果如图 8-23 所示。

```
In[6]:## 分析基础学习器的max_depth 对训练集和测试集误差的影响
      maxdepth=np.arange(1,21)
      train_mse=[]
      test_mse=[]
      for depth in maxdepth:
          dtr=DecisionTreeRegressor(max_depth=depth,random_state=1)
          abr=AdaBoostRegressor(base_estimator=dtr, # 使用的基础学习器
                                n_estimators=50,    # 学习器的最大估计量
                                learning_rate=0.8, # 学习速率
                                random_state=1)
          abr=abr.fit(X_trainenb,y_trainenb)
          ## 计算在训练集和测试集上的预测误差
          abr_lab=abr.predict(X_trainenb)
          abr_pre=abr.predict(X_testenb)
```

```
    train_mse.append(mean_squared_error(y_trainenb,abr_lab))
    test_mse.append(mean_squared_error(y_testenb,abr_pre))
## 可视化max_depth的训练集和验证集预测误差的影响
fig=plt.figure(figsize=(10,6))
plt.plot(maxdepth,train_mse,"r-o",label="训练集")
plt.plot(maxdepth,test_mse,"b-s",label="测试集")
plt.xticks(maxdepth,maxdepth)
plt.legend()
plt.grid()
plt.xlabel("max depth")
plt.ylabel("均方根误差")
plt.title("AdaBoostRegressor")
## 添加局部放大图像
inset_ax=fig.add_axes([0.28, 0.3, .55, .45],
                      facecolor="lightblue")
inset_ax.plot(maxdepth,train_mse,"r-o")
inset_ax.plot(maxdepth,test_mse,"b-s")
inset_ax.set_xlim([4.5,11.5])
inset_ax.set_ylim([-0.05,0.6])
inset_ax.grid()
plt.show()
```

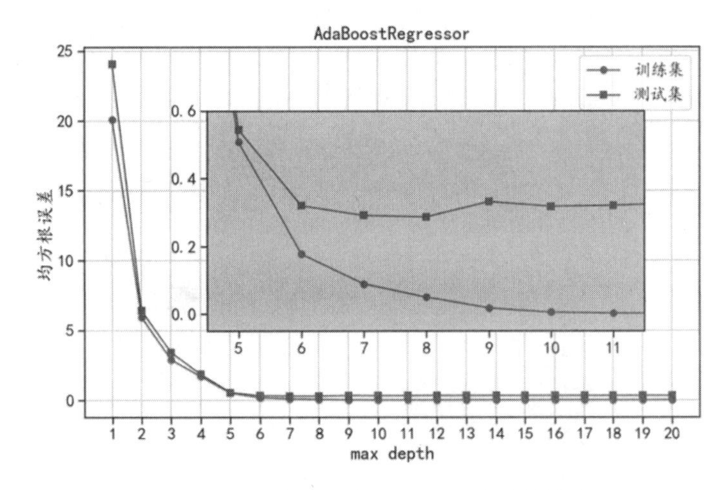

图 8-23　最大深度对 AdaBoost 回归的影响

从图 8-23 中可以发现，随着深度的增加，训练集上的预测误差逐渐接近于 0，但是测试集上的预测误差在 maxdepth=8 时取值最小，之后有所提升，因此可以确定当参数 max_depth=8 时可以获得预测误差较小的 AdaBoost 回归模型。

下面针对前面的分析结果，使用参数 max_depth=8 建立 AdaBoost 回归模型，并计算其在训练集和测试集上的均方根误差情况，程序如下所示，可以发现在训练集上的预测误差为 0.0495，在测试集上的预测误差为 0.2916，此时模型的预测效果非常好。

```
In[7]:## 使用max_depth=8 建立 AdaBoostRegressor
      dtr=DecisionTreeRegressor(max_depth=8,random_state=1)
      adr=AdaBoostRegressor(base_estimator=dtr,
                            n_estimators =50,
                            learning_rate=0.8,
                            random_state=1)
      adr=adr.fit(X_trainenb,y_trainenb)
      ## 计算在训练集和测试集上的预测均方根误差
      adr_lab=adr.predict(X_trainenb)
      adr_pre=adr.predict(X_testenb)
      print("训练集上的均方根误差:",mean_squared_error(y_trainenb, adr_lab))
      print("测试集上的均方根误差:",mean_squared_error(y_testenb, adr_pre))
Out[7]:训练集上的均方根误差: 0.049513571889752785
       测试集上的均方根误差: 0.29162199169815756
```

针对获得的 AdaBoost 回归模型，可以使用下面的程序，可视化出在训练集和测试集上的预测效果，程序运行后的结果如图 8-24 所示。

```
In[8]:## 可视化出在训练集和测试集上的预测效果
      plt.figure(figsize=(16,7))
      plt.subplot(1,2,1) ## 训练数据结果可视化
      rmse=round(mean_squared_error(y_trainenb,adr_lab),4)
      index=np.argsort(y_trainenb)
      plt.plot(np.arange(len(index)),y_trainenb.values[index],"r",
               linewidth=2,label="原始数据")
      plt.plot(np.arange(len(index)),adr_lab[index],"bo",
               markersize=3,label="预测值")
      plt.text(100,35,s="均方根误差:"+str(rmse))
      plt.legend()
      plt.grid()
      plt.xlabel("Index")
      plt.ylabel("Y")
      plt.title("AdaBoostRegressor(训练集)")
      plt.subplot(1,2,2)    ## 测试数据结果可视化
      rmse=round(mean_squared_error(y_testenb,adr_pre),4)
      index=np.argsort(y_testenb)
      plt.plot(np.arange(len(index)),y_testenb.values[index],"r",
               linewidth=2, label="原始数据")
      plt.plot(np.arange(len(index)),adr_pre[index],"bo",
               markersize=3,label="预测值")
```

```
        plt.text(50,35,s="均方根误差:"+str(rmse))
        plt.legend()
        plt.grid()
        plt.xlabel("Index")
        plt.ylabel("Y")
        plt.title("AdaBoostRegressor(测试集)")
        plt.tight_layout()
        plt.show()
```

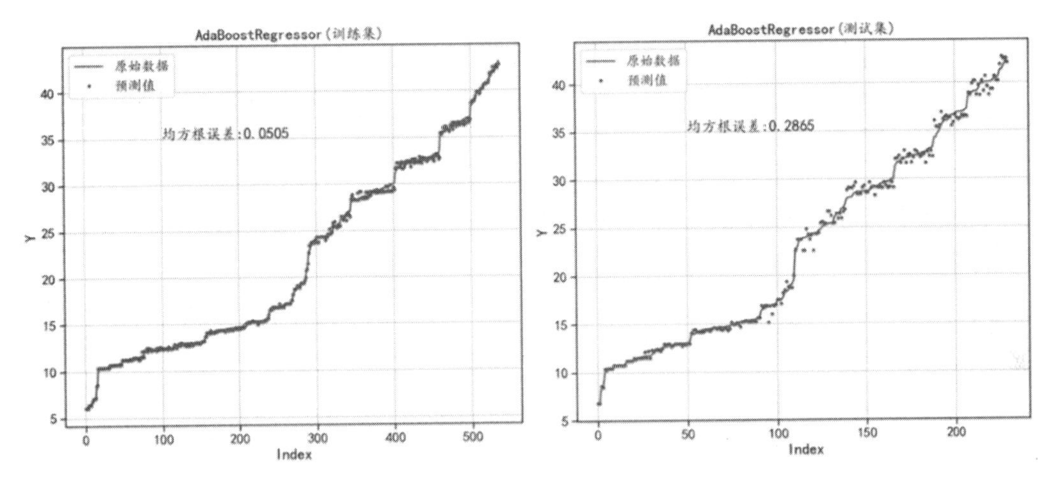

图 8-24　AdaBoost 回归预测效果

8.5　梯度提升树（GBDT）

梯度提升树（GBDT）也是一种常用的集成学习算法，可以应用于分类问题和回归问题。本节介绍如何使用 sklearn 库中的相关函数，完成梯度提升树分类和回归的应用。

8.5.1　GBDT 模型数据分类

GBDT 分类模型仍然使用泰坦尼克号数据集，下面的程序在完成 GBDT 分类模型时使用了 GradientBoostingClassifier()函数，因为该函数中有多个可以调节的参数，所以可以利用参数网格搜索的方式，获得预测效果较好的模型。

```
In[1]:## 使用参数网格搜索寻找合适的 GBDT 参数用于模型的建立
      gbdt=GradientBoostingClassifier(random_state=1) ## 定义模型
      ## 定义需要搜索的参数
      learning_rate=[0.01,0.1,0.5,1,10]  # 学习速率
      n_estimators=[100,200,500,800]     # 学习器的数量
```

```
        max_depth=[3,5,8,10]                    #  最大深度
        max_features=["sqrt","log2"]
        para_grid=[{"learning_rate":learning_rate,"n_estimators":
n_estimators,
                    "max_depth" : max_depth,"max_features":max_features}]
        ## 使用 3 折交叉验证进行参数搜索
        gs_gbdt=GridSearchCV(estimator=gbdt,param_grid=para_grid,cv=3,
n_jobs=4)
        gs_gbdt.fit(X_train, y_train) # 使用训练集进行训练
        ## 输出最好的模型参数
        print(gs_gbdt.best_params_)
   Out[1]:{'learning_rate': 0.1, 'max_depth': 3, 'max_features': 'sqrt',
'n_estimators': 200}
```

程序运行后可以发现，当学习器数量为 200、最大深度为 3、学习率为 0.1 的情况下，能获得预测效果较好的模型。针对交叉验证的输出结果，可以使用下面的程序获得最好的模型在训练集和验证集上的预测精度。

```
In[2]:## 使用训练好的最好模型，计算在训练集和验证集上的预测精度
      gbdt1_lab=gs_gbdt.best_estimator_.predict(X_train)
      gbdt1_pre=gs_gbdt.best_estimator_.predict(X_val)
      print("训练集上的精度:",accuracy_score(y_train,gbdt1_lab))
      print("验证集上的精度:",accuracy_score(y_val,gbdt1_pre))
Out[2]:训练集上的精度: 0.9146706586826348
        验证集上的精度: 0.7937219730941704
```

可以发现，在训练集上的预测精度为 0.9147，在验证集上的预测精度为 0.7937。针对参数网格搜索的各种情况，可以使用下面的程序整理为数据表，并输出预测效果较好的前几组参数的情况。

```
In[3]:## 将输出的所有搜索结果进行处理
      results=pd.DataFrame(gs_gbdt.cv_results_)
      ## 输出感兴趣的结果
      results2=results[["mean_test_score","std_test_score","params"]]
      results2.sort_values("mean_test_score",ascending=False).head()
Out[3]:
```

	mean_test_score	std_test_score	params
33	0.832330	0.018474	{'learning_rate': 0.1, 'max_depth': 3, 'max_features': 'sqrt', 'n_estimators': 200}
37	0.832330	0.018474	{'learning_rate': 0.1, 'max_depth': 3, 'max_features': 'log2', 'n_estimators': 200}
13	0.830856	0.008910	{'learning_rate': 0.01, 'max_depth': 5, 'max_features': 'log2', 'n_estimators': 200}
9	0.830856	0.008910	{'learning_rate': 0.01, 'max_depth': 5, 'max_features': 'sqrt', 'n_estimators': 200}
2	0.830842	0.033000	{'learning_rate': 0.01, 'max_depth': 3, 'max_features': 'sqrt', 'n_estimators': 500}

8.5.2 GBDT 模型数据回归

针对 GBDT 回归模型，同样使用前面已经预处理好的回归数据集，为了获得较好的预测模型，直接使用网格搜索的方式进行模型的训练，使用 GradientBoostingRegressor()函数完成 GBDT 回归，运行下面的 5 折交叉验证程序，可以发现效果最好的一组参数为{'learning_rate': 0.5, 'max_depth': 3, 'n_estimators': 500}。

```
In[4]:## 网格搜索找到合适的模型
      gbdt_r=GradientBoostingRegressor(random_state=1) ## 定义模型
      ## 定义需要搜索的参数
      learning_rate=[0.001,0.01,0.1,0.5,1] ## 学习速率
      n_estimators=[100,200,500,800]  ## 基础学习器的数量
      max_depth=[3,5,8,10]            #  最大深度
      para_grid=[{"learning_rate":learning_rate,"n_estimators":
n_estimators,
                  "max_depth":max_depth}]
      ## 使用 5 折交叉验证进行参数搜索
      gs_gbdt_r=GridSearchCV(estimator=gbdt_r, param_grid=para_grid, cv=5,
n_jobs=4)
      gs_gbdt_r.fit(X_trainenb, y_trainenb) # 使用训练集进行训练
      ## 输出最好的模型参数
      print(gs_gbdt_r.best_params_)
Out[4]:{'learning_rate': 0.5, 'max_depth': 3, 'n_estimators': 500}
```

利用获得的参数搜索结果中最好的 GBDT 回归模型（best_estimator_）对训练集和测试集进行预测，可以发现，在训练集上的均方根误差为 0.0298，在测试集上的均方根误差为 0.1301，模型的预测效果非常好（比随机森林和 AdaBoost 算法的预测误差都要小）。

```
In[5]:## 计算在训练集和测试集上的预测均方根误差
      gbdtr_lab=gs_gbdt_r.best_estimator_.predict(X_trainenb)
      gbdtr_pre=gs_gbdt_r.best_estimator_.predict(X_testenb)
      print("训练集上的均方根误差:",mean_squared_error(y_trainenb,
gbdtr_lab))
      print("测试集上的均方根误差:",mean_squared_error(y_testenb,
gbdtr_pre))
Out[5]:训练集上的均方根误差: 0.029848707941136674
       测试集上的均方根误差: 0.1300796795178827
```

最后可视化出 GBDT 回归模型对训练集和测试集的预测效果，同时可视化出原始数据和预测值的情况，分析预测效果，程序运行后的结果如图 8-25 所示。

```
In[6]:## 可视化出在训练集和测试集上的预测效果
      plt.figure(figsize=(16,7))
      plt.subplot(1,2,1) ## 训练数据结果可视化
```

```
rmse=round(mean_squared_error(y_trainenb,gbdtr_lab),4)
index=np.argsort(y_trainenb)
plt.plot(np.arange(len(index)),y_trainenb.values[index],"r",
         linewidth=2, label="原始数据")
plt.plot(np.arange(len(index)),gbdtr_lab[index],"bo",
         markersize=3,label="预测值")
plt.text(100,35,s="均方根误差:"+str(rmse))
plt.legend()
plt.grid()
plt.xlabel("Index")
plt.ylabel("Y")
plt.title("梯度提升树(训练集)")
## 测试数据结果可视化
plt.subplot(1,2,2)
rmse=round(mean_squared_error(y_testenb,gbdtr_pre),4)
index=np.argsort(y_testenb)
plt.plot(np.arange(len(index)),y_testenb.values[index],"r",
         linewidth=2, label="原始数据")
plt.plot(np.arange(len(index)),gbdtr_pre[index],"bo",
         markersize=3,label="预测值")
plt.text(50,35,s="均方根误差:"+str(rmse))
plt.legend()
plt.grid()
plt.xlabel("Index")
plt.ylabel("Y")
plt.title("梯度提升树(测试集)")
plt.tight_layout()
plt.show()
```

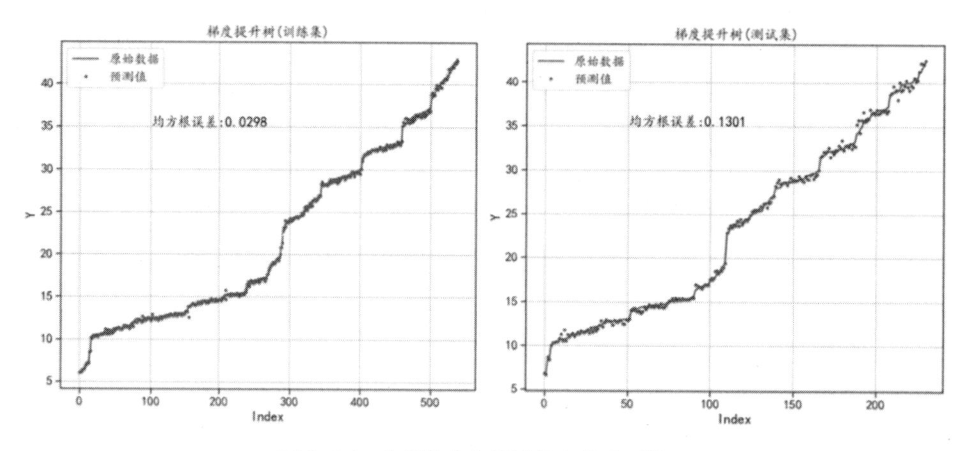

图 8-25　在训练集和测试集上的预测情况

从图 8-25 中可以发现，GBDT 算法在训练集和测试集上的预测效果都很好。

8.6 本章小结

本章主要介绍了利用决策树、随机森林、梯度提升树等算法进行分类和回归的相关应用，在介绍时均结合实际的数据集进行分析。本章使用到的相关函数如表 8-1 所示。

表 8-1 相关函数

库	模 块	函 数	功 能
sklearn	tree	DecisionTreeClassifier()	决策树分类
		DecisionTreeRegressor()	决策树回归
	ensemble	RandomForestClassifier()	随机森林分类
		RandomForestRegressor()	随机森林回归
		AdaBoostClassifier()	AdaBoost 分类
		AdaBoostRegressor()	AdaBoost 回归
		GradientBoostingClassifier()	梯度提升树分类
		GradientBoostingRegressor()	梯度提升树回归

第 9 章 贝叶斯算法和 K-近邻算法

朴素贝叶斯算法（Naive Bayes Method）和 K-近邻（K-Nearest Neighbor，KNN）是机器学习算法中比较简单，也是比较常用的分类方法，其中 K-近邻也可以用于回归分析。

朴素贝叶斯算法是一种简单的分类方法，是贝叶斯算法中的一种。之所以称为“朴素”，是因为它有着非常强的前提条件——假设所有特征都是相互独立的，是一种典型的生成学习算法。朴素贝叶斯算法在文本分类问题上，预测精度表现得非常好。例如，识别垃圾邮件、根据新闻内容判断其属于哪种新闻等。贝叶斯算法是将概率图和贝叶斯思想相结合的算法。

K-近邻算法是一种基于实例的学习方式，是局部近似和将所有计算推迟到分类之后的惰性学习方法。

本章将重点介绍如何使用朴素贝叶斯分类器对文本数据进行分类、贝叶斯算法在分类问题中的应用，以及使用 K-近邻算法进行分类和回归的应用。

9.1 模型简介

朴素贝叶斯算法是最常见的使用贝叶斯思想进行分类的算法，它是目前所知文本分类算法中最有效的一类，常常应用于文本分类。该算法有如下几个优点。

（1）容易理解、计算快速、分类精度高。

（2）可以处理带有噪声和缺失值的数据。

（3）对待类别不平衡的数据集也能有效地分类。

（4）能够得到属于某个类别的概率。

但是其也有缺点：

（1）依赖于一个常用的错误假设，即一样的重要性和独立特征，在现实中不存在。

（2）通过概率来分类，具有较强的主观性。

贝叶斯网络又称信念网络或是有向无环图模型，是一种概率图模型。在贝叶斯网络中，若两个节点间以一个单箭头连接在一起，表示其中一个节点是“因”，另一个是“果”，两个节点就会产生一个条件概率值。例如，可以使用贝叶斯网络来表示疾病和其相关症状间的概率关系。那么在已知的某种症状下，贝叶斯网络就可用来计算各种疾病可能发生的概率。

KNN 算法是所有机器学习算法中最简单、高效的一种分类和回归方法。

（1）在 KNN 分类问题中，输出的是一个分类的类别标签，且一个对象的分类结果是由其邻居的“多数表决”确定的，*K*（正整数，通常较小）个最近邻居中，出现次数最多的类别决定了赋予该对象的类别，若 *K*=1，则该对象的类别直接由最近的一个节点赋予。

图 9-1 给出了 KNN 分类器的示意图。可以发现，*K* 的取值是一个非常重要的参数，针对同一个待测样本，不同的 *K* 值可能会得到不同的预测结果。从图中可知，对待预测的测试样本，若 *K*=1 或者 *K*=5，则会被预测为-（负类）；若 *K*=3，则会被预测为+（正类）。

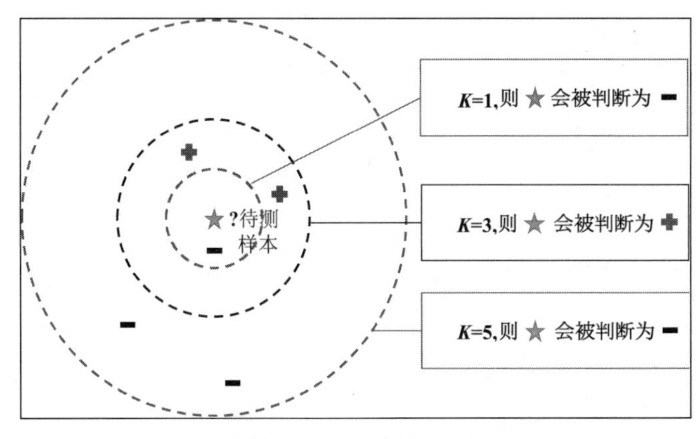

图 9-1　KNN 分类示意图

（2）在 KNN 回归中，输出的是该对象的实数值，通常该值是其 *K* 个最近邻居对应取值的平均值。

KNN 算法的缺点也很明显，那就是对近邻数 *K* 的取值和数据的局部结构非常敏感。如果 *K* 选择的较小，就相当于用较小的邻域中的训练实例进行预测，这样虽然会使“学习”得到的近似误差减小，但是“学习”的估计误差会增大，预测结果会对近邻的实例点非常敏感。也就是说，*K* 值减小意味着模型整体会变得复杂，容易发生过拟合。如果 K 值较大，就相当于使用较大的邻域中的训练实例进行预测，优点是可以减少学习的估计误差，缺点是会增大学习的近似误差，K 值增大意味着模型整体变得简单。例如，使用全部的训练集数量作为 K 值，那么针对分类问题，预测值将会是训练集中类别标签最大的类别，针对回归问题，预测值将会固定为所有数据的平均值。

本章将重点介绍如何使用朴素贝叶斯分类器对文本数据进行分类，如何使用贝叶斯网络分析泰坦尼克号数据，如何使用 K-近邻算法进行回归和分类。这些示例都会通过 Python 完成，首先导入会用到的库和模块，程序如下：

```
## 输出高清图像
%config InlineBackend.figure_format='retina'
%matplotlib inline
## 图像显示中文的问题
import matplotlib
matplotlib.rcParams['axes.unicode_minus']=False
import seaborn as sns
sns.set(font= "Kaiti",style="ticks",font_scale=1.4)
import pandas as pd
pd.set_option("max_colwidth", 100)
import numpy as np
import pandas as pd
import matplotlib.pyplot as plt
from mpl_toolkits.mplot3d import Axes3D
from WordCloud import WordCloud
from sklearn.model_selection import train_test_split,GridSearchCV
from sklearn.feature_extraction.text import
CountVectorizer,TfidfTransformer
from sklearn.naive_bayes import MultinomialNB,GaussianNB,BernoulliNB
from sklearn.pipeline import Pipeline
from sklearn.metrics import *
from sklearn.preprocessing import label_binarize,KBinsDiscretizer
from mlxtend.plotting import plot_confusion_matrix,plot_decision_regions
from sklearn.manifold import TSNE
from sklearn.decomposition import SparsePCA
from sklearn.discriminant_analysis import LinearDiscriminantAnalysis
from sklearn.neighbors import KNeighborsClassifier,KNeighborsRegressor
from sklearn.preprocessing import StandardScaler
from pandas.plotting import parallel_coordinates
import sef_dr
## pgmpy 库
import networkx as nx
from pgmpy.models import DynamicBayesianNetwork as DBN
from pgmpy.models import BayesianModel
```

```
    from pgmpy.estimators import BayesianEstimator,HillClimbSearch,
ExhaustiveSearch
    from pgmpy.estimators import BicScore
    from graphviz import Digraph
    ## 忽略提醒
    import warnings
    warnings.filterwarnings("ignore")
```

上面的程序中导入的 sklearn.naive_bayes 模块用于朴素贝叶斯分类，sklearn.neighbors 模块用于 KNN 分类和回归，pgmpy 库用于贝叶斯网络相关的应用，sef_dr 库用于有监督的数据降维。

9.2　贝叶斯分类算法

本节将会介绍朴素贝叶斯分类算法，用于文本分类分析，主要包括两个部分，一部分是数据准备部分，需要从文本数据中获取可以使用的特征；另一部分是朴素贝叶斯分类算法的使用部分。

9.2.1　文本数据准备与可视化

首先读取需要分类的数据，并查看数据的前几行，程序如下：

```
In[1]:## 读取数据，数据预处理，特征获取
      bbcdf=pd.read_csv("data/chap9/bbcdata.csv")
      print(bbcdf.head())
Out[1]:
label  labelcode              text_pre
0  entertainment     4  musicians to tackle us red tape musicians grou...
1  entertainment     4  us desire to be number one u who have won thre...
2  entertainment     4  rocker doherty in onstage fight rock singer pe...
3  entertainment     4  snicket tops us box office chart the film adap...
4  entertainment     4  oceans twelve raids box office oceans twelve t...
In[2]:## 查看每类数据有多少个样本
      pd.value_counts(bbcdf.label)
Out[2]:sport          511
      business       510
      politics       417
      tech           401
      entertainment  386
      Name: label, dtype: int64
```

从上面程序的输出中可以发现，一共有 5 种类型的文本数据，并且使用的文本数据已经是预处理好的（针对该文本数据的预处理过程和方法，将会在第 11.3.1 节进行介绍），使用下面的程序可以将预处理好的数据可视化出每种数据的词云，用于分析每类数据的词语出现情况，程序运行后的

结果如图 9-2 所示。

```
In[3]:## 使用词云可视化不同类别数据的情况
      classification=np.unique(bbcdf.label)
      plt.figure(figsize=(18,12))
      for ii,cla in enumerate(classification):
          text=bbcdf.text_pre[bbcdf.label == cla]
          ## 设置词云参数
          WordC=WordCloud(margin=1,width=1000, height=1000,
                          max_words=200, min_font_size=10,
                          background_color="white",max_font_size=200)
          WordC.generate_from_text(" ".join(text))
          plt.subplot(2,3,ii+1)
          plt.imshow(WordC)
          plt.title(cla,size=40)
          plt.axis("off")
      plt.tight_layout()
      plt.show()
```

图 9-2　每类数据的词云

获取数据的特征之前，先使用 train_test_split()函数将数据集切分为训练集和测试集，其中测试集数据占比 30%。该文本数据分类的特征可以使用 TF-IDF 特征，TF-IDF 特征是一种用于信息检索与数据挖掘的常用加权技术，经常用于评估一个词项对于一个文件集或一个语料库中的一份文件的重要程度。词的重要性随着它在文件中出现的次数成正比增加，但会随着它在语料库中出现的频率成反比下降。文本的 TF-IDF 特征可以利用 skleran 库中的 TfidfTransformer()函数来获取，程序如下：

```
In[4]:## 数据切分，训练集 70%，测试集 30%
      X_train,X_test,y_train,y_test=train_test_split(
          bbcdf.text_pre,bbcdf.labelcode,test_size=0.3, random_state=0)
      print("X_train.shape:",X_train.shape)
      print("X_test.shape:",X_test.shape)
      ## 获取数据的 TF-IDF 特征
      vectorizer=CountVectorizer(stop_words="english",ngram_range=(1,2),
                                 max_features=4000)
      transformer=TfidfTransformer()
      ## 获取训练集的特征
      train_tfidf=transformer.fit_transform
(vectorizer.fit_transform(X_train))
      train_tfidf=train_tfidf.toarray()
      print("train_tfidf.shape",train_tfidf.shape)
      ## 获取测试集的特征
      test_tfidf=transformer.transform(vectorizer.transform(X_test))
      test_tfidf=test_tfidf.toarray()
      print("test_tfidf.shape",test_tfidf.shape)
Out[4]:X_train.shape: (1557,)
       X_test.shape: (668,)
       train_tfidf.shape (1557, 4000)
       test_tfidf.shape (668, 4000)
```

上面的程序针对切分好的训练集和测试集，在获取 TF-IDF 特征时，先使用 CountVectorizer()获得语料库，并只保留出现次数最多的前 4000 个词组，然后利用 TfidfTransformer()进行特征计算，利用训练集训练好 vectorizer 和 transformer 之后，直接对测试集使用相应的 transformer()方法，即可获得与训练数据一致的特征，最后每个文本样本转化为维度 4000 的特征向量。

9.2.2 朴素贝叶斯文本分类

sklearn 库中一共提供了 3 种朴素贝叶斯分类算法，分别是 GaussianNB（先验高斯分布的朴素贝叶斯）、MultinomialNB（先验多项式分布的朴素贝叶斯）、BernoulliNB（先验伯努利分布的朴素贝叶斯）。这 3 种朴素贝叶斯分类算法均可以利用前面得到的 TF-IDF 特征建立模型。下面分别使用返 3 种朴素贝叶斯分类算法建立模型，并计算其在测试集上的预测效果。

1. GaussianNB

```
In[5]:## 建立先验高斯分布的朴素贝叶斯模型
      gnb=GaussianNB().fit(train_tfidf, y_train)
      gnb_pre=gnb.predict(test_tfidf)
      print(classification_report(y_test,gnb_pre))
Out[5]:             precision    recall  f1-score   support
                0       0.99      0.97      0.98       152
                1       0.92      0.93      0.93       152
```

```
            2        0.92       0.91      0.92       129
            3        0.83       0.97      0.89       117
            4        0.97       0.82      0.89       118
     accuracy                             0.93       668
```

上面的程序中使用 GaussianNB().fit()对训练集进行训练得到模型类 gnb，然后使用 predict()方法得到测试数据的预测值，接着使用 classification_report()评价高斯朴素贝叶斯模型的泛化能力。输出结果中，测试集识别的精度只有 0.93，其中 0 类的 precision 为 0.99，表明在 0 类中有 99%的数据预测正确，但是 3 类的 precision 为 0.83，表明在 3 类中只有 83%的数据预测正确。

2. MultinomialNB

```
In[6]:## 建立先验多项式分布的朴素贝叶斯模型
      mnb=MultinomialNB().fit(train_tfidf, y_train)
      mnb_pre=mnb.predict(test_tfidf)
      print(classification_report(y_test,mnb_pre))
Out[6]:              precision    recall  f1-score   support
            0        0.99       0.99      0.99       152
            1        0.97       0.99      0.98       152
            2        0.95       0.98      0.97       129
            3        0.94       0.93      0.94       117
            4        0.99       0.93      0.96       118
     accuracy                             0.97       668
```

上面利用 MultinomialNB()建模得到的输出结果中，预测精度为 0.97，大于 0.93，预测准确率最低的一类数据为第 3 类，其精确率为 94%（即 0.94）。综合来说，MultinomialNB 的预测效果高于 GaussianNB。

3. BernoulliNB

```
In[7]:## 建立先验伯努利分布的朴素贝叶斯模型
      bnb=BernoulliNB().fit(train_tfidf, y_train)
      bnb_pre=bnb.predict(test_tfidf)
      print(classification_report(y_test,bnb_pre))
Out[7]:              precision    recall  f1-score   support
            0        0.99       0.99      0.99       152
            1        0.90       0.99      0.95       152
            2        0.99       0.94      0.96       129
            3        0.96       0.92      0.94       117
            4        0.98       0.96      0.97       118
     accuracy                             0.96       668
```

利用 BernoulliNB()建模得到的输出结果中，预测精度为 0.96，大于 0.93，但是小于 0.97，预测准确率最低的一类数据为第 1 类，其精确率为 90%（即 0.90）。结合在模型测试集上的表现，说明 BernoulliNB 模型的效果和 MultinomialNB 模型的效果相当，其中 BernoulliNB 模型也适合该数据集。

针对 3 个模型得到的结果，可以绘制 ROC 曲线并且计算出 AUC 的值，以观察分析模型的效果，方便对 3 个模型的效果进行对比。但是 ROC 模型适用于二分类数据集，而我们的数据为多分类数据，因此这里将标签矩阵和概率矩阵分别按行展开，转置后形成两列，这就得到了一个二分类结果，进而可视化 ROC 曲线。为了方便计算每一类样本的 ROC 曲线的相关取值，先将类别标签使用 label_binarize 进行编码，程序如下：

```
In[8]:## 为方便后面可视化 ROC 曲线，对标签使用 label_binarize 进行编码
      y_test_lb=label_binarize(y_test,classes=[0,1,2,3,4])
      y_test_lb[0:5,:]
Out[8]:array([[0, 0, 0, 0, 1],
              [0, 0, 0, 1, 0],
              [1, 0, 0, 0, 0],
              [1, 0, 0, 0, 0],
              [1, 0, 0, 0, 0]])
```

从输出结果中可以发现，第 0 类数据被编码为[1, 0, 0, 0, 0]，第 1 类数据被编码为[0, 1, 0, 0, 0]，第 2 类数据被编码为[0, 0, 1, 0, 0]，第 3 类数据被编码为[0, 0, 0, 1, 0]等。针对 ROC 曲线的绘制，可以使用以下程序完成。程序运行后的结果如图 9-3 所示。

```
In[9]:## 可视化 3 种算法的 ROC 曲线
      model=[gnb,mnb,bnb]
      modelname=["GaussianNB","MultinomialNB","BernoulliNB"]
      plt.figure(figsize=(15,5))
      for ii,mod in enumerate(model):
          ## 对测试集进行预测
          pre_score=mod.predict_proba(test_tfidf)
          ## 计算绘制 ROC 曲线的取值
          fpr_micro,tpr_micro,_= roc_curve(y_test_lb.ravel(),
pre_score.ravel())
          AUC=auc(fpr_micro, tpr_micro)  # AUC 大小
          plt.subplot(1,3,ii+1)
          plt.plot([0, 1], [0, 1], 'k--')
          plt.plot(fpr_micro, tpr_micro,"r",linewidth=3)
          plt.xlabel("假正率")
          plt.ylabel("真正率")
          plt.xlim(0, 1)
          plt.ylim(0, 1)
          plt.grid()
          plt.title(modelname[ii])
          plt.text(0.2,0.8,"AUC="+str(round(AUC,4)))
      plt.tight_layout()
      plt.show()
```

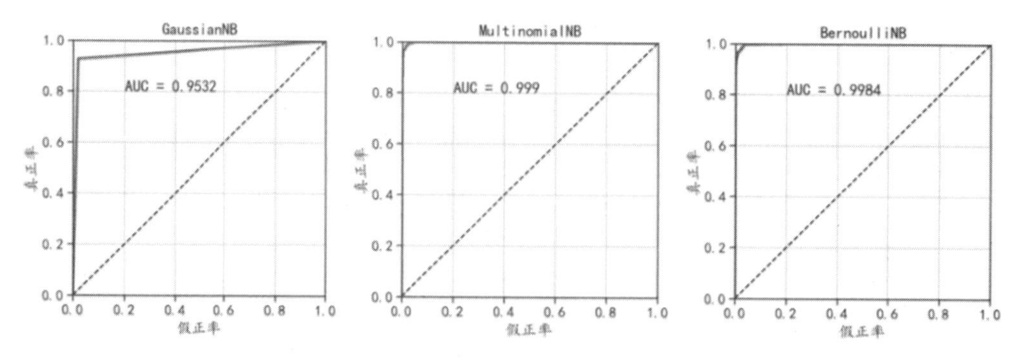

图 9-3 朴素贝叶斯的 ROC 曲线

从图 9-3 的 3 个子图中可以分析 ROC 曲线的变化情况，对应的 AUC 的取值分别为 0.9532、0.999、0.9984，说明使用 MultinomialNB 预测效果最好，而使用 GaussianNB 预测效果最差。

4. 参数搜索模型调优

建立模型时使用不同的参数与步骤，可得出不同的朴素贝叶斯模型的预测效果。通过改变 3 个不同步骤的参数，分析其不同参数对模型效果的影响，参数如表 9-1 所示。

表 9-1 影响模型效果的参数

步骤	参数	说明
构建语料库时	ngram_range	构建词袋时使用词的数量
构建词库时	ngram_range	构建词组的方式
构建词库时	max_features	使用的词组数量
计算 TF-IDF 时	norm	正则化约束方式
朴素贝叶斯模型	alpha	模型的正则化约束参数

分析不同参数对模型效果的影响，程序如下：

```
In[10]:## 对建模过程进行封装
       bbc_nb=Pipeline([("vect",CountVectorizer(stop_words="english")),
                        ("tfidf",TfidfTransformer()),
                        ("mnb",MultinomialNB()),])
       ## 定义搜索参数网格
       alpha=[0.001,0.01,0.1,0.5,1,10]
       para_grid={"vect__ngram_range": [(1,1), (1,2),(2,3)],
                  "vect__max_features":[1000,2000,3000,5000],
                  "tfidf__norm": ["l1","l2"],
                  "mnb__alpha": alpha}
       ## 使用 3 折交叉验证进行搜索
       gs_bbc_nb=GridSearchCV(bbc_nb,para_grid,cv=3,n_jobs=4)
       gs_bbc_nb.fit(X_train,y_train)
```

```
        ## 得到最好的参数组合
        gs_bbc_nb.best_params_
Out[10]:{'mnb__alpha': 0.1,
         'tfidf__norm': 'l2',
         'vect__max_features': 5000,
         'vect__ngram_range': (1,2)}
```

上面的程序可以分为 3 个步骤。

（1）使用 Pipeline()定义模型从特征提取到朴素贝叶斯模型的建立过程。("vect", CountVectorizer(stop_words="english"))为准备语料库；('tfidf', TfidfTransformer())为计算 TF-IDF 特征；("mnb", MultinomialNB())为建立多项式朴素贝叶斯分类器。

（2）定义搜索参数网格。"vect__ngram_range": [(1, 1), (1, 2),(2,3)]为构建语料库时，设置的词袋参数为(1, 1)、(1, 2)或者(2,3)；"vect__max_features":[1000,2000,3000,5000]为使用的词组数量；"tfidf__norm": ["l1","l2"]为特征提取时使用的正则化约束范数；"mnb__alpha": alpha 为建立贝叶斯模型时正则化参数 alpha 的取值。

（3）使用 GridSearchCV()训练模型，训练时使用 3 折交叉验证。模型训练结束后，使用 GridSearchCV()的 best_params_属性，输出最优模型所使用的参数。

从输出结果中可以看出，最优模型使用的参数为{'mnb__alpha': 0.1, 'tfidf__norm': 'l2', 'vect__max_features': 5000, 'vect__ngram_range': (1, 2) }。

使用下面的程序可以获得所有参数下的结果。

```
In[11]:## 将输出的所有搜索结果进行处理
        results=pd.DataFrame(gs_bbc_nb.cv_results_)
        ## 输出感兴趣的结果
        results2=results[["mean_test_score","std_test_score","params"]]
        results2=results2.sort_values(["mean_test_score"],
ascending=False)
        results2.head()
Out[11]:
```

	mean_test_score	std_test_score	params
70	0.973025	0.008759	{'mnb__alpha': 0.1, 'tfidf__norm': 'l2', 'vect__max_features': 5000, 'vect__ngram_range': (1, 2)}
94	0.971098	0.009825	{'mnb__alpha': 0.5, 'tfidf__norm': 'l2', 'vect__max_features': 5000, 'vect__ngram_range': (1, 2)}
112	0.970456	0.009218	{'mnb__alpha': 1, 'tfidf__norm': 'l2', 'vect__max_features': 2000, 'vect__ngram_range': (1, 2)}
67	0.970456	0.007094	{'mnb__alpha': 0.1, 'tfidf__norm': 'l2', 'vect__max_features': 3000, 'vect__ngram_range': (1, 2)}
64	0.970456	0.004806	{'mnb__alpha': 0.1, 'tfidf__norm': 'l2', 'vect__max_features': 2000, 'vect__ngram_range': (1, 2)}

针对获得的最好模型，可以对测试集进行预测，然后分析其在测试集上的预测精度，运行下面

的程序可获得在测试集上预测结果的混淆矩阵热力图，结果如图 9-4 所示。

```
In[12]:## 使用最好效果的模型对测试集进行预测
        gs_pre=gs_bbc_nb.best_estimator_.predict(X_test)
        ## 可视化对测试集的混淆矩阵
        lable_names=["sport","business","politics",
"tech","entertainment"]
        plot_confusion_matrix(confusion_matrix(y_test,gs_pre),
                              figsize=(10,8),class_names=lable_names)
        plt.title("朴素贝叶斯分类（参数搜索）")
        plt.show()
```

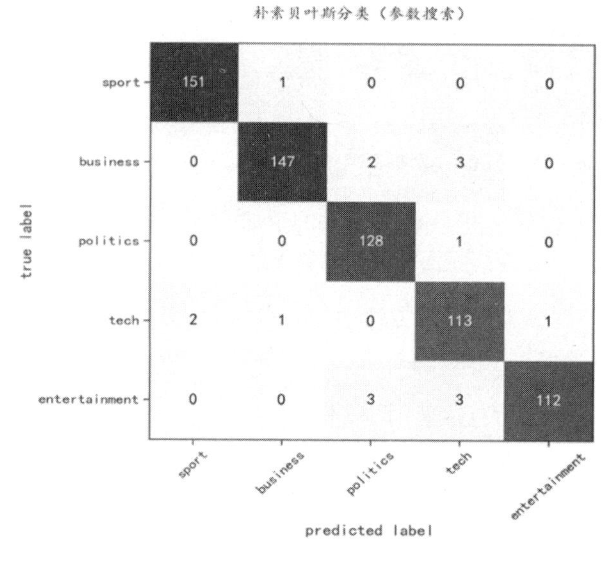

图 9-4　混淆矩阵热力图

从图 9-4 中可以发现，参数搜索获得的模型，在测试集上的预测效果很好，只有少数的几个样本预测错误。

针对每个类别的预测效果，也可以使用下面的程序可视化每个类别的 ROC 曲线进行分析，运行下面的程序，可获得如图 9-5 所示的 ROC 曲线。

```
In[13]:## 可视化每个类别的 ROC 曲线
       lable_names=["sport","business","politics","tech",
"entertainment"]
       colors=["r","b","g","m","k",]
       linestyles =["-", "--", "-.", ":", "-"]
       pre_score=gs_bbc_nb.best_estimator_.predict_proba(X_test)
       fig =plt.figure(figsize=(8,7))
```

```
for ii, color in zip(range(pre_score.shape[1]), colors):
    ## 计算绘制 ROC 曲线的取值
    fpr_ii, tpr_ii, _=roc_curve(y_test_lb[:,ii], pre_score[:,ii])
    plt.plot(fpr_ii, tpr_ii,color=color,linewidth=2,
             linestyle=linestyles[ii],
             label="class:"+lable_names[ii])
plt.plot([0, 1], [0, 1], 'k--')
plt.xlabel("假正率")
plt.ylabel("真正率")
plt.xlim(0,1)
plt.ylim(0,1)
plt.grid()
plt.legend()
plt.title("每个类别的 ROC 曲线")
## 添加局部放大图
inset_ax=fig.add_axes([0.3, 0.45, 0.4, 0.4],facecolor="white")
for ii, color in zip(range(pre_score.shape[1]), colors):
    ## 计算绘制 ROC 曲线的取值
    fpr_ii, tpr_ii, _=roc_curve(y_test_lb[:,ii], pre_score[:,ii])
    ## 局部放大图
    inset_ax.plot(fpr_ii, tpr_ii,color=color,linewidth=2,
                  linestyle=linestyles[ii])
    inset_ax.set_xlim([-0.01,0.1])
    inset_ax.set_ylim([0.88,1.01])
    inset_ax.grid()
plt.show()
```

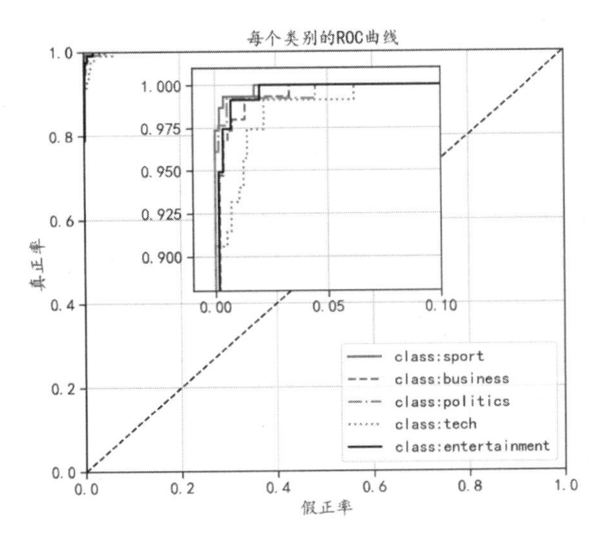

图 9-5　每个类别的 ROC 曲线

通过分析图 9-5 可以发现，sport 类的数据预测效果最好，tech 类的数据预测效果较差，而且整体预测效果很好。

9.3 贝叶斯网络数据分类

贝叶斯网络是探索特征之间因果关系的一种方法，因此本节将会使用预处理好的泰坦尼克号数据集，建立贝叶斯网络预测模型，分析乘客是否能够生存的因果关系。在 Python 中可以使用 pgmpy 库进行贝叶斯网络相关的分析，针对贝叶斯网络应用的示例，将从自定义贝叶斯网络结构、搜索所有网络结构与启发式搜索网络结构等几种方式进行相关介绍。

9.3.1 自定义贝叶斯网络结构

利用贝叶斯网络预测乘客是否存活之前，先准备要用到的数据，数据的预处理程序如下，主要进行了数据读取、剔除不重要的特征、连续特征进行数据分箱等操作，最后输出了数据的前几行，方便查看数据的内容。

```
In[1]:## 读取预处理后的泰坦尼克号数据
      Taidf=pd.read_csv("data/chap9/预处理后泰坦尼号训练数据.csv")
      Taidf=Taidf.drop("IsAlone",axis=1) ## 剔除一个不重要的变量
      ## 将年龄变量 Age 和 Fare 变量转化为分类变量
      X=Taidf[["Age","Fare"]].values
      Kbins =KBinsDiscretizer(n_bins=[3,3],     #每个变量分为 3 份
                              encode="ordinal",#分箱后的特征编码为整数
                              strategy="kmeans")#执行 k-均值聚类过程分箱策略
      X_Kbins=Kbins.fit_transform(X)
      X=Taidf[["Age","Fare"]]=np.int8(X_Kbins)
      print(Taidf.head())
Out[1]:   Survived  Pclass  Name  Sex  Age  SibSp  Parch  Fare  Embarked
      0         0       3     2    1    0      1      0     0         2
      1         1       1     3    0    1      1      0     0         0
      2         1       3     1    0    1      0      0     0         2
      3         1       1     3    0    1      1      0     0         2
      4         0       3     2    1    1      0      0     0         2
```

数据中每一个特征都是离散分类变量，针对该数据集可以使用其 75%作为训练集，剩下的作为测试集，数据的随机切分可以使用下面的程序，程序运行后训练集有 668 个样本，测试集有 223 个样本。

```
In[2]:## 随机选择 75%的数据作为训练集
      trainnum=round(Taidf.shape[0] * 0.75)
      np.random.seed(123)
```

```
        index=np.random.permutation(Taidf.shape[0])[0:trainnum]
        traindf=Taidf.iloc[index,:]
        testdf=Taidf.drop(index,axis=0)
        test_Survived=testdf["Survived"]
        print("训练样本:",traindf.shape)
        print("测试样本:",testdf.shape)
Out[2]:训练样本: (668,9)
       测试样本: (223,9)
```

贝叶斯网络的建立可以使用 pgmpy 库中的 BayesianModel()函数，其中使用的贝叶斯网络结构可以通过一个列表来指定。下面的程序中，BayesianModel()函数中的一个列表指定了贝叶斯网络的结构，列表中每个元组中的两个元素指定了一条边的起点和终点。该贝叶斯网络可以使用 graphviz 库将其结构进行可视化，运行下面的程序后，贝叶斯网络结构如图 9-6 所示。

```
In[3]:## 根据前面的决策树模型，自定义一个简单的贝叶斯网络
        model=BayesianModel([("Fare","Survived"), ("Pclass","Survived"),
                             ("SibSp","Survived"),("Pclass","Fare"),
                             ("Name", "Pclass"),("Name","SibSp"),
                             ("Sex", "Pclass"),("Sex","Name")])
        ## 调用 graphviz 绘制贝叶斯网络的结构图
        node_attr=dict(shape="ellipse",color="lightblue2", style="filled")
        dot=Digraph(node_attr=node_attr)  # 定义一个图
        dot.attr(rankdir="LR")   # 指定图的可视化方向为左右
        edges=model.edges()    # 获取网络的边
        for a,b in edges:
            dot.edge(a,b)
        dot
```

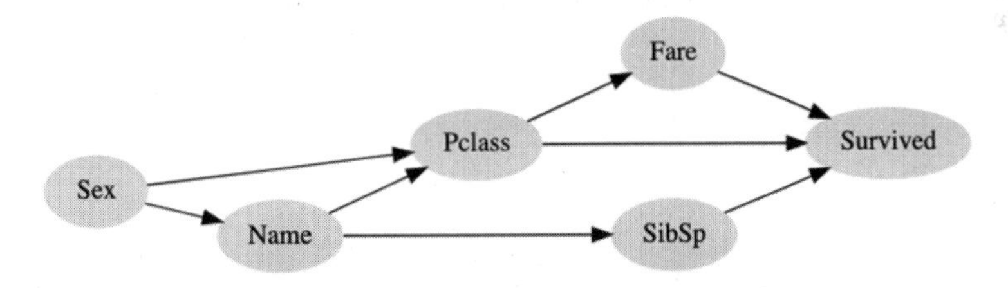

图 9-6 自定义的贝叶斯网络结构

针对定义好的贝叶斯网络模型 model，使用其 fit()方法利用训练数据进行训练（注意：使用的训练数据表中的特征，只能包含网络中所包含的节点），在使用 fit()方法时使用 estimator 参数指定参数优化时使用的方法，例如使用贝叶斯估计器 BayesianEstimator。针对训练好的模型，可以使用 predict()方法对测试集进行预测，程序如下：

```
In[4]:## 模型使用的变量
        usevarb=list(model.nodes())
```

```
        model_traindf=traindf[usevarb]
        model_testdf=testdf[usevarb]
        model_testdf=model_testdf.drop(["Survived"],axis=1)
        ## 根据数据拟合模型
        model.fit(data=model_traindf,estimator=BayesianEstimator)
        ## 使用模型对测试集进行预测
        model_pre=model.predict(model_testdf)
        model_acc=accuracy_score(test_Survived.values,model_pre)
        print("贝叶斯网络在测试集上的精度为:",model_acc)
Out[4]:00%|██████████████| 41/41 [00:00<00:00, 186.23it/s]
          贝叶斯网络在测试集上的精度为: 0.6143497757847534
```

从上面程序的输出结果中可以发现，自定义的网络在测试集上的预测精度为 0.6143，精度并不高。

9.3.2 搜索所有网络结构

pgmpy 库中提供了搜索所有网络结构的网络优化方法，其可以利用数据中的所有特征搜索所有可能的网络结构，从而获取一个最优的网络结构，但是因为特征越多，网络结构也会越大，所以该方法只适用于数据中特征数量较少的数据，一般要求特征数量小于 5。

下面的程序中，使用了数据中的 3 个自变量和一个因变量，利用 ExhaustiveSearch 进行网络搜索，希望获得最优的网络结构，并且网络的排名根据 BIC 取值的大小进行排序，运行下面的程序，可获得网络搜索的最优网络结构 best_model，其网络结构的可视化图像如图 9-7 所示。

```
In[5]:## 根据数据中的 3 个有变量利用 ExhaustiveSearch 进行网络搜索
        model_estraindf=traindf[["Name","Sex","Pclass","Survived"]]
        model_estestdf=testdf[["Name","Sex","Pclass"]]
        bic=BicScore(model_estraindf)
        # bic.score(BayesianModel([("Sex","Survived")]))
        model_es=ExhaustiveSearch(model_estraindf, scoring_method=bic)
        best_model=model_es.estimate()
        ## 调用 graphviz 绘制贝叶斯网络的结构图
        node_attr=dict(shape="ellipse",color="lightblue2", style="filled")
        dot=Digraph(node_attr=node_attr)   # 定义一个图
        dot.attr(rankdir="LR")    # 指定图的可视化方向为左右
        edges=best_model.edges()     # 获取网络的边
        for a,b in edges:
            dot.edge(a,b)
        dot
```

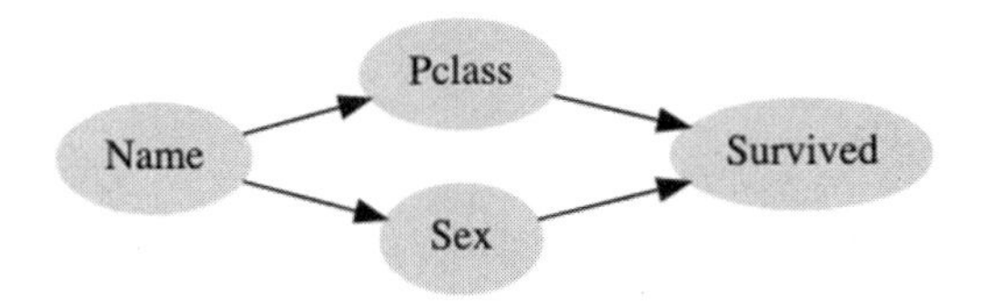

图 9-7 搜索到的最优网络结构

针对参数搜索结果，可以使用下面的程序将所有贝叶斯网络结构和对应的 BIC 得分整理为数据表。

```
In[6]:## 输出不同的网络对应的 BIC 值,评分越高，网络越合理
      bicscore=[]
      nbgraph=[]
      for score,dag in reversed(model_es.all_scores()):
          bicscore.append(score)
          nbgraph.append(dag.edges())
      ## 组成数据表格
      model_esdf=pd.DataFrame(data={"bicscore":bicscore,
"nbgraph":nbgraph})
      model_esdf.head()
Out[6]:
```

	bicscore	nbgraph
0	-1789.665184	((Name, Sex), (Pclass, Survived), (Pclass, Name), (Sex, Survived))
1	-1789.665184	((Name, Pclass), (Pclass, Survived), (Sex, Survived), (Sex, Name))
2	-1789.665184	((Name, Pclass), (Name, Sex), (Pclass, Survived), (Sex, Survived))
3	-1801.414656	((Name, Sex), (Pclass, Survived), (Sex, Survived))
4	-1801.414656	((Pclass, Survived), (Sex, Survived), (Sex, Name))

从数据表的输出结果可以发现，前 3 种贝叶斯网络的 BIC 得分是一样的。下面将获得的 3 种网络结构分别可视化，程序如下：

```
In[7]:## 调用 graphviz 绘制贝叶斯网络的结构图
      node_attr=dict(shape="ellipse",color="lightblue2", style="filled")
      ## 可视化第一个网络
      dot=Digraph(node_attr=node_attr)
      dot.attr(rankdir="LR")
      edges=nbgraph[0]
      for a,b in edges:
          dot.edge(a,b)
      dot
```

运行上面的程序可获得第一种贝叶斯网络结构，如图 9-8 所示。

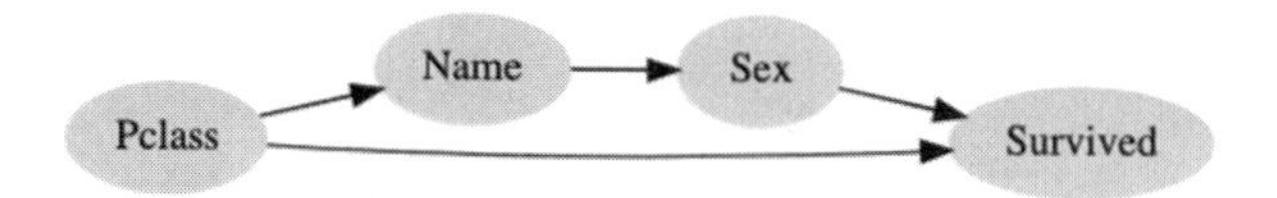

图 9-8　第一种贝叶斯网络结构

```
In[8]:## 可视化第二个网络
      dot=Digraph(node_attr=node_attr)
      dot.attr(rankdir="LR")
      edges=nbgraph[1]
      for a,b in edges:
          dot.edge(a,b)
      dot
```

运行上面的程序可获得第二种贝叶斯网络结构，如图 9-9 所示。

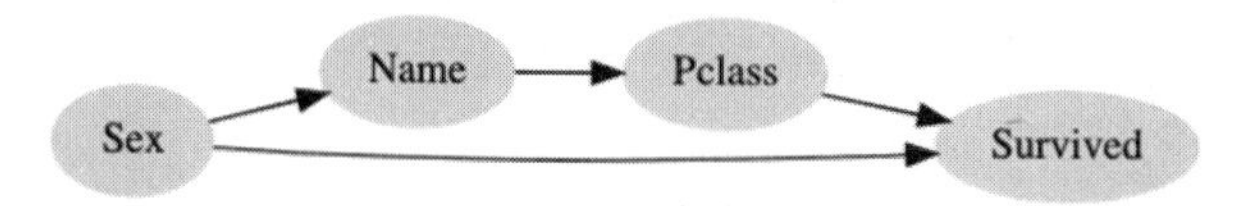

图 9-9　第二种贝叶斯网络结构

```
In[9]:## 可视化第三个网络
      dot=Digraph(node_attr=node_attr)
      dot.attr(rankdir="LR")
      edges=nbgraph[2]
      for a,b in edges:
          dot.edge(a,b)
      dot
```

运行上面的程序可获得第三种贝叶斯网络结构，如图 9-10 所示。

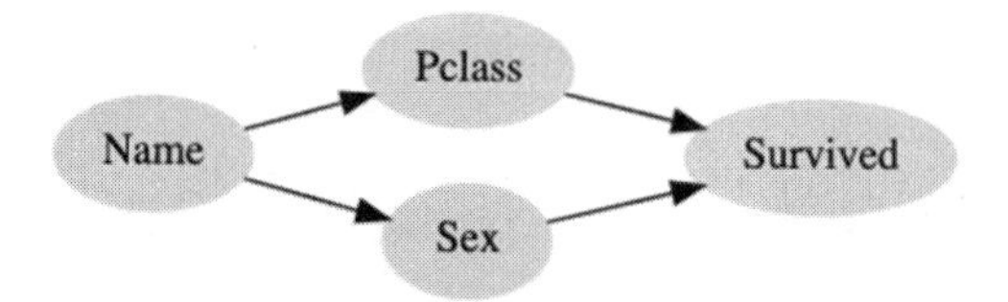

图 9-10　第三种贝叶斯网络结构

针对最好的贝叶斯网络结构，可以使用数据进行模型的训练和预测，运行下面的程序可以发现搜索获得的最好的贝叶斯网络在测试集上的预测精度为 0.744，和人工自定义的网络相比，预测精度提升了很多。

```
In[10]:## 使用最好的网络建立模型并预测测试集的精度
       best_model=BayesianModel(best_model.edges())
       best_model.fit(data=model_estraindf,estimator=BayesianEstimator)
```

```
        model_pre=best_model.predict(model_estestdf)
        model_acc=accuracy_score(test_Survived.values,model_pre)
        print("贝叶斯网络在测试集上的精度为:",model_acc)
Out[10]:100%|██████████████| 13/13 [00:00<00:00, 3929.80it/s]
         贝叶斯网络在测试集上的精度为: 0.7443946188340808
```

9.3.3 启发式搜索网络结构

如果数据中特征的数量较多，可以使用启发式搜索算法，获取较优的网络结构，例如，使用 HillClimbSearch()（爬山搜索方法）。运行下面的程序后，贝叶斯网络结构如图 9-11 所示。

```
In[11]:## 启发式搜索网络结构
        bic=BicScore(traindf)
        hc=HillClimbSearch(traindf, scoring_method=bic)
        best_model=hc.estimate()
        ## 调用 graphviz 绘制贝叶斯网络的结构图
        node_attr=dict(shape="ellipse",color="lightblue2", style="filled")
        dot=Digraph(node_attr=node_attr)  # 定义一个图
        dot.attr(rankdir="LR")    # 指定图的可视化方向为左右
        edges=best_model.edges()     # 获取网络的边
        for a,b in edges:
            dot.edge(a,b)
        dot
```

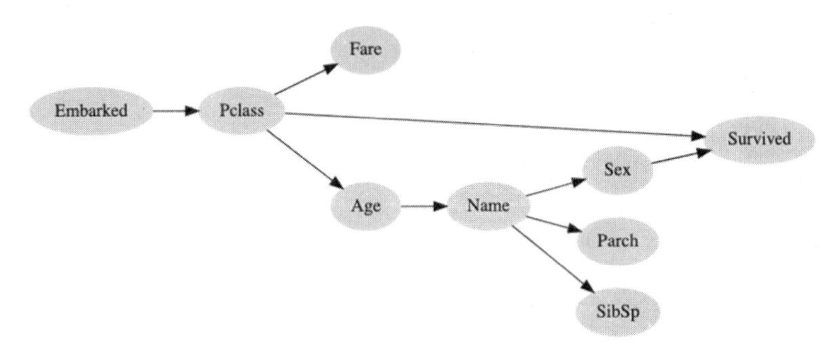

图 9-11　启发式搜索获得的贝叶斯网络结构

针对图 9-11 所示的贝叶斯网络结构，同样可以使用 BayesianModel()函数建立贝叶斯预测模型，程序如下：

```
In[12]:## 使用最好的网络建立模型并预测测试集的精度
        best_model=BayesianModel(best_model.edges())
        best_model.fit(data=traindf,estimator=BayesianEstimator)
        model_pre=best_model.predict(testdf.drop("Survived",axis=1))
        model_acc=accuracy_score(test_Survived.values,model_pre)
        print("贝叶斯网络在测试集上的精度为:",model_acc)
```

```
100%|██████████████| 113/113 [00:00<00:00, 278.80it/s]
贝叶斯网络在测试集上的精度为: 0.7443946188340808
```

程序运行后，从输出的测试集预测精度中可以发现，虽然获得的贝叶斯网络更加复杂，但是网络的预测精度并没有显著提升，只是说明该贝叶斯网络有利于直观地分析数据特征之间的关系。

9.4 K–近邻算法

K–近邻算法可以用于数据的分类和回归问题，本节将会介绍使用 K–近邻分类对信用卡是否违约进行分析，以及使用 K–近邻回归来预测房价。

9.4.1 K–近邻数据分类

1. 数据准备和探索

要使用 K–近邻分类算法，首先需要准备使用到的数据，该数据有 23 个自变量，从 X1～X23 和一个待预测变量——类别标签 Y。

```
In[1]:## 读取信用卡数据
      credit=pd.read_excel("data/chap9/default of credit card clients.xls")
      credit=credit.drop(labels=["ID"],axis=1)  # 剔除变量 ID
      credit.head(5)
Out[1]
```

	X1	X2	X3	X4	X5	X6	X7	X8	X9	X10	...	X15	X16	X17	X18	X19	X20	X21	X22	X23	Y
0	20000	2	2	1	24	2	2	-1	-1	-2	...	0	0	0	0	689	0	0	0	0	1
1	120000	2	2	2	26	-1	2	0	0	0	...	3272	3455	3261	0	1000	1000	1000	0	2000	1
2	90000	2	2	2	34	0	0	0	0	0	...	14331	14948	15549	1518	1500	1000	1000	1000	5000	0
3	50000	2	2	1	37	0	0	0	0	0	...	28314	28959	29547	2000	2019	1200	1100	1069	1000	0
4	50000	1	2	1	57	-1	0	-1	0	0	...	20940	19146	19131	2000	36681	10000	9000	689	679	0

5 rows × 24 columns

针对类别标签 Y 的取值情况，可以发现有 23 364 个样本取值为 0，另外 6636 个样本取值为 1。

```
In[2]:## 查看类别标签 Y 的比例
      credit["Y"].value_counts() ## 可以发现取值为 1 的数据大约是取值为 0 的 1/4
Out[2]:0     23364
      1     6636
      Name: Y, dtype: int64
```

数据读取后开始进行数据清洗和预处理操作，先将数据切分为训练集和测试集，然后对 23 个自变量进行标准化预处理。

```
In[3]:## 将数据切分为训练集和测试集，其中训练集 70%，测试集 30%
```

```
        X_train,X_test,y_train,y_test=train_test_split(
            credit.iloc[:,0:23],credit["Y"],test_size=0.3, random_state=0)
        print("X_train.shape:",X_train.shape)
        print("X_test.shape:",X_test.shape)
        ## 对数据进行标准化预处理
        std= StandardScaler()
        X_train_s=std.fit_transform(X_train)
        X_test_s=std.transform(X_test)
Out[3]:X_train.shape: (21000,23)
        X_test.shape: (9000,23)
```

因为标准化后的数据是一个高维分类数据，因此可以使用平行坐标图，可视化数据中的样本取值在各个特征上的变化趋势。由于数据样本较多，为了可视化效果，此处随机抽取 200 个样本进行可视化，程序如下，可视化结果如图 9-12 所示。

```
In[4]:## 挑选出部分样本使用平行坐标图对数据进行可视化
        plotnum=200
        plotdata=pd.DataFrame(data=X_train_s[0:plotnum ,:],
         columns= X_train.columns)
        plotdata["Y"]=y_train.values[0:plotnum ]
        plt.figure(figsize=(16,8))
        parallel_coordinates(plotdata, class_column="Y",
                             color=["red","blue"],alpha=0.7)
        plt.title("平行坐标图")
        plt.ylim([-2.5,10])
        plt.legend(loc=2)
        plt.show()
```

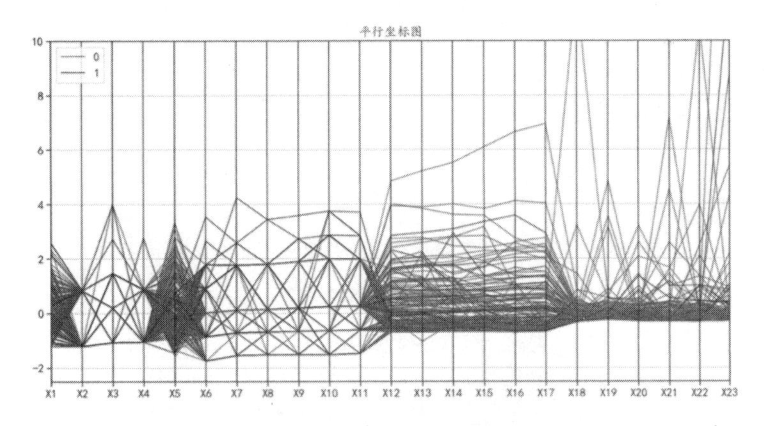

图 9-12 平行坐标图可视化

下面在对数据不进行特征提取或降维等操作时，使用不同的近邻数量，进行 K-近邻分类算法，计算出不同近邻下在测试集上的预测精度。运行下面的程序可获得如下结果，即测试集上的预测精度随着近邻数量的变化而变化，如图 9-13 所示。

```
In[5]:## 对标准化后的数据训练 K-近邻分类
        n_neighbors=np.arange(5,70,5)
        test_acc=[]
        for n_neighbor in n_neighbors:
            knncla=KNeighborsClassifier(n_neighbors=n_neighbor,
                                        weights="distance",n_jobs=4)
            knncla.fit(X_train_s,y_train.values) # 标准化后数据训练模型
            ## 计算测试集上的预测精度
            test_acc.append(knncla.score(X_test_s,y_test.values))
        ## 可视化在测试集上的预测精度
        plt.figure(figsize=(10,6))
        plt.plot(n_neighbors,test_acc,"b-s",label="测试集")
        plt.legend()
        plt.grid()
        plt.xlabel("近邻数量")
        plt.ylabel("精度")
        plt.title("K-近邻分类器（数据标准化后）")
        plt.show()
```

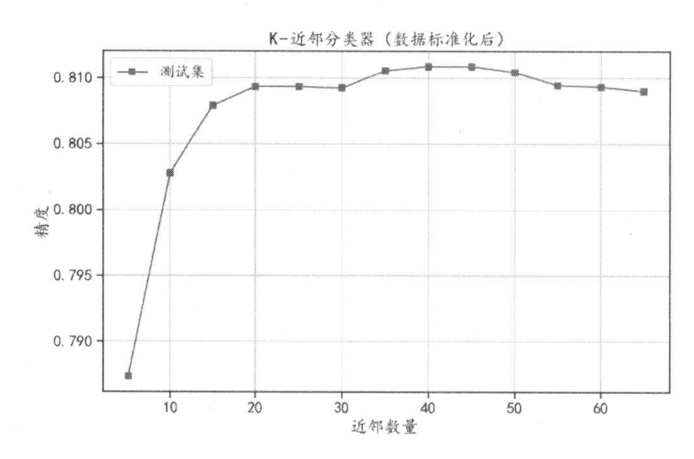

图 9-13　预测精度随着近邻数量变化的波动情况

从图 9-13 的分析结果中可以发现，在不进行特征提取与降维操作下，测试集上的最高预测精度约为 0.81。下面将探索利用不同类型的数据降维进行特征提取后，再使用 K-近邻分类器时，在测试集上的预测效果。数据降维提取特征有两种方式，一种是无监督方式，另一种是有监督方式。

2. 无监督的数据降维提取特征

针对无监督的数据降维方法，在数据降维时不会用到数据的类别标签信息，因此使用更多的是如主成分分析、稀疏主成分分析、t-SNE 等优秀的无监督数据降维提取特征的方法，这里主要介绍

使用稀疏主成分分析和 t-SNE 两种方法。

首先介绍使用稀疏主成分分析进行降维并提取特征，然后针对降维后的特征进行 K-近邻分类，先使用 SparsePCA()将数据降维到二维空间中，程序如下：

```
In[6]:## 使用 SparsePCA 算法对数据进行降维，以便获取主要的特征变换
      pca=SparsePCA(n_components=2,alpha =0.05,
                    random_state=10,n_jobs=4)
      X_train_pca=pca.fit_transform(X_train_s)
      X_test_pca=pca.fit_transform(X_test_s)
      print("X_train_pca.shape",X_train_pca.shape)
      print("X_test_pca.shape",X_test_pca.shape)
Out[6]:X_train_pca.shape (21000, 2)
       X_test_pca.shape (9000, 2)
```

针对获取的二维数据，可以使用散点图进行数据可视化。运行下面的程序后结果如图 9-14 所示。

```
In[7]:## 使用散点图可视化训练数据在空间中的分布
      x=X_train_pca[:,0]
      y=X_train_pca[:,1]
      label=y_train.values
      plt.figure(figsize=(10,6))
      plt.plot(x[label==0],y[label==0],"rs",label="class 0",alpha=0.5)
      plt.plot(x[label==1],y[label==1],"b^",label="class 1",alpha=0.5)
      plt.legend()
      plt.grid()
      plt.title("SparsePCA:数据的空间分布")
      plt.show()
```

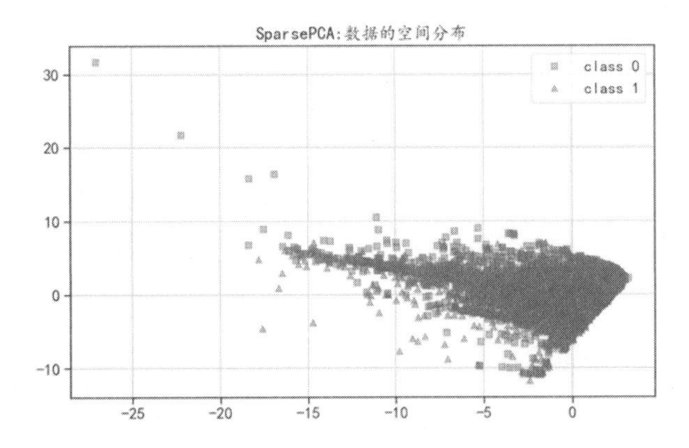

图 9-14　SparsePCA 降维后的数据分布

针对降维后的数据使用 K-近邻算法进行数据分类，同时可视化出在测试数据集上随着近邻数量变化导致分类精度的变化情况，并针对最优的 K-近邻分类模型，可视化出数据的分类边界，运行下

面的程序后 K-近邻分类结果如图 9-15 所示。

```
In[8]:## 对 SPCA 的数据训练 K-近邻分类器
      n_neighbors=np.arange(5,70,5)
      test_acc=[]
      for n_neighbor in n_neighbors:
          knncla=KNeighborsClassifier(n_neighbors=n_neighbor,
                                      weights="distance",n_jobs=4)
          knncla.fit(X_train_pca,y_train.values) # 过采样数据训练模型
          ## 计算测试集上的误差
          test_acc.append(knncla.score(X_test_pca,y_test.values))
      ## 结果可视化
      plt.figure(figsize=(14,7))
      ## 可视化在测试集上的预测精度
      plt.subplot(1,2,1)
      plt.plot(n_neighbors,test_acc,"b-s",label="测试集")
      plt.legend()
      plt.grid()
      plt.xlabel("近邻数量")
      plt.ylabel("精度")
      plt.title("K-近邻分类器（SparsePCA）")
      ## 可视化 K-近邻分类器的决策面
      plt.subplot(1,2,2)
      plot_decision_regions(X_test_pca,y_test.values,clf=knncla,
legend=2)
      plt.title("K-近邻分类器,n_neighbors="+str(knncla.n_neighbors))
      plt.tight_layout()
      plt.show()
```

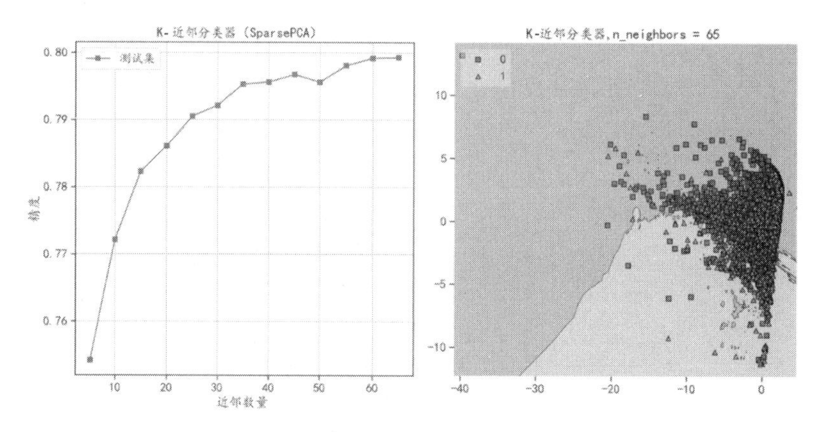

图 9-15　K-近邻分类效果

从图 9-15 左边的图像中可以看出随着近邻数量的增加，K-近邻分类在测试集上预测精度的变

化情况；右边图像为最优分类精度下，K-近邻分类器的数据分割平面，从图像中可以发现最优的分类精度接近 0.80。

下面使用 t-SNE 数据降维算法，同样将高维数据降维到二维空间中，可以使用 TSNE()来完成，程序如下：

```
In[9]:## 使用 TSNE 算法对数据进行降维，以便获取主要的特征变换
      tsne=TSNE(n_components=2,random_state=10,n_jobs=4)
      X_train_tsne=tsne.fit_transform(X_train_s)
      X_test_tsne=tsne.fit_transform(X_test_s)
      print("X_train_tsne.shape",X_train_tsne.shape)
      print("X_test_tsne.shape",X_test_tsne.shape)
Out[9]:X_train_tsne.shape (21000, 2)
       X_test_tsne.shape (9000, 2)
```

将数据降维到二维空间后，可以使用下面的程序可视化训练数据集上两种数据在空间中的分布情况，程序运行后的结果如图 9-16 所示。

```
In[10]:## 使用散点图可视化训练数据在空间中的分布
       x=X_train_tsne[:,0]
       y=X_train_tsne[:,1]
       label=y_train.values
       plt.figure(figsize=(10,6))
       plt.plot(x[label==0],y[label==0],"rs",label="class 0",alpha=0.5)
       plt.plot(x[label==1],y[label==1],"b^",label="class 1",alpha=0.5)
       plt.legend()
       plt.grid()
       plt.title("TSNE:数据的空间分布")
       plt.show()
```

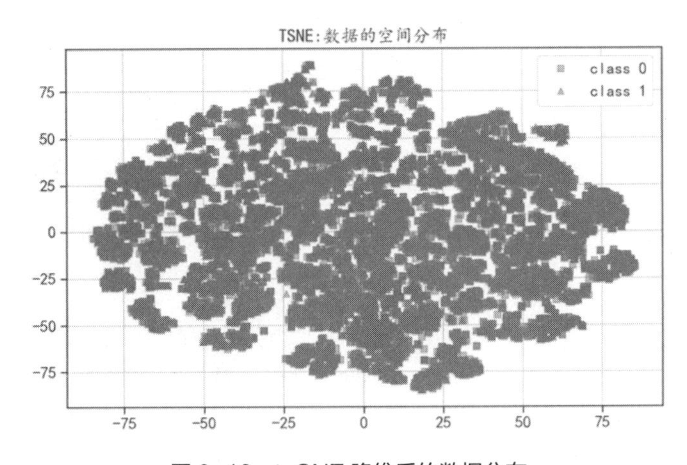

图 9-16　t-SNE 降维后的数据分布

针对 t-SNE 降维后的数据使用下面的程序进行 K-近邻算法分类，同时可视化出在测试集上随着近邻数量的变化，分类精度的变化情况。针对最优的 K-近邻分类模型，可视化出数据的分类边界，运行下面的程序后，K-近邻分类结果如图 9-17 所示。

```
In[11]:## 对 TSNE 的数据训练 K-近邻分类器
       n_neighbors=np.arange(5,70,5)
       test_acc=[]
       for n_neighbor in n_neighbors:
           knncla=KNeighborsClassifier(n_neighbors=n_neighbor,
                                       weights="distance",n_jobs=4)
           knncla.fit(X_train_tsne,y_train.values) # 过采样数据训练模型
           ## 计算测试集上的误差
           test_acc.append(knncla.score(X_test_tsne,y_test.values))
       ## 结果可视化
       plt.figure(figsize=(14,7))
       ## 可视化在测试集上的预测精度
       plt.subplot(1,2,1)
       plt.plot(n_neighbors,test_acc,"b-s",label="测试集")
       plt.legend()
       plt.grid()
       plt.xlabel("近邻数量")
       plt.ylabel("精度")
       plt.title("K-近邻分类器（TSNE）")
       ## 可视化 K-近邻分类器的决策面
       plt.subplot(1,2,2)
       plot_decision_regions(X_test_tsne,y_test.values,
clf=knncla,legend=2)
       plt.title("K-近邻分类器,n_neighbors="+str(knncla.n_neighbors))
       plt.tight_layout()
       plt.show()
```

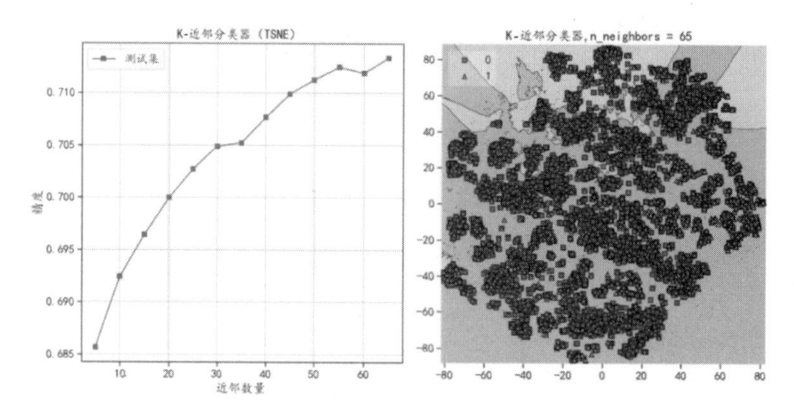

图 9-17　K-近邻分类效果

图 9-17 中左边的图像是随着近邻数量的增加，K-近邻分类在测试集上预测精度的变化情况，右边图像为最优分类精度下，K-近邻分类器的数据分割平面。从图像中可以发现，最优的分类精度低于 0.71，说明在该数据上使用 t-SNE 算法降维后提取的特征，再进行 K-近邻分类时效果并不好。

3. 有监督的数据降维提取特征

前面介绍了两种无监督的数据降维提取特征，并进行 K-近邻分类的方法，下面介绍两种有监督的数据降维提取特征，然后进行 K-近邻分类的方法，分别是 LinearSEF 数据降维算法和线性判别分析（LDA）降维算法。

LinearSEF 数据降维算法可以使用 sef_dr 库中的 LinearSEF()函数来完成，其中参数 output_dimensionality 可以指定输出的特征数量，LinearSEF 的 fit()方法可以利用训练数据训练模型，使用 target_labels 参数指定数据中样本的类别标签，使用下面的程序可训练模型，程序中同时还可视化出了模型训练过程中损失函数的变化情况，如图 9-18 所示。

```
In[12]:## 使用 LinearSEF 数据降维算法，输出两个特征
       linear_sef=sef_dr.LinearSEF(input_dimensionality=X_train_s.shape
[1],output_dimensionality=2)
       ## 有监督降维算法训练 50 个 epochs
       loss=linear_sef.fit(data=X_train_s, target_labels=y_train.values,
                           target="supervised",epochs=50,
       regularizer_weight=0.01,
                             learning_rate=0.01, batch_size=256)
       ## 可视化出损失函数的变化情况
       plt.figure(figsize=(10,6))
       plt.plot(np.arange(loss.shape[0]), loss)
       plt.grid()
       plt.title("LinearSEF 训练过程中损失函数的变化情况")
       plt.xlabel("Epoch")
       plt.ylabel("Loss")
       plt.show()
```

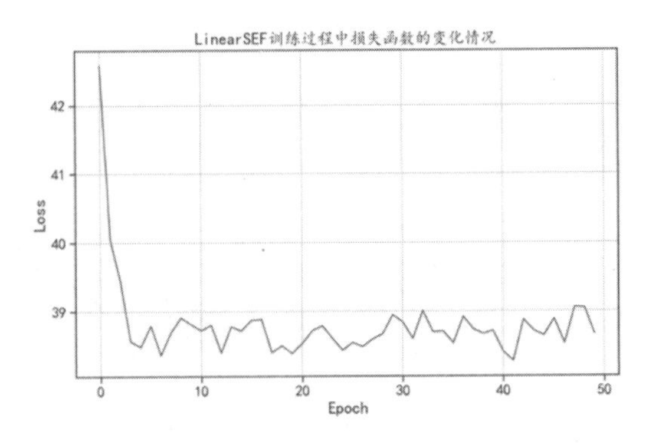

图 9-18　损失函数的变化情况

对训练好的模型使用 transform()方法，即可对原始数据进行特征提取和降维，针对在训练集和测试集上获得的新特征，可以利用散点图进行可视化，观察数据的分布情况，程序运行后的结果如图 9-19 所示。

```
In[13]:##   获取在训练集和测试集上降维后的特征
        X_train_sef=linear_sef.transform(X_train_s)
        X_test_sef=linear_sef.transform(X_test_s)
        print("X_train_sef.shape",X_train_sef.shape)
        print("X_test_sef.shape",X_test_sef.shape)
        ## 使用散点图可视化训练数据在空间中的分布
        x=X_train_sef[:,0]
        y=X_train_sef[:,1]
        label=y_train.values
        plt.figure(figsize=(10,6))
        plt.plot(x[label==0],y[label==0],"rs",label="class 0",alpha=0.5)
        plt.plot(x[label==1],y[label==1],"b^",label="class 1",alpha=0.5)
        plt.legend()
        plt.grid()
        plt.title("LinearSEF:数据的空间分布")
        plt.show()
Out[13]:X_train_sef.shape (21000,2)
         X_test_sef.shape (9000,2)
```

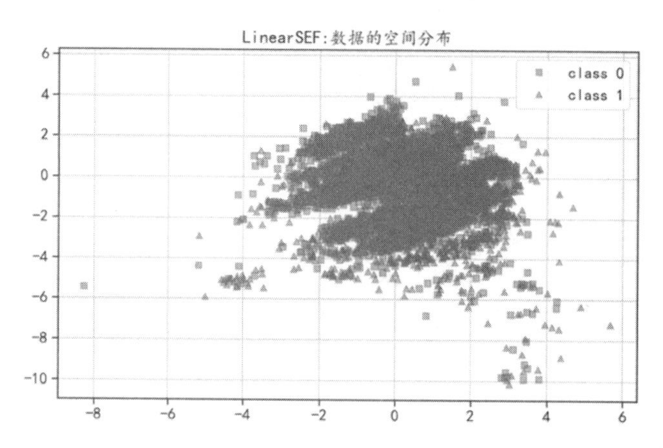

图 9-19　数据降维后的空间分布情况

下面对提取获得的特征进行 K-近邻分类，并且可视化出不同的近邻数量对 K-近邻模型预测精度的影响，同时还可视化出最后的 K-近邻模型的分界面在测试集上的分类效果，程序运行后的结果如图 9-20 所示。

```
In[14]:## 使用K-近邻算法，分析不同的K值对测试集精度的影响
        n_neighbors=np.arange(5,70,5)
```

```
        test_acc=[]
        for n_neighbor in n_neighbors:
            knncla=KNeighborsClassifier(n_neighbors=n_neighbor,
                                        weights="distance",n_jobs=4)
            knncla.fit(X_train_sef,y_train.values) # 训练模型
            ## 计算测试集上的误差
            test_acc.append(knncla.score(X_test_sef,y_test.values))
        ## 结果可视化
        plt.figure(figsize=(14,7))
        ## 可视化在测试集上的预测精度
        plt.subplot(1,2,1)
        plt.plot(n_neighbors,test_acc,"b-s",label="测试集")
        plt.legend()
        plt.grid()
        plt.xlabel("近邻数量")
        plt.ylabel("精度")
        plt.title("K-近邻分类器（LinearSEF）")
        ## 可视化 K-近邻在数据集上的分类器决策面
        plt.subplot(1,2,2)
        plot_decision_regions(X_test_sef,y_test.values,
clf=knncla,legend=2)
        plt.title("K-近邻分类器,n_neighbors="+str(knncla.n_neighbors))
        plt.tight_layout()
        plt.show()
```

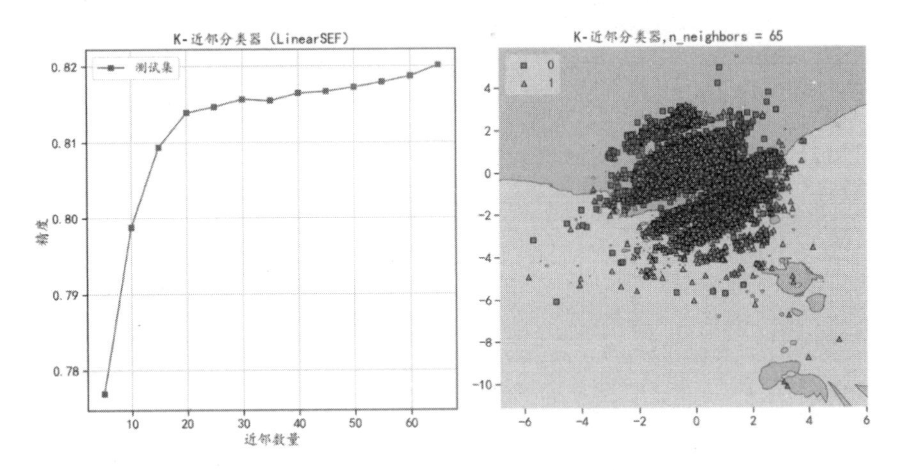

图 9-20　LinearSEF 特征下的 K-近邻分类效果

从图 9-20 中左边图像中可以看出是随着近邻数量的增加，K-近邻分类在测试集上预测精度的变化情况，右边图像为最优分类精度下，K-近邻分类器的数据分割平面。从图 9-20 中可以发现最优的分类精度达到了 0.82，说明使用 LinearSEF 算法降维后提取的特征，相对于数据的原始特征

具有更强的判别能力，在进行 K−近邻分类时效果会更好。

下面介绍另一种有监督的数据降维方法——线性判别分析（LDA）降维算法，因为该模型会将数据的原始特征投影到$c-1$维的空间中，其中c表示数据的类别数量，所以二分类数据在利用 LDA 算法进行数据降维后，只能获取一个特征。在下面的程序中，首先使用了 sklearn 库中的 LinearDiscriminantAnalysis()函数进行数据降维，提取到一维特征；然后分析不同的近邻数量对 K−近邻分类效果的影响，同时将分析结果进行可视化，如图 9-21 所示。

```
In[15]:## 使用 LDA 降维，并进行可视化分析
       lda=LinearDiscriminantAnalysis()
       lda.fit(X_train,y_train.values)
       X_train_lda=lda.transform(X_train)
       X_test_lda=lda.transform(X_test)
       print("X_train_lda.shape",X_train_lda.shape)
       print("X_test_lda.shape",X_test_lda.shape)
Out[15]:X_train_lda.shape (21000, 1)
        X_test_lda.shape (9000, 1)
In[16]:## 使用 K-近邻算法，分析不同的 K 值对测试集精度的影响
       n_neighbors=np.arange(5,70,5)
       test_acc=[]
       for n_neighbor in n_neighbors:
           knncla=KNeighborsClassifier(n_neighbors=n_neighbor,
                                       weights="distance",n_jobs=4)
           knncla.fit(X_train_lda,y_train.values) # 训练模型
           ## 计算测试集上的误差
           test_acc.append(knncla.score(X_test_lda,y_test.values))
       ## 结果可视化
       plt.figure(figsize=(14,7))
       ## 可视化在测试集上的预测精度
       plt.subplot(1,2,1)
       plt.plot(n_neighbors,test_acc,"b-s",label="测试集")
       plt.legend()
       plt.grid()
       plt.xlabel("近邻数量")
       plt.ylabel("精度")
       plt.title("K-近邻分类器(LDA)")
       ## 可视化 K-近邻在数据集上的分类器决策面
       plt.subplot(1,2,2)
       plot_decision_regions(X_test_lda,y_test.values,clf=knncla,
legend=2)
       plt.title("K-近邻分类器,n_neighbors="+str(knncla.n_neighbors))
       plt.tight_layout()
       plt.show()
```

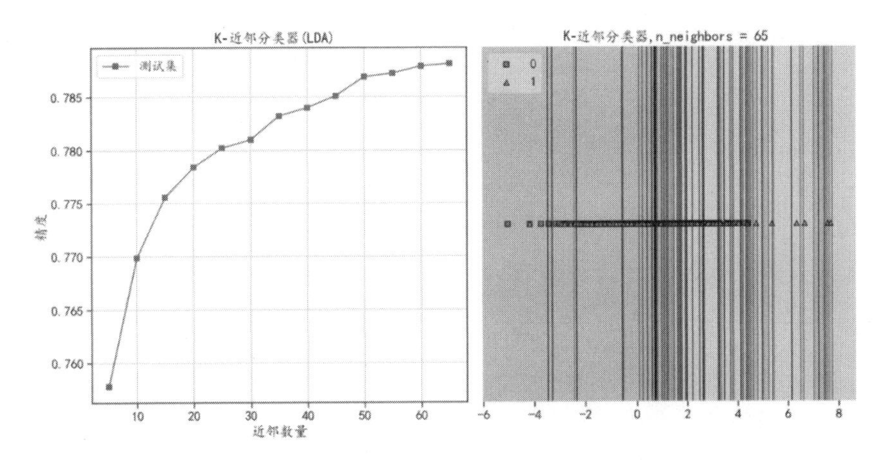

图 9-21 LDA 特征下的 K-近邻分类效果

图 9-21 中左边的图像是随着近邻数量的增加，K-近邻分类在测试集上预测精度的变化情况，右边图像为最优分类精度下，K-近邻分类器的数据分割平面。从图像中可以发现，最优的分类精度约为 0.79，说明使用 LDA 算法降维后提取的特征，相对于数据的原始特征来说虽然判别能力变弱，但相对于 t-SNE 特征具有更强的 K-近邻分类效果，而且只使用了 1 个特征，因此其 K-近邻分类器的空间分割面是一条条竖线。

4. 使用更高维度的特征进行 K-近邻分类

通过前面的特征提取和 K-近邻分类的分析可以知道，使用有监督的特征降维方法 LinearSEF，获得的二维特征具有更高的 K-近邻分类精度。下面分析如果从原始数据中使用 LinearSEF 算法，获得更高维度的特征，以及是否可以增强 K-近邻分类精度。下面的程序中是将数据降维到五维，并可视化出算法的损失函数收敛情况，程序运行后的结果如图 9-22 所示。

```
In[17]:## 使用 LinearSEF 降维，输出 5 个特征
       linear_sef=sef_dr.LinearSEF(input_dimensionality=
X_train_s.shape[1],output_dimensionality=5)
       ## 有监督降维算法训练 100 个 epochs
       loss=linear_sef.fit(data=X_train_s, target_labels=y_train.values,
                           target="supervised", epochs=100,
        regularizer_weight=0.01,
                           learning_rate=0.001, batch_size=256)
       ## 获取在训练集和测试集上降维后的特征
       X_train_sef=linear_sef.transform(X_train_s)
       X_test_sef=linear_sef.transform(X_test_s)
       print("X_train_sef.shape",X_train_sef.shape)
       print("X_test_sef.shape",X_test_sef.shape)
       ## 可视化出损失函数的变化情况
       plt.figure(figsize=(10,6))
```

```
        plt.plot(np.arange(loss.shape[0]), loss)
        plt.grid()
        plt.title("LinearSEF 训练过程中损失函数的变化情况")
        plt.xlabel("Epoch")
        plt.ylabel("Loss")
        plt.show()
        X_train_sef.shape (21000, 5)
        X_test_sef.shape (9000, 5)
```

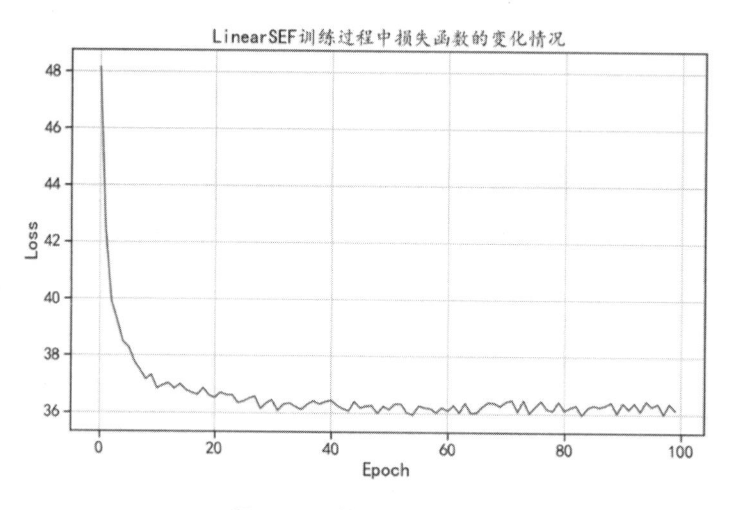

图 9-22　算法的收敛情况

针对获取的 5 个特征，使用下面的程序可以对数据进行 K-近邻分类，同时将不同近邻数量下在测试集上的预测精度进行可视化，程序运行后的结果如图 9-23 所示。

```
In[18]:## 使用 K-近邻算法，分析不同的 K 值对测试集精度的影响
       n_neighbors=np.arange(5,70,5)
       test_acc=[]
       for n_neighbor in n_neighbors:
           knncla=KNeighborsClassifier(n_neighbors=n_neighbor,
                                       weights="distance",n_jobs=4)
           knncla.fit(X_train_sef,y_train.values) # 训练模型
           ## 计算测试集上的误差
           test_acc.append(knncla.score(X_test_sef,y_test.values))
       ## 结果可视化
       plt.figure(figsize=(10,6))
       ## 可视化在测试集上的预测精度
       plt.plot(n_neighbors,test_acc,"b-s",label="测试集")
       plt.legend()
       plt.grid()
```

```
        plt.xlabel("近邻数量")
        plt.ylabel("精度")
        plt.title("K-近邻分类器(LinearSEF)")
        plt.show()
```

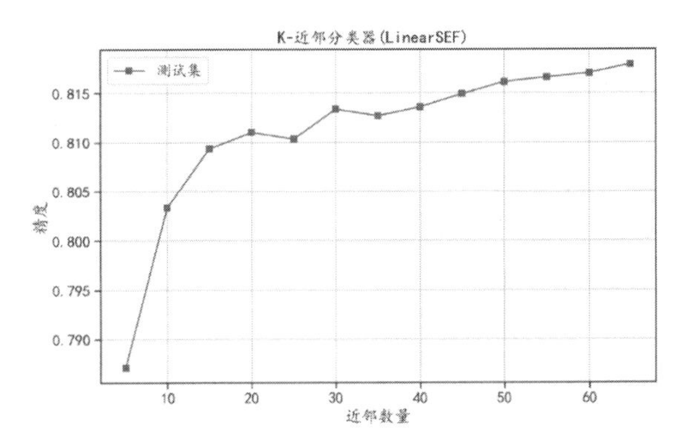

图 9-23　近邻数量对预测精度的影响

从图 9-23 中可以发现，将数据降维到五维空间中获得的最大预测精度，并没有将数据降维到二维空间中的高。

9.4.2　K-近邻数据回归

K-近邻算法不仅可以用于数据的分类，还可以用于数据的回归来预测数据中的连续变量。下面使用一个房屋价格数据集展示如何使用 Python 进行回归分析。

首先从文件中读取数据并输出数据的前几行。从下面程序的输出结果中可以发现，一共有 6 个数据特征，其中 AvgPrice 是需要进行预测的房屋价格数据，其余的特征则表示房屋的基本信息。

```
In[1]:## 读取用于K-近邻回归的数据
      housedf=pd.read_csv("data/chap9/USA_Housing.csv")
      housedf.head()
Out[1]:
```

	AvgAreaIncome	AvgAreaHouseAge	AvgAreaNumberRooms	AvgAreaNumberofBedrooms	AreaPopulation	AvgPrice
0	79545.45857	5.682861	7.009188	4.09	23086.80050	1.059034e+06
1	79248.64245	6.002900	6.730821	3.09	40173.07217	1.505891e+06
2	61287.06718	5.865890	8.512727	5.13	36882.15940	1.058988e+06
3	63345.24005	7.188236	5.586729	3.26	34310.24283	1.260617e+06
4	59982.19723	5.040555	7.839388	4.23	26354.10947	6.309435e+05

然后建立 K-近邻回归模型，在这之前先将数据集切分为训练集和测试集，其中训练集使用 75%的数据，测试集使用 25%的数据。运行下面的程序后可知，训练集有 3750 个样本，测试集有 1250 个样本。

```
In[2]:## 将数据切分为训练集和测试集，训练集 75%，测试集 25%
      X_train,X_test,y_train,y_test=train_test_split(
          housedf.iloc[:,0:5], housedf["AvgPrice"], test_size=0.25,
          random_state =0)
      print("X_train.shape:",X_train.shape)
      print("X_test.shape:",X_test.shape)
Out[2]:X_train.shape: (3750, 5)
       X_test.shape: (1250, 5)
```

将数据切分后，使用下面的程序对每个特征进行标准化预处理，同时使用散点图可视化出训练集上每个特征和待预测特征之间的关系，程序运行后的结果如图 9-24 所示。

```
In[3]:## 对数据进行标准化预处理
      std= StandardScaler()
      X_train_s=std.fit_transform(X_train)
      X_test_s=std.transform(X_test)
      ## 对标准化后的数据特征进行可视化
      ## 对训练数据，可视化每个自变化和因变量之间的关系
      plt.figure(figsize=(18,10))
      for ii in np.arange(X_train_s.shape[1]):
          plt.subplot(2,3,ii+1)
          plt.plot(X_train_s[:,ii],y_train.values,"ro",
                   markersize=5,alpha=0.5)
          plt.grid()
          plt.xlabel(housedf.columns[ii])
          plt.ylabel(housedf.columns[-1])
      plt.tight_layout()
      plt.show()
```

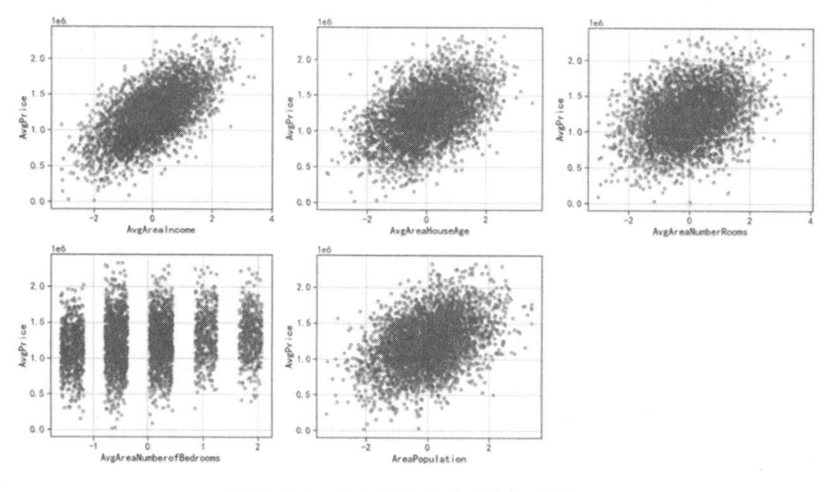

图 9-24　自变量和因变量之间的关系

下面使用 K-近邻回归分析算法，利用训练集训练模型，使用测试集计算模型的预测效果。同时使用不同的近邻数量进行 K-近邻回归，分析近邻数量的变化对回归效果的影响。程序运行后结果如图 9-25 所示。

```
In[4]:## 使用K-近邻回归分析
      n_neighbors=np.arange(1,30,2)
      test_R2=[]
      for n_neighbor in n_neighbors:
          knnreg=KNeighborsRegressor(n_neighbors=n_neighbor,
                                     weights="distance",n_jobs=4)
          knnreg.fit(X_train_s,y_train.values) # 训练模型
          ## 计算测试集上的误差
          test_R2.append(knnreg.score(X_test_s,y_test.values))
      ## 结果可视化
      plt.figure(figsize=(10,6))
      plt.plot(n_neighbors,test_R2,"b-s",label="测试集")
      plt.legend()
      plt.grid()
      plt.xlabel("近邻数量")
      plt.ylabel("R^2")
      plt.title("K-近邻回归")
      plt.show()
```

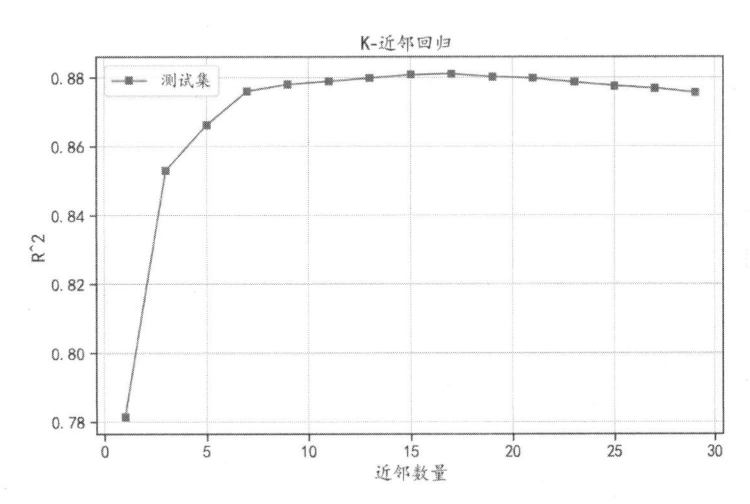

图 9-25　不同近邻下的预测效果

从图 9-25 中可以发现，使用近邻数等于 15 或 17 时回归效果较好，此时的R^2较高。

当近邻数等于 15 时，拟合 K-近邻回归模型，并计算该模型在测试集上预测结果的平均绝对值误差，运行下面的程序可以发现，在测试集上的平均绝对值误差为 99 126。

```
In[5]:## 计算 K=15 时在训练集和测试集上的预测误差
        knnreg=KNeighborsRegressor(n_neighbors=15,weights="distance",
n_jobs=4)
        knnreg.fit(X_train_s,y_train.values) # 训练模型
        ## 计算测试集上的误差
        knnreg_pre=knnreg.predict(X_test_s)
        print("在测试集上的平均绝对值误差为:",
mean_absolute_error(y_test.values, knnreg_pre))
Out[5]:在测试集上的平均绝对值误差为: 99126.16386339696
```

使用下面的程序可以可视化出测试集上预测值和真实值之间的分布情况，运行程序后，K-近邻回归效果如图 9-26 所示。

```
In[6]:## 可视化预测值和真实值之间的差距
        plt.figure(figsize=(10,6))
        index=np.argsort(y_test.values)
        plt.plot(np.arange(len(index)),y_test.values[index],"r",
                 linewidth=2, label="原始数据")
        plt.plot(np.arange(len(index)),knnreg_pre[index],"bo",
                 markersize=3,label="预测值")
        plt.legend()
        plt.grid()
        plt.xlabel("Index")
        plt.ylabel(housedf.columns[-1])
        plt.title("K-近邻回归")
        plt.show()
```

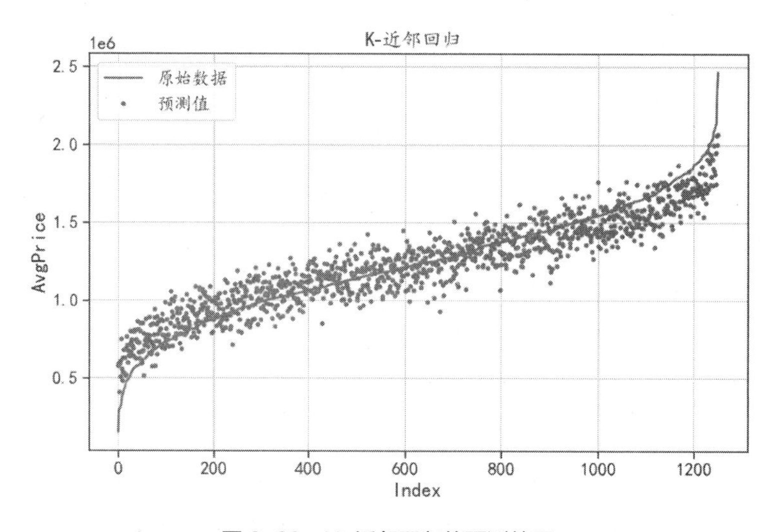

图 9-26 K-近邻回归的预测效果

从图 9–26 的数据分布情况中可以发现，K–近邻很好地预测了房价的变化趋势，预测效果很好。

9.5 本章小结

本章主要介绍了贝叶斯算法和 K–近邻算法的相关应用。针对贝叶斯算法介绍了如何利用朴素贝叶斯算法进行文本分类，以及如何使用贝叶斯网络进行数据分类模型的建立。在介绍 K–近邻相关的应用时，主要包含 K–近邻数据分类和回归两种应用，其中在数据分类应用中，为了方便可视化数据的分类面，分别利用有监督的数据降维和无监督的数据降维方法获得低维特征，然后进行 K–近邻分类的相关分析。本章使用到的相关函数如表 9–1 所示。

表 9-1 相关函数

库	模 块	函 数	功 能
sklearn	naive_bayes	MultinomialNB()	先验为多项式分布的朴素贝叶斯
		GaussianNB()	先验为高斯分布的朴素贝叶斯
		BernoulliNB()	先验为伯努利分布的朴素贝叶斯
	neighbors	KNeighborsClassifier()	K–近邻分类
		KNeighborsRegressor()	K–近邻回归
pgmpy	models	BayesianModel()	贝叶斯模型
	estimators	BayesianEstimatorh()	贝叶斯模型估计器
		HillClimbSearch()	启发式搜索所有的网络结构
		ExhaustiveSearch()	穷竭搜索所有的贝叶斯网络
mlxtend	plotting	plot_confusion_matrix()	可视化混淆矩阵
		plot_decision_regions()	可视化模型的决策面

第 10 章 支持向量机和人工神经网络

支持向量机模型和神经网络在机器学习、模式识别、计算机视觉等方面有着重要的应用，同时这些也是复杂且较难理解的模型。本章不拘泥于复杂模型的数学公式推导，主要结合 Python 中的 sklearn 库，利用真实的数据集，详细讲解模型的建立、预测、分析、可视化等内容。

本章首先介绍支持向量机和全连接神经网络的基本思想；然后介绍如何使用支持向量机模型进行数据的分类和回归，以及数据分析结果的可视化等；最后介绍利用全连接神经网络进行图像分类、数据回归等应用。

10.1 模型简介

1. 支持向量机

支持向量机（Support Vector Machine，SVM）是一种有监督的学习模型，常用于数据的分类和回归问题，是在深度学习提出之前的重要算法之一。针对二分类问题，每个训练样本被标记为属于两个类别中的某一类，SVM 分类想要在高维空间训练出一个最好的分隔超平面，将新的样品分配给两个类别之一的模型，所以 SVM 可看作是非概率二元线性分类器。

SVM 分类的基本思想：求解能够正确划分数据集并且几何间隔最大的分离超平面，利用该超平面使得任何一类数据划分得相当均匀。对于线性可分的训练数据而言，线性可分离超平面有无穷多个，但是几何间隔最大的分离超平面是唯一的。间隔最大化的直观解释是：对训练数据集找到几何间隔最大的超平面，意味着以充分大的确信度对训练数据进行分类。而最大间隔是由支持向量来决定的，针对二分类问题，支持向量是指距离划分超平面最近的正类的点和负类的点。

图 10-1 给出了在二维空间中，二分类问题的支持向量、最大间隔以及分隔超平面的位置示意图。

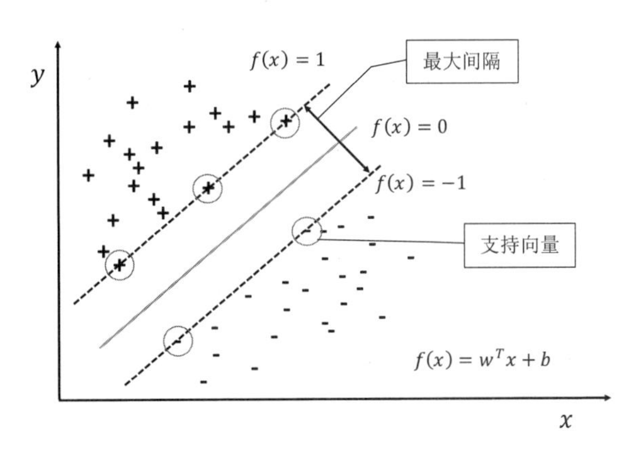

图 10-1 最大间隔示意图

支持向量机中可以使用核函数将需要处理的问题映射到一个更高维度的空间，从而对在低维空间不好处理的问题转到高维空间中进行处理，进而得到精度更高的分类器，这种方式又称为核技巧的使用。例如，在图 10-2 中，原始的二维空间中无法线性区分的数据，经过核函数映射将数据在高维空间中变得线性可分。

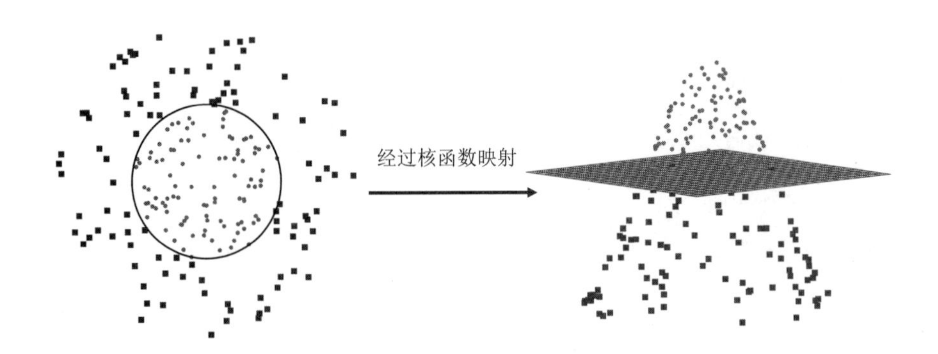

图 10-2 核函数的作用

支持向量回归（Support Vector Regression，SVR）则假设能够容忍 $f(x)$和 y 之间最多有ε的偏差，即如果$|f(x)-y|\leqslant\varepsilon$时，认为预测是准确的，只有 $f(x)$和 y 之间的差值绝对值大于ε 时才计算损失。

如图 10-3 所示，这相当于以 $f(x)$为中心，构建了一个宽度为2ε的间隔带，若训练样本落入此间隔带，则认为预测正确。

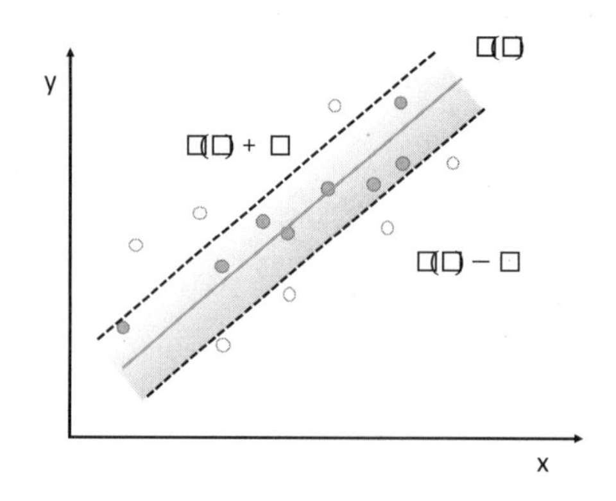

图 10-3 支持向量回归示意图

在实际应用中，SVM 的分类和回归的效果都很好，具有以下几个优点。

（1）可应用于分类和回归问题。

（2）不会过多地受到噪声数据的影响，而且不容易过拟合。

（3）在分类和回归问题中预测的准确率高，容易使用。

（4）可应用于无监督的异常值识别。

同时，SVM 还存在以下几个缺点。

（1）通常需要测试多种核函数和参数组合才能找到效果较优的模型。

（2）训练速度慢，尤其数据量较大时。

（3）使用核函数会得到一个复杂的黑箱模型，用户不容易理解。

2. 全连接神经网络

人工神经网络（Artificial Neural Network，ANN）简称神经网络，是机器学习和认知科学领域中一种模仿生物神经网络（动物的中枢神经系统，特别是大脑）结构和功能的数学模型或计算模型，用于对函数进行估计或近似。神经网络由大量的人工神经元联结进行计算，大多数情况下人工神经网络能在外界信息的基础上改变内部结构，是一种自适应系统。

适合使用人工神经网络进行学习的问题主要有以下几个特征。

（1）样本可以用很多“属性 - 值”对来表示，输入的数据也可以是任何实数。

（2）目标函数的输出值可以是离散值、实数值，也可以是由若干个实数属性或离散属性组成的向量。

（3）训练数据可能包含错误，神经网络算法对数据集中的错误有很好的健壮性。

（4）使用者可以容忍长时间的训练，因为神经网络算法的训练时间一般比较长，并且对硬件要求较高。

（5）虽然神经网络算法的训练时间较长，但是一旦模型训练完成后，对后续实例的预测计算是非常快速的，可以快速求解出目标的函数值。

（6）人类能否理解学到的目标函数并不重要，由于神经网络的参数非常多，所以神经网络方法学习得到的权值经常是人类难以解释的。

全连接神经网络（Multi-Layer Perception，MLP）或者叫多层感知机是一种连接方式较为简单的人工神经网络结构，属于前馈神经网络的一种。在机器学习中 MLP 较为常用，常用于分类和回归问题。

神经网络的学习能力主要来源于网络结构，而且根据层的数量不同、每层神经元的数量多少以及信息在层之间的传播方式，可以组合成无数个神经网络模型。全连接神经网络主要由输入层、隐藏层和输出层构成。输入层仅接受外界的输入，不进行任何函数处理，隐藏层和输出层神经元对信号进行加工，最终结果由输出层神经元输出。根据隐藏层的数量可以分为单隐藏层 MLP 和多隐藏层 MLP，其网络拓扑结构如图 10-4 所示。

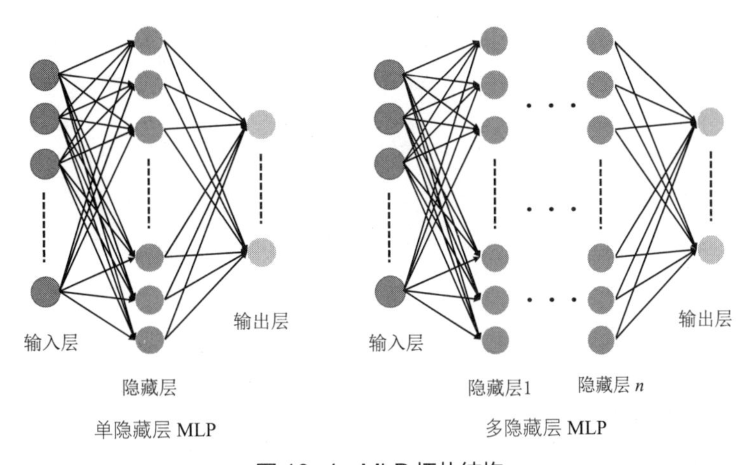

图 10-4 MLP 拓扑结构

在单隐藏层 MLP 和多隐藏层 MLP 中，每个隐藏层的神经元数量是可以变化的，而且通常来说，并没有一个很好的标准来确定每层神经元的数量和隐藏层的个数。从经验上来说更多的神经元就会有更强的表示能力，同时也更容易造成网络的过拟合，所以在使用全连接神经网络时，对模型泛化能力的测试也很重要。最好的测试方式是在训练模型时，使用验证集来验证模型的泛化能力，而且尽可能地去尝试多种网络结构，寻找更优的模型，但这往往需要耗费大量的时间。

本章主要介绍针对真实的数据集，如何使用支持向量机与全连接神经网络进行模型的建立和预测。利用下面的程序导入本章会使用到的相关库和函数。

```
## 输出高清图像
%config InlineBackend.figure_format='retina'
%matplotlib inline
## 图像显示中文的问题
import matplotlib
matplotlib.rcParams['axes.unicode_minus']=False
import seaborn as sns
sns.set(font= "Kaiti",style="ticks",font_scale=1.4)
import pandas as pd
pd.set_option("max_colwidth", 500)
import numpy as np
import pandas as pd
import matplotlib.pyplot as plt
from mpl_toolkits.mplot3d import Axes3D
from sklearn.model_selection import train_test_split,GridSearchCV
from sklearn.preprocessing import LabelEncoder
from sklearn.metrics import *
from sklearn.svm import SVC,LinearSVC,SVR
from sklearn.neural_network import MLPClassifier,MLPRegressor
from sklearn.datasets import load_breast_cancer
from sklearn.preprocessing import StandardScaler
from mlxtend.plotting import *
from sklearn.feature_selection import SelectKBest,mutual_info_classif
## 忽略提醒
import warnings
warnings.filterwarnings("ignore")
```

上述程序中支持向量机主要适用 sklearn.svm 模块来完成，全连接神经网络主要使用 sklearn.neural_network 模块来完成。

10.2 支持向量机模型

本节将使用癌症数据集，介绍如何使用支持向量机分类算法建立更好的分类模型，同时探索不同核函数下的支持向量机作用机制，然后利用支持向量机回归分析能耗数据集，探索其回归分析效果。

10.2.1 支持向量机数据分类

1. 数据准备和探索

首先介绍支持向量机分类模型的应用，使用癌症数据集来演示。导入数据，并查看每类有多少个样本，程序如下：

```
In[1]:## 读取数据，使用癌症数据
      bcaner=load_breast_cancer()
      ## 查看数据的特征，一共有569个样本，30个特征
      bcanerX=bcaner.data
      print("数据维度:",bcanerX.shape)
      ## 查看数据的类别标签，一共有两类数据
      bcanerY=bcaner.target
      print("数据类别标签情况:",np.unique(bcanerY,return_counts=True))
Out[1]:数据维度: (569, 30)
       数据类别标签情况: (array([0, 1]), array([212, 357]))
```

从数据的输出中可以发现两类数据一共有 569 个样本，数据有 30 个特征。针对该数据可以使用下面的程序对数据集的每个特征进行标准化预处理，并且利用密度曲线，可视化出每个特征下两类数据的差异。程序运行后可视化结果如图 10-5 所示。

```
In[2]:## 对数据进行标准化处理
      scale=StandardScaler(with_mean=True,with_std=True)
      bcanerXS=scale.fit_transform(bcanerX)
      ## 可视化数据的每个特征的密度曲线
      feature_names=bcaner.feature_names
      plt.figure(figsize=(18,10))
      for ii,name in enumerate(feature_names):
          plt.subplot(5,6,ii+1)
          plotdata=bcanerXS[:,ii]  ## 对应的特征
          sns.distplot(plotdata[bcanerY == 0],hist=False,
                       kde_kws={"color": "b", "lw": 3,"bw":0.4})
          sns.distplot(plotdata[bcanerY == 1],hist=False,
                       kde_kws={"color": "r", "lw": 3,"bw":0.4,"ls":"--"})
          plt.title(name,size=14)
      plt.tight_layout()
      plt.show()
```

从图 10-5 中可以发现，有些数据特征针对不同类别的数据其分布差异很大，可以认为它们对数据的分类有帮助；有些数据特征在不同类别的数据下分布很相似，可以认为它们对数据的分类没有帮助。

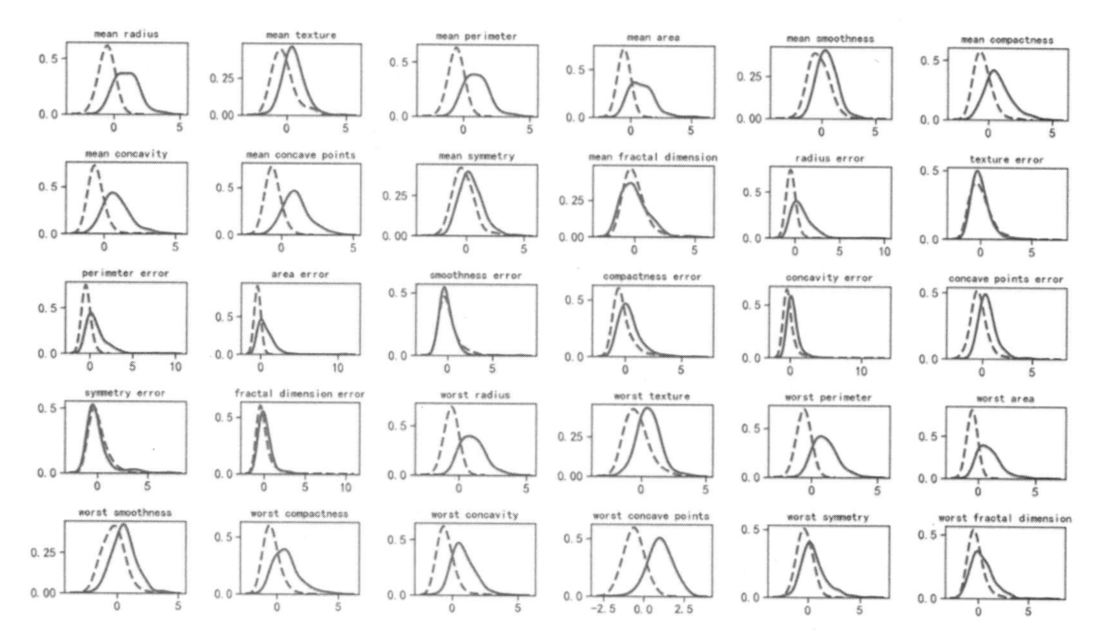

图 10-5 不同特征下两类数据的密度曲线

2. 数据特征选择

针对前面可视化获得的数据分布情况，可以利用数据特征选择方法，选择出对建模更有利的特征。针对特征选择的详细使用在前面的章节中已经介绍过，这里不再赘述。直接使用互信息选择 K 个特征的方式，获取数据中的有用特征。为了确定选择多少合适的特征，使用下面的程序可以计算得出每个特征的互信息得分高低，将它们可视化后的结果如图 10-6 所示。

```
In[3]:## 通过互信息选择 K 个变量，计算每个特征的互信息得分
      KbestMI=SelectKBest(mutual_info_classif)
      KbestMI.fit(bcanerXS,bcanerY)
      ## 可视化每个特征的互信息高低
      KbestMIdf=pd.DataFrame(data={"score":KbestMI.scores_,
                                   "feature":feature_names})
      KbestMIdf=KbestMIdf.sort_values("score",ascending=True)
      KbestMIdf.plot(kind="barh",x="feature",y="score",
                     figsize=(10,8),legend=False,width=0.8)
      plt.xlabel("得分")
      plt.ylabel("")
      plt.title("通过互信息选择特征")
      plt.grid()
      plt.show()
```

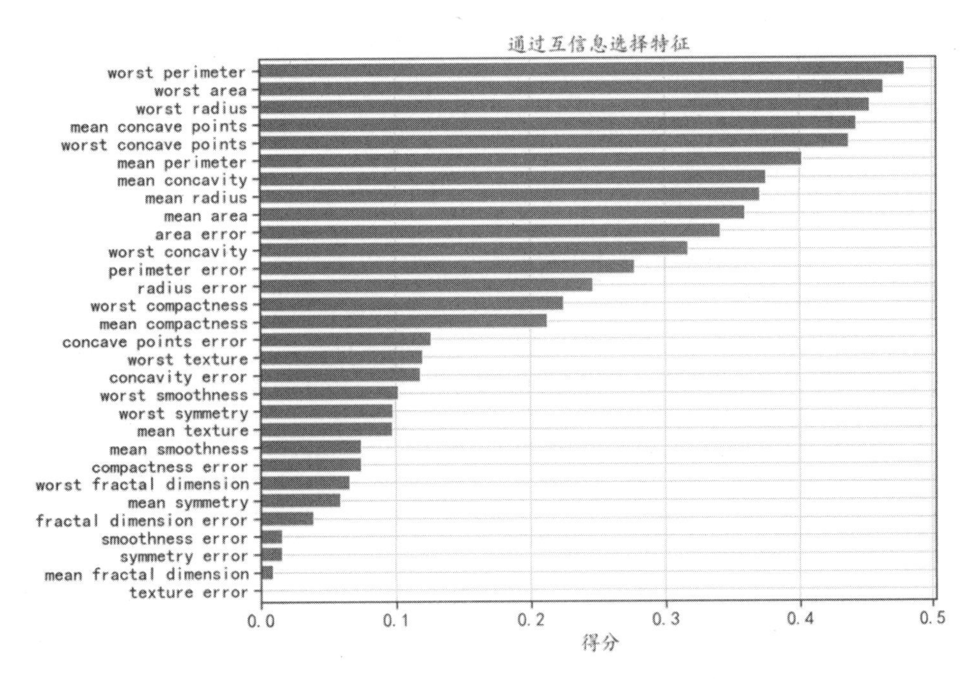

图 10-6 每个特征的互信息得分高低条形图

分析图 10-6 可以发现，所有的特征中前 15 个特征的互信息得分较高，因此可以选择互信息得分较高的前 15 个特征用于分析。通过互信息获取 15 个特征的程序如下，并且输出了所使用的特征名称。

```
In[4]:## 可以选择互信息得分较高的前 15 个特征用于分析
      KbestMI.set_params(k=15)
      ## 获取选择得到的特征
      bcanerXS_15=KbestMI.fit_transform(bcanerXS,bcanerY)
print("选择特征后的数据维度为:",bcanerXS_15.shape)
      Feature15=KbestMIdf.feature.values[::-1][0:15]
      print("选择的 15 个特征分别为:\n",Feature15)
Out[4]:选择特征后的数据维度为: (569, 15)
       选择的 15 个特征分别为:
 ['worst perimeter' 'worst area' 'worst radius' 'mean concave points'
 'worst concave points' 'mean perimeter' 'mean concavity' 'mean radius'
 'mean area' 'area error' 'worst concavity' 'perimeter error'
 'radius error' 'worst compactness' 'mean compactness']
```

针对已经选择的 15 个特征，可以使用 train_test_split()函数将数据切分为训练集和测试集，程序如下：

```
In[5]:## 数据切分为训练集和测试集，75%训练，25%测试
      X_trainBXS,X_testBXS,y_trainBXS,y_testBXS=train_test_split(
          bcanerXS_15,bcanerY,test_size=0.25,random_state=2)
      print(X_trainBXS.shape)
      print(X_testBXS.shape)
Out[5]: (426, 15)
        (143, 15)
```

3. 线性支持向量机分类

对数据进行预处理和特征选择后，使用线性支持向量机对数据建立分类模型。在下面的程序中先建立一个基础的线性 SVM 模型，并使用训练集进行训练，测试集进行测试，从输出的结果中可以发现，在训练集和测试集上的预测精度分别为 0.967 和 0.923。

```
In[6]:## 建立线性 SVM 模型
      Lsvm=LinearSVC(penalty="l2",C=1.0, ## 惩罚范数和参数
                     random_state= 1)
      ## 训练模型
      Lsvm.fit(X_trainBXS,y_trainBXS)
      ## 计算在训练集和测试集上的预测精度
      Lsvm_lab=Lsvm.predict(X_trainBXS)
      Lsvm_pre=Lsvm.predict(X_testBXS)
      print("训练集预测精度:",accuracy_score(y_trainBXS,Lsvm_lab))
      print("测试集预测精度:",accuracy_score(y_testBXS,Lsvm_pre))
Out[6]:训练集预测精度: 0.9671361502347418
       测试集预测精度: 0.9230769230769231
```

针对 SVM 的学习曲线，可以使用 plot_learning_curves()函数进行可视化，运行下面的程序后，结果如图 10-7 所示。可以发现，随着训练数据的增加，训练集和测试集上的精度逐渐稳定。

```
In[7]:## 可视化线性 SVM 的学习曲线
      plt.figure(figsize=(10,6))
      plot_learning_curves(X_trainBXS,y_trainBXS, X_testBXS,y_testBXS,
                           Lsvm,scoring="accuracy",print_model=True)
      plt.ylim([0.85,1])
      plt.show()
```

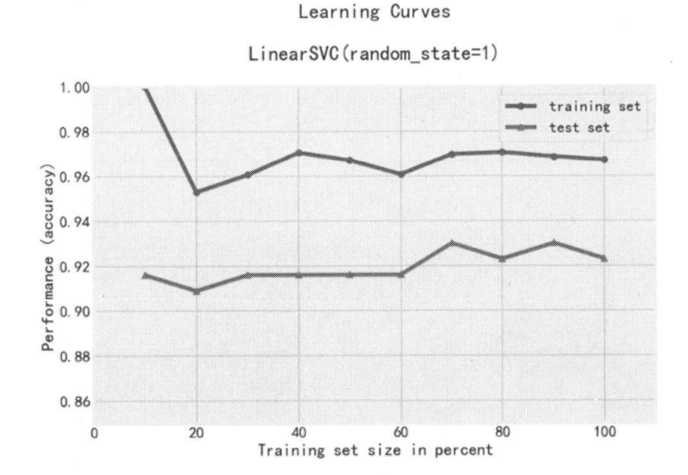

图 10-7 LinearSVM 的训练过程

针对线性 SVM 在高维空间中获得的分界面会是一个线性平面，但是在高维空间中并不方便可视化出其数据分界面，因此在下面的程序中，会从 15 个特征中挑选出几个特征组合，然后重新训练出线性 SVM，并对其分界面进行可视化。程序运行后的结果如图 10-8 所示。

```
In[8]:## 可视化线性 SVM 的分界面
      ## 因为特征有 15 个，所以挑选出几个特征组合重新训练出线性 SVM 进行可视化
      zuhe=[(0,1),(0,5),(0,10),(5,10),(10,13),(6,12)]
      plt.figure(figsize=(14,8))
      for ii,val in enumerate(zuhe):
          plt.subplot(2,3,ii+1)   ## 子窗口
          ## 训练模型
          x_train=X_trainBXS[:,val]
          x_test=X_testBXS[:,val]
          Lsvm=Lsvm.fit(x_train,y_trainBXS)
          ## 计算在测试集上的预测精度
          Lsvm_pre=Lsvm.predict(x_test)
          acc=accuracy_score(y_testBXS,Lsvm_pre)
          ## 可视化分界面
          plot_decision_regions(x_test,y_testBXS,clf=Lsvm,legend=2)
          plt.xlabel(Feature15[val[0]])
          plt.ylabel(Feature15[val[1]])
          plt.title("分类精度:"+str(round(acc,3)))
      plt.tight_layout()
      plt.show()
```

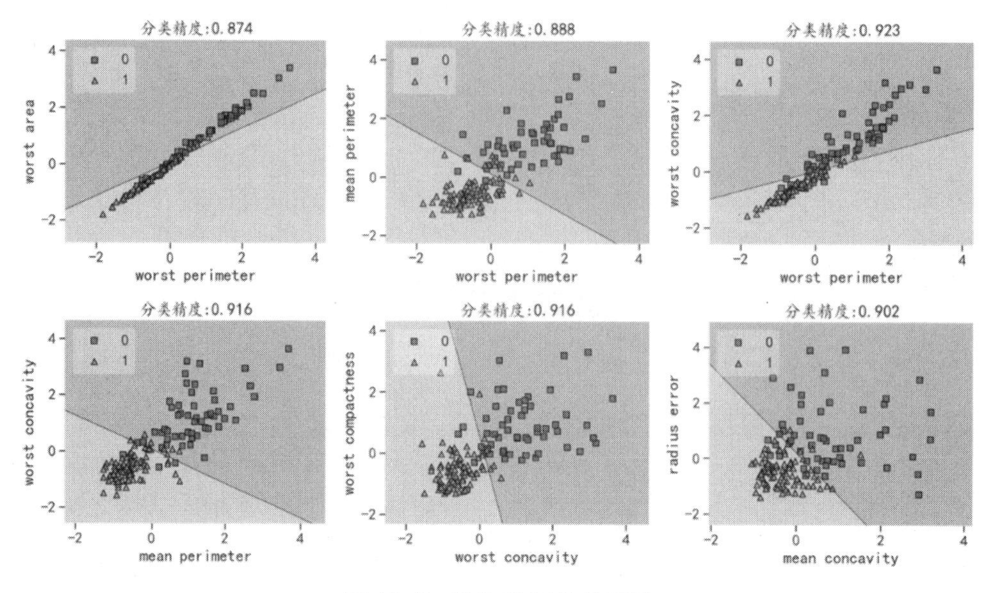

图 10-8 线性 SVM 的分界面

从图 10-8 中可以发现，在任意两组特征下，线性 SVM 都会使用一条直线对数据进行切分。

4. 非线性支持向量机

非线性 SVM 即使用的核函数为非线性函数的 SVM，例如使用 rbf 核、多项式核等。下面的程序使用 rbf 核建立非线性 SVM 模型，从模型对训练集和测试的预测精度上可以发现，在测试集上预测的精度比使用线性核精度更高。

```
In[9]:## 建立非线性 SVM 模型，使用 rbf 核
      rbfsvm=SVC(kernel ="rbf",gamma=0.04, ## rbf 核和对应的参数
                 random_state= 1)
      ## 训练模型
      rbfsvm.fit(X_trainBXS,y_trainBXS)
      ## 计算在训练集和测试集上的预测精度
      rbfsvm_lab=rbfsvm.predict(X_trainBXS)
      rbfsvm_pre=rbfsvm.predict(X_testBXS)
      print("训练集预测精度:",accuracy_score(y_trainBXS,rbfsvm_lab))
      print("测试集预测精度:",accuracy_score(y_testBXS,rbfsvm_pre))
Out[9]:训练集预测精度: 0.9483568075117371
       测试集预测精度: 0.9370629370629371
```

针对非线性 SVM 可以使用和前面相同的数据可视化方式，可视化出在任意两个特征下的分界面，运行下面程序后的结果如图 10-9 所示。

```
In[10]:## 可视化非线性 SVM 的分界面
       ## 因为特征有 15 个，所以挑选出几个特征组合重新训练出线性 SVM 进行可视化
```

```
zuhe=[(0,1),(0,5),(0,10),(5,10),(10,13),(6,12)]
plt.figure(figsize=(14,8))
for ii,val in enumerate(zuhe):
    plt.subplot(2,3,ii+1)  ## 子窗口
    ## 训练模型
    x_train=X_trainBXS[:,val]
    x_test=X_testBXS[:,val]
    rbfsvm=rbfsvm.fit(x_train,y_trainBXS)
    ## 计算在测试集上的预测精度
    rbfsvm_pre=rbfsvm.predict(x_test)
    acc=accuracy_score(y_testBXS,rbfsvm_pre)
    ## 可视化分界面
    plot_decision_regions(x_test,y_testBXS,clf=rbfsvm,legend=2)
    plt.xlabel(Feature15[val[0]])
    plt.ylabel(Feature15[val[1]])
    plt.title("分类精度:"+str(round(acc,3)))
plt.tight_layout()
plt.show()
```

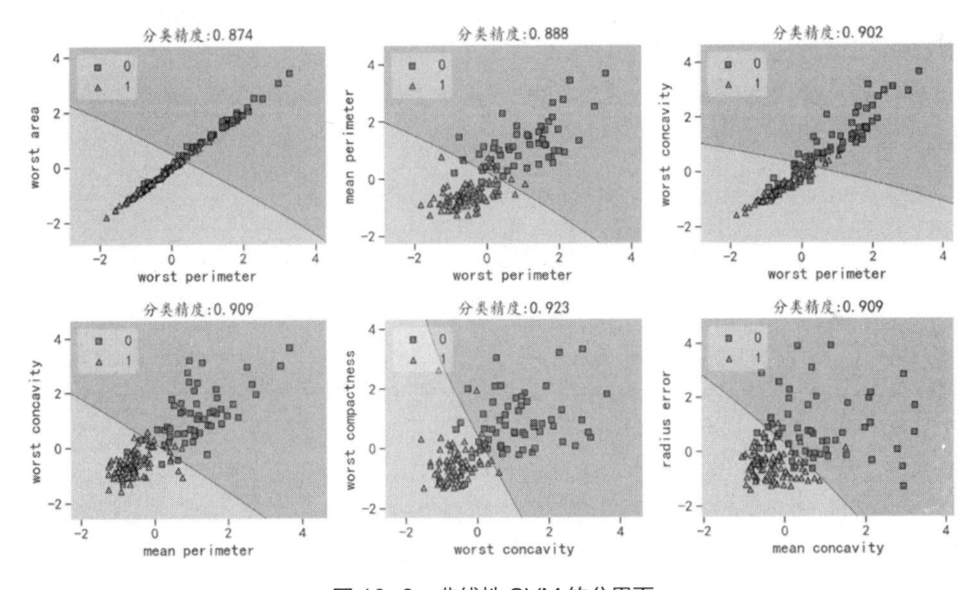

图 10-9 非线性 SVM 的分界面

从图 10-9 中可以发现，在任意两组特征下，非线性 SVM 都会使用一条平滑的曲线对数据进行切分。

10.2.2 支持向量机数据回归

针对支持向量机回归模型，使用前面用过的回归分析数据集 ENB2012 进行实战演示。首先读

取数据并查看数据的基本情况，程序如下：

```
In[12]:## 使用支持向量机进行回归分析，使用 ENB2012 数据集
       enbdf=pd.read_excel("data/chap8/ENB2012.xlsx")
       ## 将数据切分为训练集和测试集
       X_trainenb,X_testenb,y_trainenb,y_testenb=train_test_split(
           enbdf.iloc[:,0:8], enbdf["Y1"],test_size=0.3,random_state=1)
       print("X_trainenb.shape :",X_trainenb.shape)
       print("X_testenb.shape :",X_testenb.shape)
       print(X_testenb.head())
Out[12]:X_trainenb.shape : (537, 8)
        X_testenb.shape : (231, 8)
              X1     X2     X3     X4   X5  X6    X7  X8
        285  0.62  808.5  367.5  220.5  3.5   3  0.10   5
        101  0.90  563.5  318.5  122.5  7.0   3  0.10   2
        581  0.90  563.5  318.5  122.5  7.0   3  0.40   2
        352  0.79  637.0  343.0  147.0  7.0   2  0.25   2
        726  0.90  563.5  318.5  122.5  7.0   4  0.40   5
```

针对切分好的数据集，使用 rbf 核建立一个 SVM 回归模型，并计算在训练集和测试集上的均方根误差，运行下面的程序可以发现，其预测的均方根误差很大。

```
In[13]:## 建立一个 rbf 核支持向量机回归模型，探索回归模型的效果
       rbfsvr=SVR(kernel="rbf",gamma=0.01)
       rbfsvr.fit(X_trainenb,y_trainenb)
       ## 计算在训练集和测试集上的预测均方根误差
       rbfsvr_lab=rbfsvr.predict(X_trainenb)
       rbfsvr_pre=rbfsvr.predict(X_testenb)
       print("训练集上的均方根误差:",mean_squared_error(y_trainenb,
rbfsvr_lab))
       print("测试集上的均方根误差:",mean_squared_error(y_testenb,
rbfsvr_pre))
Out[13]:训练集上的均方根误差: 9.550148441575688
        测试集上的均方根误差: 10.907400372766478
```

针对 rbf 核 SVR 模型的学习曲线同样可以使用 plot_learning_curves()函数进行可视化，运行下面程序后的结果如图 10-10 所示。可以发现随着训练数据的增加，训练集和测试集上的预测误差在逐渐降低，但是最终的均方根误差取值仍然较大。

```
In[14]:## 可视化 rbf 核 SVR 的学习曲线
       plt.figure(figsize=(10,6))
       plot_learning_curves(X_trainenb,y_trainenb,
X_testenb,y_testenb,rbfsvr,scoring="mean_squared_error",print_model=True)
       plt.show()
```

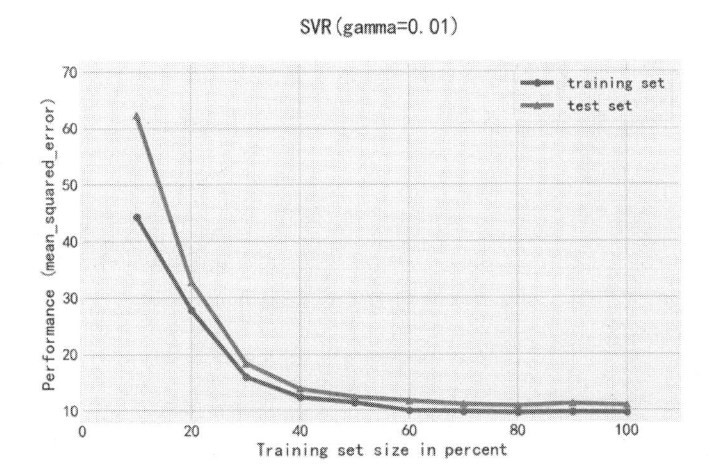

图 10-10　SVR 学习过程

因为使用随机的参数获得的 SVR 模型的数据拟合效果并不好,所以下面使用网格搜索参数的方式，找到一个较好的支持向量回归预测模型，程序如下：

```
In[15]:## 定义模型
       svr=SVR()
       ## 定义网格搜索的参数
       kernels=["rbf","sigmoid"]
       gammas=[0.005,0.05,0.5,5,50]
       coef0s=[0.001,0.001,0.1,10]
       Cs=[0.5,5,50,500,2000]
       para_grid={"kernel":kernels,"gamma": gammas,
                  "coef0":coef0s,"C":Cs}
       ## 使用 5 折交叉验证进行搜索，使用均方根误差的负数作为得分
       gs_svr=GridSearchCV(svr,para_grid,cv=5,n_jobs=4,
                           scoring="neg_mean_squared_error")
       gs_svr.fit(X_trainenb,y_trainenb)
       ## 将输出的所有搜索结果进行处理
       results=pd.DataFrame(gs_svr.cv_results_)
       ## 输出感兴趣的结果
       results2=results[["mean_test_score","std_test_score","params"]]
       results2=results2.sort_values(["mean_test_score"],
ascending=False)
       results2=results2.reset_index(drop=True)
       results2.head()
Out[15]:
```

	mean_test_score	std_test_score	params
0	-0.537400	0.089882	{'C': 2000, 'coef0': 0.001, 'gamma': 0.05, 'kernel': 'rbf'}
1	-0.537400	0.089882	{'C': 2000, 'coef0': 0.001, 'gamma': 0.05, 'kernel': 'rbf'}
2	-0.537400	0.089882	{'C': 2000, 'coef0': 10, 'gamma': 0.05, 'kernel': 'rbf'}
3	-0.537400	0.089882	{'C': 2000, 'coef0': 0.1, 'gamma': 0.05, 'kernel': 'rbf'}
4	-0.718649	0.074515	{'C': 500, 'coef0': 0.001, 'gamma': 0.05, 'kernel': 'rbf'}

运行上面的程序后，从获得的输出结果中可以发现，前四行的结果对应的模型预测效果较好，并且它们除参数 coef0 不同外，其他参数都相同，这是因为 coef0 不是 rbf 核可使用的参数，下面使用最好的模型对训练集和测试集进行预测，程序如下：

```
In[16]:print("最好模型使用的参数为:\n",gs_svr.best_params_)
       rbfsvr_lab=gs_svr.best_estimator_.predict(X_trainenb)
       rbfsvr_pre=gs_svr.best_estimator_.predict(X_testenb)
       print("训练集上的均方根误差:",mean_squared_error(y_trainenb,
rbfsvr_lab))
       print("测试集上的均方根误差:",mean_squared_error(y_testenb,
rbfsvr_pre))
Out[16]:最好模型使用的参数为:
        {'C': 2000, 'coef0': 0.001, 'gamma': 0.05, 'kernel': 'rbf'}
        训练集上的均方根误差: 0.0886772440242574
        测试集上的均方根误差: 0.3311301355387121
```

从输出结果可以发现，训练集和测试集上的预测精度都很高。针对获得的模型在训练集和测试集上的预测效果，可以使用下面的程序进行可视化，程序运行后的数据拟合图像如图 10-11 所示。

```
In[17]:## 可视化出参数搜索找到的模型在训练集和测试集上的预测效果
       plt.figure(figsize=(16,7))
       plt.subplot(1,2,1)  ## 训练数据结果可视化
       rmse=round(mean_squared_error(y_trainenb,rbfsvr_lab),4)
       index=np.argsort(y_trainenb)
       plt.plot(np.arange(len(index)),y_trainenb.values[index],"r",
                linewidth=2,label="原始数据")
       plt.plot(np.arange(len(index)),rbfsvr_lab[index],"bo",
                markersize=3,label="预测值")
       plt.text(200,35,s="均方根误差:"+str(rmse))
       plt.legend()
       plt.grid()
       plt.xlabel("Index")
       plt.ylabel("Y")
       plt.title("支持向量机回归(训练集)")
       plt.subplot(1,2,2)    ## 测试数据结果可视化
       rmse=round(mean_squared_error(y_testenb,rbfsvr_pre),4)
```

```
        index=np.argsort(y_testenb)
        plt.plot(np.arange(len(index)),y_testenb.values[index],"r",
                 linewidth=2, label="原始数据")
        plt.plot(np.arange(len(index)),rbfsvr_pre[index],"bo",
                 markersize=3,label="预测值")
        plt.text(50,35,s="均方根误差:"+str(rmse))
        plt.legend()
        plt.grid()
        plt.xlabel("Index")
        plt.ylabel("Y")
        plt.title("支持向量机回归(测试集)")
        plt.tight_layout()
        plt.show()
```

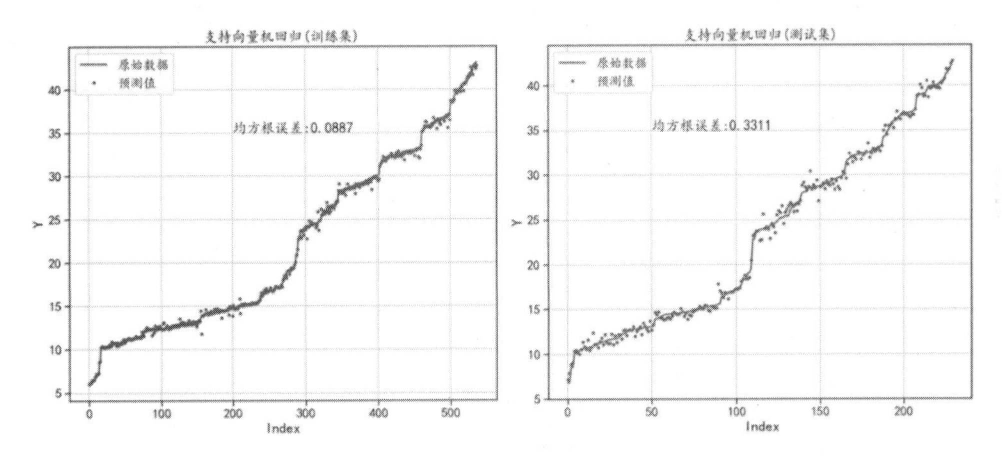

图 10-11　SVR 数据预测效果可视化

通过前面的参数搜索可以发现参数 C 对模型的影响较大，下面单独分析 C 在不同的取值下，SVR 模型在训练集和测试集上的预测效果，运行下面的程序后，分析结果如图 10-12 所示。

```
In[18]:## 单独分析参数 C 对回归模型结果的影响
        C=[1,10,100,200,500,1000,1500,2000,3000,4000,5000]
        train_mse=[]
        test_mse=[]
        for c in C:
            svr=SVR(kernel="rbf",gamma=0.05,
                    coef0=0.001,C=c)
            svr=svr.fit(X_trainenb,y_trainenb)
            ## 计算在训练集和测试集上的均方根误差
            svr_lab=svr.predict(X_trainenb)
            svr_pre=svr.predict(X_testenb)
            train_mse.append(mean_squared_error(y_trainenb,svr_lab))
```

```
        test_mse.append(mean_squared_error(y_testenb,svr_pre))
## 使用曲线图进行可视化
x=range(len(C))
fig=plt.figure(figsize=(10,6))
plt.plot(C,train_mse,"r-o",label="训练集")
plt.plot(C,test_mse,"b--^",label="测试集")
plt.legend()
plt.grid()
plt.title("参数 C 对预测精度的影响")
## 添加一个局部放大图
inset_ax=fig.add_axes([0.3, 0.3, .5, .4],
                      facecolor="lightblue")
inset_ax.plot(C,train_mse,"r-o")
inset_ax.plot(C,test_mse,"b--^")
inset_ax.set_xlim([900,5000])
inset_ax.set_ylim([0,0.5])
inset_ax.grid()
plt.show()
```

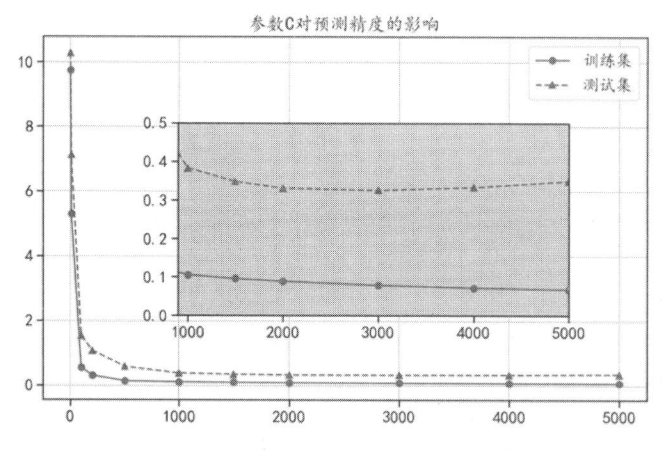

图 10-12 参数 C 对预测精度的影响

从图 10-12 中可以发现，随着 C 的增大，在训练集和测试集上预测误差会迅速降低，但是针对测试集，当 C 大于 2000 后，预测的误差有些升高。

10.3 全连接神经网络模型

针对全连接神经网络的使用，将分别介绍单隐藏层全连接神经网络数据分类、多隐藏层全连接神经网络数据分类、全连接神经网络数据回归。

10.3.1 单隐藏层全连接神经网络数据分类

利用单隐藏层全连接神经网络对癌症数据进行分类时，不对数据进行特征选择，而是直接使用数据的全部 30 个特征进行分析，使用下面的程序将数据切分为训练集和测试集。

```
In[1]:## 继续使用癌症数据，并且使用数据的 30 个特征，切分数据
      X_trainbs,X_testbs,y_trainbs,y_testbs=train_test_split(
          bcanerXS,bcanerY,test_size=0.25,random_state=2)
      print(X_trainbs.shape)
      print(X_testbs.shape)
Out[1]: (426, 30)
        (143, 30)
```

从程序的输出中可以发现有 426 个样本作为训练集，143 个样本作为测试集。全连接神经网络分类可以使用 MLPClassifier()函数完成。下面的程序中使用包含 10 个神经元的单隐藏层全连接神经网络进行数据分类，同时只使用数据优化训练 15 步，输出模型在训练过程中损失函数的变化情况。

```
In[2]:## 定义模型参数
      ##第 i 个元素表示第 i 个隐藏层中神经元的数量
      MLP1=MLPClassifier(hidden_layer_sizes=(10,),
                         activation="relu", ## 隐藏层激活函数
                         alpha=0.001,  ## 正则化 L2 惩罚的参数
                         solver="adam",  ## 求解方法
                         learning_rate="adaptive",## 学习权重更新的速率
                         max_iter=15,  ## 最大迭代次数
                         random_state=10,verbose=True)
      ## 训练模型
      MLP1.fit(X_trainbs,y_trainbs)
      MLP1.score(X_testbs,y_testbs)
Out[2]:Iteration 1, loss=0.70569366
       Iteration 2, loss=0.65162865
       Iteration 3, loss=0.60450803
       …
       Iteration 14, loss=0.32355927
       Iteration 15, loss=0.31207809
       0.8531468531468531
```

从程序输出中可以发现，模型迭代 15 步之后，在测试集上的预测精度只有 0.853。

隐藏层中神经元使用不同的激活函数时，模型的训练过程和收敛速度都会有很大的不同，下面针对激活函数 rule 和 logisic 进行分析，检查不同迭代次数下模型的收敛情况和预测精度的变化情况。运行下面的程序后，分析结果如图 10-13 所示。

```
In[3]:## 分析激活函数为 rule 和 logisic 的情况下，不同迭代次数对模型精度的影响
      iters=np.arange(20,410,20)  ## 迭代次数
```

```
        activations=["relu","logistic"]  ## 激活函数
        plt.figure(figsize=(16,6))
        for k,activation in enumerate(activations):
            acc=[]     # 保存在测试集上的预测精度
            ## 定义模型参数
            for ii in iters:
                MLPi=MLPClassifier(hidden_layer_sizes=(10,),
                                   activation=activation,
                                   alpha=0.001, solver="adam",
                                   learning_rate="adaptive",
                                   max_iter=ii,random_state=40,
                                   verbose=False)
                ## 训练模型，并计算在测试集上的预测精度
                acc.append(MLPi.fit(X_trainbs,y_trainbs).score(X_testbs,
y_testbs))
            ## 输出最大 acc
            print("When activation is "+activation+" the max
acc:",np.max(acc))
            ## 绘制图像
            plt.subplot(1,2,k+1)
            plt.plot(iters,acc,"r-o")
            plt.grid()
            plt.xlabel("迭代次数")
            plt.ylabel("Accuracy score")
            plt.title("激活函数"+activation)
            plt.ylim(0.85,1)
        plt.tight_layout()
        plt.show()
   Out[3]:When activation is relu the max acc: 0.965034965034965
          When activation is logistic the max acc: 0.986013986013986
```

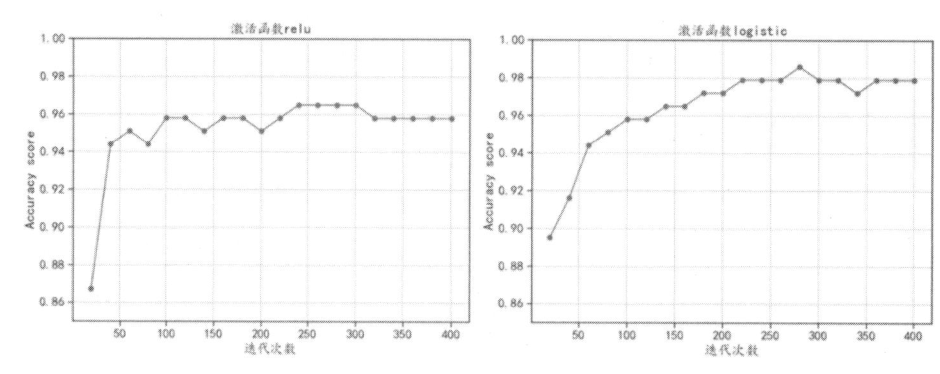

图 10-13 激活函数和迭代次数对预测精度的影响

从图 10-13 中可以发现，精度最高的迭代次数在 280 次左右，模型的精度在 250 次之后结果趋于稳定；Relu 激活函数（修正线性单元）收敛的速度很快，在 50 次迭代后模型的精度就达到了 0.94，但是精度最高只有 0.965；logistic（sigmoid）激活函数收敛的速度较慢，迭代曲线提升很平缓，但是模型精度高，最大精度为 0.986。从某种程度上可以说明，针对这个只有 10 个隐藏神经元的单隐藏层全连接神经网络模型，logistic（sigmoid）激活函数效果更好。

模型训练过程中观察模型损失函数的变化情况，可以分析算法是否收敛。下面利用 logistic 激活函数可视化出为损失函数、隐藏层神经元个数为 10 的 MLP 模型损失函数的变化情况。程序运行后，损失收敛情况如图 10-14 所示。可以发现在迭代的前 500 次中，损失函数大小迅速下降，然后缓慢收敛，在迭代次数达到 1000 次之后，函数的变化量很小。

```
In[4]:## 定义模型参数
      MLP1=MLPClassifier(hidden_layer_sizes=(10,),
                         activation="logistic",
                         alpha=0.001, solver="adam",
                         learning_rate="adaptive",
                         max_iter=2000,  ## 最大迭代次数
                         tol=1e-8, ## 当两次 loss<tol 时，模型终止
                         random_state=40,verbose=False)
      ## 训练模型
      MLP1.fit(X_testbs,y_testbs)
      ## 绘制迭代次数和 loss 之间的关系
      plt.figure(figsize=(12,6))
      plt.plot(np.arange(1,MLP1.n_iter_+1),MLP1.loss_curve_,"r--",lw=3)
      plt.grid()
      plt.xlabel("迭代次数")
      plt.ylabel("损失函数取值")
      plt.title("全连接神经网络损失函数曲线")
      plt.show()
```

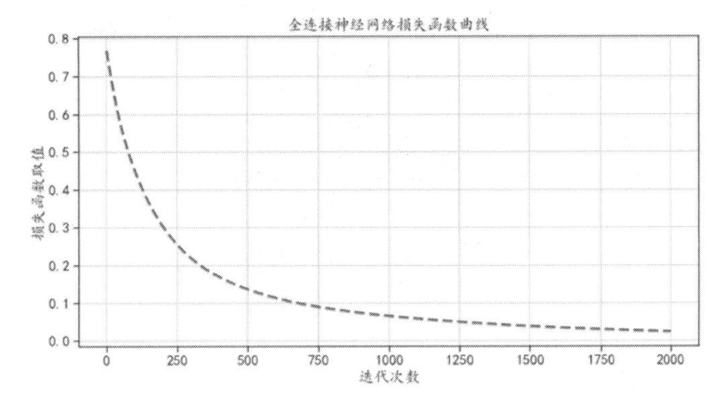

图 10-14 MLP 损失函数变化情况

训练好 MLP1 模型后，可以使用 MLP1.coefs_方法输出每个神经元的权重，其中 MLP1.coefs_[0]输出的结果为输入层到第一隐藏层的权重，MLP1.coefs_[1]输出的结果为隐藏层到输出层的权重，针对前面训练好的 MLP1，输入层到第一隐藏层权重矩阵的维度等于 30×10，30 为数据特征的数量，10 为第一隐藏层神经元的个数；第一隐藏层到输出层权重矩阵的维度等于 10×1，10 为第一隐藏层神经元的个数，1 为输出隐藏层神经元的个数。下面的程序可以利用热力图将输入层到第一隐藏层权重矩阵可视化，程序运行后的结果如图 10-15 所示。

```
In[5]:## 输入层到隐藏层的权重
      mat=MLP1.coefs_[0]
      ## 绘制图像
      plt.figure(figsize=(10,10))
      sns.heatmap(mat ,annot=True,fmt="0.3f",annot_kws={"size":12},
                  cmap="YlGnBu")
      ## 设置 X 轴标签
      xticks=["neuron "+str(i+1) for i in range(mat.shape[1])]
      plt.xticks(np.arange(mat.shape[1])+0.5,xticks,rotation=45)
      ## 设置 Y 轴标签
      yticks=["Feature "+str(i+1) for i in range(mat.shape[0])]
      plt.yticks(np.arange(mat.shape[0])+0.5,yticks,rotation=0)
      plt.title("MLP 输入层到隐藏层的权重")
      plt.show()
```

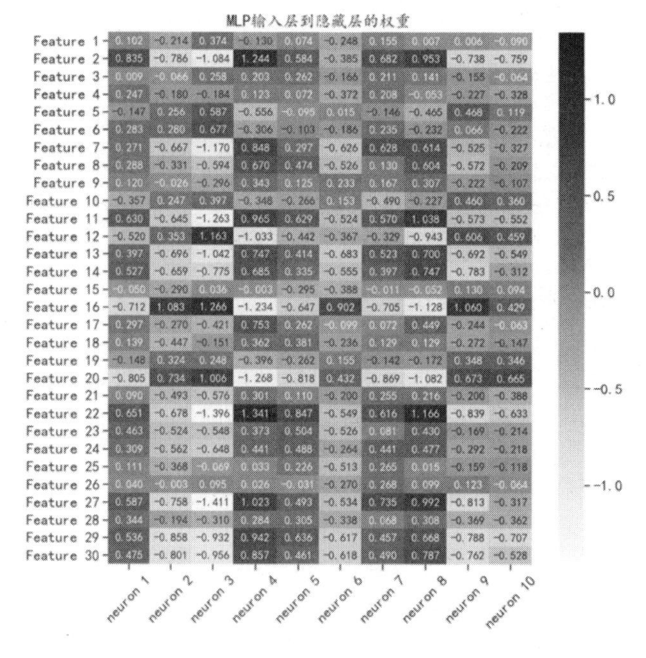

图 10-15 神经元权重矩阵热力图

通过热力图可以方便地查看输入特征到每个神经元的权重大小，帮助用户更充分地理解神经网络。从图 10-15 中可以发现，权重的取值在-1～1，而且各个特征和第一个神经元之间的权重大部分是正值；各个特征和第 2、3 个神经元之间的权重大部分是负值。在一定程度上可以说明，第 1 个神经元获取输入特征正面的影响，第 2、3 个神经元获取输入特征负面的影响。

10.3.2 多隐藏层全连接神经网络数据分类

前一节讨论了单隐藏层全连接神经网络的应用，全连接神经网络允许出现多个隐藏层，而且各个隐藏层神经元的数量可以不相等，接下来针对草书数据集建立多隐藏层神经网络模型。首先使用 np.load()函数读取准备好的数据（注意：文件“草书_gray64x64.npz”数据是已经预处理好的数据，可以直接使用，相应的预处理过程将会在第 12 章进行详细的介绍），数据读取后可以发现，一共有 91 种不同的文字，9083 张 64×64 的灰度图像。

```
In[6]:## 对草书数据进行分类，读取数据
      imagedata=np.load("data/chap10/草书_gray64x64.npz")
      print("训练集尺寸:",imagedata["x"].shape)
      print("字体数量:",len(np.unique(imagedata["y"])))
      print("所包含字体和样本数量:")
      print(np.unique(imagedata["y"],return_counts=True))
Out[6]:训练集尺寸: (9083, 64, 64)
       字体数量: 91
       所包含字体和样本数量:
       (array(['丁','七','万','三','上','下','不','与','东','中','为','乃','义',
              '之','九','也','书','二','于','云','五','人','今','从', '令','以',
              '余','光','入','八','公','六','分','力','十','千','去','又','及',
              '可','叶','叹','同','四','因','坐','士','处','外','大','天','夫',
              '子','小','少','尔','山','已','平','引','张','归','当','心','我',
              '方','无','日','曲','月','未','此','比','气','水','爱','犹','王',
              '生','白','示','至','草','见','言','近','长','门','风','飞','龙'],
             dtype='<U1'), array([ 64,76,90,70,108,208,510,89,70,118,
159,102,56,
              286,  58, 214, 167, 157, 111, 188,  77, 294,  95,  68,  70,
143,
               79,  67,  63, 102,  71,  52,  54,  76, 144,  65,  67,  69,76,
              164,  57,  61,  86,  85,  95,  58,  50,  69,  55, 112,  96,69,
              141,  88,  63,  54, 108,  98,  53,  50,  52,  63, 173,77,57,
               75, 198, 139,  60, 101,  99, 250,  60,  71,  58, 108,71,83,
               56,  73,  52, 118,  59,  78, 114,  66,  71,  57,  68,  72,
59]))
```

下面的程序会针对读取的数据，将每个像素值转化到 0～1 之间，然后随机挑选出 100 张图像进行可视化，程序运行后的结果如图 10-16 所示。

```
In[7]:## 数据预处理和可视化
      imagex=imagedata["x"] / 225.0
      imagey=imagedata["y"]
      ## 随机选择一些样本进行可视化
      np.random.seed(123)
      index=np.random.permutation(len(imagey))[0:100]
      plt.figure(figsize=(10,9))
      for ii,ind in enumerate(index):
          plt.subplot(10,10,ii+1)
          img=imagex[ind,...]
          plt.imshow(img,cmap=plt.cm.gray)
          plt.axis("off")
      plt.subplots_adjust(wspace=0.05,hspace=0.05)
      plt.show()
```

图 10-16　部分草书图像可视化

使用 MLP 神经网络之前，需要将每个样本的 64×64 的二维特征，转化为一维向量，然后对类别标签使用 LabelEncoder()进行编码，并将数据集切分为训练集和验证集，可以发现共有 6812 个样本用于训练，2271 个样本用于测试。程序如下：

```
In[8]:## 将每个图像转化为向量
      imagexvec=imagex.reshape(imagex.shape[0],-1)
      ## 将标签转化为 label
      LE=LabelEncoder().fit(imagey)
      imagelab =LE.transform(imagey)
      ## 数据切分为训练集和测试集，75%用于训练
      X_train_im,X_test_im,y_train_im,y_test_im=train_test_split(
          imagexvec,imagelab,test_size=0.25,random_state=2)
      print(X_train_im.shape)
      print(X_test_im.shape)
Out[8]: (6812, 4096)
        (2271, 4096)
```

数据准备好之后，使用下面的程序建立 MLP 分类器，其中 4 个隐藏层分别使用 512、512、256、256 个神经元。activation="relu"表明神经元的激活函数为 relu 函数。得到模型后，使用 MLPcla.fit()方法分别对训练数据进行模型拟合，再使用 MLPcla.predict()方法对测试集进行预测，可以发现在测试集上的预测精度只有 0.5143。同时针对预测的结果使用混淆矩阵进行可视化分析，但因为数据的类数较多，只可视化出前 20 类数据的混淆矩阵热力图。程序运行后的结果如图 10-17 所示。

```
In[9]:## 建立全连接神经网络分类器，定义模型参数
      MLPcla=MLPClassifier(hidden_layer_sizes=(512,512,256,256),
                           activation="relu",alpha=0.001,
                           solver="adam",  learning_rate="adaptive",
                           random_state=4,verbose=False)
      ## 训练模型
      MLPcla.fit(X_train_im,y_train_im)
      ## 对测试集进行预测
      MLP_pre=MLPcla.predict(X_test_im)
      print("在测试集上的预测精度为:",accuracy_score(y_test_im,MLP_pre))
      ## 可视化混淆矩阵,只可视化前 20 类数据
      plot_confusion_matrix(confusion_matrix(y_test_im,
MLP_pre)[0:20,0:20],
                            figsize=(12,11))
      plt.show()
Out[9]:在测试集上的预测精度为: 0.5143108762659622
```

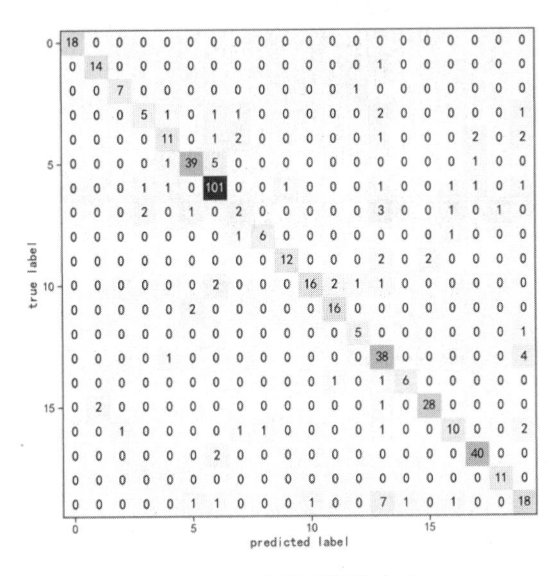

图 10-17　混淆矩阵热力图

为了观察每类数据上的预测效果，计算获得每个类别的 f1 得分，并使用条形图进行可视化，结果如图 10-18 所示。可以发现比较简单的字 f1 得分很高，如“二”“人”“七”等。

```
In[10]:## 可视化每个字的 f1 得分
       _,_,f1,_=precision_recall_fscore_support(y_test_im,MLP_pre,
average=None)
       f1df=pd.DataFrame(data= {"label": LE.inverse_transform(range(91)),
"F1": f1})
       f1df=f1df.sort_values("F1",ascending=False)
       f1df.plot(kind="bar",x="label",y="F1",figsize=(14,7),
                 legend=False,width=0.8)
       plt.xlabel("")
       plt.ylabel("f1 得分")
       plt.title("草书识别")
       plt.xticks(size=10,rotation=0)
       plt.grid()
       plt.show()
```

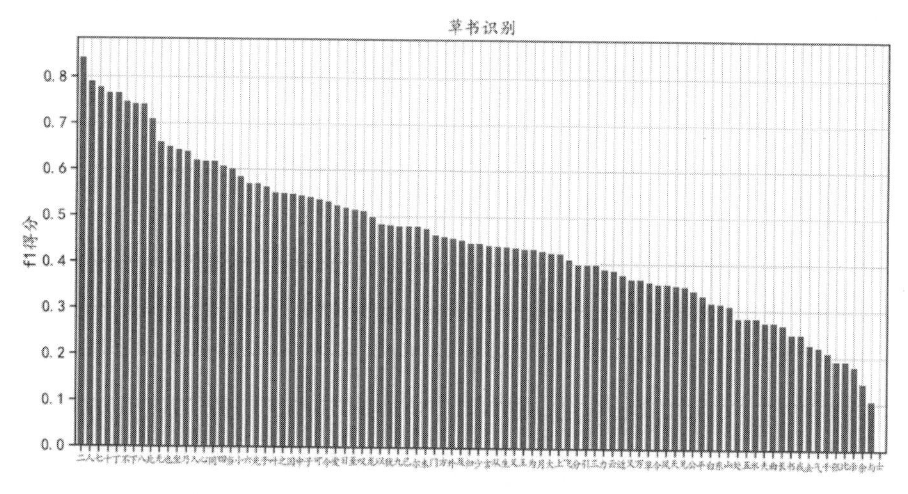

图 10-18　每个字预测的 f1 得分高低

10.3.3　全连接神经网络数据回归

针对全连接神经网络数据回归，继续使用 ENB2012 数据集进行演示分析。这里读取数据并将其切分为训练集和测试集。

```
In[11]:## 使用 MLP 进行回归分析,使用 ENB2012 数据集
       enbdf=pd.read_excel("data/chap8/ENB2012.xlsx")
       ## 将数据切分为训练集和测试集
       X_trainenb,X_testenb,y_trainenb,y_testenb=train_test_split(
```

```
          enbdf.iloc[:,0:8], enbdf["Y1"],test_size=0.3,random_state=1)
        print("X_trainenb.shape :",X_trainenb.shape)
        print("X_testenb.shape :",X_testenb.shape)
Out[11]:X_trainenb.shape : (537, 8)
         X_testenb.shape : (231, 8)
```

这里不再对数据进行标准化等预处理，直接使用 MLPRegressor()函数建立包含两个隐藏层的 NLP 模型，每个隐藏层均有 100 个神经元。从模型对训练集和测试集预测结果的均方根误差取值中可知，模型的预测效果并不好，原因可能是数据未标准化，导致模型不能收敛。

```
In[12]:## 使用未标准化的数据，利用 MLP 进行回归分析
        mlpr1=MLPRegressor(hidden_layer_sizes=(100,100),
                           activation="tanh",batch_size=128,
                           learning_rate="adaptive",random_state=12,
                           max_iter=2000)
        mlpr1.fit(X_trainenb,y_trainenb)
        ## 计算在训练集和测试集上的预测均方根误差
        mlpr1_lab=mlpr1.predict(X_trainenb)
        mlpr1_pre=mlpr1.predict(X_testenb)
        print("训练集上的均方根误差:",mean_squared error(y_trainenb,
mlpr1_lab))
        print("测试集上的均方根误差:",mean_squared_error(y_testenb,
mlpr1_pre))
Out[12]:训练集上的均方根误差: 15.544279699427712
         测试集上的均方根误差: 17.899169177719884
```

下面是对数据进行标准化预处理的过程，然后建立同样的 MLP 回归模型，运行程序后可以发现，此时在训练集上的预测误差和测试集上的预测误差都很小，说明数据是否进行标准化预处理对模型的收敛影响很大。

```
In[13]:## 数据标准化预处理
        std=StandardScaler()
        X_trainenb_s=std.fit_transform(X_trainenb)
        X_testenb_s=std.transform(X_testenb)
        ## 使用标准化的数据,利用 MLP 进行回归分析
        mlpr2=MLPRegressor(hidden_layer_sizes=(100,100),
                           activation="tanh",batch_size=128,
                           learning_rate="adaptive",random_state=12,
                           max_iter=2000)
        mlpr2.fit(X_trainenb_s,y_trainenb)
        ## 计算在训练集和测试集上的预测均方根误差
        mlpr2_lab=mlpr2.predict(X_trainenb_s)
        mlpr2_pre=mlpr2.predict(X_testenb_s)
```

```
        print("训练集上的均方根误差:",mean_squared_error(y_trainenb,
mlpr2_lab))
        print("测试集上的均方根误差:",mean_squared_error(y_testenb,
mlpr2_pre))
  Out[13]:训练集上的均方根误差: 0.21208882235197163
          测试集上的均方根误差: 0.35718155504336646
```

为了分析数据标准化对算法收敛情况的具体影响，分别可视化出上面两个模型训练过程中损失函数的变化情况，运行下面的程序后，结果如图 10-19 所示。

```
  In[14]:## 可视化训练过程中损失函数的变换情况
        plt.figure(figsize=(10,6))
        plt.plot(mlpr1.loss_curve_,"r-",linewidth=3,label="数据未标准化")
        plt.plot(mlpr2.loss_curve_,"b--",linewidth=3,label="数据已标准化")
        plt.grid()
        plt.legend()
        plt.xlabel("迭代次数")
        plt.ylabel("损失函数大小")
        plt.title("训练数据是否标准化对网络的影响")
        plt.show()
```

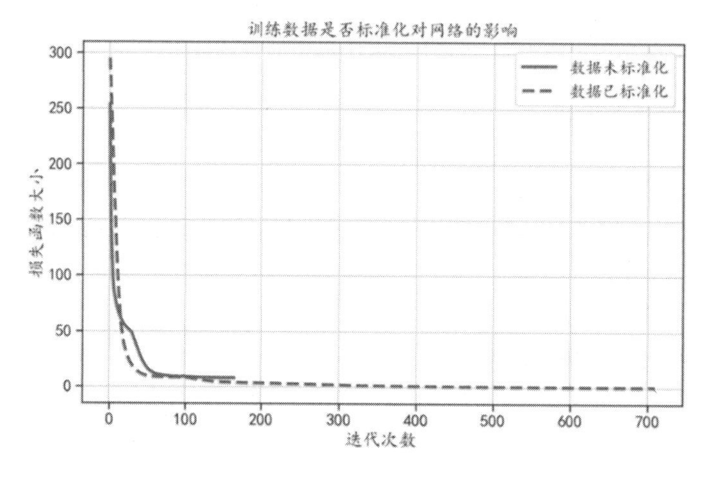

图 10-19　不同模型损失函数的变化情况

从图 10-19 中可以发现，数据是否标准化，网络的损失函数都能够迅速下降，但是针对相同的网络，对数据进行标准化后的模型，预测的精度更高。

针对获得的两种回归模型，可以将它们在测试集上的预测效果和原始数据进行对比分析，下面的程序将原始数据、MLP1 的预测结果与 MLP2 的预测结果同时可视化，程序运行后的结果如图 10-20 所示。

```
In[15]:## 可视化两种模型在测试集上的预测效果
       plt.figure(figsize=(10,6))
       index=np.argsort(y_testenb)
       plt.plot(np.arange(len(index)),y_testenb.values[index],"r",
                linewidth=2, label="原始数据")
       plt.plot(np.arange(len(index)),mlpr1_pre[index],"bo",
                markersize=5,label="数据未标准化的模型预测值")
       plt.plot(np.arange(len(index)),mlpr2_pre[index],"gs",
                markersize=5,label="数据已标准化的模型预测值")
       plt.legend()
       plt.grid()
       plt.xlabel("Index")
       plt.ylabel("Y")
       plt.title("全连接神经网络回归")
       plt.show()
```

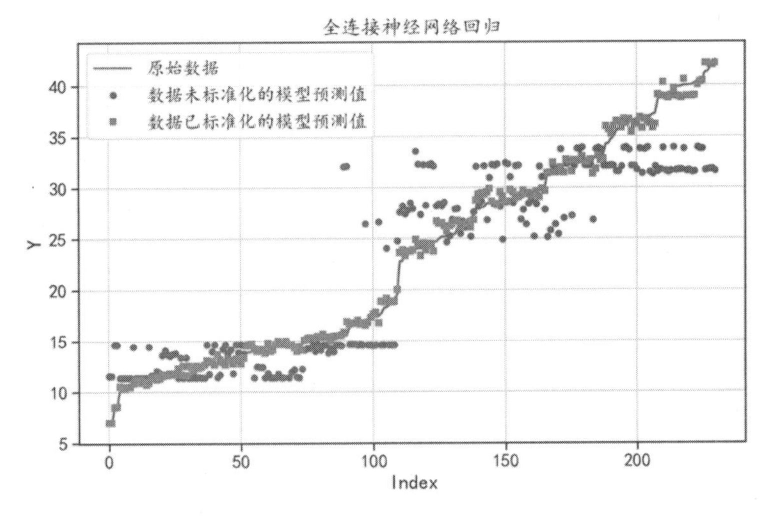

图 10-20　全连接神经网络回归效果

从图 10-20 中可以发现，数据已标准化的模型预测值更接近于原始的数据取值，图中方块为标准化后数据训练得到模型的预测值。

同时，可以发现 MLP 模型的预测精度并没有使用 SVM 回归的精度高，针对这种情况，利用参数网格搜索的方式，分析两个隐藏层分别使用不同神经元数量时，对数据的预测效果。程序如下：

```
In[16]:## 使用参数网格搜索分析两个隐藏层神经元的数量对模型精度的影响
       ## 定义模型
       mlpr3=MLPRegressor(activation="relu",batch_size=128,
                          learning_rate="adaptive",random_state=12,
                          max_iter=2000)
```

```
        ## 定义网格参数
        hid1=np.arange(20,210,20)
        hid2=np.arange(20,210,20)
        xx,yy=np.meshgrid(hid1,hid1)
        hls=[(x,y) for x,y in zip(xx.flatten(),yy.flatten())]
        para_grid=[{"hidden_layer_sizes":hls}]
        ## 使用 5 折交叉验证进行搜索，使用均方根误差的负数作为得分
        gs_mlpr=GridSearchCV(mlpr3,para_grid,cv=5,n_jobs=4,
                             scoring="neg_mean_squared_error")
        gs_mlpr.fit(X_trainenb_s,y_trainenb)
        print(gs_mlpr.best_params_)
        print(gs_mlpr.best_score_)
Out[16]:{'hidden_layer_sizes': (20, 40)}
         -0.28891057074483206
```

从参数网格搜索的输出结果中可以发现，当第一个隐藏层有 20 个神经元，第二个隐藏层有 40 个神经元时，获得的 MLP 模型数据回归效果最好。针对参数搜索的结果，可以使用下面的程序将较好的几组参数组合输出。

```
In[17]:## 将输出的所有搜索结果进行处理
        results=pd.DataFrame(gs_mlpr.cv_results_)
        ## 输出感兴趣的结果
        results2=results[["mean_test_score","std_test_score","params"]]
        results2=results2.sort_values(["mean_test_score"],ascending=
False)
        results2=results2.reset_index(drop=True)
        results2.head()
Out[17]:
```

	mean_test_score	std_test_score	params
0	-0.288911	0.066371	{'hidden_layer_sizes': (20, 40)}
1	-0.310435	0.049840	{'hidden_layer_sizes': (20, 160)}
2	-0.311317	0.140522	{'hidden_layer_sizes': (200, 40)}
3	-0.318775	0.087564	{'hidden_layer_sizes': (180, 40)}
4	-0.320158	0.049208	{'hidden_layer_sizes': (160, 140)}

针对获得的最优的一个 MLP 模型，对测试集进行预测，并输出在训练数据和测试数据上的均方根误差。从输出结果中可以发现，在测试集上的预测精度更高了，预测误差可以达到 0.255。

```
In[18]:## 输出在测试集上的预测情况
        print("最好模型使用的参数为:",gs_mlpr.best_params_)
        gs_mlpr_lab=gs_mlpr.best_estimator_.predict(X_trainenb_s)
        gs_mlpr_pre=gs_mlpr.best_estimator_.predict(X_testenb_s)
```

```
        print("训练集上的均方根误差:",mean_squared_error(y_trainenb,
gs_mlpr_lab))
        print("测试集上的均方根误差:",mean_squared_error(y_testenb,
gs_mlpr_pre))
   Out[18]:最好模型使用的参数为: {'hidden_layer_sizes': (20, 40)}
        训练集上的均方根误差: 0.18619007428749085
        测试集上的均方根误差: 0.2550967051005892
```

10.4 本章小结

本章主要介绍了支持向量机模型和全连接神经网络模型在实际数据任务中的应用。针对支持向量机模型，介绍了其数据分类和数据回归的应用；针对全连接神经网络，则分别介绍了不同隐藏层数量的网络在分类和回归问题中的应用。该章节出现的相关函数如表 10-1 所示。

表 10-1 相关函数

库	模 块	函 数	功 能
sklearn	svm	SVC	支持向量机分类
		LinearSVC	线性支持向量机分类
		SVR	支持向量机回归
	neural_network	MLPClassifier	全连接神经网络分类
		MLPRegressor	全连接神经网络回归

第 11 章 关联规则与文本挖掘

关联规则分析有一个非常经典的故事——超市中啤酒和尿不湿的购买关联。超市通过分析其会员的购物数据，发现成年男性去超市给孩子买尿不湿时，一般都会顺手买一些啤酒，于是超市把尿不湿和啤酒放在了一起，方便两种商品一起购买，这大大增加了超市的销售额。关联规则算法是通过分析像购物车这样的非结构化数据，从中发现有趣信息的一种算法。同样文本数据也是一种常见的非结构化数据，而文本挖掘相关的算法则是从无结构的文本中，发现感兴趣的内容，如文本的主题、文本之间的相似性等。因此本章将关联规则和文本挖掘放在一起进行讨论，介绍如何使用 Python 从非结构化的数据中发现感兴趣的内容。

本章先简单介绍关联规则和文本挖掘时相关的模型，然后介绍如何利用 Python 中的相关库和函数进行分析和挖掘。

11.1 模型简介

本节简单介绍关联规则和文本挖掘相关的基础知识，有助于读者更好地理解与分析程序得到的结果。

11.1.1 关联规则

关联规则分析（Association Rule Learning）也叫关联规则挖掘或关联规则学习，它试图在很大的一个数据集中找出规则或相关的关系。关联规则在挖掘过程中，会分析一些事物同时出现的频率。比如，看买什么东西和买尿不湿同时出现的频率最高，购买啤酒的顾客是不是男性所占的比例较高等（这种方法通常称为购物篮分析）。关联规则的适用范围很广，除常用的购物篮数据、问卷调查等以分类变量为主的情况外，还可以对连续的数据变量离散化进行关联规则分析。

关联规则是经典机器学习算法之一，下面先介绍与其相关的几个概念。

（1）项目：交易数据库中的一个字段，对超市的交易来说一般是指一次交易中的一个物品，如啤酒。

（2）事务：某个客户在一次交易中，发生的所有项目的集合，如 { 面包，啤酒，尿不湿 } 。

（3）项集：包含若干个项目的集合，一般会大于 0 个。

（4）频繁项集：某个项集的支持度大于设定阈值（预先给定或者根据数据分布和经验来设定），即称这个项集为频繁项集。

（5）频繁模式：频繁地出现在数据中的模式。例如，频繁出现在交易数据中的商品（如面包和啤酒）集合就是频繁项集。先买了一件外套，然后买了裤子，最后买了双鞋子，如果它频繁地出现在购物的历史数据中，则称它为一个频繁的序列模式。

（6）关联规则：设I是项的集合，给定一个交易数据库D，其中的每项事务d_i都是I的一个非空子集，每一个事务都有唯一的标识符对应。关联规则是形如$X \Rightarrow Y$的蕴含式，其中X、Y属于项的集合I，并且X与Y的交集为空集，则X、Y分别称为规则的先导和后继（或者称前项和后项）。

- 支持度：关联规则$X \Rightarrow Y$的支持度（support）是D中事务包含X和Y同时出现的百分比，它就是概率$P(Y \cup X)$。即：

$$\text{support}\left(X \Rightarrow Y\right) = P(X \cup Y)$$

- 置信度：关联规则 X⇒Y 的置信度（confidence）是D中包含X的事务同时也包含Y的事务百分比，它就是条件概率$P(Y|X)$。即

$$\text{confidence}\left(X \Rightarrow Y\right) = P(Y|X) = \frac{\text{support}(X \cup Y)}{\text{support}(X)}$$

规则的置信度可以通过规则的支持度计算出来，得到对应的关联规则$X \Rightarrow Y$和$Y \Rightarrow X$，可以通过如下步骤找出强关联规则。

（i）找出所有的频繁项集：找到满足最小支持度的所有频繁项集。

（ii）由频繁项集产生强关联规则：这些规则必须同时满足给定的最小置信度和最小支持度。

- 提升度：关联规则的一种简单相关性度量，$X \Rightarrow Y$的提升度即在含有X的条件下同时含有Y的概率，与Y总体发生的概率之比。X和Y的提升度可以通过下面的公式进行求解：

$$\text{lift}(X,Y) = \frac{P(Y|X)}{P(Y)} = \frac{\text{support}(X \cup Y)}{\text{support}(X)\text{support}(Y)}$$

如果 lift(X, Y)的值小于 1，则表明X的出现和Y的出现是负相关的，即一个出现可能导致另一个不出现；如果值等于 1，则表明X和Y是独立的，它们之间没有关系；如果值大于 1，则 X和 Y是正相关的，即每一个的出现都蕴含着另一个的出现。提升度可以用于判断获得的规则是不是有用的规则。

发现数据中关联规则的常用算法有 Apriori 算法和 FPGrowth 算法，这里不再详细介绍这些算法的工作模式，后面会介绍如何使用 Python 针对数据进行关联规则挖掘。图 11-1 展示了基本的关联规则分析流程。

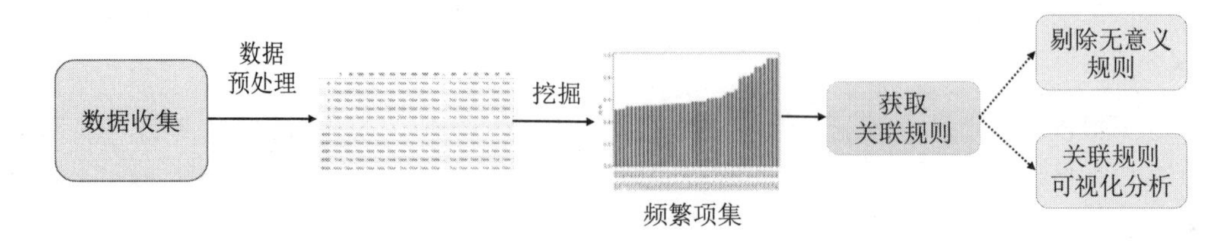

图 11-1　关联规则流程示意图

11.1.2　文本挖掘

文本数据是常见的非结构数据类型之一，文本挖掘（Text Mining）就是从文本数据中获取有用信息的一种方法，它在机器学习及人工智能领域扮演着重要角色。文本挖掘有时也被称为文本数据挖掘，一般指通过对文本数据进行处理，从中发现高质量的、可利用的信息。文本中的高质量信息通常通过分类和预测来产生，如模式识别、情感分类等。本节介绍的文本挖掘内容如图 11-2 所示。

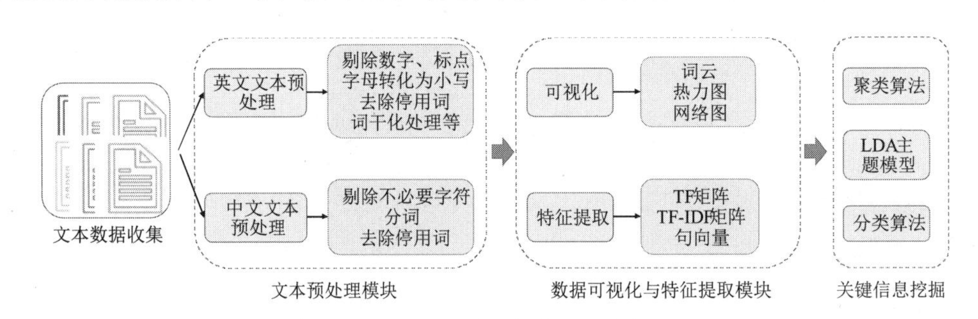

图 11-2　文本挖掘流程示意图

在图 11-2 中，针对文本挖掘的内容可以分为 4 个部分：数据收集、文本数据预处理、数据可视化与特征提取、关键信息挖掘。

（1）数据收集。文本数据无处不在，所以收集时非常方便，如网络上的文本数据、电影评论、新闻等，书籍的内容也是文本数据，在数据收集时抓取技术非常有用。

（2）文本数据预处理。在文本数据预处理阶段根据文本语言的不同，处理方式会有些差异。针对英文文本，通常包括剔除文本中的数字、标点符号、多余的空格；将所有的字母都转化为小写字母；剔除不能有效表达信息甚至会对分析起干扰作用的停用词；对文本进行词干化处理，只保留词语的词干等。而针对中文文本，除了要剔除不需要的字符外，还需要首先对文本进行分词操作，分词是中文文本数据特有的数据预处理流程。

（3）数据可视化与特征提取。针对文本数据的可视化方式通常是可视化词语出现的次数，如使用词云、频数条形图等方式，数据可视化是为了能够快速地从大量的文本数据中，对数据进行一些概括性的了解，帮助后面的数据挖掘过程。特征提取通常会从文本数据中提取 TF 矩阵、TF-IDF 矩阵以及句向量等特征，这些特征通常用于文本挖掘的相关分析。

（4）关键信息挖掘。这部分主要是使用一些有监督或者无监督的机器学习算法，从文本中获取更深层次的信息。如使用无监督的主题模型来分析文本中包含的主题；使用聚类分析算法分析文本之间的关系和聚集特性；使用有监督的机器学习算法，对文本数据进行分类等。

后面将会以具体的数据集为例，介绍如何利用 Python 进行相应的文本挖掘。这里先导入相关的库和模块，其中 mlxtend 库主要用于介绍关联规则分析，jieba 库用于中文的分词操作，Gensim 库和 pyLDAvis 库用于 LDA 主题模型。

```
## 输出高清图像
%config InlineBackend.figure_format='retina'
%matplotlib inline
## 图像显示中文的问题
import matplotlib
matplotlib.rcParams['axes.unicode_minus']=False
import seaborn as sns
sns.set(font= "Kaiti",style="ticks",font_scale=1.4)
import numpy as np
import pandas as pd
import matplotlib.pyplot as plt
from mpl_toolkits.mplot3d import Axes3D
## 挖掘频繁项集和关联规则
from mlxtend.frequent_patterns import *
from mlxtend.preprocessing import TransactionEncoder
from mlxtend.plotting import *
import networkx as nx
import glob
import re
import string
from WordCloud import WordCloud
import jieba
import csv
```

```
from sklearn.feature_extraction.text import *
from sklearn.manifold import TSNE
from scipy.cluster.hierarchy import dendrogram,linkage,fcluster
from sklearn.cluster import KMeans
from sklearn.metrics.cluster import v_measure_score
from gensim.models.doc2vec import Doc2Vec, TaggedDocument
from gensim.corpora import Dictionary
from gensim.models.ldamodel import LdaModel
import pyLDAvis
import pyLDAvis.gensim_models
import altair as alt
```

11.2 数据关联规则挖掘

介绍如何进行数据关联规则挖掘之前，准备可以进行分析的数据，使用下面的程序从文件中读取数据。

```
In[1]:##  读取数据,根据文本文件进行数据读取
      ARdf=pd.read_table("data/chap11/mushroom.dat",header=None)
      print(ARdf.head())
Out[1]:                                                    0
       0  1 3 9 13 23 25 34 36 38 40 52 54 59 63 67 76 8...
       1  2 3 9 14 23 26 34 36 39 40 52 55 59 63 67 76 8...
       2  2 4 9 15 23 27 34 36 39 41 52 55 59 63 67 76 8...
       3  1 3 10 15 23 25 34 36 38 41 52 54 59 63 67 76 ...
       4  2 3 9 16 24 28 34 37 39 40 53 54 59 63 67 76 8...
```

在读取的数据中每行表示一个样本，每个样本中包含着不同的特性，这些特性的取值使用空格分开，例如第 0 个样本包含 1、3、9 等特性。针对该数据进行关联规则挖掘的目标就是发现数据集中的规则，例如{1,3,9,10}⇒{4,8,55}等。

进行关联规则挖掘之前，先对数据进行预处理。下面的程序中，将每行数据处理为列表，从程序输出结果中可以发现一共包含 8124 个样本序列，并且所有数据一共包含 119 个特性。

```
In[2]:##上面的数据在进行关联规则之前，需要将其处理为列表
      ARlist=ARdf.iloc[:,0].str.split(pat=" ") #使用空格将商品之间进行切分
      ARlist=ARlist.str[:-1]     ## 剔除最后一个空格
      ARlist=ARlist.tolist()     #数据转化为列表
      print("序列的数量:",len(ARlist))
      print("包含的特征内容:\n",np.unique(sum(ARlist, [])))
      print("类目的数量:",len(np.unique(sum(ARlist, []))))
Out[2]:序列的数量: 8124
       包含的特征内容:
```

```
['1' '10' '100' '101' '102' '103' '104' '105' '106' '107' '108' '109' '11'
 '110' '111' '112' '113' '114' '115' '116' '117' '118' '119' '12' '13'
 '14' '15' '16' '17' '18' '19' '2' '20' '21' '22' '23' '24' '25' '26' '27'
 '28' '29' '3' '30' '31' '32' '33' '34' '35' '36' '37' '38' '39' '4' '40'
 '41' '42' '43' '44' '45' '46' '47' '48' '49' '5' '50' '51' '52' '53' '54'
 '55' '56' '57' '58' '59' '6' '60' '61' '62' '63' '64' '65' '66' '67' '68'
 '69' '7' '70' '71' '72' '73' '74' '75' '76' '77' '78' '79' '8' '80' '81'
 '82' '83' '84' '85' '86' '87' '88' '89' '9' '90' '91' '92' '93' '94' '95'
 '96' '97' '98' '99']
类目的数量: 119
```

为了方便使用 mlxtend 库进行关联规则分析，将前面获得的列表数据使用函数 TransactionEncoder()进行数据变换，处理后的数据每个特性作为列名，每个样本对应着行，如果样本中有某种特性，则对应的取值为 True，否则为 False。程序如下：

```
In[3]:## 为了使用 mlxtend 库进行关联规则的相关分析，对列表数据进行处理
      te=TransactionEncoder()
      AR_array=te.fit(ARlist).transform(ARlist)
      df=pd.DataFrame(AR_array, columns=te.columns_)
      df
Out[3]:
```

	1	10	100	101	102	103	104	105	106	107	...	90	91	92	93	94	95	96	97	98	99
0	True	False	False	False	False	False	False	False	False	True	...	True	False	False	True	False	False	False	False	True	False
1	False	False	False	False	False	False	False	False	False	False	...	True	False	False	True	False	False	False	False	False	True
2	False	False	False	False	False	False	False	False	False	False	...	True	False	False	True	False	False	False	False	False	True
3	True	True	False	False	False	False	False	False	False	True	...	True	False	False	True	False	False	False	False	True	False
4	False	False	False	False	False	False	False	False	False	False	...	True	False	False	False	True	False	False	False	False	True
...	...	...	...	...	...	...	...	...	...	...	...	...	...	...	...	...	...	...	...	...	...
8119	False	False	False	False	False	False	False	False	True	False	...	True	False	False	True	False	False	False	False	False	False
8120	False	False	False	False	False	False	False	False	True	False	...	True	False	False	True	False	False	False	False	False	False
8121	False	False	False	False	False	False	False	False	True	False	...	True	False	False	True	False	False	False	False	False	False
8122	True	True	False	False	True	False	False	False	False	False	...	True	False	False	False	True	False	False	False	False	False
8123	False	False	False	False	False	False	True	False	False	False	...	True	False	False	True	False	False	False	False	False	False

8124 rows × 119 columns

11.2.1 FPGrowth 关联规则挖掘

mlxtend 库中同时提供了 FPGrowth 和 Apriori 两种关联规则算法，本节介绍如何使用 FPGrowth 算法进行关联规则分析。下面的程序使用 fpgrowth()函数获取数据中的频繁项集，并且计算输出结果中每个频繁项集的元素数量，因此在输出结果中包含 support（支持度）、itemsets（频繁项集）与 length（频繁项集的元素数量）三个变量。

```
In[4]:## 使用 FPGrowth 算法获取数据中的频繁项集
      iterm_fre=fpgrowth(df, min_support=0.5,   ## 支持度阈值
                         max_len=4,              ## 项集中的最大元素数量
                         use_colnames=True)      ## 输出中使用列名
      ## 计算每个 itemsets 的元素数量
      iterm_fre["length"]=iterm_fre["itemsets"].apply(lambda x: len(x))
      iterm_fre
Out[4]:
```

	support	itemsets	length
0	1.000000	(85)	1
1	0.975382	(86)	1
2	0.974151	(34)	1
3	0.921713	(90)	1
4	0.838503	(36)	1
...	...	...	...
140	0.567208	(85, 53, 86)	3
141	0.567208	(34, 53, 90, 86)	4
142	0.567208	(34, 53, 90, 85)	4
143	0.567208	(85, 53, 90, 86)	4
144	0.567208	(85, 53, 34, 86)	4

145 rows × 3 columns

针对获得的频繁项集的支持度可以使用条形图进行可视化，在下面的程序中，分别可视化出了频繁项集中元素数量不同情况下，项集对应的支持度大小情况，结果如图 11-3 所示。

```
In[5]:## 可视化出频繁项集的支持度大小
      plt.figure(figsize=(14,8))
      for ii in np.arange(1,5):
          axi=plt.subplot(2,2,ii)
          plotdata=iterm_fre[iterm_fre.length ==
ii].sort_values("support")
          plotdata.plot(kind="bar",x="itemsets",y= "support",
                        legend=None,width=0.8,ax=axi)
          plt.title("频繁项集的支持度")
          plt.ylabel("支持度")
          plt.xlabel("")
  plt.tight_layout()
  plt.show()
```

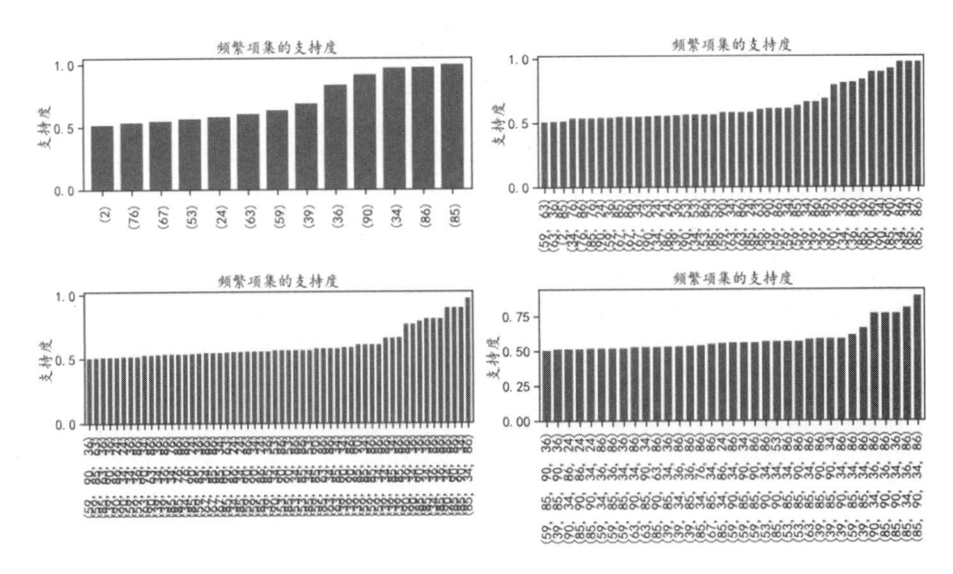

图 11-3　频繁项集的支持度大小

使用 FPGrowth 算法获得的频繁项集，可以使用 association_rules()函数发掘出其中的关联规则，下面的程序中利用置信度的大小对获取的规则进行筛选，只保留置信度大于等于 0.9 的规则，从输出的结果中可以发现一共获取了 380 条规则。

```
In[6]:## 通过频繁项集找到关联规则，利用置信度筛选
      # 发现规则使用的频繁项集数据
      rule1=association_rules(iterm_fre[["support","itemsets"]],
      # 使用的置信度及阈值
      metric="confidence", min_threshold=0.9)
      rule1
Out[6]:
```

	antecedents	consequents	antecedent support	consequent support	support	confidence	lift	leverage	conviction
0	(85)	(86)	1.000000	0.975382	0.975382	0.975382	1.000000	0.000000	1.000000
1	(86)	(85)	0.975382	1.000000	0.975382	1.000000	1.000000	0.000000	inf
2	(34)	(85)	0.974151	1.000000	0.974151	1.000000	1.000000	0.000000	inf
3	(85)	(34)	1.000000	0.974151	0.974151	0.974151	1.000000	0.000000	1.000000
4	(34)	(86)	0.974151	0.975382	0.973166	0.998989	1.024203	0.022997	24.353767
...	...	...	...	...	...	...	...	...	...
375	(86, 53, 34)	(85)	0.567208	1.000000	0.567208	1.000000	1.000000	0.000000	inf
376	(53, 85)	(34, 86)	0.567208	0.973166	0.567208	1.000000	1.027574	0.015221	inf
377	(53, 34)	(86, 85)	0.567208	0.975382	0.567208	1.000000	1.025240	0.013964	inf
378	(53, 86)	(34, 85)	0.567208	0.974151	0.567208	1.000000	1.026535	0.014662	inf
379	(53)	(86, 34, 85)	0.567208	0.973166	0.567208	1.000000	1.027574	0.015221	inf

380 rows × 9 columns

在获取的输出结果中，antecedents 表示规则中的前项、consequents 表示规则中的后项、

support 表示支持度、confidence 表示置信度、lift 表示提升度、leverage 和 conviction 分别表示杠杆率和确信度。其中杠杆率跟提升度类似，杠杆率大于 0 说明有一定关系，越大说明两者的相关性越强，确信度也用来衡量前项和后项的独立性，这个值越大，前项和后项越关联。

association_rules()函数中也可以使用其他参数指定筛选规则的方式，例如，在下面的程序中只获取提升度大于等于 1.2 的规则，从输出结果中一共发现了 6 条规则。

```
In[7]:## 通过频繁项集找到关联规则，利用提升度筛选
      # 发现规则使用的频繁项集数据
      rule1=association_rules(iterm_fre[["support","itemsets"]],
      # 使用的置信度及阈值
                              metric="lift", min_threshold=1.2)
      rule1
Out[7]:
```

	antecedents	consequents	antecedent support	consequent support	support	confidence	lift	leverage	conviction
0	(59)	(63)	0.637125	0.607582	0.511571	0.802937	1.321527	0.124465	1.991327
1	(63)	(59)	0.607582	0.637125	0.511571	0.841977	1.321527	0.124465	2.296350
2	(59, 85)	(63)	0.637125	0.607582	0.511571	0.802937	1.321527	0.124465	1.991327
3	(85, 63)	(59)	0.607582	0.637125	0.511571	0.841977	1.321527	0.124465	2.296350
4	(59)	(85, 63)	0.637125	0.607582	0.511571	0.802937	1.321527	0.124465	1.991327
5	(63)	(59, 85)	0.607582	0.637125	0.511571	0.841977	1.321527	0.124465	2.296350

11.2.2 Apriori 关联规则挖掘

mlxtend 库中还提供了 apriori()函数，利用 Apriori 算法进行关联规则挖掘，下面的程序通过最小支持度对发现的频繁项集进行筛选，运行程序后可以发现找到了 565 条频繁项集。

```
In[8]:## 使用Apriori 算法发现频繁项集
      iterm_fre2=apriori(df, min_support=0.4,use_colnames=True)
      iterm_fre2
Out[8]:
```

	support	itemsets
0	0.482029	(1)
1	0.497292	(110)
2	0.517971	(2)
3	0.415559	(23)
4	0.584441	(24)
...	...	...
560	0.454948	(36, 34, 63, 86, 90, 85)
561	0.407681	(34, 86, 90, 85, 39, 56)
562	0.442639	(34, 63, 86, 90, 85, 59)
563	0.407681	(36, 86, 90, 85, 39, 56)
564	0.407681	(36, 34, 86, 90, 85, 39, 56)

565 rows × 2 columns

针对上面利用 Apriori 算法获得的频繁项集 iterm_fre2，同样可以使用 association_rules()函数从中发现关联规则，在下面的程序中只获取提升度大于等于 1.1 的规则，一共发现了 2 136 条规则。

```
In[9]:## 发现数据中的关联规则，使用提升度来分析
        rule2=association_rules(iterm_fre2, metric="lift",
min_threshold=1.1)
        ## 计算获得规则中相关项集的长度
        rule2["antecedent_len"]=rule2["antecedents"].apply(lambda x:
len(x))
        rule2["consequent_len"]=rule2["consequents"].apply(lambda x:
len(x))
        rule2
Out[9]:
```

	antecedents	consequents	antecedent support	consequent support	support	confidence	lift	leverage	conviction	antecedent_len	consequent_len
0	(1)	(24)	0.482029	0.584441	0.405219	0.840654	1.438389	0.123502	2.607898	1	1
1	(24)	(1)	0.584441	0.482029	0.405219	0.693345	1.438389	0.123502	1.689099	1	1
2	(36)	(1)	0.838503	0.482029	0.468242	0.558426	1.158492	0.064060	1.173012	1	1
3	(1)	(36)	0.482029	0.838503	0.468242	0.971399	1.158492	0.064060	5.646620	1	1
4	(36)	(110)	0.838503	0.497292	0.473658	0.564885	1.135923	0.056677	1.155347	1	1
...	...	...	...	...	...	...	...	...	...	...	...
2131	(56, 85)	(36, 34, 86, 90, 39)	0.464796	0.494338	0.407681	0.877119	1.774331	0.177915	4.115044	2	5
2132	(39, 56)	(36, 34, 86, 90, 85)	0.422452	0.772033	0.407681	0.965035	1.249991	0.081534	6.519842	2	5
2133	(36)	(34, 86, 90, 85, 39, 56)	0.838503	0.407681	0.407681	0.486201	1.192601	0.065839	1.152822	1	6
2134	(39)	(36, 34, 86, 90, 85, 56)	0.690793	0.419498	0.407681	0.590164	1.406834	0.117895	1.416425	1	6
2135	(56)	(36, 34, 86, 90, 85, 39)	0.464796	0.494338	0.407681	0.877119	1.774331	0.177915	4.115044	1	6

2136 rows × 11 columns

由于发现的规则较多，所以通过观察数据的内容并不能很好地分析规则中的内容，下面使用一些可视化方式，将发现的规则进行可视化分析。想要分析的是规则中支持度、置信度和提升度之间的关系，针对这三个数值型特征，可以使用矩阵散点图进行可视化分析。运行下面的程序后，矩阵散点图可视化结果如图 11-4 所示。

```
In[10]:## 使用散点图分析可视化支持度、置信度和提升度的关系
        colnames=["support","confidence","lift"]
        plotdata=rule2[["support","confidence","lift"]].values
        scatterplotmatrix(plotdata, figsize=(14, 10),
                          names=colnames,color="red")
        plt.tight_layout()
        plt.show()
```

通过图 11-4 可以发现，置信度和支持度并没有明显的相关性趋势，但随着提升度的增加，置信度也有增大的趋势。通过对角线的直方图可以发现支持度主要集中在 0.4 到 0.45 之间。

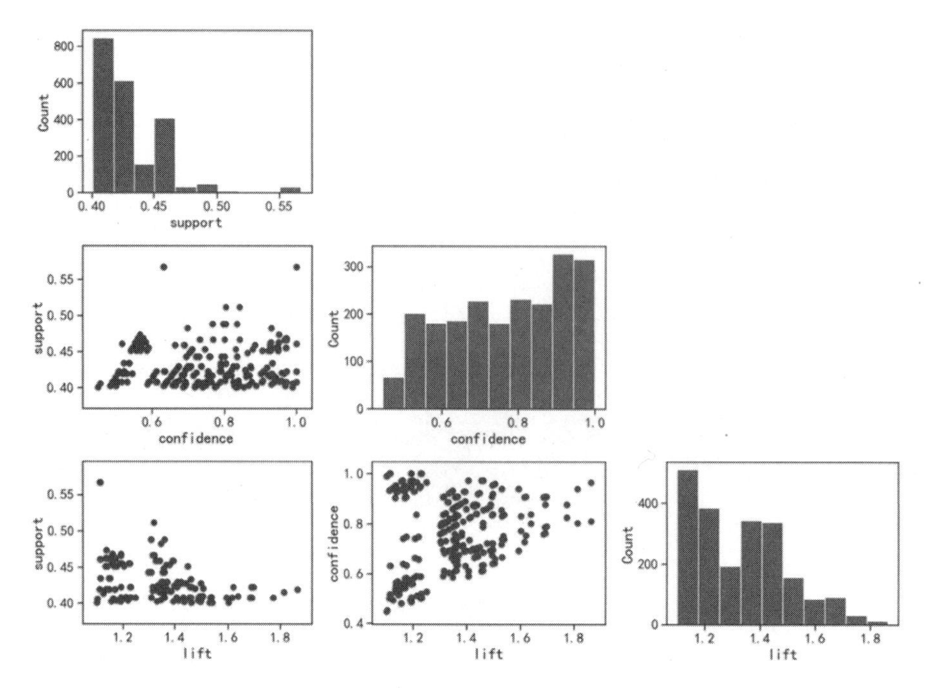

图 11-4　关联规则矩阵散点图可视化

针对获取的关联规则，可以通过不同的条件对规则进行筛选，例如，下面的程序是获得前项和后项的项目个数都大于 2 的规则，一共可获得 212 条规则。

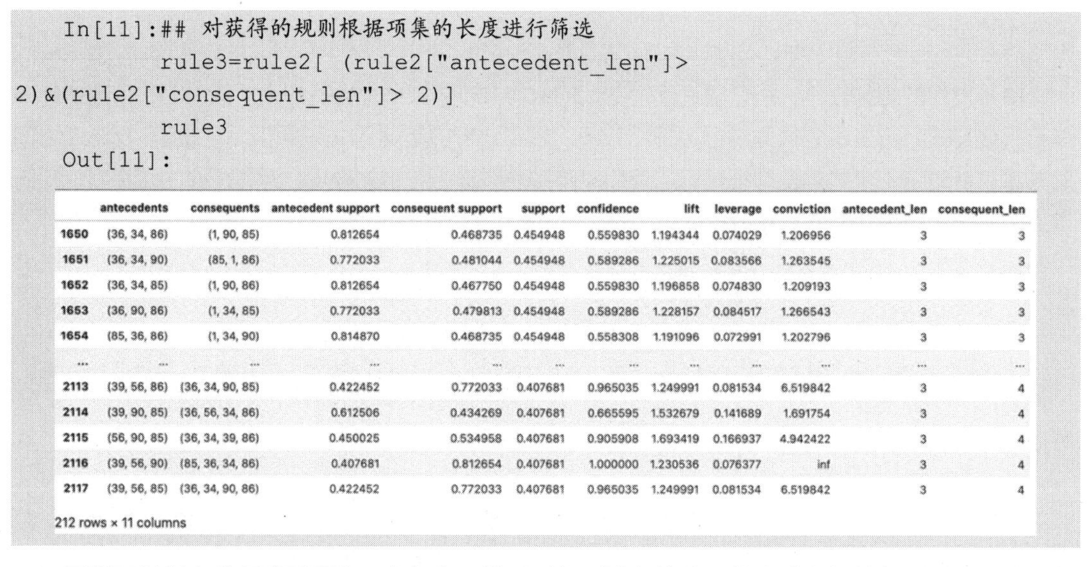

```
In[11]:## 对获得的规则根据项集的长度进行筛选
       rule3=rule2[ (rule2["antecedent_len"]>
2)&(rule2["consequent_len"]> 2)]
       rule3
Out[11]:
```

	antecedents	consequents	antecedent support	consequent support	support	confidence	lift	leverage	conviction	antecedent_len	consequent_len
1650	(36, 34, 86)	(1, 90, 85)	0.812654	0.468735	0.454948	0.559830	1.194344	0.074029	1.206956	3	3
1651	(36, 34, 90)	(85, 1, 86)	0.772033	0.481044	0.454948	0.589286	1.225015	0.083566	1.263545	3	3
1652	(36, 34, 85)	(1, 90, 86)	0.812654	0.467750	0.454948	0.559830	1.196858	0.074830	1.209193	3	3
1653	(36, 90, 86)	(1, 34, 85)	0.772033	0.479813	0.454948	0.589286	1.228157	0.084517	1.266543	3	3
1654	(85, 36, 86)	(1, 34, 90)	0.814870	0.468735	0.454948	0.558308	1.191096	0.072991	1.202796	3	3
...	...	...	...	...	...	...	...	...	...	...	...
2113	(39, 56, 86)	(36, 34, 90, 85)	0.422452	0.772033	0.407681	0.965035	1.249991	0.081534	6.519842	3	4
2114	(39, 90, 85)	(36, 56, 34, 86)	0.612506	0.434269	0.407681	0.665595	1.532679	0.141689	1.691754	3	4
2115	(56, 90, 85)	(36, 34, 39, 86)	0.450025	0.534958	0.407681	0.905908	1.693419	0.166937	4.942422	3	4
2116	(39, 56, 90)	(85, 36, 34, 86)	0.407681	0.812654	0.407681	1.000000	1.230536	0.076377	inf	3	4
2117	(39, 56, 85)	(36, 34, 90, 86)	0.422452	0.772033	0.407681	0.965035	1.249991	0.081534	6.519842	3	4

212 rows × 11 columns

同样可以指定前项或后项的元素内容，然后对规则进行筛选，挑出感兴趣的规则。下面的程序则是从规则中挑出前项的项目为 90、36、85 三个元素的规则，从输出结果中可以发现一共有 7 条规则满足条件。

```
In[12]:## 从规则 3 中挑选前项中某些项集包含某些元素的规则
       rule3[rule3["antecedents"] == {"90","36","85"}]
Out[12]:
```

	antecedents	consequents	antecedent support	consequent support	support	confidence	lift	leverage	conviction	antecedent_len	consequent_len
1655	(36, 90, 85)	(1, 34, 86)	0.795667	0.478828	0.454948	0.571782	1.194128	0.073960	1.217072	3	3
1687	(36, 90, 85)	(34, 110, 86)	0.795667	0.485475	0.451009	0.566832	1.167581	0.064733	1.187817	3	3
1775	(36, 90, 85)	(39, 56, 34)	0.795667	0.422452	0.407681	0.512376	1.212863	0.071550	1.184413	3	3
1879	(36, 90, 85)	(56, 34, 86)	0.795667	0.464796	0.419498	0.527228	1.134322	0.049675	1.132055	3	3
2011	(36, 90, 85)	(39, 56, 86)	0.795667	0.422452	0.407681	0.512376	1.212863	0.071550	1.184413	3	3
2097	(36, 90, 85)	(39, 56, 34, 86)	0.795667	0.422452	0.407681	0.512376	1.212863	0.071550	1.184413	3	4

下面的程序则是通过指定后项中所包含的项目，对规则进行筛选，找出后项中为 86、34、36 三个元素的规则，一共发现有 6 条规则。

```
In[13]:## 从规则 3 中挑选后项中某些项集包含某些元素的规则
       rule3[rule3["consequents"] == {"86","34","36"}]
Out[13]:
```

	antecedents	consequents	antecedent support	consequent support	support	confidence	lift	leverage	conviction	antecedent_len	consequent_len
1661	(1, 90, 85)	(36, 34, 86)	0.468735	0.812654	0.454948	0.970588	1.194344	0.074029	6.369769	3	3
1693	(110, 90, 85)	(36, 34, 86)	0.486460	0.812654	0.451009	0.927126	1.140861	0.055686	2.570805	3	3
1740	(39, 56, 85)	(36, 34, 86)	0.422452	0.812654	0.422452	1.000000	1.230536	0.079145	inf	3	3
1836	(39, 56, 90)	(36, 34, 86)	0.407681	0.812654	0.407681	1.000000	1.230536	0.076377	inf	3	3
1885	(56, 90, 85)	(36, 34, 86)	0.450025	0.812654	0.419498	0.932166	1.147064	0.053784	2.761845	3	3
2087	(39, 56, 90, 85)	(36, 34, 86)	0.407681	0.812654	0.407681	1.000000	1.230536	0.076377	inf	4	3

针对获取的规则还可以挑选出项集中包含某些项目的规则，在下面的程序中先定义一个函数 findset()，该函数可以挑选某个集合是否包含某个小的集合，从而可以更灵活地对规则进行筛选，运行下面的程序，则可以获取前项包含 34、85，后项包含 56、86 的规则，运行程序后可以获得 11 条规则。

```
In[14]:## 挑选某个集合是否包含某个小的集合
       def findset(set1,set2):
           "set1:大的集合;set2:小的集合"
           return(set2.issubset(set1))
       ## 获取前项同时包含 {"34","85"}，后项同时包含{"56","86"}的规则
       set2={"34","85"}
       set3={"56","86"}
       rule4=rule3[(rule3["antecedents"].apply(findset,set2=set2)& #前项条
件
               rule3["consequents"].apply(findset,set2=set3))]#后项条件
       rule4
Out[14]:
```

	antecedents	consequents	antecedent support	consequent support	support	confidence	lift	leverage	conviction	antecedent_len	consequent_len
1724	(36, 34, 85)	(39, 56, 86)	0.812654	0.422452	0.422452	0.519842	1.230536	0.079145	1.202830	3	3
1734	(39, 34, 85)	(36, 56, 86)	0.664943	0.434269	0.422452	0.635320	1.462965	0.133688	1.551310	3	3
1876	(36, 34, 85)	(56, 90, 86)	0.812654	0.450025	0.419498	0.516207	1.147064	0.053784	1.136799	3	3
1942	(39, 34, 85)	(56, 90, 86)	0.664943	0.450025	0.407681	0.613106	1.362384	0.108440	1.421515	3	3
2062	(36, 34, 90, 85)	(39, 56, 86)	0.772033	0.422452	0.407681	0.528061	1.249991	0.081534	1.223777	4	3
2065	(36, 34, 39, 85)	(56, 90, 86)	0.534958	0.450025	0.407681	0.762080	1.693419	0.166937	2.311599	4	3
2079	(39, 34, 90, 85)	(36, 56, 86)	0.588872	0.434269	0.407681	0.692308	1.594192	0.151952	1.838626	4	3
2090	(36, 34, 85)	(39, 56, 90, 86)	0.812654	0.407681	0.407681	0.501666	1.230536	0.076377	1.188599	3	4
2106	(39, 34, 85)	(36, 56, 90, 86)	0.664943	0.419498	0.407681	0.613106	1.461524	0.128739	1.500418	3	4

针对获得的规则还可以使用网络图进行可视化，可视化时一条规则的前项指向后项可以作为有向图的一条边。下面的程序则是将满足某些条件的规则，使用有向图进行可视化分析，程序运行后的结果如图 11-5 所示。

```
In[15]:## 找到前项和后项长度均为 1 的关联规则，使用网络图可视化
        rule5=rule2[(rule2["antecedent_len"] == 1 ) &
                    (rule2["consequent_len"] == 1) &
                    (rule2["confidence"] >0.8)]
        ## 获取规则的前项和后项
        antecedents=[]
        consequents=[]
        for ii in range(len(rule5)):
            antecedents.append(list(rule5.antecedents.values[ii]))
            consequents.append(list(rule5.consequents.values[ii]))
        ## 可视化
        plt.figure(figsize=(12,10))
        ## 生成社交网络图
        G=nx.DiGraph()
        ## 为图像添加边
        for ii in range(len(antecedents)):
            G.add_edge(antecedents[ii][0],consequents[ii][0],
                       weight=rule5.confidence.values[ii])
        ## 定义两种边
        elarge=[(u,v) for (u,v,d) in G.edges(data=True) if d['weight'] >0.9]
        esmall=[(u,v) for (u,v,d) in G.edges(data=True) if d['weight'] <=
0.9]
        ## 图的布局方式
        pos=nx.circular_layout(G)
        # 设置节点的大小
        nx.draw_networkx_nodes(G,pos,alpha=0.4,node_size=500)
        # 设置边的形式
        nx.draw_networkx_edges(G,pos,edgelist=elarge,width=2,
                               alpha=0.7,edge_color='r',arrowsize=20)
        nx.draw_networkx_edges(G,pos,edgelist=esmall,width=2,
```

```
                                alpha=0.7,edge_color='b',arrowsize=20)
        # 为节点添加标签
        nx.draw_networkx_labels(G,pos,font_size=12)
        plt.axis('off')
        plt.title("前项和后项长度均为 1 的规则网络图")
        plt.show()
```

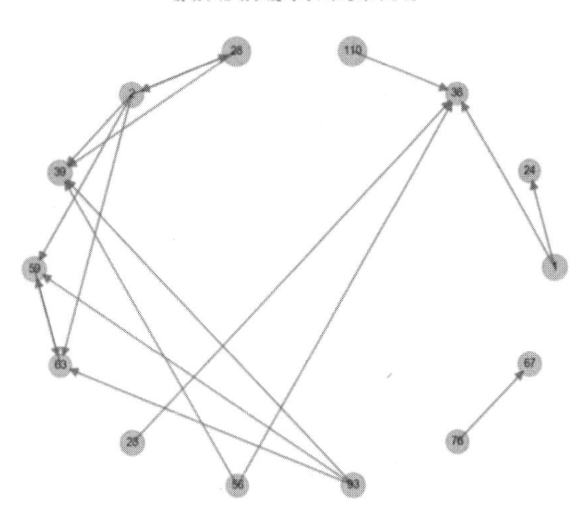

图 11-5 关联规则有向图可视化

从图 11-5 中可以发现，拥于特性 23、56、110 的样本，会有很大的可能性拥有特性 36。同时在使用有向图进行关联规则的可视化时，可以通过不同的筛选条件，选出感兴趣的规则，下面的程序则是可视化前项长度≤2，后项长度为 1 并且置信度大于 0.8 的规则，程序运行后的结果如图 11-6 所示。

```
In[16]:## 找到前项长度<=2，后项长度为 1 的关联规则，使用网络图可视化
       rule5=rule2[(rule2["antecedent_len"] <= 2 ) &
                   (rule2["consequent_len"] == 1) &
                   (rule2["confidence"] >0.8)]
       ## 获取规则的前项和后项
       antecedents=[]
       consequents=[]
       for ii in range(len(rule5)):
           antecedents.append(list(rule5.antecedents.values[ii]))
           consequents.append(list(rule5.consequents.values[ii]))
       ## 可视化
       plt.figure(figsize=(12,10))
       ## 生成社交网络图
```

```
        G=nx.DiGraph()
        ## 为图像添加边
        for ii in range(len(antecedents)):
            G.add_edge(str(antecedents[ii][:]),str(consequents[ii][:]),
                       weight=rule5.confidence.values[ii])
        ## 定义两种边
        elarge=[(u,v) for (u,v,d) in G.edges(data=True) if d['weight'] >0.9]
        esmall=[(u,v) for (u,v,d) in G.edges(data=True) if d['weight'] <=
0.9]
        ## 图的布局方式
        pos=nx.circular_layout(G)
        #设置节点的大小
        nx.draw_networkx_nodes(G,pos,alpha=0.4,node_size=500)
        # 设置边的形式
        nx.draw_networkx_edges(G,pos,edgelist=elarge,width=2,
                               alpha=0.7,edge_color='r',arrowsize=20)
        nx.draw_networkx_edges(G,pos,edgelist=esmall,width=2,
                               alpha=0.7,edge_color='b',arrowsize=20)
        # 为节点添加标签
        nx.draw_networkx_labels(G,pos,font_size=8)
        plt.axis('off')
        plt.title("部分规则的网络图")
        plt.show()
```

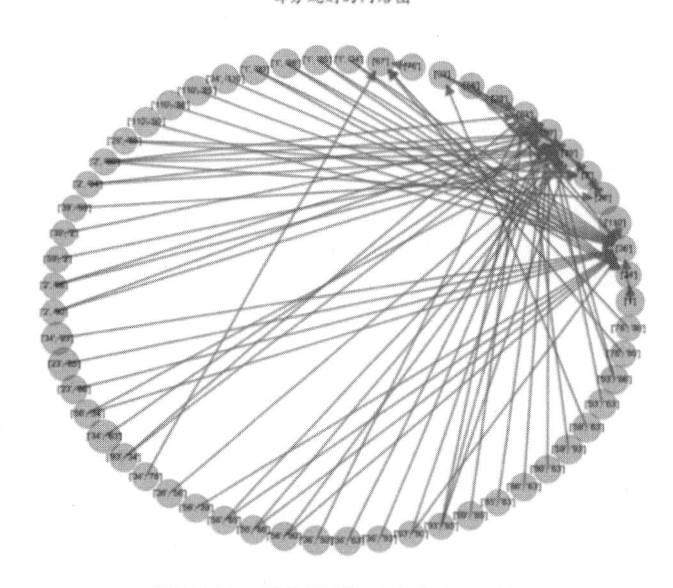

图 11-6　部分关联规则有向图可视化

11.3 文本数据预处理

在介绍文本数据挖掘之前，我们先介绍如何对文本数据进行预处理操作，这里分别针对英文文本和中文文本以不同的数据集为例进行预处理。

11.3.1 英文文本预处理

英文文本的词语已经被空格切分开了，所以不需要像中文分词这样的步骤，下面使用一个英文文本数据集演示如何对文本数据进行预处理。这里查看数据的保存形式，在 bbc 文件夹中包含 5 个子文件夹，每个子文件夹中包含多个. txt 文本文件。数据读取就是将 bbc 文件夹中的数据正确读取，如图 11-7 所示。

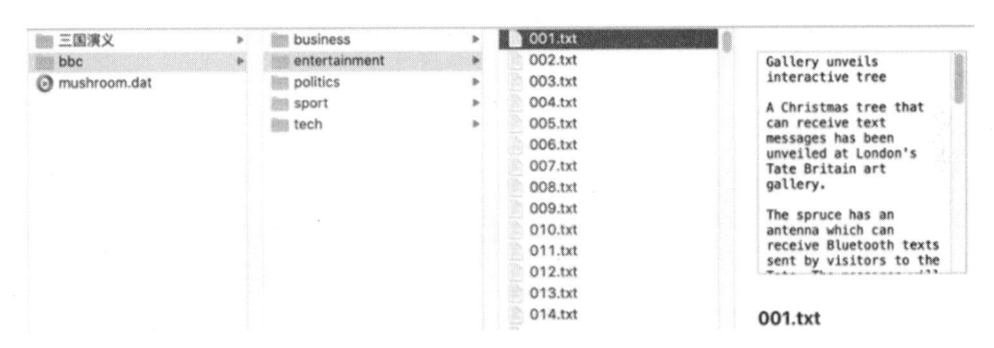

图 11-7 英文文本数据保存形式

文本读取可以定义一个 read_txt()函数，该函数会读取指定文件夹下的所有文本数据，并且同时会保存每个子文件夹的名称作为文本的标签，运行下面的程序即可正确读取图 11-7 所示的 bbc 文件夹中的文本数据。

```
In[1]:## 定义一个读取文本文件的函数
      def read_txt(folder):
          ## folder="data/chap11/bbc/*"
          ## 获取子文件夹的路径
          foldernames=glob.glob(folder)
          ## 获取每个文件夹的名称
          names=[folder.split("/")[-1] for folder in foldernames]
          ## 读取每个子文件夹的文本
          texts=[]
          label=[]
          for foldername in foldernames:
              ## 获取文件夹的名称
```

```
            names=foldername.split("/")[-1]
            ## 获取文件夹中的所有文件数据
            filenames=glob.glob(foldername+"/*")
            ## 读取每个文件的文本内容
            for file in filenames:
                with open(file) as f:
                    texts.append(f.read())
                    label.append(names)
        return texts,label

In[2]:## 使用read_txt()函数从文件中读取文本
      folder="data/chap11/bbc/*"
      texts,labels=read_txt(folder)
      ## 将数据整理为数据表格的形式
      textdf=pd.DataFrame(data={"text":texts,"label":labels})
      textdf.head()
Out[2]:
```

	text	label
0	Musicians to tackle US red tape\n\nMusicians' ...	entertainment
1	U2's desire to be number one\n\nU2, who have w...	entertainment
2	Rocker Doherty in on-stage fight\n\nRock singe...	entertainment
3	Snicket tops US box office chart\n\nThe film a...	entertainment
4	Ocean's Twelve raids box office\n\nOcean's Twe...	entertainment

针对读取的数据对其类别标签进行分析，同时也可以使用 map()方法将字符串转化为 $0\sim n-1$ 的整数，用于表示不同类别的数据，程序如下：

```
In[3]:## 查看每类有多少文本数据
      pd.value_counts(textdf.label)
Out[3]:sport            511
       business         510
       politics         417
       tech             401
       entertainment    386
       Name: label, dtype: int64
In[4]:# 将每个类别的文本转化为数字
      textdf["labelcode"]=textdf.label.map({"sport":0, "business":1,
                                             "politics":2, "tech":3,
                                             "entertainment":4})
      textdf.head()
Out[4]:
```

	text	label	labelcode
0	Musicians to tackle US red tape\n\nMusicians' ...	entertainment	4
1	U2's desire to be number one\n\nU2, who have w...	entertainment	4
2	Rocker Doherty in on-stage fight\n\nRock singe...	entertainment	4
3	Snicket tops US box office chart\n\nThe film a...	entertainment	4
4	Ocean's Twelve raids box office\n\nOcean's Twe...	entertainment	4

针对英文文本的预处理操作主要包含对字符的清洗和对单词的预处理，下面编写一个text_preprocess()函数，主要对英文文本进行以下预处理操作：①将字母转化为小写；②去除数字；③去除标点符号；④去除非英文字符；⑤去除多余的空格。最后针对文本数据使用text_preprocess()函数，运行下面的程序后，输出的预处理前后的文本效果如下。

```
In[5]:## 对数据文本进行数据预处理和清洗
      def text_preprocess(text_data):
          text_pre=[]
          for text1 in text_data:
              text1=text1.lower()         ## 转化为小写
              text1=re.sub("\d+", "", text1) ## 去除数字
              ## 去除标点符号
              text1=text1.translate(str.maketrans("","",
string.punctuation))
              text1=re.sub("[^a-zA-Z]+", " ",text1) ## 剔除非英文字符
              text1=text1.strip()       ## 去除多余的空格
              text_pre.append(text1)
          return text_pre

In[6]:## 对文本数据进行预处理
      textdf["text_pre"]=text_preprocess(textdf.text)
      ## 查看部分预处理前后的内容
      print("预处理前的部分内容:\n",textdf.text.head())
      print("预处理后的部分内容:\n",textdf.text_pre.head())
Out[15]:预处理前的部分内容:
0    Musicians to tackle US red tape\n\nMusicians' ...
1    U2's desire to be number one\n\nU2, who have w...
2    Rocker Doherty in on-stage fight\n\nRock singe...
3    Snicket tops US box office chart\n\nThe film a...
4    Ocean's Twelve raids box office\n\nOcean's Twe...
Name: text, dtype: object
预处理后的部分内容:
0    musicians to tackle us red tape musicians grou...
1    us desire to be number one u who have won thre...
2    rocker doherty in onstage fight rock singer pe...
```

```
   3    snicket tops us box office chart the film adap...
   4    oceans twelve raids box office oceans twelve t...
  Name: text_pre, dtype: object
```

可以发现预处理后的英文文本更加干净，剔除了很多干扰信息。预处理后的文本可以使用词云进行可视化分析，下面的程序则是可视化出了所有英文文本的词云，程序运行后的结果如图 11-8 所示。

```
In[7]:## 使用词云可视化预处理后的文本数据
      plt.figure(figsize=(18,12))
      ## 设置词云参数
      WordC=WordCloud(margin=1,width=1800, height=1200,
                      max_words=1000, min_font_size=10,
                      background_color="white",max_font_size=200,)
      ## 从文本数据中可视化词云
      WordC.generate_from_text(" ".join(textdf.text_pre))
      plt.imshow(WordC)
      plt.axis("off")
      plt.show()
```

图 11-8　英文文本词云图

11.3.2《三国演义》文本预处理

中文文本数据挖掘和英文文本不同，中文文本在建立模型之前，需要进行分词操作，这是因为中文文本没有像空格一样的标示符将其切分为相应的词语。针对中文分词，Python 中常用的包为 jiebaR 包。下面首先读取《三国演义》文本数据和停用词数据，程序如下：

```
In[8]:## 读取停用词数据
        stopword=pd.read_csv("data/chap11/三国演义/综合停用词表1.txt",
header=None,names=["Stopwords"],quoting=csv.QUOTE_NONE)
        ## 读取三国演义数据
        TK_df=pd.read_csv("data/chap11/三国演义/三国演义.txt",sep="\t")
        TK_df.head(5)
Out[8]:
```

	Name	content
0	宴桃园豪杰三结义,斩黄巾英雄首立功	滚滚长江东逝水，浪花淘尽英雄。是非成败转头空。青山依旧在，几度夕阳红。白发渔樵江渚上，惯看秋...
1	张翼德怒鞭督邮,何国舅谋诛宦竖	且说董卓字仲颖，陇西临洮人也，官拜河东太守，自来骄傲。当日怠慢了玄德，张飞性发，便欲杀之。玄...
2	议温明董卓叱丁原,馈金珠李肃说吕布	且说曹操当日对何进曰："宦官之祸，古今皆有；但世主不当假之权宠，使至于此。若欲治罪，当除元恶...
3	废汉帝陈留践位,谋董贼孟德献刀	且说董卓欲杀袁绍，李儒止之曰："事未可定，不可妄杀。"袁绍手提宝剑，辞别百官而出，悬节东门，...
4	发矫诏诸镇应曹公,破关兵三英战吕布	却说陈宫临欲下手杀曹操，忽转念曰："我为国家跟他到此，杀之不义。不若弃而他往。"插剑上马，不...

从读取的数据输出中可以发现，《三国演义》数据一共有两个变量，分别对应着章节名称和章节内容。

使用 jieba 库进行中文分词时，不同的分词模型会获得不一样的分词结果，下面使用数据中的一个句子，展示不同分词模式下的分词效果。

（1）**不使用词典的全模式**。不参考自定义的词典，会把句子中所有的可以成词的词语都扫描出来，虽然速度很快，但是不能解决歧义。例如下面的示例：

```
In[9]:## 不使用词典分词
        print(list(jieba.cut(TK_df.Name[2], cut_all=True)))
Out[9]: ['议', '温', '明', '董卓', '叱', '丁', '原', '', '', '馈', '金', '珠
', '李', '肃', '说', '吕布']
```

（2）**不使用词典的精确模式**。不参考自定义的词典，试图将句子最精确地切开，适合文本分析，默认模式为精确模式。例如下面的示例：

```
In[10]:print(list(jieba.cut(TK_df.Name[2])))
Out[10]: ['议温明', '董卓', '叱丁原', ',', '馈金珠', '李肃', '说', '吕布']
```

jieba 库还支持引入自定义的词典，来增强分词的准确性。词典的引入可以使用函数 jieba.load_userdict()，并且只需要导入一次即可。

（3）**使用词典的全模式**。参考自定义的词典，会把句子中所有可以成词的词语都扫描出来。例如下面的示例：

```
In[11]:## 添加自定义词典
        jieba.load_userdict("data/chap11/三国演义/三国演义词典.txt")
        ## 使用词典分词
```

```
        print(list(jieba.cut(TK_df.Name[2], cut_all=True)))
    Out[11]: ['议温明董卓叱丁原', '董卓', '叱', '丁原', '', '', '馈金珠李肃说吕布', '
李肃', '说', '吕布']
```

（4）**使用词典的精确模式**。参考自定义词典，试图将句子最精确地切开，默认模式为精确模式。例如下面的示例：

```
    In[12]:## 使用词典分词
        print(list(jieba.cut(TK_df.Name[2])))
    Out[12]: ['议温明董卓叱丁原', '，', '馈金珠李肃说吕布']
```

通过上面的示例观察不同模式下的输出结果，可以清晰地分析出不同方式下输出分词结果之间的差异。下面针对整本书的文本数据，基于使用词典的全模式分词方式，对其进行分词操作，并对分词结果进行剔除停用词等预处理操作，程序如下：

```
    In[13]:## 数据表的行数
         row,col=TK_df.shape
         ## 预定义列表
         TK_df["cutword"]="cutword"
         for ii in np.arange(row):
             ## 分词
             cutwords=list(jieba.cut(TK_df.content[ii], cut_all=True))
             ## 去除长度为 1 的词
             cutwords=pd.Series(cutwords)
             cutwords=cutwords[cutwords.apply(len)>1]
             ## 去停用词
             cutwords=cutwords[~cutwords.isin(stopword.Stopwords)]
             TK_df.cutword[ii]=cutwords.values
         ## 可视化每个章节获得的关键词数量
         TK_df.cutword.apply(len).plot(kind="line",figsize=(12,7),style="
r-o")
         plt.grid()
         plt.title("每章节的词语数量")
         plt.ylabel("词语数量")
         plt.show()
```

运行上面的程序后，同时可以获得每个章节词语数量的折线图（见图 11-9）。图中展示了每个章节分词后获得词语数量的变化趋势，在一定程度上反应了对应章节的长度。

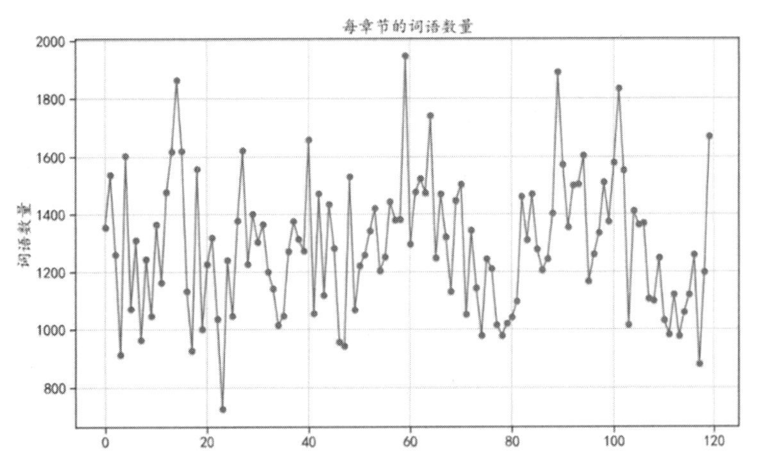

图 11-9　每个章节获得的分词数量

针对分词后的效果，可以使用 TK_df.cutword[0:5]查看分词后的部分分词结果，输出如下：

```
In[14]:## 查看全文的分词结果
       TK_df.cutword[0:5]
Out[14]:
0   [滚滚, 长江, 江东, 逝水, 浪花, 英雄, 是非, 是非成败, 成败, 转头,...
1   [董卓, 仲颖, 陇西, 西临, 临洮, 官拜, 河东, 太守, 自来, 骄傲, 当日,...
2   [曹操, 当日, 何进, 宦官, 古今, 不当, 于此, 治罪, 元恶, 狱吏, 足矣,...
3   [董卓, 董卓欲, 袁绍, 李儒, 袁绍, 手提, 宝剑, 辞别, 百官, 东门,...
4   [却说, 陈宫, 下手, 曹操, 转念, 念曰, 国家, 不义, 上马, 不等, 天...
Name: cutword, dtype: object
```

针对分词后的《三国演义》内容，可以使用词云对其进行可视化，在一定程度上分析图书中的关键词。下面的程序利用了词语和词频的方式可视化词云，程序运行后的词云图如图 11-10 所示。

```
In[15]:## 连接切分后的词语
       cutwords=np.concatenate(TK_df.cutword)
       ## 计算每个词出现的频率
       word, counts=np.unique(cutwords,return_counts=True)
       word_fre=dict(zip(word, counts))  # 词语和出现次数定义为字典
       ## 可视化分词后的词云
       plt.figure(figsize=(16,10))
       ## 设置词云参数
       WordC=WordCloud(font_path="/Library/Fonts/Microsoft/Kaiti.ttf",
                       margin=1,width=1800, height=1200,
                       max_words=800, min_font_size=10,
                       background_color="white",max_font_size=200,)
       ## 从文本数据中可视化词云
       WordC.generate_from_frequencies(word_fre)
```

```
    plt.imshow(WordC)
    plt.axis("off")
    plt.title("《三国演义》")
    plt.show()
```

图 11-10 《三国演义》词云图

11.4 文本聚类分析

文本数据挖掘可以使用无监督的聚类模型对其进行分析，发现文档之间的分布模式或隐藏关系，本节主要介绍使用不同的文本特征及利用不同的文本聚类方式对其进行分析的方法。

11.4.1 文本数据特征获取

利用聚类算法对文本进行数据挖掘之前，先将前面已经预处理好的文本数据进行特征获取操作，获得可以使用的特征。中文文本数据将会获取分词后数据的 TF-IDF 矩阵，数据预处理好的英文文本数据，将获取每个文本的句向量特征。

1. TF-IDF 矩阵

获取文本数据的 TF-IDF 特征之前，先观察会使用到的数据，程序如下：

```
In[1]:TK_df.head()
Out[1]:
```

	Name	content	cutword
0	宴桃园豪杰三结义,斩黄巾英雄首立功	滚滚长江东逝水，浪花淘尽英雄。是非成败转头空。青山依旧在，几度夕阳红。白发渔樵江渚上，惯看秋...	[滚滚, 长江, 江东, 逝水, 浪花, 英雄, 是非, 是非成败, 成败, 转头, 青山,...
1	张翼德怒鞭督邮,何国舅谋诛宦竖	且说董卓字仲颖，陇西临洮人也，官拜河东太守，自来骄傲。当日怠慢了玄德，张飞性发，便欲杀之。玄...	[董卓, 仲颖, 陇西, 西临, 临洮, 官拜, 河东, 太守, 自来, 骄傲, 当日, 怠...
2	议温明董卓叱丁原,馈金珠李肃说吕布	且说曹操当日对何进曰："宦官之祸，古今皆有；但世主不当假之权宠，使至于此。若欲治罪，当除元恶...	[曹操, 当日, 何进, 宦官, 古今, 不当, 于此, 治罪, 元恶, 狱吏, 足矣, 纷...
3	废汉帝陈留践位,谋董贼孟德献刀	且说董卓欲杀袁绍，李儒止之曰："事未可定，不可妄杀。"袁绍手提宝剑，辞别百官而出，悬节东门，...	[董卓, 董卓欲, 袁绍, 李儒, 袁绍, 手提, 宝剑, 辞别, 百官, 东门, 冀州, ...
4	发矫诏诸镇应曹公,破关兵三英战吕布	却说陈宫临欲下手杀曹操，忽转念曰："我为国家跟他到此，杀之不义。不若弃而他往。"插剑上马，不...	[却说, 陈宫, 下手, 曹操, 转念, 念曰, 国家, 不义, 上马, 不等, 天明, 自...

TK_df 数据表中，会针对 cutword 特征进行提取，并且使用 n-gram 模型来提取特征词项。n-gram 也称为 n 元语法，是一种基于统计语言模型的算法。它的基本思想是将文本内容按照字节进行大小为 n 的滑动窗口操作，形成了长度是 n 的字节片段序列。每一个字节片段称为 gram，对所有 gram 的出现频度进行统计，并且按照事先设定好的阈值进行过滤，形成关键 gram 列表（语料库的向量特征空间），列表中的每一种 gram 就是一个特征向量维度。通常使用的方式有 1-gram（将一个单词作为一个词项）和 2-gram（将两个相邻的单词作为一个词项）。

在下面的程序中有先通过一个 for 循环，将一个章节中符合条件的分词使用空格拼接，然后利用 CountVectorizer()函数构建语料库，参数 ngram_range=(1,2))表示可以使用 1-gram 或者 2-gram 获得词组，再利用 TfidfTransformer()函数获取文本数据的 TF-IDF 特征，最后会输出一个 120×2000 维的矩阵。

```
In[2]:## 针对中文数据，使用 n-gram 模型获取数据特征
      ## 准备工作，将分词后的结果整理成 CountVectorizer ( ) 可应用的形式
      ## 将所有分词后的结果使用空格连接为字符串，并组成列表
      articals=[]
      for cutword in TK_df.cutword:
          cutword=[s for s in cutword if len(s) < 6]
          cutword=" ".join(cutword)
          articals.append(cutword)
      ## 构建语料库，并计算文档——词的 TF_IDF 矩阵
      vectorizer=CountVectorizer(max_features=2000,  #使用的词组数量
                                 ngram_range=(1, 2))#可以使用 1 个或者两个词语
组成词组
      transformer=TfidfTransformer()
      tfidf=transformer.fit_transform(vectorizer.fit_transform
(articals))
      tfidf_array=tfidf.toarray()
      print("文档--词的 TF-IDF 矩阵维度为:",tfidf_array.shape)
文档--词的 TF-IDF 矩阵维度为: (120, 2000)
```

2. 句向量

句向量就是将一个文本句子使用一个向量来表示，通常可以使用算法训练得到文本的句向量。在获取英文文本的句向量之前，先查看待分析的数据，前几行程序如下：

```
In[3]:## 针对英文数据获取，使用 Doc2Vec 模型获得每个句子的特征
      textdf.head()
Out[3]:
```

	text	label	labelcode	text_pre
0	Musicians to tackle US red tape\n\nMusicians' ...	entertainment	4	musicians to tackle us red tape musicians grou...
1	U2's desire to be number one\n\nU2, who have w...	entertainment	4	us desire to be number one u who have won thre...
2	Rocker Doherty in on-stage fight\n\nRock singe...	entertainment	4	rocker doherty in onstage fight rock singer pe...
3	Snicket tops US box office chart\n\nThe film a...	entertainment	4	snicket tops us box office chart the film adap...
4	Ocean's Twelve raids box office\n\nOcean's Twe...	entertainment	4	oceans twelve raids box office oceans twelve t...

获取句向量可以使用 gemsim 库中的 Doc2Vec()函数，该函数获取 textdf 数据表中每个 text_pre 特征的句向量，程序如下：

```
In[4]:# gemsim 库里 Doc2Vec 模型需要的输入格式为[句子，句子序号]的样本
      documents=[TaggedDocument(text.split(" "), [ii]) for ii, text in
enumerate(textdf.text_pre)]
      # 初始化和训练模型
      model=Doc2Vec(documents, vector_size=500, ## 获取特征向量的维度
                    dm=1,  ## 指定使用的算法，1: PV-DM; 0: PV-DBOW;
                    window=5,  ## 句子中当前词和预测词之间的最大距离
                    min_count=5, ## 使用词语的最小词频
                    epochs=50)   ## 迭代训练的轮数
      model.train(documents, total_examples=model.corpus_count,
epochs=model.epochs)
      # 获得数据集中每个句子的句向量
      documents_vecs=np.array([model.docvecs[sen.tags[0]] for sen in
documents])
      print("documents_vecs.shape:",documents_vecs.shape)
Out[4]:documents_vecs.shape: (2225, 500)
```

程序中先将文本数据转化为需要的格式 documents，然后使用 Doc2Vec()函数初始化一个模型 model，使用模型的 train()方法进行训练，最后提取出每个文本的句向量，输出结果使用 2225×500 维的矩阵，即每个文本句子使用了一个长度为 500 的向量进行表示。

11.4.2 常用的聚类算法

获取了中文文本和英文文本对应的特征后，下面分别使用不同的数据聚类方法对相应的数据进行分析，主要使用了系统聚类（即层次聚类）、K–均值聚类等常用的聚类算法。

1. 系统聚类

系统聚类可以发现数据样本之间的聚集顺序和模式，在下面的程序中，则是使用系统聚类对《三国演义》文本数据进行聚类分析，同时还将聚类结果使用系统聚类树进行可视化，程序运行后的结

果如图 11-11 所示。

```
In[5]:## 对数据进行系统聚类
      Z=linkage(tfidf_array, method='ward', metric='euclidean')
      fig=plt.figure(figsize=(10,12))
      reddn=dendrogram(Z,orientation='right')
      plt.title("《三国演义》层次聚类")
      plt.ylabel("章节")
      plt.xlabel("Distance")
      plt.show()
```

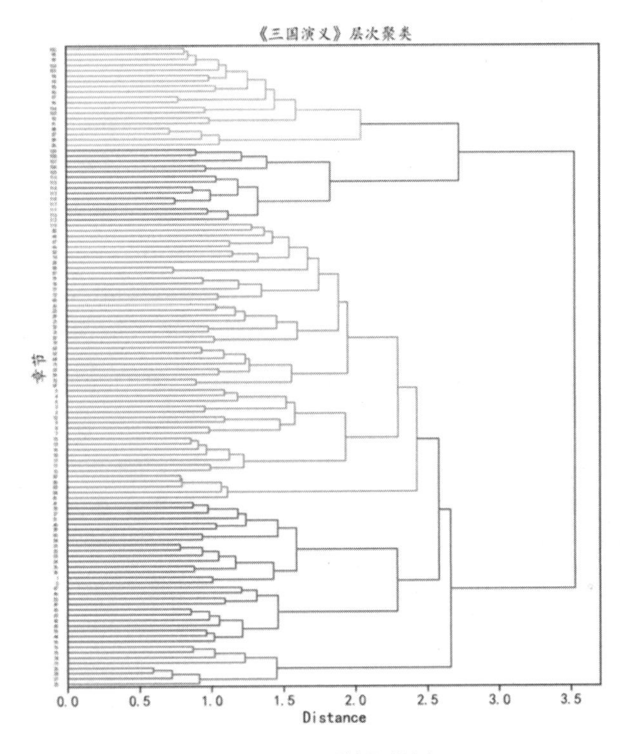

图 11-11　系统聚类树

从图 11-11 中可以发现，《三国演义》文本数据的 120 个章节可以被聚集为 5 个簇。

系统进行聚类分析后，可以使用 fcluster()函数获取每个样本的聚类标签，并且可以使用参数 t 指定最终获得的聚类数目。在下面的程序中，分别获取了将数据聚为 2 个和 5 个簇的类别标签，接着利用 t-SNE 算法将数据降维到二维空间中，可视化出每个簇在空间中的分布情况，程序运行后的聚类结果如图 11-12 所示。

```
In[6]:## 获取每个章节的类别标签
      clu2=fcluster(Z,t=2, criterion="maxclust") # 聚类为 2 个簇
```

```
clu5=fcluster(Z,t=5, criterion="maxclust") # 聚类为 5 个簇
## 将数据特征降维到二维空间
tsne=TSNE(n_components=2, random_state=1233)
tfidf_tsne=tsne.fit_transform(tfidf_array)
## 可视化每个章节在空间中的分布与聚集情况
shape=["s","x","*","^","o"]
color=["r","b","g","m","k",]
plt.figure(figsize=(14,6))
plt.subplot(1,2,1)
for ii in range(120):
    cla=clu2[ii]-1   # 簇的标签
    plt.scatter(tfidf_tsne[ii,0],tfidf_tsne[ii,1],
                c=color[cla],marker=shape[cla],s=50)
    plt.text(tfidf_tsne[ii,0]+0.2,tfidf_tsne[ii,1]+0.2,
             str(ii+1),size=10,c=color[cla])
plt.grid()
plt.title("聚类为 2 个簇")

plt.subplot(1,2,2)
for ii in range(120):
    cla=clu5[ii]-1  # 簇的标签
    plt.scatter(tfidf_tsne[ii,0],tfidf_tsne[ii,1],
                c=color[cla],marker=shape[cla],s=50)
    plt.text(tfidf_tsne[ii,0]+0.2,tfidf_tsne[ii,1]+0.2,
             str(ii+1),size=10,c=color[cla])
plt.title("聚类为 5 个簇")
plt.grid()
plt.tight_layout()
plt.show()
```

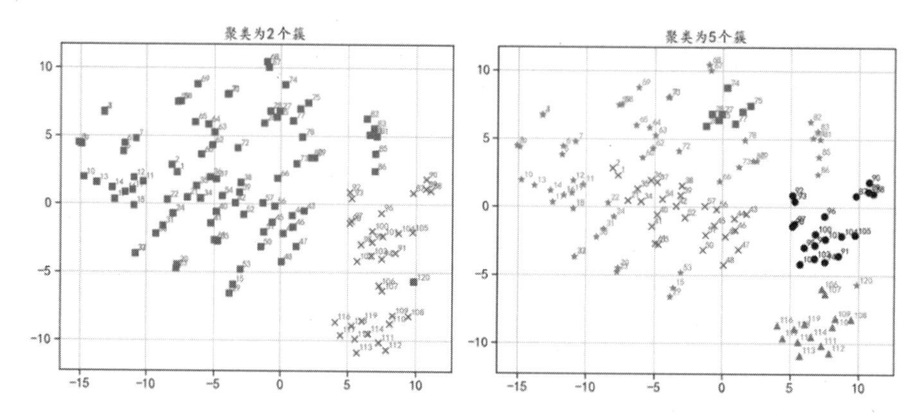

图 11-12　聚类为不同簇的可视化结果

2. K–均值聚类

前面的示例是使用系统聚类对《三国演义》数据进行分析，下面以 bbc 英文文本为例，使用 K–均值聚类算法对其进行聚类分析。因为已经有了 bbc 英文文本数据的类别标签，所以可以将聚类的结果使用 V 测度等指标进行评价，运行下面的 K–均值聚类程序后，可以发现最终的聚类 V 测度为 0.7998。

```
In[7]:## 使用K-均值聚类算法对英文文本进行聚类分析
        kmean=KMeans(n_clusters=5,random_state=1)
        k_pre=kmean.fit_predict(documents_vecs)
        print("每簇包含的样本数量:",np.unique(k_pre,return_counts=True))
        print("聚类效果V测度: %.4f"%v_measure_score(textdf.labelcode.values,
k_pre))
Out[7]:每簇包含的样本数量: (array([0, 1, 2, 3, 4], dtype=int32), array([492,
394, 517, 452, 370]))
        聚类效果V测度: 0.7998
```

前面进行聚类时使用的是 bbc 英文文本的句向量特征，每个文本使用 500 维的向量表示，为了可视化聚类效果，使用 t-SNE 降维算法将句向量特征降维到二维空间，运行下面的程序后，最后可获得如图 11-13 所示的数据聚类效果。

```
In[8]:## 将数据特征降维到二维空间
        tsne=TSNE(n_components=2, random_state=1233)
        docvec_tsne=tsne.fit_transform(documents_vecs)
        ## 可视化每个章节在空间中的分布与聚集情况
        shape=["s","x","*","^","o"]
        color=["r","b","g","m","k",]
        plt.figure(figsize=(14,6))
        plt.subplot(1,2,1)
        labelcode=textdf.labelcode.values
        for ii in range(len(k_pre)):
            cla=labelcode[ii]    # 簇的标签
            plt.scatter(docvec_tsne[ii,0],docvec_tsne[ii,1],
                        c=color[cla],marker=shape[cla],s=50)
        plt.grid()
        plt.title("原始数据分布")
        plt.subplot(1,2,2)
        for ii in range(len(k_pre)):
            cla=k_pre[ii] # 簇的标签
            plt.scatter(docvec_tsne[ii,0],docvec_tsne[ii,1],
                        c=color[cla],marker=shape[cla],s=50)
        plt.title("聚类为5个簇")
        plt.grid()
        plt.tight_layout()
```

```
    plt.show()
```

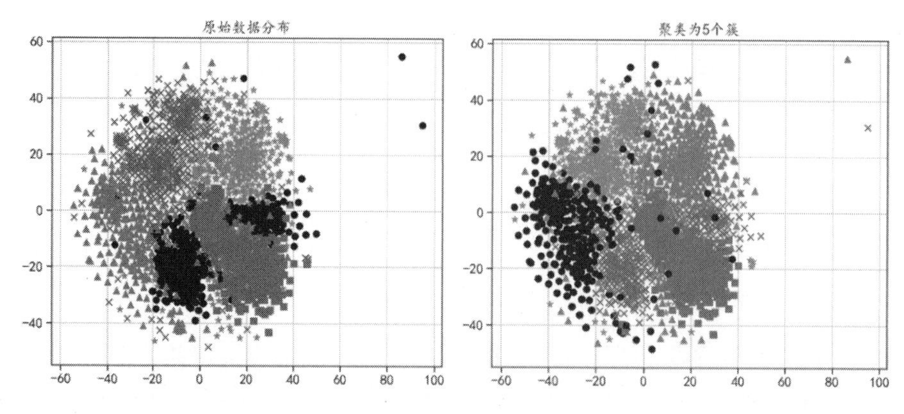

图 11-13　K-均值聚类和原始标签对比

在图 11-13 中分别可视化出了数据的原始标签下的分布情况，以及经过聚类算法后数据每个簇的分布情况。从可视化效果可以发现，大部分原本是同类的数据样本，经过聚类算法后都被归为了同一个簇。

11.4.3　LDA 主题模型

主题模型（Topic Model）是机器学习和自然语言处理等领域的常用文本挖掘方法，主要用来在一系列文档中发现抽象主题，是统计模型的一种。它是一种无监督的文档分组方法，和聚类很相似，它主要根据每个文档之间的相似性，对文档进行分组。一般来说，如果一篇文章有一个描述的中心主题，那么一些特定词语会频繁出现。例如，一篇介绍狗的文章，与“狗”相关的词语出现的频率会高一些，如骨头、狗粮、哈士奇等；如果一篇文章是关于猫的内容，那与“猫”相关的词语出现的频率会高一些，如猫粮、鱼干等。而有些词，如“这个”“和”“它们”等词语，在两篇文章中出现的频率大致相等。很多时候我们都希望一篇文档表达一种主题，但真实的情况是一篇文章通常包含多种主题，而且每个主题所占比例各不相同。因此，如果一篇文章 10%和猫有关，90%和狗有关，那么与“狗”相关的关键字出现的次数大概是与“猫”相关的关键字出现次数的 9 倍。主题模型就是试图用数学框架来体现文档的这种特点。它通过自动分析每个文档，统计文档内词语出现的特性，根据统计的信息来断定当前文档含有哪个或哪些主题，以及每个主题所占的比例。

LDA（Latent Dirichlet Allocation，隐狄利克雷分布）是一种文档主题生成模型，包含词、主题和文档三层结构，可用来识别文档集或语料库中潜藏的主题信息，是一种无监督的机器学习技术。它把每一篇文档视为一个词频向量，从而将文本信息转化为易于建模的数字信息。每一篇文档代表了一些主题所构成的一个概率分布，而每一个主题又代表了很多单词所构成的一个概率分布。图 11-14 给出了 LDA 文档主题和特征词的结构。

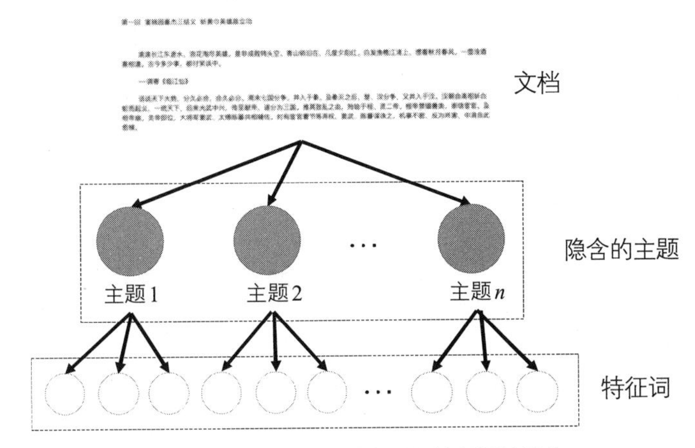

图 11-14　LDA 文档主题和特征词的结构

在图 11-14 中，LDA 主题模型定义每篇文档均为隐含主题集的随机混合，从而可将整个文档集特征化成隐含主题的集合。LDA 主题模型的层次结构可分为文档集层、隐含主题层及特征词层。

Python 中可以使用 Gensim 库进行主题模型的应用，同时可以将主题模型的结果使用 pyLDAvis 库进行可视化。本小节将以《三国演义》数据为例，利用主题模型对其进行主题挖掘。在下面的程序中，针对分词后的数据集先使用 Dictionary()进行处理，将单词集合转换为（word_id，word_frequency）二元组形式的列表作为分词后的语料库；再使用 LdaModel()建立 LDA 主题模型，使用参数 num_topics=5 指定主题的个数，得到模型 lda；然后使用 lda.print_topics(-1)输出所有的主题进行查看。

```
In[9]:## 将分好的词语和它对应的 ID 规范化封装
      dictionary=Dictionary(TK_df.cutword)
      ## 将单词集合转换为（word_id，word_frequency）二元组的表示形式列表
      corpus=[dictionary.doc2bow(word) for word in TK_df.cutword]
      ## LDA 主题模型
      lda=LdaModel(corpus=corpus,id2word=dictionary,num_topics=5,
random_state=12)
      ## 输出其中的几个主题
      lda.print_topics(-1)
 [(0,
  '0.011*"玄德" + 0.006*"曹操" + 0.006*"孔明" + 0.006*"将军" + 0.004*"关公" +
0.003*"丞相" + 0.003*"张飞" + 0.003*"夏侯" + 0.003*"玄德曰" '),
 (1,
  '0.012*"孔明" + 0.012*"玄德" + 0.007*"曹操" + 0.006*"将军" + 0.004*"却说" +
0.004*"云长" + 0.004*"二人" + 0.003*"荆州" + 0.003*"大喜" '),
 (2,
  '0.012*"孔明" + 0.009*"玄德" + 0.006*"将军" + 0.006*"司马" + 0.005*"却说" +
0.004*"关公" + 0.004*"丞相" + 0.004*"二人" + 0.003*"司马懿" '),
```

```
    (3,
     '0.015*"玄德" + 0.007*"孔明" + 0.006*"曹操" + 0.005*"将军" + 0.004*"却说" +
0.003*"关公" + 0.003*"二人" + 0.003*"玄德曰" + 0.003*"云长" '),
    (4,
     '0.012*"孔明" + 0.006*"玄德" + 0.006*"曹操" + 0.006*"将军" + 0.004*"却说" +
0.004*"司马" + 0.003*"二人" + 0.003*"丞相" + 0.003*"商议" ')]
```

上面输出的 5 个主题的结果是“词频率*词”的形式，并没有输出主题所包含的所有词，这种方式不能很方便地查看每个主题中所包含的内容。利用pyLDAvis库可以将LDA主题模型可视化展示，并且可以进行交互操作，更有助于用户了解各个主题。运行下面的程序，结果如图 11-15 所示。

注意： 在 Jupyter Notebook 中获得的是一个可以交互操作的可视化图像，图 11-15 展示的只是一幅截图。

```
In[10]:## 主题模型可视化
        TK_vis_data=pyLDAvis.gensim.prepare(lda, corpus, dictionary)
        pyLDAvis.display(TK_vis_data)
```

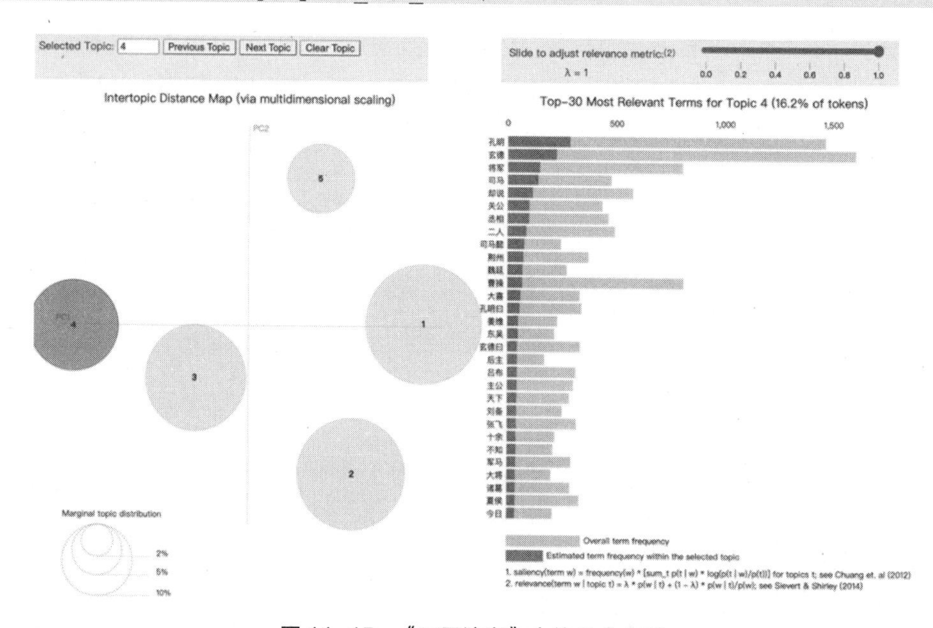

图 11-15 《三国演义》中的 5 个主题

从图 11-15 中可以看出，这是选中了《三国演义》5 个主题中第 4 个主题的图像，图像主要分为左边部分和右边部分，左边是 5 个主题在 PCA 的前两个主成分下的坐标位置，圆形越大，说明该主题包含的章节数目越多，当选中某个主题时，右边的关键词和频率就会发生相应地变化。

在进行主题模型可视化时，可以通过参数 mds 指定可视化图像左边的坐标图是降维方式，默认为主成分降维。下面的程序则是利用 t-SNE 算法进行降维，可获得如图 11-16 所示的可视化结果。

```
In[11]:## 主题模型可视化，在 TSNE 降维空间中
        TK_vis_data=pyLDAvis.gensim.prepare(lda,corpus,dictionary,mds
="tsne")
        pyLDAvis.display(TK_vis_data)
```

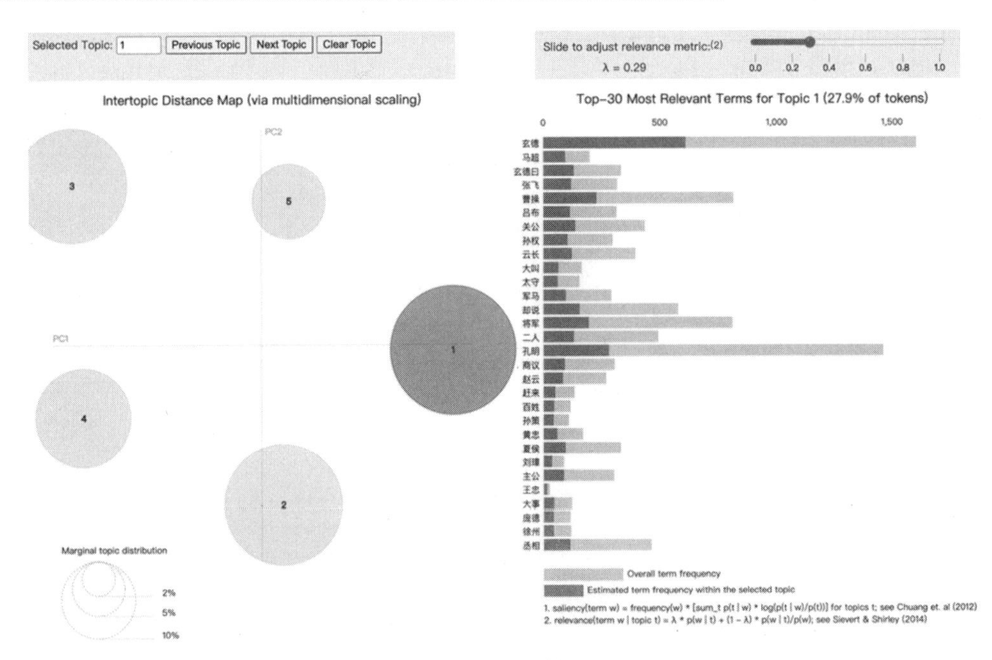

图 11-16 《三国演义》5 个主题（t-SNE）

针对获得的 LDA 主题模型，需要使用 lda.get_document_topics()方法获得每个章节所属的主题，该方法计算指定文本属于每个主题的百分比。下面的程序中将最大的百分比作为该章节所属的主题进行输出。程序运行后从输出的结果中可以看出，第一、二、五章为主题 3；第三章为主题 0；第四章为主题 4。

```
In[12]:## 得到每一章节所属的簇
        clust=[]
        for cutword in TK_df.cutword:
            bow=dictionary.doc2bow(cutword)
            t=np.array(lda.get_document_topics(bow))
            ## 输出最有可能的类
            index=t[:,1].argsort()[-1]
            clust.append(t[index,:])
        cluster=pd.DataFrame(clust,columns=["cluster","probability"])
        print(cluster.head(5))
Out[12]:    cluster   probability
0           3.0       0.972395
```

```
1        3.0      0.895285
2        0.0      0.997903
3        4.0      0.979262
4        3.0      0.975995
```

针对主题模型的聚类结果，下面使用二维空间中的散点图进行可视化分析，可视化时仍然使用文本 TF-IDF 特征的 t-SNE 降维结果，作为每个章节的空间坐标。运行下面的程序后，聚类结果如图 11-17 所示。

```
In[13]:## 在二维空间中可视化出聚类的效果
       ## 可视化每个章节在空间中的分布与聚集情况
       shape=["s","x","*","^","o"]
       color=["r","b","g","m","k",]
       plt.figure(figsize=(10,6))
       for ii in range(120):
           cla=int(cluster.cluster[ii])    # 簇的标签
           plt.scatter(tfidf_tsne[ii,0],tfidf_tsne[ii,1],
                       c=color[cla],marker=shape[cla],s=50)
           plt.text(tfidf_tsne[ii,0]+0.2,tfidf_tsne[ii,1]+0.2,
                    str(ii+1),size=10,c=color[cla])
       plt.grid()
       plt.title("LDA 聚类为 5 簇")
       plt.show()
```

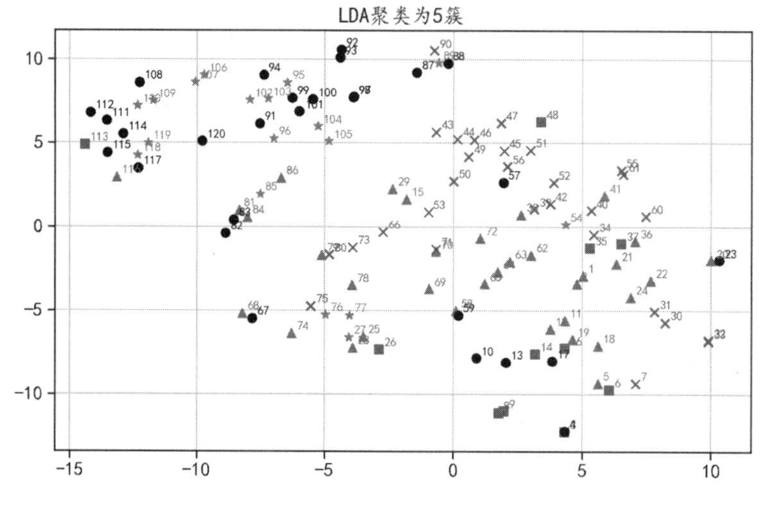

图 11-17　LDA 聚类散点图

下面利用 LDA 主题模型将数据聚类为 2 个簇并进行可视化分析，程序如下，最终的可视化结果如图 11-18 所示。

```
In[14]:## LDA 主题模型，获得 2 个簇并可视化
        lda=LdaModel(corpus=corpus,id2word=dictionary,num_topics=2,
random_state=12)
        ## 获取主题标签
        clust=[]
        for cutword in TK_df.cutword:
            bow=dictionary.doc2bow(cutword)
            t=np.array(lda.get_document_topics(bow))
            ## 输出最有可能的类
            index=t[:,1].argsort()[-1]
            clust.append(t[index][0])
        ## 可视化每个章节在空间中的分布与聚集情况
        shape=["s","x","*","^","o"]
        color=["r","b","g","m","k",]
        plt.figure(figsize=(10,6))
        for ii in range(120):
            cla=int(clust[ii])    # 簇的标签
            plt.scatter(tfidf_tsne[ii,0],tfidf_tsne[ii,1],
                        c=color[cla],marker=shape[cla],s=50)
            plt.text(tfidf_tsne[ii,0]+0.2,tfidf_tsne[ii,1]+0.2,
                     str(ii+1),size=10,c=color[cla])
        plt.grid()
        plt.title("LDA 聚类为 2 个簇")
        plt.show()
```

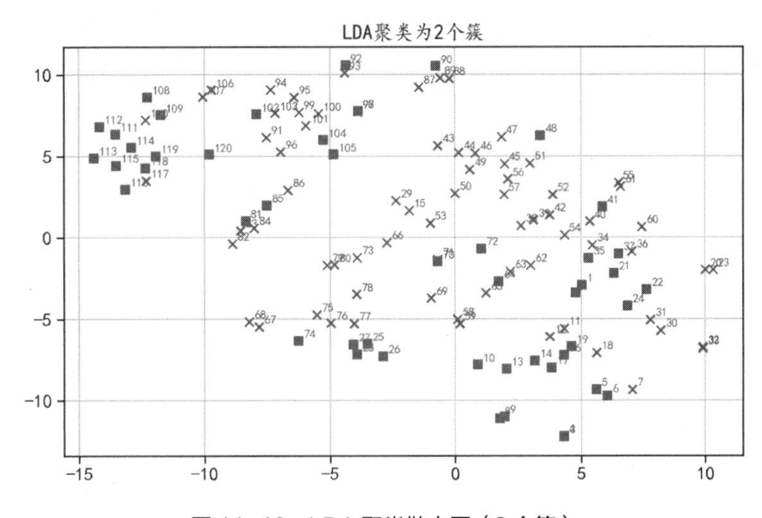

图 11-18　LDA 聚类散点图（2 个簇）

11.5 《三国演义》人物关系分析

众所周知，在《三国演义》中随着时间的变化出场了很多人物，这里可以利用一些文本挖掘方式，分析书中人物的关系等。本节将利用文本分析方法，观察书中人物的出场情况和人物之间的关系。

11.5.1 人物重要性时序分析

这里先介绍一些关键人物，随着章节的推进，他们的出场频次随着时间的变化情况。读取“一些三国人物的名和字.csv”文件，该数据中主要包含书中不同阵营的关键人物的名、字等信息。

```
In[1]:## 读取一些三国人物的名和字数据
      TK_name=pd.read_csv("data/chap11/三国演义/一些三国人物的名和字.csv")
      print(TK_name.head())
Out[1]:      名    字   阵营
        0   曹操  孟德  曹魏
        1   曹丕  子桓  曹魏
        2  司马懿  仲达  曹魏
        3   荀彧  文若  曹魏
        4   荀攸  公达  曹魏
```

想要分析每个人物的出场情况，就需要计算每个章节中感兴趣的人物出场频次等信息。在下面的程序中，则是计算每个人物在每章节出现的次数，计算时将出现的名和字各作为一次出现。需要注意的是，根据分词前的文本内容进行计算，最终的计算结果将会转化为数据表格。在最终的输出数据表中，行表示对应的章节，列表示人物名称，对应的数值为人物在相应章节出现的次数。

```
In[2]:## 计算一个人物名称在每个章节出现的次数
      TK_name_time=[]
      for ii in np.arange(len(TK_name)):
          times=[]
          name=TK_name.iloc[ii,0]  # 获取要计算的字
          zi=TK_name.iloc[ii,1]    # 获取要计算的名
          nametime=TK_df.content.apply(func=lambda x: x.count(name))
          zitime=TK_df.content.apply(func=lambda x: x.count(zi) if
pd.isnull(zi)== False else 0)
          times=nametime.values + zitime.values
          TK_name_time.append(times)
      ## 计算结果设计为数据表
      TK_name_timedf=pd.DataFrame(data=np.array(TK_name_time).T,
                                  columns=TK_name.iloc[:,0])
      TK_name_timedf
```

```
Out[2]:
```

名	曹操	曹丕	司马懿	荀彧	荀攸	郭嘉	程昱	张辽	徐晃	夏侯惇	...	何进	董卓	袁绍	吕布	袁术	刘表	刘璋	马腾	张鲁	韩遂
0	2	0	0	0	0	0	0	0	0	0	...	2	5	0	0	0	0	0	0	0	0
1	5	0	0	0	1	0	0	0	0	0	...	17	3	6	0	0	0	0	0	0	0
2	7	0	0	0	0	0	0	0	0	0	...	13	15	14	11	3	0	0	0	0	0
3	23	0	0	0	0	0	0	0	0	0	...	1	18	6	5	0	0	0	0	0	0
4	14	0	0	0	0	0	0	0	0	2	...	0	13	11	35	8	0	0	1	0	0
...	...	...	...	...	...	...	...	...	...	...	...	...	...	...	...	...	...	...	...	...	...
115	0	0	0	0	0	0	0	0	0	0	...	0	0	0	0	0	0	0	0	0	0
116	0	0	0	0	0	0	0	0	0	0	...	0	0	0	0	0	0	1	0	0	0
117	0	0	0	0	0	0	0	0	0	0	...	0	0	0	0	0	0	0	0	0	0
118	3	3	3	0	0	0	0	0	0	0	...	0	0	0	0	0	0	0	0	0	0
119	1	0	0	0	0	0	0	0	0	0	...	1	1	1	0	1	1	0	1	1	1

120 rows × 56 columns

针对获得的数据表 TK_name_timedf，可以使用热力图对其进行可视化分析，分析所有人的出场整体趋势，运行下面的程序后，热力图结果如图 11-19 所示。

```
In[3]:## 使用热力图可视化每个人出现的次数
      plt.figure(figsize=(20,12))
      ax=sns.heatmap(TK_name_timedf.T,annot=False,cmap="YlGnBu",
                     yticklabels=True,xticklabels=True)
      ax.set_yticklabels(TK_name_timedf.columns, fontsize=10)
      ax.set_xticklabels(TK_name_timedf.index+1, fontsize=10)
      plt.title("《三国演义》中每个人在各章节出现的次数")
      plt.show()
```

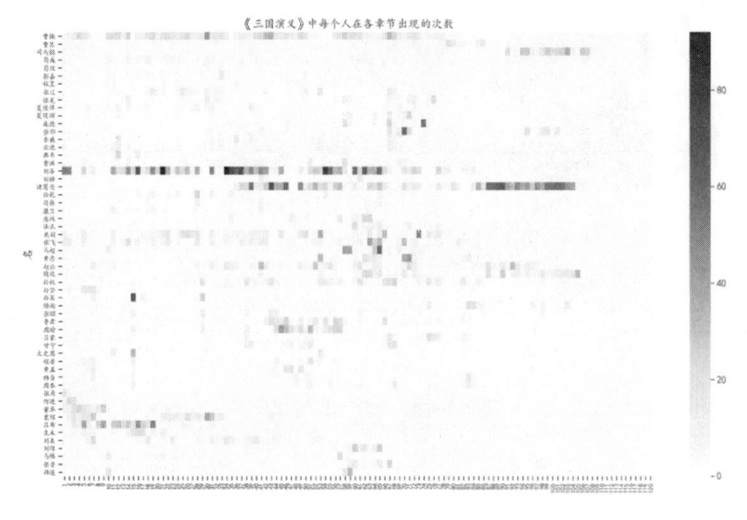

图 11-19　人物出场次数热力图

从热力图中可以发现，出场次数较多的是刘备和诸葛亮两人，其中刘备前期出场较多，诸葛亮后期出场较多。

针对上面的数据，可以使用蒸汽图可视化一些关键人物的出场情况。下面的程序就是使用可交互的蒸汽图，可视化出曹操、曹丕、刘备、刘禅、孙策、孙权 6 个人的出场情况，程序运行后的结果如图 11-20 所示。

```
In[4]:## 使用蒸汽图可视化一些重要人物的出场情况
      plotname=["曹操","曹丕","刘备","刘禅","孙策","孙权"]
      plotdata=TK_name_timedf[plotname]
      plotdata["chap"]=np.arange(1,121)
      ## 转化为长数据
      plotdata=plotdata.melt(["chap"],
var_name="name",value_name="value")
      ## 使用可交互蒸汽图可视化
      selection=alt.selection_multi(fields=["name"], bind="legend")
      alt.Chart(plotdata).mark_area().encode(
          alt.X("chap:Q"),                                ## X 轴
          alt.Y("value:Q", stack="center",axis=None), ## Y 轴
          alt.Color("name:N",scale=alt.Scale(scheme="category20c")), ##设
置颜色
          opacity=alt.condition(selection, alt.value(1), alt.value(0.2)),
   ).properties(width=800,height=400).add_selection(selection)
```

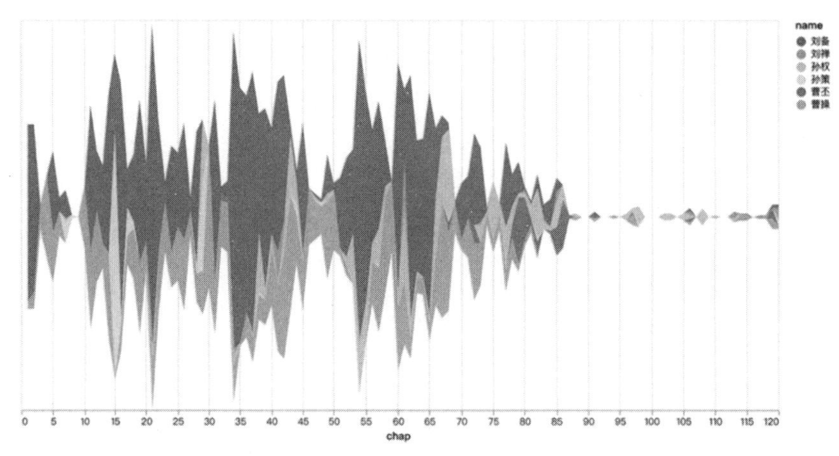

图 11-20　蒸汽图可视化

需要注意的是，图 11-20 中是可交互的图像，可以通过单击选择一个人物的数据进行可视化分析，如刘备的出场情况可视化图像如图 11-21 所示。

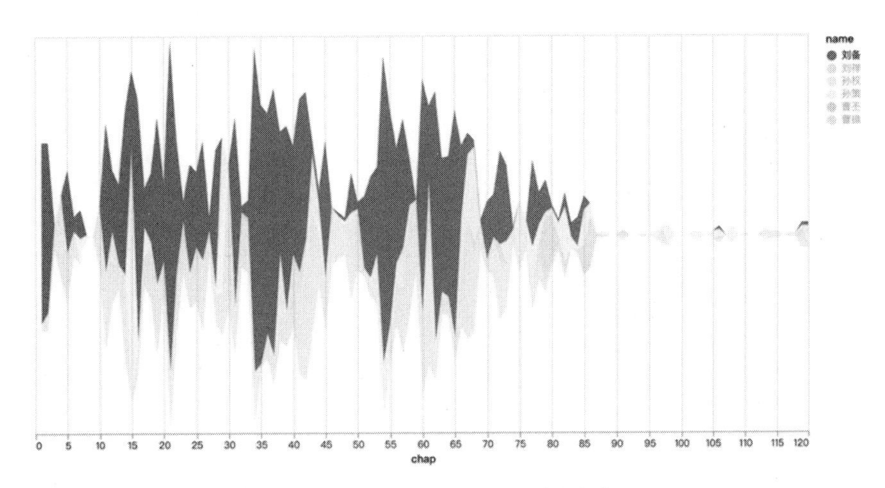

图 11-21　蒸汽图可视化（刘备）

11.5.2　人物关系可视化分析

分析人物之间的关系，可以根据前面计算得到的每个人在书中的出场情况，获取人物之间的相关系数。下面的程序则是使用热力图将相关系数进行可视化，通过热力图可以很方便地分析不同人物之间的相关性，程序运行后的结果如图 11-22 所示。

```
In[5]:## 根据人物的出场情况计算他们之间的相关系数
      Tkcor=TK_name_timedf.corr(method="pearson")
      ## 相关系数热力图
      plt.figure(figsize=(20,18))
      ax=sns.heatmap(Tkcor,square=True,annot=False,
                     linewidths=.5,cmap="YlGnBu",
                     cbar_kws={"fraction":0.046, "pad":0.03},
                     yticklabels=True,xticklabels=True)
      ax.set_title("人物相关性")
      plt.show()
```

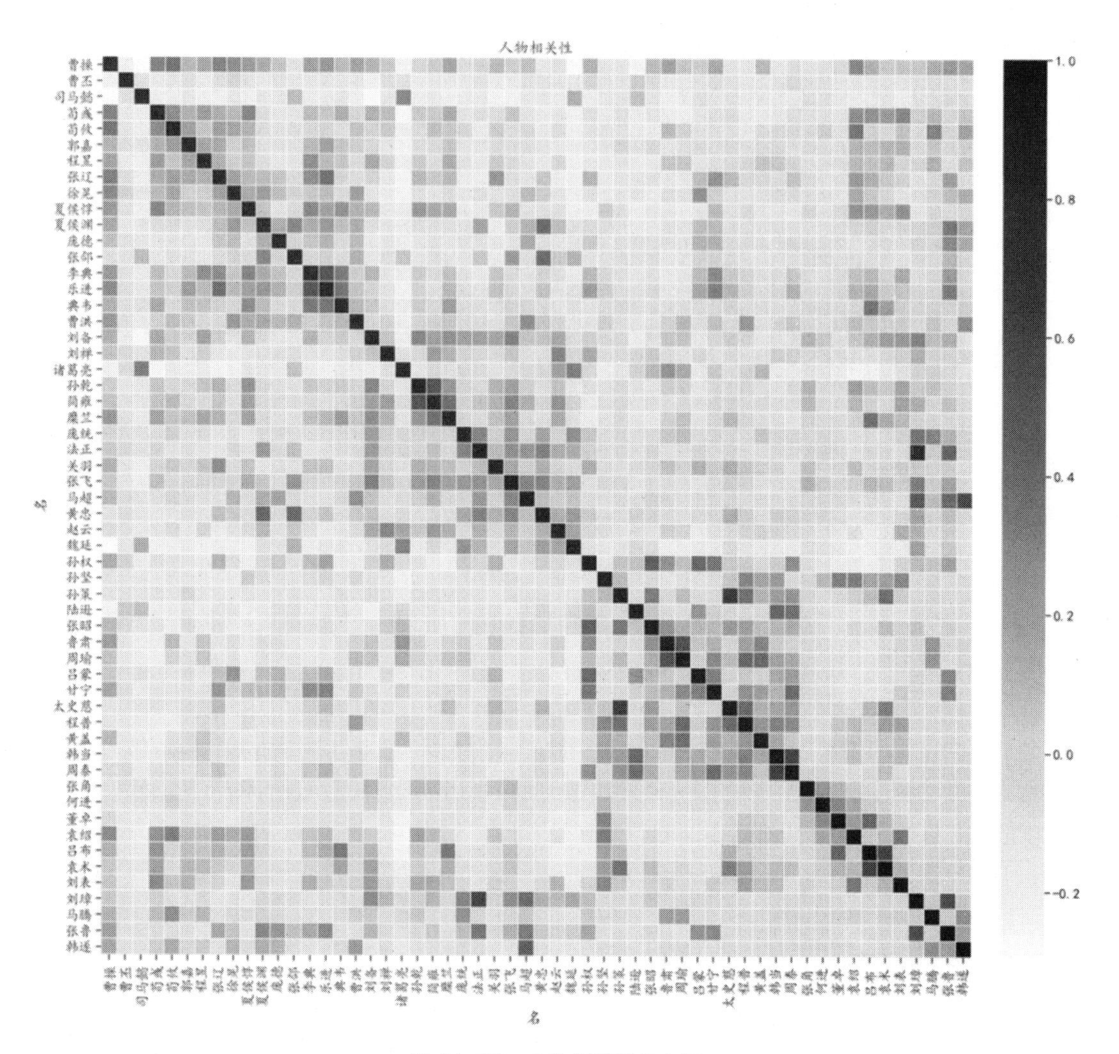

图 11-22 人物相关性热力图

针对人物之间的关系，也可以使用社交网络图可视化分析人物之间的关系。下面的程序根据相关系数的大小，构建人物之间的关系，并且只保留相关系数绝对值大于 0.3 的人物关系，从输出结果中可以发现最终只有 100 条边被保留。

```
In[6]:## 相关系数矩阵的下三角取值定义为 NaN
       Tkcor=Tkcor.where(np.triu(np.ones(Tkcor.shape),k=1).astype
(np.bool))
       ## 宽数据转化为长数据
       Tkcor.columns.name="start"
       Tkcor.index.name="end"
       Tkcorlong=Tkcor.unstack().reset_index()
```

```
        Tkcorlong.columns=["start","end","weight"]
        ## 剔除 NaN 的数据
        Tkcorlong=Tkcorlong[~Tkcorlong["weight"].isna()]
        ## 去除相关系数的绝对值小于 0.3 的数据
        Tkcorlong=Tkcorlong[Tkcorlong["weight"] > 0.3]
        Tkcorlong=Tkcorlong.reset_index(drop=True)
        print("Tkcorlong.shape",Tkcorlong.shape)
    Out[6]:Tkcorlong.shape (100, 3)
```

针对获得的 Tkcorlong 数据表，可以使用下面的程序获得人物之间的关系网络图，如图 11-23 所示。

```
    In[7]:## 使用有向图可视化人物之间的关系
        plt.figure(figsize=(14,12))
        ## 生成社交网络图
        G=nx.DiGraph()
        ## 添加边
        for ii in Tkcorlong.index:
            G.add_edge(Tkcorlong.start[ii], Tkcorlong.end[ii],
        weight=Tkcorlong.weight[ii])
        ## 定义边
        big=[(u,v) for (u,v,d) in G.edges(data=True) if d["weight"] >0.5]
        small=[(u,v) for (u,v,d) in G.edges(data=True) if d["weight"] <0.5]
        ## 图的布局
        pos=nx.kamada_kawai_layout(G)
        nx.draw_networkx_nodes(G,pos,alpha=0.6,node_size=500)
        nx.draw_networkx_edges(G,pos,edgelist=big,
                               width=1.5,alpha=0.6,edge_color="r",
arrowsize=20)
    nx.draw_networkx_edges(G,pos,edgelist=small,
                           width=1,alpha=0.8,edge_color="b",arrowsize=20,
Style=”dashed”)
        nx.draw_networkx_labels(G,pos,font_size=10,font_family="Kaiti")
        plt.axis("off")
        plt.title("《三国演义》人物关系")
        plt.show()
```

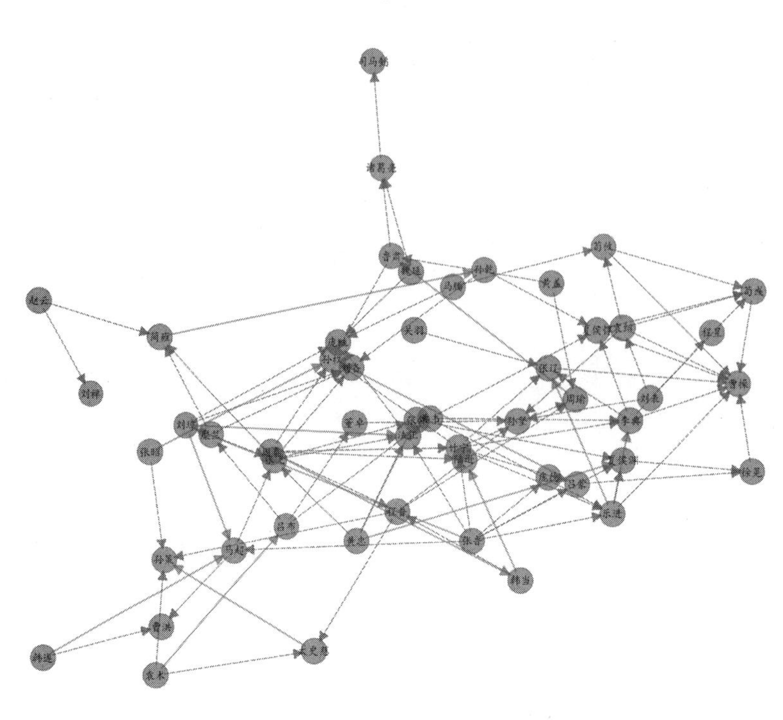

图 11-23　关键人物之间的关系

在图 11-23 中，正相关性使用实线的箭头表示，负相关性使用虚线箭头表示。通过图可以更方便地分析两人之间的关系。

针对获得的关系网络图，也可以使用节点度表示每个人物在网络中的重要程度，其中度越大说明其越重要。运行下面的程序后，节点度分布条形图结果如图 11-24 所示。

```
In[8]:## 计算每个节点度，分析人物的重要程度
      Tk_degree=pd.DataFrame(list(G.degree))
      Tk_degree.columns=["name","degree"]
      Tk_degree=Tk_degree.sort_values(by="degree",ascending=False)
      ## 可视化
      Tk_degree.plot(kind="bar",x="name",y="degree",
                     figsize=(12,7),legend=False)
      plt.xticks(size=12)
      plt.ylabel("度")
      plt.xlabel("")
      plt.title("有向图的节点度分布")
      plt.show()
```

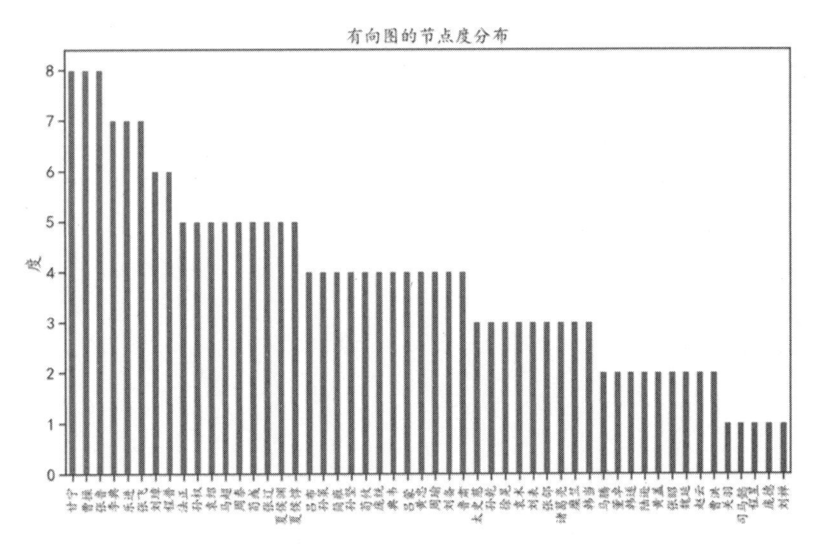

图 11-24 网络图中节点度分布条形图

从图 11-24 中可以发现，甘宁、曹操、张鲁等人的节点度较高，说明他们在网络图中较为重要。

11.6 本章小结

本章主要介绍了数据的关联规则挖掘和文本数据挖掘的内容。其中针对关联规则数据挖掘，介绍了如何使用 FPGrowth 算法和 Apriori 算法进行频繁项集挖掘，然后继续发现数据中的规则。针对文本数据挖掘，则分别就中文和英文数据，介绍了数据的预处理、文本数据的聚类分析、LDA 主题模型分析和分析《三国演义》中人物关系的方法等。本章使用的函数如表 11-1 所示。

表 11-1 相关函数

库	模 块	函 数	功 能
mlxtend	preprocessing	TransactionEncoder()	关联规则数据表生成
	frequent_patterns	fpgrowth()	FPGrowth 算法获取频繁项集
		association_rules()	通过频繁项集找到关联规则
		apriori()	Apriori 算法发现频繁项集
jieba		cut()	对中文进行分词
Gensim	models.doc2vec	Doc2Vec()	获得数据的句向量特征
Gensim	models.ldamodel	LdaModel()	LDA 主题模型
SciPy	cluster.hierarchy	dendrogram	可视化层次聚类树
		linkage	进行层次聚类
		fcluster	层次聚类对数据进行预测

第 12 章 深度学习入门

深度学习（Deep Learning，DL）的概念被提出后，在各个领域都获得了广泛的关注。2012年，Hinton 课题组首次参加 ImageNet 图像识别比赛，使用 CNN 网络的 AlexNex 取得冠军，比第二名使用 SVM 分类器的性能高出很多，从而吸引了很多学者对卷积神经网络的注意。2016 年，用深度学习方法开发的围棋程序 AlphaGo，在围棋比赛中多次击败人类顶尖选手，再一次引发了深度学习的浪潮。自此，深度学习被看作是通向人工智能的重要一步，许多机构和学者也加大了对深度学习理论和实际应用的研究。现如今已有多种深度学习框架，如深度神经网络、卷积神经网络、深度置信网络和循环神经网络等，被广泛应用用计算机视觉、语音识别、自然语言处理、音频识别与生物信息学等领域，并获取了良好的应用效果。其中卷积神经网络在计算机视觉方面表现出色；循环神经网络在文本挖掘方面有突出的表现。

深度学习一般是指具有多层结构的网络学习方法，但其对网络的层数并没有严格的要求，而且网络的连接和生成方式多种多样。使用深度学习解决问题时，很多时候需要针对问题的特点设计不同的网络结构，如使用 VGG、ResNet 等卷积神经网络识别图像，使用 LSTM 循环神经网络识别文本等。

本章主要介绍如何使用 PyTorch 进行深度学习。首先介绍一些具有代表性的深度学习网络结构，然后使用真实的数据集来讲述使用 PyTorch 进行深度学习，如使用卷积神经网络进行草书识别、使用循环神经网络识别文本以及使用自编码网络进行数据重构的应用。关于 PyTorch 进行深度学习的更多内容，可以参考笔者已经出版的《PyTorch 深度学习入门与实战》一书。

12.1　深度学习介绍

本节介绍深度学习方面的一些基础知识与一些常用的深度学习网络的结构。

12.1.1　卷积和池化

卷积是对两个实值函数的一种数学运算，可以看作输入和卷积核之间的内积运算。在卷积运算中，通常使用卷积核将输入数据进行卷积运算，得到输出作为特征映射，其运算过程如图 12-1 所示。

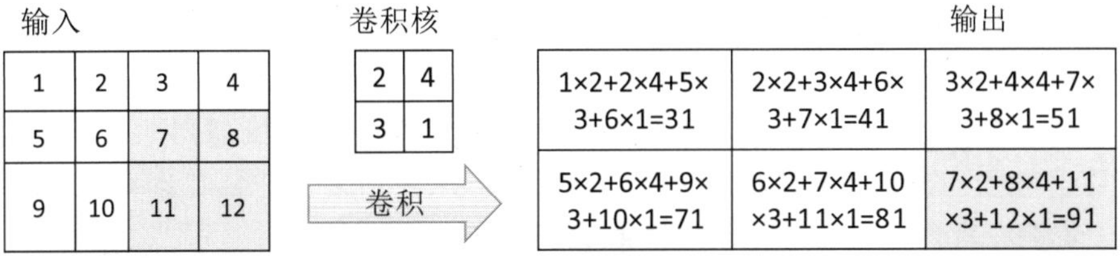

输入
1
2
3
4
5
6
7
8
9
10
11
12
卷积核
2
4
3
1
卷积
输出
1×2+2×4+5×3+6×1=31
2×2+3×4+6×3+7×1=41
3×2+4×4+7×3+8×1=51
5×2+6×4+9×3+10×1=71
6×2+7×4+10×3+11×1=81
7×2+8×4+11×3+12×1=91

图 12-1　卷积运算过程

图 12-1 是一个二维卷积的例子，可以发现，卷积操作能够将周围几个像素的取值统一作用到一个像素上。使用卷积运算在图像识别等应用中有三个好处，分别是卷积稀疏连接、参数共享、等变表示。

池化操作的一个重要目的就是对卷积后得到的特征进行进一步处理。通常池化层还能对数据起到进一步浓缩效果、缓解内存压力，即选取一定大小区域，将该区域用一个代表元素表示。常用的池化方式有两种，分别是最大值（max）池化的平均值（mean）池化，这两种方式的示意图如图 12-2 所示。

1
2
3
4
5
6
7
8
9
10
11
12
13
14
15
16
滑动窗口2×2
步长：2
最大值池化
6
8
14
16
平均值池化
3.5
5.5
11.5
13.5

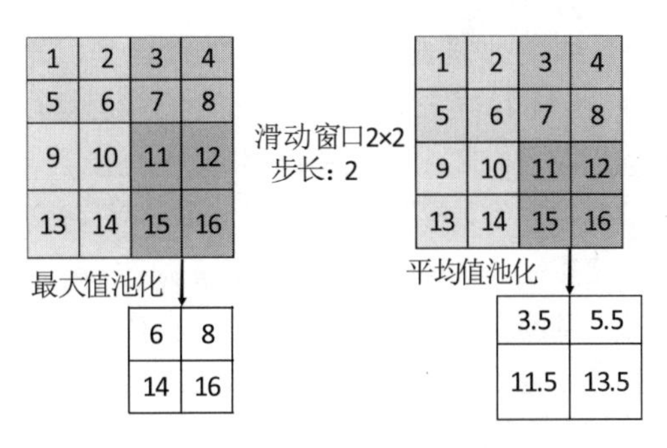

图 12-2　最大值池化和平均值池化

从图 12-2 中可以发现，最大值池化是将活动窗口所覆盖的像素使用一个最大值来表示，而平均值池化是将活动窗口所覆盖的像素使用一个平均值来表示。池化操作最重要的作用是能够提取数据的多尺度信息，这和人类大脑的认知功能类似，在浅层得到局部特征，在深层则可获取相对的全局特征，同时池化还能增强提取到特征的稳健性。针对输入图像的不一致，很多时候还可以采用池化操作对输入进行降采样，降低输出的维度。

12.1.2 卷积神经网络

卷积神经网络（Convolutional Neural Networks，CNN）是一类包含卷积计算且具有深度结构的前馈神经网络，是一种以图像识别为中心，并且在多个领域得到广泛应用的深度学习方法，如目标检测、图像分割、文本分类等，是深度学习的代表算法之一。典型的卷积神经网络都会包括卷积层、池化层和全连接层。卷积神经网络于 1998 年由 Yann Lecun 提出，在 2012 年的 ImageNet 挑战赛中，Alex Krizhevsky 等人凭借深度卷积神经网络 AlexNet 获得远远领先于第二名的成绩，震惊世界。在 2014 年提出的 GoogLeNet 和 VGG 系列的网络，以及在 2016 年提出的 ResNet 等都是非常经典的网络结构。如今，卷积神经网络不仅是计算机视觉领域最具影响力的一类算法，同时在自然语言分类领域也有一定程度的应用，其中 ResNet（Deep Residual Network）引入了残差学习，影响深远，图 12-3 中展示了 ResNet18 的连接方式。

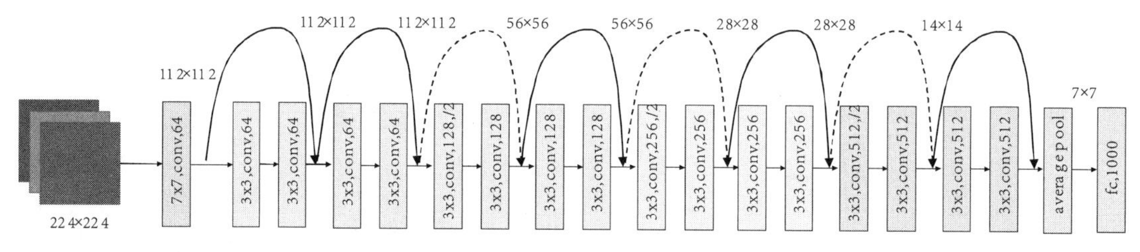

图 12-3 ResNet18 的连接方式

12.1.3 循环神经网络

卷积神经网络和全连接网络的数据表示能力已经非常强了，为什么还需要循环神经网络（Recurrent Neural Network，RNN）呢? 这是因为现实世界中面临的问题更加复杂，而且很多数据的输入顺序对结果有重要的影响，如文本数据是字母和文字的组合，先后顺序具有非常重要的意义；语音数据、视频数据，这些数据如果打乱了原始的时间顺序，就会无法正确表示原始的信息。针对这种情况，与其他神经网络相比，循环神经网络因其具有记忆能力，所以更加有效。循环神经网络（RNN）可以看是作具有短期记忆能力的神经网络，在循环神经网络中，神经元不但可以接收其他神经元的信息，也可以接收自身的信息，形成具有环路的网络结构，正因为能够接收自身神经元信息的特点，让循环神经网络具有更强的记忆能力。循环神经网络已经被广泛应用在语音识别、语言模型及自然语言生成、文本情感分类等任务上。

长短期记忆网络（Long Short-Term Memory，LSTM）是一种功能更强的 RNN，主要是为了解决长序列训练过程中的梯度消失和梯度爆炸问题，简单的网络示意如图 12-4 所示。

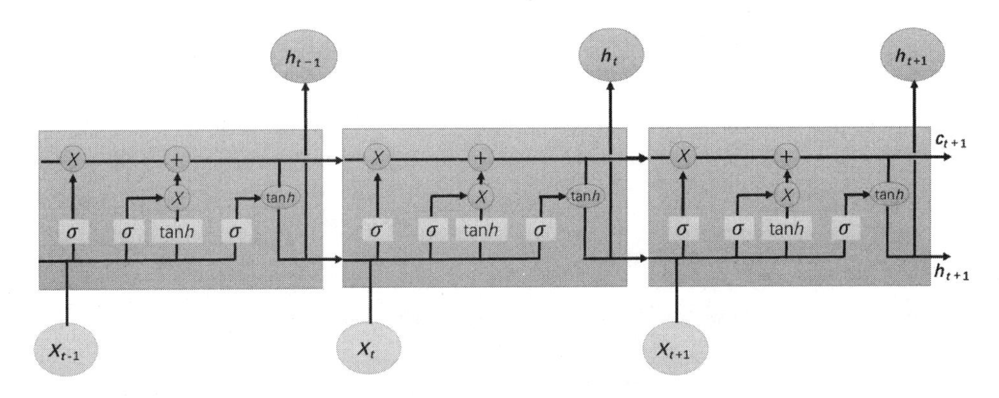

图 12-4　LSTM 网络结构

由图 12-4 可知，LSTM 在信息处理方面主要分为三个阶段。

（1）遗忘阶段：这个阶段主要是对上一个节点传进来的输入进行选择性忘记，就是会“忘记不重要的，记住重要的”。

（2）选择记忆阶段：这个阶段将输入X_t有选择性地进行“记忆”。重要信息则着重记录下来，不重要信息则少记一些。

（3）输出阶段：这个阶段将决定哪些会被当成当前状态的输出。

虽然 LSTM 通过门控状态来控制传输状态，记住需要长时间记忆的，忘记不重要的信息，而不像普通的 RNN 那样只能有一种记忆叠加，这对很多需要“长期记忆”的任务来说效果显著，但是也因多个门控状态的引入，导致需要训练更多的参数，使得训练难度大大增加。

12.1.4　自编码网络

自编码网络模型，也称自动编码器（AutoEncoder），是一种基于无监督学习的数据维度压缩和特征表示方法，目的是对一组数据学习出一种表示。1986 年，Rumelhart 提出自编码网络模型用于高维复杂数据的降维。由于自动编码器通常用于无监督学习，所以不需要对训练样本进行标记。自动编码器在图像重构、聚类、降维、自然语言翻译等方面应用广泛。图 12-5 展示了基础的自编码网络结构，主要包含编码层和解码层。

本节主要介绍了一些经典的深度学习网络结构，下面将会具体介绍如何使用这些网络结构，对数据进行深度学习建模。

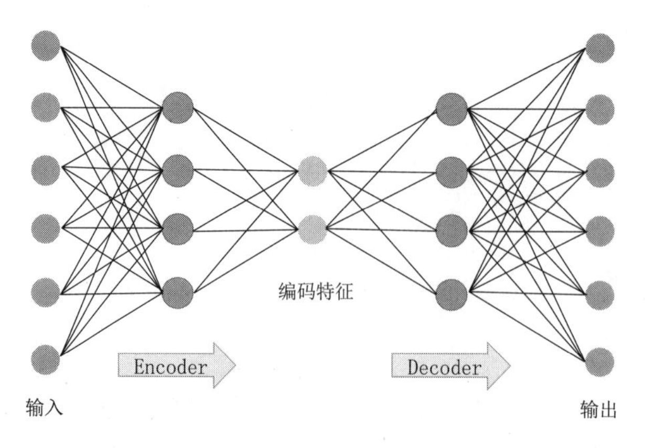

图 12-5 深度自编码网络模型（具有多个隐藏层）

12.2 PyTorch 入门

PyTorch 是基于动态图计算的深度学习框架，是非常受欢迎的深度学习框架之一，2017 年 1 月 18 日，PyTorch 由 Facebook 发布，并且在 2018 年 12 月已经发布了稳定的 1.0 版本，目前已经更新迭代到 1.8 版本（2021 年 3 月）。本节作为 PyTorch 入门内容，会简单地介绍 PyTorch 的张量及 nn 模块中的相关层。先使用下面的程序导入后面会使用到的库和模块。其中导入 PyTorch 可以使用 import torch 命令行。

```
In[1]:## 输出高清图像
      %config InlineBackend.figure_format='retina'
      %matplotlib inline
      ## 图像显示中文的问题
      import matplotlib
      matplotlib.rcParams['axes.unicode_minus']=False
      import seaborn as sns
      sns.set(font= "Kaiti",style="ticks",font_scale=1.4)
      import numpy as np
      import matplotlib.pyplot as plt
      import torch
      import torch.nn as nn
```

12.2.1 张量的使用

在 PyTorch 中，张量（Tensor）属于一种数据结构，它可以是一个标量、一个向量、一个矩阵，甚至是更高维度的数组，所以 PyTorch 中的 Tensor 和 NumPy 库中的数组（ndarray）非常相似，使用时也会经常将 PyTorch 中的 Tensor 和 Numpy 中的数组相互转化。在深度学习网络中，基于 PyTorch 的相关计算和优化都是在 Tensor 的基础上完成的。

Python 的列表或序列可以通过 torch.tensor()函数生成张量，例如使用下面程序生成了一个 2×2 的张量矩阵。

```
In[2]:## 生成
      A=torch.tensor([[1.0,1.0],[2,2]])
      A
Out[2]:tensor([[1., 1.],
               [2., 2.]])
In[3]:## 获取张量的形状
       A.shape
Out[3]:torch.Size([2, 2])
       In[4]:## 获取第 0 行元素
       A[0,:]
Out[4]:tensor([1., 1.])
```

PyTorch 中也可使用 torch.tensor()函数来生成张量，而且还可以根据指定的形状生成张量，如根据 Python 列表生成张量 B，程序如下：

```
In[5]:## 创建具有特定大小的张量
      B=torch.tensor(2,3)
      B
Out[5]:tensor([[1.4013e-45, 0.0000e+00, 1.4013e-45],
         [0.0000e+00, 1.4013e-45, 0.0000e+00]])
```

已经生成的张量可以使用 torch.**_like()系列函数生成与指定张量维度相同、性质相似的张量，如使用 torch.ones_like()函数生成与 B 维度相同的全 1 张量，程序如下：

```
In[6]:## 创建与另一个张量相同大小和类型相同的张量
      torch.ones_like(B)
Out[6]:tensor([[1., 1., 1.],
               [1., 1., 1.]])
```

PyTorch 提供了 NumPy 数组和 PyTorch 张量相互转换的函数，能非常方便地对张量进行相关操作。将 NumPy 数组转化为 PyTorch 张量，可以使用 torch.as_tensor()函数和 torch.from_numpy()函数，程序如下：

```
In[7]:C=np.ones((3,3))
      ## 使用 torch.as_tensor()函数
      Ctensor=torch.as_tensor(C)
      Ctensor
Out[7]:tensor([[1., 1., 1.],
               [1., 1., 1.],
               [1., 1., 1.]], dtype=torch.float64)
In[8]:## 使用 torch.from_numpy()函数
```

```
        Ctensor=torch.from_numpy(C)
        Ctensor
Out[8]:tensor([[1., 1., 1.],
               [1., 1., 1.],
               [1., 1., 1.]], dtype=torch.float64)
```

在 PyTorch 中还可以通过相关随机数来生成张量，并且可以指定生成随机数的分布函数等。在生成随机数之前，可以使用 torch.manual_seed()函数，指定生成随机数的种子，用于保证生成的随机数是可重复出现的。如使用 torch.normal()生成服从正态分布的随机数，可以分别指定每个数值的均值和标准差，程序如下：

```
In[9]:## 生成随机数张量
      torch.manual_seed(123)
      D=torch.normal(mean=torch.arange(1,5.0),std=torch.arange(1,5.0))
      D
Out[9]:tensor([0.8885, 2.2407, 1.8911, 3.0383])
```

PyTorch 中的 torch.rand_like()函数，可根据其他张量维度，生成与其维度相同的随机数张量，程序如下：

```
In[10]:## 生成和其他张量尺寸相同的随机数张量
       torch.manual_seed(123)
       E=torch.ones(2,3)
       F=torch.rand_like(E)
       F
Out[10]:tensor([[0.2961, 0.5166, 0.2517],
                [0.6886, 0.0740, 0.8665]])
```

PyTorch 中包含和 np.arange()用法相似的函数 torch.arange()，常常用来生成张量，程序如下：

```
In[11]:## 使用 torch.arange()生成张量
       torch.arange(start=0, end=10, step=2)
Out[11]:tensor([0, 2, 4, 6, 8])
```

在深度学习使用过程中经常会遇到改变张量的形状这种需求，而且针对不同的情况对张量形状尺寸的改变有多种函数和方法可以使用，如 tensor.reshape()方法可以设置张量的形状大小。

```
In[12]:## 使用 tensor.reshape()函数设置张量的尺寸
       G=torch.arange(12.0).reshape(3,4)
       G
Out[12]:tensor([[ 0.,  1.,  2.,  3.],
                [ 4.,  5.,  6.,  7.],
                [ 8.,  9., 10., 11.]])
```

PyTorch 中的 torch.unsqueeze()函数，可以在张量的指定维度插入新的维度，从而得到维度提升的张量；torch.squeeze()函数，可以移除维度大小为 1 的维度，或者移除所有维度为 1 的维度，从而得到维度减小的新张量，例如：

```
In[13]:## torch.unsqueeze()返回在指定维度插入尺寸为 1 的新张量
       H=torch.unsqueeze(G,dim=0)
       H.shape
Out[13]:torch.Size([1, 3, 4])
        In[14]:## torch.squeeze()函数移除所有维度为 1 的维度
        I=H.squeeze()
        I.shape
Out[14]:torch.Size([3, 4])
```

PyTorch 中也提供了将多个张量拼接为一个张量,将一个大的张量拆分为几个小的张量的函数。其中 torch.cat()函数，可以将多个张量在指定的维度进行拼接，得到新的张量；torch.chunk()函数可以将张量分割为特定数量的块，相关函数的用法如下：

```
In[15]:## 在给定维度中连接给定的张量序列
       A=torch.arange(6.0).reshape(2,3)
       B=torch.linspace(0,10,6).reshape(2,3)
       ## 在 0 维度连接张量
       C=torch.cat((A,B),dim=0)
       print("A: \n",A)
       print("B: \n",B)
       print("C: \n",C)
Out[15]:A:
         tensor([[0., 1., 2.],
                [3., 4., 5.]])
        B:
         tensor([[ 0.,  2.,  4.],
                [ 6.,  8., 10.]])
        C:
         tensor([[ 0.,  1.,  2.],
                [ 3.,  4.,  5.],
                [ 0.,  2.,  4.],
                [ 6.,  8., 10.]])
In[16]:## 将张量分割为特定数量的块
       ## 在行上将张量 C 分为两块
       torch.chunk(C,2,dim=0)
Out[16]: (tensor([[0., 1., 2.],
                 [3., 4., 5.]]),
         tensor([[ 0.,  2.,  4.],
                 [ 6.,  8., 10.]]))
```

这里介绍了一些基础的 PyTorch 使用方法，受篇幅限制，不再赘述。

12.2.2 常用的层

torch.nn 模块包含着 torch 已经准备好的层，方便使用者调用构建网络，下面简单介绍卷积层、池化层、激活函数层、循环层、全连接层等层的相关使用方法。

1. 卷积层

虽然在 PyTorch 中针对卷积操作的对象和使用的场景不同，如一维卷积、二维卷积、三维卷积与转置卷积（可以简单理解为卷积操作的逆操作），但它们的使用方法比较相似，都可以从 torch.nn 模块中调用，可调用的类如表 12-1 所示。

表 12-1 常用的卷积操作可调用的类

层对应的类	功能作用
torch.nn.Conv1d()	针对输入信号上应用 1D 卷积
torch.nn.Conv2d()	针对输入信号上应用 2D 卷积
torch.nn.Conv3d()	针对输入信号上应用 3D 卷积
torch.nn.ConvTranspose1d()	在输入信号上应用 1D 转置卷积
torch.nn.ConvTranspose2d()	在输入信号上应用 2D 转置卷积
torch.nn.ConvTranspose3d()	在输入信号上应用 3D 转置卷积

2. 池化层

在 PyTorch 中提供了多种池化的类，包括最大值池化（MaxPool）、最大值池化的逆过程（MaxUnPool）、平均值池化（AvgPool）与自适应池化（AdaptiveMaxPool、AdaptiveAvgPool）等，并且均提供了一维、二维和三维的池化操作。具体的池化类和功能如表 12-2 所示。

表 12-2 Pythoch 中常用的池化类和功能

层对应的类	功　能
torch.nn.MaxPool1d()	针对输入信号上应用 1D 最大值池化
torch.nn.MaxPool2d()	针对输入信号上应用 2D 最大值池化
torch.nn.MaxPool3d()	针对输入信号上应用 3D 最大值池化
torch.nn.MaxUnPool1d()	1D 最大值池化的部分逆运算
torch.nn.MaxUnPool2d()	2D 最大值池化的部分逆运算
torch.nn.MaxUnPool3d()	3D 最大值池化的部分逆运算
torch.nn.AvgPool1d()	针对输入信号上应用 1D 平均值池化
torch.nn.AvgPool2d()	针对输入信号上应用 2D 平均值池化
torch.nn.AvgPool3d()	针对输入信号上应用 3D 平均值池化
torch.nn.AdaptiveMaxPool1d()	针对输入信号上应用 1D 自适应最大值池化
torch.nn.AdaptiveMaxPool2d()	针对输入信号上应用 2D 自适应最大值池化

续表

层对应的类	功　能
torch.nn.AdaptiveMaxPool3d()	针对输入信号上应用 3D 自适应最大值池化
torch.nn.AdaptiveAvgPool1d()	针对输入信号上应用 1D 自适应平均值池化
torch.nn.AdaptiveAvgPool2d()	针对输入信号上应用 2D 自适应平均值池化
torch.nn.AdaptiveAvgPool3d()	针对输入信号上应用 3D 自适应平均值池化

3. 激活函数

在 PyTorch 中提供了十几种激活函数层所对应的类，但常用的激活函数通常为 S 型(Sigmoid)激活函数、双曲正切（Tanh）激活函数、线性修正单元（ReLU）激活函数等。下面获取 PyTorch 中几个激活函数的可视化图像，程序如下，运行程序后结果如图 12-6 所示。

```
In[17]:## 激活函数
       x=torch.linspace(-10,10,500)
       sigmoid=nn.Sigmoid()      ## Sigmoid 激活函数
       ysigmoid=sigmoid(x)
       tanh=nn.Tanh()            ## Tanh 激活函数
       ytanh=tanh(x)
       selu=nn.SELU()            ## SELU 激活函数
       yselu=selu(x)
       relu=nn.ReLU()            ## ReLU 激活函数
       yrelu=relu(x)
       relu6=nn.ReLU6()          ## ReLU6 激活函数
       yrelu6=relu6(x)
       softplus=nn.Softplus()    ## Softplus 激活函数
       ysoftplus=softplus(x)
       ## 可视化激活函数
       plt.figure(figsize=(14,7))
       plt.subplot(2,3,1)
       plt.plot(x.data.numpy(),ysigmoid.data.numpy(),"r-")
       plt.title("Sigmoid")
       plt.grid()
       plt.subplot(2,3,2)
       plt.plot(x.data.numpy(),ytanh.data.numpy(),"r-")
       plt.title("Tanh")
       plt.grid()
       plt.subplot(2,3,3)
       plt.plot(x.data.numpy(),yselu.data.numpy(),"r-")
       plt.title("SELU")
       plt.grid()
       plt.subplot(2,3,4)
       plt.plot(x.data.numpy(),yrelu.data.numpy(),"r-")
```

```
    plt.title("Relu")
    plt.grid()
    plt.subplot(2,3,5)
    plt.plot(x.data.numpy(),yrelu6.data.numpy(),"r-")
    plt.title("ReLU6")
    plt.grid()
    plt.subplot(2,3,6)
    plt.plot(x.data.numpy(),ysoftplus.data.numpy(),"r-")
    plt.title("Softplus")
    plt.grid()
    plt.tight_layout()
    plt.show()
```

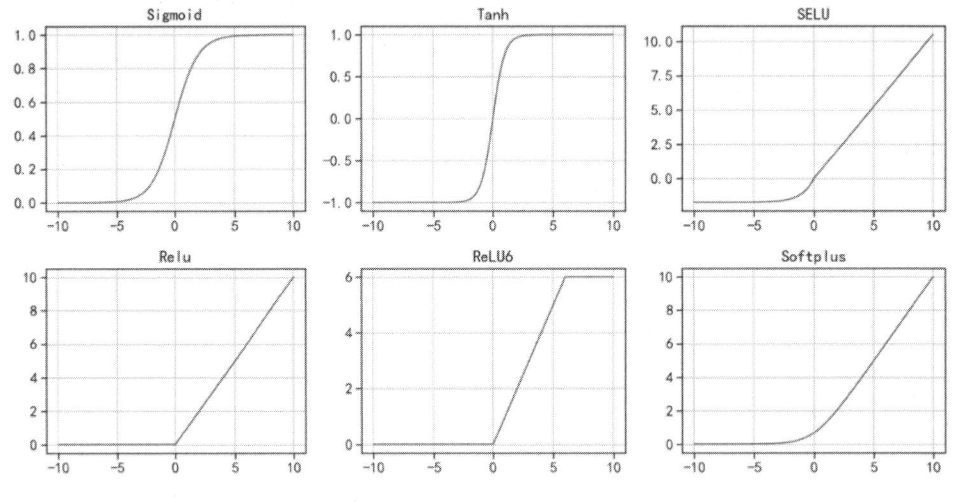

图 12-6　部分激活函数图像

4. 循环层

PyTorch 中提供了多种循环层的实现，循环层对应的类如表 12-3 所示。

表 12-3　循环层对应的类

层对应的类	功　能
torch.nn.RNN()	多层 RNN 单元
torch.nn.LSTM()	多层长短期记忆 LSTM 单元
torch.nn.GRU()	多层门限循环 GRU 单元
torch.nn.RNNCell()	一个 RNN 循环层单元
torch.nn.LSTMCell()	一个长短期记忆 LSTM 单元
torch.nn.GRUCell()	一个门限循环 GRU 单元

下面的内容将会使用具体的深度学习网络结构，展示深度学习的效果。

12.3 卷积神经网络识别草书

第 10 章已经使用全连接神经网络对草书图像数据进行了识别，本节将会介绍如何使用卷积神经网络 ResNet18 对草书图像数据进行识别。这里导入本节需要的库和模块。

```
In[1]:## 输出高清图像
      %config InlineBackend.figure_format='retina'
      %matplotlib inline
      ## 图像显示中文的问题
      import matplotlib
      matplotlib.rcParams['axes.unicode_minus']=False
      import seaborn as sns
      sns.set(font= "Kaiti",style="ticks",font_scale=1.4)
      iimport numpy as np
      import pandas as pd
      import matplotlib.pyplot as plt
      from mpl_toolkits.mplot3d import Axes3D
      import os
      from PIL import Image
      from sklearn.preprocessing import LabelEncoder
      from sklearn.model_selection import train_test_split
      import torch
      import torch.nn as nn
      import torch.nn.functional as F
      from torch.optim import SGD,Adam
      import torch.utils.data as Data
      from torchvision import models
      from torchvision import transforms
      import hiddenlayer as hl
```

12.3.1 草书数据预处理与可视化

使用 ResNet18 对图像进行分类之前，需要对数据进行相关的预处理操作，这里将每个文件夹中的图像正确读取到 Python 中。针对图像文件的读取，先使用下面的程序读取其中一个文件夹的图像，对其中的图像进行可视化分析，运行下面的程序后结果如图 12-7 所示。

```
In[2]:## 先读取一个文件夹中的图像进行数据探索
      filename="data/chap12/草书均多余50/白"
      imagename=os.listdir(filename)
      ## 读取所有的图像,并可视化出其中的60张图像
```

```
        plt.figure(figsize=(14,8))
        for ii,imname in zip(range(60),imagename):
            plt.subplot(6,10,ii+1)
            img=Image.open(filename + "/" + imname)
            plt.imshow(img)
            plt.axis("off")
            plt.title(img.size,size=10)
        plt.tight_layout()
        plt.show()
```

图 12-7　部分草书图片的情况

从图 12-7 中可以发现，图像数据的尺寸、背景等内容都不一样，而且有些图像的下面还带有水印等情况。针对这样的情况，定义一个 SingleImageProcess()函数对单张图像进行预处理操作，主要包含裁去图像水印、转化为灰度图像，并将图像尺寸转化为 128px×128px。运行下面的程序，预处理后部分图像的可视化结果如图 12-8 所示。

```
In[3]:## 定义一个对单张图像进行处理的操作
        def SingleImageProcess(im):
            width,high=im.size
            ## 裁去水印
            cuthigh=round(high / 12)
            im=im.crop((0,0,width,high-cuthigh))
            im=im.convert("L")  ## 转化为灰度图像
            ## 尺寸转化为 128px×128px
            im=im.resize((128,128), Image.ANTIALIAS)
```

```
    return im
## 读取所有的图像,并可视化出其中的 60 张图像
plt.figure(figsize=(14,8))
for ii,imname in zip(range(60),imagename):
    plt.subplot(6,10,ii+1)
    img=Image.open(filename + "/" + imname)
    img=SingleImageProcess(img)
    plt.imshow(img,cmap=plt.cm.gray)
    plt.axis("off")
    plt.title(img.size,size=10)
plt.tight_layout()
plt.show()
```

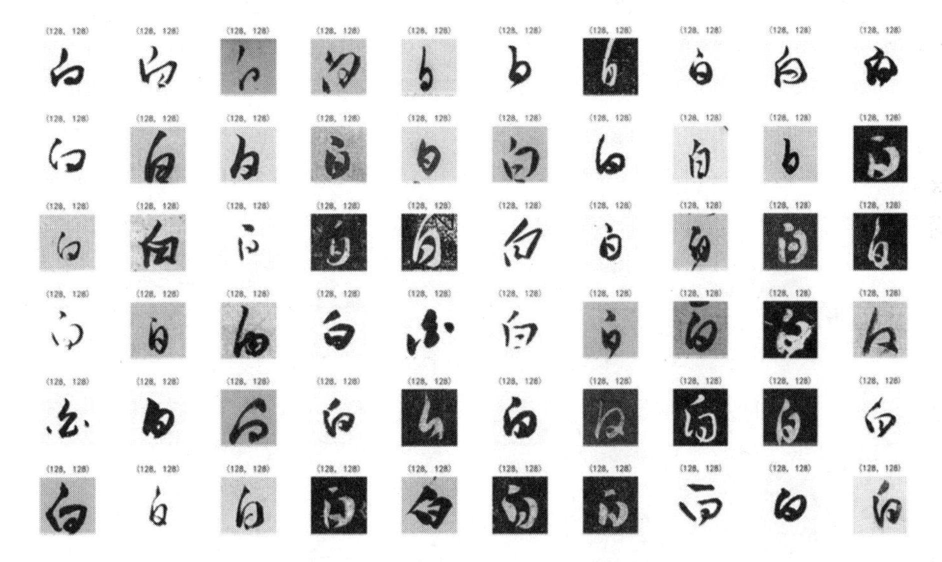

图 12-8 经过预处理后的草书图像

对图像数据进行探索性分析后，下面定义两个辅助函数，用于图像数据的读取。第一个函数为 readimages()，其功能是针对一个文件夹中的所有图像进行读取和预处理操作，最后输出预处理后的所有图像数据和对应的字体标签。第二个函数为 readallimages()，其功能是针对一个文件夹，读取其中所有子文件夹中的所有类别图像，最后输出所有类别的图像数据和对应的类别标签。

```
In[4]:## 定义一个读取单个文件夹图像的程序
      def readimages(filedir,filename):
          filealldir=filedir + "/" + filename
          imfiles=os.listdir(filealldir)    # 索取所有的图像文件名称
          ## 过滤掉隐藏文件
          imfiles=[imf for imf  in imfiles if not imf.startswith('.')]
          imnum=len(imfiles)           # 将图像的数量
```

```
        imgs=[]      # 图像保存为列表
        imlab=[filename] *  imnum    # 图像的标签
        ## 读取图像
        for name in imfiles:
            imdir=filealldir + "/" + name
            img=Image.open(imdir)
            ## 对每张图像进行预处理
            img=SingleImageProcess(img)
            imgs.append(np.array(img))
        return imgs,np.array(imlab)

    ## 定义一个读取所有子文件夹图像的函数
    def readallimages(filedir):
        imagename=os.listdir(filedir)
        ## 过滤掉隐藏文件
        imagename=[imf for imf  in imagename if not imf.startswith('.')]
        imgs=[]  # 使用列表保存所有图像数据
        labs=[]  # 使用列表保存所有图像标签
        ## 读取单个文件夹的数据
        for filename in imagename:
            onefileimages, onefilelabs=readimages(filedir,filename)
            imgs.append(onefileimages)   # 数组拼接
            labs.append(onefilelabs)
        return imgs,labs
```

定义好两个数据读取的辅助函数后，下面直接使用定义好的函数进行数据读取，最后可以发现一共获取了 9083 张 128px×128px 的灰度图像。

```
In[5]:## 调用所定义的函数，读取所有数据
      filename="data/chap12/草书均多余 50"
      allfileimages, allfilelabs=readallimages(filename)
      ## 数据转化为数组
      allfileimages=np.concatenate(allfileimages)
      allfilelabs=np.concatenate(allfilelabs,axis=0)
      print(allfileimages.shape)
      print(allfilelabs.shape)
Out[5]:(9083, 128, 128)
       (9083,)
```

读取的数据中类别标签可以使用 LabelEncoder()对其进行重新编码，同时运行下面的程序可以随机选出一些图像进行可视化，输出结果如图 12-9 所示。

```
In[6]:## 对标签进编码
      LE=LabelEncoder().fit(allfilelabs)
      imagelab =LE.transform(allfilelabs)
```

```
## 可视化其中的部分图像用于查看
imagex=allfileimages / 225.0
## 随机选择一些样本进行可视化
np.random.seed(123)
index=np.random.permutation(len(imagelab))[0:100]
plt.figure(figsize=(10,9))
for ii,ind in enumerate(index):
    plt.subplot(10,10,ii+1)
    img=imagex[ind,...]
    plt.imshow(img,cmap=plt.cm.gray)
    plt.axis("off")
plt.subplots_adjust(wspace=0.05,hspace=0.05)
plt.show()
```

图 12-9　部分图像样本

数据准备好之后，使用下面的程序可以将所有的图像切分为训练集和测试集，然后将数据转化为张量，针对灰度图像，需要将其维度转化为 1×128×128，因此需要使用 unsqueeze()方法为数据增加一个颜色通道。

```
In[7]:## 将数据切分为训练集和测试集
      X_train_im,X_test_im,y_train_im,y_test_im=train_test_split(
          imagex,imagelab,test_size=0.25,random_state=2)
      ## 将数据转化为 PyTorch 可以使用的张量
      train_xt=torch.from_numpy(X_train_im.astype(np.float32))
      train_xt=train_xt.unsqueeze(1)      # 添加一个颜色通道
      train_yt=torch.from_numpy(y_train_im.astype(np.int64))
```

```
        test_xt=torch.from_numpy(X_test_im.astype(np.float32))
        test_xt=test_xt.unsqueeze(1)
        test_yt=torch.from_numpy(y_test_im.astype(np.int64))
        print(train_xt.shape)
        print(train_yt.shape)
        print(test_xt.shape)
        print(test_yt.shape)
Out[7]:torch.Size([6812, 1, 128, 128])
         torch.Size([6812])
         torch.Size([2271, 1, 128, 128])
         torch.Size([2271])
```

从上面的输出中可以知道有 6812 张图像用于训练，2271 张图像用于测试。下面将训练集和测试集均定义为数据加载器，可以使用 Data.TensorDataset()函数先将训练数据集（或测试集）的数据和标签整理到一起，然后利用 Data.DataLoader()函数定义数据加载器，程序如下：

```
In[8]:## 构建数据加载器
        BATCH_SIZE=64     # 每个 BATCH 使用的图像数量
        ## 定义一个训练数据加载器
        train_data=Data.TensorDataset(train_xt,train_yt)
        train_loader=Data.DataLoader(
            dataset=train_data,        ## 使用的数据集
            batch_size=BATCH_SIZE,     ##  批处理样本大小
            shuffle=True,              ## 每次迭代前打乱数据
        )
        ## 定义一个测试数据加载器
        test_data=Data.TensorDataset(test_xt,test_yt)
        test_loader=Data.DataLoader(
            dataset=test_data,        ## 使用的数据集
            batch_size=BATCH_SIZE,    ## 批处理样本大小
            shuffle=False,            ## 每次迭代前不打乱数据
        )
```

12.3.2 ResNet18 网络识别草书

PyTorch 中已经定义并且训练好了很多经典的深度学习网络，这里可以使用 models.resnet18()导入已经在 ImageNet 数据集与预训练好的 ResNet18 网络，因此在使用时不需要重新训练网络，只需要在预训练网络的基础上进行微调即可。下面的程序中导入 ResNet18 后，分别对第一个输入卷积层和输出的全连接层进行了调整，运行程序后结果适用于新数据集微调后的 ResNet18 网络。

```
In[9]:## 导入 ResNet18
        resnet18=models.resnet18(pretrained=True)
        ## 微调 ResNet18 获得适合用户数据集的网络
```

```
        ## 调整第一个输入卷积层
        resnet18.conv1=nn.Conv2d(1, 64,kernel_size=(7, 7),stride=(2, 2),
padding=(3, 3))
        ## 调整全连接层
        resnet18.fc=nn.Sequential(nn.Linear(512,91),nn.Softmax(dim=1))
        resnet18
   Out[9]:ResNet(
     (conv1): Conv2d(1, 64, kernel_size=(7, 7), stride=(2, 2), padding=(3, 3))
     (bn1): BatchNorm2d(64,eps=1e-05,momentum=0.1,affine=True,
track_running_stats=True)
     (relu): ReLU(inplace=True)
     (maxpool): MaxPool2d(kernel_size=3,stride=2,padding=1,dilation=1,
ceil_mode=False)
     (layer1): Sequential(
       (0): BasicBlock(
         (conv1): Conv2d(64, 64, kernel_size=(3, 3), stride=(1, 1), padding=(1,
1), bias=False)
         (bn1): BatchNorm2d(64,eps=1e-05,momentum=0.1,affine=True,
track_running_stats=True)
         (relu): ReLU(inplace=True)
         (conv2): Conv2d(64, 64, kernel_size=(3, 3), stride=(1, 1), padding=(1,
1), bias=False)
         (bn2): BatchNorm2d(64,eps=1e-05,momentum=0.1,affine=True,
track_running_stats=True)
       )
       (1): BasicBlock(
         (conv1): Conv2d(64, 64, kernel_size=(3, 3), stride=(1, 1), padding=(1,
1), bias=False)
         (bn1): BatchNorm2d(64,eps=1e-05,momentum=0.1,affine=True,
track_running_stats=True)
         (relu): ReLU(inplace=True)
         (conv2): Conv2d(64, 64, kernel_size=(3, 3), stride=(1, 1), padding=(1,
1), bias=False)
         (bn2):
BatchNorm2d(64,eps=1e-05,momentum=0.1,affine=True,track_running_stats=True)
       )
     )
   …
     (avgpool): AdaptiveAvgPool2d(output_size=(1, 1))
     (fc): Sequential(
       (0): Linear(in_features=512, out_features=91, bias=True)
       (1): Softmax(dim=1)
     )
   )
```

为了更方便地利用数据对网络进行训练，下面定义一个网络的训练过程函数 train_CNNNet()，该函数包括网络的训练阶段和测试阶段，并且会输出训练过程中在训练集和测试集上的预测精度和损失函数的大小。

```
In[10]:## 定义网络的训练过程函数
       def train_CNNNet(model,traindataloader,testdataloader,criterion,
                        optimizer,num_epochs=25):
           """
           model:网络模型; traindataloader:训练集
           testdataload:测试集; criterion: 损失函数; optimizer: 优化方法;
           num_epochs:训练的轮数
           """
           ## 保存训练和测试过程中的损失和预测精度
           train_loss_all=[]
           train_acc_all=[]
           test_loss_all=[]
           test_acc_all=[]
           for epoch in range(num_epochs):
               print('-' * 10)
               print('Epoch {}/{}'.format(epoch, num_epochs - 1))
               # 每个 epoch 有两个阶段,训练阶段和测试阶段
               train_loss=0.0
               train_corrects=0
               train_num=0
               test_loss=0.0
               test_corrects=0
               test_num=0
               model.train() ## 设置模型为训练模式
               for step,(b_x,b_y) in enumerate(traindataloader):
                   b_x=b_x.to(device)
                   b_y=b_y.to(device)
                   output=model(b_x)
                   pre_lab=torch.argmax(output,1)
                   loss=criterion(output, b_y)     # 计算损失
                   optimizer.zero_grad()           # 梯度归零
                   loss.backward()                 # 损失后向传播
                   optimizer.step()                # 优化参数
                   train_loss += loss.item() * b_x.size(0)
                   train_corrects += torch.sum(pre_lab == b_y.data)
                   train_num += b_x.size(0)
               ## 计算一个 epoch 在训练集上的损失和精度
               train_loss_all.append(train_loss / train_num)
```

```
            train_acc_all.append(train_corrects.double().item()/
train_num)
            print('{} Train Loss: {:.4f}  Train Acc: {:.4f}'.format(
                epoch, train_loss_all[-1], train_acc_all[-1]))

            ## 计算一个 epoch 训练后在测试集上的损失和精度
            model.eval() ## 设置模型为评估模式
            for step,(b_x,b_y) in enumerate(testdataloader):
                b_x=b_x.to(device)
                b_y=b_y.to(device)
                output=model(b_x)
                pre_lab=torch.argmax(output,1)
                loss=criterion(output, b_y)
                test_loss += loss.item() * b_x.size(0)
                test_corrects += torch.sum(pre_lab == b_y.data)
                test_num += b_x.size(0)
            ## 计算一个 epoch 在测试集上的损失和精度
            test_loss_all.append(test_loss / test_num)
            test_acc_all.append(test_corrects.double().item()/
test_num)
            print('{} Test Loss: {:.4f}  Test Acc: {:.4f}'.format(
                epoch, test_loss_all[-1], test_acc_all[-1]))
        ## 输出相关训练过程的数值
        train_process=pd.DataFrame(
            data={"epoch":range(num_epochs),
                  "train_loss_all":train_loss_all,
                  "train_acc_all":train_acc_all,
                  "test_loss_all":test_loss_all,
                  "test_acc_all":test_acc_all})
        return model,train_process
```

函数定义好之后可以使用下面的程序对数据进行训练，训练时可使用 Adam 优化器，损失函数利用交叉熵函数，在训练过程中每训练 20 个 epoch 更改一次 Adam 优化器的学习率，运行程序后会输出模型的训练过程。

```
In[11]:## 定义计算设备
        device=torch.device("cuda:2" if torch.cuda.is_available() else
"cpu")
        ## 训练网络时每经过一定的 epoch 改变学习率的大小
        train_promodel=[]  ## 网络训练过程
        LR=[0.0005,0.0001]
        loss_func=nn.CrossEntropyLoss()   # 交叉熵损失函数
        EachEpoch=[20,20]   # 每隔 EachEpoch 次训练更新一次学习率
        ## 训练模型
```

```
        for ii,lri in enumerate(LR):
            # 定义优化器
            print("======学习率为:",lri,"======")
            optimizer1=torch.optim.Adam(resnet18.parameters(),lr=lri)
            resnet18,train_process=train_CNNNet(
                resnet18,train_loader,test_loader,loss_func,
                optimizer1, num_epochs=EachEpoch[ii])
            ## 保存训练过程
            train_promodel.append(train_process)
        ## 组合查看训练过程数据表
        mytrain_promodel=pd.concat(train_promodel)
Out[11]:======学习率为: 0.0005 ======
         ----------
         Epoch 0/19
         0 Train Loss: 4.3466  Train Acc: 0.1861
         0 Test Loss: 4.3010  Test Acc: 0.2290
         …
         Epoch 19/19
         19 Train Loss: 3.5498  Train Acc: 0.9809
         19 Test Loss: 3.6702  Test Acc: 0.8736
```

从模型的训练过程输出中可以发现，在测试集上的识别精度最终提高到了 0.8736。针对模型在训练过程中损失函数的变化情况，可以使用下面的程序进行可视化，运行程序后结果如图 12–10 所示。

```
In[12]:## 可视化训练过程和测试过程的损失函数变化情况
        plotlen=mytrain_promodel.shape[0]
        plt.figure(figsize=(10,6))
        plt.plot(np.arange(plotlen),mytrain_promodel.train_loss_all,
                 "r-o",label="训练损失")
        plt.plot(np.arange(plotlen),mytrain_promodel.test_loss_all,
                 "k-s",label="测试损失")
        plt.legend()
        plt.grid()
        plt.xlabel("Epoch number")
        plt.ylabel("损失")
        plt.show()
```

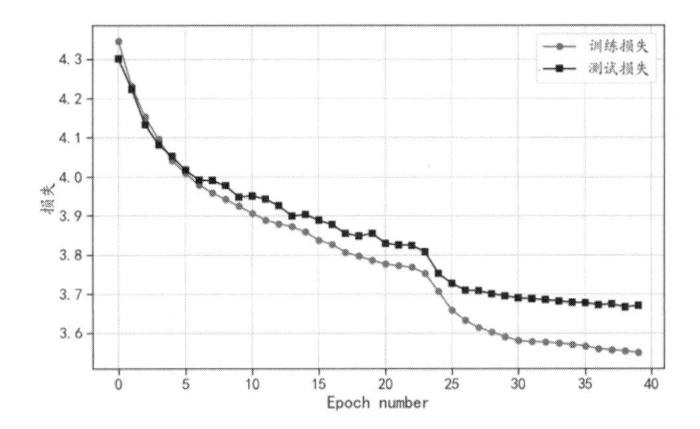

图 12-10 损失函数变换情况

若想要观察在训练集和测试集上预测精度的变化情况，可以使用下面的程序进行可视化，运行程序后结果如图 12-11 所示。

```
In[13]:## 可视化训练集和测试集上预测精度的变化情况
       plt.figure(figsize=(10,6))
       plt.plot(np.arangc(plotlen),mytrain_promodel.train_acc_all,
                "r-o",label="训练精度")
       plt.plot(np.arange(plotlen),mytrain_promodel.test_acc_all,
                "b-s",label="测试精度")
       plt.xlabel("epoch")
       plt.ylabel("精度")
       plt.legend()
       plt.grid()
       plt.show()
```

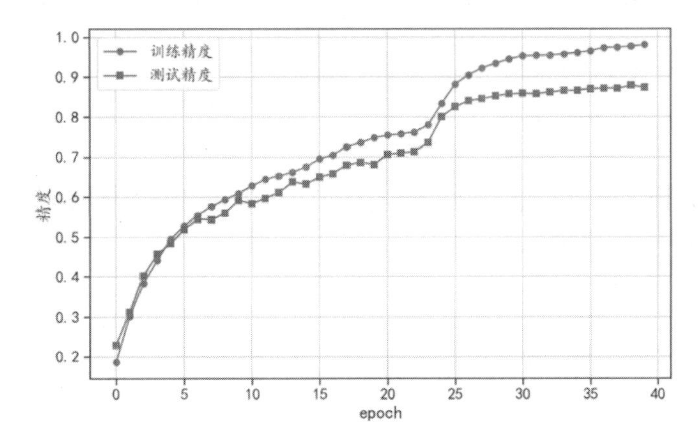

图 12-11 算法预测精度变化情况

12.4 循环神经网络新闻分类

本节介绍如何使用 LSTM 网络对中文文本数据集建立一个分类器，对中文新闻数据进行分类。该新闻数据集是 THUCNews 的一个子集，一共包含 10 类文本数据，每个类别数据有 6500 条文本，该数据已切分为训练集 cnews.train.txt（5000 × 10）、验证集 cnews.val.txt（500 × 10）以及测试集 cnews.test.txt（1000 × 10）三个部分。在使用 LSTM 网络对其进行文本分类之前，需要对文本数据进行预处理，首先导入该章节需要使用的库和模块。

```
In[1]:## 输出高清图像
      %config InlineBackend.figure_format='retina'
      %matplotlib inline
      ## 图像显示中文的问题
      import matplotlib
      matplotlib.rcParams['axes.unicode_minus']=False
      import seaborn as sns
      sns.set(font= "Kaiti",style="ticks",font_scale=1.4)
      import numpy as np
      import pandas as pd
      import matplotlib.pyplot as plt
      import re
      import string
      from sklearn.metrics import accuracy_score,confusion_matrix
      import torch
      from torch import nn
      import torch.nn.functional as F
      import torch.optim as optim
      import torch.utils.data as Data
      import jieba
      from torchtext import data
      from torchtext.vocab import Vectors
```

上面导入的库中，re、string 用于处理文本数据，torchtext 库可将数据表中的数据整理为 PyTorch 网络可用的数据张量。

12.4.1 数据准备

使用 torchtext 库准备深度文本分类网络需要的数据，可使用下面的程序。程序中使用 data.Field()函数分别定义了针对文本内容和类别标签的实例 TEXT 和 LABEL，然后将 Field 实例和数据中的变量名称相对应，组成列表 text_data_fields，在读取数据时通过 data.TabularDataset.splits()函数直接在指定的文件中读取训练数据 cnews_train2.csv、验证数据 cnews_val2.csv 和测试数据 cnews_test2.csv。其中数据的准备过程使用参数 fields=text_data_fields 来确定，如数据集中的变量 cutword，文本保持长度为 400，使用自定义函数 mytokenize 将文本用空格分为一个个词语，并转化为由多个词组成的向量。traindata、valdata 和 testdata 的长度分别为 50 000、5000、10 000，表明数据已经成功读取。

```
In[2]:## 使用 torchtext 库进行数据准备
      # 定义文件中对文本和标签所要做的操作
      """
      sequential=True:表明输入的文本是字符，而不是数值字
      tokenize=mytokenize:使用自定义的切词方法，利用空格切分词语
      use_vocab=True: 创建一个词汇表
      batch_first=True: batch 优先的数据方式
      fix_length=400 :每个句子固定长度为 400
      """
      ## 定义文本切分方法，因为前面已经做过处理，所以直接使用空格切分即可
      mytokenize=lambda x: x.split()
      TEXT=data.Field(sequential=True, tokenize=mytokenize,
                      include_lengths=True, use_vocab=True,
                      batch_first=True, fix_length=400)
      LABEL=data.Field(sequential=False, use_vocab=False,
                       pad_token=None, unk_token=None)
      ## 对所要读取的数据集的列进行处理
      text_data_fields=[
          ("labelcode", LABEL), # 对标签的操作
          ("cutword", TEXT) # 对文本的操作
      ]
      ## 读取训练集验证集和测试集
      traindata,valdata,testdata=data.TabularDataset.splits(
          path="data/chap12", format="csv",
          train="cnews_train2.csv", fields=text_data_fields,
          validation="cnews_val2.csv",
          test="cnews_test2.csv", skip_header=True
      )
      print(len(traindata),len(valdata),len(testdata))
Out[2]:50000 5000 10000
```

数据读取并且使用相应实例预处理后，可以使用 TEXT.build_vocab()函数训练数据集建立单词表，参数 max_size=10000 表示词表中只使用出现频率较高的前 10 000 个词语，参数 vectors=None 表示不使用预训练好的词项量。

```
In[3]:## 使用训练集构建单词表,只使用 10 000 个词语作词库，并且没有预训练的词向量
      TEXT.build_vocab(traindata,max_size=10000,vectors=None)
      LABEL.build_vocab(traindata)
      print("词典的词数:",len(TEXT.vocab.itos))
```

```
        print("前 10 个单词:\n",TEXT.vocab.itos[0:10])
        ## 类别标签的数量和类别
        print("类别标签情况:",LABEL.vocab.freqs)
        ## 前两个分别代表词典中没有的词语和用于填充的词语
Out[3]:词典的词数: 10002
        前 10 个单词:
         ['<unk>', '<pad>', '中国', '基金', '没有', '市场', '已经', '表示', '
公司', '美国']
        类别标签情况: Counter({'0': 5000, '1': 5000, '2': 5000, '3': 5000, '4':
5000, '5': 5000, '6': 5000, '7': 5000, '8': 5000, '9': 5000})
```

建立词表之后，针对读取的三个数据集，使用 data.BucketIterator()函数将它们分别处理为数据加载器，每次使用 64 个样本用于训练，也可以参看数据加载器中每个部分的内容，程序如下：

```
In[4]:## 定义一个迭代器，将类似长度的示例一起批处理
      BATCH_SIZE=64
      train_iter=data.BucketIterator(traindata,batch_size=BATCH_SIZE)
      val_iter=data.BucketIterator(valdata,batch_size=BATCH_SIZE)
      test_iter=data.BucketIterator(testdata,batch_size=BATCH_SIZE)
      ##  获得一个 batch 的数据，对数据内容进行介绍
      for step, batch in enumerate(train_iter):
          if step > 0:
              break
      ## 针对一个 batch 的数据，可以使用 batch.labelcode 获得数据的类别标签
      print("数据的类别标签:\n",batch.labelcode)
      ## batch.cutword[0]是文本对应的内容矩阵
      print("文本数据的内容:",batch.cutword[0])
Out[4]:数据的类别标签:
 tensor([5, 5, 8, 0, 5, 1, 5, 2, 1, 9, 0, 3, 7, 6, 6, 0, 8, 2, 0, 4, 7, 7,
5, 0,4, 3, 3, 5, 4, 5, 4, 1, 8, 0, 5, 8, 8, 4, 3, 3, 2, 6, 6, 0, 6, 1, 0, 7,7,
5, 3, 2, 3, 8, 9, 6, 2, 2, 5, 9, 5, 8, 7, 6])
 文本数据的内容: tensor([[ 246,    0,    0,  ...,    1,    1,    1],
         [ 118, 6746, 8317,  ...,    1,    1,    1],
         [2497,  294, 1107,  ...,    1,    1,    1],
         ...,
         [ 110, 1103,    0,  ...,    1,    1,    1],
         [9235,    0,  628,  ...,    1,    1,    1],
         [ 351, 3236,    0,  ...,    1,    1,    1]])
```

12.4.2 LSTM 网络文本分类

数据准备操作完成后，需要搭建一个 LSTM 网络分类器用于对文本数据分类，用户可以使用下面的程序构建一个 LSTMNet 类。

```
In[5]:## 定义一个 LSTM 网络
        class LSTMNet(nn.Module):
            def __init__(self, vocab_size):
                """
                vocab_size:词典长度
                """
                super(LSTMNet, self).__init__()
                ## 对文本进行词项量处理，每个词使用 100 维的向量表示
                self.embedding=nn.Embedding(vocab_size, 100)
                # 1 层 128 个神经元的 LSTM 层
                self.lstm=nn.LSTM(100, 128, 1,batch_first=True)
                # 全连接层的输入为 128，输出为 10
                self.fc1=nn.Linear(128, 10)
            def forward(self, x):
                embeds=self.embedding(x)
                # r_out shape (batch, time_step, output_size)
                # h_n shape (n_layers, batch, hidden_size)LSTM 有两个隐藏状
   #态，h_n 是分线，h_c 是主线
                # h_c shape (n_layers, batch, hidden_size) r_out, (h_n,
h_c)=self.lstm(embeds, None)
        # None 表示 hidden state 会用全 0 的初始化
                # 选取最后一个时间点的 out 输出
                out=self.fc1(r_out[:, -1, :])
                return out
```

上面构建的 LSTMNet 类中，创建 LSTM 网络分类器时需要输入参数词典长度。程序中 nn.Embedding()层对输入的文本进行词向量处理，nn.LSTM()层用于定义网络中的 LSTM 层的神经元数量和层数等，参数 batch_first=True 表示在输入数据中，batch 在第一个维度，nn.Linear()则定义一个全连接层用于分类。LSTMNet 类的前向过程 forward 中，针对输入的文本数据 x，会先经过 self.embedding(x)操作，然后进入 self.lstm()操作，而对 self.lstm()操作会输入两个参数，第一个参数为 self.embedding(x)操作输出的 embeds，第二个参数为隐藏层的初始值，使用 None 表示全部使用 0 初始化。self.lstm()有三个输出，使用全连接层处理 LSTM 的输出时可以使用 r_out[:, −1, :]来获得。

已经处理好的数据和定义好的网络，在输入合适的参数后，初始化一个 LSTM 网络中文文本分类器，程序如下：

```
In[6]:## 初始化一个 LSTM 网络
       vocab_size=len(TEXT.vocab)
       lstmmodel=LSTMNet(vocab_size)
       lstmmodel
Out[5]:LSTMNet(
          (embedding): Embedding(10002, 100)
```

```
        (lstm): LSTM(100, 128, batch_first=True)
        (fc1): Linear(in_features=128, out_features=10, bias=True)
      )
```

网络定义好之后，可以定义一个对网络进行训练的函数 train_LSTM()。该网络通过输入网络模型、训练数据加载器、验证数据加载器、损失函数、优化器以及迭代的 epoch 数量等参数，能够自动对网络进行训练。train_LSTM()函数代码如下：

```
In[7]:## 定义网络的训练过程函数
      def train_LSTM(model,traindataloader, valdataloader,criterion,
                     optimizer,num_epochs=25,):
          """
          model:网络模型; traindataloader:训练集;
          valdataloader:验证集, ;criterion: 损失函数; optimizer: 优化方法;
          num_epochs:训练的轮数
          """
          train_loss_all=[]
          train_acc_all=[]
          val_loss_all=[]
          val_acc_all=[]
          for epoch in range(num_epochs):
              print('Epoch {}/{}'.format(epoch, num_epochs - 1))
              # 每个 epoch 有两个阶段，即训练阶段和验证阶段
              train_loss=0.0
              train_corrects=0
              train_num=0
              val_loss=0.0
              val_corrects=0
              val_num=0
              model.train() ## 设置模型为训练模式
              for step,batch in enumerate(traindataloader):
                  textdata,target=batch.cutword[0],
batch.labelcode.view(-1)
                  out=model(textdata)pre_lab=torch.argmax(out,1) # 预测的
标签
                  loss=criterion(out, target) # 计算损失函数值
                  optimizer.zero_grad()
                  loss.backward()
                  optimizer.step()
                  train_loss += loss.item() * len(target)
                  train_corrects += torch.sum(pre_lab == target.data)
                  train_num += len(target)
              ## 计算一个 epoch 在训练集上的损失和精度
              train_loss_all.append(train_loss / train_num)
```

```
                train_acc_all.append(train_corrects.double().item()/
train_num)
                print('{} Train Loss: {:.4f}  Train Acc: {:.4f}'.format(
                    epoch, train_loss_all[-1], train_acc_all[-1]))
                        ## 计算一个 epoch 训练后在验证集上的损失和精度
                model.eval() ## 设置模型为评估模式
                for step,batch in enumerate(valdataloader):
                    textdata,target=batch.cutword[0],
batch.labelcode.view(-1)
                    out=model(textdata)
                    pre_lab=torch.argmax(out,1)
                    loss=criterion(out, target)
                    val_loss += loss.item() * len(target)
                    val_corrects += torch.sum(pre_lab == target.data)
                    val_num += len(target)
                ## 计算一个 epoch 在训练集上的损失和精度
                val_loss_all.append(val_loss / val_num)
                val_acc_all.append(val_corrects.double().item()/val_num)
                print('{} Val Loss: {:.4f}  Val Acc: {:.4f}'.format(
                    epoch, val_loss_all[-1], val_acc_all[-1]))
            train_process=pd.DataFrame(
                data={"epoch":range(num_epochs),
                      "train_loss_all":train_loss_all,
                      "train_acc_all":train_acc_all,
                      "val_loss_all":val_loss_all,
                      "val_acc_all":val_acc_all})
            return model,train_process
```

上述函数会输出训练好的网络和网络的训练过程，输出 model 表示已经训练好的网络，train_process 则包含训练过程中每个 epoch 对应的网络在训练集上的损失与识别精度，以及验证集上的损失与识别精度。

在定义网络的优化器和损失函数后，用户即可以使用 train_LSTM()函数对训练集和验证集进行网络训练，程序如下：

```
In[8]:## 定义优化器
      optimizer=torch.optim.Adam(lstmmodel.parameters(), lr=0.0003)
      loss_func=nn.CrossEntropyLoss()   # 损失函数
      ## 对模型进行迭代训练,对所有的数据训练 15 个 epoch
      lstmmodel,train_process=train_LSTM(
          lstmmodel,train_iter,val_iter,loss_func,optimizer,num_epochs=15)
Out[8]:Epoch 0/14
       0 Train Loss: 2.2339  Train Acc: 0.1565
       0 Val Loss: 2.2733  Val Acc: 0.1328
```

```
...
Epoch 14/14
14 Train Loss: 0.1428  Train Acc: 0.9605
14 Val Loss: 0.3011  Val Acc: 0.9154
```

在模型训练完毕后，为了更好地观察训练过程，使用下面的程序，将训练集、验证集上的损失大小和精度的变化情况进行可视化，结果如图 12-12 所示。

```
In[9]:## 可视化模型训练过程
      plt.figure(figsize=(14,7))
      plt.subplot(1,2,1)
      plt.plot(train_process.epoch,train_process.train_loss_all,
               "r.-",label="Train loss")
      plt.plot(train_process.epoch,train_process.val_loss_all,
               "bs-",label="Val loss")
      plt.legend()
      plt.grid()
      plt.xlabel("Epoch number")
      plt.ylabel("Loss value")
      plt.subplot(1,2,2)
      plt.plot(train_process.epoch,train_process.train_acc_all,
               "r.-",label="Train acc")
      plt.plot(train_process.epoch,train_process.val_acc_all,
               "bs-",label="Val acc")
      plt.xlabel("Epoch number")
      plt.ylabel("Acc")
      plt.legend()
      plt.grid()
      plt.tight_layout()
      plt.show()
```

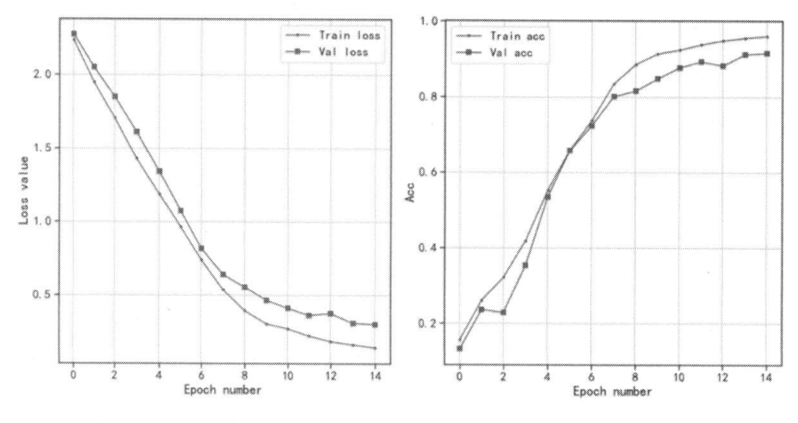

图 12-12　LSTM 网络训练过程

从图 12-12 中可以发现，在训练集和验证集上的预测精度均是先迅速上升，然后保持在一个稳定的范围内，说明网络的训练在某种程度上已经比较充分，并且获得了较高的识别精度。

网络训练结束后，可以使用测试集来评价网络的分类精度，将训练好的网络作用于测试集，程序如下：

```
In[10]:## 对测试集进行预测并计算精度
        lstmmodel.eval() ## 设置模型为训练模式、评估模式
        test_y_all=torch.LongTensor()
        pre_lab_all=torch.LongTensor()
        for step,batch in enumerate(test_iter):
            textdata,target=batch.cutword[0],batch.labelcode.view(-1)
            out=lstmmodel(textdata)
            pre_lab=torch.argmax(out,1)
            test_y_all=torch.cat((test_y_all,target)) ##测试集的标签
            pre_lab_all=torch.cat((pre_lab_all,pre_lab))##测试集的预测标签
        acc=accuracy_score(test_y_all.detach().numpy(),
pre_lab_all.detach().numpy())
        print("在测试集上的预测精度为:",acc)
        ## 计算混淆矩阵并可视化
        conf_mat=confusion_matrix(test_y_all.detach().numpy(),
pre_lab_all.detach().numpy())
        plt.figure(figsize=(10,8))
        heatmap=sns.heatmap(conf_mat, annot=True, fmt="d",cmap="YlGnBu")
        plt.ylabel('True label')
        plt.xlabel('Predicted label')
        plt.show()
Out[10]:在测试集上的预测精度为: 0.942
```

程序中通过 accuracy_score()函数计算了在测试集上的预测精度，并输出相应的预测精度，还使用 confusion_matrix()函数计算了预测值和真实值之间的混淆矩阵，使用热力图将混淆矩阵可视化，热力图如图 12-13 所示。

从输出结果中可以发现，模型在测试集上的预测精度为 0.942。通过混淆矩阵热力图可以更方便分析 LSTM 网络的预测情况，第 2 类型和第 3 类型数据之间更容易预测错误，而且针对第 2 类型的文本识别精度并不是很高。

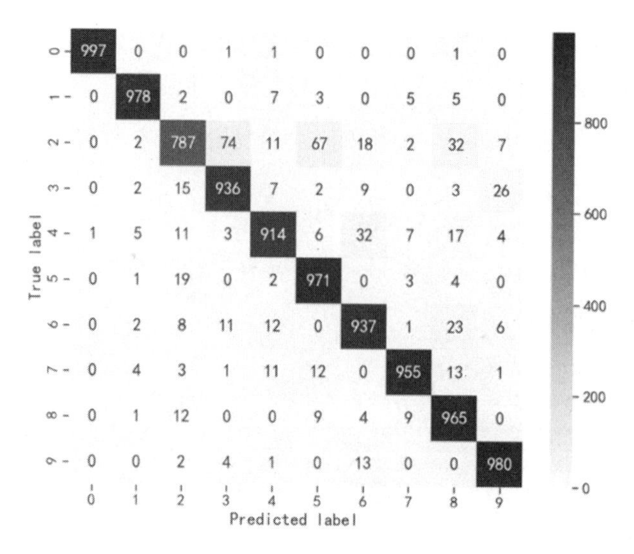

图 12-13　测试集上的混淆矩阵热力图

12.5　自编码网络重构图像

本节主要介绍类似于全连接神经网络的自编码模型，即网络中编码层和解码层都使用包含不同数量神经元的线性层来表示。针对手写字体数据集，利用自编码模型对数据降维和重构，基于线性层的自编码模型结构如图 12-14 所示。

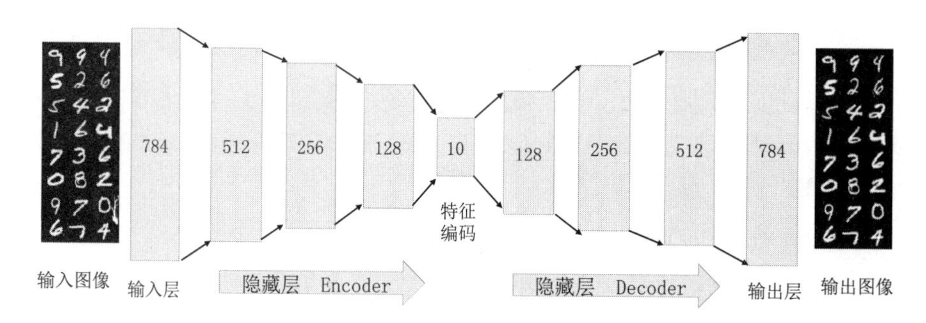

图 12-14　基于线性层的自编码模型

在图 12-14 所示的自编码网络中，输入层和输出层都有 784 个神经元，对应着一张手写图片的 784 像素，即使用图像时，将 28×28 的像素矩阵转化为 1×784 的向量。进行编码的过程中，神经元的数量逐渐从 512 个减少到 10 个，在解码器中神经元的数量逐渐增加，会从特征编码中重构原始图像。在进行分析之前，先导入需要的库和模块，程序如下：

```
In[1]:import numpy as np
      import pandas as pd
      import matplotlib.pyplot as plt
      import torch
      from torch import nn
      import torch.nn.functional as F
      import torch.utils.data as Data
      import torch.optim as optim
      from torchvision import transforms
      from torchvision.datasets import MNIST
      from sklearn.manifold import TSNE
```

12.5.1 数据准备

通过 torchvision 库中的 MNIST()函数导入训练和测试所需要的数据集——手写字体数据集，并对数据进行预处理，程序如下：

```
In[2]:## 使用手写体数据
      ## 准备训练数据集
      train_data =MNIST(
          root="./data/MNIST", # 数据的路径
          train=True, # 只使用训练数据集
          download= False
      )
      ## 将图像数据转化为向量数据
      train_data_x=train_data.data.type(torch.FloatTensor) / 255.0
      train_data_x=train_data_x.reshape(train_data_x.shape[0],-1)
      train_data_y=train_data.targets
      ## 定义一个数据加载器
      train_loader=Data.DataLoader(
          dataset=train_data_x, ## 使用的数据集
          batch_size=64, # 批处理样本大小
          shuffle=True, # 每次迭代前打乱数据
          num_workers=2, # 使用两个进程
      )
      ## 对测试集进行导入
      test_data=MNIST(
          root="./data/MNIST", # 数据的路径
          train=False, # 只使用训练数据集
          download= False
      )
      ## 为测试数据添加一个通道维度,获取测试数据的 x 和 y
      test_data_x=test_data.data.type(torch.FloatTensor) / 255.0
      test_data_x=test_data_x.reshape(test_data_x.shape[0],-1)
```

```
        test_data_y=test_data.targets
        print("训练集:",train_data_x.shape)
        print("测试集:",test_data_x.shape)
Out[2]:训练集: torch.Size([60000, 784])
       测试集: torch.Size([10000, 784])
```

在上面的程序中，通过 MNIST()导入训练数据集后，将训练数据集中的图像数据和标签数据分别保存为 train_data_x 和 train_data_y 变量，并且针对训练数据集中的图像将像素值处理在 0～1 之间，每个图像处理为长 784 的向量，最后通过 Data.DataLoader()函数将训练数据 train_data_x 处理为数据加载器，此处并没有包含对应的类别标签，这是因为上述的自编码网络训练时不需要图像的类别标签数据，数据加载器中每个 batch 包含 64 个样本。针对测试集将图像和经过预处理后的图像分别保存为 test_data_x 和 test_data_y 变量。最后输出训练数据和测试数据的形状，每个样本为一个长度为 784 的向量。

12.5.2 自编码网络重构手写数字

为了搭建图 12-14 所示的自编码网络，需要构建一个 EnDecoder()类，程序如下：

```
In[3]:## 搭建一个自编码网络
        class EnDecoder(nn.Module):
            def __init__(self):
                super(EnDecoder,self).__init__()
                ## 定义 Encoder
                self.Encoder=nn.Sequential(
                    nn.Linear(784,512),
                    nn.ReLU6(),
                    nn.Linear(512,256),
                    nn.ReLU6(),
                    nn.Linear(256,128),
                    nn.ReLU6(),
                    nn.Linear(128,10),
                    nn.ReLU6(),
                )
                ## 定义 Decoder
                self.Decoder=nn.Sequential(
                    nn.Linear(10,128),
                    nn.ReLU6(),
                    nn.Linear(128,256),
                    nn.ReLU6(),
                    nn.Linear(256,512),
                    nn.ReLU6(),
                    nn.Linear(512,784),
                    nn.Sigmoid(),
```

```
                )
        ## 定义网络的前向传播路径
        def forward(self, x):
            encoder=self.Encoder(x)
            decoder=self.Decoder(encoder)
            return encoder,decoder
    ## 输出网络结构
    edmodel=EnDecoder()
    print(edmodel)
Out[3]:EnDecoder(
  (Encoder): Sequential(
    (0): Linear(in_features=784, out_features=512, bias=True)
    (1): ReLU6()
    (2): Linear(in_features=512, out_features=256, bias=True)
    (3): ReLU6()
    (4): Linear(in_features=256, out_features=128, bias=True)
    (5): ReLU6()
    (6): Linear(in_features=128, out_features=10, bias=True)
    (7): ReLU6()
  )
  (Decoder): Sequential(
    (0): Linear(in_features=10, out_features=128, bias=True)
    (1): ReLU6()
    (2): Linear(in_features=128, out_features=256, bias=True)
    (3): ReLU6()
    (4): Linear(in_features=256, out_features=512, bias=True)
    (5): ReLU6()
    (6): Linear(in_features=512, out_features=784, bias=True)
    (7): Sigmoid()
  )
)
```

在上面的程序中，搭建自编码网络时，将网络分为编码器部分 Encoder 和解码器部分 Decoder 两个部分。编码器部分将数据的维度从 784 维逐步减少到 10 维，每个隐藏层使用的激活函数为 ReLU6 激活函数。解码器部分将特征编码从 10 维逐步增加到 784 维，除输出层使用 Sigmoid()激活函数外，其他隐藏层使用 ReLU6()激活函数。在网络的前向传播函数 forward()中，输出编码后的结果 encoder 和解码后的结果 decoder，最后输出使用 EnDecoder 类的自编码器网络 edmodel。

使用训练数据对网络中的参数进行训练时，使用 torch.optim.Adam()优化器对网络中的参数进行优化，并使用 nn.MSELoss()函数定义损失函数，即使用均方根误差损失（因为自编码网络需要重构出原始的手写体数据，可看作回归问题，即与原始图像的误差越小越好，使用均方根误差作为损失函数较合适，也可以使用绝对值误差作为损失）。为了观察网络的训练过程，将网络在训练数据过程中的损失函数的大小可视化，网络的训练及可视化程序如下：

```
In[4]:## 使用训练数据进行训练
      optimizer=torch.optim.Adam(edmodel.parameters(), lr=0.0003)
      # 定义优化器
      loss_func=nn.MSELoss()    # 损失函数
      train_loss_all=[]     # 保存训练过程中的损失
      ## 对模型进行迭代训练,对所有的数据训练 epoch 轮
      for epoch in range(20):
          ## 对训练数据的迭代器进行迭代计算
          train_loss=0.
          train_num=0
          for step, b_x in enumerate(train_loader):
              ## 使用每个 batch 进行训练模型
              _,output=edmodel(b_x)           # 在训练 batch 上的输出
              loss=loss_func(output, b_x)     # 平方根误差
              optimizer.zero_grad()           # 每个迭代步的梯度初始化为 0
              loss.backward()                 # 损失的后向传播，计算梯度
              optimizer.step()                # 使用梯度进行优化
              train_loss += loss.item() * b_x.size(0)
              train_num=train_num+b_x.size(0)
          ## 计算一个 epoch 的损失
          train_loss=train_loss / train_num
          train_loss_all.append(train_loss)
          print("Epoch: ",epoch,"  损失大小: ",train_loss)
Out[4]:Epoch:  0   损失大小:  0.061289221487442654
       ….
       Epoch:  19   损失大小:  0.025989947167038917
In[5]:## 可视化损失函数的训练过程
      plt.figure(figsize=(12,6))
      plt.plot(train_loss_all,"bs-")
      plt.grid()
      plt.xlabel("Epoch number")
      plt.ylabel("Loss value")
      plt.title("训练过程中损失函数的变化情况")
      plt.show()
```

运行程序后结果如图 12-15 所示。

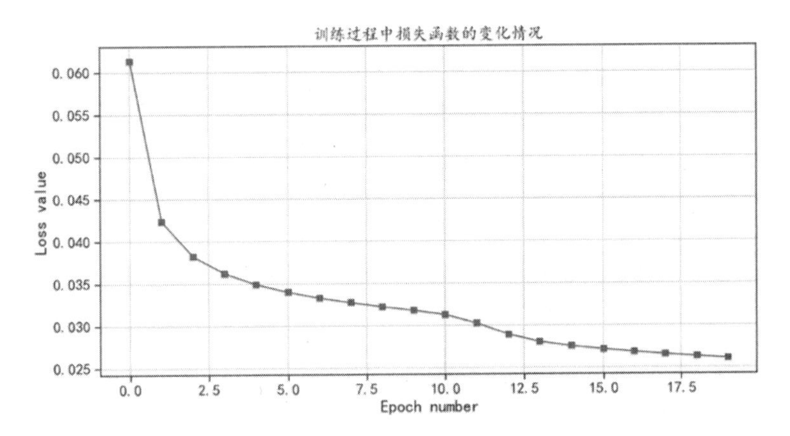

图 12-15 自编码网络训练过程

由图 12-15 可以发现，损失函数迅速减小。为了展示自编码网络的效果，可视化一部分测试集经过编码前后的图像，此处使用测试集的前 100 张图像，运行下面的程序可以获得如图 12-16 所示的结果。

```
In[6]:## 预测测试集前 100 张图像的输出
      edmodel.eval()
      _,test_decoder=edmodel(test_data_x[0:100,:])
      ## 可视化原始后的图像
      plt.figure(figsize=(6,6))
      for ii in range(test_decoder.shape[0]):
          plt.subplot(10,10,ii+1)
          im=test_data_x[ii,:]
          im=im.data.numpy().reshape(28,28)
          plt.imshow(im,cmap=plt.cm.gray)
          plt.axis("off")
      plt.show()
      ## 可视化编码后的图像
      plt.figure(figsize=(6,6))
      for ii in range(test_decoder.shape[0]):
          plt.subplot(10,10,ii+1)
          im=test_decoder[ii,:]
          im=im.data.numpy().reshape(28,28)
          plt.imshow(im,cmap=plt.cm.gray)
          plt.axis("off")
      plt.show()
```

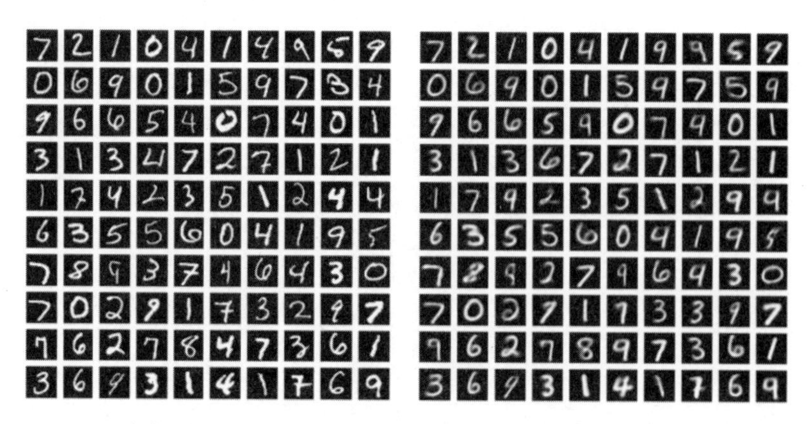

（a）原始图像　　　　（b）经过自编码网络重构的图像

图 12-16

对比图 12-16 中的（a）图和（b）图，可以看出自编码网络很好地重构了原始图像的结构，但不足的是自编码网络得到的图像有些模糊，而且针对原始图像中的某些细节并不能很好地重构。这是因为在网络中，自编码器部分最后一层只有 10 个神经元，将 784 维的数据压缩到 10 维，会损失大量的信息，故重构的效果会有一些模糊或错误。

自编码网络的一个重要功能就是对数据进行降维，下面使用测试集中的 1000 个样本，获取网络对其自编码后的 10 维特征编码，然后利用 t-SNE 算法将其降维到二维，并将这 1000 张图像在编码特征空间的分布情况进行可视化。运行下面的程序后，可视化图像如图 12-17 所示。

```
In[7]:## 获取前 1000 个样本的自编码后的特征，并对数据进行可视化
      edmodel.eval()
      TEST_num=1000
      test_encoder,_=edmodel(test_data_x[0:TEST_num,:])
      test_encoder_arr=test_encoder.data.numpy()
      ## 降维到二维空间中
      tsne=TSNE(n_components=2)
      test_encoder_tsne=tsne.fit_transform(test_encoder_arr)
      ## 将特征进行可视化
      X=test_encoder_tsne[:,0]
      Y=test_encoder_tsne[:,1]
      plt.figure(figsize=(10,6))
      # 可视化前设置坐标系的取值范围
      plt.xlim([min(X)-2,max(X)+2])
      plt.ylim([min(Y)-2,max(Y)+2])
      for ii in range(len(X)):
          text=test_data_y.data.numpy()[ii]
          plt.text(X[ii],Y[ii],str(text),fontsize=10,
                   bbox=dict(boxstyle="round",
```

```
                    facecolor=plt.cm.Set1(text), alpha=0.7))
    plt.grid()
    plt.title("自编码后特征的空间分布")
    plt.show()
```

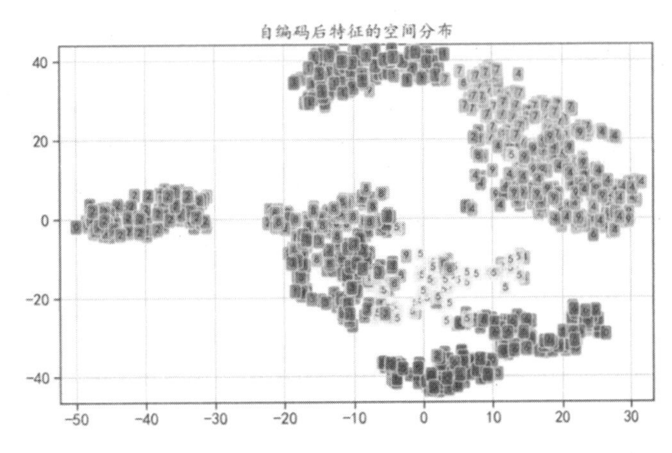

图 12-17　图像在自编码特征空间的分布情况

观察图 12-17 可以发现不同类型的手写字体数据，在二维空间中的分布都比较聚集，且在空间中和其他类型的数据距离较远。

12.6　本章小结

本节是深度学习的入门内容，借助 PyTorch 介绍相关深度学习网络的应用，主要有深度学习入门 PyTorch 库的使用、使用卷积神经网络进行草书识别、使用 LSTM 网络对文本数据进行分类，以及使用自编码网络对数据进行重构。

本章使用到函数如表 12-4 所示。

表 12-4　相关函数

库	模　块	函　数	功　能
torch			深度学习库 PyTorch
torchvision			包含已经预训练好的多种模型和相应的数据集
torchtext			PyTorch 文本预处理库
torch	optim	SGD()	深度网络 SGD 优化算法
		Adam()	深度网络 Adam 优化算法
	nn	MSELoss()	均方根误差损失函数
		CrossEntropyLoss()	交叉熵损失函数

参考文献

[1] 余本国，孙玉林. Python 在机器学习中的应用[M]. 北京：中国水利水电出版社，2019.

[2] 孙玉林，余本国. PyTorch 深度学习入门与实战[M]. 北京：中国水利水电出版社，2020.

[3] 薛震，孙玉林. R 语言统计分析与机器学习[M]. 北京：中国水利水电出版社，2020.

[4] [美] 伊恩 · 古德费洛，[加]约书亚 · 本吉奥，[加]亚伦 · 库维尔. 深度学习[M]. 北京：人民邮电出版社，2017.

[5] 周志华. 机器学习[M]. 北京：清华大学出版社，2016.

[6] 李航. 统计学习方法[M]. 北京：清华大学出版社，2012.

[7] [美] 韩家炜，等. 数据挖掘：概念与技术[M]. 北京：机械工业出版社，2012.